土木工程材料

（含试验指导书）

曹建生　主编

西南交通大学出版社
·成　都·

图书在版编目（CIP）数据

土木工程材料：含试验指导书：全 2 册 / 曹建生主编. —成都：西南交通大学出版社，2019.8（2023.8 重印）
ISBN 978-7-5643-7083-1

Ⅰ. ①土… Ⅱ. ①曹… Ⅲ. ①土木工程 – 建筑材料 – 高等职业教育 – 教材 Ⅳ. ①TU5

中国版本图书馆 CIP 数据核字（2019）第 184872 号

Tumu Gongcheng Cailiao
（Han Shiyan Zhidaoshu）

土木工程材料
（含试验指导书）

曹建生 主编

责任编辑	杨 勇
封面设计	何东琳设计工作室
出版发行	西南交通大学出版社 （四川省成都市金牛区二环路北一段 111 号 西南交通大学创新大厦 21 楼）
发行部电话	028-87600564 028-87600533
邮政编码	610031
网 址	http://www.xnjdcbs.com
印 刷	四川森林印务有限责任公司
成品尺寸	185 mm × 260 mm
总 印 张	30.5
总 字 数	759 千
版 次	2019 年 8 月第 1 版
印 次	2023 年 8 月第 4 次
书 号	ISBN 978-7-5643-7083-1
套 价 （全 2 册）	78.00 元

课件咨询电话：028-81435775

前 言

在编写本书过程中编者参考了有关土木工程材料方面的一些资料，采用我国颁布的材料方面的新标准、新规范，并吸取了本学科在国内外的新成就。在内容上，本书针对土木工程所涉及的材料进行介绍，涉及面较广，内容较全面，建议不同专业教师可以根据自己的专业特点选择重点进行讲解。

本书由武汉铁路桥梁职业学院曹建生主编。编写分工为：绪论、第七章、第八章、第九章、第十章由曹建生编写，第一章、第二章、第十一章、第十二章由陈辰编写，第三章、第五章由蔡湘琪编写，第六章由匡丽群编写，第四章由中铁大桥局付恩琴编写。本书主要供职业院校学生使用，也可供工程技术人员参考学习。

由于编者水平和教学经验有限，书中难免有不足和疏漏之处，敬请广大师生和技术人员提出宝贵的意见，我们将及时修正。

编　者

2019 年 6 月

目　录

绪　论……1

第一章　材料的基本性质……5

第一节　材料的基本物理性质……5

第二节　材料的力学性质……7

第三节　材料与水有关的性质……10

第四节　材料与热有关的性质……12

第五节　材料的耐久性、装饰性和安全性……14

第二章　气硬性胶凝材料……17

第一节　石　灰……17

第二节　石　膏……19

第三节　水玻璃……21

第三章　水　泥……23

第一节　通用硅酸盐水泥……23

第二节　特性水泥与专用水泥……39

第四章　混凝土……48

第一节　普通混凝土的组成材料……48

第二节　混凝土的技术性能……57

第三节　混凝土外加剂……68

第四节　混凝土的配合比设计……74

第五节　混凝土的质量控制……89

第六节　其他混凝土……91

第五章　建筑砂浆……104

第一节　砌筑砂浆……104

第二节　其他建筑砂浆……110

第六章　建筑钢材……116

第一节　钢材的生产和分类……116

第二节　建筑钢材的技术性质……119

第三节　建筑钢材的技术标准和应用……129

第四节　钢筋和钢丝 …… 133
第五节　桥梁结构钢 …… 141
第六节　钢轨钢 …… 143
第七节　建筑钢材的锈蚀与防锈、防火 …… 144

第七章　土的工程性质 …… 148

第一节　土的三相组成 …… 148
第二节　土的物理性质 …… 152
第三节　土的颗粒级配 …… 163
第四节　土的工程分类与野外鉴别 …… 167

第八章　无机结合料稳定材料 …… 177

第一节　无机结合料稳定材料的组成 …… 177
第二节　无机结合料稳定材料的技术性质 …… 181
第三节　无机结合料稳定材料的组成设计 …… 189

第九章　沥青材料 …… 194

第一节　石油沥青 …… 194
第二节　其他品种沥青 …… 212

第十章　沥青混合料 …… 228

第一节　概　述 …… 228
第二节　热拌沥青混合料 …… 230
第三节　其他沥青混合料 …… 256

第十一章　新型墙体与屋面材料 …… 263

第一节　烧土制品的原料及生产工艺简介 …… 263
第二节　烧结砖 …… 266
第三节　非烧结砖 …… 268
第四节　建筑砌块 …… 269
第五节　建筑板材 …… 271
第六节　屋面材料 …… 273

第十二章　土木工程材料发展及展望 …… 275

参考文献 …… 278

绪　论

一、材料与土木工程的发展

土木工程材料包括结构材料、维护材料、装饰材料以及各种功能材料（如防水、保温隔热、隔声吸声、透光反光材料）、门窗材料、小五金材料、土工材料、沥青材料等。

土木材料的发展是随着社会科技的进步而不断发展的。我们的祖先最早就是从利用自然界材料建造人们赖以生活的住所开始，才有了后来的古罗马建筑、埃及金字塔、中国的万里长城等。人类在土木工程的建造中发现（发明）了许多现在仍被广泛使用的建筑材料，如石灰、石膏、波特兰水泥、钢铁、减水剂、碳纤维等，也正是由于出现了钢筋混凝土、高强合金钢、高强纤维等，才使我们今天的建筑发生了如此巨大的变化。如：波兰 65 m 高的钢筋混凝土世纪大厅；德国采用玻璃纤维增强水泥建造的联邦园艺展览厅的双曲抛物面屋顶，直径 31 m，厚 1 m，质量才 25 t；还有我国正在建造的苏通长江公路大桥，其全长 8 206 m，主跨 1 088 m，是一座双塔斜拉桥。这些都说明材料的发展对土木工程的发展贡献是多么的巨大。

现代土建工程中采用的钢材强度多为 1 800 MPa 左右，目前超高强度钢材最大强度可达 2~3 GPa，普通碳纤维可达 2 GPa，高强碳素纤维可达 7 GPa。而混凝土材料强度在很多建筑中已用到 500 MPa 以上。只有不断应用新型材料，才可能有结构的创新和发展。可以这样认为：如果说土木建筑业的发展可以折射出社会的进步，那么材料的发展对它的促进作用功不可没。

随着现在社会的发展，人们对土木建筑工程，如桥梁、隧道、高层建筑、城市交通网、地下铁路、大型标志性建筑、大型水利工程、海港工程等，提出了更高的要求，除了高强轻质外，还要求高寿命（100 ~ 500 年）、低能耗、绿色环保。

从成本上考虑，一项土建工程，材料费用所占工程造价的比例是最高的（根据工程性质的不同，比例在 50% ~ 80% 变化）。因此，合理、正确地选用材料，是降低工程造价的关键，否则会由于材料选用不当甚至严重失误而导致重大工程事故的发生。

二、我国土木工程材料的发展

中华人民共和国成立初期，我国水泥年产量仅 66 万吨，钢产量几乎为零。改革开放后，我国土木工程和建材业得到了迅速的发展，2004 年钢材已达到 1.25 亿吨，2010 年之后我国钢铁产量占全球钢铁产量的 70% 以上，相当于世界其他国家总和的 2.5 倍；1985 年水泥年产量就达到了 1.5 亿吨，居世界第一，2003 年我国水泥产量已达世界总产量的 1/3 以上，2013 年全国水泥累计总产量 24.1 亿吨，已经形成了严重的产能过剩，我国已经出台了相关政策优化整合水泥产业；2000 年以后普通玻璃年产量已达到 1 亿标箱以上，截至 2014 年年底我国总生产能力为 10.85 亿标箱；其他材料如建筑陶瓷，已占到世界总产量的 1/4 以上，我国已是建筑材料生产名副其实的大国。当然，我国的建筑材料产业得益于蓬勃发展的建筑业，但基建投资的迅速发展，使很多生产还停留在高能耗、低效率、高污染的状况。要改善现状，必须建立和健全相关法律和法规，并与国际接轨。

随着科学技术的发展，材料的研究与开发利用已成为国民经济的支柱产业，并相应产生了一门新的学科——材料科学，它是运用物理、化学、力学的基础理论，通过电子显微镜、X 射线、红外光谱仪及其他现代测试手段，研究材料组成、内部结构和构造对性能的影响以及相互作用的一门科学。它的产生为材料的研制、生产和应用提供了广泛的理论依据，也为新产品的产生奠定了理论基础。随着土木工程的发展，人们对未来的建筑材料提出了以下要求：

（1）高耐久性。有高的预期寿命，且综合单价低（含运营期维护费）。

（2）高性能。要求综合性能优良，如结构具有轻质、高强、高抗震性。

（3）多功能化。既是承重材料，又是维护材料，还具有良好的保温、隔热、隔声等功能，如多功能玻璃墙可起到装饰、隔热、吸热、防辐射、单面透光等作用。

（4）绿色环保。材料从生产、施工到使用的多个环节上都是低能耗、低污染，不影响生态环境。

（5）智能化。某些土木工程重要部位的材料在发生破坏前能产生自救功能或发出警示信号等。

三、土木工程材料的分类

土木工程材料品种繁多，由于使用和生产的目的不同，分类方法也就不同。例如，按化学成分可分为无机材料、有机材料和复合材料，见表 0.1。

表 0.1　土木工程材料按化学成分的分类

<table>
<tr><td rowspan="13">土木工程材料</td><td rowspan="5">无机材料</td><td>金属材料</td><td>黑色金属：钢、铁
有色金属：铝及铝合金、铜及铜合金</td></tr>
<tr><td rowspan="4">非金属材料</td><td>天然石材：石灰岩、大理石、花岗岩、砂岩</td></tr>
<tr><td>陶瓷和玻璃：砖、瓦、玻璃、陶瓷</td></tr>
<tr><td>无机胶凝材料：石膏、石灰、菱苦土、水玻璃、水泥</td></tr>
<tr><td>混凝土与砂浆：混凝土、砂浆、硅酸盐制品</td></tr>
<tr><td rowspan="6">有机材料</td><td>植物材料</td><td>木材、竹材、纤维制品</td></tr>
<tr><td rowspan="4">高分子材料</td><td>塑料：聚乙烯、聚氯乙烯、工程塑料</td></tr>
<tr><td>涂料：聚乙烯醇、丙烯酸酯、聚氨酯</td></tr>
<tr><td>胶黏剂：环氧类、聚醋酸乙烯、丙烯酸酯</td></tr>
<tr><td>密封膏：聚硫橡胶</td></tr>
<tr><td>沥青材料</td><td>石油沥青、煤沥青</td></tr>
<tr><td rowspan="2">复合材料</td><td colspan="2">金属与非金属：钢筋混凝土、钢丝网水泥、钢纤维混凝土</td></tr>
<tr><td colspan="2">有机与无机：聚合物混凝土、沥青混凝土、纤维增强塑料</td></tr>
</table>

若按材料在工程中的功能可分为承重材料、防水材料、隔热保温材料、吸声材料、装饰材料和防护材料等，按用途可分为结构材料、墙体材料、屋面材料、地面材料、装饰材料等。

四、土木工程材料的标准与工程建设规范

为了确保土木工程的质量，必须从材料的生产、运输、保管、施工、验收等方面全方位监控，而监控的依据就是规范。目前我国已制定了各种建筑材料的技术标准，它们包括产品的规格、分类、技术要求、检验方法、验收方法、验收标准、包装标志、运输和储存等要求。按照这些标准，企业就可以进行生产质量的控制，也可以以此评定产品质量合格与否，并为需求方对产品的质量进行验收提供了依据。

我国建筑材料标准分为国家标准、部委行业标准、地区标准和企业标准。国家标准和部委行业标准是全国通用标准。

世界各国对建筑材料均有各自的国家标准，如美国的“ASTM”标准、德国的“DIN”标准、英国的“BS”标准、日本的“JIS”标准等。另外，全世界统一使用“ISO”国际标准。

我国常用的标准有：

（1）国家标准。国家标准有强制性标准（代号 GB）、推荐标准（代号 GB/T）。

（2）部委行业标准。有建筑工业标准（代号 JG）、建材行业标准（代号 JC）、冶金行业标准（代号 YB）、交通行业标准（代号 JT）、铁道部标准（代号 TB）等。

另外，我国土木工程协会标准（代号 CCES）也是全国推荐标准，它具有前瞻性和引导性。标准表示方法一般是由标准名称，部门代号，编号和批准年份等组成。例如，国家标准《建筑用砂》（推荐性）为 GB/T 14684—2011，国家标准《钢筋混凝土热轧带肋钢筋》（强制性）为 GB 1499—1998。对强制性标准，任何技术（或产品）不得低于其规定的要求；对推荐性国家标准，也可执行其他标准。地方标准和企业标准所制订的技术要求应高于国家标准。

五、本课程的目的和要求

“土木工程材料”是针对土木类及相关专业开设的专业基础课。它是从工程实用的角度去研究材料的原料和生产、成分和组成、结构和构造、环境条件等对材料性能的影响以及其相互关系的一门应用学科。作为一个未来的土木工程技术人员，建筑材料的一些基本知识是必须具备的，这样才能在今后从事专业技术工作时，合理选择和使用建筑材料。

虽然材料品种、规格繁多，但常用的材料品种并不多，通过对常用的、有代表性的材料的学习，可以为今后工作中了解和运用其他材料打下基础。

土木工程材料课程的学习要抓住一个中心，即材料的性能。但如果我们孤立地去死记材料的性能实际上是很困难的。只有通过学习材料的组成、结构、构造和其性能的内在联系，以及影响这些性能的因素，才能从本质上去认识它。

此外，在学习土木工程材料课程时，可把相关内容分为三个层次：第一层次是土木工程材料基础知识。所谓基础知识，是指在土木工程中与建筑材料有关的术语，如标准试件、

标准强度、强度等级、屈服强度（σ_s）、材料牌号、材料技术指标等。第二层次是材料的基本性质，它包括材料的生产工艺，材料的组成、结构、构造和性能的关系及其影响因素。这一层次要求学生重点掌握，并能运用已有的理论知识对上述关系进行分析。第三层次是有关土木工程材料的基本技能，指能够结合工程实际，正确地选用材料；且可以根据工程实际情况对材料进行改性，设计、计算材料配比、材料强度、耐久性等。上述三个层次也是本门课程考核的重点。

在学习中，通常可以通过对比法找出它们的共性和各自的特性。此外，要抓住建筑材料中的典型材料、通用材料，举一反三，紧密联系工程实际问题，在学习中寻求答案，这样有助于增强学习的兴趣和效率。

本课程是一门实践性很强的课程，为了配合理论教学，还开设了必要的建筑材料试验。试验是本课程的重要教学环节，通过试验可验证所学的基础理论，熟悉材料的检验方法，掌握一定的试验技能，对培养分析和判断问题的能力、试验工作能力以及严谨的科学态度十分有益，也为今后从事既有材料的改性、新材料的研制以及材料方面的科学研究打下基础。

第一章　材料的基本性质

各类建筑物是由土木工程材料构筑而成的。建筑物要保证其正常使用，就必须具备基本的强度、防水、保温、隔声、耐热、防火、防腐蚀等功能，而这些功能往往是所采用的建筑材料提供的。但是材料在各种外力、阳光、大气、水分及各种介质作用下，会发生受力变形、热胀冷缩、干湿变形、冻融交替、化学侵蚀等，这些因素都会使材料产生不同程度的破坏。为了使建筑物和构筑物能够安全、适用、耐久而又经济，必须在工程设计和施工中充分了解和掌握各种材料的性质和特点，以便正确、合理地选择和使用材料，使其性能满足使用的要求。

土木工程材料品种繁多，性质各异，有其共性，也有其各自的特性。本章将对工程材料在物理、力学等方面的各种共同性质作专题介绍，建立起主要概念，对其内涵和相互关系进行论述，以便在后续各章中直接应用。

第一节　材料的基本物理性质

一、密　度

密度是指单位体积物质的质量，其单位可用 g/cm^3、kg/L 或 kg/m^3 表示。但是由于材料有密实的、多孔的和颗粒堆积等不同状态，材料的密度也就有密实密度、视密度、表观密度和堆积密度之分。

（1）密实密度（简称密度）。材料在密实状态下单位体积的质量称为材料的密实密度。用下式表示和计算：

$$\rho = m/V$$

式中　ρ——材料的密实密度（g/cm^3 或 kg/m^3）；

m——材料的干质量（g 或 kg）；

V——材料在密实状态下的体积（cm^3 或 m^3）。

材料在密实状态下的体积是材料体积内固体物质所占的体积，不包括孔隙在内的体积。但实际中完全密实的材料是很少的，绝大多数的材料内部都是含有孔隙的。对于密实材料的密实体积，可用量尺计算或排水法测定，但对于有孔材料的密实体积，则需将其磨成细粉，并通过 0.25 mm 孔径的筛子，然后测其粉末的排水体积，并将此体积作为材料的密实体积。用此法获得的密度又称“真密度”。当然，理论上材料磨得越细，所测得的密实体积就越精确。

（2）视密度。材料在自然状态下不含开口孔隙时单位体积的质量称为材料的视密度。

对于自身较为密实的颗粒堆积材料，如配置混凝土所用的砂、石等材料，可不必磨成细粉，而直接用颗粒排水测得体积（包括少量的封闭孔隙而不含开口孔隙的体积），这样计算得到的密度即视密度，按下式计算：

$$\rho' = m / V'$$

式中 ρ'——颗粒堆积材料的视密度（g/cm^3 或 kg/m^3）；

m——颗粒堆积材料的干质量（g 或 kg）；

V'——包含少量封闭孔隙而不含开口孔隙的颗粒体积（cm^3 或 m^3）。

（3）表观密度（又称体积密度）。材料在自然状态下单位体积的质量称为表观密度，用下式计算：

$$\rho_0 = m / V_0$$

式中 ρ_0——材料的表观密度（g/cm^3 或 kg/m^3）；

m——材料的质量（g 或 kg）；

V_0——材料自然状态下的体积（自然体积）（cm^3 或 m^3）。

材料的自然体积是包括孔隙在内的体积，对于有开口孔的材料（如多孔砖等），还包括其开口孔的体积。通常是用规则的材料量尺计算或在材料表面涂蜡将开口孔隙封闭后用排水法测得其自然状态下的体积。

材料的表观密度，通常是指在干燥状态下的体积密度（即干体积密度）。但是材料在自然状态下不一定是完全干燥的，常含有一些水分，会影响表观密度的值，这时应标明其含水状态。在这种情况下计算表观密度时，材料的质量应该包括所含水的质量（即湿表观密度）。

（4）堆积密度。颗粒材料或纤维材料在自然堆积状态下单位体积的质量称为堆积密度，用下式计算：

$$\rho_0' = m / V_0'$$

式中 ρ_0'——材料的堆积密度（g/cm^3 或 kg/m^3）；

m——材料的质量（g 或 kg）；

V_0'——材料的堆积体积（cm^3 或 m^3）。

材料的堆积体积是指颗粒或纤维在自然堆积状态下，包括空隙体积在内的自然体积。颗粒堆积的堆积体积要用已知容积的容器量得。堆积密度是颗粒材除以料松散堆积状态的密度，如果颗粒材料按照规定方法颠实后，其单位体积的质量则称为紧密密度。

材料的密实密度、视密度、体积密度和堆积密度，是材料的主要物理性质，可用于材料的孔隙率或空隙率计算以及材料质量与体积之间的换算，如材料的用量、运输量和堆积空间的计算，材料配合比的计算，构件自重的计算等。

二、密实度和孔隙率

（1）密实度。密实度是指在材料的自然体积中，被固体物质所充实的程度。用材料中固体物质的体积占总体积的百分比表示：

$$D=(V/V_0)\times100\%$$

亦可用材料的密实密度和体积密度计算：

$$D=V/V_0=[(m/\rho)\div(m/\rho_0)]\times100\%$$

式中　D——材料的密实度（%）。

（2）孔隙率。孔隙率是指在材料的自然中，孔隙体积所占的比例，用下式计算：

$$P=(V_0-V)/V_0=1-D=[1-(\rho_0/\rho)]\times100\%$$

式中　P——材料的孔隙率（%）。

$$P+D=1$$

材料的密实度和孔隙率，从两个不同的方面反映材料的同一个性质，即密实程度。材料的许多性质，如材料的体积密度、强度、吸水性、抗冻性、抗渗性、导热性、吸声性、耐腐蚀性等，都与材料孔隙率的大小和空隙特征有直接关系。

材料的空隙特征包括孔隙构造和孔隙粗细两个方面。孔隙的构造是指孔隙是封闭的或是开口连通的；孔隙粗细则是指孔隙是粗大的或是细微的。

三、填充率和空隙率

（1）填充率。填充率是指在颗粒材料的堆积体积中，被颗粒所填充的程度，用下式表示：

$$D'=V'/V_0'=(\rho_0'/\rho_0)\times100\%$$

式中　D'——材料的填充率（%）。

（2）空隙率。空隙率是指颗粒材料的堆积体积中，颗粒间空隙体积所占的百分比，用下式表示：

$$P'=\frac{V_0'-V'}{V_0'}=1-\frac{V'}{V_0'}=\left(1-\frac{\rho_0'}{\rho_0}\right)\times100\%$$

式中　P'——材料的空隙率（%）。

$$P'+D'=1$$

材料的填充率和空隙率一般用来表示砂、石子、粉粒等颗堆积材料或纤维堆积材料的密实程度。

第二节　材料的力学性质

材料的力学性质又称机械性质，是指材料在外力作用下的变形性能和抵抗破坏的能力。材料对外力的抵抗行为取决于材料的组成、结构和构造。

一、强　度

材料抵抗外力或荷载破坏的能力称为材料的强度。

材料所受的外力有压缩、拉伸、剪切和弯曲等多种形式。根据材料所受外力形式的不同，材料的强度分为抗压强度、抗拉强度、抗剪强度和抗弯强度 4 种，表 1.1 是材料受力示意图和相应强度计算公式。

表 1.1　材料受力示意及相应强度计算公式

强度类型	试验装置举例	计算式	备　注
抗压强度（f_y）	混凝土 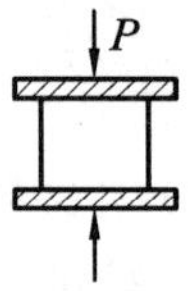	$f_y=\dfrac{P}{A}$	P——破坏荷载，N； A——受荷面积，mm； L——跨度，mm； b——断面宽度，mm； d——断面高度，mm。
抗拉强度（f_L）	钢 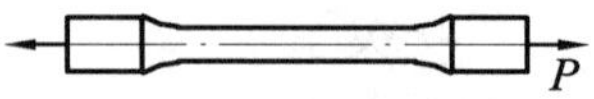	$f_L=\dfrac{P}{A}$	
抗剪强度（f_z）	木材 	$f_z=\dfrac{P}{A}$	
抗弯强度（f_w）	木材 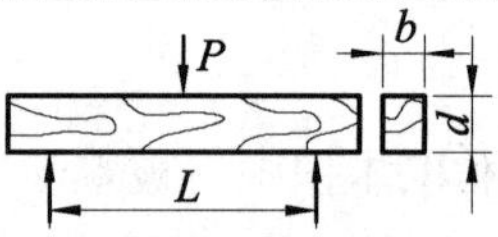	$f_w=\dfrac{3}{2}\cdot\dfrac{PL}{bd^2}$	

土木工程材料的结构用材，一般以强度作为主要质量评定指标，即按强度的大小将材料划分为若干等级。对某种具体材料的强度等级的评定，应根据材料本身的特点、强度检测结果的波动特征和工程结构的需要，确定某种强度为指标，以试验检测结果的平均值或最低值，或统计计算值作为检测结果，并依据标准规范的最低限制做出判断。

在现代材料的应用中，人们增加了对耐久性的重视；同时人们注意到材料除了应具有较高的强度外，还应该有较低的表观密度。在跨度大、高度高的结构中尤其需要这样的材料，这就提出了一个新的概念——比强度。比强度定义为材料强度（见表 1.2）与表观密度之比。它是衡量材料轻质高性能的主要指标。土木工程中作为大量结构用材的混凝土必须向轻质高强的方向发展，才更具有市场前景。这也是土木工程材料的一个研究方向。

表 1.2　几种常用材料的强度

材料名称	抗压强度/MPa	抗拉强度/MPa	抗折强度/MPa
钢　材	—	300 ~ 1 500	—
松木（顺纹）	30 ~ 60	80 ~ 120	60 ~ 110
花 岗 岩	100 ~ 250	5 ~ 8	10 ~ 14
普通黏土砖	7.5 ~ 30	—	2 ~ 5
普通混凝土	7.5 ~ 60	0.7 ~ 4	0.7 ~ 4
水　泥	30 ~ 80	—	5 ~ 9

二、弹性与塑性

材料在外力作用下会产生变形，当外力撤销时，变形随之消失材料能够完全恢复原来形状的性质称为弹性。这个过程中发生的可以完全恢复的形变称为弹性变形。

材料在外力作用下产生变形，当外力撤销后，仍保持已发生的变形，并不产生裂缝的性质称为塑性。这种不能恢复的变形称为塑性变形。

但是纯弹性的材料是没有的。有的材料（如钢材）在受力不大时表现为弹性，超过弹性极限之后便出现塑性变形。同样纯塑性的材料也是没有的，因为塑性材料产生塑性变形的机理不同。所以在发生塑性变形后，材料都会有不同程度的恢复，因此没有绝对的塑性变形。许多材料（如混凝土等）在受力后，弹性变形和塑性变形是同时发生的，若撤销外力，其弹性变形将消失，但塑性变形仍然残留着。这种既有弹性又有塑性的变形称为弹塑性变形。

三、脆性和韧性

材料受力时，在没有明显变形的情况下突然断裂的性质为脆性。具有这种性质的材料称为脆性材料。一般来说，脆性材料的抗压强度比抗拉强度往往要高出几倍甚至几十倍，但抗冲击性却很差，受较大震动或冲击荷载作用时容易破坏。砖、石、陶瓷、玻璃、混凝土、铸铁等均属于脆性材料。

材料受力时，发生较大变形而不断裂的性质称为韧性。具有这种性质的材料称为韧性材料。对于有裂缝的材料，裂缝尖端附近的应力、应变很难准确测出，相应的单位体积内的断裂能也可较精确计算出。因此，材料的韧性一般采用冲击试验来进行检测，用冲击破坏时断口处单位面积所吸收的功来比较材料的冲击韧性，该值称为材料冲击韧性系数。

工程中所用的建筑钢材、木材等均属于韧性材料，多用于受冲击或震动荷载作用的结构物中，如桥梁、吊车梁以及抗震的结构。

四、硬度与耐磨性

1. 硬　度

材料表面抵抗其他较硬物体压入或刻画的能力称为硬度。实际上，硬度是材料表面的局部抗压强度。

测定材料硬度的方法有很多种，由于方法不同，对硬度的解释也有差异。按测定方法可以分为：压痕硬度、冲击硬度、回弹硬度、刻痕硬度等。金属材料多用压痕硬度，岩石矿物则多用刻痕硬度。

利用硬度与其他力学性质之间的相互关系，由硬度大致推算其他力学性质是材料性质分析的常用方法。如混凝土构件强度非破损检测中的回弹法，就是用混凝土回弹硬度推算混凝土的强度。在某些情况下，有时还用射击方法检测推算材料的强度。

一般说来，硬度大的材料耐磨性较强，公路路面、地面、大坝的溢流面、钢轨等都应该考虑材料的硬度。

2. 耐磨性

材料表面抵抗磨损的能力称为耐磨性。材料与其他物体间的相对运动会产生不同的摩擦，磨损是摩擦发生在表面的必然结果。

表示耐磨性的方法有几种。在交通土建工程中常用的是质量法，即以磨损率来表示。磨损率是一定摩擦行程下单位材料受磨损面积或单位质量的减少量。摩擦行程（时间）越大，磨损率越大。

材料的耐磨性还取决于材料的组成和内部构造以及硬度、强度等。在公路、铁路等工程中同样也应该考虑耐磨性的问题。

第三节　材料与水有关的性质

一、亲水性与憎水性

材料与水接触时，根据材料表面对水的吸附程度，分为亲水与憎水两种不同的情况。

大多数材料的表面对水的吸附力较大，水在材料表面呈摊开状[润湿角 $\theta<90°$，如图 1.1（a）所示]，材料表面能被水润湿，材料中的开口微孔能将水吸入，材料的这种性质称为亲水性，具有这种性质的材料称为亲水性材料。木材、砖、石、混凝土等材料都是亲水性材料。

少数材料的表面对水的吸附力较小，由于水的内聚力作用，水在材料表面收拢成珠状[润湿角 $\theta>90°$，如图 1.1（b）所示]，材料表面不易被润湿，材料中的微细孔隙不会将水吸入（若憎水性材料的缝隙进入了亲水的粉尘，应另当别论），材料的这种性质称为憎水性，具有这种性质的材料称为憎水性材料。沥青、石蜡等材料属于憎水性材料。憎水性材料常用作防水材料，或对亲水性材料表面作防水处理。

（a）　　　　（b）

图 1.1　材料表面对水的吸附情况

二、吸水性

材料在水中吸水的性质称为吸水性。材料的吸水性用质量吸水率或体积吸水率表示。

材料在吸水饱和状态下，所吸收水分的质量与材料干质量比值的百分比称为材料的质量吸水率（简称吸水率）。用下式表示：

$$W_{吸}=[(m_{饱}-m_{干})/m_{干}]\times100\%$$

式中　$W_{吸}$——材料的质量吸水率（%）；

$m_{饱}$——材料吸水饱和时的质量（g）；

$m_{干}$——材料烘干至恒重时的质量（g）。

对于轻质多孔材料的吸水率，可用体积吸水率表示。材料在吸水饱和的状态下，所吸水分的体积与材料自然状态的体积比值的百分比称为材料的体积吸水率。用下式表示：

$$W_{体}=[(m_{饱}-m_{干})]/\rho_{水}V_0]\times 100\%$$

式中　$W_{体}$——材料的质量吸水率（%）；

V_0——材料在干燥状态时的自然体积（cm^3）；

$\rho_{水}$——水的密度，取 1 g/cm^3。

材料吸水性的强弱，取决于材料的亲水性、孔隙率和空隙特征。一般说来，孔隙率较大的亲水性材料，其吸水率大，吸水性强。但封闭孔隙不能进水，粗大孔隙虽然容易进水却不易存留，而具有大量开口连通细微孔隙的亲水性材料（如木材、砖、多孔混凝土等），其吸水性是很强的。

三、吸湿性

材料在潮湿环境中吸收水分的性质称为吸湿性。材料的吸湿性用含水率表示。材料在自然状态下，所含水分的质量与材料干质量比值的百分比称为材料的含水率。用下式表示：

$$W_{含}=[(m_{含}-m_{干})]/m_{干}]\times 100\%$$

式中　$W_{吸}$——材料的质量吸水率（%）；

$m_{含}$——材料含水时的质量（g）。

材料含水率的大小，除与材料的亲水性、孔隙率、空隙特征有关之外，还随着周围环境的温度、湿度而变化。当周围环境较为潮湿时，材料将吸入水分，使含水率增大；反之，当周围环境较为干燥时，材料中的水分蒸发，使含水率下降，直至与外界湿度达到平衡为止。达到平衡时材料的含水率称为平衡含水率。

四、耐水性

材料在长期饱和水作用下保持其原有性质的能力称为耐水性。不同材料的耐水性有不同的含义：结构材料的耐水性主要指材料受水后强度的变化，而装饰材料的耐水性主要指材料受水后的颜色变化、霉变、是否会鼓泡起层等。

结构材料的耐水性用软化系数 $K_{软}$ 表示：

$$K_{软}=f_{饱}/f_{干}$$

式中　$f_{饱}$——材料在吸水饱和状态下的抗压强度（MPa）；

$f_{干}$——材料在干燥状态下的抗压强度（MPa）。

材料在吸水后，由于水分子的浸入，削弱了材料微粒间的结合力，并溶解其中易溶于水的成分，使材料的强度有不同程度的下降，严重者会完全丧失其强度（如黏土）。

材料的软化系数，其值一般为 0 ~ 1。$K_{软}$ 越接近 1，材料的耐水性越好。凡用于受水浸泡或潮湿环境的重要材料，要求其软化系数不能小于 0.85；而用于受潮湿较轻或次要部位的材料，要求其软化系数不小于 0.7。凡是软化系数大于 0.85 的材料，通常认为是耐水材料。

五、抗冻性

抗冻性是指材料在吸水饱和的状态下，能经受多次冻融循环作用而不被破坏，强度也不严重降低的性质。

由于水结冰时体积膨胀的 9%，材料孔隙内的饱和水结冰膨胀，将对材料的孔壁产生很大的压力，无论是冰冻还是融化，都会使材料出现内外裂纹、表面剥落、强度下降，引起冻融破坏，且冻融循环次数多，冻融破坏就越严重。

材料的抗冻性，用抗冻等级表示，分为 F10、F15、F25、F50、F100 等抗冻等级。其中“F”是抗冻等级的代号，其数码代表冻融循环次数。如“F25”代表材料经过 – 15 °C 冰冻、+ 20 °C 下融化，如此循环 25 次后，材料未发生严重破坏，即质量损失不大于 5%、强度损失不大于 25%、裂纹开展不超限。

材料抗冻性的好与差取决于材料的强度、孔隙率和空隙特征。增大材料的密实性或使材料内部形成一定数量的封闭孔隙，均能提高材料的抗冻性能。

六、抗渗性

材料抵抗压力水或液体渗透的能力称为抗渗性。材料抗渗性能的好与差，主要取决于材料的孔隙率和孔隙特征。与抗冻性一样，增大材料的密实性或使材料内部形成一定数量的封闭孔隙，都能提高材料的抗渗性能。

材料的抗渗性，有的用抗渗等级表示，分为 P4、P6、P8、P10、P12 等抗渗等级。其中的“P”是抗渗等级的代号，其数值代表材料在不发生渗透的前提下所能承受的最大水压。如“P6”代表材料按标准方法的抗渗试验时，在 0.6 MPa 的水压作用下不发生渗透。

第四节　材料与热有关的性质

一、导热性

材料能传导热量的性质称为导热性。材料传导热量的能力用导热系数 λ 表示。根据热工原理：当面积为 A、厚度为 d 的材料，在两侧温差为 t_2-t_1 的情况下，传热时间 s 内所传导的热量为 Q，有如下关系：

$$Q=\lambda\cdot As(t_2-t_1)/d$$

式中　λ——材料的导热系数［W/（m · K）］；

Q——材料传导的热量（J）;

d——材料的厚度（m）;

A——材料的传热面积（m^2）;

s——传热的时间（h）;

t_2-t_1——材料传热时两面的温差（K）。

可见，导热系数 λ 表示面积为 1 m^2、厚度为 1 m 的材料，当其两面的温差为 1 K 或 1 °C 时，在 1 h 内所传导的热量。

一些常用材料的导热系数如表 1.3 所示。

表 1.3 几种材料的热工性质指标

材 料	导热系数 /[W/(m·K)]	比 热 容 /[J/(g·K)]	材 料	导热系数 /[W/(m·K)]	比 热 容 /[J/(g·K)]
铜	370	0.38	绝热纤维板	0.05	1.46
钢	55	0.46	玻璃棉板	0.04	0.88
花岗岩	2.9	0.80	泡沫塑料	0.03	1.30
混凝土	1.8	0.88	冰	2.20	2.05
黏土砖	0.55	0.84	水	0.60	4.19
松 木	0.15	1.63	密闭空气	0.025	1.00

材料保温性的好与差，取决于材料的成分和构造。由于密闭空气的导热系数很小，所以孔隙率较大且细微封闭孔隙的材料的导热系数也就小，保温性能就越好。具有粗大而贯通孔隙的材料，由于有对流作用，其导热系数会增大。材料受潮或吸水受冻后，由于水和冰的导热系数比不流动的空气的导热系数大几十倍，会使材料的导热系数增大。

一般认为，导热系数 $\lambda \leqslant 0.23$ W/(m·K) 的材料，可作为保温隔热材料，这种材料必定是多孔轻质的，且应在干燥环境中使用，以利于发挥其保温隔热的性能。

二、热容量

热容量是材料受热时吸收热量、冷却时放出热量的性质，即材料能容纳热量的性质。单位质量的热容量用比热容表示，即

$$C = Q / m(t_2 - t_1)\text{，}\quad (t_2 > t_1)$$

式中 C——材料的比热容［J/（g·K）］;

Q——材料吸收或放出的热量（J）;

m——材料的质量（g）;

t_2-t_1——材料受热或冷却前后的温差（K）。

比热容表示 1 g 材料温度升高 1 K 时所吸收的热量（或者降低 1 K 时所放出的热量）。几种常用材料的比热容值见表 1.3。

材料的质量与比热容的乘积（$m \cdot C$）就是材料的热容量。材料的热容量对保持建筑室内

温度的稳定有很大的作用。用于建筑外围的材料，宜采用导热系数小或热容量大的材料，这样能在室内外温差较大的情况下缓和室内温度的波动，对于采暖或供冷的建筑，可起到节约能源的作用。

三、热膨胀

材料的热胀冷缩是一种自然现象。材料由于温度上升 1 K（或下降 1 K）所引起的相对伸长值（或相对缩短值）称为线膨胀系数 α，α 的值在常温下是一个常数：

$$\alpha = \Delta L / L\Delta t$$

式中 L——材料原有的长度（m）；

ΔL——材料由温变引起的伸长或缩短值（m）；

Δt——温度的变化量（K）。

常见的线膨胀系数如下：

钢　材　　$\alpha = (10 \sim 12)\times 10^{-6} / K$

混凝土　　$\alpha = (5.8 \sim 12.6)\times 10^{-6} / K$

岩石、集料　　$\alpha = (6.3 \sim 12.4)\times 10^{-6} / K$

线膨胀系数是一个重要的物理参数，可以用来计算材料在温度变化时所引起的变形，或当温度变形受阻时所产生的温度应力等。

第五节　材料的耐久性、装饰性和安全性

一、材料的耐久性

耐久性是材料在长期使用过程中，抵抗其自身及外界环境因素的破坏，保持其原有性能且不变质、不破坏的能力。

材料在长期使用中引起破坏的因素往往是复杂多样的，可以概括为物理作用、化学作用、生物作用等破坏。

（1）物理作用。包括材料所受的干湿变化、温度变化和冻融循环作用。这些作用会使材料发生体积膨胀或收缩，使材料内部裂缝逐渐发展，致使材料发生破坏。

（2）化学作用。包括酸、碱、盐等物质的溶液和有害气体的侵蚀作用。这些侵蚀作用使材料性能逐渐发生变化而引起破坏。

（3）生物作用。主要是指由于昆虫或菌类的危害所引起的破坏作用。

耐久性是一项综合性质，在具体的工程环境条件下，不同类别的材料其抵抗能力各不相同。

无机质的非金属材料，如石料在水中除了会发生渗透和降低强度等物理作用外，还可能受到环境水的侵蚀作用，在北方的冬季甚至还会发生冻害，而水利工程中的混凝土还会受到水流或泥沙等的冲磨作用。如在几种因素共同作用下，材料的破坏现象则更为严重。

无机质的金属材料在大气中或水中，会发生化学腐蚀而锈蚀。

在有机质材料中，木材等常受到虫类或菌类等的侵蚀造成腐朽，沥青、塑料等则在空气、阳光和热作用下常发生老化而变脆开裂。

在一定的环境条件下，合理地选择材料和正确施工、使用、维护，可以提高材料的耐久性，延长使用期，降低维修费用，从而获得显著的综合技术、经济效益。

对材料耐久性的评定，可根据某些指标将材料划分为若干等级，如混凝土的抗渗等级、抗冻等级等。

现代工程中对耐久性的要求越来越高，提出耐久性指标的工程设计也越来越多。对材料的质量评定也应逐渐由强度指标发展为耐久性指标。预计在未来的工程设计中，按耐久性进行的设计将取代目前按强度进行的设计。

二、材料的装饰性

随着经济发展，人们对各类工程的要求不再局限于功能方面，还要求获得舒适和美的感受，达到一定的艺术效果。土木工程材料中，目前发展变化最快的材料之一就是建筑装饰材料。在土木工程中，装饰材料已成为一种不可缺少的物质基础。

材料的装饰效果主要取决于色彩、光泽、表面组织及形状尺寸等，即装饰材料的这些效果都是通过材料表面的光学性质和形状尺寸等特征，被人的感官感知，并产生美的效果。当然，材料的装饰效果还与社会时尚有着密切的关系。

装饰材料应该与环境相协调，以最大限度地表现装饰材料的装饰效果。

三、材料的安全性

健康、安全是当今社会的重要话题。随着越来越多的有机、无机材料在工程中应用，除了带来方便、舒适、多功能的享受外，土木工程材料应用的安全问题也受到公众的重视。材料的安全性是指在生产、使用过程中，材料是否会对人的生命健康造成危害的性能，包括卫生安全和灾害安全。

土木工程材料的卫生安全问题包括：无机土木工程材料的天然放射性和有机土木工程材料的有害气体等。

天然放射性是指天然存在的不稳定原子核自发放出α、β、γ等射线。无机土木工程材料主要是矿物类的材料，当其中含有不稳定原子核时就会有放射性。当放射量达到一定程度时，就会对人体产生不良影响。放射线在被人体吸收时产生电离作用，从而引起生物化学反应而使机体受到损伤，如急慢性放射病、癌变或遗传疾病等。国家标准规定，在检验土木工程材料成品时，按对比活度和γ射线照射量率来评定材料的放射性。

在有机土木工程材料的使用和施工过程中可能会产生某些有害气体和物质，如在涂料中为溶剂的四氯乙烯、三氯乙烯、甲苯、甲醇以及多环芳香烃等，人体摄入过量时会影响健康甚至危害生命。也有一些有机装饰材料在发生火灾时，会放出有毒气体。装饰涂料中含有氟化物、硝酸盐及其铝化物时，人体吸收过量，会造成中毒，危及健康和生命。此外，某些土木工程材料在生产过程中产生的粉尘也有危害作用。这些问题早已引起社会的重视，国际、国内已有相关法规加以限制，以保障人类的健康安全。

材料的灾害安全性是指在突发灾害情况时，土木工程材料是否对人的健康造成危害的性能，包括防火、防爆能力等。

复习思考题

1. 什么是材料的密度？按材料状态的不同分为哪几种？分别如何表示和计算？

2. 什么是材料的密实度、孔隙率和空隙率？如何计算？材料的孔隙特征指什么？

3. 取一些卵石经洗净烘干后，称取 1 000 g，将其浸水饱和（其开口连通孔隙吸饱水，可使测试结果更为准确，但封闭孔隙未进水），广口瓶盛满水连盖称得质量为 1 840 g，装入卵石并加满水加盖称得质量为 2 470 g，求卵石的视密度。

4. 什么是材料的强度？按受力形式的不同分为哪几种？分别如何计算？现用单位是什么？

5. 什么是弹性变形？什么是塑性变形？什么是材料的韧性？什么是材料的脆性？就韧性材料和脆性材料各举些例子。

6. 亲水性材料与憎水性材料在与水接触时的性能有何不同？对这两类材料各举例说明。

7. 什么是材料的吸水性和吸湿性？什么是材料的吸水率和含水率？如何表示和计算？

8. 什么是材料的热容量？它对建筑物的热工性能有何影响？

9. 什么是材料的耐久性？材料会受到哪些破坏作用？材料的耐久性主要反映在哪几个方面？

第二章　气硬性胶凝材料

能够将散粒材料（如砂和石子）或块状材料（如砖和石块）黏结为一个整体，并经过自身的一系列物理化学作用后具有一定机械强度的物质，统称为胶凝材料。

胶凝材料根据化学成分分为无机胶凝材料和有机胶凝材料两大类。

- 胶凝材料
  - 无机胶凝材料
    - 气硬性胶凝材料：石膏、石灰、水玻璃等
    - 水硬性胶凝材料：各种水泥
  - 有机胶凝材料：沥青、树脂、橡胶等

气硬性胶凝材料又称非水硬性材料，只能在空气中硬化，也只能在空气中保持或继续发展强度。已硬化并具有一定强度的制品在水的长期作用下，强度会显著下降以致破坏。

水硬性胶凝材料既能在空气中硬化；又能在水中更好地硬化，保持并继续发展其强度。

将无机胶凝材料区分为气硬性和水硬性，有着重要的实用意义，在材料使用过程中一定要注意其适用的环境。

第一节　石　灰

石灰（Lime）是使用较早的无机胶凝材料之一。石灰的原料（石灰石）分布很广，生产工艺简单，成本低廉，所以在建筑业中一直应用很广。根据成品加工方法的不同，可将石灰分为块状生石灰、生石灰粉、消石灰粉、石灰浆（石灰乳）。

一、石灰的原料及制备

制造石灰的原料主要有天然石灰岩、白煤、白云质石灰岩等，以及一些化工副产品，这些原料主要含碳酸钙（$CaCO_3$）及少量的 $MgCO_3$、SiO_2、Al_2O_3 等杂质。其煅烧反应式如下：

$$CaCO_3 \xrightarrow{\text{煅烧}} CaO + CO_2\uparrow$$

石灰的质量品质与原料成分、煅烧温度、煅烧设备等有很大关系。原料中含 $CaCO_3$ 成分越高，杂质越少，煅烧后得到的有效 CaO 就越高。煅烧温度过低或时间不足时，会使生石灰中残留未分解的 $CaCO_3$，称为欠火石灰；欠火石灰中 CaO 含量低，从而降低了石灰质量等级和石灰的利用率。若煅烧温度超过烧结温度或煅烧时间过长，将出现过火石灰，过火石灰质地密实，消解十分缓慢。煅烧石灰石的窑型有多种类型，如土窑、轮窑、立窑、回转窑、沸

腾窑等，应根据原料的结构和性质、燃料的性质以及对产品质量的要求、设备供应的条件等因素，从技术和经济角度全面考虑需要选用煅烧的设备。

石灰的另一来源是化学工业副产品，如用水作用于碳化钙（即电石）以制取乙炔时，所产生的电石渣，其主要成分是氢氧化钙，即消石灰（或称熟石灰）：

$$CaC_2 + 2H_2O = C_2H_2\uparrow + Ca(OH)_2$$

二、生石灰的熟化和硬化

建筑工地上使用石灰时，通常将生石灰加水，使之消解为消石灰——氢氧化钙，这个过程称为石灰的“消化”，又称“熟化”：

$$CaO + H_2O = Ca(OH)_2 + 64.79\ kJ$$

生石灰具有强烈的水化能力，水化时放出大量的热，同时体积膨胀 1 ~ 2.5 倍。一般煅烧良好、氧化钙含量高、杂质少的生石灰，不但消解速度快，放热量大，而且体积膨胀也大。

生石灰中常含有欠火石灰或过火石灰。欠火石灰会降低石灰的利用率；过火石灰颜色较深，密度较大，表面常被黏土等杂质融化形成的玻璃釉状物包覆，熟化很慢，当石灰硬化后，其过火颗粒才开始熟化，体积膨胀，引起隆起和开裂。为了消除过火石灰的危害，石灰浆应在消解灰坑中陈伏两星期以上。陈伏期间，石灰表面应保有一层水分，并与空气隔绝，以免碳化。

石灰浆体的硬化包括干燥、结晶和碳化 3 个交错进行的过程。

干燥时，石灰浆体中多余水分蒸发或被砌体吸收而使石灰粒子紧密接触，从而获得一定强度。随着游离水的减少，$Ca(OH)_2$ 逐渐从饱和溶液中结晶出来，形成结晶结构网，使其强度继续增加。但这个强度值不大，当浆体再遇水时，其强度又会丧失。

由于空气中有 CO_2 存在，$Ca(OH)_2$ 在有水的条件下与之反应生成 $CaCO_3$：

$$Ca(OH)_2 + CO_2 + nH_2O = CaCO_3 + (n+1)H_2O$$

新生成的碳酸钙晶体相互交叉连生或与氢氧化钙共生，构成较紧密的结晶网，使硬化浆体的强度进一步提高。显然，碳化对于强度的提高和稳定是十分有利的。但是，由于空气中的 CO_2 含量低，且碳酸钙晶体表面形成碳化层后，CO_2 不易深入内部，还阻碍了内部水分的蒸发，故碳化自然能在石灰被一定厚度水全部覆盖的情况下进行，因为水达到一定深度，其中溶解的 CO_2 含量极微。

三、石灰的应用

1. 配制石灰砂浆和石灰乳涂料

用石灰膏和砂（或麻皮、纸筋）配制成的石灰砂浆、麻皮灰、纸筋灰被广泛地用作内墙、顶棚的抹面砂浆。用石灰膏和水泥、砂配制成的混合砂浆通常作墙体砌筑或抹灰之用。将消石灰或熟化的石灰膏加入多量的水搅拌稀释得到的石灰乳，是一种廉价易得的涂料，主要用于内墙和天棚刷白，增加室内美观和亮度；在我国农村也用于外墙。

2. 配置灰土和三合土

石灰与黏土混合均匀后，经分层夯实成为灰土墙或广场、道路的垫层或简易面层，其强度和耐水性比石灰或黏土都高。其主要原因是黏土颗粒表面有少量的活性氧化硅、氧化铝与石灰起反应，生成水化硅酸钙和水化铝酸钙等不溶于水的水化物。另外，石灰改善了黏土的可塑性，在强力夯打下密实度提高，也是其强度和耐水性改善的原因之一。

3. 制作硅酸盐制品

磨细的生石灰或消石灰粉与砂或粒化高炉矿渣、炉渣、粉煤灰等硅质材料经配料、混合、成型，再经常压或高压蒸汽养护，就可制得密实或多孔的硅酸盐制品，如加气混凝土砌块、灰砂砖、粉煤灰砖等。

储存生石灰时，不但要防止受潮，而且不宜久存，最好运到后立即消化成石灰浆，变储存期为陈伏期。另外，生石灰受潮消解时要放出大量的热，且体积膨胀，故储存和运输生石灰时，要注意安全，并应将生石灰与易燃物分开保管，以免引起火灾。

第二节 石 膏

我国是一个石膏资源丰富的国家，石膏作为建筑材料使用已有悠久的历史。由于石膏制品具有轻质、高强、隔热、耐火、吸声、容易加工等一系列优良性质，特别是近代在建筑中广泛采用框架轻板结构，作为轻质板材主要品种之一的石膏板自然受到普遍重视，其生产和应用都得到迅速发展。生产石膏胶凝材料的原料有二水石膏和天然无水石膏以及化学工业的各种副产物的化学石膏。

生产石膏的原料主要是天然二水石膏，又称软石膏或生石膏，是含两个结晶水分子的硫酸钙（$CaSO_4 \cdot 2H_2O$）。天然二水石膏可制造各种性质的石膏。除天然原料外，也可用一些含有 $CaSO_4 \cdot 2H_2O$ 或含有 $CaSO_4 \cdot 2H_2O$ 与 $CaSO_4$ 混合物的化工副产品及废渣（称为化工石膏）作为生产石膏的原料。天然无水石膏（$CaSO_4$）又称为天然硬石膏，质地较天然二水石膏硬，可用来生产明矾石膨胀水泥等。

一、建筑石膏

生产石膏的主要工序是煅烧和磨细。在煅烧二水石膏时，由于加热温度不同，所得石膏的组成成分与结构也不同，其性质有很大差别。常压下，当加热温度至 107 ~ 170 °C 时，二水石膏逐渐失去大量水分，生成β型半水石膏（熟石膏）。其反应方程式为

$$CaSO_4 \cdot 2H_2O = CaSO_4 \cdot \frac{1}{2}H_2O + 1\frac{1}{2}H_2O$$

将β型半水石膏磨成细粉，即得建筑石膏。其中，杂质较少、色泽较白、磨得较细的产品称为模型石膏。

建筑石膏密度为 2.5 ~ 2.8 g/cm^3，其紧密堆积表观密度为 1 000 ~ 1 200 kg/m^3，疏松堆积表观密度为 800 ~ 1 000 kg/m^3。建筑石膏遇水时，将重新水化成二水石膏，并逐渐凝结硬化。其反应如下：

$$CaSO_4 \cdot \frac{1}{2}H_2O + H_2O = 1\frac{1}{2}CaSO_4 \cdot 2H_2O$$

建筑石膏凝结硬化过程：半水石膏遇水即发生溶解，溶液很快达到饱和，溶液中的半水石膏水化成为二水石膏。由于二水石膏的溶解度远比半水石膏小，所以很快在过饱和溶液中就沉淀析出二水石膏的胶体微粒而并不断转化为晶体。由于二水石膏的析出破坏了原有半水石膏的平衡，这时半水石膏便进一步溶解和水化。如此不断地进行着半水石膏的溶解和二水石膏的析晶，直到半水石膏完全水化为止。随着浆体中的自由水分因水化和蒸发而逐渐减少，浆体逐渐变稠而失去塑性，呈现石膏的凝结。此后，二水石膏的晶体继续大量形成、长大，晶体之间相互接触与连生，形成结晶结构网，浆体逐渐硬化成块体，并具有一定的强度。建筑石膏凝结硬化很快，一般终凝不超过半小时。硬化后体积稍有膨胀（膨胀量为 0.5% ~ 1%），故能填满模型，形成平滑饱满的表面，干燥时也不开裂，所以石膏可以不加填充料而单独使用。

建筑石膏水化反应的理论需水量仅为石膏质量的 18.6%，但使用时，为使浆体具有一定的可塑性，需水量常达 60% ~ 80%。多余水分蒸发后留下大量孔隙，故硬化后石膏具有多孔性，表观密度较小，导热性较小，强度也较低。 建筑石膏硬化后具有很强的吸湿性。受潮后晶体间结合力减弱，强度急剧下降，软化系数为 0.2 ~ 0.3，耐水性及抗冻性均较差。

建筑石膏具有良好的防火性能。硬化的石膏为二水石膏，当其遇火时，二水石膏吸收大量的热而脱水蒸发，在制品表面形成水蒸气隔层，故其具有良好的防火性能。建筑石膏分为三个等级，各等级的技术指标见表 2.1 建筑石膏的技术指标。

表 2.1　建筑石膏的技术指标

技术指标		优等品	一等品	合格品
抗折强度/MPa		2.5	2.1	1.8
抗折强度/MPa		4.9	3.9	2.9
细度（0.2 mm 方孔筛筛余，%）		≤5	≤5	≤5
凝结时间/min	初凝（不小于）	6		
	终凝（不大于）	30		

建筑石膏适用于室内装饰、抹灰、粉刷，制作各种石膏制品及石膏板等。石膏板是一种新型轻质板材，它是以建筑石膏为主要原料，加入轻质多孔填料（如锯末、膨胀珍珠岩等）及纤维状填料（如石棉、纸筋等）而制成的。为了提高石膏板的耐水性，可加入适量的水泥、粉煤灰、粒化高炉矿渣等，或在石膏板表面粘贴纸板、塑料壁纸、铝箔等。石膏板具有质量轻、隔热保温、隔音、防火等性能，可锯、可钉，加工方便，适用于建筑物的内隔墙、墙体覆盖面、天花板及各种装饰板等。目前我国生产的石膏板主要有纸面石膏板、纤维石膏板、

石膏空心板条、石膏装饰板及石膏吸音板等。

二、高强度石膏

将二水石膏在 0.13 MPa 压力的蒸压锅内蒸炼（即在 1.3 个标准大气压，125 °C 条件下进行脱水），所得的半水石膏为成型半水石膏，其需水量（35% ~ 45%）仅为建筑石膏的一半。故其制品密实度和强度较建筑石膏大，称为高强度石膏。它适用于强度较高的抹灰工程、石膏制品和石膏板等。

三、无水石膏水泥

将二水石膏在 600 ~ 800 °C 温度下煅烧后所得的不溶性无水石膏，加入适量的催化剂，如石灰、页岩灰、粒化高炉矿渣、硫酸钠、硫酸氢钠等，共同磨细而制得的气硬性胶凝材料，称为无水石膏水泥。它具有较高的强度，可用于配制建筑砂浆、保温混凝土、抹灰、制造石膏制品和石膏板等。

第三节　水 玻 璃

水玻璃俗称泡花碱，是一种水溶性的硅酸盐，由碱金属氧化物和二氧化硅结合而成，如硅酸钠（$Na_2O \cdot nSiO_2$）、硅酸钾（$K_2O \cdot nSiO_2$）等。建筑上常使用的水玻璃是硅酸钠的水溶液，为无色、青绿色或棕色黏稠液体。其制造方法是将石英砂粉或石英岩粉加入 Na_2CO_3 或 Na_2SO_4，在玻璃炉内以 1 300 ~ 1 400 °C 温度熔化，冷却后即成固态水玻璃。然后在 0.3 ~ 0.8 MPa 压力的蒸压锅内加热，将溶解成液态水玻璃。它是一种胶质溶液，具有胶结能力。

水玻璃中 SiO_2 和 Na_2O 的分子数比值 n 称为水玻璃硅酸盐模数。n 值越大，水玻璃中胶体组分越多，水玻璃的黏性越大，越难溶于水，但却容易分解硬化，黏结能力较强。建筑工程中常用水玻璃的 n 值一般为 2.5 ~ 3.5。相同模数的液态水玻璃，其密度较大（即浓度较稠）者，则黏性较大，黏结性能较好。工程中常用的水玻璃密度为 1.3 ~ 1.48 g/cm^3。

水玻璃在空气中与二氧化碳作用，析出无定型的二氧化硅凝胶，并逐渐干燥而硬化：

$$Na_2O \cdot nSiO_2 + CO_2 + mH_2O = Na_2CO_3 + nSiO_2 \cdot mH_2O$$

由于空气中的 CO_2 含量有限，上述硬化过程进行得很慢，为加速此硬化过程，常加入促硬剂氟硅酸钠（Na_2SiF_6），以促使二氧化硅凝胶加速析出。其反应式为

$$2(Na_2O \cdot nSiO_2) + Na_2SiF_6 + mH_2O = 6NaF + (2n+1)SiO_2 \cdot mH_2O$$

氟硅酸钠的适宜掺用量为水玻璃质量的 12% ~ 15%。

水玻璃在建筑工程的主要用途如下：

（1）作为灌浆材料以加固地基。不仅可以提高基础的承载能力，还可以增强其不透水性。

（2）将水玻璃溶液涂刷于混凝土、砖、石、硅酸盐制品等材料的面，使其渗入材料的缝隙中，可以提高材料的密实性和抗风化性。但不能用水玻璃涂刷石膏制品，因硅酸钠能与硫酸钙反应生成硫酸钠，结晶时体积膨胀，使制品被破坏。

（3）水玻璃能抵抗大多数无机酸（氢氟酸除外）的作用，故常与耐酸填料和集料配制耐酸砂浆和耐酸混凝土。

（4）水玻璃的耐热性较好，可用于配制耐热砂浆和耐热混凝土。

（5）将水玻璃溶液掺入砂浆或混凝土中，可使砂浆或混凝土急速硬化，用于堵漏抢修等。

不同的应用条件需要选择不同 n 值的水玻璃。用于地基灌浆时，采用 $n = 2.7 \sim 3.0$ 的水玻璃较好，涂刷材料表面时，采用 $n = 3.3 \sim 3.5$ 为宜；配制耐热混凝土或作为水泥的促凝剂时，采用 $n = 2.6 \sim 2.8$ 为宜。

水玻璃 n 值的大小可根据要求予以配制。在水玻璃溶液中加入 Na_2O 可降低 n 值；溶入硅胶（SiO_2）可以提高 n 值。也可用 n 值较大及较小的两种水玻璃掺配使用。

复习思考题

1. 什么是胶凝材料？气硬性胶凝材料与水硬性胶凝材料有什么区别？
2. 现场使用的石灰有哪些品种？各自成分是什么？
3. 过火石灰有什么特性？有什么危害？如何避免这种危害？
4. 石灰的特性有哪些？有何用途？使用时要注意什么问题？
5. 建筑石膏的成分是什么？天然石膏的成分是什么？
6. 建筑石膏的特性有哪些？有何用途？
7. 水玻璃有哪些优良性能？有哪些应用？

第三章 水 泥

水泥呈粉末状，与水混合之后，经过一系列物理化学变化，由可塑性的浆体逐渐凝结、硬化，变成坚硬的固体，并将散粒材料或块状材料胶结成为一个整体。因此，水泥是一种良好的无机胶凝材料。就硬化条件而言，水泥浆体不仅能在空气中硬化，还能更好地在水中硬化并保持发展强度，故水泥属于水硬性胶凝材料。

水泥是人类在长期使用气硬性胶凝材料（特别是石灰）的经验基础上发展起来的。1824年英国建筑工人阿斯普丁（J. Aspdin）首次申请了生产波特兰水泥的专利，所以一般认为水泥是那时发明的。

水泥是重要的工程材料之一，被广泛应用于工业与民用建筑、交通、海港、水利、国防等建设工程。

水泥的品种很多，按其主要矿物成分，水泥可分为硅酸盐类水泥、铝酸盐类水泥、硫铝酸盐类水泥、铁铝酸盐类水泥等。按其用途和性能，又可分为通用水泥、专用水泥和特性水泥三大类。

第一节 通用硅酸盐水泥

通用硅酸盐水泥（GB 175—2007）是指以硅酸盐水泥熟料和适量的石膏及规定的混合材料制成的水硬性胶凝材料。按混合材料的品种和掺量分为硅酸盐水泥、普通硅酸盐水泥、矿渣硅酸盐水泥、火山灰质硅酸盐水泥、粉煤灰硅酸盐水泥和复合硅酸盐水泥。

一、通用硅酸盐水泥的品种及定义

（1）硅酸盐水泥。凡由硅酸盐水泥熟料、0～5%的石灰石或粒化高炉矿渣、适量石膏磨细制成的水硬性胶凝材料，称为硅酸盐水泥，又称波特兰水泥。硅酸盐水泥分两种类型：不掺混合材料的称为Ⅰ型硅酸盐水泥，代号为P·Ⅰ；在硅酸盐水泥熟料粉磨细时掺加不超过水泥质量5%的混合材料（如石灰石或粒化高炉矿渣）的称为Ⅱ型硅酸盐水泥，代号为P·Ⅱ。

（2）普通硅酸盐水泥。凡由硅酸盐水泥熟料、5%～20%的混合材料和适量石膏磨细制成的水硬性胶凝材料，称为普通硅酸盐水泥（简称普通水泥），代号为P·O。

（3）矿渣硅酸盐水泥。凡由硅酸盐水泥熟料、20%～70%的粒化高炉矿渣和适量石膏磨细制成的水硬性胶凝材料称为矿渣硅酸盐水泥（简称矿渣水泥），分为A型和B型。A型矿渣掺量为20%～50%，代号为P·S·A；B型矿渣掺量为50%～70%，代号为P·S·B。

（4）火山灰质硅酸盐水泥。凡由硅酸盐水泥熟料、20%～40% 的火山灰质混合材料和适量石膏磨细制成的水硬性胶凝材料称为火山灰质硅酸盐水泥（简称火山灰水泥），代号为 P·P。

（5）粉煤灰硅酸盐水泥。凡由硅酸盐水泥熟料、20%～40% 的粉煤灰、适量石膏磨细制成的水硬性胶凝材料称为粉煤灰硅酸盐水泥（简称粉煤灰水泥），代号为 P·F。

（6）复合硅酸盐水泥。凡由硅酸盐水泥熟料、20%～50% 的两种或两种以上规定的混合材料、适量的石膏磨细制成的水硬性胶凝材料，称为复合硅酸盐水泥（简称复合水泥），代号为 P·C。

二、通用硅酸盐水泥的生产

通用硅酸盐水泥的生产原料主要有石灰质原料（如石灰石、白垩等）、黏土质原料（如黏土、黄土等）、少量铁粉及部分混合材料。石灰质原料主要提供氧化钙（CaO），黏土质原料主要提供氧化硅（SiO_2）、氧化铝（Al_2O_3）和少量 Fe_2O_3，若比例不合要求，则掺入砂岩洗砂粉等级正原料。将这些水泥原料按一定比例配合、磨细，制成生料粉后，送入水泥窑中，在 1 450 °C 左右的高温下煅烧，使之达到部分熔融，冷却后得到以硅酸钙为主要成分的水泥熟料，再与适量石膏、混合材料共同磨细，即得到硅酸盐系水泥成品。为了改善水泥的煅烧条件，常加入少量的矿化剂，如萤石。

由于通用硅酸盐水泥的生产过程主要包括生料的制备、煅烧、熟料与适量石膏和混合材料共同磨细三个阶段，故水泥的生产过程可简称为“两磨一烧”。通用硅酸盐水泥的生产工艺流程，如图 3.1 所示。

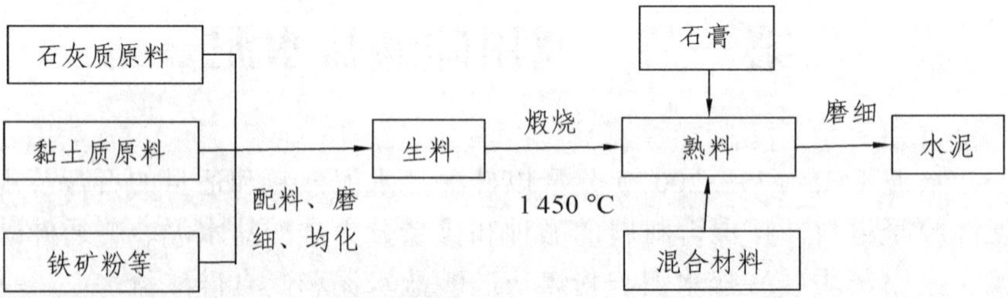

图 3.1　通用硅酸盐水泥生产工艺流程示意图

三、通用硅酸盐水泥的成分

1. 硅酸盐水泥熟料

水泥原料在煅烧过程中各种氧化物之间发生一系列化学反应，形成以硅酸钙为主要成分的硅酸盐水泥熟料。硅酸盐水泥熟料的主要矿物成分有硅酸二钙（$2CaO \cdot SiO_2$，简写为 C_2S）、硅酸三钙（$3CaO \cdot SiO_2$，简写为 C_3S）、铝酸三钙（$3CaO \cdot Al_2O_3$，简写为 C_3A）、铁铝酸四钙（$4CaO \cdot Al_2O_3 \cdot Fe_2O_3$，简写为 C_4AF）以及少量有害的游离氧化钙（*f*-CaO）、游离氧化镁（*f*-MgO）、氧化钾（K_2O）、氧化钠（Na_2O）与三氧化硫（SO_3）等。对于硅酸盐类水泥而言，硅酸二钙和硅酸三钙的总含量达 75%以上，铝酸三钙和铁铝酸四钙的总含量在 25%左右。

试验研究表明，每一种矿物成分单独与水作用时具有不同的水化特性，对水泥的强度、水化速度、水化热、耐腐蚀性、收缩量的影响也不尽相同。每一种矿物成分单独与水作用时所表现的特性见表 3.1。

表 3.1　硅酸盐水泥熟料矿物组成及其特性

矿物名称	硅酸二钙	硅酸三钙	铝酸三钙	铁铝酸四钙
化学式	$2CaO \cdot SiO_2(C_2S)$	$3CaO \cdot SiO_2(C_3S)$	$3CaO \cdot Al_2O_3(C_3A)$	$4CaO \cdot Al_2O_3 \cdot Fe_2O_3(C_4AF)$
含　量	15% ~ 37%	37% ~ 60%	7% ~ 15%	10% ~ 18%
水化速度	慢	快	最　快	快
水化热	低	高	最　高	中　等
强　度	早期低，后期高	高	低	中　等
收缩量	小	中	大	小
耐腐蚀性	好	差	最差	中等

水泥是由具有不同特性的多种熟料矿物组成的混合物，通过改变水泥熟料中各种矿物成分之间的相对含量，水泥的性质也会发生相应的变化，从而可以生产出具有不同性质的水泥。如：提高硅酸三钙的含量，可制成高强度水泥；提高硅酸三钙和铝酸三钙的含量，可制得快硬早强水泥；降低硅酸三钙和铝酸三钙的含量，可制得低水化热水泥。

2. 石　膏

磨细的水泥熟料与水相遇后会很快凝结硬化，产生速凝现象，给工程施工造成较大困难。因此在水泥的生产过程中常加入适量的石膏作为缓凝剂，以延长水泥的凝结硬化时间。掺入的石膏主要有天然石膏、建筑石膏、无水硬石膏，石膏的掺入量一般为水泥质量的 3% ~ 5%。

3. 混合材料

为了改善水泥的某些性能，调节水泥的强度等级，提高水泥产量，降低水泥的生产成本，在生产水泥时加入人工或天然的矿物质材料，统称为混合材料。

根据矿物材料的性质不同，混合材料分为活性混合材料和非活性混合材料。

（1）活性混合材料。

这类混合材料掺入水泥中，在常温下能与水泥的水化产物——氢氧化钙——或在硫酸钙的作用下生成具有胶凝性质的稳定化合物。常用的活性混合材料有粒化高炉矿渣、火山灰质混合材料和粉煤灰等。

① 粒化高炉矿渣。粒化高炉矿渣是将炼铁高炉中的熔融矿渣经水淬急速冷却而形成的粒状颗粒，颗粒直径一般为 0.5 ~ 5 mm。其主要成分是氧化铝、氧化硅。急速冷却的粒化高炉矿渣为不稳定的玻璃体，具有较高的潜在活性。

② 火山灰质混合材料。凡是用天然的或人工的以氧化硅、氧化铝为主要成分，具有火山灰活性的矿物质材料，统称为火山灰质混合材料。火山灰质混合材料在结构上的特点是疏松多孔，内比表面积大，易吸水，易反应。

火山灰质混合材料按其成因不同，可以分为天然和人工两类。天然的火山灰质混合材料有火山灰、凝灰岩、浮石、沸石岩、硅藻土等。人工的火山灰质混合材料有烧黏土、烧页岩、煤渣、煤矸石等。

③ 粉煤灰。粉煤灰是火力发电厂或煤粉锅炉烟道中吸尘器所吸收的微细粉尘，为富含玻璃体的实心或空心球状颗粒，颗粒直径一般为 0.001 ~ 0.05 mm，表面结构致密，其主要成分是氧化硅、氧化铝和少量的氧化钙，具有较高的活性。

（2）非活性混合材料。

这类混合材料与水泥的矿物成分、水化产物不起化学反应或化学反应很微弱，掺入水泥中主要起调节水泥强度等级、提高水泥产量、降低水化热等作用。常用的非活性混合材料有磨细的石灰石、石英岩、黏土、慢冷高炉矿渣等。

四、通用硅酸盐水泥的凝结硬化

1. 水泥熟料的水化

水泥熟料中各种矿物成分与水所发生的水解或水化作用，统称为水泥的水化。在水泥的水化过程中生成一系列新的水化产物，并放出一定热量。

硅酸三钙、硅酸二钙分别与水反应，生成水化硅酸钙（$3CaO \cdot 2SiO_2 \cdot 3H_2O$）和氢氧化钙。其水化反应式为

$$2(3CaO \cdot SiO_2) + 6H_2O = 3Cao \cdot 2SiO_2 \cdot 3H_2O + 3Ca(OH)_2$$
$$2(2CaO \cdot SiO_2) + 4H_2O = 3CaO \cdot 2SiO_2 \cdot 3H_2O + Ca(OH)_2$$

铝酸三钙与水反应，生成水化铝酸钙（$3CaO \cdot Al_2O_3 \cdot 6H_2O$）。其水化反应式为

$$3CaO \cdot Al_2O_3 + 6H_2O = 3CaO \cdot Al_2O_3 \cdot 6H_2O$$

铁铝酸四钙与水反应，生成水化铝酸钙和水化铁酸钙（$CaO \cdot Fe_2O_3 \cdot H_2O$）。其水化反应式为

$$4CaO \cdot Al_2O_3 \cdot Fe_2O_3 + 7H_2O = 3CaO \cdot Al_2O_3 \cdot 6H_2O + CaO \cdot Fe_2O_3 \cdot H_2O$$

水化产物水化硅酸钙和水化铁酸钙几乎不溶于水，以胶体微粒析出，并逐渐凝聚成为凝胶；氢氧化钙在溶液中的浓度达到过饱和后，以六方晶体析出；水化铝酸钙为立方晶体。当有石膏存在时，水化铝酸钙还会继续与石膏发生反应，生成难溶于水的高硫型水化硫铝酸钙（$3CaO \cdot Al_2O_3 \cdot 3CaSO_4 \cdot 31H_2O$）针状晶体。水化硫铝酸钙沉积在未水化的水泥颗粒表面，形成保护膜，可以阻止水泥颗粒的水化，延缓水泥的凝结硬化时间。其水化反应式为

$$3CaO \cdot Al_2O_3 \cdot 6H_2O + 3(CaSO_4 \cdot 2H_2O) + 19H_2O = 3CaO \cdot Al_2O_3 \cdot 3CaSO_4 \cdot 31H_2O$$

综上所述，如果忽略一些次要成分，硅酸盐水泥熟料与水作用后，生成的主要水化产物是水化硅酸钙和水化铁酸钙凝胶体及氢氧化钙、水化铝酸钙和水化硫铝酸钙结晶体。

2. 活性混合材料的水化

粒化高炉矿渣、火山灰质混合材料和粉煤灰均属于活性混合材料，其矿物成分主要是活性氧化硅和活性氧化铝。它们与水接触后，本身不会硬化或硬化极为缓慢。但在氢氧化钙溶液中，活性成分会与水泥熟料的水化产物——氢氧化钙——发生反应，生成水化硅酸钙和水化铝酸钙。该反应又称为二次水化反应，反应式为

$$x\mathrm{Ca(OH)_2} + \mathrm{SiO_2} + m\mathrm{H_2O} \longrightarrow x\mathrm{CaO}\cdot\mathrm{SiO_2}\cdot n\mathrm{H_2O}$$

$$y\mathrm{Ca(OH)_2} + \mathrm{Al_2O_3} + m\mathrm{H_2O} \longrightarrow y\mathrm{CaO}\cdot\mathrm{Al_2O_3}\cdot n\mathrm{H_2O}$$

式中，x、y 值取决于混合材料的种类、石灰与活性氧化硅及活性氧化铝的比例、环境温度和作用所持续的时间等。

3. 水泥的凝结与硬化

水泥加水拌和后成为具有可塑性的水泥浆，随着时间的推移，水泥浆体逐渐变稠，可塑性下降，但此时还没有强度，这个过程称为水泥的“凝结”。随后水泥浆体失去可塑性，强度不断提高，并形成坚硬的固体，这个过程称为水泥的“硬化”，这种坚硬的固体被称为水泥石。水泥的凝结与硬化没有严格的界限，是为了便于研究而人为划分的两个时期，实际上它是水泥与水所发生的一系列连续而又复杂的、交错进行的物理化学变化过程。

根据水泥水化产物的形成以及水泥石组织结构的变化，水泥的凝结硬化大致可以分为溶解、凝结和硬化三个阶段。

（1）第一阶段——溶解期。水泥加水拌和后，水泥颗粒分散在水中，形成水泥浆体，如图 3.2（a）所示。

水泥颗粒的水化从水泥颗粒表面开始。位于水泥颗粒表面的矿物成分首先与水作用，生成相应的水化产物，并溶解于水中。在水化反应初期，由于水化反应速度快，各种水化产物在水中的溶解度比较小，水化产物的生成速度大于水化产物向溶液中扩散的速度，因此，水泥颗粒周围的溶液很快成为水化产物饱和或过饱和溶液，在水泥颗粒周围先后析出水化硅酸钙、水化铁酸钙胶体和氢氧化钙、水化铝酸钙、水化硫铝酸钙结晶体，并逐渐在水泥颗粒周围形成一层以水化硅酸钙凝胶为主体且具有半渗透性的水化物膜层。由于此时的水化产物数量较少，包有水化物膜层的水泥颗粒尚未相互搭结，是被水隔开且相互独立的，分子间作用力比较小，因此水泥浆体具有一定的可塑性，如图 3.2（b）所示。

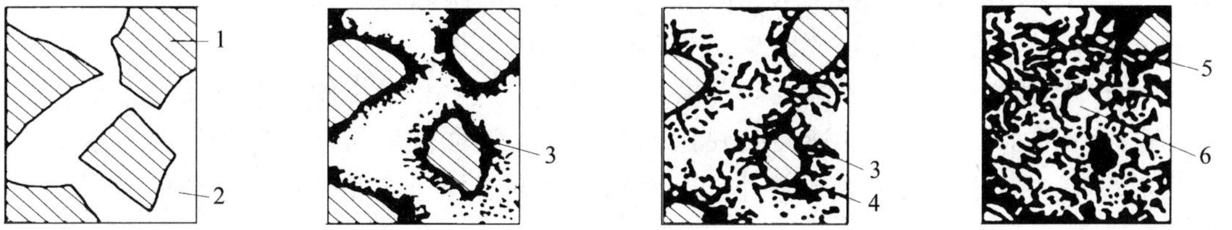

（a）分散在水中未水化的水泥颗粒　（b）在水泥颗粒表面形成水化物膜层　（c）膜层长大并互相连接（凝结）　（d）水化物进一步发展，填充毛细孔（硬化）

图 3.2　水泥凝结硬化过程示意图

1—水泥颗粒；2—水分；3—凝胶；4—晶体；5—未水化水泥颗粒内核；6—毛细孔

（2）第二阶段——凝结期。随着时间的推移，水泥颗粒的水化反应不断进行，水化产物数量不断增多，包裹在水泥颗粒表面的水化物膜层渐渐增厚，导致水泥颗粒之间原来被水所占的空隙逐渐减少，包有水化物膜层的水泥颗粒之间距离不断减小，在分子间力作用下，形成比较疏松的空间网状结构（又称凝聚结构）。空间网状结构的形成和发展，使水泥浆体明显变稠，流动性降低，开始失去可塑性，如图 3.2（c）所示。

（3）第三阶段——硬化期。随着水泥水化反应的不断深入，新生成的水化产物不断填充于水泥石的毛细孔中，凝胶体之间的空隙越来越小，空间网状结构的密实度逐渐提高，水泥浆体完全失去可塑性并渐渐产生强度，如图 3.2（d）所示。

水泥的凝结硬化过程进入硬化期后，水化速度会逐渐减慢，水化产物数量会随着水泥水化时间的延长而逐渐增多，并填充于毛细孔内，使得水泥石内部孔隙率变得越来越小，水泥石结构更加致密，强度不断得到提高。

由此可见，水泥的水化、凝结硬化是由表及里、由外向内逐步进行的。在水泥的水化初期，水化速度较快，强度增长迅速，随着堆积在水泥颗粒周围的水化产物数量不断增多，阻碍了水泥颗粒与水之间的进一步反应，使得水泥水化速度变慢，强度增长也逐渐减慢。大量实践与研究表明，无论水泥的水化时间多久，水泥颗粒的内核都很难完全水化。硬化后的水泥石结构是由胶体粒子、晶体粒子、孔隙（凝胶孔和毛细孔）及未水化的水泥颗粒组成的。它们在不同时期相对数量会变化，使水泥石的结构和性质也随之改变。当未水化的水泥颗粒含量高时，说明水泥水化程度低；当水化产物含量多，毛细孔含量少时，说明水泥水化充分，水泥石结构致密，硬化后强度高。

4. 影响水泥凝结硬化的因素

影响水泥凝结硬化的因素主要有水泥熟料矿物成分、水泥细度、拌和用水量、混合材料的掺量、养护条件等。

（1）水泥熟料的矿物成分。水泥熟料中矿物成分的相对含量的不同，使水泥的凝结硬化速度有所不同。铝酸三钙相对含量高的水泥，凝结硬化快；反之，则凝结硬化慢。

（2）水泥细度。水泥颗粒的粗细直接影响到水泥的水化和凝结硬化的快慢。水泥颗粒越细，总表面积越大，与水反应时接触面积增加，水泥的水化反应速度加快，凝结硬化加快。

（3）拌和用水量。拌和水泥浆时，为使水泥浆体具有一定的塑性和流动性，所加入的水一般要远远超过水泥水化的理论需水量。如果拌和用水量过多，加大了水化产物之间的距离，减弱了分子间的作用力，将延缓水泥的凝结硬化：同时多余的水在水泥石中形成较多的毛细孔，降低了水泥石的密实度，致使水泥石的强度和耐久性下降。

（4）养护条件。养护时的温度和湿度是保障水泥水化和凝结硬化的重要外界条件。提高温度，可以促进水泥水化，加速凝结硬化，有利于水泥强度增长。温度降低时，水化反应减慢，低于 0 °C 时，水化反应基本停止。当水结成冰时，由于体积膨胀，还会使水泥石结构遭到破坏。

潮湿环境下的水泥石，能够保持足够的水分进行水化和凝结硬化，水化产物不断填充在毛细孔中，使水泥石结构密实度增大，水泥强度不断提高。

（5）混合材料掺量。掺入混合材料后，使水泥熟料中矿物成分含量相对减少，水泥凝结硬化变慢。

（6）石膏掺量。为了调节水泥的凝结硬化时间，水泥中常掺入适量的石膏。石膏掺量不能太少，否则达不到延长水泥凝结硬化时间的作用。但是石膏掺量也不能太多，否则，在水泥的硬化后期，过多的石膏还会继续与水泥石中水化铝酸钙发生反应，生成水化硫铝酸钙，引起水泥石的体积膨胀，导致水泥石开裂，造成水泥体积安定性不良。

五、通用硅酸盐水泥的技术性质

依照国家标准《通用硅酸盐水泥》（GB 175—2007）的规定，通用硅酸盐水泥的技术性质主要有：

1. 化学指标

（1）氧化镁含量。在水泥熟料中，如存在较多的游离氧化镁，可能引起水泥体积安定性不良。因此，水泥熟料中游离氧化镁的含量应加以限制。国家标准规定：硅酸盐水泥、普通硅酸盐水泥的氧化镁含量不得超过 5.0%；矿渣硅酸盐水泥 A 型、火山灰质硅酸盐水泥、粉煤灰硅酸盐水泥和复合硅酸盐水泥熟料中氧化镁含量不得超过 6.0%；矿渣硅酸盐水泥 B 型无要求。

（2）三氧化硫含量。三氧化硫主要是在水泥的生产过程中因掺入过量石膏而产生的。如果三氧化硫含量超出一定限度，在水泥石硬化后，其还会继续与水化产物反应，产生体积膨胀性物质，引起水泥体积安定性不良，导致结构物破坏。国家标准规定：硅酸盐水泥、普通硅酸盐水泥、火山灰质硅酸盐水泥、粉煤灰硅酸盐水泥和复合硅酸盐水泥熟料中三氧化硫含量不得超过 3.5%；矿渣硅酸盐水泥熟料中三氧化硫含量不得超过 4.0%。

（3）不溶物。不溶物是指水泥经酸和碱处理后，不能被溶解的残余物。它主要由水泥原料、混合材料和石膏中的杂质产生。不溶物的存在会影响水泥的黏结质量。国家标准规定：Ⅰ型硅酸盐水泥中不溶物不得超过 0.75%，Ⅱ型硅酸盐水泥不得超过 1.50%。

（4）烧失量。烧失量是指水泥在一定的灼烧温度和时间内，经高温灼烧后的质量损失率。水泥煅烧不理想或者受潮后，均会导致烧失量增加。国家标准规定：Ⅰ型硅酸盐水泥中烧失量不得大于 3.0%，Ⅱ型硅酸盐水泥不得大于 3.5%；普通硅酸盐水泥中烧失量不得大于 5.0%。

（5）碱含量（选择性指标）。硅酸盐类水泥中除含有主要矿物成分外，还含有少量其他氧化物，如氧化钾（K_2O）、氧化钠（Na_2O）等。水泥的碱含量指水泥中 Na_2O 与 K_2O 的总量，碱含量的大小用 $Na_2O + 0.658K_2O$ 的计算值来表示。当水泥中的碱含量较高，集料又具有一定的活性时，容易产生碱-集料反应，结构的耐久性降低。因此，国家标准规定：若使用活性集料，用户要求提供低碱水泥时，水泥中碱含量不得大于 0.60%，或由供需双方协商确定。

2. 密度与堆积密度

水泥的密度与其熟料矿物组成、储存时间、储存条件以及熟料的煅烧程度有关，一般为 3.05 ~ 3.2 g/cm^3。在进行混凝土配合比计算时，通常取 3.10 g/cm^3。

水泥的堆积密度除与熟料矿物组成、水泥细度有关外，还与水泥存放时的紧密程度有很大关系。松散状态下的堆积密度为 1 000 ~ 1 400 kg/m^3，紧密状态下的堆积密度可达 1 600 kg/m^3。

3. 细度（选择性指标）

细度是指水泥颗粒的粗细程度。水泥颗粒的粗细对水泥质量有很大影响。水泥颗粒越细，与水反应时的接触面积增大，水化速度越快，水化反应越完全、充分，早期强度增长越快；但水泥颗粒过细，硬化时的收缩量就较大，在储运过程中易受潮而降低其活性，同时水泥的成本也越高。因此，应合理控制水泥细度。

水泥细度按国家标准《水泥细度检测方法（筛析法）》（GB/T 1345—2005）、《水泥比表面积测定方法（勃氏法）》（GB/T 8074—2008）测定。筛析法是用边长为 80 μm 和 45 μm 的方孔筛对水泥进行筛析试验，用筛余百分比来表示水泥的细度。比表面积是指单位质量的水泥粉末所具有的总表面积，以 m^2/kg 表示。比表面积数值的高低与水泥颗粒的粗细大小紧密相关。通常水泥颗粒越细，则比表面积越大。

国家标准规定：硅酸盐水泥和普通硅酸盐水泥以比表面积表示，不小于 300 m^2/kg；矿渣硅酸盐水泥、火山灰质硅酸盐水泥、粉煤灰硅酸盐水泥和复合硅酸盐水泥以筛余表示，80 μm 方孔筛筛余不大于 10% 或 45 μm 方孔筛筛余不大于 30%。

4. 标准稠度用水量

水泥的许多性质都与新拌制的水泥浆的稀稠程度有关，如凝结时间、收缩量、体积安定性测定等。为了使测试结果具有可比性，在测定水泥的凝结时间和体积安定性等性能时，应在一个标准的水泥稠度下进行。

水泥标准稠度用水量是指水泥净浆达到标准稠度时所需要的用水量，通常以占水泥质量的百分比来表示。

水泥标准稠度用水量应按国家标准《水泥标准稠度用水量、凝结时间、安定性检验方法》（GB/T 1346—2011）所规定的方法进行测定。将按标准规定的方法所拌制的水泥净浆，在水泥标准稠度维卡仪上，以试杆沉入净浆并距底板（6 ± 1）mm 时水泥净浆的稠度为标准稠度，其拌和用水量即该水泥的标准稠度用水量。水泥标准稠度用水量的大小主要与水泥的细度、矿物成分有关。不同品种的水泥，其标准稠度用水量也有所不同，一般为 24% ~ 33%，如硅酸盐水泥的标准稠度用水量为 23% ~ 28%。

5. 凝结时间

凝结时间是指水泥从加水开始，到水泥浆失去可塑性所需要的时间。水泥的凝结时间分初凝和终凝。初凝时间是指从水泥加水拌和起到水泥浆开始失去可塑性所需要的时间；终凝时间是指从水泥加水拌和时起到水泥浆完全失去可塑性，并开始产生强度所需要的时间。水泥的凝结时间按国家标准《水泥标准稠度用水量、凝结时间、安定性检验方法》（GB/T 1346—2011）规定的方法进行测定。水泥的凝结时间与水泥熟料的矿物组成、拌和用水量、水泥细度、周围环境的温度与湿度等因素有关。水泥熟料中铝酸三钙含量增加，水泥凝结硬化越快；水泥颗粒越细，水化作用越快，凝结时间越短；拌和用水量少、养护时外界温度和湿度高，都可以加快水泥的凝结硬化。

水泥的凝结时间对工程施工有着非常重要的意义。为使混凝土和砂浆有足够的时间进行搅拌、运输、浇注、振捣或砌筑，水泥的初凝时间不能太短；为加快混凝土的凝结硬化，缩短施工工期，水泥的终凝时间又不能太长。因此，国家标准规定：硅酸盐水泥的初凝时间不小于 45 min，终凝时间不大于 390 min；普通硅酸盐水泥、矿渣硅酸盐水泥、火山灰质硅酸盐水泥、粉煤灰硅酸盐水泥和复合硅酸盐水泥的初凝时间不小于 45 min，终凝时间不得大于 600 min。

6. 体积安定性

水泥体积安定性是指水泥浆体在凝结硬化过程中体积变化是否均匀的性质。硅酸盐类水泥在凝结硬化过程中体积略有收缩，一般情况下水泥石的体积变化比较均匀，即体积安定性良好。如果水泥中某些成分的含量超出某一限度，水泥浆在凝结硬化过程中体积变化不均匀，会导致水泥石出现翘曲变形、开裂等现象，即体积安定性不良。体积安定性不良的水泥，会使结构物产生开裂，降低建筑工程的质量，影响结构物的正常使用。

水泥体积安定性不良，一般是由于水泥熟料中游离氧化钙、游离氧化镁含量过多或石膏掺量过大等原因所造成的。

水泥熟料中所含的游离氧化钙和氧化镁均属过烧状态，水化速度很慢，在水泥凝结硬化后才慢慢开始与水反应，生成体积膨胀性物质——氢氧化钙和氢氧化镁，在水泥石中产生膨胀压力，引起水泥石翘曲、开裂和崩溃。如果水泥中石膏掺量过大，在水泥硬化以后，多余的石膏还会继续与水泥石中的水化产物——水化铝酸钙——反应，生成水化硫铝酸钙，体积增大 1.5 倍，从而导致水泥石开裂。

国家标准规定，采用沸煮法检验水泥的体积安定性。测试时可采用试饼法（代用法）或雷氏法（标准法），测试结果有争议时以雷氏法为准。

试饼法是用标准稠度的水泥净浆做成试饼，经恒沸 3 h 以后，用眼睛观察试饼表面有无裂纹，用直尺检查试饼底部有无弯曲翘曲现象。若试饼表面无裂纹且试饼底部也没有弯曲翘曲现象，则水泥体积安定性合格；反之为不合格。雷氏法是测定水泥浆在雷氏夹中经沸煮 3 h 后的膨胀值。当两个试件沸煮后的膨胀值的平均值不大于 5.0 mm 时，则该水泥体积安定性合格，反之为不合格。

需要指出的是，沸煮法会起到加速游离氧化钙熟化的作用，所以，沸煮法只能检验出游离氧化钙过量所引起的体积安定性不良。游离氧化镁的水化作用比游离氧化钙更加缓慢，因此，游离氧化镁所造成的体积安定性不良，必须用压蒸的方法才能检验出来；石膏的危害则需要长时间浸泡在常温水中才能发现。由于游离氧化镁和石膏的危害作用不便于快速检验，所以，国家标准对水泥熟料中氧化镁、三氧化硫的含量作了严格规定，以保证水泥质量。

7. 强　度

水泥强度一般是指水泥胶砂试件单位面积上所能承受的最大外力，是表示水泥力学性质的重要指标，也是划分水泥强度等级的依据。根据外力作用方式的不同，水泥的强度可分为抗压强度、抗折强度、抗拉强度等。

水泥的强度除了与水泥的矿物组成、细度有关外，还与用水量、试件制作方法、养护条件和养护时间等条件有关。水泥熟料中硅酸三钙、硅酸二钙含量越高，水泥强度越高；水泥颗粒越细，水化反应越完全充分，水泥强度越高；拌和用水量小，硬化后水泥石密实度增大，可提高水泥强度；保证一定的温度和湿度，有利于水泥的水化与凝结硬化，也可以提高水泥强度。

根据国家标准《水泥胶砂强度检验方法（ISO 法）》（GB/T 17671—1999）规定，水泥和标准砂比为 1∶3、水灰比为 0.5，按规定的方法制成标准试件，在标准条件下进行养护，测其 3 d、28 d 的抗压强度和抗折强度。

根据 3 d、28 d 的抗压强度和抗折强度大小，将硅酸盐水泥、普通硅酸盐水泥、矿渣硅酸盐水泥、火山灰质硅酸盐水泥、粉煤灰硅酸盐水泥和复合硅酸盐水泥划分为若干个强度等级，其中带 R 的为早强型水泥。各强度等级水泥在不同龄期的强度应符合表 3.2 中的规定。

表 3.2　通用硅酸盐水泥不同龄期的强度指标

水泥品种	强度等级	抗压强度/MPa		抗折强度/MPa	
		3 d	28 d	3 d	28 d
硅酸盐水泥	42.5	≥17.0	≥42.5	≥3.5	≥6.5
	42.5R	≥22.0		≥4.0	
	52.5	≥23.0	≥52.5	≥4.0	≥7.0
	52.5R	≥27.0		≥5.0	
	62.5	≥28.0	≥62.5	≥5.0	≥8.0
	62.5R	≥32.0		≥5.5	
普通硅酸盐水泥	42.5	≥17.0	≥42.5	≥3.5	≥6.5
	42.5R	≥22.0		≥4.0	
	52.5	≥23.0	≥52.5	≥4.0	≥7.0
	52.5R	≥27.0		≥5.0	
矿渣硅酸盐水泥 火山灰质硅酸盐水泥 粉煤灰硅酸盐水泥	32.5	≥10.0	≥32.5	≥2.5	≥5.5
	32.5R	≥15.0		≥3.5	
	42.5	≥15.0	≥42.5	≥3.5	≥6.5
	42.5R	≥19.0		≥4.0	
	52.5	≥21.0	≥52.5	≥4.0	≥7.0
	52.5R	≥23.0		≥4.5	
复合硅酸盐水泥	32.5R	≥15.0	≥32.5	≥3.5	≥6.5
	42.5	≥15.0	≥42.5	≥3.5	≥6.5
	42.5R	≥19.0		≥4.0	
	52.5	≥21.0	≥52.5	≥4.0	≥7.0
	52.5R	≥23.0		≥4.5	

8. 水化热

水泥在水化过程中所放出的热量称为水化热。

水泥水化热的大小和放热速度的快慢与水泥熟料的矿物成分、水泥细度、混合材料掺入量有关。研究表明，水泥熟料中硅酸三钙和铝酸三钙含量越高，水化热越大，放热速度也越快；水泥颗粒越细，水化反应越快，水化热越大；混合材料掺入量越多，水泥的水化热越小，放热速度越慢。

水泥水化热能加速水泥的凝结硬化，对于混凝土的冬季施工非常有利，但对大型基础、桥梁墩台、大坝等大体积混凝土构筑物极其不利。这是由于水化热易积蓄在混凝土内部不易散失，使混凝土内部温度急剧上升，内外温差过大而使混凝土产生开裂，影响结构的安全性、完整性和耐久性。

六、水泥石的腐蚀与防止

1. 水泥石的腐蚀类型

水泥制品在正常的使用条件下，水泥石的强度会不断增长，使工程结构具有较高的耐久性。但在某些腐蚀性介质的作用下，水泥石结构逐渐遭到破坏，强度降低，甚至引起整个工程结构的破坏，这种现象称为水泥石的腐蚀。常见的腐蚀类型有以下几种：

（1）软水侵蚀（溶出性侵蚀）。软水是指重碳酸盐含量较小的水。如雨水、雪水、蒸馏水、工厂冷凝水以及含重碳酸盐很少的河水与湖水等均属于软水。水泥石长期处于软水环境中，水化产物氢氧化钙会不断溶解，引起水泥石中其他水化产物发生分解，导致水泥石结构孔隙增大，强度降低，甚至破坏，故软水侵蚀又称为溶出性侵蚀。

（2）酸类腐蚀。当水中含有盐酸、氢氟酸、硫酸、硝酸等无机酸或醋酸、蚁酸和乳酸等有机酸时，这些酸性物质会与水泥石中的氢氧化钙发生中和反应，生成的化合物或者易溶于水，或者在水泥石孔隙内结晶膨胀，产生较大的膨胀压力，导致水泥石结构破坏。

例如，盐酸与水泥石中的氢氧化钙反应，生成的氯化钙易溶于水中。其反应式为

$$2HCl + Ca(OH)_2 = CaCl_2 + 2H_2O$$

硫酸与水泥石中的氢氧化钙发生反应，生成体积膨胀性物质二水石膏，二水石膏再与水泥石中的水化铝酸钙作用，生成高硫型的水化硫铝酸钙，在水泥石内产生较大的膨胀压力。其反应式为

$$H_2SO_4 + Ca(OH)_2 = CaSO_4 \cdot 2H_2O$$

$$3CaO \cdot Al_2O_3 \cdot 6H_2O + 3(CaSO_4 \cdot 2H_2O) + 19H_2O = 3CaO \cdot Al_2O_3 \cdot 3CaSO_4 \cdot 31H_2O$$

在工业污水、地下水中，常溶解有较多的二氧化碳，它对水泥石的腐蚀作用是二氧化碳与水泥石中的氢氧化钙反应生成碳酸钙，碳酸钙再与含碳酸的水进一步作用，生成更易溶于水中的碳酸氢钙，从而导致水泥石中其他水化产物的分解，引起水泥石结构破坏。其反应式为

$$Ca(OH)_2 + CO_2 + H_2O = CaCO_3 + 2H_2O$$

$$CaCO_3 + CO_2 + H_2O = Ca(HCO_3)_2$$

（3）盐类腐蚀。在一些海水、沼泽水以及工业污水中，常含有钠、钾、铵等的硫酸盐。它们能与水泥石中的氢氧化钙发生化学反应，生成硫酸钙。硫酸钙进一步与水泥石中的水化产物——水化铝酸钙作用，生成具有针状晶体的高硫型水化硫铝酸钙。高硫型水化硫铝酸钙晶体

中含有大量的结晶水，体积膨胀可达 1.5 倍，致使水泥石产生开裂甚至毁坏。以硫酸钠为例，其反应式为

$$Ca(OH)_2 + Na_2SO_4 \cdot 10H_2O = CaSO_4 \cdot 2H_2O + 2NaOH + 8H_2O$$
$$3CaO \cdot Al_2O_3 \cdot 6H_2O + 3(CaSO_4 \cdot 2H_2O) + 19H_2O = 3CaO \cdot Al_2O_3 \cdot 3CaSO_4 \cdot 31H_2O$$

在海水及地下水中，还常常含有大量的镁盐，主要是硫酸镁和氯化镁。它们与水泥石中的氢氧化钙作用，生成的氢氧化镁松软而无胶凝能力，氯化钙易溶于水，硫酸钙则会引起硫酸盐的破坏作用。其反应式为

$$MgSO_4 + Ca(OH)_2 + 2H_2O = CaSO_4 \cdot 2H_2O + Mg(OH)_2$$
$$MgCl_2 + Ca(OH)_2 = CaCl_2 + Mg(OH)_2$$

（4）强碱腐蚀。一般情况下水泥石能够抵抗碱的腐蚀。如果水泥石结构长期处于较高浓度的碱溶液（如氢氧化钠溶液）中，也会产生腐蚀破坏。

综上所述，引起水泥石腐蚀的根本原因有：① 水泥石中存在易被腐蚀的化学物质——氢氧化钙和水化铝酸钙；② 水泥石本身不密实，有很多毛细孔通道，腐蚀性介质易于通过毛细孔深入到水泥石内部，加速腐蚀的进程。大量实践也可以证明，水泥石的腐蚀是一个极为复杂的物理化学变化过程，水泥石受到腐蚀介质作用时，很少仅有单一的侵蚀作用，往往是几种类型的腐蚀同时存在，相互影响。

2. 水泥石腐蚀的防止措施

为减轻或防止水泥石的腐蚀，可以采取下列措施：

（1）根据工程所处的环境特点，合理地选用水泥品种。在有腐蚀性介质存在的工程环境中，应选用水化产物氢氧化钙含量比较低的水泥，以提高水泥石的耐腐蚀性能。

（2）降低水灰比，提高水泥石的密实度。通用水泥的水化理论需水量约为水泥质量的 23%，而实际用水量往往是水泥质量的 40% ~ 70%，多余的水在水泥石结构内部容易形成毛细孔或水囊，降低水泥石结构的密实度，腐蚀性介质容易渗入水泥石内部，加速水泥石的腐蚀。采用降低水灰比、掺入外加剂、改进施工工艺等技术手段，可以提高水泥石的密实度，降低腐蚀性介质的渗入，以提高水泥石的抗腐蚀能力。

（3）敷设保护层。当腐蚀性介质作用较强时，可以在结构表面覆盖耐腐蚀性能好且不渗水的保护层，如防腐涂料、耐酸陶瓷、塑料、沥青等，以减少腐蚀性介质与水泥石的直接接触，提高水泥石的抗腐蚀性能。

七、通用硅酸盐水泥的特性与应用

1. 硅酸盐水泥

由于硅酸盐水泥熟料中硅酸三钙和铝酸三钙的含量较高，因此硅酸盐水泥具有以下特点：

（1）凝结硬化快、强度高，适用于早期强度要求高、重要结构的高强度混凝土和预应力混凝土工程。

（2）抗冻性、耐磨性好，适用于冬季施工以及严寒地区遭受反复冻融作用的混凝土工程。

（3）水化热大，不适用于大体积混凝土工程。

（4）耐腐蚀性能较差，不适用于受软水、海水及其他腐蚀性介质作用的混凝土工程。

（5）耐热性差。硅酸盐水泥受热到 250 ~ 300 °C 时，水化物开始脱水，体积收缩，强度开始下降。当温度达 400 ~ 600 °C 时，强度明显下降，700 ~ 1 000 °C 时，强度降低更多，甚至完全破坏。因此，硅酸盐水泥不适用于有耐热要求的混凝土工程。

2. 普通硅酸盐水泥

由于普通硅酸盐水泥中掺入的混合材料数量不多，因此，它的特性与硅酸盐水泥相近。与硅酸盐水泥相比，其早期强度稍低，硬化速度稍慢，抗冻性与耐磨性略差。普通硅酸盐水泥的运用范围与硅酸盐水泥基本相同，广泛用于各种混凝土和钢筋混凝土工程。

3. 矿渣硅酸盐水泥、火山灰质硅酸盐水泥、粉煤灰硅酸盐水泥

矿渣硅酸盐水泥、火山灰质硅酸盐水泥、粉煤灰硅酸盐水泥都是在硅酸盐水泥熟料的基础上掺入较多的活性混合材料共同磨细制成的。由于活性混合材料的掺量较多，并且活性混合材料的活性成分基本相同，因此它们的特性大同小异。但与硅酸盐水泥、普通硅酸盐水泥相比，确有明显的不同。因不同混合材料结构上的不同，导致它们相互之间又具有一些不同的特性。

（1）矿渣硅酸盐水泥、火山灰质硅酸盐水泥、粉煤灰硅酸盐水泥的共性。

① 凝结硬化慢，早期强度低，后期强度发展较快。3 种水泥中掺加了大量的活性混合材料，相对减少了水泥熟料中矿物成分的含量。另外，3 种水泥的水化反应是分两步进行的，首先是水泥熟料矿物成分的水化，随后是水泥的水化产物氢氧化钙与活性混合材料的活性成分发生二次水化反应，并且在常温下二次水化反应速度较慢。所以，这些水泥的凝结硬化慢，早期强度较低。但在硬化后期，随着水化产物的不断增多，水泥的后期强度发展较快。它们不适用于早期强度要求较高的混凝土工程。

② 水化热低。由于 3 种水泥中掺加了混合材料，水泥熟料含量相对减少，使水泥的水化反应速度放慢，水化热较低，适用于大体积混凝土工程。

③ 耐腐蚀性能好。由于水泥熟料含量少，水泥水化之后生成的水化产物——氢氧化钙——含量较少，而且二次水化反应还要进一步消耗氢氧化钙，使水泥石结构中氢氧化钙的含量更低。因此，3 种水泥抵抗海水、软水及硫酸盐腐蚀的能力都较强，适用于有抗软水侵蚀和抗硫酸盐侵蚀要求的混凝土工程。如果火山灰质硅酸盐水泥中掺入的火山灰质混合材料中氧化铝的含量较高，水泥水化后生成的水化铝酸钙数量较大，则抵抗硫酸盐腐蚀的能力明显降低，故应用时要合理选择水泥品种。

④ 抗冻性差，不适用于有抗冻要求的混凝土工程。

⑤ 抗碳化能力较差。这 3 种水泥的水化产物——氢氧化钙——含量较低，很容易与空气中的二氧化碳发生碳化反应。当碳化深度达到钢筋表面时，容易引起钢筋锈蚀现象，降低结构的耐久性。所以，它们不适用于二氧化碳浓度较高的环境。

⑥ 温度敏感性强，适合蒸气养护。水泥的水化温度降低时，水化速度明显减弱，强度发展慢。提高养护温度，不仅可以加快水泥熟料的水化，而且还能促进二次水化反应的进行，可提高水泥的早期强度。

（2）矿渣硅酸盐水泥、火山灰质硅酸盐水泥、粉煤灰硅酸盐水泥各自的特点。

① 矿渣硅酸盐水泥。由于矿渣经过高温，矿渣硅酸盐水泥硬化后氢氧化钙的含量又比较少，所以，矿渣硅酸盐水泥的耐热性较好，适用于有耐热要求的混凝土结构工程。

粒化高炉矿渣棱角较多，拌和用水量较大，但矿渣保持水分的能力差，泌水性较大，在混凝土施工中由于泌水而形成毛细管通道或粗大的孔隙，水分的蒸发又容易引起干缩，致使矿渣硅酸盐水泥的抗渗性、抗冻性较差，收缩量较大。

② 火山灰质硅酸盐水泥。火山灰质混合材料的结构特点是疏松并且多孔，在潮湿的条件下养护，可以形成较多的水化产物，水泥石结构比较致密，因而具有较高的抗渗性和耐水性。如处于干燥环境中，所吸收的水分会蒸发，引起体积收缩且收缩量较大，在干热条件下表面容易产生起粉现象，耐磨性能差。

火山灰质硅酸盐水泥不适用于长期处于干燥环境和水位变化范围内的混凝土工程以及有耐磨性要求的混凝土工程。

③ 粉煤灰硅酸盐水泥。粉煤灰为球形颗粒，结构比较致密，内比表面积小，对水的吸附能力较弱，拌和时需水量较少，所以粉煤灰硅酸盐水泥干缩性比较小，抗裂性能好。粉煤灰硅酸盐水泥非常适用于有抗裂性能要求的混凝土工程，不适用于有耐磨要求的、长期处于干燥环境和水位变化范围内的混凝土工程。

4. 复合硅酸盐水泥

在复合硅酸盐水泥中掺入了两种以上的混合材料，可以相互补充、取长补短，克服掺入单一混合材料水泥的一些弊病。如矿渣硅酸盐水泥中掺石灰石不仅能够改善矿渣硅酸盐水泥的泌水性，提高早期强度，而且还能保证水泥后期强度的增长。在需水性大的火山灰质硅酸盐水泥中掺入矿渣等，能有效减少水泥需水量。复合硅酸盐水泥的特性取决于所掺入的两种混合材料的种类、掺量及其相对比例。

使用复合硅酸盐水泥时，应根据掺入的混合材料种类，参照掺有混合材料的硅酸盐水泥的适用范围和工程经验合理选用。

硅酸盐水泥、普通硅酸盐水泥、矿渣硅酸盐水泥、火山灰质硅酸盐水泥、粉煤灰硅酸盐水泥和复合硅酸盐水泥是建设工程中使用量最大、应用范围最广的通用硅酸盐类水泥。应根据工程所处环境条件、对工程的具体要求等因素，合理地选用水泥品种。通用水泥的使用可以参照表 3.3 选择。

表 3.3 通用水泥的选用表

混凝土工程特点及所处环境条件		优先使用	可以使用	不宜使用
普通混凝土	在一般气候环境中的混凝土	普通水泥	矿渣水泥、火山灰水泥、粉煤灰水泥、复合水泥	—
	在干燥环境中的混凝土	普通水泥	矿渣水泥	火山灰水泥、粉煤灰水泥
	在高温高湿环境中或长期处于水中的混凝土	矿渣水泥、火山灰水泥、粉煤灰水泥、复合水泥	普通水泥	—
	厚大体积的混凝土	矿渣水泥、火山灰水泥、粉煤灰水泥、复合水泥	普通水泥	硅酸盐水泥
有特殊要求的混凝土	要求快硬、高强（大于 C40）的混凝土	硅酸盐水泥	普通水泥	矿渣水泥、火山灰水泥、粉煤灰水泥、复合水泥
	严寒地区的露天混凝土，寒冷地区处于水位升降范围内的混凝土	普通水泥	矿渣水泥	火山灰水泥、粉煤灰水泥
	严寒地区处于水位升降范围内的混凝土	普通水泥	—	矿渣水泥、火山灰水泥、粉煤灰水泥、复合水泥
	有抗渗要求的混凝土	火山灰水泥、普通水泥	—	矿渣水泥
	有腐蚀介质存在的混凝土	矿渣水泥、火山灰水泥、粉煤灰水泥、复合水泥	—	硅酸盐水泥
	有耐磨要求的混凝土	硅酸盐水泥、普通水泥	—	火山灰水泥、粉煤灰水泥

八、水泥的质量评定、验收与保管

1．水泥的质量评定

（1）检验样品的确定。水泥进入施工现场的质量检验，应根据相应产品的技术标准和试验方法进行。试样的采集应按如下规定进行：对于散装水泥，应随机地从不少于 3 个车罐中，各取等量水泥；对于袋装水泥，应随机地从不少于 20 袋中，各取等量水泥。将所取的水泥混拌均匀后，再从中称取不少于 12 kg 的水泥作为检验试样。

（2）检验项目。对于通用硅酸盐水泥，检验的项目主要有：水泥细度、标准稠度用水量、凝结时间、体积安定性、胶砂强度等。

（3）检验结果评定。国家标准规定：凡化学指标、凝结时间、安定性和强度等符合规定的为合格品，否则为不合格品。

2. 水泥的验收

水泥验收的主要内容包括：

（1）检查、核对水泥出厂的质量检验报告。水泥出厂的质量检验报告，不仅是验收水泥的技术保证依据，也是施工单位长期保存的技术资料，还可以作为工程质量验收时工程用料的技术凭证。要核对试验报告的编号与实收水泥的编号是否一致，试验项目是否齐全，试验检测值是否达到国家标准的要求。

（2）核对包装及标志是否相符。水泥的包装及标志必须符合标准。水泥的包装可以采用袋装，也可以散装。袋装水泥每袋净含量 50 kg，且不得少于标志质量的 99%，随机抽取 20 袋的总质量（含包装袋）不得少于 1 000 kg。

水泥包装袋上应清楚标明：执行标准、水泥品种、代号、强度等级、生产者名称、生产许可证标志（QS）及编号、出厂编号、包装日期和净含量。包装袋两侧应根据水泥品种的不同采用不同的颜色印刷水泥名称和强度等级。硅酸盐水泥和普通硅酸盐水泥采用红色，矿渣硅酸盐水泥的印刷采用绿色，火山灰质硅酸盐水泥、粉煤灰硅酸盐水泥和复合水泥采用黑色或蓝色。散装水泥发运时应提交与袋装标志相同内容的卡片。

通过对水泥包装及标志的核对，不仅可以发现包装的完好程度，盘点和检验数量是否给足，还能核对所购水泥与到货的产品是否完全一致，及时发现和纠正可能出现的产品混杂的现象。

3. 水泥的保管

水泥在储存、保管时，应注意以下几个问题：

（1）防水防潮。水泥在存放过程中很容易吸收空气中的水分而产生水化作用，凝结成块，降低水泥强度，影响水泥的正常使用。所以，水泥应在干燥环境条件下存放。袋装水泥在存放时，应用木料垫高，高出地面约 30 cm，四周离墙约 30 cm，堆置高度一般不超过 10 袋。存放散装水泥时，应将水泥储存于专用的水泥罐中。对于受潮水泥可以根据受潮程度，按表 3.4 方法做适当处理。

表 3.4 受潮水泥的处理与使用

受潮情况	处理方法	适用场合
有粉块，用手可以捏成粉末，无硬块	压碎粉块	通过试验后，根据实际强度等级使用
部分结成硬块	筛除硬块压碎粉块	通过试验后，根据实际强度等级使用。用于受力较小的部位，也可配副砂浆
大部分结成硬块	将硬块粉碎磨细	不能作为水泥使用，可作为混合材料掺加到混凝土中

（2）分类储存。不同品种、强度等级、生产厂家、出厂日期的水泥应分别储存，并加以标志，不得混杂。

（3）储存期不宜过长。储存时间过长，水泥会吸收空气中的水分导致其缓慢水化而降低强度。袋装水泥储存 3 个月后，强度降低 10%～20%；6 个月后，降低 15%～30%；1 年后降低 25%～40%。因此，水泥储存期不宜超过 3 个月，使用时应做到先存先用，不可储存过久。

第二节　特性水泥与专用水泥

一、特性水泥

特性水泥是指其某种性能比较突出的水泥，如快凝快硬硅酸盐水泥、抗硫酸盐硅酸盐水泥、膨胀水泥、低水化热水泥等。

1．快凝快硬硅酸盐水泥

以硅酸三钙、氟铝酸钙为主的水泥熟料，加入适量的硬石膏、粒化高炉矿渣、无水硫酸钠，经磨细制成的一种凝结快、强度增长快的水硬性胶凝材料，称为快凝快硬硅酸盐水泥（简称双快水泥）。

快凝快硬硅酸盐水泥与硅酸盐水泥的主要区别，在于提高了水泥熟料中硅酸三钙和铝酸三钙的含量，并适当增加了石膏的掺量，同时还提高了水泥的细度。

国家标准《快凝快硬硅酸盐水泥》[JC 314—82（1996）]规定：快凝快硬硅酸盐水泥熟料中氧化镁含量不得超过 5.0%，三氧化硫含量不得超过 9.5%，水泥比表面积不得低于 450 m^2/kg，初凝时间不得早于 10 min，终凝时间不得迟于 60 min；体积安定性用沸煮法检验时必须合格。根据 4 h 的抗压强度和抗折强度大小，快凝快硬硅酸盐水泥分为双快-150 和双快-200 两个强度等级。各强度等级水泥在各龄期的强度值不得低于表 3.5 中的数值。

表 3.5　快凝快硬硅酸盐水泥各龄期的强度要求[JC 314—82（1996）]

强度等级	抗压强度/MPa			抗折强度/MPa		
	4 h	1 d	28 d	4 h	1 d	28 d
双快-150	14.7	18.6	31.9	2.75	3.43	5.39
双快-200	19.6	24.5	41.7	3.33	4.51	6.27

快凝快硬硅酸盐水泥具有凝结硬化快、早期强度增长快的特点，其 1 h 后抗压强度可达到相应的强度等级，后期强度仍有一定增长，适用于早期强度要求高的混凝土工程、军事工程、低温条件下施工和桥梁、隧道、涵洞等紧急抢修工程。由于快凝快硬硅酸盐水泥水化热大、放热集中迅速、耐腐蚀性能较差，因此，不宜用于大体积混凝土工程和有耐腐蚀性要求的混凝土工程。快凝快硬硅酸盐水泥在存放时易受潮变质，所以在运输和储存时，必须注意防潮，并应及时使用，不宜久存。出厂时间超过 3 个月后，应重新检验，合格后方可使用。快凝快硬硅酸盐水泥也不得与其他品种的水泥混合使用。

2．低水化热水泥

低水化热水泥包括低热硅酸盐水泥、中热硅酸盐水泥和低热矿渣硅酸盐水泥。

以适当成分的硅酸盐水泥熟料，加入适量石膏，磨细制成的具有低水化热的水硬性胶凝材料，称为低热硅酸盐水泥（简称低热水泥），代号为 P·LH。

以适当成分的硅酸盐水泥熟料，加入适量石膏，磨细制成的具有中等水化热的水硬性胶凝材料，称为中热硅酸盐水泥（简称中热水泥），代号为 P·MH。

以适当成分的硅酸盐水泥熟料，加入粒化高炉矿渣、适量石膏，磨细制成的具有低水化热的水硬性胶凝材料，称为低热矿渣硅酸盐水泥（简称低热矿渣水泥），代号为 P·SLH。水泥中矿渣掺量按质量百分比计为 20%～60%，允许用不超过混合材料总量 50% 的磷渣或粉煤灰代替部分矿渣。

从熟料的矿物成分来看，铝酸三钙和硅酸三钙水化热较大，同时游离的氧化钙也会增加水泥的水化热，降低水泥的抗拉强度，所以对其含量应加以限制。水泥熟料中铝酸三钙含量对于低热硅酸盐水泥和中热硅酸盐水泥不得超过 6%，对于低热矿渣硅酸盐水泥不得超过 8%；水泥熟料中硅酸三钙含量对于中热硅酸盐水泥不得超过 55%；水泥熟料中游离氧化钙含量对于低热硅酸盐水泥和中热硅酸盐水泥不得超过 1.0%；对于低热矿渣硅酸盐水泥不得超过 1.2%。

国家标准《中热硅酸盐水泥、低热硅酸盐水泥》（GB 200—2017）规定：中热硅酸盐水泥和低热硅酸盐水泥中氧化镁含量不大于 5.0%；三氧化硫含量不大于 3.5%；细度用比表面积法测定时，不小于 250 m^2/kg；初凝时间不小于 60 min，终凝时间不大于 720 min；体积安定性用沸煮法检验必须合格。

按照规定龄期的抗压强度和抗折强度大小，中热硅酸盐水泥的强度等级为 42.5，低热酸盐水泥的强度等级为 32.5 和 42.5。各强度等级水泥在各龄期的强度值应符合表 3.6 中的规定。

表 3.6　中热硅酸盐水泥、低热硅酸盐水泥各龄期的强度指标（GB 200—2017）

品种	强度要求	抗压强度/MPa			抗折强度/MPa		
		3 d	7 d	28 d	3 d	7 d	28 d
中热水泥	42.5	≥12.0	≥22.0	≥42.5	≥3.0	≥4.5	≥6.5
低热水泥	32.5	—	≥10.0	≥32.5	—	≥3.0	≥5.5
	42.5	—	≥13.0	≥42.5	—	≥3.5	≥6.5

低热硅酸盐水泥和中热硅酸盐水泥水化热较低，抗冻性与耐磨性较高，抗硫酸盐侵蚀性能好，适用于水利大坝、大体积水工建筑物，以及其他要求低水化热、高抗冻性、高耐磨、有抗硫酸盐侵蚀要求的混凝土工程。

3．硫酸盐硅酸盐水泥

根据抵抗硫酸盐侵蚀的程度不同，抗硫酸盐硅酸盐水泥分中抗硫酸盐硅酸盐水泥和高抗硫酸盐硅酸盐水泥两种。

凡以特定矿物组成的硅酸盐水泥熟料，加入适量石膏，磨细制成的具有抵抗中等浓度硫酸根离子侵蚀的水硬性胶凝材料，称为中抗硫酸盐硅酸盐水泥（简称中抗硫酸盐水泥），代号为 P·MSR。

凡以特定矿物组成的硅酸盐水泥熟料，加入适量石膏，磨细制成的具有抵抗较高浓度硫酸根离子侵蚀的水硬性胶凝材料，称为高抗硫酸盐硅酸盐水泥（简称高抗硫酸盐水泥），代号为 P·HSR。

硅酸盐水泥熟料中最容易被硫酸盐腐蚀的成分是铝酸三钙。因此，抗硫酸盐硅酸盐水泥熟料中铝酸三钙的含量比较低。由于在水泥熟料的烧制过程中，铝酸三钙数量与硅酸三钙数量之间存在一定的相关性，如果水泥熟料中铝酸三钙含量较低，则硅酸三钙的含量相应的也较低。但是在抗硫酸盐硅酸盐水泥熟料中硅酸三钙的含量不宜太低，否则不利于水泥强度的增长。硅酸三钙和铝酸三钙含量的限制见表 3.7。

表 3.7　抗硫酸盐硅酸盐水泥熟料中硅酸三钙和铝酸三钙含量限制

品　种	中抗硫酸盐硅酸盐水泥	高抗硫酸盐硅酸盐水泥
硅酸三钙含量/%	≤55.0	≤50.0
铝酸三钙含量/%	≤5.0	≤3.0

抗硫酸盐硅酸盐水泥的抗侵蚀能力以抗硫酸盐腐蚀系数 F 来评定。它是指水泥试件在人工配制的硫酸根离子浓度分别为 2 500 mg/L（对中抗硫酸盐水泥）和 8 000 mg/L（对高抗硫酸盐水泥）的硫酸钠溶液中，浸泡 6 个月后的强度与同时浸泡在饮用水中试件的强度之比。抗硫酸盐硅酸盐水泥的抗硫酸盐腐蚀系数不得小于 0.8。

国家标准《抗硫酸盐硅酸盐水泥》（GB 748—2005）规定：抗硫酸盐硅酸盐水泥熟料中氧化镁含量不得超过 5.0%，三氧化硫含量不得超过 2.5%，水泥中不溶物不得超过 1.5%，烧失量不得超过 3.0%；水泥的比表面积不小于 280 m^2/kg；初凝时间不得早于 45 min，终凝时间不得迟于 10 h；体积安定性用沸煮法检验必须合格。

根据 3 d、28 d 的抗压强度和抗折强度大小，抗硫酸盐硅酸盐水泥分 32.5 和 42.5 两个强度等级，各强度等级水泥在各龄期的强度值不得低于表 3.8 中的数值。

表 3.8　抗硫酸盐硅酸盐水泥各龄期的强度要求（GB 748—2005）

强度等级	抗压强度/MPa		抗折强度/MPa	
	3 d	28 d	3 d	28 d
32.5	10.0	32.5	2.5	6.0
42.5	15.0	42.5	3.0	6.5

抗硫酸盐硅酸盐水泥具有较高的抗硫酸盐侵蚀能力，水化热较低，主要用于受硫酸盐侵蚀的海港、水利、地下隧道、引水、道路与桥梁基础等工程。

4. 铝酸盐水泥

凡以铝酸钙为主的铝酸盐水泥熟料，磨细制成的水硬性胶凝材料，称为铝酸盐水泥，代号为 CA。

（1）铝酸盐水泥的矿物组成。铝酸盐水泥的矿物成分主要为铝酸一钙（$CaO \cdot Al_2O_3$，简写为 CA），其含量约占铝酸盐水泥质量的 70%，此外还有少量的硅酸二钙（$2CaO \cdot SiO_2$）与其他铝酸盐，如七铝酸十二钙（$12CaO \cdot 7Al_2O_3$，简写为 $C_{12}A_7$）、二铝酸一钙（$CaO \cdot 2Al_2O_3$，简写为 CA_2）和硅铝酸二钙（$2CaO \cdot Al_2O_3 \cdot SiO_2$，简写为 C_2AS）等。

（2）铝酸盐水泥的水化和硬化。铝酸盐水泥的水化和硬化主要是铝酸一钙的水化及其水化产物的结晶。其水化产物会随外界温度的不同而异。当温度低于 20 °C 时，水化产物为水化铝酸一钙（$CaO \cdot Al_2O_3 \cdot 10H_2O$，简写为 CAH_{10}），其水化反应式为

$$CaO \cdot Al_2O_3 + 10H_2O = CaO \cdot Al_2O_3 \cdot 10H_2O$$

当温度为 20 °C ~ 30 °C 时，水化产物为水化铝酸二钙（$2CaO \cdot Al_2O_3 \cdot 8H_2O$，简写为 C_2AH_8）和氢氧化铝（$Al_2O_3 \cdot 3H_2O$，简写为 AH_3），其水化反应式为

$$2(CaO \cdot Al_2O_3) + 11H_2O = 2CaO \cdot Al_2O_3 \cdot 8H_2O + Al_2O_3 \cdot 3H_2O$$

当温度高于 30 °C 时，水化产物为水化铝酸钙（$3CaO \cdot Al_2O_3 \cdot 6H_2O$，简写为 C_3AH_6）和氢氧化铝，其水化反应式为

$$3(CaO \cdot Al_2O_3) + 12H_2O = 3CaO \cdot Al_2O_3 \cdot 6H_2O + 2(Al_2O_3 \cdot 3H_2O)$$

水化产物水化铝酸一钙和水化铝酸二钙为针状或板状晶体，能相互交织成坚固的结晶共生体，析出的氢氧化铝难溶于水，填充于晶体骨架的空隙中，形成比较致密的结构，使水泥石具有很高的强度。水化反应集中在早期，5 ~ 7 d 后水化产物的数量很少增加。所以，铝酸盐水泥早期强度增长很快。

随硬化时间的延长，不稳定的水化铝酸一钙和水化铝酸二钙会逐渐转化为比较稳定的水化铝酸钙，转化过程会随着外界温度的升高而加快。转化结果使水泥石内部析出游离水，增大了孔隙体积，同时水化铝酸钙晶体本身缺陷较多，强度较低，因而水泥石后期强度明显降低。

（3）铝酸盐水泥的技术要求。铝酸盐水泥呈黄、褐或灰色，其密度和堆积密度与硅酸盐水泥接近，密度为 3.0 ~ 3.2 g/cm^3，堆积密度为 1 000 ~ 1 300 kg/m^3。

国家标准《铝酸盐水泥》（GB 201—2015）规定：铝酸盐水泥按 Al_2O_3 含量百分数分为 CA50（CA50-Ⅰ、CA50-Ⅱ、CA50-Ⅲ、CA50-Ⅳ）、CA60（CA60-Ⅰ、CA60-Ⅱ）、CA70、CA80 四种类型；水泥细度用比表面积法测定时不小于 300 m^2/kg，或者 45 μm 筛余不大于 20%；对于 CA50、CA60-Ⅰ、CA70、CA80 水泥初凝时间不小于 30 min，终凝时间不大于 6 h；对于 CA60-Ⅱ水泥初凝时间不小于 60 min，终凝时间不大于 18 h；体积安定性检验必须合格。

各类型水泥在各龄期的强度指标应符合表 3.9 中的规定。

（4）铝酸盐水泥的特点与应用。

① 凝结硬化快，早期强度增长快，适用于紧急抢修工程和早期强度要求高的混凝土工程。

② 硬化后的水泥石在高温下（900 °C 以上）仍能保持较高的强度，具有较高的耐热性能。如采用耐火的粗、细集料（如铬铁矿等），可制成使用温度达 1 300 ~ 1 400 °C 的耐热混凝土，也可作为高炉炉衬材料。

表 3.9　铝酸盐水泥的 Al_2O_3 含量和各龄期的强度指标（GB 201—2015）

类型		Al_2O_3 含量	抗压强度/MPa				抗折强度/MPa			
			6 h	1 d	3 d	28 d	6 h	1 d	3 d	28 d
CA50	CA50-I	≥50 且 < 60	≥20	≥40	≥50	—	≥3	≥5.5	≥6.5	—
	CA50-II			≥50	≥60	—		≥6.5	≥7.5	—
	CA50-III			≥60	≥70	—		≥7.5	≥8.5	—
	CA50-IV			≥70	≥80	—		≥8.5	≥9.5	—
CA60	CA60-I	≥50 且 < 60	—	≥65	≥85	—	—	≥7.0	≥10.0	—
	CA60-II		—	≥20	≥45	≥85	—	≥2.5	≥5.0	≥10.0
CA70		≥68 且 < 77	—	≥30	≥40	—	—	≥5.0	≥6.0	—
CA80		≥77	—	≥25	≥30	—	—	≥4.0	≥5.0	—

③ 具有较好的抗渗性和抗硫酸盐侵蚀能力。这是因为铝酸盐水泥的水化产物主要为低钙铝酸盐，游离的氧化钙含量极少，硬化后的水泥石中没有氢氧化钙，并且水泥石结构比较致密。因此，铝酸盐水泥具有较高的抗渗性、抗冻性和抗硫酸盐侵蚀能力，适用于有抗渗、抗硫酸盐侵蚀要求的混凝土工程，但铝酸盐水泥不耐碱，不能用于与碱溶液接触的工程。

④ 水化热大而且集中在早期释放。铝酸盐水泥的 1 d 放热量大约相当于硅酸盐水泥的 7 d 放热量。因此，适用于混凝土的冬季施工，但不宜用于大体积混凝土工程中。

铝酸盐水泥在使用时应注意以下几点：

① 由于铝酸盐水泥水化产物晶体易发生转换，导致铝酸盐水泥的后期强度会有所降低，尤其是在高于 30 °C 的湿热环境下，强度下降会更加明显，甚至会引起结构的破坏。因此，铝酸盐水泥不宜用于长期承受荷载作用的结构工程。

② 铝酸盐水泥最适宜的硬化温度为 15 °C 左右。一般施工时环境温度不宜超过 30 °C，否则，会产生晶体转换，使水泥石强度降低。所以，用铝酸盐水泥拌制的混凝土构件不能进行蒸汽养护。

③ 使用铝酸盐水泥时，严禁与硅酸盐水泥或石灰相混，也不得与尚未硬化的硅酸盐水泥接触，否则将产生瞬凝现象，以致无法施工，且强度很低。

5. 膨胀水泥和自应力水泥

一般硅酸盐水泥在空气中硬化时，体积会发生收缩。收缩会使水泥石的结构产生微裂缝或裂缝，降低水泥石结构的密实性，影响结构的抗渗、抗冻、耐腐蚀性和耐久性。膨胀水泥在硬化过程中体积不但不发生收缩，而且还略有不同程度的膨胀。当这种膨胀受到水泥混凝土中钢筋的约束而膨胀率又较大时，钢筋和混凝土会一起发生变形，钢筋受到拉力，混凝土受到压力，这种压力是由水泥水化产生的体积变化所引起的，所以叫自应力。自应力值大于 2 MPa 的水泥称为自应力水泥。由于这一过程发生在水泥浆体完全硬化之前，所以，能够使水泥石的结构更加密实而不致引起破坏。

（1）膨胀作用机理。在水泥生产过程中加入石膏、膨胀剂（如明矾石、铝酸盐水泥等），使水泥浆体中产生大量的水化硫铝酸钙晶体，进而使水泥石体积产生膨胀。

（2）膨胀水泥的种类。按水泥的主要矿物成分，膨胀水泥可分为硅酸盐型膨胀水泥、铝酸盐型膨胀水泥和硫铝酸盐型膨胀水泥三类。根据水泥的膨胀值及其用途又可分为收缩补偿水泥和自应力水泥两类。硅酸盐膨胀水泥是以硅酸盐水泥为主要组分，外加铝酸盐水泥和石膏配制而成的一种水硬性胶凝材料。这种水泥膨胀值的大小可通过改变铝酸盐水泥和石膏的含量来调节。例如，用 85% ~ 88%的硅酸盐水泥熟料、6% ~ 7.5% 的铝酸盐水泥、6% ~ 7.5% 的石膏可配制成收缩补偿水泥，用这种水泥配制的混凝土可做屋面刚性防水层、锚固地脚螺栓或修补等用。如适当提高其膨胀组分即可增加膨胀量，可配制成自应力水泥。自应力硅酸盐水泥常用于制造自应力钢筋混凝土压力管及其配件。

铝酸盐膨胀水泥是以一定量的铝酸盐水泥熟料和二水石膏为组成材料，经磨细而成的大膨胀率水硬性胶凝材料。该水泥具有自应力值高，抗渗性、气密性好，质量比较稳定等优点，但水泥生产成本较高，膨胀稳定期较长。可用于制作大口径或较高压力的压力管。

硫铝酸盐膨胀水泥是以无水硫铝酸钙熟料为主要组成材料，加入较多的石膏，经磨细制成的强膨胀性水硬性胶凝材料。可制作大口径或较高压力的压力管，石膏掺量较少时，可用做收缩补偿混凝土。

（3）膨胀水泥的特点与应用。膨胀水泥在约束变形条件下所形成的水泥石结构致密，具有良好的抗渗性和抗冻性，可用于配制防水砂浆与防水混凝土、浇灌构件的接缝及管道的接头、结构的加固与修补、浇注机器底座与固结地脚螺丝等。自应力水泥主要用于自应力钢筋混凝土结构工程和制造自应力压力管道等。

二、专用水泥

专用水泥是指有专门用途的水泥，如砌筑水泥、道路硅酸盐水泥、白色硅酸盐水泥等。

1．砌筑水泥

由硅酸盐水泥熟料加入规定的混合材料和适量石膏，经磨细制成的保水性较好的水硬性胶凝材料，称为砌筑水泥，代号为 M。砌筑水泥中混合材料掺量按质量百分比计应不少于 50%。

国家标准《砌筑水泥》（GB/T 3183—2017）规定：砌筑水泥熟料中三氧化硫含量不大于 3.5%；细度用 80 μm 方孔筛，筛余量不大于 10.0%；初凝时间不小于 60 min，终凝时间不大于 12 h；保水率不小于 80%；体积安定性用沸煮法检验必须合格。

砌筑水泥分为 12.5、22.5 和 32.5 三个强度等级。各强度等级的水泥在各龄期的强度值应符合表 3.10 中的规定。

表 3.10　砌筑水泥各龄期的强度指标（GB/T 3183—2017）

水泥等级	抗压强度/MPa			抗折强度/MPa		
	3 d	7 d	28 d	3 d	7 d	28 d
12.5	—	≥7.0	≥12.5	—	≥1.5	≥3.0
22.5	—	≥10.0	≥22.5	—	≥2.0	≥4.0
32.5	≥10.0	—	≥32.5	≥2.5	—	≥5.5

砌筑水泥凝结硬化慢，强度较低，在生产过程中以大量的工业废渣作为原材料，水泥的生产成本低，工作性能较好，适用于配制砌筑砂浆、抹面砂浆、基础垫层混凝土。

2. 道路硅酸盐水泥

由道路硅酸盐水泥熟料,适量石膏和 0 ~ 10% 活性混合材料磨细制成的水硬性胶凝材料，称为道路硅酸盐水泥（简称道路水泥），代号为 P · R。

道路硅酸盐水泥是为适应我国水泥混凝土路面的需要而发展起来的。为提高道路混凝土的抗折强度、耐磨性和耐久性，道路硅酸盐水泥熟料中的铝酸三钙含量不应大于 5.0%；铁铝酸四钙含量不应小于 15.0%。

国家标准《道路硅酸盐水泥》（GB/T 13693—2017）规定：道路硅酸盐水泥熟料中三氧化硫含量不得超过 3.5%，氧化镁含量不得超过 5.0%，游离氧化钙含量不得超过 1.0%，烧失量不得大于 3.0%，细度用比表面积法测定时为 300 ~ 450 m^2/kg，初凝时间不小于 1.5 h，终凝时间不大于 12 h，体积安定性用沸煮法检验必须合格，28 d 干缩率不大于 0.10%，28 d 磨耗量不大于 3.00 kg/m^2。

道路硅酸盐水泥分为 7.5、8.5 两个强度等级。各强度等级水泥在各龄期的强度应符合表 3.11 中的规定。

表 3.11　道路硅酸盐水泥各龄期的强度要求（GB/T 13693—2017）

强度等级	抗折强度/MPa		抗压强度/MPa	
	3 d	28 d	3 d	28 d
7.5	≥4.0	≥7.5	≥21.0	≥42.5
8.5	≥5.0	≥8.5	≥26.0	≥52.5

道路硅酸盐水泥具有早强与抗折强度高、干缩性小、耐磨性好、抗冲击性好、抗冻性和耐久性比较好、裂缝和磨耗病害少的特点，主要用于公路路面、机场跑道、城市广场、停车场等工程。

3. 白色硅酸盐水泥

由白色硅酸盐水泥熟料，加入适量石膏及规定的混合材料，经磨细制成的水硬性胶凝材料称为白色硅酸盐水泥（简称白水泥），代号为 P · W。

一般硅酸盐水泥呈灰色或灰褐色，这主要是由于水泥熟料中的氧化铁所引起的。普通硅酸盐水泥的氧化铁含量为 3% ~ 4%，当氧化铁的含量在 0.5% 以下时，水泥接近白色。生产白色硅酸盐水泥的原料应采用着色物质（氧化铁、氧化锰、氧化钛、氧化铬等）含量极少的矿物质，如纯净的石灰石、纯石英砂、高岭土。由于水泥原料中氧化铁的含量少，煅烧的温度要提高到 1 550 °C 左右。为了保证白度，煅烧时应采用天然气、煤气或重油作为燃料。粉磨时不能直接用铸钢板和钢球，而应采用白色花岗岩或高强陶瓷衬板，用烧结瓷球等作为研磨体。由于这些特殊的生产措施，使得白色硅酸盐水泥的生产成本较高，因此白色硅酸盐水泥的价格较高。国家标准《白色硅酸盐水泥》（GB/T 2015—2017）规定：白色硅酸盐水泥熟料中氧化镁含量不宜超过 5.0%；初凝时间不小于 45 min，终凝时间不大于 10 h；细度用 45 μm 方孔筛，筛余量不得超过 30.0%；体积安定性用沸煮法检验必须合格。

根据 3 d、28 d 的抗压强度和抗折强度大小，白色硅酸盐水泥分为 32.5、42.5、52.5 三个强度等级。各强度等级水泥在各龄期的强度值应符合表 3.12 中的规定。

表 3.12　白色硅酸盐水泥各龄期的强度指标（GB/T 2015—2017）

强度等级	抗压强度/MPa		抗折强度/MPa	
	3 d	28 d	3 d	28 d
32.5	≥12.0	≥32.5	≥3.0	≥6.0
42.5	≥17.0	≥42.5	≥3.5	≥6.5
52.5	≥22.0	≥52.5	≥4.0	≥7.0

白度是白色硅酸盐水泥的一个重要指标。其中 1 级白度（P·W-1）不小于 89，2 级白度（P·W-2）不小于 87。

将白色硅酸盐水泥熟料、颜料和石膏共同磨细，可制成彩色硅酸盐水泥。所用的颜料要能耐碱，对水泥不能产生有害作用。常用的颜料有氧化铁（红、黄、褐、黑色）、二氧化锰（黑、褐色）、氧化铬（绿色）、赭石（赭色）和炭黑（黑色）等。也可将颜料直接与白水泥粉末混合拌匀，配制成彩色水泥砂浆和彩色混凝土。后者方法简便易行，色彩可以调节，但拌制不均匀则会存在一定的色差。

白色硅酸盐水泥具有强度高，色泽洁白的特点，可用来配制彩色砂浆与涂料、彩色混凝土等，用于建筑物的内外装修，也是生产彩色硅酸盐水泥的主要原料。

复习思考题

1. 生产通用硅酸盐水泥的主要原料有哪些？
2. 生产通用硅酸盐水泥时为什么要掺入适量石膏？
3. 试述通用硅酸盐水泥的主要矿物成分及其对水泥性能的影响。
4. 通用硅酸盐水泥的主要水化产物有哪几种？
5. 水泥细度对水泥性能有何影响？怎样检测水泥细度？
6. 导致水泥体积安定性不良的原因有哪些？如何检验？
7. 影响水泥强度大小的主要因素有哪些？
8. 水泥石腐蚀的类型有哪几种？产生腐蚀的主要原因是什么？如何防止水泥石的腐蚀？
9. 水泥检验中，哪些性能不符合要求时，该水泥属于不合格品？
10. 何谓混合材料？在水泥生产中起什么作用？
11. 为什么说掺入活性混合材料的硅酸盐水泥早期强度比较低，后期强度发展比较高？
12. 与硅酸盐水泥相比，普通水泥、矿渣水泥、火山灰水泥和粉煤灰水泥在性能上有哪些不同？
13. 某工程使用一批普通硅酸盐水泥，强度检验结果如下，试评定该批水泥的强度等级。

龄　期	抗折强度/MPa	抗压破坏荷载/kN
3d	4.05、4.20、4.10	41.5、42.2、46.1、45.5、44.2、43.1
28d	7.05、7.50、8.40	111.9、125.0、114.1、113.5、108.0、115.0

14. 不同品种且同一强度等级以及同品种但不同强度等级的水泥能否掺混使用？

15. 快凝快硬硅酸盐水泥的矿物组成有哪些特点？

16. 铝酸盐水泥有何特点？使用时应注意哪些问题？

17. 膨胀水泥的膨胀过程与水泥体积安定性不良所形成的体积膨胀有何不同？

18. 白色硅酸盐水泥对原料和工艺有什么要求？

19. 根据下列工程条件，选择适宜的水泥品种：

（1）现浇混凝土梁、板、柱，冬季施工。

（2）高层建筑基础底板（具有大体积混凝土特性和抗渗要求）。

（3）受海水侵蚀的钢筋混凝土工程。

（4）高炉炼铁炉基础。

（5）高强度预应力混凝土梁。

（6）紧急抢修工程。

（7）东北某大桥的沉井基础及桥梁墩台。

（8）采用蒸气养护的预制构件。

（9）大口径压力管及输油管道工程。

第四章 混凝土

混凝土是由胶凝材料、集料和水按适当比例配合，拌和制成具有一定可塑性的浆体，经一段时间硬化而成的具有一定形状和强度的人造石材。

混凝土广泛应用于铁道工程、道路工程、桥梁隧道、工业与民用建筑、水工结构及海港、军事等土木工程中，是一种不可或缺的工程材料。它具有许多优良的性能，主要体现在：

（1）易塑性。凝结前混凝土拌和物具有良好的可塑性，可浇筑成任意形状和不同尺寸且整体性很强的构件。

（2）适应性。适用于多种结构形式，满足多种施工要求，可根据工程要求配制不同性能的混凝土。

（3）安全性。具有较高的抗压强度，目前工程构件最高强度可达 130 MPa，与钢筋有牢固的黏结力，组成钢筋混凝土。

（4）耐久性。一般不需要维护保养，维修费用低。

（5）经济性。原材料可就地取材，价格低廉，经济实用。

混凝土也有一定的缺点，主要体现在自重大、抗拉强度低、变形能力小、性脆易裂、硬化养护时间长、破损后不易修复、施工质量波动性较大等方面，这对混凝土的使用有一定的影响。

混凝土按其表观密度可分为重混凝土（$\rho_0 > 2\,500\ \text{kg/m}^3$）、普通混凝土（$\rho_0 = 1\,950 \sim 2\,500\ \text{kg/m}^3$）和轻混凝土（$\rho_0 < 1\,950\ \text{kg/m}^3$）。

混凝土按其用途可分为结构混凝土、道路混凝土、水工混凝土、装饰混凝土及特种混凝土（耐热、耐酸、耐碱、防辐射混凝土等）。

混凝土按其所用胶凝材料可分为水泥混凝土、石膏混凝土、水玻璃混凝土、沥青混凝土、聚合物水泥混凝土及树脂混凝土等。

混凝土按其施工方法可分为泵送混凝土、喷射混凝土、压力灌浆混凝土、挤压混凝土、离心混凝土及碾压混凝土等。

混凝土的品种虽然繁多，但在实际工程中还是以水泥混凝土，即普通混凝土应用最为广泛。

第一节 普通混凝土的组成材料

普通混凝土是由水泥、砂、石子和水按适当比例配合搅拌，浇筑成型，经一定时间凝结硬化而成的人造石材，工程上常用一个“砼”字代表。随着混凝土技术的发展，现常在混凝土中加入外加剂和矿物掺和料，以改善混凝土的性能。

混凝土的结构如图 4.1 所示，一般砂子和石子的总含量占混凝土总体积的 70%～80%，主要起骨架作用，称为“集料”；石子为“粗集料”，砂为“细集料”；其余为水泥与水组成的水泥浆和少量残留的空气。水泥浆填充砂子空隙并包裹砂粒形成砂浆，砂浆又填充石子空隙并包裹石子颗粒。水泥浆起润滑作用，使尚未凝固的混凝土拌和物具有一定的流动性，并通过水泥浆的凝结硬化将砂石集料胶结成整体。

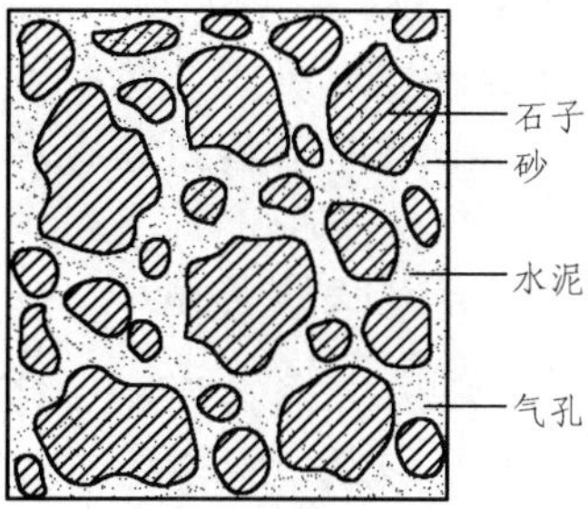

图 4.1　混凝土结构示意图

混凝土的质量在很大程度上取决于组成材料的性质、配合比、施工工艺（如搅拌、成型和养护）等。为了保证混凝土的质量，对所用材料应进行选择，各组成材料必须满足一定的技术质量要求。

一、水　泥

水泥是混凝土的胶凝材料，混凝土的性能在很大程度上取决于水泥的质量。同时，水泥也是混凝土组成材料中价格最贵的材料。因此，合理地选择水泥的品种和强度，会直接关系到混凝土的耐久性和经济性。

（1）水泥品种的选择。应根据工程特点、所处的环境条件、施工条件等因素进行合理选择，常用的有硅酸盐水泥、普通硅酸盐水泥、矿渣硅酸盐水泥、粉煤灰硅酸盐水泥、火山灰质硅酸盐水泥和复合硅酸盐水泥。所用水泥的性能必须符合国家现行有关标准的规定，在满足工程要求的前提下，应选用价格较低的水泥品种，以降低工程造价。

（2）水泥强度等级的选择。水泥强度等级的选择，应与所配制的混凝土强度等级相适应。原则上配制高强度等级的混凝土，应选用高强度等级的水泥；配制低强度等级的混凝土，选用低强度等级的水泥。如用高强度等级的水泥配制低强度等级混凝土，会使水泥用量偏少，影响混凝土和易性与耐久性。如用低强度等级的水泥配制高强度等级混凝土，会使水泥用量过多，不经济，同时还会影响混凝土的其他技术性质，如干缩变形等。一般情况下，水泥强度等级约为所配混凝土强度的 1.5 倍。通常混凝土强度等级为 C30 以下时，可采用强度等级为 32.5 的水泥；混凝土强度等级大于 C30 时，可采用强度等级为 42.5 以上的水泥。

二、细集料

粒径小于 4.75 mm 的集料称为细集料。混凝土的细集料主要采用天然砂，有时也采用人工砂。天然砂根据产源不同，可分为河砂、湖砂、山砂和淡化海砂。山砂富有棱角，表面粗糙，与水泥浆黏结力好，但含泥量和有机杂质含量较多。海砂颗粒表面圆滑，比较洁净，但常混有贝壳碎片，而且含盐分较多，对混凝土中的钢筋有锈蚀作用。河砂介于山砂和海砂之间，比较洁净，而且分布较广，一般工程上大都采用河砂。人工砂是用岩石轧碎筛选而成，富有棱角，比较洁净，但石粉和片状颗粒较多且成本较高。在铁路混凝土中，若就近没有河砂和山砂，则常用由白云岩、石灰岩、花岗岩和玄武岩爆破、机械轧碎而成的机制砂。

砂按技术要求分为Ⅰ类、Ⅱ类、Ⅲ类。Ⅰ类砂宜用于强度等级大于C60的混凝土，Ⅱ类砂宜用于强度等级C30～C60及有抗冻、抗渗或其他要求的混凝土，Ⅲ类砂宜用于强度等级小于C30的混凝土和建筑砂浆。

根据国家标准《建筑用砂》（GB/T 14684—2011）的规定，混凝土用砂应尽量选用洁净、坚硬、表面粗糙有棱角、有害杂质少的砂。具体质量要求如下：

1．有害杂质含量

天然砂中常含有淤泥、黏土块、云母、轻物质、硫化物、硫酸盐、有机质、氯化物及草根、树叶、煤块、炉渣等有害杂质，这些杂质过多会影响混凝土的质量。

（1）含泥量、泥块含量和石粉含量。砂的含泥量是指天然砂中粒径小于75 μm的颗粒含量，泥块含量是指砂中原粒径大于1.18 mm，经水浸洗、手捏后小于600 μm的颗粒含量。

这些细微颗粒有的可在集料表面形成包裹层，阻碍集料与水泥凝胶体的黏结；有的则以松散的颗粒存在，极大地增加了集料的表面积，从而增加了用水量。特别是体积不稳定的黏土颗粒，干燥时收缩，潮湿时膨胀，对混凝土有很大的破坏作用。

石粉含量是指人工砂中粒径小于75 μm的颗粒含量，其矿物组成和化学成分与母岩相同。过多的石粉会妨碍水泥与集料的黏结，从而导致混凝土的强度、耐久性降低。但研究和实践表明：在混凝土中掺入适量的石粉，对改善混凝土细集料颗粒级配、提高混凝土密实性有很大的益处，进而提高混凝土的综合性能。

天然砂的含泥量和泥块含量应符合表4.1的规定。

表4.1　天然砂的含泥量和泥块含量（GB/T 14684—2011）

项　目	Ⅰ类	Ⅱ类	Ⅲ类
含泥量（按质量计）/%	≤1.0	≤3.0	≤5.0
泥块含量（按质量计）/%	0	≤1.0	≤2.0

人工砂的石粉含量和泥块含量应符合表4.2的规定。亚甲蓝试验是用于检测人工砂中粒径小于75 μm的颗粒主要是泥土还是石粉的一种试验方法。

表4.2　人工砂的石粉含量和泥块含量表（GB/T 14684—2011）

项　目			Ⅰ类	Ⅱ类	Ⅲ类
亚甲蓝试验	MB值≤1.40或合格	石粉含量（按质量计，%，小于）	10.0	10.0	10.0
		泥块含量（按质量计，%，小于）	0	1.0	2.0
	MB值＞1.40或不合格	石粉含量（按质量计，%，小于）	1.0	3.0	5.0
		泥块含量（按质量计，%，小于）	0	1.0	2.0

注：根据使用地区和用途，在试验验证的基础上，可由供需双方协商确定。

（2）有害物质含量。云母呈薄片状，表面光滑，与水泥黏结不牢，且易风化，会降低混凝土强度；硫酸盐、硫化物将对硬化的水泥凝胶体产生腐蚀；有机物通常是植物腐烂的产物，妨碍、延缓水泥的正常水化，降低混凝土强度；氯盐引起混凝土中钢筋锈蚀，破坏钢筋与混凝土的黏结，使混凝土保护层开裂。密度小于 2 g/cm^3 的轻物质（如煤屑、炉渣），会降低混凝土的强度和耐久性。为了保证混凝土的质量，上述有害物质的含量应符合表 4.3 的规定。

表 4.3　砂中有害物质的限量（GB/T 14684—2011）

项　　目	Ⅰ类	Ⅱ类	Ⅲ类
云母含量（按质量计）/%	≤1.0	≤2.0	
硫化物及硫酸盐含量（按 SO_3 质量计）/%	≤0.5		
有机物含量（用比色法试验）	合格		
氯化物含量（按氯离子质量计）/%	≤0.01	≤0.02	≤0.06
轻物质含量（按质量计）/%	≤1.0		

2. 坚固性

坚固性是指砂在自然风化和其他外界物理化学因素作用下抵抗破裂的能力。根据国家标准《建筑用砂》(GB/T 14684—2011）的规定，天然砂的坚固性用硫酸钠溶液法检验，砂样经 5 次干湿循环后的质量损失应符合表 5.4 的规定。

表 4.4　砂的坚固性指标（GB/T 14684—2011）

项　　目	Ⅰ类	Ⅱ类	Ⅲ类
天然砂的质量损失/%	≤8		≤10

3. 颗粒级配和粗细程度

砂的颗粒级配是指砂中大小颗粒互相搭配的情况。如果大小颗粒搭配适当，小颗粒的砂恰好填满中等颗粒砂的空隙，而中等颗粒的砂又恰好填满大颗粒砂的空隙，这样彼此之间互相填满，使得砂的总空隙率降到最小，因此砂的级配良好也就意味着砂的空隙率较小。

砂的粗细程度是指不同粒径的砂混合在一起后的总体粗细程度。通常有粗砂、中砂和细砂之分。

在相同质量条件下，若粗粒砂较多，砂就显得粗些，砂的总表面积就越小，相应的包裹砂子的水泥浆数量也越少。但若砂中的粗粒砂过多，而中小颗粒的砂又搭配的不好，那么砂的空隙率就会很大。因此，混凝土用砂，应同时考虑颗粒级配和粗细程度两个因素，宜采用级配良好的中砂或粗砂。

砂的颗粒级配和粗细程度常用筛分析的方法来测定。筛分析法是用一套标准筛，将砂子试样依次进行筛分，标准筛由孔径为 9.50 mm、4.75 mm、2.36 mm、1.18 mm、600 μm、300 μm 和 150 μm 的 7 只筛子组成，将 500 g 干砂由粗到细依次过筛，然后称得余留在各个筛子上的砂子质量为分计筛余量；各分计筛余量占砂子试样总质量的百分比称为分计筛余百分比，分别用 a_1、a_2、a_3、a_4、a_5、a_6 表示；各筛上及所有孔径大于该筛的分计筛余百分比之和称为累计筛余百分比，分别用 A_1、A_2、A_3、A_4、A_5 和 A_6 表示，它们的关系见表 4.5。

表 4.5 分计筛余和累计筛余的关系

筛孔尺寸	分计筛余量/g	分计筛余率/%	累计筛余率/%
4.75 mm	m_1	$a_1 = m_1 / m$	$A_1 = a_1$
2.36 mm	m_2	$a_2 = m_2 / m$	$A_2 = a_1 + a_2$
1.18 mm	m_3	$a_3 = m_3 / m$	$A_3 = a_1 + a_2 + a_3$
600 μm	m_4	$a_4 = m_4 / m$	$A_4 = a_1 + a_2 + a_3 + a_4$
300 μm	m_5	$a_5 = m_5 / m$	$A_5 = a_1 + a_2 + a_3 + a_4 + a_5$
150 μm	m_6	$a_6 = m_6 / m$	$A_6 = a_1 + a_2 + a_3 + a_4 + a_5 + a_6$
筛　底	m_7		

注：m 为砂子试样的总质量，$m = m_1 + m_2 + m_3 + m_4 + m_5 + m_6 + m_7$。

根据国家标准《建筑用砂》（GB/T 14684—2011）的规定，砂按 600 μm 筛孔的累计筛余率（A_4）可分为 3 个级配区，A_4 = 71% ~ 85%为Ⅰ区，A_4 = 41% ~ 70%为Ⅱ区，A_4 = 16% ~ 40%为Ⅲ区，建筑用砂的实际颗粒级配（各 A 值）应处于表 4.6 中的任何一个级配区内，说明砂子的级配良好。但表中所列的累计筛余率，除 4.75 mm 和 600 μm 筛外，允许有超出分区界线，但其总量不应大于 5%，否则为级配不合格。

表 4.6 砂的颗粒级配（GB/T 14684—2011）

筛孔尺寸	级配区		
	Ⅰ区	Ⅱ区	Ⅲ区
	累计筛余率/%		
9.50 mm	0	0	0
4.75 mm	10 ~ 0	10 ~ 0	10 ~ 0
2.36 mm	35 ~ 5	25 ~ 0	15 ~ 0
1.18 mm	65 ~ 35	50 ~ 10	25 ~ 0
600 μm	85 ~ 71	70 ~ 41	40 ~ 16
300 μm	95 ~ 80	92 ~ 70	85 ~ 55
150 μm	100 ~ 90	100 ~ 90	100 ~ 90

注：砂的级配除 4.75 mm 和 600 μm 筛档外,可以略有超出,但各级累计筛余超出值总和应不大于 5%。

Ⅰ区砂粗粒较多，保水性较差，宜于配制水泥用量较多或流动性较小的普通混凝土。Ⅱ区砂颗粒粗细程度适中，级配最佳。Ⅲ区砂颗粒偏细，用它配制的普通混凝土拌和物黏聚性稍大，保水性较好，容易插捣，但干缩性较大，表面容易产生微裂纹。

以累计筛余百分比为纵坐标，以筛孔尺寸为横坐标，根据表 4.6 的规定，可画出 3 个级配区的筛分曲线，如图 4.2 所示。当试验砂的筛分曲线落在 3 个级配区之一的上、下线界限之间时，可认为砂的级配合格。

用筛分方法来分析细集料的颗粒级配，只能对砂的粗细程度做出大致的区分，而对于同一个级配区内粗细程度不同的砂，则需要用细度模数来进一步评定砂的粗细程度。

砂的粗细程度用细度模数 M_x 来表示，即

$$M_x = \frac{A_2 + A_3 + A_4 + A_5 + A_6 - 5A_1}{100 - A_1}$$

式中 M_x——砂的细度模数；

A_1，A_2，A_3，A_4，A_5，A_6——各筛的累计筛余百分比（%）。

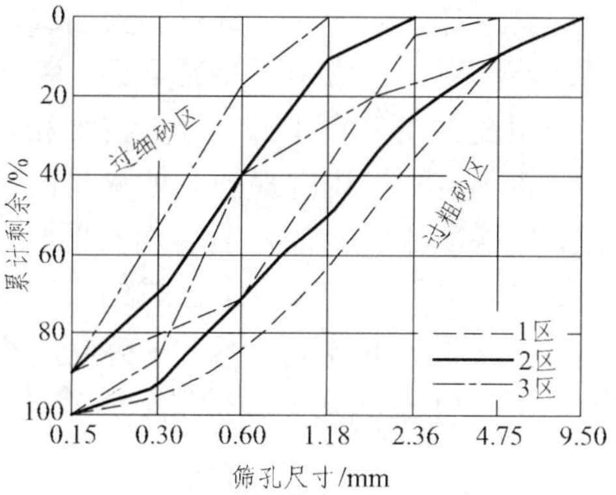

图 4.2　砂的级配曲线

细度模数越大，表示砂越粗。按细度模数将砂分为粗砂 $M_x = 3.7 \sim 3.1$，中砂 $M_x = 3.0 \sim 2.3$，细砂 $M_x = 2.2 \sim 1.6$。

【例 4.1】 某工地用 500 g 烘干砂样做筛分析试验，筛分结果如表 4.7 所示，试判断该砂的粗细程度和级配情况。

表 4.7　砂样筛分结果

筛孔尺寸	分计筛余量/g	分计筛余率/%	累计筛余率/%
4.75 mm	30	6.0	6.0
2.36 mm	45	9.0	15.0
1.18 mm	151	30.2	45.2
600 μm	90	18.0	63.2
300 μm	76	15.2	78.4
150 μm	88	17.6	96.0
筛　底	20	4.0	100.0

解　（1）计算细度模数。

$$M_x = \frac{A_2 + A_3 + A_4 + A_5 + A_6 - 5A_1}{100 - A_1} = \frac{15.0 + 45.2 + 63.2 + 78.4 + 96.0 - 5 \times 6.0}{100 - 6.0} = 2.8$$

（2）判断粗细程度和级配情况。

因为 $M_x = 2.8$，在 $2.3 \sim 3.0$ 之间，所以该砂为中砂。

由于该砂在 600 μm 筛上的累计筛余 $A_4 = 63.2\%$，在 $41\% \sim 70\%$，属Ⅱ区；又将计算的各累计筛余 A 值与Ⅱ区标准逐一对照，各 A 值均落入Ⅱ区内，因此该砂的级配良好。

三、粗集料

粒径大于 4.75 mm 的集料称为粗集料。常用的粗集料有天然卵石和人工碎石两种。天然卵石是岩石由自然条件作用而形成的，可分为河卵石、海卵石和山卵石。河卵石表面光滑，

少棱角，比较洁净，大都具有天然级配；而山卵石含黏土等杂质较多，使用前须冲洗干净；因此河卵石最为常用。人工碎石是由天然岩石或卵石经机械破碎、筛分而成，颗粒富有棱角，表面粗糙，较天然卵石干净，与水泥浆的黏结力较强，但流动性较差。

粗集料的选用应根据就地取材的原则和工程的具体要求而定，一般情况下，配制高强度等级的混凝土宜采用碎石，但其品质必须符合国家标准《建筑用碎石、卵石》（GB/T 14685—2011）的规定。按技术性能将粗集料分为三类，Ⅰ类宜用于强度等级大于 C60 的混凝土，Ⅱ类宜用于强度等级为 C30 ~ C60 及有抗冻、抗渗或其他要求的混凝土；Ⅲ类宜用于强度等级小于 C30 的混凝土。粗集料的质量要求，主要包括以下几个方面：

1．有害杂质含量

粗集料中常含有一些有害杂质，如黏土、淤泥、细屑、硫酸盐、硫化物、有机物质、蛋白石等含有活性二氧化硅的矿物质。它们的危害作用与在细集料中相同。它们的含量应符合表 4.8 的规定。

表 4.8　石子中有害物质的限量（GB/T 14685—2011）

项　　目	Ⅰ类	Ⅱ类	Ⅲ类
含泥量（按质量计）/%	≤0.5	≤1.0	≤1.5
泥块含量（按质量计）/%	0	0.2	0.5
硫化物及硫酸盐含量（按 SO_3 质量计）/%	0.5	1.0	1.0
有机物含量（用比色法试验）	合　格	合　格	合　格
针、片状颗粒含量（按质量计）/%	5	10	15

2．颗粒形状

粗集料的颗粒形状以接近立方体或球体为佳，不宜含有过多的针、片状颗粒，否则将影响混凝土拌和物的流动性，同时又影响混凝土的抗折强度。针状颗粒是指颗粒长度大于该颗粒平均粒径 2.4 倍的颗粒，片状颗粒是指颗粒厚度小于该颗粒平均粒径 0.4 倍的颗粒。平均粒径是指一个粒级的集料其上、下限粒径的平均值。混凝土用石子的针、片状颗粒含量应符合表 4.8 的规定。

3．最大粒径和颗粒级配

（1）最大粒径。石子公称粒级的上限称为该粒级的最大粒径，如 5 ~ 25 mm 粒级的石子，其最大粒径为 25 mm。随着石子最大粒径的增大，其总表面积随之减小，从而使包裹集料表面的水泥浆的数量也相应减少，因此在条件许可的情况下，石子的最大粒径应尽可能选用得大些，这样不但能节约水泥，而且还能提高混凝土的和易性与强度。但是在施工过程中，石子的最大粒径通常要受到结构物的截面尺寸、钢筋疏密及施工条件的限制。根据《混凝土结构工程施工质量验收规范》（GB 50204—2002）的规定，混凝土用粗集料，其最大粒径不得超过构件截面最小尺寸的 1/4，同时不得超过钢筋最小净距的 3/4；对于混凝土实心板，粗集料的最大粒径不宜超过板厚的 1/3 且不得超过 40 mm。

（2）颗粒级配。石子级配和砂子级配的原理基本相同，各级比例要适当，使集料空隙率及总表面积都要尽量小，以便用最少的水泥填充并包裹在集料的周围，达到所要求的和易性。

石子的级配按粒径尺寸可分为连续粒级和单粒粒级两种。连续粒级是石子颗粒由大到小连续分级，每一级集料都占有适当的比例。例如天然卵石就属于连续粒级。由于连续粒级含有各种大小颗粒，互相搭配比例比较合适，配制的混凝土拌和物和易性较好，不易发生分层离析现象，易于保证混凝土的质量，便于大型混凝土搅拌站使用，适合泵送混凝土，故目前应用得比较广泛。

单粒粒级是人为地剔除石子中的某些粒级，造成颗粒粒级的间断，大颗粒间的空隙由比它小得多的小颗粒来填充，从而降低空隙率，增加密实度，达到节约水泥的目的，但是拌和物容易产生分层离析现象，增加了施工难度，一般在工程中较少使用。对于低流动性或干硬性混凝土，如果采用机械强力振捣施工，则采用单粒粒级是适宜的。

石子的颗粒级配也是采用筛分析法测定。测定用标准方孔筛一套共 12 个，筛孔尺寸为 2.36 mm、4.75 mm、9.50 mm、16.0 mm、19.0 mm、26.5 mm、31.5 mm、37.5 mm、53.0 mm、63.0 mm、75.0 mm 和 90.0 mm。将石子筛分后，计算出各筛上的分计筛余百分比和累计筛余百分比。普通混凝土用碎石或卵石的颗粒级配应符合表 4.9 的规定，试样筛分析所需筛号，也应按表 4.9 中规定的级配要求选用。

表 4.9　碎石和卵石的颗粒级配范围（GB/T 14685—2011）

级配	公称粒级/mm	累计筛余（按质量计，%）											
		筛孔尺寸（方孔筛，mm）											
		2.36	4.75	9.50	16.0	19.0	26.5	31.5	37.5	53.0	63.0	75.0	90.0
连续粒级	5 ~ 10	95 ~ 100	80 ~ 100	0 ~ 15	0								
	5 ~ 16	95 ~ 100	85 ~ 100	30 ~ 60	0 ~ 10	0							
	5 ~ 20	95 ~ 100	90 ~ 100	40 ~ 60		0 ~ 10	0						
	5 ~ 25	95 ~ 100	90 ~ 100		30 ~ 70		0 ~ 5	0					
	5 ~ 31.5	95 ~ 100	90 ~ 100	70 ~ 90		15 ~ 45		0 ~ 5	0				
	5 ~ 40		95 ~ 100	70 ~ 90		30 ~ 65			0 ~ 5	0			
单粒粒级	10 ~ 20		95 ~ 100	85 ~ 100		0 ~ 15	0						
	16 ~ 31.5		95 ~ 100		85 ~ 100			0 ~ 10	0				
	20 ~ 40			95 ~ 100		80 ~ 100			0 ~ 10	0			
	31.5 ~ 63				95 ~ 100			75 ~ 100	45 ~ 75		0 ~ 10	0	
	40 ~ 80					95 ~ 100			70 ~ 100		30 ~ 60	0 ~ 10	0

4. 强　度

石子在混凝土中起骨架作用，它的强度直接影响混凝土的强度，因此混凝土中的石子必须致密且具有足够的强度。石子的强度一般用岩石的抗压强度或压碎指标来表示。

测定岩石的抗压强度是将岩石制成 50 mm × 50 mm × 50 mm 的立方体试件或 ϕ50 mm × 50 mm 的圆柱体试件，在水中浸泡 48 h 使其达到吸水饱和状态，取压力机上测得的 6 个试块的抗压强度平均值。通常其抗压强度与所采用的混凝土强度等级之比不应小于 1.5，且火成岩的强度不应小于 80 MPa，变质岩的强度不应小于 60 MPa，水成岩的强度不应小于 30 MPa。石子强度以岩石的抗压强度来表示比较直观，但试件加工较困难，且不能反映石子在混凝土中的真实强度，因此常采用压碎指标来衡量石子的强度。压碎指标是将一定质量在气干状态下 9.5 ~ 13.2 mm 的石子（去除针、片状颗粒的石子）按规定方法装入压碎值测定仪的圆筒内，在 3 ~ 5 min 内均匀加压到 400 kN 并稳定 5 s，然后用孔径为 2.36 mm 的筛子进行筛分，筛除被压碎的细粒，称取留在筛上的试样质量。压碎指标为

$$Q_e = \frac{m_1 - m_2}{m_1} \times 100\%$$

式中　Q_e——石子的压碎指标（%）；

m_1——试样质量（g）；

m_2——经压碎、筛分后筛余的试样质量（g）。

压碎指标值越小，表示石子抵抗压碎的能力越强，石子的强度越高。对不同强度等级的混凝土，所用石子的压碎指标应符合表 4.10 的规定。

表 4.10　压碎指标（GB/T 14685—2011）

项　目	指　标		
	Ⅰ类	Ⅱ类	Ⅲ类
碎石压碎指标/%	≤10	≤20	≤30
卵石压碎指标/%	≤12	≤14	≤16

5. 坚固性

为保证混凝土的耐久性，作为混凝土骨架的石子应具有足够的坚固性。坚固性是指碎石及卵石在气候、外力、环境变化或其他物理化学因素作用下抵抗破裂的能力。用硫酸钠溶液进行试验，经 5 次干湿循环后其质量损失应符合表 4.11 的规定。

表 4.11　坚固性指标（GB/T 14685—2011）

项　目	指　标		
	Ⅰ类	Ⅱ类	Ⅲ类
质量损失/%	≤5	≤8	≤12

四、水

混凝土用水包括拌和用水与养护用水。

混凝土用水的水质必须符合国家标准《混凝土用水标准》(JGJ 63—2006)的规定，不能含有影响水泥正常凝结与硬化的有害杂质，不得影响混凝土强度发展，不得降低混凝土的耐久性，不得加快钢筋腐蚀及导致预应力钢筋脆断，不得污染混凝土表面，各物质含量限值应符合表 4.12 的要求。

表 4.12　混凝土拌和用水水质要求(JGJ 63—2006)

项　目	预应力混凝土	钢筋混凝土	素混凝土
pH(不小于)	5.0	4.5	4.5
不溶物(mg/L，不大于)	2 000	2 000	5 000
可溶物(mg/L，不大于)	2 000	5 000	10 000
氯化物(以 Cl^- 计，mg/L，不大于)	500	1 200	3 500
硫酸盐(以 SO_4^{2-} 计，mg/L，不大于)	600	2 000	2 700
碱含量(mg/L，不大于)	1 500	1 500	1 500

注：碱含量按 $Na_2O + 0.658K_2O$ 计算值来表示。

凡可供饮用的自来水或清洁的天然水，一般均可用来拌制和养护混凝土。

饮用水、地表水、地下水、海水及经过处理达到要求的工业废水，均可以用作混凝土拌和用水。地表水(江河、淡水湖的水)和地下水(含井水)，首次使用前应进行检验；处理后的工业废水经检验合格后方能使用；海水中含有硫酸盐、镁盐和氯化物，会锈蚀钢筋，且会引起混凝土表面潮湿和盐霜，因此不得用于拌制和养护钢筋混凝土、预应力混凝土和有饰面要求的混凝土。

第二节　混凝土的技术性能

要配制质量优良的混凝土，不仅要选用质量合格的组成材料，还要求混凝土拌和物具有适于施工的和易性，以及硬化后能够得到均匀密实的混凝土；要求具有足够的强度，以保证建筑物能够安全地承受各种设计荷载；要求具有一定的耐久性，以保证结构物在所处环境中能够经久耐用。

一、混凝土拌和物的和易性

混凝土各组成材料拌和后，在未凝结硬化之前称为混凝土拌和物。它必须具有良好的和易性，以便于施工并获得均匀密实的浇注质量，因此，和易性是关系到混凝土质量好坏的一个重要性质。

1．和易性的概念

和易性是指混凝土拌和物在保证质地均匀、各组分不离析的条件下，便于施工操作（如拌和、运输、浇注、捣实）的一种综合性能。它包括流动性、黏聚性和保水性三个方面的含义。

（1）流动性。流动性是指混凝土拌和物在本身自重或施工机械振捣作用下，能够产生流动，并均匀密实地填满模板的性能。流动性的大小反映拌和物的稀稠情况，所以也称稠度。流动性大小与用水量、砂率等因素有关，流动性直接影响着浇捣施工的难易程度和混凝土的施工质量。

（2）黏聚性。黏聚性是指混凝土拌和物在施工过程中，各组成材料之间具有一定的黏聚力，不致出现分层离析，使混凝土保持整体均匀性的性能。黏聚性的大小与水泥浆用量及混凝土配合比有关。拌和物是由不同的材料组成的，各自的大小、密度、形状等差异很大，在运输、浇注、凝固过程中很容易出现大石子下沉、砂浆上浮的现象，以致出现蜂窝、麻面、薄弱夹层等缺陷，影响混凝土的强度和耐久性。

（3）保水性。保水性指混凝土拌和物保持水分不易析出的能力。混凝土拌和物在浇注捣实过程中，随着较重的集料颗粒下沉，较轻的如水分将逐渐上升直到混凝土表面，这种现象叫泌水。由于水分上浮泌出，在混凝土内形成容易渗水的孔隙和通道，在混凝土表面形成疏松的表层；上浮的水分还会聚集在石子或钢筋的下方形成较大孔隙（水囊），削弱水泥浆与石子、钢筋间的黏结力，影响混凝土的质量。在水泥用量少，用水量又多的情况下，易出现此现象，这对混凝土的抗渗性、抗冻性都有很大危害。

因此，为了保证混凝土的均匀性，除必须要求混凝土拌和物具有足够的流动性外，还要求具有良好的黏聚性和保水性。

2．和易性的测定方法

由于和易性是一项综合性的技术性能，到目前为止，还没有一个科学的测试方法和定量指标能够比较全面地反映和易性。通常采用测定混凝土拌和物的流动性，辅以对黏聚性和保水性的目测观察，再根据测定和观察的结果，综合评判混凝土拌和物的和易性是否符合要求。

根据《普通混凝土拌和物性能试验方法标准》（GB/T 50080—2002）的规定，混凝土拌和物的流动性是以坍落度和坍落扩展度或维勃稠度表示的，坍落度适用于流动性和塑性混凝土拌和物，维勃稠度适用于干硬性混凝土拌和物。

（1）坍落度测定。坍落度法适用于集料最大粒径不大40mm、坍落度不小于10 mm的混凝土拌和物的流动性测定。

试验时，将标准截圆锥坍落度筒放在水平的、不吸水的刚性底板上，将新拌制的混凝土拌和物分3层装入标准截圆锥坍落度筒内，每层用捣棒均匀插捣25次，装满刮平后，垂直向上将筒提起放至近旁，筒内拌和物在自重作用下将会产生坍落现象。然后用尺子量出筒顶与坍落后拌和物锥体最高点之间的高差，即为坍落度（mm），如图4.3所示。坍落度越大，表明混凝土拌和物的流动性越大。

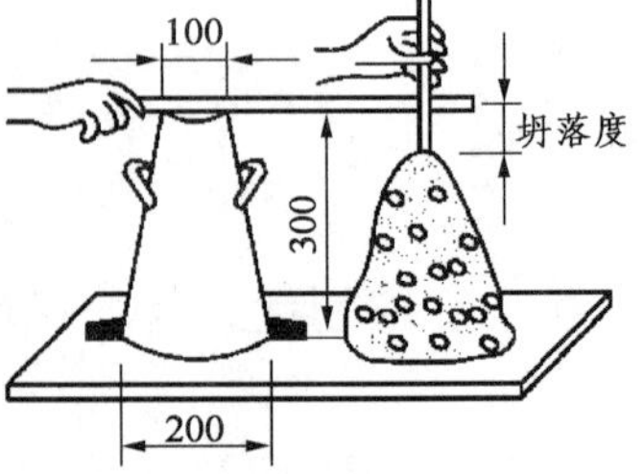

图4.3 坍落度测定示意图

根据坍落度的大小，可将混凝土拌和物分为低塑性混凝土（坍落度为 10 ~ 40 mm）、塑性混凝土（坍落度为 50 ~ 90 mm）、流动性混凝土（坍落度为 100 ~ 150 mm）和大流动性混凝土（坍落度大于或等于 160 mm）。

测出坍落度后，即可观察混凝土锥体的黏聚性和保水性。用捣棒轻轻敲击拌和物锥体的侧面，若锥体逐渐下沉，则黏聚性良好；若锥体倒塌、部分崩裂或出现离析现象，则黏聚性不好。在坍落度筒提起后无稀浆或仅有少量稀浆自底部析出，则保水性良好；如有较多的稀浆自底部析出，锥体上部的拌和物也因失浆而集料外露，则保水性不好。最后，依据这两方面的观察和坍落度实测数据来综合评定和易性是否合格。

工程中混凝土拌和物坍落度的选择，应根据结构物的截面尺寸、钢筋疏密和施工方法等，并参考有关经验资料确定。原则上，在便于施工操作和捣固密实的条件下，应尽可能选择较小的坍落度，以节约水泥并能够得到质量合格的混凝土。

（2）维勃稠度测定。凡坍落度小于 10 mm 的干硬性混凝土，应用维勃稠度来表示其流动性。此方法适用于集料最大粒径不大于 40 mm，维勃稠度为 5 ~ 30 s 的混凝土拌和物的稠度测定。

试验时，将坍落度筒置于容器内，加上喂料斗并扣紧，再拧紧螺丝，使之固定在振动台上。然后将混凝土拌和物按坍落度试验方法分层装入坍落度筒内，顶面抹平并提起坍落筒后，把透明圆盘转到混凝土顶面，开动振动台并记录时间。测量从开始振动到透明圆盘底面与混凝土完全接触时的时间即为维勃稠度（s），如图 4.4 所示。维勃稠度越小，表明混凝土拌和物的流动性越大。

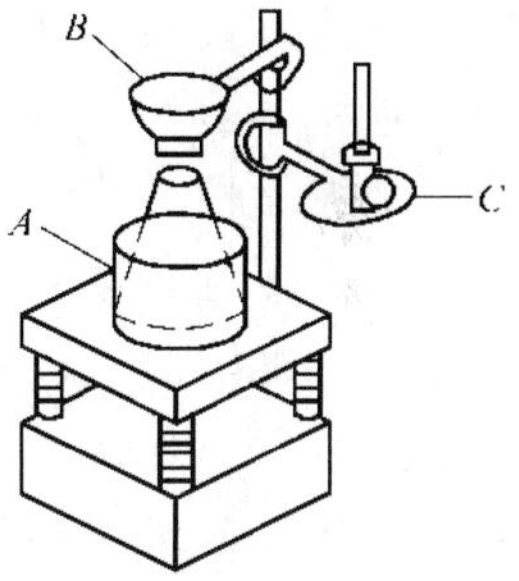

图 4.4　维勃稠度测定示意图

A—坍落度筒；*B*—喂料斗；*C*—圆盘

根据维勃稠度的大小，可将混凝土拌和物分为半干硬性混凝土（维勃稠度为 5 ~ 10 s）、干硬性混凝土（维勃稠度为 11 ~ 20 s）、特干硬性混凝土（维勃稠度为 21 ~ 30 s）、超干硬性混凝土（维勃稠度大于或等于 31 s）。

3. 影响和易性的主要因素

（1）水泥浆的数量。在混凝土拌和物中，集料本身是干涩而无流动性的，拌和物的流动性来自水泥浆。水泥浆填充集料颗粒之间的空隙，并包裹集料，在集料颗粒表面形成浆层。这种浆层的厚度越大，集料颗粒产生相对移动的阻力就越小，所以混凝土中水泥浆的含量越多，拌和物的流动性越大。但如果水泥浆过多，集料则相对减少，将出现流浆现象，使拌和物的黏聚性变差，不仅浪费水泥，而且会使拌和物的强度和耐久性降低，因此水泥浆的数量应以满足流动性为宜。

（2）水泥浆的稠度。水泥浆的稠度取决于水灰比。水灰比是指在混凝土拌和物中水的质量与水泥质量之比（W/C）。在水泥、集料用量不变的情况下，水灰比增大，水泥浆较稀，混凝土拌和物的流动性增强，但黏聚性和保水性降低；若水灰比减小，则会使拌和物流动性降低，影响施工。因此，水灰比不能过大或过小，应根据混凝土强度和耐久性要求合理地选用。

（3）单位用水量。试验证明，无论是水泥浆数量的影响还是水灰比大小的影响，实际上都是用水量的影响。因此，影响混凝土拌和物和易性的决定性因素是单位用水量（每 1 m^3 混凝土中的用水量）。在集料用量一定的情况下，如果单位用水量一定，单位水泥用量增减不超过 50 ~ 100 kg，坍落度大体上保持不变，这一规律通常称为固定用水量法则。这一法则给混凝土配合比设计带来了方便，即通过固定单位用水量，变化水灰比，可配制出强度不同而坍落度相近的混凝土。

（4）砂率。砂率是指混凝土拌和物中砂的质量占砂石总质量的百分比。试验证明：砂率对混凝土拌和物的和易性影响很大，一方面，砂形成的砂浆在粗集料间起润滑作用，在一定砂率范围内随砂率的增大，润滑作用越明显，流动性将提高；另一方面，在砂率增大的同时，集料的总表面积随之增大，需要润滑的水分增多，在用水量一定的条件下，拌和物流动性降低，所以当砂率超过一定范围后，流动性反而随砂率的增大而降低。另外，如果砂率过小，砂浆数量不足，会使混凝土拌和物的黏聚性和保水性降低，产生离析和流浆现象。所以，砂率不能过大，也不能过小，最佳的砂率应该是使砂浆的数量能填满石子的空隙并稍有多余，以便将石子拨开，这样在水泥浆一定的情况下，混凝土拌和物能获得最大的流动性，这样的砂率为合理砂率。

（5）水泥品种及细度。不同品种的水泥需水量不同，所拌混凝土拌和物的流动性也不同。使用硅酸盐水泥和普通水泥拌制的混凝土，流动性较大，保水性较好；使用矿渣水泥及火山灰质水泥拌制的混凝土，流动性较小，保水性较差；使用粉煤灰水泥拌制的混凝土比普通水泥流动性更好，且保水性及黏聚性也很好。

此外，水泥的细度对拌和物的和易性也有影响，水泥细度越大，则流动性越小，黏聚性和保水性越好。

（6）集料的级配、粒形及粒径。使用级配良好的集料，由于填补集料空隙所需的水泥浆数量较少，包裹集料表面的水泥浆厚，所以流动性较大，黏聚性与保水性较好；表面光滑的集料如河砂、卵石等，由于流动阻力小，因此流动性较大；集料的粒径增大，则总表面积减小，流动性增大。

（7）外加剂。在拌制混凝土时，加入少量的外加剂，如减水剂、引气剂等，能改善混凝土拌和物的和易性，提高混凝土的耐久性。

（8）施工方法、温度和时间。用机械搅拌和捣实时，水泥浆在振动中变稀，可使混凝土拌和物流动性增强；同时搅拌时间的长短也会影响混凝土拌和物的和易性。

温度升高时，由于水泥水化加快，且水分蒸发较多，将使混凝土拌和物的流动性降低。搅拌后的混凝土拌和物，随着时间的延长将逐渐变得干稠，坍落度降低，流动性下降。

4. 改善混凝土拌和物和易性的措施

为保证混凝土拌和物具有良好的和易性，在实际施工中，可以采取如下措施加以改善：

（1）采用合理砂率，有利于和易性的改善，同时可以节省水泥，提高混凝土的强度。

（2）采用级配良好的集料，特别是粗集料的级配，并尽量采用较粗的砂、石。

（3）当混凝土拌和物坍落度太小时，保持水胶比不变，适当增加水泥浆用量；坍落度太大时，保持砂率不变，适当增加砂、石集料的用量。

（4）掺入外加剂如减水剂，可提高混凝土拌和物的流动性。

二、混凝土的强度

混凝土经过一段时间后，便开始硬化，并具备一定的强度；混凝土强度是工程施工中控制和评定混凝土质量的主要指标。按照国家标准《普通混凝土力学性能试验方法标准》(GB/T 50081—2002)的规定，混凝土的强度有立方体抗压强度、棱柱体抗压强度、劈裂抗拉强度、抗折强度等。

1．混凝土立方体抗压强度与强度等级

按照标准方法将混凝土制成边长为150 mm的立方体试件（每组3个），在标准条件（温度为20 °C ± 2 °C，相对湿度95%以上）下养护28 d，测得的抗压强度值称为混凝土立方体抗压强度，简称为混凝土的抗压强度，用 f_{cu} 表示，单位为MPa。

混凝土立方体抗压强度标准值是指按标准方法制作和养护的边长为150 mm的立方体试件，在28 d龄期，用标准试验方法测得的强度总体分布中具有不低于95%保证率的立方体抗压强度值，用 $f_{cu,k}$ 表示，单位为MPa。

混凝土强度等级应按立方体抗压强度标准值（MPa）确定。混凝土强度等级由符号C和混凝土强度标准值表示，强度分为C10、C15、C20、C25、C30、C35、C40、C45、C50、C55、C60、C65、C70、C75、C80、C85、C90、C95和C100十九个等级。例如C30表示混凝土立方体抗压强度标准值 $f_{cu,k}=30$ MPa 。

不同工程或用于不同部位的混凝土，其强度等级要求也不相同，一般是：

C15的混凝土，用于垫层、基础、地坪及受力不大的结构。

C20～C25的混凝土，用于普通钢筋混凝土结构的梁、板、柱、楼梯、屋架、墩台、涵洞、挡土墙等。

C25～C30的混凝土，用于一般的预应力混凝土结构、隧道的边墙和拱圈等。

C30～C40的混凝土，用于屋架等较大跨度的预应力混凝土结构，轨枕、电杆、公路路面等。

C40～C50的混凝土用于预应力钢筋混凝土构件、吊车梁、特种结构及25～30层的建筑等。

C55～C100的混凝土，为高强度、高性能混凝土，主要用于30层以上的高层建筑、大跨度结构。

2．混凝土轴心抗压强度（棱柱体抗压强度）

在结构设计中，考虑到受压构件常为棱柱体（或圆柱体），所以采用棱柱体试件比用立方体试件更能反映混凝土的实际受压情况。由棱柱体试件测得的抗压强度称为轴心抗压强度。现行国家标准《普通混凝土力学性能试验方法标准》(GB/T 50081—2002)规定，采用150 mm × 150 mm × 300 mm的棱柱体试件，在标准条件下养护28 d，测得的抗压强度值称为混凝土轴心抗压强度，又称棱柱体抗压强度，用 f_{cp} 表示，单位为MPa。

混凝土轴心抗压强度标准值是指按标准方法制作和养护的150 mm × 150 mm × 300 mm的棱柱体试件，在28 d龄期，用标准试验方法测得的强度总体分布中具有不低于95%保证率的棱柱体抗压强度值，用 $f_{cp,k}$ 表示，单位为MPa。

混凝土轴心抗压强度标准值和立方体抗压强度标准值之间的关系可按下式确定：

$$f_{\mathrm{cp,k}} = 0.88\alpha_1\alpha_2 f_{\mathrm{cu,k}}$$

式中 $f_{\mathrm{cp,k}}$——混凝土轴心抗压强度标准值（MPa）；

$f_{\mathrm{cu,k}}$——混凝土立方体抗压强度标准值（MPa）；

α_1——棱柱体强度和立方体强度之比（当混凝土强度等级为 C50 及以下时，$\alpha_1 = 0.76$；当混凝土强度等级为 C80 时，$\alpha_1 = 0.82$；在此之间按直线规律变化）；

α_2——高强度混凝土的脆性折减系数（当混凝土强度等级为 C40 时，$\alpha_2 = 1.00$；当混凝土强度等级为 C80 时，$\alpha_2 = 0.87$；在此之间按直线规律变化）。

通过许多棱柱体和立方体试件的强度试验表明：在立方体抗压强度 10 ~ 55 MPa 的范围内，轴心抗压强度（f_{cp}）和立方体抗压强度（f_{cu}）之比为 0.7 ~ 0.8。

3．混凝土劈裂抗拉强度

混凝土的抗拉强度很低，一般只有抗压强度的 1/20 ~ 1/8，所以在结构设计中，一般不考虑混凝土承受拉力。但混凝土的抗拉强度对于混凝土抵抗产生裂缝有着密切的关系，在进行构件的抗裂度验算时，抗拉强度是一项主要指标。

确定混凝土抗拉强度常用的方法是劈裂法。现行国家标准《普通混凝土力学性能试验方法标准》（GB/T 50081—2002）规定，采用 150 mm × 150 mm × 150 mm 的立方体作为标准试件，在立方体试件上、下表面的中心平面内垫以圆弧形垫块及垫条，然后施加方向相反、均匀分布的压力，当压力增大至一定程度时，试件沿此平面劈裂破坏，此时测得的强度称为劈裂抗拉强度，用 f_{ts} 表示，单位为 MPa。

混凝土劈裂抗拉强度应按下式计算：

$$f_{\mathrm{ts}} = \frac{2F}{\pi A} = 0.637\frac{F}{A}$$

式中 f_{ts}——混凝土劈裂抗拉强度（MPa）；

F——试件破坏荷载（N）；

A——试件劈裂面面积（mm^2）。

混凝土劈裂抗拉强度与立方体抗压强度之间的关系，可用经验公式表达为

$$f_{\mathrm{ts}} = 0.35(f_{\mathrm{cu}})^{3/4}$$

4．影响混凝土强度的因素

在荷载作用下，混凝土的破坏形式通常有三种。最常见的是集料与水泥石的界面破坏，其次是水泥石本身的破坏，第三种是集料的破坏。在普通混凝土中，集料破坏的可能性较小，因为集料的强度通常大于水泥石的强度及其与集料表面的黏结强度。水泥石的强度及其与集料的黏结强度与水泥的强度等级、水胶比及集料的质量有很大关系。另外，混凝土强度还受硬化龄期、养护条件及施工质量的影响。

（1）水泥强度等级和水胶比。水泥强度等级及水胶比是影响混凝土强度最主要的因素。水泥是混凝土中的活性组分，在混凝土配合比相同的条件下，水泥强度等级越高，则配制的混凝土强度越高。当采用同一品种、同一强度等级的胶凝材料时，混凝土强度主要取决于水胶比。因为水泥水化时所需的结合水，一般只占水泥质量的 23% 左右，但混凝土拌和物为了获得必要的流动性，常需要较多的水（占水泥质量的 40% ~ 70%），即采用较大的水胶比。当混凝土硬化后，多余的水分就残留在混凝土中形成水泡或蒸发后形成气孔，大大减小了混凝土抵抗荷载的有效截面，在孔隙周围产生应力集中现象。因此，在水泥强度等级相同的情况下，水胶比越小，水泥石的强度越高，与集料黏结力越大，混凝土的强度越高。但是，如果水胶比太小，拌和物过于干稠，很难保证浇注、振实的质量，混凝土拌和物将出现较多的孔洞，导致混凝土的强度下降，如图 4.5 所示。

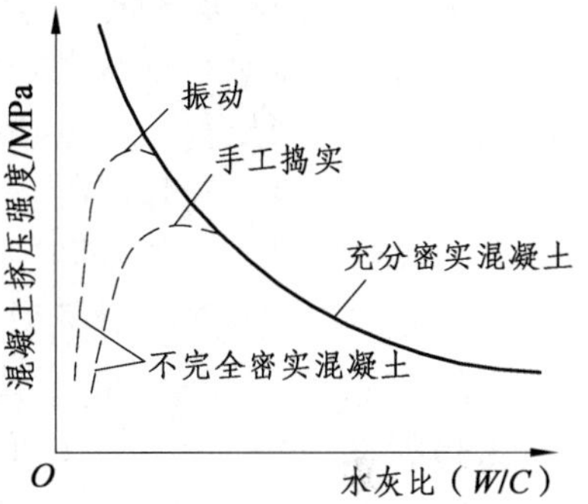

图 4.5　混凝土强度与水灰比的关系

大量试验表明，在原材料一定的情况下，混凝土 28 d 的立方体抗压强度和胶凝材料强度、水胶比三者之间的关系，可用保罗米公式表述为

$$f_{cu,0} = \alpha_a f_b \left(\frac{B}{W} - \alpha_b \right)$$

式中　$f_{cu,0}$——混凝土 28 d 抗压强度值（MPa）；

f_b——胶凝材料 28 d 胶砂抗压强度实测值（MPa）；

$\frac{B}{W}$——胶水比；

α_a，α_b——回归系数，其值与集料品种和水泥品种有关（α_a、α_b 可按下列经验系数采用：对于碎石混凝土，$\alpha_a = 0.53$，$\alpha_b = 0.20$；对于卵石混凝土，$\alpha_a = 0.49$，$\alpha_b = 0.13$）。

当胶凝材料 28 d 抗压强度实测值（f_b）无法得到时，可采用下列公式计算：

$$f_b = \lambda_f \lambda_s f_{ce}$$

式中　f_b——胶凝材料 28 d 抗压强度实测值（MPa）；

f_{ce}——水泥 28d 胶砂抗压强度实测值（MPa）；

λ_f，λ_s——粉煤灰影响系数和粒化高炉矿渣粉影响系数。

（2）集料。一般集料本身的强度都比水泥石的强度高，因此集料的强度对混凝土的强度几乎没有影响。但是，如果含有大量软弱颗粒、针状与片状颗粒、风化的岩石，则会降低混凝土的强度。另外，集料的表面特征也会影响混凝土强度。表面粗糙、多棱角的碎石与水泥石的黏结力要比表面光滑的卵石与水泥石的黏结力高。所以，在水泥强度等级和水胶比相同的情况下，碎石混凝土强度高于卵石混凝土强度。

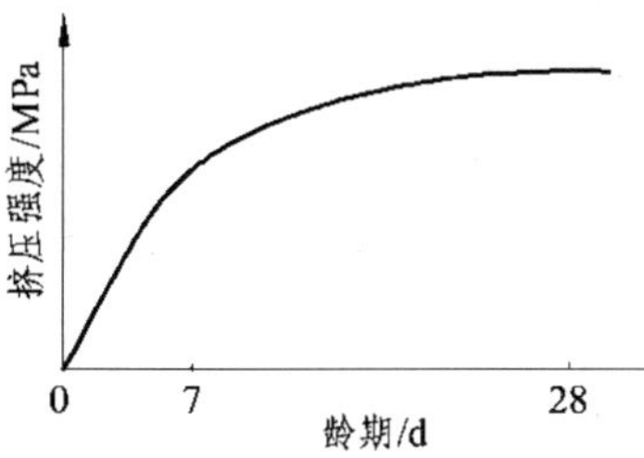

图 4.6　混凝土强度增长曲线

（3）龄期。在正常养护条件下，混凝土强度随着硬化龄期的增长而逐渐提高，如图 4.6 所示，最初的 3 ~ 7 d 发展较快，28 d 即可达到设计强度规定的数值，之后强度的增长速度逐渐缓慢，甚至可持续百年不衰。

在标准养护条件下，混凝土强度的发展大致与龄期的对数成正比关系（龄期不小于 3 d），可按下式推算：

$$\frac{f_n}{f_{28}}=\frac{\lg n}{\lg 28}$$

式中　f_n——n 天龄期的混凝土抗压强度（MPa）；

f_{28}——28 d 龄期的混凝土抗压强度（MPa）；

n——养护龄期（d）。

该公式仅适用于普通水泥拌制的混凝土。由于影响混凝土强度的因素很多，强度发展不可能完全一样，所以仅作一般估算参考。

（4）养护条件。新拌混凝土浇筑完毕后，必须保持适当的温度和足够的湿度，才能为水泥的充分水化提供必要的有利条件，以保证混凝土强度的不断增长。

养护时的温度可影响水泥水化反应的速度。温度较高时，水化速度较快，混凝土强度增长也较快；当温度低于 0 °C 时，混凝土中的水大量结冰，水泥颗粒不再发生水化反应，混凝土强度不但会停止增长，而且还会因混凝土孔隙中的冰胀而使混凝土强度遭到破坏。因此，当室外昼夜平均温度低于 + 5 °C 或最低温度低于 – 3 °C 时，混凝土的施工必须采取保暖措施。

水泥是水硬性胶凝材料，在强度形成过程中要吸收大量的水分，因此在养护中提供充足的水分是混凝土强度增长的必要条件。如果不及时供水或混凝土处于干燥环境中，则混凝土的硬化会随着水分的逐渐蒸发而停止，并会因毛细孔中水分枯竭而引起干缩裂缝，影响混凝土的强度和耐久性。为此，施工规范规定，混凝土浇筑完毕，应在 12 h 内进行覆盖并开始浇水；在夏季施工中对混凝土进行自然养护时，更要特别注意浇水保湿养护。混凝土的浇水养护时间，对于硅酸盐水泥、普通硅酸盐水泥或矿渣硅酸盐水泥配制的混凝土，不得少于 7 d；对于火山灰质硅酸盐水泥、粉煤灰硅酸盐水泥、掺有缓凝剂或有抗渗要求的混凝土，不得少于 14 d。

养护时常采用覆盖养护，通常在其表面用草袋、麻袋、塑料布等物覆盖严密，草袋、麻袋应保持潮湿，塑料布内应具有凝结水，使混凝土在潮湿状态下，以保证其强度均匀稳定地增长。

（5）施工质量。在浇注混凝土时应充分捣实，只有充分捣实才能得到密实坚固的混凝土。捣实质量直接影响混凝土的强度，捣实方法有人工捣实与机械振捣两种。对于相同条件下的混凝土，采取机械振捣比人工振捣的施工质量好。

在使用机械振捣时，振捣时间长、频率大，混凝土的密实度高。但对于流动性大的混凝土，往往会因长时间振捣而使大集料颗粒下沉，产生离析、泌水现象，导致混凝土质量不均匀，强度下降。所以，在浇注时，应根据具体情况选择适当的振捣时间和频率。

5. 提高混凝土强度的措施

（1）选用高强度等级水泥和特种水泥。在混凝土配合比不变的情况下，采用高强度等级水泥可提高混凝土强度。对于抢修工程、桥梁拼装接头、严寒地区的冬季施工，以及有其他要求早强的结构物，可采用特种水泥配制混凝土。

（2）降低水胶比。降低混凝土拌和物的水胶比，可以大大减少混凝土拌和物中的游离水，从而提高混凝土的密实度和强度。但水胶比过小，将影响混凝土拌和物的流动性，造成施工困难，可采取掺入减水剂的办法，使混凝土在低水胶比的情况下，仍然具有良好的流动性。

（3）掺加外加剂。在混凝土中掺入外加剂，可改善混凝土的性能。如掺早强剂，可提高混凝土的早期强度；掺加减水剂，在不改变流动性的条件下，可减小水胶比，提高混凝土的强度。

（4）采用湿热处理。

① 蒸气养护。将混凝土放在低于 100 °C 的常压蒸气中养护，经养护 16 ~ 20 h 后，其强度可达正常养护条件下 28 d 强度的 70% ~ 80%。蒸气养护最适合掺活性混合材料的有矿渣硅酸盐水泥、火山灰质硅酸盐水泥、粉煤灰硅酸盐水泥，它不仅提高材料的早期强度，而且使其后期强度也得到提高，28 d 强度可提高 10% ~ 40%。

② 蒸压养护。将混凝土在 100 °C 以上温度和一定大气压的蒸压釜中进行养护。主要适用于硅酸盐混凝土拌和物及其制品，如灰砂砖、石灰粉煤灰砌块、石灰粉煤灰加气混凝土等。

（5）采用机械搅拌和振捣。混凝土拌和物在强力搅拌和振捣作用下，暂时破坏水泥浆的凝聚结构，降低水泥浆的黏度和集料间的摩阻力，使混凝土拌和物能更好地充满模型并均匀密实，使其强度得到提高。

三、混凝土的变形

混凝土在硬化和使用过程中，由于受物理、化学及外力等因素的作用，会产生各种变形。当混凝土发生变形时，会因约束而引起拉应力。由于混凝土的抗拉强度较低，变形过大会引起混凝土开裂，导致混凝土构件承载力降低，影响其抗渗性和耐久性。

混凝土的变形有非荷载作用下的变形，如温度变形、湿胀干缩变形及荷载作用下的变形。

1．温度变形

随着温度变化而发生的膨胀或收缩变形称为温度变形。

混凝土具有热胀冷缩的性质。热膨胀对于大体积混凝土，易使其产生裂缝。这是因为混凝土在硬化初期，水泥水化会释放较多的热量，混凝土又是热的不良导体，因而其内部的热量很难消散，有时内部温度可达 50 ~ 70 °C，这将使混凝土内部产生较大的体积膨胀，而外部混凝土却因气温降低而产生收缩。这样，内部的膨胀与外部的收缩相互制约，使混凝土外表产生很大的拉应力，严重时使混凝土产生裂缝。

为了减少大体积混凝土因体积变化引起的开裂，目前常用的方法有：尽量减少用水量和水泥用量；采用低热水泥；选用热膨胀系数低的集料，减小热变形；预冷原材料，在混凝土中埋冷却水管，表面绝热，减小内外温差；对混凝土进行合理分缝、分块，减轻约束等。

2．干湿变形

混凝土因周围环境湿度的变化而发生的变形称为干湿变形，表现为湿胀干缩，这是由于混凝土中水分的变化所引起的。当混凝土在水中硬化时，会产生微小的膨胀；当混凝土在空气中硬化时，随着水分的蒸发会产生收缩。

混凝土湿胀变形量很小，一般没多大影响。但干缩变形对混凝土的危害较大，往往会引起混凝土开裂。为了减少混凝土的干缩，应尽量减小水胶比和胶凝材料的用量；调节集料的级配，增大粗集料的粒径；选择合适的水泥品种；加强混凝土的早期养护。

3. 徐　变

混凝土在长期不变荷载作用下，沿着作用力方向，随荷载作用时间的延长而增大的变形称为徐变。

混凝土的徐变在加荷初期增长较快，以后逐渐减慢，延续 2 ~ 3 年才会逐渐稳定。当混凝土卸载后，一部分变形瞬间恢复；一部分变形在一段时间内逐渐恢复，称为徐变恢复；剩下的不可恢复的永久变形，称为残余变形。一般认为，混凝土的徐变是水泥凝胶体发生缓慢的黏性流动并沿毛细孔迁移的结果。

混凝土徐变可以抵消钢筋混凝土内部的应力集中，使应力较均匀地重分布，但在预应力钢筋混凝土结构中，徐变会使钢筋的预加应力受到损失，使结构的承载能力受到影响。

混凝土的徐变与许多因素有关，在集料级配不良、水泥用量过多、水胶比过大、硬化龄期短、荷载持续作用时间长的情况下，徐变会随之增大。而最根本的影响因素是水胶比与水泥用量，即水泥用量越大，水胶比越大，徐变越大。

四、混凝土的耐久性

暴露在自然环境中的混凝土结构物，经常受到各种物理和化学因素的破坏作用，如温度湿度变化、冻融循环、压力水或其他液体的渗透、环境水和土壤中有害介质以及有害气体的侵蚀等。混凝土在使用过程中抵抗由外部或内部原因而造成破坏的能力称为混凝土的耐久性。

1. 抗渗性

混凝土抵抗压力水渗透的能力称为抗渗性。抗渗性的大小直接影响混凝土的耐久性。

混凝土的抗渗性主要取决于混凝土的孔隙率和孔隙特征，混凝土孔隙率越低，连通孔隙越少，抗渗性能越好。所以，提高混凝土抗渗性的主要措施，是通过采用降低水灰比、改善集料级配、加强振捣和养护、掺用引气剂和优质粉煤灰掺和料等方法来实现。

混凝土的抗渗性用抗渗等级表示，根据《普通混凝土长期性能和耐久性能试验方法标准》GB/T 50082—2009）的规定，抗渗等级可分为 P6、P8、P10、P12 及 > P12 等，相应地表示混凝土抵抗 0.6、0.8、1.0、1.2 及 > 1.2 MPa 的水压力作用而不发生渗透。

2. 抗冻性

我国寒冷地区和严寒地区，公路、铁路桥涵中的混凝土遭受冻害的现象是相当严重的。混凝土的抗冻性是指混凝土在吸水达饱和状态下经受多次冻融循环作用而不破坏，同时强度也不显著降低的性能。冻融破坏的原因是混凝土中的水结成冰后，体积发生膨胀，当冰胀应力超过混凝土的抗拉强度时，使混凝土产生微细裂缝，反复冻融使裂缝不断扩大，导致混凝土强度降低直至破坏。

混凝土的抗冻性用抗冻等级表示。混凝土抗冻等级的测定，是以标准养护 28 d 龄期的立方体试件，吸水饱和后，在 + 18 ~ − 18 °C 情况下进行反复冻融，最后以强度损失不超过 25%、质量损失不超过 5%时，混凝土所能承受的最大冻融循环次数来表示。混凝土的抗冻等级分为 D25、D50、D100、D150、D200、D250、D300 及 D300 以上，其中数字表示混凝土能经受的最大冻融循环的次数。

影响混凝土抗冻性的主要因素有水泥品种、水胶比及集料的坚固性等。提高抗冻性的措施是提高混凝土的密实度、减小水胶比和掺加引气剂或引气型减水剂等。

3. 抗化学侵蚀性

当混凝土所处的使用环境中有侵蚀性介质时，混凝土很可能遭受侵蚀，通常有硫酸盐侵蚀、镁盐侵蚀、一般酸侵蚀和强碱腐蚀等。

混凝土被侵蚀的原因是由于混凝土不密实，外界侵蚀性介质可以通过开口连通的孔隙或毛细管通路，侵入到水泥石内部进行化学反应，从而引起混凝土的腐蚀破坏。所以，提高耐侵蚀性的关键在于选用耐蚀性好的水泥，以提高混凝土内部的密实性和改善孔结构。

4. 抗碳化

混凝土的碳化是指空气中的二氧化碳渗透到混凝土中，与混凝土内水泥石中的氢氧化钙发生化学反应，生成碳酸钙和水，使混凝土碱度降低的过程。碳化发生在潮湿的环境中，而水下和干燥环境中一般不发生。

混凝土碳化会引起钢筋锈蚀，也可使混凝土表层产生碳化收缩，从而导致微细裂缝的产生，降低混凝土的抗拉、抗折强度；混凝土的碳化也存在有利的一面，即表层混凝土碳化时生成的碳酸钙，可填充水泥石的孔隙，提高密实度，防止有害物质的侵入。

影响混凝土碳化的因素主要有水泥品种、水胶比、空气中的二氧化碳浓度及湿度。提高混凝土抗碳化的措施是降低水胶比、掺入减水剂或引气剂等。

5. 碱-集料反应

碱-集料反应是指集料中的活性二氧化硅与混凝土内水泥中的碱（Na_2O 及 K_2O）发生化学反应，生成碱-硅酸凝胶，其吸水后会产生体积膨胀，从而导致混凝土受到膨胀压力而开裂的现象。

多年来，碱-集料反应已经使许多处于潮湿环境中的结构物受到破坏，包括桥梁、大坝和堤岸。发生碱-集料反应必须具备 3 个条件：① 水泥中含有较高的碱量；② 集料中存在活性二氧化硅且超过一定数量；③ 有水存在。

为防止碱-集料反应所产生的危害，可采取以下措施：使用的水泥含碱量小于 0.6%；采用火山灰质硅酸盐水泥，或在硅酸盐水泥中掺加沸石岩或凝灰岩等火山灰质材料，以便于吸收钠离子和钾离子；适当掺入引气剂，以降低由于碱-集料反应时膨胀带来的破坏作用。

6. 提高混凝土耐久性的措施

影响混凝土耐久性的因素很多，主要取决于组成材料的品质与混凝土本身的密实度及孔隙特征。

为提高混凝土耐久性，所采取的技术措施主要有：

（1）根据工程所处环境及要求，选用适当品种的水泥。

（2）严格控制水胶比并保证足够的水泥用量。

（3）选用质量较好的砂石，并采用级配较好的集料，提高混凝土的密实度。

（4）掺入减水剂和引气剂。

（5）在混凝土施工中，应搅拌透彻、浇筑均匀、振捣密实、加强养护，以提高混凝土质量。

第三节　混凝土外加剂

为改善混凝土的性能以适应不同的需要，或为了节约水泥用量，可在混凝土中加入除胶凝材料、集料和水之外的其他外加材料。外加剂有化学外加剂与矿物外加剂两种。外加剂用量虽小，但效果显著，已成为改善混凝土性能、提高混凝土施工质量、节约原材料、缩短施工周期及满足工程各种特殊要求的一个重要途径。但严禁使用对人体产生危害、对环境产生污染的外加剂。

外加剂掺量应以胶凝材料总量的百分比表示，或以 mL/kg 胶凝材料表示。处于与水相接触或潮湿环境中的混凝土，当使用碱活性集料时，由外加剂带入的碱含量（以当量氧化钠）不宜超过 1 kg/m^3 混凝土。粉状外加剂应防止受潮结块，如有结块，经性能检验合格后应粉碎至全部通过 0.63 mm 筛后方可用于混凝土中。液体外加剂应放置于阴凉干燥处，防止日晒、受冻、污染、进水或蒸发，如有沉淀等现象，经性能检验合格后方可使用。外加剂计量误差不应大于外加剂用量的 0.5%。

一、化学外加剂

在混凝土拌制过程中掺入的用以改善混凝土性能，且掺量不超过水泥质量 5%（特殊情况除外）的物质，称为化学外加剂（又称混凝土外加剂）。

1. 混凝土外加剂的分类

混凝土外加剂种类繁多，通常每种外加剂具有一种或多种功能。按其主要使用功能，可分为 5 类：

（1）改善混凝土拌和物流动性能的外加剂：减水剂、引气剂、泵送剂等。

（2）调节混凝土凝结时间、硬化速度的外加剂：缓凝剂、早强剂、速凝剂等。

（3）改善混凝土耐久性的外加剂：防冻剂、引气剂、阻锈剂、减水剂、抗渗剂等。

（4）调节混凝土内部含气量的外加剂：引气剂、加气剂、泡沫剂等。

（5）为混凝土提供特殊性能的外加剂：膨胀剂、防冻剂、着色剂、碱-集料反应抑制剂等。

2．各种混凝土外加剂的定义

（1）普通减水剂：在混凝土坍落度基本相同的条件下，能减少拌和用水量的外加剂。

（2）高效减水剂：在混凝土坍落度基本相同的条件下，能大幅度减少拌和用水量的外加剂。

（3）引气剂：能使混凝土在搅拌过程中引入大量均匀分布、稳定而封闭的微小气泡的外加剂。

（4）引气减水剂：兼有引气作用的减水剂。

（5）早强剂：能加速混凝土早期强度发展的外加剂。

（6）早强减水剂：兼有早强作用的减水剂。

（7）缓凝剂：能延长混凝土拌和物凝结硬化时间的外加剂。

（8）缓凝减水剂：兼有缓凝作用的减水剂。

（9）速凝剂：能使混凝土迅速凝结硬化的外加剂。

（10）膨胀剂：能使混凝土产生一定体积膨胀的外加剂。

（11）防冻剂：能使混凝土在低温下硬化，并在规定时间内达到足够防冻强度的外加剂。

各种混凝土外加剂的主要功能、品种及适用范围见表 4.13。

表 4.13　混凝土外加剂主要功能、品种及适用范围

外加剂类型	主要功能	品　种	适用范围
普　通减水剂	① 在混凝土和易性及强度不变的条件下，可节约水泥用量； ② 在和易性及水泥用量不变条件下，可减少用水量，提高混凝土强度； ③ 在用水量及水泥用量不变条件下，可增大混凝土流动性	① 木质素磺酸盐类（木钙、木钠等）； ② 腐殖酸盐类	① 用于日最低气温 5 °C 以上的混凝土施工； ② 大模板施工、滑模施工、大体积混凝土、泵送混凝土以及流动性混凝土； ③ 各种预制及现浇混凝土、钢筋混凝土及预应力混凝土
高　效减水剂	① 在保证混凝土和易性及水泥用量不变的条件下，可大幅减少用水量，提高混凝土强度； ② 在保持混凝土用水量及水泥用量不变的条件下，可增大混凝土拌和物流动性	① 多环芳香族磺酸盐类（萘系磺化物与甲醛缩合的盐类）； ② 水溶性树脂磺酸盐类（磺化三聚氰胺树脂等）； ③ 脂肪族类	① 用于日最低气温 0 °C 以上混凝土的施工； ② 用于钢筋密集、截面复杂、空间窄小混凝土不易振捣的部位； ③ 制备早强、高强混凝土以及大流动性混凝土； ④ 普通减水剂适用的范围
引气剂及引气减水剂	① 提高混凝土拌和物和易性，减少混凝土泌水离析； ② 提高混凝土耐久性和抗渗性	① 松香类（松香热聚物、松香皂）； ② 烷基和烷基芳烃磺酸盐类； ③ 脂肪醇磺酸盐类； ④ 皂甙类	① 有抗冻要求的混凝土； ② 轻集料混凝土、泵送混凝土； ③ 泌水严重的混凝土及抗渗混凝土； ④ 高性能混凝土及有饰面要求的混凝土
早强剂及早强减水剂	① 提高混凝土的早期强度； ② 缩短混凝土的热蒸养时间； ③ 早强减水剂还有减水剂功能	① 氯盐类（氯化钙）； ② 硫酸盐类； ③ 有机胺类（三乙醇胺、三异丙醇胺）	① 用于蒸养混凝土、早强混凝土； ② 用于日最低温度 −5 °C 以上时，自然气温正负交替的严寒地区的混凝土施工

续表

外加剂类型	主要功能	品　种	适用范围
缓凝剂及缓凝减水剂	① 延缓混凝土的凝结时间； ② 降低水泥初期水化热； ③ 缓凝减水剂还有减水剂的功能	① 糖类（糖蜜）； ② 木质素磺酸盐类； ③ 其他（酒石酸、柠檬酸、磷酸盐、硼砂）	① 大体积混凝土； ② 夏季和炎热地区的混凝土施工； ③ 用于日最低气温 5 °C 以上混凝土施工； ④ 泵送混凝土、预拌混凝土及滑模施工
速凝剂	① 加快混凝土的凝结硬化； ② 提高混凝土的早期强度	① 铝氧熟料加碳酸盐类； ② 铝酸盐类； ③ 水玻璃类	① 喷射混凝土、灌浆止水混凝土及抢修补强混凝土； ② 铁路隧道、隧道涵洞、地下工程等需要速凝的混凝土
膨胀剂	① 使混凝土在硬化过程中产生一定膨胀； ② 减少混凝土干缩裂缝； ③ 提高抗裂性和抗渗性	① 硫铝酸盐类； ② 石灰类； ③ 铁粉类； ④ 复合类	① 补偿收缩混凝土； ② 填充用膨胀混凝土； ③ 自应力混凝土； ④ 结构自防水混凝土
防冻剂	混凝土在低温条件下的拌和物中仍有液相自由水，以保证水泥水化，使混凝土达到预期强度	① 强电解质无机盐类； ② 水溶性有机化合物类； ③ 有机化合物与无机盐复合类； ④ 复合型	日气温 0 °C 以下的混凝土施工

3. 各种混凝土工程对外加剂的选择

混凝土外加剂品种繁多，功能效果各异，在选择外加剂时，应根据工程需要、现场的材料和施工条件，并参考外加剂产品说明书及有关资料进行全面考虑，如有条件应进行试验检验。各种混凝土工程对外加剂的选用见表 4.14。

表 4.14　各种混凝土工程对外加剂的选用

工程项目	选用目的	选用剂型
自然养护的混凝土工程	① 改善工作性能，提高构件质量； ② 提高早期强度； ③ 节约水泥	① 普通减水剂； ② 早强减水剂； ③ 高效减水剂； ④ 引气减水剂
夏季施工	延长混凝土的凝结硬化时间	① 缓凝剂； ② 缓凝减水剂
冬季施工	① 加快施工进度； ② 防寒抗冻	① 早强剂； ② 早强减水剂； ③ 防冻剂
商品混凝土	① 节约水泥； ② 保证混凝土运输后的和易性	① 普通减水剂； ② 夏季及长距离运输时，采用缓凝减水剂
高强混凝土	① 减少单位体积混凝土用水量，提高混凝土的强度； ② 减少单位体积混凝土的水泥用量、混凝土的徐变和收缩	高效减水剂（如 13-萘磺酸甲醛缩合物、三聚氰胺甲醛树脂磺酸盐等）

续表

工程项目	选用目的	选用剂型
早强混凝土	① 提高混凝土早期强度，在标准养护条件下 3 d 强度达 28 d 的 70%，7 d 强度达混凝土的设计强度等级； ② 加快施工速度，加速模板及台座的周转，提高构件及制品产量； ③ 取消或缩短蒸气养护时间	① 气温 25 °C 以上的夏、秋季节采用非引气型（或低引气型）高效减水剂； ② 气温为 −3～20 °C 的春、冬季节，采用早强减水剂或减水剂与早强剂（如硫酸钠）同时使用
大体积混凝土	① 降低水泥初期水化热； ② 延缓混凝土凝结硬化； ③ 减少水泥用量； ④ 避免干缩裂缝	① 缓凝剂； ② 缓凝减水剂； ③ 引气剂； ④ 膨胀剂（大型设备基础）
流态混凝土	① 提高混凝土拌和物流动性； ② 使混凝土泌水离析小； ③ 减小水泥用量和混凝土干缩量，提高耐久性	流化剂（如三聚氰胺甲醛树脂磺酸盐类、改性木质素磺酸盐类、萘磺酸甲醛缩合物）
耐冻融混凝土	① 引入适量的微小气泡，缓冲冰胀应力； ② 减小混凝土水灰比，提高耐久性	① 引气剂； ② 引气减水剂
防水混凝土	① 减少混凝土内部孔隙； ② 堵塞渗水通路，提高抗渗性； ③. 改变孔隙的形状和大小	① 防水剂； ② 膨胀剂； ③ 减水剂及引气减水剂
泵送混凝土	减少坍落度损失，使混凝土具有良好的黏聚性	① 缓凝减水剂； ② 泵送剂
蒸养混凝土	缩短蒸养时间或降低蒸养温度	① 早强减水剂； ② 非引气高效减水剂
灌浆、补强、填缝	① 在混凝土内产生膨胀应力，以抵消由于干缩而产生的拉应力，从而提高混凝土的抗裂性； ② 提高混凝土抗渗性	膨胀剂（如硫铝酸盐类、氧化钙类、金属类）
滑模工程	① 夏季缓凝，便于滑升； ② 冬季早强，保证滑升速度	① 夏季采用普通减水剂； ② 冬季采用高效减水剂或早强减水剂
大模板工程	① 提高和易性； ② 提高混凝土早期强度，以满足快速拆模和一定的扣板强度	① 夏季采用普通减水剂或高效减水剂； ② 冬季采用早强减水剂

部分混凝土外加剂内含有氯、硫和其他杂质，对混凝土的耐久性有影响，使用时应加以限制，具体情况如下：

（1）氯盐、含氯盐的早强剂和含氯盐的早强减水剂。不得使用氯盐、含氯盐的早强剂和含氯盐的早强减水剂的混凝土工程如下：

① 在高湿度空气环境中使用的结构（排出大量蒸汽的）。

② 露天结构或经常受水淋的结构。

③ 处于水位升降部位的结构。

④ 预应力混凝土结构、蒸养混凝土构件。

⑤ 薄壁结构。

⑥ 使用过程中经常处于环境温度在 60 °C 以上的结构。

⑦ 与含有酸、碱或硫酸盐等侵蚀性介质相接触的结构。

⑧ 有镀锌钢材的结构或铝铁相接触部位的结构。

⑨ 有外露钢筋预埋件而无防护措施的结构。

⑩ 使用冷拉钢筋、冷轧或冷拔钢丝的结构。

（2）硫酸盐及其复合剂。不得使用硫酸盐及其复合剂的混凝土工程如下：

① 有活性集料的混凝土。

② 有镀锌钢材的结构或铝铁相接触部位的结构。

③ 有外露钢筋预埋件而无防护措施的结构。

4．混凝土外加剂掺量的确定

在使用混凝土外加剂时，应认真确定外加剂的掺量。掺量太小，将达不到所期望的效果；掺量过大，不仅造成材料浪费，还可能影响混凝土质量，造成事故。一般外加剂产品说明书都列出推荐的掺量范围，可参照其选定外加剂掺量。若没有可靠的资料为参考依据时，应尽可能通过试验来确定外加剂掺量。常用外加剂的掺量见表 4.15。应用外加剂时必须符合《混凝土结构工程施工质量验收规范》（GB 50204—2015）和《混凝土外加剂应用技术规范》（GB 50119—2013）的要求。

表 4.15　常用混凝土外加剂掺量参考

外加剂类型	主要成分	一般掺量/%
普通减水剂	木质素磺酸盐类	0.2 ~ 0.3
	腐殖酸盐类	0.2 ~ 0.35
高效减水剂	多环芳香族磺酸盐类	0.5 ~ 1.0
	水溶性树脂磺酸盐类	0.5 ~ 2.0
引气剂	松香类（松香热聚物、松香皂）	0.005 ~ 0.02
	烷基和烷基芳烃磺酸盐类（烷基磺酸钠）	0.005 ~ 0.01
早强剂	氯盐类（氯化钙、氯化钠）	0.5 ~ 2.0
	硫酸盐类（硫酸钠、硫代硫酸钠、硫酸钙）	0.5 ~ 2.0
缓凝剂	糖类（糖蜜、葡萄糖、蔗糖及其衍生物）	0.1 ~ 0.3
	木质素磺酸盐类	0.1 ~ 0.3
	羟基羧酸、氨基羧酸及其盐类（柠檬酸、酒石酸）	0.05 ~ 0.2
	磷酸盐、硼酸盐、锌盐	0.1 ~ 0.2 5

注：一般掺量指外加剂质量占水泥质量的百分比。

二、矿物外加剂

在混凝土拌制过程中掺入的用以改善混凝土性能，掺量超过水泥质量 5% 的具有一定细度的矿物粉体材料，称为矿物外加剂（又称矿物掺和料）。常用的矿物掺和料有粉煤灰、硅灰、沸石粉、粒化高炉矿渣粉等，其中粉煤灰应用最普遍。可采用两种或两种以上的矿物掺和料按一定比例混合使用。

矿物掺和料的应用应符合下列规定：

（1）掺用矿物掺和料的混凝土，宜采用硅酸盐水泥和普通硅酸盐水泥。

（2）在混凝土中掺用矿物掺和料时，矿物掺和料的种类和掺量应经试验确定。

（3）矿物掺和料宜与高效减水剂同时使用。

（4）对于高强混凝土或有抗渗、抗冻、抗腐蚀、耐磨等其他特殊要求的混凝土，不宜采用低于Ⅱ级的粉煤灰。

（5）对于高强混凝土和有耐腐蚀要求的混凝土，当需要采用硅灰时，不宜采用二氧化硅小于 90% 硅灰。

1. 粉煤灰

粉煤灰又称飞灰，是从燃烧煤粉的锅炉烟气中收集到的细粉末，其颗粒多呈球形，表面光滑。

粉煤灰有两种：一种是高钙粉煤灰，它是由褐煤燃烧形成的，呈褐黄色，具有一定的水硬性；另一种是低钙粉煤灰，它是由烟煤和无烟煤燃烧形成的，呈灰色或深灰色，具有火山灰活性，由于来源比较广泛，是当前国内外用量最大、使用范围最广的混凝土掺和料。

根据国家标准的规定，粉煤灰可分为Ⅰ、Ⅱ、Ⅲ三个等级，用于混凝土工程时，可根据下列规定选用：①Ⅰ级粉煤灰适用于钢筋混凝土和跨度小于 6 m 的预应力钢筋混凝土；②Ⅱ级粉煤灰适用于钢筋混凝土和无筋混凝土；③Ⅲ级粉煤灰主要用于无筋混凝土。对强度等级要求等于或大于 C30 的无筋粉煤灰混凝土，宜采用Ⅰ、Ⅱ级粉煤灰。

粉煤灰由于其本身的化学成分、结构和颗粒形状特征，在混凝土中产生下列 3 种效应：

（1）活性效应（火山灰效应）。粉煤灰中的活性 SiO_2 及 $A1_2O_3$，与水泥水化生成的 $Ca(OH)_2$ 发生反应，生成具有水硬性的低碱度水化硅酸钙和水化铝酸钙，增加了混凝土的强度；同时由于消耗了水泥石中的氢氧化钙，提高了混凝土的耐久性，降低了抗碳化性能。

（2）形态效应。粉煤灰颗粒大部分为玻璃体微珠，掺入混凝土中，可减小拌和物的内摩阻力，起到减水、分散、匀化作用。

（3）微集料效应。粉煤灰中的微细颗粒均匀分布在水泥浆内，填充空隙和毛细孔，改善了混凝土的孔隙结构，增加密实度。

粉煤灰的掺入，改善了混凝土拌和物的和易性、可泵性，降低了混凝土的水化热，提高了抗硫酸盐腐蚀的能力，抑制了碱-集料反应。但使混凝土的早期强度和抗碳化能力有所降低。掺粉煤灰的混凝土适用于绝大多数结构，尤其适用于泵送混凝土、商品混凝土、大体积混凝土、抗渗混凝土、地下及水工混凝土、道路混凝土及碾压混凝土等。

2. 硅　灰

硅灰又称硅粉或硅烟灰，是从生产硅铁合金或硅钢等所排放的烟气中收集到的颗粒极细的烟尘，其颗粒呈玻璃球体，颜色为浅灰色到深灰色。由于硅灰在掺和料中比表面积大，故具有很高的火山灰活性，且需水量很大，作混凝土掺和料时必须配以减水剂，以保证混凝土拌和物的和易性。

掺硅灰的混凝土能大大加快混凝土的早期强度发展，提高混凝土的耐磨性。

3．沸石粉

沸石粉由天然的沸石岩磨细制成，具有很大的内表面积，可作为吸附高效减水剂与拌和水的载体，在运输和浇筑过程中缓慢释放出来，可减小混凝土拌和物的坍落度损失。

在同时掺入高效减水剂的条件下，掺入沸石粉可配制高强混凝土、高流态混凝土及泵送混凝土。

4．粒化高炉矿渣粉

粒化高炉矿渣粉是将粒化高炉矿渣经干燥、磨细达到相当细度，符合相应活性指数的粉状材料。其活性比粉煤灰高，掺入混凝土中可减少泌水性，改善孔隙结构，提高水泥石的密实度。综上所述，混凝土中掺入掺和料后，可以代替部分水泥，降低成本；增大混凝土的后期强度；改善混凝土拌和物的和易性；抑制碱-集料反应；提高混凝土的耐久性。

第四节　混凝土的配合比设计

混凝土的质量不仅取决于组成材料的技术性能，而且还取决于各组成材料的配合比例。混凝土的配合比是指混凝土各组成材料数量之间的比例关系。常用的表示方法如下：

（1）单位用量表示法:每立方混凝土中各材料的用量，如 1 m^3 混凝土中水泥：水：砂：石 = 340 kg：170 kg：765 kg：1 292 kg。

（2）相对用量表示法：以水泥的质量为 1，其他材料针对水泥的相对用量，并按“水泥：砂：石，水灰比”的顺序排列表示，如上列单位用水量表示法中所列内容为基础，采用相对用量来表示则可转化为 1：2.25：3.80，$W/C = 0.5$。

一、混凝土配合比设计的基本要求

混凝土配合比设计的目的，就是根据原材料性能、结构形式、施工条件和对混凝土的技术要求，通过计算和试配调整，确定出满足工程技术经济指标的各组成材料的用量。混凝土配合比设计所采用的细集料含水率应小于 0.5%，粗集料含水率应小于 0.2%。除配制 C15 及其以下强度等级的混凝土外，混凝土的最小胶凝材料用量应符合表规定。

为达到该目的，混凝土的配合比设计应满足下列 4 项基本要求：

（1）满足结构物设计强度的要求，设计强度是混凝土设计过程中必须要达到的指标，针对结构物所发挥的作用、施工单位的施工管理水平，在配合比设计的实际操作过程中，采用一个比设计强度高一些的““配置强度”，以确定最终的结果满足设计强度的要求。

（2）满足施工工作性要求，针对工程实际、构造物的特点，包括断面尺寸、配筋状况以及施工条件等来确定合适的工作性指标，以保证工程施工的需求。

（3）满足耐久性要求，配合比设计中通过考虑允许的“最大水胶比”、“最小胶凝材料用量”，来保证处于不利环境（如严寒地区、受水影响等）条件下混凝土的耐久性的要求。

（4）满足经济要求，在满足设计要求、工作性和耐久性要求的前提下，设计中通过合理减少高价材料（如水泥）的用量，多采用当地材料以及一些替代物（如工业废渣）等措施，降低混凝土费用，提高经济效益。

二、混凝土配合比设计的 3 个重要参数

普通混凝土 4 种主要组成材料的相对比例，通常由以下 3 个参数来控制。

1. 水胶比

混凝土中水与胶凝材料的比例称为水胶比。它决定了混凝土的强度，对混凝土拌和物的和易性、耐久性、经济性都有较大影响。水胶比较小时，可以使强度更高、耐久性更好；在满足强度和耐久性要求时，选用较大水胶比，可以节约水泥，降低生产成本。

2. 砂　率

砂的质量占砂石总质量的百分比，称为砂率。它能够影响混凝土拌和物的和易性。砂率的选用应合理，在保证混凝土拌和物和易性要求的前提下，选用较小值可节约水泥。

3. 单位用水量

单位用水量是指 1 m^3 混凝土拌和物中水的用量。在水灰比不变的条件下，单位用水量如果确定，那么水泥用量和集料的总用量也随之确定。因此单位用水量反映了水泥浆与集料之间的比例关系。为节约水泥和改善混凝土耐久性，在满足流动性条件下，应尽可能取较小的单位用水量。

混凝土配合比中 3 个参数的关系如图 4.7 所示。

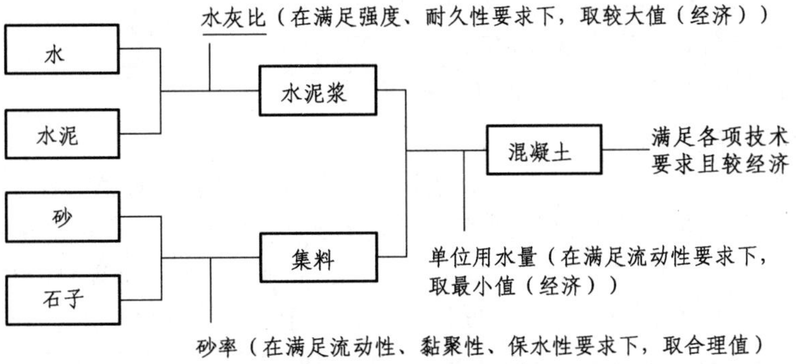

图 4.7　混凝土配合比参数示意图

三、混凝土配合比设计的步骤

混凝土配合比设计包括初步配合比的计算、试验室配合比的设计和施工配合比的确定。

1．初步配合比的计算

根据混凝土原材料的性能、设计要求的强度、施工要求的坍落度和使用环境所要求的耐久性，利用经验公式及经验参数，初步计算出混凝土各组成材料的用量，以得出供试配用的初步配合比。混凝土配合比设计应采用工程实际使用的原材料；配合比设计所采用的细集料含水率应小于 0.5%，粗集料含水率应小于 0.2%。

（1）确定配制强度 $f_{cu,0}$。根据《普通混凝土配合比设计规程》（JGJ 55—2011）规定，配制强度应按下式确定：

① 当混凝土的设计强度等级小于 C60 时，配制强度应按下式确定：

$$f_{cu,0} \geqslant f_{cu,k} + 1.645\sigma$$

式中 $f_{cu,0}$—— 混凝土配制强度（MPa）；

$f_{cu,k}$—— 混凝土立方体抗压强度标准值，这里取混凝土的设计强度等级值（MPa）；

σ —— 混凝土强度标准差（MPa）。

② 当设计强度等级不小于 C60 时，配制强度应按下式确定：

$$f_{cu,0} \geqslant 1.15 f_{cu,k}$$

③ 混凝土强度标准差应按下列规定确定：

a. 当具有近 1～3 个月的同一品种、同一强度等级混凝土的强度资料，且试件组数不小于 30 时，其混凝土强度标准差应按下式计算：

$$\sigma = \sqrt{\frac{\sum_{i=1}^{n} f_{cu,i}^2 - n m_{f_{cu}}^2}{n-1}}$$

式中 σ ——混凝土强度标准差；

$f_{cu,i}$—— 第 i 组的试件强度（MPa）；

$m_{f_{cu}}$ —— n 组试件的强度平均值（MPa）；

n—— 试件的组数。

对于强度等级不大于 C30 的混凝土，当混凝土强度标准差计算值不小于 3.0 MPa 时，应按式计算结果取值；当混凝土强度标准差计算值小于 3.0 MPa 时，应取 3.0 MPa。

对于强度等级大于 C30 且小于 C60 的混凝土，当混凝土强度标准差计算值不小于 4.0 MPa 时，应按式计算结果取值；当混凝土强度标准差计算值小于 4.0 MPa 时，应取 4.0 MPa。

b. 当没有近期的同一品种、同一强度等级混凝土强度资料时，其强度标准差 σ 可按表取值。

表 4.16 强度标准差 σ 值

混凝土强度标准值	≤C20	C25～C45	C50～C55
σ /MPa	4.0	5.0	6.0

（2）混凝土拌和物的工作性。

混凝土的工作性的选择取决于混凝土构件自身的特点，包括构件截面尺寸大小、钢筋疏密程度及施工方式。通常，当构件截面尺寸较小、钢筋较密或采用人工插捣时，坍落度可选择得大一些；反之，则坍落度可选择小一些的，见表 4.17。

表 4.17　混凝土浇筑时坍落度要求

构件种类	坍落度/mm
基础或地面的垫层，无配筋的大体积结构或配筋稀的结构	10～30
板、梁和大型及中型截面的柱子	30～50
配筋密的结构	50～70
配筋特密的结构	70～90

（3）混凝土的耐久性。

混凝土的耐久性主要取决于混凝土的密实程度，而密实度又取决于混凝土的水胶比和胶凝材料用量。当水胶比偏大或胶凝材料用量偏小时都有可能在硬化后的混凝土构件内部留下过多的孔隙，为日后引起混凝土耐久性不良现象留下隐患。当进行混凝土配合比设计时，为保证混凝土的耐久性，根据混凝土结构的环境类别，对混凝土的最大水胶比和最小胶凝材料用量，应符合下表规定。

① 混凝土结构的环境类别划分应符合表 4.18 要求。

表 4.18　混凝土结构的环境类别

环境类别	条　件
一	室内干燥环境；无侵蚀性静水浸没环境
二	室内潮湿环境；非严寒和非寒冷地区的露天环境；非严寒和非寒冷地区与无侵蚀性的水或土直接接触的环境；严寒和寒冷地区的冰冻线以下与无侵蚀性的水或土直接接触的环境
	干湿交替环境；频繁变动环境；严寒和寒冷地区的露天环境；严寒和寒冷地区的冰冻线以上与无侵蚀性的水或土直接接触的环境
三	严寒和寒冷地区冬季水位变动区环境；受除冰盐影响环境；海风环境
	盐渍土环境；受除冰盐作用环境；海岸环境
四	海水环境
五	受人为或自然的侵蚀性物资影响的环境

注：① 室内潮湿环境是指构件表面经常处于结露或湿润状态的环境。
② 严寒和寒冷地区的划分应符合《民用建筑热工设计规范》（GB50176—1993）的有关规定。
③ 海岸环境和海风环境宜根据当地情况，考虑主导风向及结构所处迎风、背风部位等因素的影响，由调查研究和工程经验确定。
④ 受除冰盐影响环境为受到除冰盐盐雾影响的环境；受除冰盐作用环境指被除冰盐溶液溅射的环境以及使用除冰盐地区的洗车房、停车楼等建筑。

② 设计使用年限为50年的混凝土结构，其混凝土材料宜符合表4.19规定。

表4.19　结构混凝土材料的耐久性基本要求

环境等级	最大水胶比	最低强度等级	最大氯离子含量/%	最大碱含量/（kg/m^3）
一	0.60	C20	0.30	不限制
二	0.55	C25	0.20	3.0
	0.50（0.55）	C30（C25）	0.15	
三	0.45（0.50）	C35（C30）	0.15	
	0.40	C40	0.10	

注：① 氯离子含量是指其占胶凝材料总量的百分比。
② 预应力构件混凝土中的最大氯离子含量为0.05%；最低混凝土强度等级应按表中的规定提高两个等级。
③ 素混凝土构件的水胶比及最低强度等级的要求可适当放松。
④ 有可靠工程经验时，二类环境中的最低混凝土强度等级可降低一个等级。
⑤ 处于严寒和寒冷地区二b、三a类环境中的混凝土应使用引气剂，并可采用括号中的有关参数。
⑥ 当使用非碱活性集料时，对混凝土中的碱含量可不做限制。

③ 混凝土的最小胶凝材料用量应符合表4.20规定；配置C15及其以下强度等级的混凝土，可不受表4.20控制。

表4.20　混凝土的最小胶凝材料用量

最大水胶比	最小胶凝材料用量/（kg/m^3）		
	素混凝土	钢筋混凝土	预应力混凝土
0.60	250	280	300
0.55	280	300	300
0.50	320		
≤0.45	330		

2．混凝土初步配合比设计阶段

1 当混凝土强度等级小于C60时，混凝土水胶比可按下式计算：

$$\frac{W}{B}=\frac{\alpha_a \times f_b}{f_{cu,0}+\alpha_a \times \alpha_b \times f_b}$$

式中　$\frac{W}{B}$——混凝土水胶比；

f_b——胶凝材料28d胶砂抗压强度实测值（MPa）；

α_a，α_b——回归系数。

回归系数α_a和α_b应根据工程所使用原材料，通过试验建立的水胶比与混凝土强度关系式确定。当不具备上述试验统计资料时，回归系数可按表4.21采用。

表 4.21　回归系数选用表（JGJ 55—2011）

回归系数	碎　石	卵　石
α_a	0.53	0.49
α_b	0.20	0.13

（1）当胶凝材料 28 d 胶砂抗压强度值（f_b）无实测值时，可采用下列公式计算：

$$f_b = \gamma_f \gamma_s f_{ce}$$

式中　γ_f，γ_s——粉煤灰影响系数和粒化高炉矿渣粉影响系数（见表 4.22）；

f_{ce}——水泥 28d 胶砂抗压强度(MPa)，可实测。

表 4.22　粉煤灰影响系数 (γ_f) 和粒化高炉矿渣粉影响系数 (γ_s)

种　类		粉煤灰影响系数	粒化高炉矿渣粉影响系数
掺量/%	0	1.00	1.00
	10	0.85 ~ 0.95	1.00
	20	0.75 ~ 0.85	0.95 ~ 1.00
	30	0.65 ~ 0.75	0.90 ~ 1.00
	40	0.55 ~ 0.65	0.80 ~ 0.90
	50	—	0.70 ~ 0.85

注：① 采用Ⅰ级、Ⅱ级粉煤灰宜取上限值。

② 采用 S75 级粒化高炉矿渣粉宜取下限值，采用 S95 级粒化高炉矿渣粉宜取上限值，采用 S105 级粒化高炉矿渣粉可取上限值加 0.05。

③ 当超出表中的掺量时，粉煤灰和粒化高炉矿渣粉影响系数应经试验确定。

另外，矿物掺和料在混凝土中的掺量应通过实验确定，采用硅酸盐水泥或普通硅酸盐水泥时，钢筋混凝土中矿物掺和料最大掺量宜符合表 4.23 规定，对基础大体积混凝土，粉煤灰、粒化高炉矿渣粉和复合掺和料的最大掺量可增加 5%。采用掺量大于 30% 的 C 类粉煤灰的混凝土，应以实际使用的水泥和粉煤灰掺量进行安定性检验合格。预应力混凝土中矿物掺和料最大掺量见表 4.24。

表 4.23　钢筋混凝土中矿物掺和料最大掺量

矿物掺和料种类	水胶比	最大掺量/%	
		采用硅酸盐水泥	采用普通硅酸盐水泥
粉煤灰	≤0.40	45	35
	> 0.40	40	30
粒化高炉矿渣粉	≤0.40	65	55
	> 0.40	55	45
钢渣粉	—	30	20
磷渣粉	—	30	20
硅　灰	—	10	10
复合掺和料	≤0.40	65	55
	> 0.40	55	45

表 4.24　预应力混凝土中矿物掺和料最大掺量

矿物掺和料种类	水胶比	最大掺量/%	
		采用硅酸盐水泥	采用普通硅酸盐水泥
粉煤灰	≤0.40	35	30
	>0.40	25	20
粒化高炉矿渣粉	≤0.40	55	45
	>0.40	45	35
钢渣粉	—	20	10
磷渣粉	—	20	10
硅　灰	—	10	10
复合掺和料	≤0.40	55	45
	>0.40	45	35

注：① 采用其他通用硅酸盐水泥时，宜将水泥混合材料掺量 20% 以上的混合材量计入矿物掺和料。
② 符合掺和料各组分的掺量不宜超过单掺时的最大掺量。
③ 在混合使用两种或两种以上矿物掺和料时，矿物掺和料总掺量应符合以上表中规定。

混凝土拌和物中水溶性氯离子最大含量应符合表 4.25 规定，其测试方法应符合现行行业标准《水运工程混凝土试验规程》（JTJ20）中混凝土拌和物中氯离子含量的快速测定方法的规定。

表 4.25　混凝土拌和物中水溶性氯离子最大含量

环境条件	水溶性氯离子最大含量（水泥用量的质量百分比）/%		
	钢筋混凝土	预应力混凝土	素混凝土
干燥环境	0.30	0.06	1.00
潮湿但不含氯离子的环境	0.20		
潮湿且含有氯离子的环境、盐渍土环境	0.10		
除冰盐等侵蚀性物质的腐蚀环境	0.06		

对于有预防混凝土碱集料反应设计要求的工程，宜掺用适量粉煤灰或其他矿物掺和料，混凝土中最大碱含量不应大于 3.0 kg/m^3。对于矿物掺和料碱集料，粉煤灰碱含量可取实测值的 1/6，粒化高炉矿渣粉碱含量可取实测值的 1/2。

（2）当水泥 28 d 胶砂抗压强度（f_{ce}）无实测值时，可按下式计算：

$$f_{ce}=\gamma_c f_{ce,g}$$

式中　γ_c——水泥强度等级值的富余系数，可按实际统计资料确定（当缺乏买际统计资料时，也可按表 4.26 选用）；

$f_{ce,g}$——水泥强度等级值（MPa）。

表 4.26 水泥强度等级值的富余系数 (γ_c)

水泥强度等级值	32.5	42.5	52.5
富裕系数	1.12	1.16	1.10

当计算出水胶比后，还应根据混凝土所处环境和耐久性要求的允许水胶比进行校核，要满足标准所规定的最大水胶比限定。

2. 确定单位用水量和外加剂用量

（1）干硬性混凝土和塑性混凝土用水量的确定。当水胶比在 0.40 ~ 0.80 时，应根据粗集料的品种、粒径及施工要求的混凝土拌和物稠度，按表 4.27、表 4.28 选取单位用水量 m_{w0}。

表 4.27 干硬性混凝土的用水量（JGJ 55—2011） 单位：kg/m^3

拌和物稠度		卵石最大粒径/mm			碎石最大公称粒径/mm		
项 目	指 标	10	20	40	16	20	40
维勃稠度/s	16 ~ 20	175	160	145	180	170	155
	11 ~ 15	180	165	150	185	175	160
	5 ~ 10	185	170	155	190	180	165

表 4.28 塑性混凝土的用水量（JGJ 55—2011） 单位：kg/m^3

拌和物稠度		卵石最大粒径/mm				碎石最大粒径/mm			
项 目	指 标	10	20	31.5	40	16	20	31.5	40
坍落度/mm	10 ~ 30	190	170	160	150	200	185	175	165
	35 ~ 50	200	180	170	160	210	195	185	175
	55 ~ 70	210	190	180	170	220	205	195	185
	75 ~ 90	215	195	185	175	230	215	205	195

注：① 本表用水量是采用中砂时的平均值。采用细砂时，1 m^3 混凝土用水量可增加 5 ~ 10 kg；采用粗砂时，则可减少 5 ~ 10 kg。

② 掺用各种外加剂或矿物掺和料时，用水量应相应调整。

（2）混凝水胶比小于 0.40 时，可通过试验确定。

掺外加剂时的混凝土用水量，可按下式来计算：

掺外加剂时，每立方米流动性或大流动性混凝土的用水量（m_{w0}）可按下式计算：

$$m_{w0} = m'_{w0}(1-\beta)$$

式中 m_{w0}——计算配合比每立方米混凝土的用水量（kg/m^3）；

m'_{w0}——未掺外加剂时推定的满足实际坍落度要求的每立方米混凝土用水量（kg/m^3），

以本规程表 4.19 中 90 mm 坍落度的用水量为基础，按每增大 20 mm 坍落度相应增加 5 kg/m^3 用水量来计算，当坍落度增大到 180mm 以上时，随坍落度相应增加的用水量可减少；

β——外加剂的减水率（%），β 值应根据试验确定。

（3）每立方米混凝土中外加剂用量（m_{a0}）应按下式计算：

$$m_{a0} = m_{b0}\beta_a$$

式中　m_{a0}——计算配合比每立方米混凝土中外加剂用量（kg/m^3）；

m_{b0}——计算配合比每立方米混凝土中胶凝材料用量（kg/m^3）；

β_a——外加剂掺量（%），应经混凝土试验确定。

（4）每立方米混凝土的胶凝材料用量（m_{b0}）应按式计算，并应进行试拌调整，在拌和物性能满足的情况下，取经济合理的胶凝材料用量。

$$m_{b0} = \frac{m_{w0}}{W/B}$$

式中　m_{b0}——计算配合比每立方米混凝土中胶凝材料用量（kg/m^3）；

m_{w0}——计算配合比每立方米混凝土的用水量（kg/m^3）；

W/B——混凝土水胶比。

（5）每立方米混凝土的矿物掺和料用量（m_{f0}）应按下式计算：

$$m_{f0} = m_{f0}\beta_f$$

式中　m_{f0}——计算配合比每立方米混凝土中矿物掺和料用量（kg/m^3）；

β_f——矿物掺和料掺量（%）。

（6）每立方米混凝土的水泥用量（m_{c0}）应按下式计算：

$$m_{c0} = m_{b0} - m_{f0}$$

式中　m_{c0}——计算配合比每立方米混凝土中水泥用量（kg/m^3）。

（7）砂率（β_s）根据集料的技术指标、混凝土拌和物性能和施工要求，参考既有历史资料确定。

当缺乏砂率的历史资料时，混凝土砂率的确定应符合下列规定：

① 坍落度为 10 ~ 60 mm 的混凝土，应根据粗集料的种类、最大公称粒径及水胶比按表选取。

② 坍落度大于 60 mm 的混凝土，砂率可由试验确定，也可在表 4.29 的基础上，按坍落度每增大 20 mm，砂率增大 1% 的幅度予以调整。

③ 坍落度小于 10 mm 的混凝土，其砂率应由试验确定。

④ 掺用外加剂或掺和料的混凝土，其砂率应由试验确定。

表 4.29 混凝土的砂率（JGJ 55—2011）

水胶比（W/B）	卵石最大粒径/mm			碎石最大粒径/mm		
	10	20	40	16	20	40
0.40	26 ~ 32	25 ~ 31	24 ~ 30	30 ~ 35	29 ~ 34	27 ~ 32
0.50	30 ~ 35	29 ~ 34	28 ~ 33	33 ~ 38	32 ~ 37	30 ~ 35
0.60	33 ~ 38	32 ~ 37	31 ~ 36	36 ~ 41	35 ~ 40	33 ~ 38
0.70	36 ~ 41	35 ~ 40	34 ~ 39	39 ~ 44	38 ~ 43	36 ~ 41

注：① 本表数值是中砂的选用砂率，对细砂或粗砂，可相应地减小或增大砂率。
② 采用人工砂配制混凝土时，砂率可适当增大。
③ 只用一个单粒级粗集料配制混凝土时，砂率应适当增大。

（8）当采用质量法计算混凝土配合比时，粗、细集料用量应按相应公式计算，砂率应按相应公式计算。

① 质量法。质量法又称假定表观密度法，认为混凝土的质量等于各组成材料质量之和。

$$\begin{cases} m_{c0}+m_{s0}+m_{g0}+m_{w0}+m_{fo}=m_{cp} \\ \beta_s=\dfrac{m_{s0}}{m_{s0}+m_{g0}}\times 100\% \end{cases}$$

式中 β_s——混凝土的砂率（%）；

m_{s0}，m_{g0}——计算配合比每立方米混凝土中的细、粗集料用量（kg/m^3）；

m_{cp}——每立方米混凝土拌和物的假定质量（kg），可取 2 350 ~ 2 450 kg/m^3。

② 体积法。当采用体积法计算混凝土配合比时，砂率应按相应公式计算，粗细集料用量应按公式计算：

$$\frac{m_{c0}}{\rho_c}+\frac{m_{s0}}{\rho_s}+\frac{m_{g0}}{\rho_g}+\frac{m_{w0}}{\rho_w}+\frac{m_{f0}}{\rho_f}+0.01\alpha=1$$

$$\beta_s=\frac{m_{s0}}{m_{s0}+m_{g0}}\times 100\%$$

式中 ρ_c——水泥密度，可取 2 900 ~ 3 100 kg/m^3；

ρ_s——细集料的表观密度（kg/m^3）；

ρ_g——粗集料的表观密度（kg/m^3）；

ρ_w——水的密度，可取 1 000（kg/m^3）；

ρ_f——矿物掺和料密度（kg/m^3）；

α——混凝土的含气量百分数，在不使用引气型或引气型外加剂时，可取 1。

长期处于潮湿或水位变动的寒冷和严寒环境以及盐冻环境的混凝土应掺用引气剂。引气剂掺量应根据含气量要求经试验确定，混凝土最小含气量应符合表 4.30 规定，最大不宜超过 7.0%。

表 4.30　混凝土最小含气量

粗集料最大公称粒径/mm	混凝土最小含气量/%	
	潮湿或水位变动的寒冷和严寒环境	盐冻环境
40.0	4.5	5.0
25.0	5.0	5.5
20.0	5.5	6.0

注：含气量为气体占混凝土体积的百分比。

这样就得到初步配合比为水泥：矿物掺和料：水：砂：石。初步配合比是利用经验公式或经验资料获得的，由此配成的混凝土有可能不符合实际要求，所以应对配合比进行试配、调整与确定。

二、试验室配合比的确定

混凝土试配时，应采用工程中实际使用的材料，粗、细集料的称量均以干燥状态为基准；若集料中含水，则称料时要在用水量中扣除集料中的水，集料用量做相应增加。

混凝土的搅拌方法，应与生产时使用的方法相同。试拌时每盘混凝土的最小搅拌量为：集料最大粒径在 31.5 mm 及以下时，拌和物数量取 20 L；集料最大粒径为 40 mm 时，拌和物数量取 25 L。当采用机械搅拌时，每盘混凝土试配的最小搅拌量不应小于搅拌机公称容量的 1/4 且不应大于搅拌机公称容量。

混凝土试配时，应采用工程中实际使用的材料，粗、细集料的称量均以干燥状态为基准；若集料中含水，则称料时要在用水量中扣除集料中的水，集料用量做相应增加。

混凝土的搅拌方法，应与生产时使用的方法相同。试拌时每盘混凝土的最小搅拌量为：集料最大粒径在 31.5 mm 及以下时，拌和物数量取 20 L；集料最大粒径为 40 mm 时，拌和物数量取 25 L。当采用机械搅拌时，每盘混凝土试配的最小搅拌量不应小于搅拌机公称容量的 1/4 且不应大于搅拌机公称容量。

（1）首先试拌。宜保持计算水胶比不变，以节约胶凝材料为原则，调整胶凝材料用量、用水量、外加剂用量和砂率等，直到混凝土拌合物性能符合设计和施工要求，然后修正计算配合比，提出试拌配合比。

当试拌、调整工作完成后，即可测出混凝土拌和物的实测表观密度 $\rho_{c,t}$。

配合比调整后的混凝土拌和物的表观密度计算值（$\rho_{c,c}$）应按下式计算：

$$\rho_{c,c} = m_{c拌} + m_{s拌} + m_{g拌} + m_{w拌} + m_{f拌}$$

当混凝土拌和物表观密度实测值与计算值之差的绝对值不超过计算值的 2% 时，调整后的配合比可维持不变；当两者之差超过 2% 时，应将配合比中每项材料用量均乘以校正系数 δ

$$\delta = \frac{\rho_{c,t}}{\rho_{c,c}}$$

配合比调整后，应测定拌和物水溶性氯离子含量，并应对设计要求的混凝土耐久性能进行试验，符合设计规定的氯离子含量和耐久性要求的配合比方可确定为设计配合比。

（2）强度检验。经过和易性调整得出的混凝土基准配合比，所采用的水胶比不一定恰当，混凝土的强度和耐久性不一定符合要求，所以应对混凝土强度进行检验。检验混凝土强度时至少应采用 3 个不同的配合比。其中一个是试拌配合比；另外两个配合比的水胶比值，应在试拌配合比的基础分别增加或减少 0.05，用水量保持不变，砂率也相应增加或减少 1%，由此相应调整水泥和砂石用量。

每组配合比制作一组标准试块，在标准条件下养护 28 d，测其抗压强度。根据混凝土强度试验结果，用作图法把不同水胶比值的立方体抗压强度标在以强度为纵轴、胶水比为横轴的坐标系上，便可得到混凝土立方体抗压强度-胶水比的线性关系，从而计算出与混凝土配制强度（$f_{cu,0}$）相对应的胶水比值。并按这个胶水比值与原用水量计算出相应的各材料用量，作为最终确定的试验室配合比，即 1 m^3 混凝土中各组成材料的用量 m_c、m_s、m_g、m_w、m_f。

三、施工配合比的确定

混凝土的试验室配合比是以材料处于干燥状态为基准的，但施工现场存放的砂、石材料都会含有一定的水分，所以施工现场各材料的实际称量，应按施工现场砂、石的含水情况进行修正，并调整相应的用水量，修正后的混凝土配合比即施工配合比。施工配合比修正的原则是：胶凝材料不变，补充砂石，扣除水量。

假设施工现场测出砂的含水率为 a%、石子的含水率为 b%，则各材料用量分别为

$$m'_c = m_c$$
$$m'_f = m_f$$
$$m'_s = m_s(1+a\%)$$
$$m'_g = m_g(1+b\%)$$
$$m'_w = m_w - m_s \times a\% - m_g \times b\%$$

式中　m'_c，m'_s，m'_g，m'_w，m'_f——施工配合比中 1 m^3 混凝土水泥、砂、石子和水和矿物掺和料的用量（kg）；

m_c，m_s，m_g，m_w，m_f——试验室配合比中 1 m^3 混凝土水泥、砂、石子和水和矿物掺和料的用量（kg）。

最终得到混凝土的施工现场配合比：水泥：掺和料：水：砂：石。

【例 4.2】　某办公楼现浇钢筋混凝土柱，混凝土设计强度等级为 C30，无强度历史统计资料。原材料情况：水泥为 32.5 普通硅酸盐水泥，密度为 3.10 g/cm^3，水泥强度等级富余系数为 1.16；Ⅱ级粉煤灰，密度为 2.00 g/cm^3，建议掺入量为 20%，粉煤灰影响系数 $\gamma_f = 0.85$；砂为中砂，表观密度为 2 650 kg/m^3；粗集料采用碎石，最大粒径为 31.5 mm，表观密度为 2 700 kg/m^3；水为自来水；聚羧酸减水剂，掺入量 1.0%，减水率 24%。混凝土施工采用机械搅拌，机械振捣，坍落度要求 120 ~ 160 mm，施工现场砂含水率为 5%，石子含水率为 1%，试设计该混凝土配合比。

解　（1）计算初步配合比。

① 确定配制强度 $f_{\text{cu},0}$。由题意可知，设计要求混凝土强度等级为 C30，且施工单位没有历史统计资料，查表 4.16 可得 $\sigma = 5.0\ \text{MPa}$。

$$f_{\text{cu},0} = f_{\text{cu,k}} + 1.645\sigma = 30 + 1.645 \times 5.0 = 38.2\ (\text{MPa})$$

② 计算水胶比 W/B。由于混凝土强度低于 C60，且采用碎石，所以

$$f_{\text{b}} = \gamma_{\text{f}} \cdot f_{\text{ce}} = \gamma_{\text{f}} \cdot \gamma_{\text{c}} \cdot f_{\text{ce,g}} = 0.85 \times 1.16 \times 42.5 = 41.9\ (\text{MPa})$$

$$\frac{W}{B} = \frac{0.53 \times 41.9}{38.2 + 0.53 \times 0.20 \times 41.9} = 0.52$$

由表 4.20 可知，干燥环境中钢筋混凝土最大水胶比为 0.60，水胶比满足要求。

③ 确定单位用水量 m_{w0}。查表 4.28 可知，集料采用碎石，最大粒径为 31.5 mm，混凝土拌和物坍落度为 75 ~ 90 mm 时，1 m^3 混凝土的用水量为 205 kg。

根据题意，坍落度为 120 ~ 160 mm 时未掺减水剂时的用水量：

$$m_{\text{w0}} = 205 + \frac{140 - 90}{20} \times 5 = 218\ (\text{kg})$$

掺入减水剂后的用水量：

$$m_{\text{wa}} = m_{w0} \times (1 - \beta) = 218 \times (1 - 24\%) = 166\ (\text{kg})$$

④ 计算胶凝材料用量。

胶凝材料总用量：$m_{\text{b0}} = \dfrac{m_{\text{wa}}}{W/B} = \dfrac{166}{0.52} = 319\ (\text{kg})$

粉煤灰用量：$m_{\text{f0}} = m_{\text{b}} \times 20\% = 319 \times 20\% = 64\ (\text{kg})$

水泥用量：$m_{\text{c0}} = m_{\text{b0}} - m_{\text{f0}} = 319 - 64 = 255\ (\text{kg})$

由表 4.20 可知，干燥环境中钢筋混凝土最小胶凝材料用量为 280 kg/m^3，所以混凝土中胶凝材料用量满足耐久性要求。

⑤计算外加剂用量。

$$m_{\text{a}} = m_{\text{b0}} \times 1.0\% = 319 \times 0.01 = 3.19\ (\text{kg})$$

⑥ 确定砂率 β_{s}。查表 4.21 可知，对于坍落度 60 mm，最大粒径为 31.5 mm 碎石配制的混凝土，水胶比为 0.52 时，约取 $\beta_{\text{s}} = 33\%$，则坍落度为 120 ~ 160 mm 时砂率：

$$\beta_{\text{s}} = 33\% + \frac{140 - 60}{20} \times 1\% = 37\%$$

⑦ 计算砂用量 m_{s0} 和石子用量 m_{g0}。

a. 质量法。由于该混凝土强度等级为 C30，假设 1 m^3 混凝土拌和物的假定质量为 2 400 kg/m^3，则由下列公式

$$\begin{cases} m_{\text{c0}} + m_{\text{f0}} + m_{\text{s0}} + m_{\text{g0}} + m_{\text{w0}} = m_{\text{cp}} \\ \beta_{\text{s}} = \dfrac{m_{\text{s0}}}{m_{\text{s0}} + m_{\text{g0}}} \times 100\% \end{cases}$$

$$\begin{cases}255+64+m_{s0}+m_{g0}+166=2\ 400\\ 37\%=\dfrac{m_{s0}}{m_{s0}+m_{g0}}\times 100\%\end{cases}$$

求得 $\begin{cases}m_{s0}=709\ (\text{kg})\\ m_{g0}=1\ 206\ (\text{kg})\end{cases}$

b. 体积法。由下式

$$\begin{cases}\dfrac{m_{c0}}{\rho_c}+\dfrac{m_{f0}}{\rho_f}+\dfrac{m_{s0}}{\rho_s}+\dfrac{m_{s0}}{\rho_g}+\dfrac{m_{wa}}{\rho_w}+0.01\alpha=1\\ \beta_s=\dfrac{m_{s0}}{m_{s0}+m_{g0}}\times 100\%\end{cases}$$

代入数据得

$$\begin{cases}\dfrac{255}{3\ 100}+\dfrac{64}{2\ 200}+\dfrac{m_{s0}}{2\ 650}+\dfrac{m_{s0}}{2\ 700}+\dfrac{166}{1\ 000}+0.01\times 1=1\\ 0.37=\dfrac{m_{s0}}{m_{s0}+m_{g0}}\end{cases}$$

求得：$m_{s0}=708\ \text{kg}$ ，$m_{g0}=1\ 205\ \text{kg}$

1 m³ 混凝土用料量/kg	水　泥	粉煤灰	砂	碎　石	水	外加剂
	255	64	709	1 206	166	3.19
质量比	1∶0.25∶2.78∶4.73∶0.65∶0.012 5					

（2）确定试验室配合比。

以质量法计算出的各材料用量为基础，调整混凝土和易性与强度。

① 和易性调整。因为集料最大粒径为 31.5 mm，在试验室试拌取样 20 L，则试拌时各组成材料用量分别为

水泥　　$0.02\times 255=5.10$（kg）

粉煤灰　　$0.02\times 64=1.28$（kg）

砂　　$0.02\times 709=14.18$（kg）

碎石　　$0.02\times 1206=24.12$（kg）

水　　$0.02\times 166=3.32$（kg）

外加剂　　$0.02\times 3.19=0.063\ 8$（kg）

按规定方法拌和，测得坍落度为 125 mm，低规定坍落度 120 ~ 160 mm 的要求，黏聚性、保水性均好，砂率也适宜，满足坍落度要求。并测得混凝土拌和物的实测表观密度 $\rho_{c,t}=2\ 380\ \text{kg/m}^3$ 。

$$\frac{|\rho_{c,t}-\rho_{c,c}|}{\rho_{c,c}}\times 100\%=\frac{|2\ 380-2\ 400|}{2\ 400}\times 100\%=0.8\%<2\%$$

故不需要对各材料进行调整。

混凝土基准配合比为水泥：粉煤灰：砂：石子：外加剂＝255：64：709：1 206：166：3.19＝1：0.25：2.78：4.73：0.65：0.0125。

② 强度检验。以基准水胶比为基准（0.52），另增加两个水胶比分别为 0.47 和 0.57 的配合比进行强度检验。用水量不变（均为 165 kg），砂率相应增加或减少 1%，并假设三组拌和物的实测表观密度也相同（均为 2 380 kg/m³），由此相应调整水泥和砂石用量。

用上述三组配合比各制作一组试件，标准养护，测得 28 d 抗压强度为

第一组：$W/B=0.47$，$B/W=2.13$，测得 $f_{cu}=43.5$（MPa）

第二组：$W/B=0.52$，$B/W=1.92$，测得 $f_{cu}=38.7$（MPa）

第三组：$W/B=0.57$，$B/W=1.75$，测得 $f_{cu}=34.9$（MPa）

用作图法求出与混凝土配制强度 $f_{cu,o}=38.2$ MPa 相对应的水胶比值为 0.53，则 1 m³ 混凝土中各组成材料的用量为（砂率 β_s 取 37%）

胶凝材料总用量：$m_b=\dfrac{m_{wa}}{W/B}=\dfrac{166}{0.53}=313\ (\text{kg})$

粉煤灰用量：$m_f=m_b\times 20\%=311\times 20\%=63\ (\text{kg})$

水泥用量：$m_c=m_b-m_f=313-63=250\ (\text{kg})$

砂用量：$m_s=250\times 2.78=695\ (\text{kg})$

石用量：$m_s=250\times 4.73=1182\ (\text{kg})$

用水量：$m_w=166\ (\text{kg})$

外加剂用量：$m_s=250\times 0.012\ 5=3.125\ (\text{kg})$

混凝土拌和物实测表观密度为 $\rho_{c,t}=2\ 360\ \text{kg/m}^3$。计算表观密度：

$$\rho_{c,c}=250+63+695+1\ 182+166=2\ 356\ (\text{kg/m}^3)$$

$$\frac{|\rho_{c,t}-\rho_{c,c}|}{\rho_{c,c}}\times 100\%=\frac{2360-2356}{2356}\times 100\%=0.2\%<2\%$$

故不需要调整。

混凝土的试验室配合比为：

	水　泥	粉煤灰	砂	碎　石	水	外加剂
1 m³ 混凝土用料量/kg	250	63	695	1 182	166	3.125
质量比	1：0.25：2.78：4.73：0.66：0.012 5					

（3）确定施工配合比。

因测得施工现场的砂含水率为 5%，石子含水率为 1%，则 1 m³ 混凝土的施工配合比为

水泥　$m'_c=250\ (\text{kg})$

粉煤灰　$m'_f=63\ (\text{kg})$

砂　$m'_s=695\times(1+5\%)=730\ (\text{kg})$

石子　$m'_g=1\ 182\times(1+1\%)=1\ 194\ (\text{kg})$

水　　$m'_w = 165 - 695 \times 5\% - 1\,182 \times 1\% = 120$ (kg)

外加剂　$m'_a = 3.125$ (kg)

第五节　混凝土的质量控制

混凝土是由多种材料组合而成的一种复合材料，它的质量不是完全均匀的，在实际工程中，由于受原材料质量、施工工艺和试验条件等许多复杂因素的影响，势必会造成混凝土质量的波动。

为了保证生产的混凝土能够满足设计要求，应加强混凝土的质量控制。混凝土的质量控制包括初步控制、生产控制和合格控制。

一、初步控制

混凝土质量的初步控制包括混凝土生产前对设备的调试、原材料的质量检验与控制、混凝土配合比的确定与调整。

施工过程中不得随意改变配合比，并应根据原材料的一些动态信息，如水泥强度、水胶比、砂子细度模数、石子最大粒径、坍落度等，及时进行调整，以保证试验室配合比的正确实施。

二、生产控制

混凝土质量的生产控制包括混凝土各组成材料的计量，混凝土拌和物的搅拌、运输、浇筑和养护等工序的控制。

（1）计量。在正确计算配合比的前提下，各组成材料的准确称量是保证混凝土质量的首要环节。每盘混凝土原材料计量的允许偏差中胶凝材料为 ± 2%，粗、细集料为 ± 3%，拌合用水和外加剂为 ± 1%，并经常检查称量设备的精确度。

（2）搅拌。混凝土搅拌的最短时间可按表 4.31 采用，当搅拌高强混凝土时，搅拌时间应适当延长；采用自落式搅拌机时，搅拌时间宜延长 30 s。对于双卧轴强制式搅拌机，可在保证搅拌均匀的情况下适当缩短搅拌时间。冬期施工搅拌混凝土时，宜优先采用加热水的方法提高拌和物温度，也可同时采用加热集料的方法提高拌和物温度。

表 4.31　混凝土搅拌的最短时间

混凝土坍落度/mm	搅拌机机型	搅拌机出料量/L		
		< 250	250 ~ 500	> 500
≤40	强制式	60 s	90 s	120 s
40 ~ 100	强制式	60 s	60 s	90 s
≥100	强制式	60		

注：混凝土搅拌的最短时间是指自全部材料装入搅拌机中起到开始卸料的时间。

（3）运输。在运输过程中，应控制混凝土不离析、不分层，并应控制混凝土拌和物性能满足施工要求。当采用搅拌罐车运送混凝土拌和物时，搅拌罐在冬期应有保温措施。当采用搅拌罐车运送混凝土拌和物时，卸料前应采用快挡旋转搅拌罐不少于 20 s。当造成坍落度损失较大而卸料困难时，可采用在混凝土拌和物中掺入适量减水剂并快挡旋转搅拌罐的措施。混凝土拌和物从搅拌机卸出至施工现场接收的时间间隔不宜大于 90 min。

（4）浇筑成型。浇筑前应检查模板、钢筋、保护层和预埋件，清理模板内的杂物和钢筋上的油污，现场温度高于 35 °C 时，宜对金属模板进行浇水降温，但不得有积水。

浇筑时应均匀灌入，同时注意限制卸料高度（混凝土自高处倾落的自由高度不应超过 2 m），以防止离析现象的产生；遭遇雨雪天气时，不应露天浇筑。

混凝土从搅拌机中卸出到浇筑完毕的延续时间，不宜超过表 4.32 的规定。

表 4.32　混凝土从搅拌机中卸出到浇筑完毕的延续时间

混凝土强度等级	气温	
	≤25 °C	>25 °C
≤C30	120 min	90 min
>C30	90 min	60 min

注：① 对掺用外加剂或用快硬水泥拌制的混凝土，其延续时间应按试验确定。
② 对轻集料混凝土，其延续时间应适当缩短。

浇筑混凝土应连续进行，当必须有间歇时，其间歇时间应尽可能短，并应在前层混凝土凝结之前将次层混凝土浇筑完毕。

（5）振捣。混凝土振捣宜采用机械振捣，振捣时间易根据拌和物稠度和振捣部位等不同情况控制在 10 ~ 30 s 内。当混凝土拌和物表面出现泛浆，基本无气泡逸出，可视为捣实。同时应控制振捣时间，既要防止振捣过度，以免混凝土产生分层现象；又要防止振捣不足，使混凝土内部产生蜂窝和空洞，一般以拌和物表面出现浮浆和不再沉落为宜。

（6）养护。对已浇筑完毕的混凝土，应及时加以覆盖并在 12 h 内浇水，保持必要的温度和湿度，以保证水泥能够正常进行水化，并防止干缩裂缝的产生。正常情况下，养护时间不应少于 14 d。养护用水采用与拌和用水相同的水；养护时可用稻草或麻袋等物覆盖表面并经常洒水，洒水次数应以保持混凝土处于湿润状态为宜；冬季则应采取保温措施，防止冰冻。

三、合格控制

混凝土质量的合格控制是指对所浇筑的混凝土进行强度或其他技术指标的检验评定，主要有批量划分、确定批量取样数、确定检测方法和验收界限等项内容。

混凝土的质量波动将直接反映到其最终的强度上，而混凝土的抗压强度与其他性能有较好的相关性，因此，在混凝土生产质量管理中，常以混凝土的抗压强度作为评定和控制其质量的主要指标。

第六节　其他混凝土

一、轻混凝土

表观密度小于 1 950 kg/m^3 的混凝土称为轻混凝土，包括轻集料混凝土、多孔混凝土、大孔混凝土等。

1. 轻集料混凝土

用轻粗集料、轻细集料（如轻砂或普通砂）、水泥和水配制而成的混凝土称为轻集料混凝土。它是一种轻质、多功能的新型工程材料，具有较好的抗冻性和抗渗性，有利于结构抗震，并可以减轻结构自重，改善结构的保温隔热和吸声、耐火等性能。

（1）轻集料的分类。轻集料分轻粗集料和轻细集料。凡粒径大于 5 mm、堆积密度小于 1 000 kg/m^3 者，称为轻粗集料；粒径不大于 5 mm、堆积密度小于 1 200 kg/m^3 者，称为轻细集料（或轻砂）。

轻集料按原料来源不同，可分为：

① 工业废料轻集料。是利用工业废料加工制作的轻集料，如粉煤灰陶粒、膨胀矿渣珠、煤渣及其轻砂。

② 天然轻集料。是由天然形成的多孔状岩石经加工而成的轻集料，如浮石、火山渣、多孔凝灰岩及其轻砂。

③ 人造轻集料。是以地方材料为原料加工而成的轻集料，如页岩陶粒、黏土陶粒、膨胀珍珠岩及其轻砂。

轻集料按其粒型不同，可分为：

① 圆球形。原材料经过造粒工艺浇制而成，呈圆球状的轻集料。如粉煤灰陶粒和粉磨成球的页岩陶粒。

② 普通型。原材料经破碎烧制而成，呈非圆球形的轻集料。如页岩陶粒、膨胀珍珠岩等。

③ 碎石型。由天然轻集料或多孔烧结块破碎加工而成，呈碎石状的轻集料。如浮石、自燃煤矸石和煤渣等。

（2）轻集料的技术性能。轻集料的颗粒级配、粒型、堆积密度、筒压强度、吸水率及有害物质含量等技术性能，对轻集料混凝土的和易性、强度、表观密度、收缩、徐变和耐久性都有直接影响，所以，轻集料的各项技术性能指标应符合《轻集料混凝土技术规程》（JGJ 51—2002）的规定。

① 颗粒级配。轻粗集料的颗粒级配是由 5 mm、10 mm、15 mm、20 mm、30 mm 和 40 mm 筛孔的套筛经筛分判定，仅控制最大、最小和中间粒级的含量及其空隙率。轻粗集料的颗粒级配应符合表 4.33 要求，空隙率不应大于 50%。

表 4.33　轻粗集料的级配表（JGJ 51—2002）

筛孔尺寸		d_{min}	$1/2d_{min}$	d_{max}	$2d_{max}$
圆球形及单一颗粒	累计筛余（按质量计，%）	≥90	不做规定	≤10	0
普通型的混合级配			30 ~ 70		
碎石型的混合级配			40 ~ 60		

② 密度等级。轻集料的堆积密度主要取决于颗粒的表观密度、级配及其类型，因轻集料混凝土在不同使用条件下所要求的表观密度是不同的。按轻集料堆积密度的大小，划分为 8 个密度等级，见表 4.34。

表 4.34　轻粗集料的密度等级、筒压强度及强度等级（JGJ 51—2002）

密度等级	堆积密度范围/（kg/m^3）	筒压强度 f_a（MPa，不小于）			强度等级 f_{ak}（MPa，不小于）	
		天然碎石型	其他碎石型	普通型和圆球形	普通型	圆球形
300	210 ~ 300	0.2	0.3	0.3	3.5	3.5
400	310 ~ 400	0.4	0.5	0.5	5.0	5.0
500	410 ~ 500	0.6	1.0	1.0	7.5	7.5
600	510 ~ 600	0.8	1.5	2.0	10	15
700	610 ~ 700	1.0	2.0	3.0	15	20
800	710 ~ 800	1.2	2.5	4.0	20	25
900	810 ~ 900	1.5	3.0	5.0	25	30
1000	910 ~ 1 000	1.8	4.0	6.5	30	40

③ 筒压强度和强度等级。轻粗集料的强度有筒压强度和强度等级两种不同的表示方法。

筒压强度是将 10 ~ 20 mm 粒级的试样，按规定方法装入特制的承压筒中，当冲压模压入 20 mm 深时的压力除以承压面积（冲压模的底面积），所得强度即为轻集料的筒压强度。

由于轻粗集料在承压筒内的受力状态呈点接触、多向挤压，因此筒压强度不能真实地反映轻粗集料的强度大小，是一项间接反映轻集料强度大小的指标。

强度等级是将轻粗集料按规定方法配制混凝土的合理强度值，以反映混凝土中轻集料的强度大小。它适用于粉煤灰陶粒、黏土和页岩陶粒。各密度等级的轻粗集料的筒压强度或强度等级应不小于表 4.26 的规定值。

④ 其他。有害杂质含量、抗冻性和吸水率均应符合《轻集料混凝土技术规程》（JGJ 51—2002）有关规定的要求。

（3）轻集料混凝土的分类。

① 按轻集料品种分为全轻混凝土和砂轻混凝土。全轻混凝土中的粗、细集料全部为轻集料；砂轻混凝土中的粗集料为轻集料，细集料则为部分轻集料或全部普通砂。

② 按轻集料种类分为浮石混凝土、粉煤灰陶粒混凝土、黏土陶粒混凝土、页岩陶粒混凝土、膨胀矿渣珠混凝土等。

③ 按用途分为保温轻集料混凝土、结构保温轻集料混凝土和结构轻集料混凝土，具体见表 4.35。

表 4.35 轻集料混凝土按用途分类

类别名称	混凝土强度等级的合理范围	混凝土密度等级的合理范围	用 途
保温轻集料混凝土	CL5.0	800	主要用于保温的围护结构或热工构筑物
结构保温轻集料混凝土	CL5.0、CL7.5、CL10、CL15	800 ~ 1 400	主要用于既承重又保温的围护结构
结构轻集料混凝土	CL15、CL20、CL25、CL30 CL35、CL40、CL45、CL50	1 400 ~ 1 900	主要用于起承重作用的构件或构筑物

（4）轻集料混凝土的技术性质。

① 和易性。和易性是指轻集料混凝土拌和物的成型性能，它对原材料用量的确定和拌和物浇筑施工方法有很大程度的影响。由于轻集料的吸水率较大，导致拌和物的稠度迅速改变，所以拌制轻集料混凝土时，其用水量应增加轻集料 1 h 的吸水量，或先将轻集料吸水近于饱和，以保证混凝土的流动性（坍落度或维勃稠度）符合施工要求。

② 强度等级。轻集料混凝土按其立方体抗压强度标准值（即按标准方法制作和养护、边长为 150 mm 的立方体试块，28 d 龄期测得的具有 95% 保证率的抗压强度值）划分为 CL5.0、CL7.5、CL10、CL15、CL20、CL25、CL30、CL35、CL40、CL45 和 CL50 十一个强度等级。不同强度等级的轻集料混凝土，其适用范围见表 4.27。

③ 密度等级。根据轻集料混凝土的表观密度大小，分为 12 个密度等级，等级号代表密度范围的中值，如密度为 1 000 kg/m^3 的轻集料混凝土，其表观密度为 960 ~ 1 050 kg/m^3。

④ 变形性能。轻集料混凝土的弹性模量比较小，与普通混凝土相比降低了 25% ~ 50%，因此受力后变形较大。同时轻集料混凝土的干燥收缩和徐变都比普通混凝土大得多，这对结构会产生不良影响。

⑤ 导热性。轻集料混凝土的导热系数较小，且随密度等级的降低而变小，$\lambda=(0.30\sim1.1)\ W/(m\cdot K)$，故轻集料混凝土具有较好的保温性能。

⑥ 抗冻性。轻集料混凝土的抗冻性，在非采暖地区要求不低于 F15；在采暖地区，干燥的或相对湿度小于 60%的条件下要求不低于 F25，在潮湿的或相对湿度大于 60%的条件下要求不低于 F35，在水位变化的部位要求不低于 F50。

（5）轻集料混凝土的应用。轻集料混凝土适用于高层和多层建筑、大跨度结构、有抗震要求的结构物等。

2. 多孔混凝土

多孔混凝土是指内部均匀分布着大量微小气泡而无集料的混凝土。根据生产工艺（成孔方式）的不同，分为加气混凝土和泡沫混凝土。

（1）加气混凝土。加气混凝土是以含钙材料（如水泥、石灰）、含硅材料（如石英砂、粉煤灰、粒化高炉矿渣、页岩等）、水和加气剂作为基本原料，经磨细、配料、搅拌、浇筑、发泡、凝结、切割、压蒸养护而成。

发气剂一般采用铝粉，加入混凝土浆料中与氢氧化钙发生反应产生氢气，形成许多分布均匀的微小气泡，使混凝土形成多孔结构。除用铝粉作加气剂外，还可以用双氧水（过氧化氢）、漂白粉等作加气剂。

① 加气混凝土的品种。根据加气混凝土的基本组成材料，主要有水泥矿渣砂加气混凝土、水泥石灰砂加气混凝土和水泥石灰粉煤灰加气混凝土。

② 加气混凝土的主要技术性质。

a. 表观密度：加气混凝土按其表观密度分为 400、500、600、700、800 kg/m^3 五个等级，目前使用较多的是 500 kg/m^3 和 700 kg/m^3 两种。

b. 孔隙率：不同表观密度的加气混凝土具有不同的孔隙率，见表 4.28。

c. 抗压强度：加气混凝土以边长为 100 mm 的立方体试块测定其抗压强度。加气混凝土的抗压强度与其表观密度有密切关系，见表 4.36。

表 4.36　不同表观密度加气混凝土的孔隙率和抗压强度

表观密度/（kg/m^3）	400	500	600	700	800
孔隙率/%	83	79	75	70	66
抗压强度/MPa	1.5（2.2）	3.0（3.5）	4.0（5.0）	5.0（6.0）	6.0（7.0）

注：括号内数值为粉煤灰加气混凝土的抗压强度值。

d. 导热系数：加气混凝土的导热系数与其表观密度和含水率大小有关，一般为 0.12～0.27 W/(m·K)。

③ 加气混凝土的应用。加气混凝土是多孔轻质材料，孔隙率极高，具有良好的保温隔热、吸声、耐火性能和易于加工、施工方便等优点，可制作砌块、内外墙板、屋面板、保温制品等。

由于加气混凝土强度较低、吸水率大、耐水性差，如果用于承重墙体时，房屋的层数不得超过 3 层，总高度不超过 10 m，同时墙体表面应做饰面防护措施。故加气混凝土不得用于建筑物基础以及处于浸水、高温、化学侵蚀环境和表面温度高于 80 °C 等部位。

（2）泡沫混凝土。泡沫混凝土是由水泥净浆、部分掺和料（如粉煤灰）加入泡沫剂经机械搅拌发泡，浇筑成型，用蒸气或压蒸养护而成的轻质多孔材料。

常用的泡沫剂有松香胶泡沫剂和水解性血泡沫剂。松香胶泡沫剂是用氢氧化钠加水拌入松香粉（质量比为 1∶2∶4），经过加热，再与皮胶或骨胶的胶液搅拌而成。水解性血泡沫剂是用尚未凝结的动物血和氢氧化钠、硫酸亚铁、氯化铵和水等制成。这些泡沫剂在使用时，经温水稀释，用力搅拌即可形成稳定的泡沫，并稳定存在于水泥浆料中。

配制自然养护的泡沫混凝土时，水泥的强度等级不宜低于 32.5，否则混凝土强度太低。在生产中采用蒸气养护或蒸压养护，不仅可以缩短养护时间，而且还能提高混凝土强度。也可以掺入粉煤灰、煤渣或矿渣等工业废渣，以节省水泥，降低生产成本，保护环境。如以粉煤灰、石灰、石膏等为胶凝材料，经蒸压养护，可制成蒸压泡沫混凝土。

泡沫混凝土的表观密度为 300～800 kg/m^3，抗压强度为 0.3～5.0 MPa，导热系数为 (0.1～0.3) W/(m·K)，抗冻性、耐腐蚀性能较好，易于加工，可根据需要制成砌块、墙板、保温署管瓦等，用于非承重墙体、生产屋面和管道保温制品等。

3. 大孔混凝土

大孔混凝土是由粒径相近的粗集料、水泥和水配制而成的一种轻混凝土。这种混凝土中没有细集料，水泥浆只是包裹在粗集料表面，将它们胶结在一起，但不起填充空隙的作用，因而在混凝土内部形成较大孔隙。按其所用粗集料的品种，可分为普通大孔混凝土和轻集料大孔混凝土。普通大孔混凝土是用碎石（或卵石、矿渣）配制而成的。轻集料大孔混凝土则是用陶粒、浮石、碎砖、煤渣等配制而成的。

普通大孔混凝土的表观密度一般为 1 500 ~ 1 900 kg/m^3，抗压强度为 3.5 ~ 10 MPa。轻集料大孔混凝土的表观密度一般为 500 ~ 1 500 kg/m^3，抗压强度为 1.5 ~ 7.5 MPa。

大孔混凝土的导热系数小，保温、透水性能好，吸湿性较小。收缩一般较普通混凝土小 30% ~ 50%，抗冻性可达 15 ~ 20 次冻融循环。

大孔混凝土由于无砂，故水泥用量较少，一般只需 150 ~ 250 kg/m^3，水灰比较小，一般为 0.4 ~ 0.5。在施工时应严格控制用水量，以免因浆稀使水泥浆流淌沉入底部，造成上层集料缺浆，导致混凝土强度不均匀，质量下降。

大孔混凝土可用于现浇基础、勒脚和墙体，或制作空心砌块和墙板；也可作为地坪材料和滤水材料，如排水暗管、滤水管、滤水板等，广泛用于市政工程。

二、防水混凝土

防水混凝土又称抗渗混凝土，是一种通过提高自身抗渗性能，以达到防水目的的混凝土。防水混凝土主要用于地下建筑和水工结构物，如隧道、涵洞、地下工程、储水输水构筑物及其他要求防水的结构物。

防水混凝土的抗渗能力以抗渗等级表示。抗渗等级分为 P4、P6、P8、P10、P12、P16、P20 等，通常防水混凝土的抗渗等级多采用 P8，重要工程宜采用 P10 ~ P20，在实际工程中应根据水压力的大小和构筑物的厚度合理地确定混凝土的抗渗等级。

提高防水混凝土自身的抗渗性能，可通过提高混凝土密实度或改善孔隙结构两个途径来实现。按其配制方法不同，可分为普通防水混凝土、外加剂防水混凝土和膨胀水泥防水混凝土 3 类。

1. 普通防水混凝土

普通防水混凝土是在普通混凝土基础上通过调整配合比，以提高自身的密实度和抗渗能力。采取的具体措施如下：

（1）水灰比不宜大于 0.60，以减少毛细孔的数量及减小其孔径。

（2）适当提高胶凝材料数量，水泥用量不小于 320 kg/m^3。

（3）砂率以 35% ~ 40%为宜，灰砂比以 0.5 ~ 2.5 为宜，可在粗集料周围形成品质良好和足够的砂浆包裹层，使粗集料彼此隔离，以隔断沿粗集料与砂浆界面互相连通的毛细孔。

（4）坍落度不超过 30 ~ 50 mm，对于厚度不小于 250 mm 的结构，坍落度应为 20 ~ 30 mm。

（5）对砂石的质量要求更加严格，加强搅拌、浇筑、振捣和养护，以防止和减少施工孔隙，达到防水目的。

2. 外加剂防水混凝土

外加剂防水混凝土是在普通混凝土拌和物中掺入一些外加剂，隔断或堵塞混凝土中各种孔隙及渗水通道，以改善混凝土的内部结构，提高抗渗防水能力。这种方法对原材料没有特殊要求，也不需要增加水泥用量，比较经济，具有防水效果好、施工简单易行的特点，因此使用广泛。

（1）引气剂防水混凝土。为配制防水混凝土，常掺入的外加剂有引气剂。掺入引气剂后，可在混凝土内形成一定数量的封闭、微小气泡。在这些气泡周围形成一层封闭的憎水性薄膜，它们自身不进水，并能够隔断混凝土的渗水通道，使外界水分不易进入混凝土内部，从而大大增强混凝土的抗渗性能。目前，常用的引气剂主要有松香热聚物和松香酸钠。由于形成的气泡会降低混凝土强度，所以应严格控制引气剂的掺量，在保证混凝土既能满足抗渗要求的同时，又能符合强度要求。通过大量实践证明，松香热聚物的掺量为水泥质量的 0.01% 左右，松香酸钠的掺量为水泥质量的 0.01% ~ 0.03%。

搅拌是生成气泡的必要条件，搅拌时间对混凝土含气量有明显影响。一般搅拌时间以 2 ~ 3 min 为宜。搅拌时间过短，不能形成均匀分散的微小气泡；搅拌时间过长，则会使小气泡破裂，降低抗渗性能。

由于引气剂防水混凝土同时具有很强的抗冻性能，因而适合于有抗渗和抗冻要求的混凝土工程，如铁路的隧道、涵洞常采用这种防水混凝土。

（2）三乙醇胺防水混凝土。在混凝土拌和物中掺入微量的早强防水剂三乙醇胺，可以加速水泥的水化，使早期生成的水化产物较多，水泥凝胶体膨胀致密，减少毛细孔隙，从而提高混凝土的抗渗性能，抗渗压力可提高 3 倍以上，抗渗等级可达 P16 ~ P20。

三乙醇胺防水剂的掺量以掺入三乙醇胺 0.05%（水泥质量）为宜，常用的三种配方和配制比例见表 4.37。冬季施工宜加入适量氯化钠和亚硝酸钠复合使用，选用表中 2、3 号配方；常温或夏季施工宜选 1 号配方，重要防水工程选用 1、3 号配方。

表 4.37 三乙醇胺早强防水剂配料及掺量

配方号	1 号配方		2 号配方			3 号配方			
掺 量	三乙醇胺 0.05%		三乙醇胺 0.05% + 氯化钠 0.5%			三乙醇胺 0.05% + 氯化钠 0.5% + 亚硝酸钠 1%			
配置比例	水	三乙醇胺	水	三乙醇胺	氯化钠	水	三乙醇胺	氯化钠	亚硝酸钠
比例 A	98.75	1.25	86.25	1.25	12.5	61.25	1.25	12.5	25
比例 B	98.33	1.67	85.83	1.67	12.5	60.83	1.67	12.5	25

注：① 掺量百分比为水泥质量的百分比。
② 比例 A 为采用 100% 纯度三乙醇胺时的用量；比例 B 为采用 75% 工业品三乙醇胺时的用量。

（3）密实剂防水混凝土。在混凝土拌和物中掺入一定数量的密实剂，可以提高混凝土的密实性，增强防水性能。常用的密实剂是氯化铁、氢氧化铁或氢氧化铝溶液。氯化铁与混凝土中的氢氧化钙反应生成氢氧化铁胶体，堵塞于混凝土的孔隙中，从而提高混凝土的密实性。氢氧化铁和氢氧化铝溶液是不溶于水的胶状物质，能沉淀于毛细孔中，使毛细孔的孔径变小；或填塞毛细孔隙，从而提高混凝土的密实性和抗渗性。

密实剂的掺量约为水泥质量的 3%，所配制混凝土的抗渗等级可达 P40，使用时，混凝土的水灰比不宜大于 0.55，水泥用量不应小于 310 kg/m^3，混凝土坍落度为 30 ~ 50 mm。

3. 膨胀水泥防水混凝土

采用膨胀水泥拌制的混凝土，因水泥水化产物中存在膨胀成分，填充孔隙空间，使混凝土内部结构更为密实，从而提高混凝土的抗裂和抗渗性能。

各种防水混凝土具有不同特点，应根据使用要求合理选择，各类防水混凝土的适用范围见表 4.38。

表 4.38　防水混凝土的适用范围

种　类		最高抗渗压力/MPa	特　点	适　用　范　围
普通防水混凝土		> 3.0	施工简便	适用于一般工业与民用建筑的地下防水工程
外加剂防水混凝土	引气剂防水混凝土	> 2.2	抗冻性好	适用于北方高寒地区，抗冻性要求较高的防水工程及一般防水工程，不适用于抗压强度大于 20 MPa 或耐磨性要求较高的防水工程
	减水剂防水混凝土	> 2.2	拌和物的流动性好	适用于钢筋密集或捣固困难的薄壁型防水混凝土，也适用于对混凝土的凝结时间（促凝或缓凝）和流动性有特殊要求的工程（如泵送混凝土工程）
	三乙醇胺防水混凝土	> 3.8	早期强度与抗渗等级高	适用于工期紧迫，要求早强及抗渗性较高的防水工程及一般防水工程
	氯化铁防水混凝土	> 3.8		适用于水中结构的无筋、少筋、厚度大的抗渗混凝土工程及一般地下防水工程，砂浆修补抹面工程。但在接触直流电源或预应力混凝土及重要的薄壁结构上不宜使用
膨胀水泥防水混凝土		3.6	密实性与抗裂性好	适用于地下工程和地上防水结构物、山洞、非金属油罐和主要工程的后浇缝

三、高性能混凝土（HPC）

过去一般认为混凝土是一种依赖于经验配制的材料，从原材料的选择、配制工艺到施工应用都比较简单。随着高层、重载、大跨度结构的发展矿混凝土技术已有很大的进展，已进入了高科技领域，除了大量推广使用高强度混凝土（C40 ~ C60）外，又研究试用以耐久性为基本要求，并满足工程其他特殊性能和匀质要求、用常规材料和常规工艺制造的水泥基混凝土[中国土木工程学会标准《混凝土结构耐久性设计与施工指南》（CECS 01—2004）（2005 年修订版）]，即高性能混凝土。

高性能混凝土（HPC）是一种具有高强度、高耐久性（抗冻性、抗渗性、抗腐蚀性能好）、高工作性能（高流动性、黏聚性、自密实性）、体积稳定性好（低干缩、徐变、温度变形和高弹性模量）的混凝土。它具有不小于 180 mm 坍落度的大流动性，并且坍落度能保持在 90 min 内基本不下降，以适应泵送施工，满足所要求的工作性能。高性能混凝土的强度可达到 C80、

C100 甚至 C120，并具有很高的抗渗性、抗腐蚀性和抵抗碱-集料反应的性能，即很高的耐久性，以适应其所处环境，经久耐用。

高性能混凝土在原料选择、配制工艺、施工方法等方面均有特别要求。

1. 原材料选择

（1）选用高强度等级（强度等级不小于 42.5）的硅酸盐水泥或中热硅酸盐水泥，严格控制其碱含量。国外正在研制超活性水泥，已出现了球状水泥（水泥颗粒呈圆球形）、调粒水泥（颗粒级配良好）和活化水泥（水泥颗粒表面吸附了外加剂，提高水泥的活化程度），能在相同条件下，降低需水量。

（2）掺入矿物超细粉。掺入颗粒极细的硅灰（又称硅粉）和超细粉煤灰、矿渣、天然沸石，它们既能填充水泥石的孔隙，改善混凝土的微观结构，还可以提高水泥石对 Cl^-、SO_4^{2-}、Mg^{2+} 腐蚀的抵抗能力，避免发生碱-集料反应，从而提高混凝土的强度和耐久性。与此同时，掺入粉煤灰和矿渣，可充分利用工业废料，减少水泥用量，降低生产成本，保护生态环境。

（3）掺用高效减水剂。以萘系、三聚氰胺系、多羧酸系和氨基磺酸盐系等高效减水剂为主体，加入能控制坍落度损失的保塑剂，便可得到高效减水剂，即 AE 减水剂，它具有 20%～30% 的减水率并能抑制混凝土拌和物坍落度的损失。

（4）采用高强度集料。为提高混凝土的强度，采用花岗岩、石灰岩和硬质砂岩制作的碎石，其压碎指标应小于 10%。

2. 采用合理的工艺参数

高性能混凝土的水灰比应小于 0.34，使水泥石具有足够的密实性；胶凝材料用量较多，每 1 m^3 混凝土达 450～550 kg；粗集料的体积含量稍低，只需要 40% 左右，每 1 m^3 混凝土为 1 050～1 100 kg；集料的最大粒径不大于 25 mm；砂率以 34%～42% 为宜；高效减水剂的掺量为 0.8%～1.4%，使混凝土拌和物坍落度不小于 180 mm，并在 90 min 内使坍落度基本不损失。

3. 施工方法的选择与控制

采用强制式搅拌机搅拌混凝土，泵送施工，高频振捣，以保证成型密实，拆模后用喷涂养护剂的方法进行养护。

通过采取相应的技术措施，使混凝土内部具有密实的水泥石及合理的孔隙结构，便可得到具有高强度、高耐久性能的高性能混凝土。

四、纤维增强混凝土

纤维增强混凝土是在普通混凝土拌和物中掺入纤维材料配制而成的混凝土。由于有一定数量的短纤维均匀分散在混凝土中，可以提高混凝土的抗拉强度、抗裂能力和冲击韧性，降低其脆性。

所掺的纤维有钢纤维、玻璃纤维、碳纤维和尼龙纤维等，以钢纤维使用最多。因为钢纤维对抑制混凝土裂缝、提高抗拉强度和抗弯强度、增加韧性效果最佳。为了便于搅拌和增强效果，钢纤维制成非圆形、变截面的细长状，长度宜用 20 ~ 30 mm，长径比为 40 ~ 60，掺量（体积比）不小于 1.5%。在混凝土中掺入 2%的钢纤维后，其性能变化见表 4.39。

表 4.39　钢纤维混凝土的性能变化（掺入 2%短钢纤维）

性　能		与普通混凝土相比的增长/%
出现第一条裂缝时的抗弯强度		150
极限强度	弯曲抗拉	200
	抗　压	125
	抗　剪	175
弯曲疲劳极限		225
抗冲击性		325
抗磨性		200
热作用时的抗剥落性		300
冻融试验的耐久性		200

纤维增强混凝土主要用于对抗冲击性能要求较高的工程，如飞机跑道、高速公路、桥面、隧道、压力管道、铁路轨枕、薄型混凝土板等。

五、聚合物混凝土

聚合物混凝土是一种由有机聚合物、无机胶凝材料和集料结合而成的新型混凝土。按其组成和制作工艺可分为 3 类。

（1）聚合物浸渍混凝土（PIC）。这是一种将已硬化了的普通混凝土经干燥后放在有机单体里浸渍，使聚合物有机单体渗入到混凝土中，然后用加热或辐射的方法使混凝土孔隙内的单体产生聚合，使混凝土和聚合物结合成一体的新型混凝土。

所用浸渍液有各种聚合物单体和液态树脂，如甲基丙烯酸甲酯、苯乙烯、丙烯腈等。

由于聚合物填充了混凝土内部的孔隙和微裂缝，使这种聚合混凝土具有极其密实的结构，加上树脂的胶结作用，使混凝土具有高强、抗冲击、耐腐蚀、抗渗、耐磨等优良性能。与普通混凝土相比，抗压强度可提高 2 ~ 4 倍，达 150 MPa 及以上，抗拉强度也相应提高，达 24 MPa。聚合物浸渍混凝土适用于具有高强度、高耐久性要求的特殊构件，如桥面、路面、高压输液管道、隧道支撑系统及水下结构等。

（2）聚合物水泥混凝土（PCC）。聚合物水泥混凝土是用聚合物乳液拌和水泥，并掺入粗细集料配制而成的混凝土。黏结剂是由聚合物分散体和水泥两种成分构成，聚合物的硬化和水泥的水化同时进行。即在水泥水化形成水泥石的同时，聚合物在混凝土内脱水固化形成薄膜，填充水泥水化物和集料间的孔隙，从而增强了水泥石与集料及水泥石颗粒之间的黏结力。

聚合物乳液可采用橡胶乳胶、苯乙烯、聚氯乙烯等。

聚合物水泥混凝土施工方便，抗拉、抗折强度高，抗冲击、抗冻性、耐腐蚀性和耐磨性能好。其主要用于无缝地面、路面、机场跑道工程和构筑物的防水层。

（3）聚合物胶结混凝土（PC）。聚合物胶结混凝土是以合成树脂作为胶结材料制成的混凝土，故又称树脂混凝土。常用的合成树脂有环氧树脂、不饱和聚酯树脂等热固性树脂。因树脂自身强度和黏结强度高，所制成的混凝土快硬高强，1 d 的抗压强度可达 50 ~ 100 MPa，抗拉强度达 10 MPa。抗渗性、耐腐蚀性、耐磨性、抗冲击性能高，但硬化初期收缩大，可达 0.2% ~ 0.4%，徐变比较大，高温稳定性差，当温度为 100 °C 时，强度仅为常温下的 1/3 ~ 1/5，且成本高，只适用于有特殊要求的结构工程，如机场跑道的面层、耐腐蚀的化工结构、混凝土构件的修复等。

六、喷射混凝土

喷射混凝土是用压缩空气喷射施工的混凝土。它是将水泥、砂、细石子和速凝剂配合拌成干料装入喷射机，借助高压气流使干料通过喷头与水迅速拌和，以很高的速度喷射到施工面上，使混凝土与施工面紧密地黏结在一起，形成完整而稳定的混凝土衬砌层。

喷射施工的混凝土应具有较低的回弹率、凝结硬化快，并且早期强度高等特点。为此，宜选用凝结硬化快、早期强度较高的普通水泥，并且必须掺入速凝剂（如红星 I 型、711 型等速凝剂）。为了避免堵管现象发生，应选择级配良好的砂石，石子最大粒径不宜大于 20 mm，其中大于 15 mm 的颗粒应控制在 20% 以内。常用的配合比为水泥 300 ~ 400 kg/m^3，水灰比为 0.4 ~ 0.5，水泥：砂：石 = 1：2：2 或 1：2.5：2（质量比）。

在喷射混凝土中掺入硅灰（浆体或干粉），不仅可以提高喷射混凝土的强度和黏着能力，而且还可大大减少粉尘，减小回弹率。在喷射混凝土中掺入直径为 0.25 ~ 0.4 mm 的钢纤维（每 1 m^3 混凝土掺量为 80 ~ 100 kg），可以明显改善混凝土的性能，可提高其抗拉强度 50% ~ 80%、抗弯强度 60% ~ 100%、韧性 20 ~ 50 倍、抗冲击性能 8 ~ 10 倍，且抗冻性、抗渗性、疲劳强度、耐磨和耐热性能都有不同程度的提高。

喷射混凝土具有较高的密实度和强度，抗压强度为 25 ~ 40 MPa，与岩石的黏力强，抗渗性能好，且一般不用或少用模板，施工简便，可在高空狭小工作区内任意方向操作，常用于隧道的喷锚支护、隧道衬砌层，桥梁、隧道的加固修补，薄壁结构、岩石地下工程、矿井支护工程和修补建筑构件的缺陷等。

七、泵送混凝土

采用混凝土输送泵，通过输送管道输送到浇筑地点进行浇筑的混凝土，称为泵送混凝土。

为满足施工要求，泵送混凝土水泥宜选用硅酸盐水泥、普通硅酸盐水泥、矿渣硅酸盐水泥和粉煤灰硅酸盐水泥；粗集料用连续级配，其针、片状颗粒含量不宜大于 10%；细集料宜采用中砂，胶凝材料用量不宜小于 300 kg/m^3，砂率宜为 35% ~ 45%。为了改善混凝土的可泵性，还可以掺入一定数量的粉煤灰。泵送混凝土应掺用泵送剂或减水剂，并宜掺用矿物掺和料。掺入粉煤灰不仅对混凝土流动性和黏聚性有良好的作用，而且能减少泌水，降低水化热，提高混凝土的耐久性。

采用泵送混凝土施工，可以一次性连续完成垂直和水平运输，以提高生产效率，降低生产成本。泵送混凝土适用于工地狭窄和有障碍物的施工现场，以及隧道混凝土的浇灌、高层建筑和大体积混凝土结构物。

八、水下混凝土

在地面拌制而在水下环境灌筑和硬化的混凝土称为水下灌筑混凝土，简称水下混凝土。在桥墩、基础、钻孔桩等工程水下部分的施工中采用水下混凝土，可以省去加筑围堰、基底防渗、基坑排水等辅助工程，从而缩短工期、降低成本。

水下混凝土的浇筑应在静水中进行，防止混凝土受水流冲刷而导致材料离析或形成疏松结构。在施工时还需要采用特殊的竖向导管施工法，不间断地进行浇筑。

水下浇筑的混凝土，不能使用振捣，而是依靠自重或在压力作用下自然流动摊平，因此，水下混凝土拌和物应具有良好的和易性，即流动性大（坍落度为 180 ~ 220 mm）、黏聚性好、泌水性小。为此，在选用材料时，应选用泌水性小、收缩性小的水泥，如普通硅酸盐水泥。砂率为 40% ~ 47%，粗集料不宜过粗。为防止集料离析，提高混凝土拌和物的黏聚性，可掺入部分粉煤灰。近年来，采用高分子材料聚丙烯酰胺作为水下不分散剂掺入混凝土中，取得了良好的技术效果。

九、装饰混凝土

水泥混凝土是当今世界最主要的工程材料，但是其美中不足的是其外观颜色单调、灰暗、呆板，给人以压抑感。于是，人们设法在混凝土结构的外表面上作适当处理，使其表面产生一定的装饰效果，成为装饰混凝土。常用的装饰混凝土有如下几种：

（1）彩色混凝土。彩色混凝土是采用白水泥或彩色水泥、白色或彩色石子、石屑和水配制而成的。可以对混凝土整体着色，也可以对面层着色。整体着色时，它不仅要满足建筑装饰要求，还要满足建筑结构的基本物理力学性质的要求。这种混凝土由于成本较高，故不能广泛应用。面层着色的彩色混凝土，通常是将彩色饰面料先铺于模底，厚度不小于 10 mm，然后在其基础上浇筑普通混凝土，此施工方法称反打一步成型，也可冲压成型。除此之外，还可以采取在新浇混凝土表面上干撒着色硬化剂显色，或者采用化学着色剂渗入已硬化混凝土的毛细孔中，生成难溶且耐磨的有色沉淀物而显示色彩。

彩色混凝土目前多用于制作路面砖。采用彩色路面砖铺路，可使路面形成多彩美丽的图案和永久性的交通管理标志，具有美化城市的作用。应该指出的是，彩色混凝土在使用中表面易出现“白霜”，其原因是由于混凝土中的氢氧化钙及少量硫酸钠，随混凝土内水分的蒸发而被带出并沉淀在混凝土表面，之后又与空气中二氧化碳作用而变为白色的碳酸钙和碳酸钠晶体。“白霜”遮盖了混凝土的色彩，严重降低其装饰效果。防止产生“白霜”常用的措施是：混凝土采用低水灰比，机械拌和，机械振捣，提高密实程度；采用蒸气养护可有效地防止初期“白霜”的形成；硬化混凝土表面喷涂聚烃硅氧系憎水剂、丙烯酸系树脂等处理剂；尽量避免使用深色的彩色混凝土。

（2）清水混凝土。清水混凝土是通过模板，利用普通混凝土结构本身的造型、线形或几何外形而取得简单、大方、明快的立面效果，从而获得装饰效果。或者利用模板在构件表面浇筑出凹凸饰纹，使建筑立面更加的富有艺术性。由于这类装饰混凝土构件基本保持了普通混凝土原有的外观色质，故称清水混凝土。

清水混凝土除用于现浇结构造型外，还常用于大板建筑的墙体饰面。其成型方式主要有正打、反打、立模工艺。

（3）露石混凝土。露石混凝土是在混凝土硬化前或硬化后，通过一定的工艺手段，使混凝土表层的集料适当外露，由集料的天然色泽和自然排列组合显示装饰效果，一般用于外墙饰面。

露石混凝土的生产工艺有水洗法、缓凝剂法、水磨法、抛丸法、埋砂法等。

露石混凝土饰面关键在于石子的选择，在使用彩色石子时，更应注意配色要协调美观。由于多数石子色泽稳定，且耐污染，故只要石子的品种和色彩选择恰当，其装饰的耐久性均是较好的。露石装饰混凝土被认为是一种有发展前途的高档饰面做法的混凝土。

（4）镜面混凝土。镜面混凝土是一种表面光滑、色泽均匀、明亮如镜的装饰混凝土。它的饰面效果犹如花岗石，甚至可与大理石媲美。

与普通混凝土一样，镜面混凝土也是由水泥、砂、石、水、外加剂等配制而成的。但由于镜面混凝土的镜面效果与混凝土的密实度有直接的关系，因而镜面混凝土对质量、外加剂品种等要求更高。通常集料要经过水洗，且级配良好。外加剂应选用非引气型高效减水剂，采用低水灰比。

除原材料及配合比的影响外，成型工艺也是影响镜面效果的另一关键因素，宜选用 PVC 模板或在胶合板内表面粘贴 PVC 板。混凝土浇筑时，应先在底部浇筑一层 50 ~ 100 mm 的水泥砂浆，然后再浇筑混凝土。镜面混凝土振捣时间比普通混凝土长，在贴近模板位置处宜采用二次振捣法。拆模后，混凝土表面应立即进行覆盖和浇水养护。

镜面混凝土可用于民用建筑现浇梁、板、柱结构，也可用于道路、桥梁工程。

复习思考题

1. 普通混凝土是由哪些材料组成？它们在混凝土中有何作用？
2. 混凝土对组成材料有哪些基本要求？
3. 何谓砂石的颗粒级配？它对混凝土的质量有何影响？
4. 用 500 g 烘干砂做筛分试验，各筛的筛余量如下表：

筛孔尺寸	9.50 mm	4.75 mm	2.36 mm	1.18 mm	600 μm	300 μm	150 μm	筛　底
分计筛余量/g	0	15	70	105	120	90	85	15

（1）计算各筛上的分计筛余率和累计筛余率；
（2）评定该砂的级配情况并说明理由；
（3）计算细度模数，并判别该砂的粗细。

5. 何谓混凝土拌和物的和易性？它包括哪些内容？怎样测定？
6. 影响混凝土拌和物和易性的主要因素有哪些？如何提高混凝土拌和物的和易性？

7. 混凝土拌和物的用水量根据什么来确定？

8. 何谓混凝土的砂率？砂率的大小对混凝土拌和物的和易性有何影响？

9. 何谓混凝土的立方体抗压强度标准值？它和混凝土强度等级有何关系？

10. 影响混凝土强度的因素有哪些？如何提高混凝土的强度？

11. 混凝土的变形主要有哪些？它们对混凝土会产生何种影响？

12. 混凝土的耐久性包括哪些内容？影响耐久性的主要因素是什么？怎样提高混凝土的耐久性？

13. 常用的混凝土外加剂有哪些？分别起到什么作用？不同的混凝土工程对外加剂该如何选择？

14. 混凝土配合比设计中 3 个重要参数和 4 项基本要求是什么？

15. 某教学楼为现浇钢筋混凝土梁，混凝土的设计强度等级为 C25，无强度历史统计资料，混凝土施工采用机械搅拌，机械振捣，坍落度设计要求 35 ~ 50 mm。水泥采用 42.5 级普通硅酸盐水泥，密度为 3.10 g/cm^3，水泥强度等级富余系数为 1.05；砂采用细度模数为 2.6 的中砂，表观密度为 2 650 kg/m^3；石子采用连续粒级为 5 ~ 40 mm 的碎石，表观密度为 2 700 kg/m^3；水采用自来水。试初步确定混凝土的配合比。

16. 某混凝土初步配合比为 1 m^3 混凝土水泥 320 kg，砂 639 kg，碎石 1 283 kg，水 186 kg，试配后混凝土拌和物坍落度小于设计要求。增加 2%水泥浆后再经检测，混凝土拌和物坍落度符合设计要求，且黏聚性、保水性良好，此时测得混凝土拌和物的表观密度为 2 395 kg/m^3，试求混凝土的基准配合比。

17. 已知某混凝土的试验室配合比为 1 m^3 混凝土水泥 330 kg，砂 673 kg，碎石 1 272 kg，水 145 kg，如果施工现场砂的含水率为 4%，石子的含水率为 1.5%。试求：① 混凝土的施工配合比；② 若工地搅拌机每拌制 1 次需要水泥两包（100 kg），则砂、石、水的相应配料量分别是多少？

18. 对于混凝土质量的波动，应从哪几方面进行控制？

19. 何谓轻集料混凝土？如何分类？常用的轻集料有哪些？轻集料混凝土有哪些特性？有何用处？

20. 多孔混凝土有哪些品种？有何特性？应用范围有哪些？

21. 防水混凝土有哪些做法？其基本原理是什么？

22. 何谓高性能混凝土、纤维增强混凝土？

23. 泡沫混凝土中常用的泡沫剂有哪些？

24. 何谓聚合物混凝土？按其组成和制作工艺分哪几类？

25. 何谓喷射混凝土？喷射混凝土有哪些特点？喷射混凝土常用于哪些工程？

26. 何谓泵送混凝土？泵送混凝土常用于哪些工程？

27. 装饰混凝土有哪几种？

第五章　建筑砂浆

建筑砂浆由胶凝材料、细集料、掺和料和水拌制而成。在房屋建筑、铁路桥涵、隧道、路肩、挡土墙等砖石砌体中，需要用砂浆进行砌筑和灌缝；在墙面、地面、结构表面，需要用砂浆抹面或粘贴饰面材料，起保护和装饰作用。因此，砂浆是土建工程中广泛应用的工程材料。按所用胶凝材料种类，建筑砂浆可分为水泥砂浆、石灰砂浆、水泥混合砂浆、石灰黏土砂浆、水玻璃砂浆等。

按用途，建筑砂浆可分为砌筑砂浆、抹面砂浆、装饰砂浆、防水砂浆、防酸砂浆等。

第一节　砌筑砂浆

用于砌筑砖石砌体的砂浆称为砌筑砂浆。砌筑砂浆一般分为现场配制砂浆和预拌砌筑砂浆。现场配制砂浆分为水泥砂浆和水泥混合砂浆；预拌砌筑砂浆（商品砂浆）是由专业生产厂生产的湿拌砌筑砂浆和干混砌筑砂浆，它的工作性，耐久性优良，生产时不分水泥砂浆和水泥混合砂浆。砌筑砂浆在砌体中砌筑砂浆起着黏结、衬垫和传递应力的作用，是砌体结构中的重要材料，常用的砌筑砂浆有水泥砂浆和水泥混合砂浆。

一、砌筑砂浆的组成材料

砌筑砂浆的组成材料主要有胶凝材料、细集料（砂）、掺和料、水和外加剂。

（1）胶凝材料。砌筑砂浆中所用胶凝材料主要有水泥和石灰。水泥宜采用通用硅酸盐水泥或砌筑水泥。水泥是配制各类砂浆的主要胶凝材料，水泥强度等级应根据砂浆品种及强度等级的要求进行选择。为合理利用资源，节约原材料，在配制砂浆时应尽量选用中、低强度等级的水泥。M15 及以下强度等级的砌筑砂浆宜选用 32.5 级的通用硅酸盐水泥或砌筑水泥；M15 以上强度等级的砌筑砂浆宜选用 42.5 级通用硅酸盐水泥。

（2）砂。为满足砂浆和易性的要求，又能节约水泥，砌筑砂浆用砂宜选用中砂，且应全部通过 4.75mm 的筛孔。毛石砌体宜选用粗砂。因含泥量会影响砂浆的强度、变形性能和耐久性，强度等级为 M5 的水泥砂浆，砂的含泥量不应超过 5%；强度等级为 M2.5 的水泥混合砂浆，砂的含泥量不应超过 10%。

（3）水。配制砂浆的用水应采用不含有害物质的洁净水，应符合国家标准《混凝土用水标准》（JGJ 63—2006）的规定。

（4）掺和料。为改善砂浆的和易性和节约水泥，降低生产成本，便于施工，在砂浆中常掺入部分掺和料。常用的掺和料有石灰膏、黏土膏、粉煤灰等。

① 石灰膏。采用生石灰熟化成石灰膏时，应用筛孔尺寸不大于 3 mm × 3 mm 的网过滤，熟化时间不得少于 7 d；磨细生石灰的熟化时间不得小于 2 d。沉淀池中储存的石灰膏，应采取防止干燥、冻结和污染的措施。严禁使用脱水硬化的石灰膏。

② 黏土膏。采用黏土或亚黏土制备黏土膏时，宜用搅拌机加水搅拌，通过筛孔尺寸不大于 3 mm × 3 mm 的筛网过滤。用比色法鉴定黏土中的有机物含量时，试纸颜色应浅于标准色。

③ 电石膏。制作电石膏的电石渣应用筛孔尺寸不大于 3 mm × 3 mm 的筛网过滤，检验时应加热至 70 °C 并保持 20 min，没有乙炔气味后，方可使用。石灰膏、黏土膏和电石膏试配时的稠度，应为（120 ± 5）mm。

④ 消石灰粉消石灰不得直接用于砌筑砂浆中。

⑤ 粉煤灰、粒化高炉矿渣粉、硅灰、天然沸石粉应分别符合国家标准《用于水泥和混凝土中的粉煤灰》(GB/T1596)、《用于水泥和混凝土中的粒化高炉矿渣粉》)(GB/T 18046)、《高强高性能混凝土用矿物掺和料》(GB/T18736）和《天然沸石粉在混凝土和砂浆中应用技术规程》(JGJ/T112）的规定。

（5）外加剂。为改善砂浆的和易性、抗裂性、抗渗性等，提高砂浆的耐久性，可在砂浆中掺入外加剂。砌筑砂浆中掺入的外加剂，应具有法定检测机构出具的该产品砌体强度形式的检验报告，并经砂浆性能试验合格后，方可使用。

二、砌筑砂浆的技术性质

（1）砂浆的和易性。新拌砂浆应具有良好的和易性，在运输和施工过程中不分层、泌水，能够在粗糙的砖石表面铺抹成均匀的薄层，并与底面材料黏结牢固。砂浆和易性是指砂浆拌和物便于施工操作，保证质量均匀，并能与所砌基面牢固黏结的综合性质，包括流动性和保水性两个方面。

① 流动性（稠度）。砂浆的流动性是指砂浆在自重或外力作用下产生流动的性能，用沉入度表示。

沉入度是以砂浆稠度测定仪的圆锥体沉入砂浆内深度表示。沉入度越大，说明砂浆的流动性越大。若流动性过大，砂浆较稀，施工时易分层、泌水；若流动性过小，砂浆较稠，不便施工操作，灰缝不易填充。所以新拌砂浆应具有适宜的稠度。砂浆流动性的选择与砌体材料的种类、施工方法及施工环境有关。不同砌体用砂浆稠度按表 5.1 取值。

表 5.1　砌筑砂浆的施工稠度　　单位：mm

砌体种类	砂浆稠度
烧结普通砖砌体、粉煤灰砖砌体	70 ~ 90
混凝土砖砌体、普通混凝土小型空心砌块砌体、灰砂砖砌体	50 ~ 70
烧结多孔砖砌体、烧结空心砖砌体、轻集料混凝土小型空心砌块砌体、蒸压加气混凝土砌块砌体	60 ~ 80
石砌体	30 ~ 50

② 保水性。砂浆的保水性是指砂浆拌和物保持水分的能力。保水性好的砂浆，在存放、运输和使用过程中，能够很好地保持水分不致很快流失，各组分不易分离，在砌筑过程中容易铺成均匀密实的砂浆层，能使胶结材料正常水化，从而保证工程质量。

砂浆的保水性用保水率表示。保水率是以砂浆在滤纸吸水后的含水量与砂浆在滤纸吸水前含水量比值的百分数表示。砌筑砂浆保水率应符合表 5.2 规定。

表 5.2 砌筑砂浆的保水率（%）

砂浆种类	保水率
水泥砂浆	≥80
水泥混合砂浆	≥84
预拌砌筑砂浆	≥88

砂浆保水性大小与砂浆材料组成有关。胶凝材料数量不足时，砂浆保水性差；砂粒过粗，砂浆保水性随之降低。

（2）强度。砂浆在砌体中主要起黏结和传递荷载的作用，因此应具有一定的强度。砂浆的强度等级是以边长为 70.7 mm 的立方体试件，在标准养护条件下，用标准试验方法测得 28 d 龄期的抗压强度值为依据而确定的。

水泥砂浆及预拌砌筑砂浆的强度等级分 M5、M 7.5、M 10、M15、M20、M25 、M30；水泥混合砂浆的强度等级可分为 M5、M7.5、M10、M15。

影响砂浆强度大小的因素很多，如砂浆的材料组成、配合比、施工工艺、拌和时间、砌体材料的吸水率、养护条件等，对砂浆强度大小都有一定程度的影响。

（3）砂浆的黏结力。由于砖石等砌体是靠砂浆黏结成为坚固的整体，而黏结力的大小将直接影响整个砌体的强度、耐久性和抗震能力，因此，砌筑砂浆必须具有足够的黏结力。一般来说，砂浆的黏结力随其抗压强度的增大而提高，同时，也与砌体材料的表面状态、清洁程度、润湿状况和施工养护条件有关。

（4）砂浆的变形。砂浆在承受荷载、温度变化或湿度变化时，均会产生变形。如果变形过大或不均匀，则会降低砌体的质量，引起沉陷或开裂。

（5）抗冻性。严寒地区的砌体结构对砂浆抗冻性有一定的要求。具有抗冻要求的砌筑砂浆，经一定次数冻融试验后，其质量损失不得大于 5%，抗压强度损失不得大于 25%。

（6）表观密度。水泥砂浆拌和物的表观密度不宜小于 1 900 kg/m^3；水泥混合砂浆拌和物的表观密度不宜小于 1 800 kg/m^3；预拌砌筑砂浆拌和物的表观密度不宜小于 1 800 kg/m^3。

（7）水泥用量。水泥砂浆中水泥用量不应小于 200 kg/m^3；水泥混合砂浆中水泥与石灰膏、电石膏总量不应小于 350 kg/m^3；预拌砌筑砂浆中的水泥和替代水泥的粉煤灰等活性矿物掺和料不应小于 200 kg/m^3。

三、砌筑砂浆配合比设计

为了做到经济合理，确保砌筑砂浆的质量，在《砌筑砂浆配合比设计规程》（JGJ/T 98—2010）中，对砌筑砂浆的材料要求和配合比设计作了具体的规定。

1．水泥混合砂浆配合比设计

（1）砂浆试配强度 $f_{m,0}$ 的确定。砂浆的试配强度按下式计算：

$$f_{m,0}=kf_2$$

式中　$f_{m,0}$—— 砂浆的试配强度 MPa，应精确至 0.1 MPa；

f_2—— 砂浆强度等级值 MPa，应精确至 0.1 MPa；

k—— 系数，按表 5.3 取值。

砌筑砂浆现场强度标准差的确定应符合下列规定：

2．当有统计资料时，应按下式计算：

$$\sigma=\sqrt{\frac{\sum_{i=1}^{n}f_{m,i}^2-n\mu_{fm}^2}{n-1}}$$

式中　$f_{m,i}$—— 统计周期内同一品种砂浆第 i 组试件的强度，MPa；

μ_{fm}—— 统计周期内同一品种砂浆 n 组试件强度的平均值，MPa；

n—— 统计周期内同一品种砂浆试件的总组数，$n\geqslant 25$。

② 当不具有近期统计资料时，砂浆现场强度标准差可按表 5.3 取用。

表 5.3　砂浆强度标准差 σ 及 k 值

砂浆强度等级		强度标准差 σ / MPa							K
		M5	M7.5	M10	M15	M20	M25	M30	
施工水平	优　良	1.00	1.50	2.00	3.00	4.00	5.00	6.00	1.15
	一　般	1.25	1.88	2.50	3.75	5.00	6.25	7.50	1.20
	较　差	1.50	2.25	3.00	4.50	6.00	7.50	9.00	1.25

（2）水泥用量 Q_C 的计算。1 m^3 砂浆中的水泥用量可按下式计算：

$$Q_C=\frac{1\,000(f_{m,0}-\beta)}{\alpha\cdot f_{ce}}$$

式中　Q_C——1 m^3 砂浆的水泥用量，应精确至 1 kg；

$f_{m,0}$—— 砂浆的试配强度（MPa）；

f_{ce}——水泥的实测强度，应精确至 0.1MPa；

α，β—— 砂浆的特征系数，其中 $\alpha=3.03$，$\beta=-15.09$（各地区也可用本地区试验资料确定 α、β 值，统计用的试验组数不得少于 30 组）。

在无法取得水泥的实测强度值时，可按下式计算水泥实测强度值：

$$f_{ce} = \gamma_c \cdot f_{ce,k}$$

式中　f_{ce}——水泥实测强度值（MPa）；

$f_{ce,k}$——水泥强度等级值（MPa）；

γ_c——水泥强度等级值的富余系数，该值应按实际统计资料确定，无统计资料时可取 1.0。

（3）石灰膏用量应按下式计算：

$$Q_D = Q_A - Q_C$$

式中　Q_D——每立方米砂浆的石灰膏用量 kg，应精确至 1 kg（石灰膏使用时的稠度宜为 120 ± 5 mm；

Q_C——1 m^3 砂浆的水泥用量 kg；应精确至 1 kg；

Q_A——1 m^3 砂浆中水泥和石灰膏总量，应精确至 1 kg，可为 350 kg/m^3。

（4）砂用量 Q_s 的确定。1 m^3 砂浆中砂的用量，应按干燥状态（含水率小于 0.5%）下砂的堆积密度值作为计算值。

（5）用水量 Q_w 的确定。1 m^3 砂浆中的用水量，可根据试拌达到砂浆所要求的稠度来确定。由于用水量的多少对其强度影响不大，因此，一般可根据经验以满足施工所需稠度即可，可选用 210～310 kg。在选用时应注意：

① 混合砂浆中的用水量，不包括石灰膏中的水。

② 当采用细砂或粗砂时，用水量分别取上限或下限。

③ 稠度小于 70 mm 时，用水量可小于下限。

④ 施工现场处于气候炎热或干燥季节时，可酌量增加用水量。

2. 水泥砂浆配合比设计

水泥砂浆各材料用量，可按表 5.4 选用。

表 5.4　每立方米水泥砂浆材料用量　　单位：kg/m^3

强度等级	水泥	砂	用水量
M5	200～230	砂的堆积密度值	270～330
M7.5	230～260		
M10	260～290		
M15	290～330		
M20	340～400		
M25	360～410		
M30	430～480		

注：① M15 及 M15 以下强度等级水泥砂浆，水泥强度等级为 32.5；M15 以上强度等级水泥砂浆，水泥强度等级为 42.5 级。

② 当采用细砂或粗砂时，用水量分别取上限或下限。

③ 稠度小于 70 mm 时，用水量可小于下限。
④ 施工现场处于气候炎热或干燥季节，可酌量增加用水量。

水泥粉煤灰砂浆材料用量按表 5.5 选用。

表 5.5 每立方米水泥粉煤灰砂浆材料用量 单位：kg/m^3

强度等级	水泥和粉煤灰总量	粉煤灰	砂	用水量
M5	210 ~ 240	粉煤灰掺量可占胶凝材料总量的 15% ~ 25%	砂的堆积密度值	270 ~ 330
M7.5	240 ~ 270			
M10	270 ~ 300			
M15	300 ~ 330			

注：① 表中水泥强度等级为 32.5 级。
② 用细砂或粗砂时，用水量分别取上限或下限。
③ 稠度小于 70 mm 时，用水量可小于下限。
④ 施工现场气候炎热或干燥季节，可酌量增加用水量。

3. 配合比试配、调整和确定

（1）按计算或查表所得砂浆配合比进行试拌时，应测定砂浆拌和物的稠度和保水率。试配时稠度取 70 ~ 80 mm，当不能满足砂浆和易性要求时，应调整各组成材料用量，直到符合要求为止，然后确定为砂浆试配时的砂浆基准配合比。

试配时应采用三个不同的配合比，其中一个为基准配合比，另外两个配合比的水泥用量应在基准配合比基础上分别增加及减少 10%。在满足砂浆稠度、保水率合格的条件下，可将用水量、石灰膏、保水增稠材料或粉煤灰等活性掺和料用量作相应调整，测定不同配合比砂浆的表观密度及强度，并选定符合试配强度要求及和易性要求且水泥用量最低的配合比作为砂浆试配配合比。

（2）砌筑砂浆试配配合比应按下列步骤进行校正：

① 根据确定的砂浆配合比材料用量，按下式计算砂浆的理论表观密度值：

$$\rho_t = Q_C + Q_D + Q_S + Q_W$$

式中 ρ_t——砂浆的理论表观密度值，应精确至 10 kg/m^3。

② 应按下式计算砂浆配合比校正系数 δ：

$$\delta = \frac{\rho_c}{\rho_t}$$

式中 ρ_c——砂浆的实测表观密度值，应精确至 10 kg/m^3。

③ 当砂浆的实测表观密度值与理论表观密度值之差的绝对值不超过理论值的 2% 时，可按以上的试配配合比确定为砂浆设计配合比；当超过 2% 时，应将试配配合比中每项材料用量均乘以校正系数（δ）后，确定为砂浆设计配合比。

【例 5.1】 某工程的砖墙需用强度等级为 M7.5、稠度为 70 ~ 90 mm 的水泥石灰砂浆砌筑，所用材料为 32.5 普通水泥；砂为中砂，堆积密度为 1 450 kg/m^3，含水率为 2%；石灰膏，稠度为 120 mm。施工水平一般。试计算砂浆的配合比。

解　（1）计算砂浆试配强度。

查表 5.3 知，$k=1.20$，则

$$f_{m,0}=kf_2=1.20\times7.5=9.0\ (\text{MPa})$$

（2）计算水泥用量。

$\alpha=3.03$，$\beta=-15.09$，$f_{ce,\ k}=32.5$，$\gamma_c=1.0$，则

$$f_{ce}=\gamma_c\cdot f_{ce,\ k}=1.0\times32.5=32.5\ (\text{MPa})$$

$$Q_C=\frac{1\,000(f_{m,\ 0}-\beta)}{\alpha\cdot f_{ce}}=\frac{1\,000\times(9.0+15.09)}{3.03\times32.5}=245\ (\text{kg}/\text{m}^3)$$

（3）计算石灰膏用量。因水泥和石灰膏总量为 350 kg/m^3，可选 Q_A = 350 kg/m^3，故 $Q_D=Q_A-Q_C=350-245=105(\text{kg}/\text{m}^3)$。

（4）确定砂子用量。干燥状态下砂的堆积密度值 $Q_s=1\,450$ kg/m^3，考虑含水，实际 $Q_s=1\,450(1+2\%)=1\,479$（kg/m^3）。

（5）确定用水量。按 210 ~ 310 kg 选用，选 $Q_w=260$ kg/m^3，实际 $Q_W=260-1\,450\times2\%=$ 231（kg/m^3）。

（6）砂浆配合比为

水泥：石灰膏：砂 = Q_C ：Q_D ：Q_S = 245：105：1 479 = 1：0.43：6.04

水灰比 = Q_W ：Q_C = 231：245 = 0.94

第二节　其他建筑砂浆

一、抹面砂浆

抹面砂浆是指涂抹在基底材料的表面，兼有保护基层和增加美观作用的砂浆。它可以抵抗自然环境的各种因素对结构物的侵蚀，提高耐久性，同时又可以使结构物达到平整、美观的效果。常用的抹面砂浆有水泥砂浆、石灰砂浆、水泥石灰混合砂浆、麻刀石灰砂浆（简称麻刀灰）、纸筋石灰砂浆（简称纸筋灰）等。常用抹面砂浆的配合比及其应用范围参见表 5.6。

表 5.6　抹面砂浆品种及其配合比

品　种	配合比（体积比）		应　　用
水泥砂浆	水泥：砂	1：1	清水墙勾缝、混凝土地面压光
		1：2.5	潮湿的内外墙、地面、楼面水泥砂浆面层
		1：3	砖和混凝土墙面的水泥砂浆底层
混合砂浆	水泥：石灰膏：砂	1：0.5：4	加气混凝土表面砂浆抹面的底层
		1：1：6	加气混凝土表面砂浆抹面的中层
		1：3：9	混凝土墙、梁、柱、顶棚的砂浆抹面的底层
石灰砂浆	石灰膏：砂	1：3	干燥砖墙或混凝土墙的内墙石灰砂浆底层和中层
纸筋灰	100 kg 石灰膏加 3.8 kg 纸筋		内墙、吊顶石灰砂浆面层
麻刀灰	100 kg 石灰膏加 1.5 kg 麻刀		板条、苇箔抹灰的底层

为了保证砂浆层与基层黏结牢固、表面平整，防止灰层开裂，施工时应采用分层薄涂的施工方法。通常分底层、中层和面层。底层的作用是使砂浆与基层能牢固地黏结在一起；中层抹灰主要是为了找平，有时也可省略；面层抹灰是为了获得平整光洁的表面效果。

用于砖墙的底层抹灰多为石灰砂浆，当有防水、防潮要求时用水泥砂浆；用于混凝土基层的底层抹灰多为水泥混合砂浆。中层抹灰多采用水泥混合砂浆或石灰砂浆。面层抹灰多用水泥混合砂浆、麻刀灰或纸筋灰。水泥砂浆不得涂抹在石灰砂浆层上。

在容易碰撞或潮湿部位，应采用水泥砂浆，如墙裙、踢脚板、地面、雨棚、窗台以及水池、水井等处。在硅酸盐砌块墙面上做砂浆抹面或粘贴饰面材料时，最好在砂浆层内夹一层事先固定好的钢丝网，以免日后剥落。

二、防水砂浆

用于制作防水层并具有抵抗水压力渗透能力的砂浆称为防水砂浆。砂浆防水层又叫刚性防水层。这种防水层仅用于不受震动和具有一定刚度的混凝土工程或砌体工程。对于变形较大或可能发生不均匀沉陷的建筑物，都不宜采用刚性防水层。

（1）普通防水砂浆。按水泥：砂 = 1：3 ~ 1：2，水灰比为 0.5 ~ 0.55，配制水泥砂浆，按 5 层压抹作法，即 3 层水泥净浆和 2 层水泥砂浆轮番铺设并压抹密实，形成紧密的砂浆防水层，用于一般建筑物的防潮工程。

（2）防水剂防水砂浆。在 1：3 ~ 1：2 的水泥砂浆中掺入防水剂，可以增大水泥砂浆的密实性，堵塞渗水通道，从而达到防水目的。常用的防水剂有：

① 氯化物金属盐类防水剂（简称氯盐防水剂）：它是由氯化铁、氯化钙、氯化铝和水按一定比例配成的深色液态防水剂；也可以是由氯化铝：氯化钙：水 = 1：10：11 配成的防水剂，掺量为水泥质量的 3% ~ 5%。在水泥砂浆中掺入氯盐防水剂后，氯化物与水泥的水化产物反应生成不溶性复盐，填塞砂浆的毛细孔隙，提高其抗渗能力。

② 金属皂类防水剂：它是由硬脂酸（皂）、氨水、碳酸钠、氢氧化钾和水按一定比例混合加热皂化而成的乳白色浆料；也可是由硬脂酸、硫酸亚铁、氢氧化钙、硫酸铜、二水石膏等配制成的粉料，又称为防水粉。此类防水剂的掺量为水泥质量的 3% ~ 5%，掺入后产生不溶物质，填塞毛细孔隙，增强砂浆抗渗能力。

③ 水玻璃矾类防水剂（硅酸钠类防水剂）：在水玻璃中掺入几种矾，如白矾（硫酸铝钾）、蓝矾（硫酸铜）、绿矾（硫酸亚铁）、红矾（重铬酸钾）和紫矾（硫酸铬钾）各一份，溶于 60 份的沸水中，降温至 50 °C，投入于 400 份水玻璃中搅匀，即成为水玻璃五矾防水剂。水玻璃矾类防水剂有二矾、三矾、四矾、五矾多种做法，但以五矾效果最佳。这类防水剂的掺量为水泥质量的 1%，其成分与水泥的水化产物反应生成大量胶体和不溶性盐类，填塞毛细孔和渗水通道，增大砂浆的密实度，提高其抗渗性。水玻璃矾类防水剂因有促凝作用，又称防水促凝剂，工程中常利用其促凝和黏附作用，调制成快凝水泥砂浆，可用于结构物局部渗水的堵漏处理。水玻璃矾类防水促凝剂的常用配合比参见表 5.7。

（3）聚合物防水砂浆。在水泥砂浆中掺入水溶性聚合物，如天然橡胶乳液、氯丁橡胶乳液、丁苯橡胶乳液、丙烯酸酯乳液等配制成的聚合物防水砂浆，可应用于地下工程的抗渗防潮及有特殊气密性要求的工程中，具有较好效果。

表 5.7 水玻璃矾类防水促凝剂配合比

材料名称	硅酸钠（水玻璃）	硫酸铝钾（白矾）	硫酸铜（蓝矾）	硫酸亚铁（绿矾）	重铬酸钾（红矾）	硫酸铬钾（紫矾）	水
五矾防水剂	400	1	1	1	1	1	60
四矾防水剂	400	1	1	1	1	—	60
四矾防水剂	400	1.25	1.25	1.25	—	1.25	60
四矾防水剂	400	1	—	—	1	1	60
四矾防水剂	400	1	1	1	1	1	60
三矾防水剂	400	1.66	1.66	1.66	—	—	60
二矾防水剂	400	—	1	—	1	—	60
二矾防水剂	442	—	2.67	—	1	—	221

对防水砂浆的施工，其技术要求很高，一般先在底面上抹一层水泥砂浆，再将防水砂浆分 4～5 层涂抹，每层约 5 mm，均要压实，最后一层要进行压光，抹完后要加强养护，才能获得良好的防水效果。

若采用喷射法施工，则效果更好，对提高隧道衬砌的抗渗能力和路基边坡防护，均能取得较为理想的效果。

三、装饰砂浆

涂抹在建筑物内外墙表面，并且具有美观、装饰效果的抹面砂浆统称为装饰砂浆。

1. 装饰砂浆种类及其特点

装饰砂浆按所用材料及艺术效果不同，可分为灰浆类和石渣类。灰浆类是通过砂浆着色和砂浆面层形态的艺术加工达到装饰目的。其优点是材料来源广，施工操作方便，造价低廉，如拉毛、搓毛、喷毛以及仿面砖、仿毛石等饰面。石渣类是采用彩色石渣、石屑作集料配制成砂浆，施抹于墙面后，再以一定手段去除砂浆表层的浆皮，从而显示出石渣的色彩、粒形与质感，以获得装饰效果。其特点是色泽明快，质感丰富，不易褪色和污染，经久耐用，但施工较复杂，造价较高，常用的有干黏石、斩假石、水磨石等。

2. 装饰砂浆的组成材料

（1）胶凝材料。装饰砂浆常用的胶凝材料为普通硅酸盐水泥、矿渣硅酸盐水泥、白色硅酸盐水泥和彩色硅酸盐水泥。

（2）集料。装饰砂浆所用集料除普通天然砂外，还可以大量使用石英砂、石渣、石屑等。有时也可采用着色砂、彩釉砂、玻璃和陶瓷碎粒。

石渣也称石粒、石米，由天然大理石、白云岩、方解石、花岗岩等岩石破碎加工而成。它们具有多种色泽，是石渣类饰面的主要用集料，也是生产人造大理石、水磨石的原料。粒径小于 4.75 mm 的石渣称为石屑，其主要用于配制外墙喷涂饰面用的聚合物砂浆，常用的有松香石屑、白云石屑等。

（3）颜料。掺入颜料的砂浆一般用于室外抹灰工程，如人造大理石、假面砖、喷涂、弹涂、滚涂和彩色砂浆抹面。这类饰面长期处于风吹、日晒、雨淋之中，且受大气有害气体腐蚀和污染。因此，选择合适的颜料，是保证饰面质量、避免褪色、延长使用年限的关键。

装饰砂浆中采用的颜料，应为耐碱性和耐光性好的矿物颜料。工程中常用颜料有氧化铁黄、铬黄（铅铬黄）、氧化铁红、甲苯胺红、群青、钴蓝、铬绿、氧化铁紫、氧化铁黑、炭黑、锰黑等。

3. 装饰砂浆的技术要求

装饰抹灰砂浆的技术要求与砌筑砂浆的技术要求基本相同。因其多用于室外，不仅要求色彩鲜艳不褪色、抗侵蚀、耐污染，还要与基体黏结牢固，有足够的强度，不允许开裂、脱落。

4. 常用装饰砂浆的饰面做法

建筑工程中常用的装饰砂浆饰面有以下几种做法：

（1）干黏石。干黏石又称甩石子，它是在掺有聚合物的水泥砂浆抹面层上，采用手工或机械操作的方法，甩黏土粒径小于 4.75 mm 的白色石渣或彩色石渣，再经拍平压实而成。要求石渣应压入砂浆 2/3，必须甩黏均匀牢固，不露浆、不脱落。干黏石饰面质感好，粗中带细，其色彩取决于所黏石渣的颜色。由于其操作较简单，造价较低，饰面效果较好，故广泛用于外墙饰面。

（2）斩假石。斩假石又称剁斧石或剁假石，它是以水泥石渣浆或水泥石屑浆作面层抹灰，待其硬化至一定强度时，用钝斧在其表面剁斩出类似天然岩石经雕琢的纹理。斩假石一般颜色较浅，其质感酷似斩凿过的花岗岩，素雅庄重，朴实自然，但施工时耗工费力，工效较低，一般多用于小面积部位的饰面，如柱面、勒脚、台阶、扶手等。

（3）水磨石。水磨石由水泥（普通硅酸盐水泥、白色硅酸盐水泥或彩色硅酸盐水泥）、彩色石渣及水，按适当比例拌和的砂浆（需要时可掺入适量的耐碱颜料），经浇筑捣实、养护、硬化、表面打磨、草酸冲洗、上蜡抛光等工序而成。可现场制作，也可工厂预制。

水磨石具有润滑细腻之感，色泽华丽，图案细巧，花纹美观，防水耐磨等特点。施工时先按事先设计好的图案，在处理好的基面上弹好分格线，然后固定分格条。分格条有铜、不锈钢和玻璃 3 种，其中以铜条最佳，有豪华感。水磨石多用于室内地面装饰。

（4）拉毛。拉毛是采用铁抹子或木蟹，在水泥砂浆底层上施抹水泥石灰砂浆面层时，在面层砂浆尚未凝结之前顺势将灰浆用力拉起，以造成似山峰形凹凸感很强的毛面状。当使用棕刷粘着灰浆拉起时，可形成细凹凸状的细毛花纹。拉毛工艺操作时，要求拉毛花纹要均匀，不显接槎。拉毛灰兼具装饰和吸声作用，多用于建筑物外墙及影剧院等公共建筑的室内墙面与天棚饰面。

（5）甩毛。甩毛是用竹丝刷等工具，将罩面灰浆甩洒在基面上，形成大小不一、乱中有序的点状毛面。若再用抹子轻轻压平甩点灰浆，则形成云朵状饰面。甩毛适用于外墙装饰。

（6）拉条。拉条抹灰又称条形粉刷，它是在面层砂浆抹好后，用一表面呈凹凸状的直棍模具，放在砂浆表面，由上而下拉滚，压出条纹。条纹有半圆形、波纹形、梯形等多种，条纹可粗可细，间距可大可小。拉条饰面具有线条挺拔、立体感强、不易积灰、成本低等优点，适用于会议室、大厅等公共建筑的内墙饰面。

（7）假面砖。假面砖的做法有多种，一般是在掺有氧化铁颜料的水泥砂浆面层上，用专用的铁钩和靠尺，按设计要求的尺寸进行分格划块（铁钩需划到底）。假面砖具有沟纹清晰，表面平整，酷似贴面砖饰面的特点，多用于建筑外墙的装饰；也可以在已硬化的抹面砂浆表面，用刀斧锤凿刻出分格条纹，或采用涂料画出线条，将墙面做成仿清水墙面、瓷砖贴面等，具有较好的艺术效果，常用于建筑物内墙的饰面处理。

四、特种砂浆

（1）绝热砂浆。采用水泥、石灰膏、石膏等胶凝材料与膨胀珍珠岩、膨胀蛭石或陶粒砂等轻质多孔集料，按一定比例配制的砂浆称为绝热砂浆。绝热砂浆具有质轻和良好的绝热性能，其导热系数为 0.07 ~ 0.10 W/(m·K)，可作为屋面、墙壁和供热管道的绝热层。

常用的绝热砂浆有水泥膨胀珍珠岩砂浆、水泥膨胀蛭石砂浆、水泥石灰膨胀蛭石砂浆等。水泥膨胀珍珠岩砂浆用 32.5 普通硅酸盐水泥配制时，其体积比为水泥∶膨胀珍珠岩砂 1∶(12 ~ 15)，水灰比为 0.55 ~ 0.65，导热系数为 0.067 ~ 0.04 W/(m·K)，可用于砖及混凝土内墙表面抹灰或喷涂。水泥石灰膨胀蛭石砂浆由体积比为水泥∶石灰膏∶膨胀蛭石 = 1∶1∶(5 ~ 8) 的砂浆配制而成，导热系数为 0.076 ~ 0.105 W/(m·K)，可用于平屋面保温层及顶棚、内墙抹灰。

（2）吸声砂浆。一般由轻质多孔集料制成的绝热砂浆，都具有良好的吸声性能。还可由水泥、石膏、砂、锯末（按体积比为 1∶1∶3∶5）等配成吸声砂浆或在石灰、石膏砂浆中掺入玻璃纤维、矿物棉等松软纤维材料，也能获得一定的吸声效果。吸声砂浆用于室内墙壁和顶棚的吸声处理。

复习思考题

1. 建筑砂浆是如何分类的？

2. 砌筑砂浆的技术性质有哪些？

3. 砌筑砂浆的流动性和保水性对砖砌体的施工质量有何影响？为什么在一般砖砌体中主要使用混合砂浆？

4. 砂浆的强度等级是如何确定的？有哪些强度等级？

5. 比较砌砖用砂浆与砌石用砂浆在所需的稠度、影响强度的因素和标准试块制作方面有什么不同？

6. 如何进行砌筑砂浆的配合比设计？

7. 用 42.5 级普通硅酸盐水泥、微湿砂（含水率 2%），拌制沉入度为 3 ~ 5 cm 的 M7.5 水泥砂浆，用于砌筑毛石基础，试设计其配合比。已知砂的细度模数为 2.4，堆积密度为 1 510 kg/m^3。

8. 用 42.5 级普通硅酸盐水泥、石灰膏、砂，拌制 M7.5 混合砂浆，用于砌筑承重砖墙，试设计其配合比。砂的干堆积密度为 1 520 kg/m^3，含水率为 3.5%，石灰膏的稠度为 100 mm，施工单位水平一般。

9. 防水砂浆有哪些做法？

第六章　建筑钢材

建筑钢材是广泛应用于建筑工程的重要金属材料，包括各种型钢、钢板、钢带、钢管、钢筋、钢丝等。建筑钢材具有组织均匀密实，强度、硬度高，塑性、韧性好，能铸成各种形状的铸件，轧制成各种形状的钢材，能进行切割、焊接、拴接和铆接等各种形式的加工和连接，便于拼装成各种结构等优点。其不仅适用于一般建筑工程，更适用于大跨度结构和高层建筑。铁道工程上使用的钢材，不仅数量大、品种多，而且质量要求很高。除了上述的一般钢材外，还需要有特殊要求的桥梁钢和钢轨钢等。但钢材存在容易锈蚀、维修费用高、耐火性差等缺点，因此，钢结构在使用过程中，应采取必要的防锈、防火措施，以保证结构的耐久性。通过本章的学习了解铁-碳合金中，碳含量的增加，引起强度的提高和塑性的下降，提高对组成、结构和性能间关系的认识，能正确使用和维护建筑钢材。

第一节　钢材的生产和分类

一、钢材的生产

铁俗称生铁，是由铁矿石、焦炭和助熔剂（石灰石）在高炉中经高温冶炼，从铁矿石中还原出来的。生铁是含碳量为 2.11% ~ 6.67%，并含有较多的硫、磷等有害杂质的铁碳合金，因此质硬而脆，抗拉强度低，塑性、韧性差，通常用于铸造成件，故又常称为铸铁。

铸铁由于其所含碳的存在形式不同，其性能有很大差别，可分为白口铸铁、灰口铸铁、可锻铸铁和球墨铸铁四种。

1．钢的冶炼

炼钢就是将生铁通过平炉、转炉进行精炼，使熔融的铁水氧化，将碳的含量降低到规定范围内（含碳量小于 2.11%），并清除有害杂质，添加必要的合金元素，以便得到性能理想的钢材。其冶炼方法主要有氧气转炉冶炼、平炉冶炼、电炉冶炼等。

（1）氧气转炉冶炼。它是在能前后转动的梨形炉中注入熔融状态的铁水，从转炉顶部吹入高压纯氧，使铁水中大部分杂质迅速氧化成渣并排除。氧气转炉冶炼能有效地去除硫、磷等杂质，钢材质量好，且冶炼时间短（20 ~ 40 min），无需其他燃料，成本较低，因而发展迅速，已成为当今世界炼钢法的主流，适用于炼制碳素钢和低合金钢。

（2）平炉冶炼。它是在平炉中以固态或液态的生铁、铁矿石和废钢铁做原料，以煤气或重油为燃料，在平炉中加热进行冶炼，使杂质氧化而造渣排除。由于冶炼时间较长（一般为

2~3 h），炉温较高，钢材化学成分能够得到精确控制，钢中硫、磷、氮、氢等有害杂质含量少，质量好，性能稳定，并可一次性获得大批量的匀质产品。此法适用于炼制优质碳素钢、合金钢和有特殊要求的专用钢，如桥梁钢、钢轨钢等。但平炉冶炼设备投资大、燃料效率低，钢材成本较高。

（3）电炉冶炼。它是用电加热进行高温冶炼的炼钢方法。电炉炼钢法加温速度快，能在短时间内达到高温，且炉温容易调节，钢的成分可准确控制，杂质含量很少，钢材质量好，但产量低，成本高，一般只用于炼制优质的特殊合金钢。

目前，随着炼钢技术的发展，冶金生产工艺、质量已经达到了一个新的水平。为了节约成本，利于市场竞争，国内很多大型钢铁生产企业已经部分或全部实现平炉改氧气转炉炼钢的生产工艺。

2. 脱氧和铸锭

在冶炼过程中，氧对造渣和去除杂质是必不可少的，但是冶炼后残留在钢中的氧（以 FeO 的形态存在）却是有害的，会使钢材的质量降低。因此，在精炼的最后阶段，要向炼钢炉中加入适量的锰铁、硅铁或铝等脱氧剂，使之与钢中残留的 FeO 反应，将铁还原，达到去氧的目的，此过程称为脱氧。将脱氧后的钢水浇铸成钢锭，冷却脱模后便可用于轧制钢材。

根据脱氧程度的不同，将钢分为沸腾钢、半镇静钢、镇静钢和特殊镇静钢 4 种。

（1）沸腾钢（代号为 F）。在炼钢炉内加入锰铁进行部分脱氧，脱氧不完全，钢中残留的 FeO 与碳化合，生成 CO 气泡逸出，使钢液呈沸腾状，故称为沸腾钢。沸腾钢塑性好，利于冲压，成本低，产量高。但沸腾钢中有残留 CO 气泡，热轧后会留下一些微裂缝，使钢的力学性能变差。在冷却过程中，硫、磷成分会向凝固较迟的部位聚集，形成偏析现象，增大钢材的冷脆性和时效敏感性，而降低可焊性。

（2）镇静钢（代号为 Z）。采用锰铁、硅铁和铝锭作为脱氧剂，脱氧完全，钢液铸锭时钢水很平静，无沸腾现象，故称为镇静钢。镇静钢的成分均匀，组织致密，偏析程度小，性能稳定，钢材质量好，但成本高。此外，加入的铝还可以与氮化合生成氮化铝，降低氮的危害。所以镇静钢的冷脆性和时效敏感性较低，疲劳强度较高，可焊性好，适用于承受冲击荷载或其他重要结构。

（3）半镇静钢（代号为 B）。脱氧程度介于沸腾钢和镇静钢之间，其性能与质量也介于这两者之间。

（4）特殊镇静钢（代号为 TZ）。脱氧更彻底，性能比镇静钢更好，适用于特别重要的结构工程。

3. 热轧成型

将钢锭加热到一定温度后，通过采用锻造、热压工艺，轧制成形状、尺寸符合要求的钢材，如钢筋、钢带、钢板、钢管和各种型钢等，以保证工程使用要求。这种热加工可以使钢锭内的大部分气孔焊合，疏松组织变得密实，晶粒细化，从而提高钢的强度。辗轧的次数越多，强度提高的程度就越大。故相同成分的钢材，小截面的比大截面的强度高，沿轧制方向的比非轧制方向的强度高。

二、钢与铁的区别

钢与铁在含碳量和性能上的区别见表 6.1。

表 6.1　钢和生铁的区别

种　类	钢	生　铁
含碳量	0.02%～2.11%	2.11%～6.69%
性　能	强度高，塑性、韧性好，具有一定承受冲击和振动荷载的能力，可轧制、锻造、焊接、铆接等	硬，脆，塑性、韧性差，抗拉、抗弯强度低，抗压强度较高，不能焊接、不易锻造和轧制等

三、钢材的分类

1. 按化学成分不同

（1）碳素钢。含碳量小于 2.11% 的铁碳合金称为碳素钢，通常其含碳量为 0.02%～2.06%。除铁、碳之外，还含有少量的硅、锰和微量的硫、磷、氢、氧、氮等元素。碳素钢按含碳量多少又可分为低碳素钢（$C<0.25\%$）、中碳素钢（$C=0.25\%\sim0.6\%$）和高碳素钢（$C=0.6\%\sim2.06\%$）。

（2）合金钢。合金钢是在炼钢过程中，为改善钢材的性能，加入一定量的合金元素而制得的钢。常用的合金元素有硅、锰、钛、钒、铌、铬等。按合金元素总含量不同，合金钢又可分为低合金钢（合金元素总含量小于 5%）、中合金钢（合金元素总含量为 5%～10%）和高合金钢（合金元素总含量大于 10%）。

2. 按钢材冶炼方式不同

（1）氧气转炉钢；（2）平炉钢；（3）电炉钢。

3. 按脱氧程度不同

（1）沸腾钢；（2）半镇静钢；（3）镇静钢；（4）特殊镇静钢。

4. 按钢材内部杂质含量不同

（1）普通钢：含硫量≤0.050%，含磷量≤0.045%。

（2）优质钢：含硫量≤0.035%，含磷量≤0.035%。

（3）高级优质钢：含硫量≤0.025%，含磷量≤0.025%。

5. 按用途不同

（1）结构钢：主要用于建筑结构及机械零件用钢，一般为低、中碳钢。

（2）工具钢：主要用于各种刀具、量具及模具等工具的钢，一般为高碳钢。

（3）专用钢：为满足特殊的使用环境条件或使用荷载下的专用钢材，如桥梁钢、钢轨钢、弹簧钢等。

（4）特殊性能钢：具有特殊的物理、化学及机械性能的钢，如不锈钢、耐酸钢、耐热钢、耐磨钢等。

第二节　建筑钢材的技术性质

建筑结构用钢要求既要具有很好的力学性能，还要具有良好的工艺性能。因此，钢材的拉伸、冲击、硬度等力学性能和冷弯、焊接等工艺性能，都是建筑钢材重要的技术性质。

一、力学性能

1. 拉伸性能

拉伸性能是建筑钢材最常用、最重要的性能。而应用最广泛的低碳钢，在拉伸过程中所表现的荷载与变形的关系最具有代表性，故以低碳钢的拉伸试验为例，研究钢材的拉伸性能。取低碳钢标准试件，其形状和尺寸如图 6.1（a）所示。其中 d_0 为试件直径，试验段标距长度 L_0 有两种选择：对于细长试件，取 $L_0 = 10d_0$；对于粗短试件，取 $L_0 = 5d_0$。

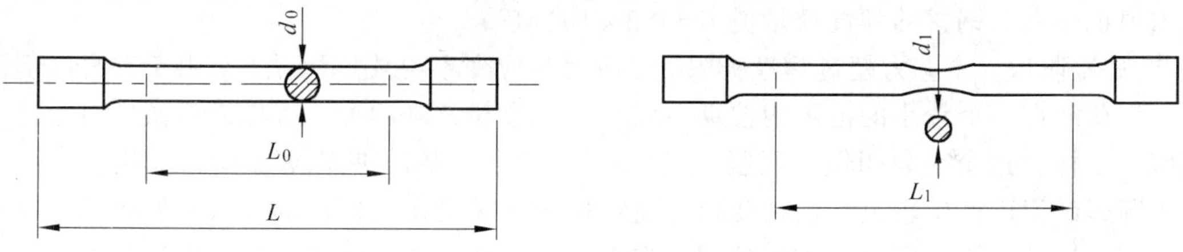

（a）拉伸前　　（b）拉断后

图 6.1　钢材拉伸试件

将试件放在试验机的夹具上，在试件两端施加一对缓慢增加的拉伸荷载，观察试件的受力与变形过程，直至被拉断。在加载过程中，测定并记录各个荷载 F 作用下试件标距内的变形（伸长量）ΔL，绘出 F-ΔL 曲线，称为拉伸图，如图 6.2（a）所示。为了使拉伸图不受试件尺寸的影响，更准确地反映钢材的力学性能，我们将拉伸图的纵坐标荷载 F 除以试件的初始横截面面积 A_0，改为应力 $\sigma = F / A_0$，把横坐标 ΔL 除以试件的标距 L_0，改为应变 $\varepsilon = \Delta L / L_0$，即得钢材试件的应力-应变关系曲线（$\sigma$-$\varepsilon$ 曲线），如图 6.2（b）所示。

（1）钢材应力-应变关系曲线。经试验分析可知，低碳钢受拉时，其应力-应变关系曲线可分为四个阶段，即弹性阶段、屈服阶段、强化阶段和颈缩阶段。

① 弹性阶段。从图 6.2（b）中可以看出，钢材受拉开始的一段，荷载较小，应力与应变成正比，形成直线段 OA，A 点的应力叫做比例极限。当应力超过比例极限后，应力与应变开始失去比例关系，在 σ-ε 图中是由直线 OA 过渡到微弯的曲线 AB。若在 OAB 范围内卸去荷载，试件将恢复到原来的长度，即在 OAB 范围内的变形是弹性变形；若超过 B 点就将出

现塑性变形，所以 B 点对应的应力叫做弹性极限，OAB 阶段叫做弹性阶段，OA 是线形弹性变形，AB 为非线形弹性变形。由于比例极限与弹性极限非常接近，通常认为两者是相等的。

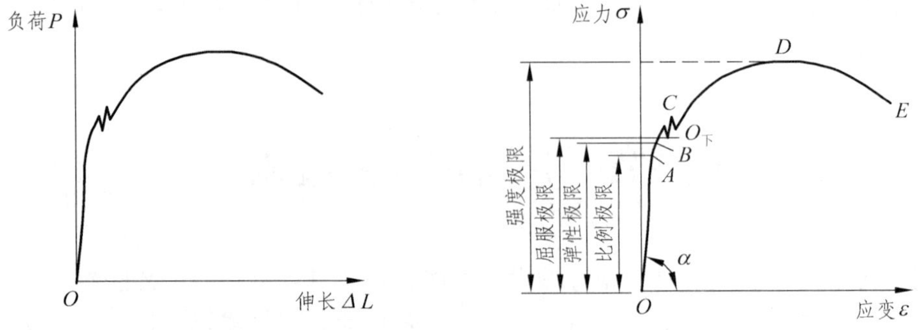

（a）低碳钢的拉伸图　　（b）低碳钢的 σ-ε 曲线

图 6.2　低碳钢（软钢）拉伸图和 σ-ε 曲线

可见，钢材拉伸在弹性阶段内的变形是弹性的、微小的、与外力成正比的。在弹性阶段内，钢材的应力 σ 与应变 ε 的比值称为弹性模量 E，即

$$E=\frac{\sigma}{\varepsilon}=\tan\alpha$$

弹性模量 E 值的大小反映钢材抵抗变形能力的大小。E 值越大，使其产生同样弹性变形的应力值也越大。钢材的弹性模量值 $E=0.2\times10^{6}$ MPa。

② 屈服阶段。当应力超过弹性极限后，应力与应变不再成正比关系。由于钢材内部晶粒滑移，使荷载在一个较小的范围内波动，而塑性变形却急剧增加，好像钢材试件对于外力已经屈服了一样，这个现象叫做“屈服”，这一波动阶段（BC）叫做屈服阶段。钢材在屈服阶段虽未断裂，但已产生较大的塑性变形，使结构不能满足正常使用的要求而处于危险状态，甚至导致结构的破坏。所以，钢材的屈服强度是衡量结构的承载能力和确定钢材强度设计值的重要指标。

③ 强化阶段。试件从弹性阶段到屈服阶段，其变形从弹性变形转化为塑性变形，发生了质的变化，反映出试件内部组织起了变化（产生晶格滑移）。屈服阶段过后，由于钢材内部组织产生晶格扭曲、晶粒破碎等原因，阻止了塑性变形的进一步发展，需要继续增加荷载，试件才能继续发生变形，说明试件又恢复了抵抗外力作用的能力，应力与应变的关系表现为上升的曲线，直至到达最高点 D，这个阶段（CD 段）叫做强化阶段。

④ 颈缩阶段。当荷载增加至拉伸图顶点以后，试件变形急剧加大，钢材抵抗变形能力明显下降，在试件最薄弱处的横断面显著缩小，出现颈缩现象，如图 6.3 所示，最后在曲线的 E 点处断裂。这一阶段（DE 段）称为颈缩阶段，见图 6.2（b）。

（2）技术指标。根据前述，钢材受力一旦进入屈服阶段，就发生较大变形，使结构处于危险状态。因此，除了正常的抗拉强度之外，还必须考虑钢材的屈服强度。

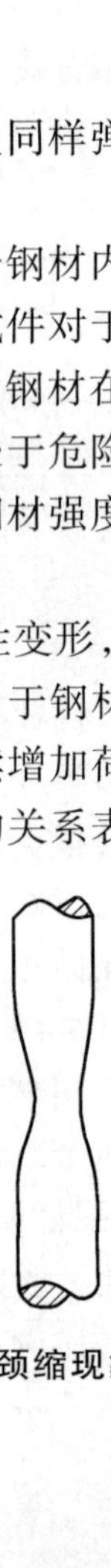

图 6.3　颈缩现象示意图

① 屈服强度。在屈服阶段内，荷载值是波动的，为保证结构

的安全，取 BC 段的最低点 $C_{下}$ 处的应力值作为钢材的屈服强度，又称为屈服点或屈服极限，用 σ_s 表示。

$$\sigma_s = \frac{F_s}{A_0}$$

式中　σ_s——钢材的屈服强度（MPa）；

F_s——屈服阶段的最小荷载（N）；

A_0——试件的初始横截面面积（mm^2）。

钢材的屈服强度是钢材在屈服阶段的最小应力值。钢材在结构中的受力不得进入屈服阶段，否则将产生较大的塑性变形而使结构不能正常工作，并可能导致结构的破坏。因此，在结构设计中，以屈服强度作为钢材设计强度取值的依据，施工选材验收也以屈服强度作为重要的技术指标。

对于硬钢（如高碳钢），其强度高、变形小，应力-变关系图显得高而窄，如图 6.4 所示。由于没有明显的屈服现象，其屈服强度是以试件在拉伸过程中产生 0.2% 塑性变形时的应力 $\sigma_{0.2}$ 代替，称为硬钢的条件屈服点。

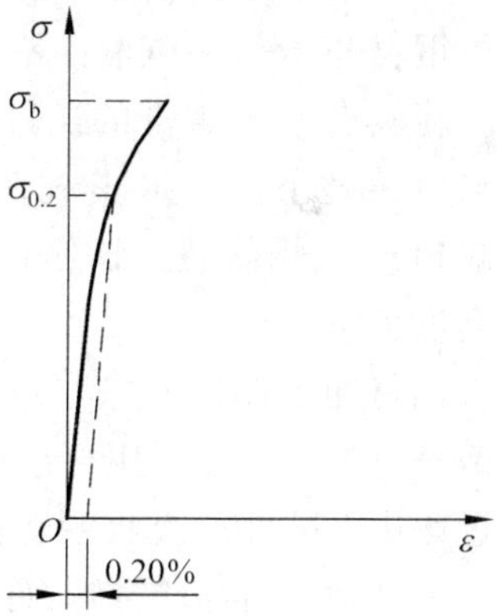

图 6.4　硬钢的 σ-ε 图

② 抗拉强度。抗拉强度是钢材所能承受的最大应力值，又称强度极限，用 σ_b 表示，它反映了钢材在均匀变形状态下的最大抵抗能力：

$$\sigma_b = \frac{F_b}{A_0}$$

式中　σ_b——钢材的抗拉强度（MPa）；

F_b——钢材所能承受的最大荷载（N）；

A_0——试件的初始横截面面积（mm^2）。

③ 屈强比。钢材的屈服强度与抗拉强度之比（σ_s / σ_b）称为屈强比。屈强比是反映钢材利用率和安全可靠度的一个指标。屈强比越大，钢材的利用率越高；屈强比越小，结构的安全性提高。如果由于超载、材质不匀、受力偏心等多方面原因，使钢材进入了屈服阶段，但因其抗拉强度远高于屈服强度，而不至于立刻断裂，其明显的塑性变形就会被人们发现并采取补救措施，从而保证了结构安全。但钢材屈强比过小，钢材强度的有效利用率就很低，造成钢材的浪费，因此应两者兼顾，即在保证安全可靠的前提下，尽量提高钢材的利用率。合理的屈强比一般应为 0.6～0.75。

④ 伸长率。反映钢材拉伸断裂时所能承受的塑性变形能力，是衡量钢材塑性大小的重要指标。伸长率可按下式计算：

$$\delta = \frac{l_1 - l_0}{l_0} \times 100\%$$

式中　δ——钢材的伸长率（%）；

L_0——试件的原始标距长度（mm），$L_0 = 5d$ 或 $L_0 = 10d$；

L_1——试件拉断后的标距长度（mm）；

d——试件的直径（mm）。

伸长率越大，说明钢材断裂时产生的塑性变形越大，钢材塑性越好。伸长率大小与标距大小有关，在试件的标距内，塑性变形的分布不均匀，颈缩处的变形较大，所以，原标距越小，颈缩处的伸长占整个伸长量的比重越大，对于同一种钢材，计算出来的伸长率也越大。通常，钢材的原始标距取为 $L_0 = 5d$ 或 $L_0 = 10d$，其伸长率分别用 δ_5 和 δ_{10} 表示。显然，对于同一种钢材，δ_5 大于 δ_{10}。某些钢材的伸长率采用定标距的试件测定，如 $L_0 = 100$ mm 或 $L_0 = 200$ mm，其伸长率用 δ_{100} 和 δ_{200} 表示。

2. 冲击韧性

钢材抵抗冲击破坏的能力称为冲击韧性。

钢材冲击韧性试验是将带有 V 形缺口的试件放在摆冲式试验机上进行的，如图 6.5 所示。将具有一定重量的摆锤扬起标准高度 H 后，令其自由旋转下落，冲击放在试台上的试件，使试件从缺口处撕开断裂，摆锤冲断试件后继续向前摆动至高度度 h。

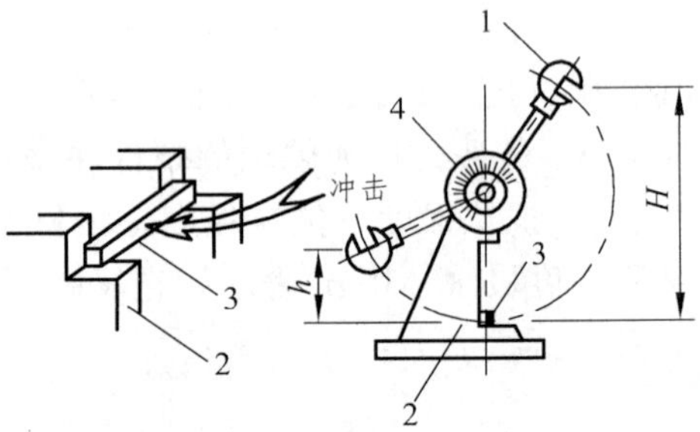

图 6.5　钢材的冲击试验

1—摆锤；2—试台；3—试件；4—刻度盘和指针

钢材冲击韧性的好与差，可用冲击功或冲击韧性值两种方法来表示。用标准试件作冲击试验时，在冲断过程中，试件所吸收的功称为冲击功（可直接从试验机上读取）；而折断后试件单位截面积所吸收的功，称为钢材的冲击韧性值。冲击韧性值的大小可按下式计算：

$$\alpha_k = \frac{A_k}{A_0} = \frac{GH - Gh}{A_0}$$

式中　α_k——冲击韧性值（J/cm^2）；

A_k——试件冲断时所吸收的功（J）；

A_0——标准试件缺口处的横截面面积（cm^2）。

G——摆锤的重量

显然，A_k 或 α_k 值越大，钢材的冲击韧性就越好。对于承受冲击荷载作用的钢材，必须满足规范规定的冲击韧性指标要求。

温度对钢材的冲击韧性影响很大，钢材在负温条件下，冲击韧性会显著下降，钢材由塑性状态转化为脆性状态，这一现象称为冷脆。这时的温度范围称为脆性转变温度或脆性临界温度，如图 6.6 所示。在使用上，对钢材冷脆性的评定，通常是在 – 20 °C、– 30 °C、– 40 °C 三个温度下分别测定其冲击功 A_k 或冲击韧性值 a_k，由此来判断脆性转变温度的高低，钢材的脆性转变温度应低于其实际使用环境的最低温度。对于铁路桥梁用钢，则规定在 – 40 °C 下的冲击韧性值 $a_k \geqslant 30\ J/cm^2$，以防止钢材在使用中突然发生脆性断裂。

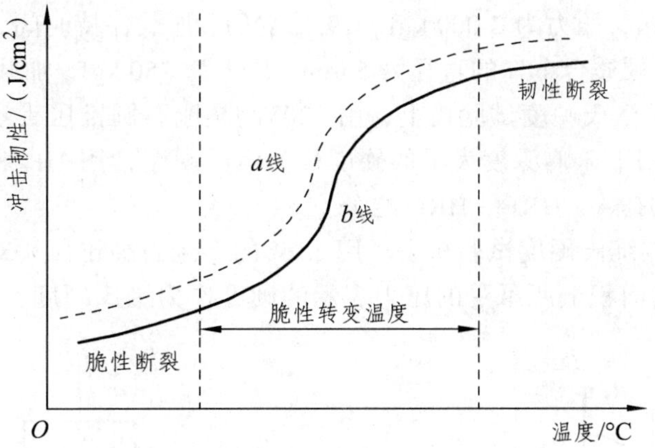

图 6.6　钢材的脆性转变温度

随着时间的延长，钢材的强度逐渐提高，塑性和冲击韧性下降的现象称为时效。完成时效变化的过程可达数十年，钢材经受冷加工或使用中受到震动及反复荷载的影响，可加速时效发展。

因时效而导致钢材性能改变的程度称为时效敏感性。时效敏感性愈大的钢材，其冲击韧性随时间延长而下降的程度愈显著。为了保证安全，对于承受动荷载的重要结构，应选用时效敏感性小的钢材。对在负温下工作的结构，应按照有关规范要求，对钢材进行冲击韧性检验。

3．硬　度

钢材的硬度是抗拉强度之外的另一个重要的机械性能。测定硬度的方法很多，主要有刻画法、压入法和回跳法。按刻画法测得的矿物硬度用莫氏硬度表示。压入式硬度试验方法在金属材料中应用较广，压入式硬度试验方法测得的硬度表征材料表面抵抗外物压入时引起塑性变形能力，所以它与材料的强度有一定的对应关系，强度愈高，硬度也愈高。压入式测定钢材硬度的方法通常有布氏硬度、洛氏硬度和维氏硬度 3 种方法。

（1）布氏硬度。在布氏硬度试验机上，对一定直径的硬质淬火钢球施加一定的压力，将它压入钢材的光滑表面形成凹陷，如图 6.7 所示。将压力除以凹陷面积，即得布氏硬度值，用 HB 表示。可见，布氏硬度是指单位凹陷面积上所承受的压力。HB 值越大，表示钢越硬。对于钢轨和工具钢等钢材，要求具有较高的硬度，如钢轨要求 HB 为 280 ~ 370、道镐与道钉锤要求 HB 为 370 ~ 480 等。

由于测定布氏硬度时采用较大直径的压头和压力，因此能反映出较大范围内材料各组成部分的综合平均性能，测试的重复性好。试验证明，在一定的条件下，布氏硬度与抗压强度存在如下的经验公式：

$$\sigma_b = kHB$$

式中　k——经验常数，随材料不同而异，一般为 0.33 ~ 0.55。

布氏硬度的表示方法一般由 5 部分组成，比如 150HBS10/3000/30 表示布氏硬度为 150，淬火钢球的直径为 10 mm，压力为 3 000 kgf（29.42 kN），加载保持时间为 30 s。500HBW5/750 表示布氏硬度为 500，硬质合金球的直径为 5 mm，压力为 750 kgf，加载保持时间为 10 ~ 15 s。

（2）洛氏硬度。在洛氏硬度试验机上，用 120° 的金刚石圆锥压头或淬火钢球对钢材进行压陷，以一定压力作用下压痕深度表示的硬度称为洛氏硬度，用 HR 表示。根据压头类型和压力大小的不同，有 HRA、HRB、HRC 之分。

（3）维氏硬度。在维氏硬度试验机上，用 136° 的金刚石棱锥压头对钢材进行压陷，如图 6.8 所示，以单位凹陷面积上所承受的压力表示的硬度作为维氏硬度，用 HV 表示。

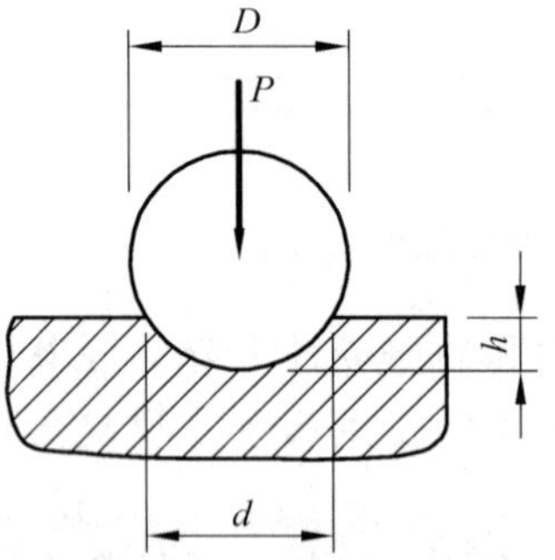

图 6.7 布氏硬度试验

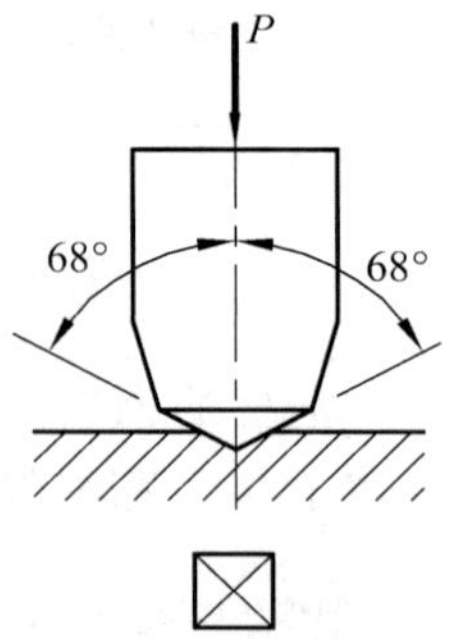

图 6.8 维氏硬度试验

以上 3 种硬度之间及其与钢材的抗拉强度之间均有一定的换算关系，如图 6.9 所示。

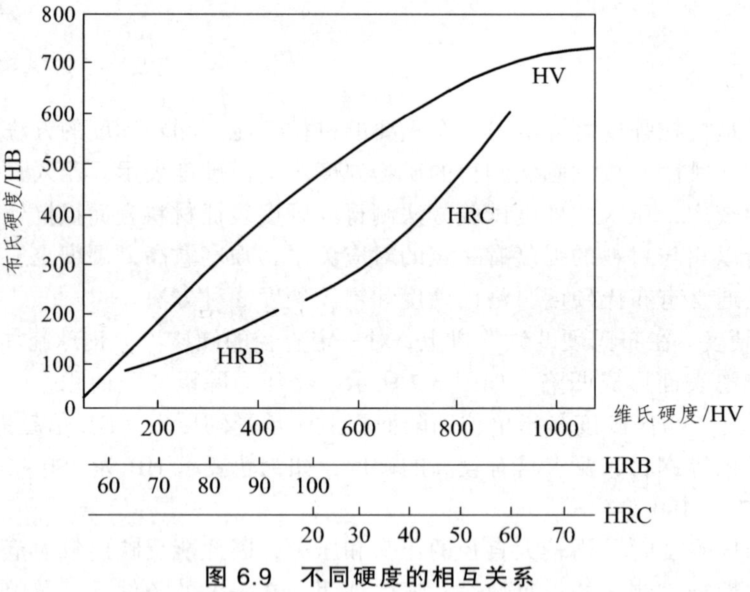

图 6.9 不同硬度的相互关系

4．疲劳强度

钢材在交变荷载的反复作用下，往往在应力远小于其抗拉强度甚至小于屈服强度的情况下就突然发生断裂，这种现象称为钢材的疲劳破坏。

在确定材料的疲劳强度时，我国现行的设计规范是以应力循环次数 $N = 2 \times 10^6$ 后钢材破坏时所能承受的最大应力作为确定疲劳强度的依据。

钢材疲劳断裂的过程，一般认为是在重复的交变应力作用下，在构件的最薄弱区域，首先产生很小的疲劳裂纹，并随交变应力循环次数的增加而扩展，从而使钢材的有效承载截面不断缩小，以致不能承受所加荷载而突然断裂。因此，当制作承受反复交变荷载作用的结构或构件时，需要对所用钢材进行疲劳测试。

二、钢材工艺性能及影响因素

冷弯性能和焊接性能是建筑钢材重要的工艺性能，钢材化学成分、热处理和冷加工都是钢材性能的重要影响因素。

1. 冷弯性能

冷弯性能是指钢材在常温下承受弯曲变形而不断裂的能力。在工程中，常常需要将钢板、钢筋等钢材弯成所要求的形状，冷弯试验就是模拟钢材弯曲加工而确定的。钢材的冷弯性能大小是以试验时的弯曲角度 a、弯心直径 d 与钢材厚度 a 的比值来表示，如图 6.10 所示。弯心直径越小，弯曲角度越大，说明钢材的冷弯性能越好。钢材试件绕着指定弯心弯曲至指定角度后，如试件弯曲处的外拱面和两侧面不出现断裂、起层现象，即认为其冷弯合格。

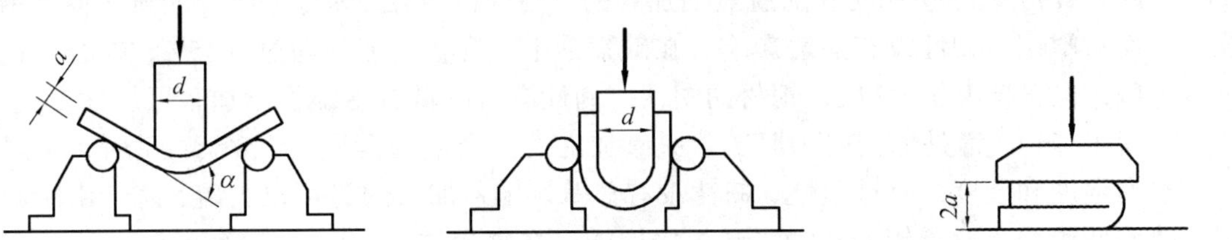

（a）弯至规定角度　　（b）绕指定弯心 d 弯转 180°　　（c）弯转 180°，弯心为 0

图 6.10　钢材的冷弯试验

通过冷弯试验可以检查钢材内部存在的缺陷，如钢材因冶炼、轧制过程所产生的气孔、杂质、裂纹、严重偏析等。所以，钢材的冷弯指标不仅是工艺性能的要求，也是衡量钢材质量的重要指标。

钢材的伸长率和冷弯都可以反映钢材的塑性大小，但伸长率是反映钢材在均匀变形下的塑性，而冷弯却反映钢材局部产生不均匀的塑性。因此，伸长率合格的钢材，其冷弯性能不一定合格。故要求凡是建筑结构用的钢材，还必须满足冷弯性能的要求。

2. 焊接性能

在建筑工程中，无论是钢结构，还是钢筋骨架、接头及预埋件的连接等，大多数是采用焊接方式连接的，这就要求钢材应具有良好的可焊性。

钢材在焊接过程中，由于局部高温的作用，焊缝及其附近的过热区将发生晶体结构的变化，使焊缝周围的钢材产生硬脆倾向，并由于温度急剧下降，存在残余应力，而降低焊件的使用质量。钢材的可焊性就是指钢材在焊接后，所焊部位连接的牢固程度和硬脆倾向大小的性能。可焊性良好的钢材，焊头连接牢固可靠，硬脆倾向小，焊缝及附近处仍能保持与母材基本相同的性质。

钢材的化学成分、冶炼质量及冷加工等，对钢材的可焊性影响很大。试验表明，含碳量小于 0.25% 的碳素钢具有良好的可焊性，随着含碳量的增加，可焊性下降；硫、磷以及气体杂质均会显著降低可焊性；加入过多的合金元素，也将在不同程度上降低其可焊性。因此，对焊接结构用钢，宜选用含碳量较低、杂质含量少的平炉镇静钢。对于高碳钢和合金钢，需采用焊前预热和焊后热处理等措施来改善焊接后的硬脆性。

对于焊接结构用钢及其焊缝，应按规定进行焊接接头的拉伸、冷弯、冲击、疲劳等项目试验，以检查其焊接质量。

3. 化学成分对钢材性能的影响

钢中所含元素较多，除主体的铁和碳之外，还含有锰、硅、钒、钛等合金元素及硫、磷、氮、氧、氢等有害元素，这些元素对钢材的性能均有不同程度的影响。

（1）碳（C）。碳是影响钢材性能的主要元素。随着含碳量的增加，钢材的强度增加（含碳量大于 1%则相反），硬度提高，塑性、韧性下降，冷脆性增加，可焊性变差，抵抗大气腐蚀的性能也下降。工业纯铁含碳小于 0.04%时是很软的，而钢轨用钢含碳 0.71%（再经热处理）就很硬，结构用钢的含碳量 0.06% ~ 0.85%。

（2）硅（Si）。硅是炼钢时作为脱氧剂加入的。当含硅量在 1% 以内时，能显著提高钢材的强度，而对塑性、韧性没有显著影响。在碳素钢中硅含量一般不超过 0.35%，在合金钢中含量多一些，但含硅大于 1% 后，钢材的塑性、韧性有所降低，冷脆性增加，可焊性变差。

（3）锰（Mn）。锰是炼钢时为脱硫、脱氧加入的。当锰的含量在 0.8% ~ 1% 时，可显著提高钢材的强度和硬度，而对塑性、韧性没有显著影响。加入的锰可以去硫，降低由于硫所引起的热脆性影响，改善钢的热加工和焊接性能。在碳素结构钢中，含锰量在 0.8% 以下；一般的合金钢中含锰量为 1% ~ 2%。若含锰量大于 1%，钢材的塑性、韧性则有所下降。含锰量为 11% ~ 14%、含碳量为 1.0% ~ 1.4% 的高锰钢（代号 GM）很硬，具有很高的耐磨性，铁路道岔上的高锰钢整铸辙叉，就是用高锰钢铸造的。

（4）钒（V）、钛（Ti）、铌（Nb）。钒、钛、铌是作为合金元素加入的。加入适量的钒、钛或铌，能够改善钢的组织结构，细化晶粒，提高钢材的强度和硬度，改善塑性和韧性。例如，在低合金钢中加入微量的铌（≤0.05%）或钒（0.05% ~ 0.15%）或钛（0.02% ~ 0.08%），可以提高钢材的强度，改善其塑性、韧性。

（5）硫（S）。硫是由铁矿石和燃料带入钢中的。硫与铁化合形成的硫化亚铁（FeS）是一种低熔点（< 1 000 °C）的夹杂物，钢材在进行热轧加工或焊接加工时硫化亚铁熔化，致使钢内晶粒脱开，形成细微裂缝，钢材受力后发生脆性断裂，这种现象称为热脆性。硫在钢中的这种热脆性，降低了钢材的热加工性能和可焊性，并使钢材的冲击韧性、疲劳强度和抗腐蚀性能降低。因此，要严格控制钢中的含硫量，普通碳素结构钢的含硫量不大于 0.050%，优质碳素结构钢中含硫量不大于 0.035%。

（6）磷（P）。磷是由铁矿石和燃料带入钢中的。磷虽能提高钢材的耐磨性和耐腐蚀性能，但也显著地提高了钢材的脆性转变温度，增加钢材的冷脆性，降低钢材的冷弯性能和可焊性。

故钢中磷的含量必须严格控制，普通碳素结构钢的含磷量不大于 0.045%，优质碳素结构钢的含磷量不大于 0.035%。磷对提高钢材的耐磨、耐腐蚀性能有利。规范规定，钢轨用钢含磷量不大于 0.040%。

（7）氮（N）。氮是在冶炼过程中由空气带入钢内残留下来的，也是一种有害元素，通常以 Fe_4N 形式存在。氮可提高钢材的强度和硬度，增强钢材的时效敏感性和冷脆性，降低钢材的塑性、韧性、可焊性和冷弯性能。如在含有钒、钛的合金钢中加入微量的氮，形成它们的氮化物，则氮的存在就会成为有利因素，如高强度的桥梁专用钢 15MnVNq 便是一例。

（8）氧（O）。钢中的氧是有害元素，常以氧化物夹杂其中。氧使钢材具有热脆性，降低钢材的塑性、韧性、可焊性、耐腐蚀性能，故其含量不应大于 0.02%。

（9）氢（H）。钢中的氢显著降低钢材的塑性和韧性。在高温时氢能溶于钢中，冷却时便游离出来，使钢中形成微裂缝，受力时很容易发生脆断，该现象称为“氢脆”。钢材脆断的断口若有“白点”，便是氢的危害。钢轨中的“白点”常引起钢轨脆断，造成严重事故，故需要严格控制钢轨中氢的含量。

4．钢材热处理对钢材性能影响

对钢材进行不同速率和时间的加热、保温与冷却的工艺操作，从而改变其内部组织，改善其性能的处理称为热处理。钢材的热处理有退火、正火、淬火和回火等，它们的处理工艺如图 6.11 所示。

（1）退火。将钢材加热到 727 °C 以上的某一适当温度，并保持一定的时间后，随炉缓慢冷却的热处理工艺称为退火。退火可以降低钢材的硬度，提高钢材的塑性和韧性，并能消除冷加工、热加工或热处理所形成的内应力。

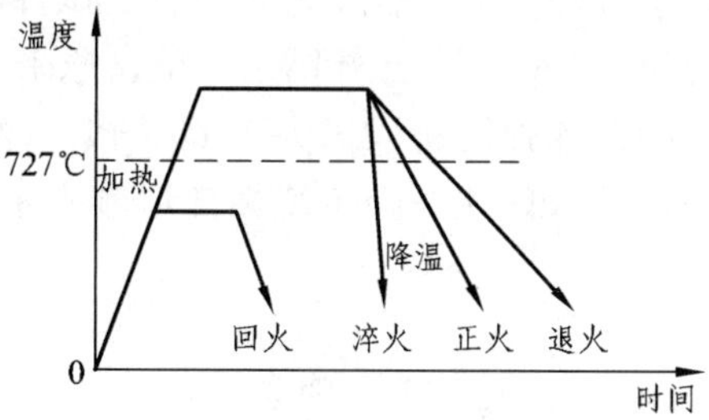

图 6.11　钢材的热处理示意图

（2）正火。将钢材加热到 727 °C 以上的某一适当温度，并保持一定的时间后，在空气中冷却的热处理工艺称为正火。正火能提高钢材的塑性和韧性，消除钢材在热轧过程中形成的组织不均匀和内应力。

（3）淬火。将钢材加热到 727 °C 以上的某一适当温度，并保持一定的时间后，放入水、油或其他介质中急速冷却的热处理工艺称为淬火。淬火能显著提高钢材的硬度和耐磨性，但使其塑性和韧性显著降低，脆性很大，因此，常常在淬火后进行回火处理，以改善钢材的塑性和韧性。

（4）回火。将钢材加热到 727 °C 以下的某一适当温度，并保持一定的时间后，在空气中冷却的处理工艺称为回火。对淬火后的钢材进行回火处理，可以消除钢材的内应力，降低其硬度和脆性。

回火的效果与加热的温度有关。根据加热温度不同，分为低温回火、中温回火和高温回火三种。采用低温回火（加热温度为 150 ~ 250 °C），可以保持钢材的高强度和高硬度，塑性和韧性稍有改善；采用中温回火（加热温度为 350 ~ 500 °C），可以使钢材保持较高的弹性极限和屈服强度，而又具有一定韧性，如弹簧钢就常用中温回火处理；采用高温回火（加热温度为 500 ~ 600 °C），可使钢材既有一定的强度和硬度，又有适当的塑性和韧性。

（5）调质处理。通常把淬火加高温回火称为调质处理。调质处理可以使钢材具有很高的强度，又具有一定的塑性和韧性，从而获得良好的综合性能，是目前用来强化钢材的有效措施。如工程上用的热处理钢筋，就是经过淬火和回火的调质处理，使其屈服强度由原来的540 MPa 提高到 1 300 MPa。

5. 钢材冷加工对钢材性能影响

在常温下对钢材进行冷拉、冷拔或冷轧，使其产生塑性变形的加工，称为冷加工。冷加工可以改善钢材的性能。常用的冷加工方法有冷拉、冷拔、冷轧、冷扭等。

冷拉是将钢筋用拉伸设备在常温下拉长，使之产生一定的塑性变形。通过冷拉，能使钢筋的强度提高 10%~20%，长度增加 6%~10%，并达到矫直、除锈、节约钢材的目的。

冷拔是将钢筋通过用硬质合金制成的拔细模孔强行拉拔，如图 6.12 所示。由于模孔直径略小于钢筋直径，从而在使钢筋受到拉拔的同时，钢筋与模孔接触处受到强力挤压，钢筋内部组织更加紧密，使钢筋的强度和硬度大为提高，但塑性、韧性下降很多，具有硬钢性能。

将热轧钢筋或低碳钢试件进行拉伸试验，应得到图 6.13 中 $OABCKDE$ 的应力-应变关系曲线。如果在荷载加至强化阶段中的某一点 K 处时将荷载卸去，则在荷载下降的同时，弹性变形回缩，应力-应变关系沿斜线 KO_1 落到 O_1 点，试件留下 OO_1 的塑性变形。如果对钢材进行了冷加工的，若立即再拉伸，试件的应力与应变关系先沿 O_1K 上升至 K 点，然后沿原来的规律 KDE 发展至断裂。可见，原来的屈服点不再出现，在 K 点处发生较大的塑性变形，比例阶段和弹性阶段扩大至 O_1K 段，这就说明，经冷加工后的钢材，其屈服强度、硬度提高，而塑性、韧性下降（塑性变形减少了 OO_1 段），这一效果称为钢材的冷加工强化。

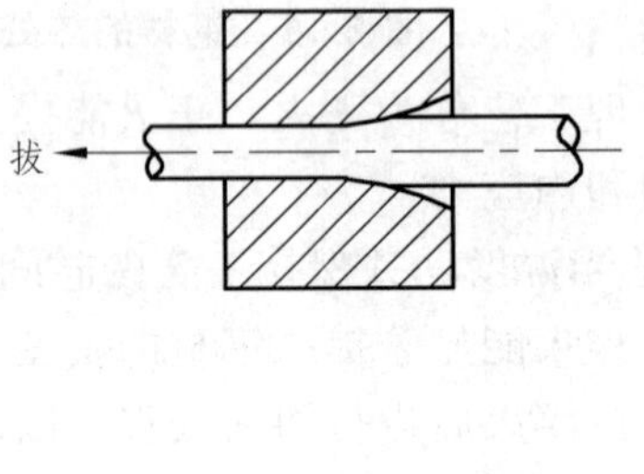

图 6.12 冷拔模孔

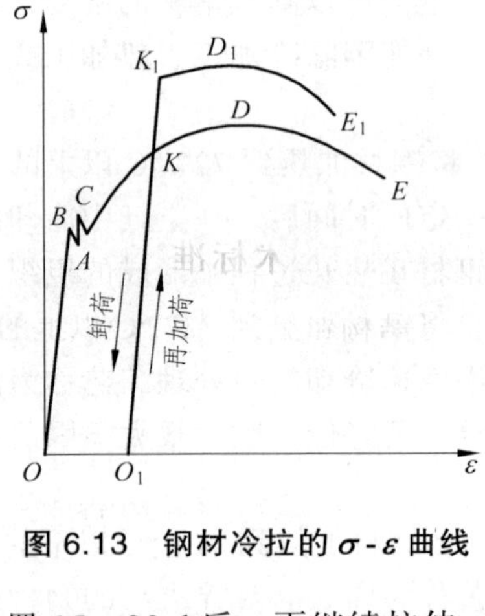

图 6.13 钢材冷拉的 σ-ε 曲线

若不立即拉伸，将卸荷后的试件在常温下放置 15~20 d 后，再继续拉伸，这时发现，试件的应力-应变曲线沿 $O_1KK_1D_1E_1$ 发展。这说明，经冷加工强化后的钢材，由于放置一段时间，不但其屈服强度提高，抗拉强度也提高了，而塑性、韧性则进一步下降。这一现象称为钢材的冷加工时效。

冷加工强化后的钢材在放置一段时间后所产生的时效称为自然时效。若将冷加工强化后的钢材加热到 100~200 °C，保持 2 h，同样可以达到上述的效果，这称为人工时效。

钢材经过冷拉、冷拔、冷轧等冷加工之后产生强化和时效，使钢材的强度、硬度提高，塑性、韧性下降。利用这一性质，可以提高钢材的利用率，达到节省钢材、提高经济效益的目的。但应兼顾强度和塑性两方面的合理程度，不可因过分提高钢材强度而使其塑性、韧性下降过多，以免降低钢材质量，影响使用。经过冷加工的钢材，不得用于承受动荷载作用的结构，也不得用于焊接施工。

第三节　建筑钢材的技术标准和应用

目前，我国建筑工程和铁道工程的建筑钢材主要有碳素结构钢、优质碳素结构钢和低合金结构钢 3 大类，它们广泛应用于钢结构、钢筋混凝土结构和轨道、桥梁等工程中。

一、碳素结构钢

碳素结构钢是指一般结构工程用钢，由氧气转炉或平炉冶炼，适合于生产各种钢板、钢带、型钢、棒钢。其产品可供焊接、铆接、螺栓连接构件使用。

1. 碳素结构钢的牌号

碳素结构钢的牌号由代表屈服强度的字母 Q、屈服强度数值、质量等级符号和脱氧方法符号四个部分按顺序组成。其中，质量等级是以所含硫、磷的数量来控制的，对冲击韧性各有不同的要求，D 级钢为优质钢（含 S、P 均小于或等于 0.035%），A、B、C 级均为普通钢。脱氧方法符号的意义为：F——沸腾钢、b——半镇静钢、Z——镇静钢，TZ——特殊镇静钢。

碳素结构钢按其力学性能和化学成分含量可分为 Q195、Q215、Q235、Q275 四个牌号。例如，Q235-B · F 表示屈服强度为 235 MPa、质量等级为 B 级、脱氧方法为沸腾钢的碳素结构钢。

2. 碳素结构钢的技术标准

各牌号的碳素结构钢均应符合《碳素结构钢》（GB/T 700—2006）的规定，其力学性能见表 6.2，冷弯性能见表 6.3（由于工程结构所用钢材的厚度或直径均不超过 60 mm，限于篇幅，本书在这两个表中略去了厚度或直径大于 60 mm 的部分）。

表 6.2　碳素结构钢的力学性能（GB/T 700—2006）

牌号	等级	拉伸试验						冲击试验（V 形缺口）	
		屈服强度 σ_s（MPa，不小于）			抗拉强度 σ_b/MPa	伸长率 δ_s（%，不小于）		温度 /°C	冲击功（纵向）
		钢材厚度（直径，mm）				钢材厚度（直径，mm）			
		≤16	>16～40	>40～60		≤40	>40～60		
Q195	—	195	185	—	315～430	33	—	—	—
Q215	A	215	205	195	335～450	31	29	—	—
	B							+20	27

续表

牌号	等级	拉伸试验						冲击试验（V形缺口）	
		屈服强度 σ_s（MPa，不小于）			抗拉强度 σ_b/MPa	伸长率 δ_s（%，不小于）		温度/°C	冲击功（纵向）
		钢材厚度（直径，mm）				钢材厚度（直径，mm）			
		≤16	>16~40	>40~60		≤40	>40~60		
Q235	A	235	225	215	375~500	26	24	—	—
	B							+20	27
	C							0	
	D							−20	
Q275	A	275	265	255	410~540	26	24	—	—
	B							+20	27
	C							0	
	D							−20	

注：Q195的屈服强度仅供参考。

表 6.3　碳素结构钢的冷弯性能（GB/T700—2006）

牌　号	试样方向	冷弯试验（试样宽度=2倍试样厚度、弯曲角度180°）
		钢材厚度（或直径）$a<60$（mm）
		弯心直径 d
Q195	纵	0
	横	0.5a
Q215	纵	0.5a
	横	a
Q235	纵	a
	横	1.5a
Q275	纵	1.5a
	横	2a

不同牌号的碳素结构钢含碳量不同。牌号越大，含碳量越越高，如Q195含碳量≤0.12%，Q215含碳量≤0.15%，Q235含碳量≤0.22%，Q275含碳量≤0.24%。因此，牌号较高的碳素结构钢，其强度较高，硬度较大；但塑性、韧性较低。

从表6.2中我们还注意到，钢材的厚度或直径越小，其屈服强度的指标越高。这是由于它在热轧时所轧的次数多一些，内部组织更加紧密，晶粒变小的缘故。

3. 碳素结构钢的应用

Q195和Q215钢的强度低，塑性、韧性很好，易于冷加工，可制作冷拔低碳钢丝、钢钉、铆钉、螺栓。

Q235 具有较高的强度和良好的塑性、韧性、可焊性和冷加工性能，能较好地满足一般钢结构和钢筋混凝土结构的用钢要求，故在建筑工程中应用广泛。如钢结构用的各种型钢和钢板，钢筋混凝土结构所用的光圆钢筋，各种供水、供气、供油的管道，铁路轨道中用的垫板、道钉、轨距杆、防爬器等配件，大多数是由 Q235 制作而成的。其中，Q235-C 和 Q235-D 质量优良，适用于重要的焊接结构。

Q275 强度虽高，但塑性、韧性和可焊性较差，加工难度增大，可用于结构中的配件、制造螺栓、预应力锚具等。

二、低合金高强度结构钢

在工程上如需要强度更高，并且塑性、韧性均较好的钢，就需要采用低合金结构钢了。它是在碳素结构钢的基础上，加入总量不超过钢质量 5%的锰（Mn）、硅（Si）、钒（V）、钛（Ti）、铌（Nb）、铬（Cr）、镍（Ni）、铜（Cu）等合金元素或稀土元素（RE）而成的。

1. 低合金高强度结构钢的牌号

根据《低合金高强度结构钢》（GB/T 1591—2018）的规定，低合金高强度结构钢的牌号由代表屈服点的字母 Q、规定的最小上屈服强度数值、交货状态代号、质量等级符号（B、C、D、E、F）四个部分组成。低合金高强度结构钢按其屈服强度划分为 Q335、Q390、Q420、Q460 四个牌号。交货状态为热轧时，交货状态代号 AR 或 WAR 可省略；交货状态为正火或正火轧制状态时，交货状态代号均用 N 表示。

示例：Q355ND

其中：Q——钢的屈服强度的“屈”字汉语拼音的首字母；

355——规定最小上屈服强度数值，单位为兆帕（MPa）；

N——交货状态为正火或正火轧制；

D——质量等级为 D 级。

2. 低合金高强度结构钢的技术标准

各牌号的低合金高强度结构钢的技术标准，见表 6.4、表 6.5。

3. 低合金高强度结构钢的应用

低合金高强度结构钢与碳素结构钢相比，具有以下优点：

（1）强度高，综合性能好。将表 6.4 与表 6.2 对比可知，低合金高强度结构钢的强度比常用的 Q235 高 25%～60%，并且具有较好的塑性、冲击韧性和可焊性。低合金高强度结构钢的含碳量不高，一般在 0.20% 以下，既有合金元素增强其强度，又有微量元素改善其塑性、韧性，故强度高，综合性能好。

表 6.4　热轧钢材的拉伸性能（GB/T 1591—2018）

牌号		上屈服强度 R_{eH}[a]/MPa 不小于									抗拉强度 R_{m}/MPa			
钢级	质量等级	公称厚度或直径/mm												
		≤16	>16~40	>40~63	>63~80	>80~100	>100~150	>150~200	>200~250	>250~400	≤100	>100~150	>150~250	>250~400
Q355	B C	355	345	335	325	315	295	285	275	—	470~630	450~600	450~600	—
	D									265[b]				450~600
Q390	B C D	390	380	360	340	340	320	—	—	—	490~650	470~620	—	—
Q420[c]	B C	420	410	390	370	370	350	—	—	—	520~680	500~650	—	—
Q460[c]	C	460	450	430	410	410	390	—	—	—	550~720	5 300~700	—	—

a 当屈服不明显时，可用规定塑性延伸强度 $R_{\mathrm{p0.2}}$ 代替上屈服强度。
b 只适用于质量等级为 D 的钢板。
c 只适用于型钢和棒材。

表 6.5　热轧钢材的伸长率（GB/T 1591—2018）

牌号		断后伸长率 A/% 不小于						
钢级	质量等级	公称厚度或直径/mm						
		试样方向	≤40	>40~63	>63~100	>100~150	>150~250	>250~400
Q355	B C D	纵向	22	21	20	18	17	17[a]
		横向	20	19	18	18	17	17[a]
Q390	B C D	纵向	21	20	20	19	—	—
		横向	20	19	19	18	—	—
Q420[b]	B C	纵向	20	19	19	19	—	—
Q460[b]	C	纵向	18	17	17	17	—	—

a 只适用于质量等级为 D 的钢板。
b 只适用于型钢和棒材。

（2）节省钢材，成本低。由于低合金高强度结构钢的强度较高，在相同条件下用钢量比普通碳素结构钢可节省 20%~50%。虽然钢材的单价稍有提高，但由于用钢量的减少，使相应的运输、加工、安装费用均可降低。因而使用低合金高强度结构钢，具有较好的技术经济效果。

低合金高强度结构钢可用于高层建筑的钢结构、大跨度的屋架、网架、桥梁或其他承受较大冲击荷载作用的结构。强度较高的钢筋、桥梁用钢、钢轨用钢、弹簧用钢（如铁路轨道用的 ω形弹条为 60SiMn 钢）等，都是采用不同的低合金结构钢轧制而成的。

三、优质碳素结构钢

优质碳素结构钢简称为优质碳素钢，它是含硫、磷均不大于 0.035%的碳素钢。其钢材有经热处理或不经热处理两种交货状态。

根据《优质碳素结构钢》（GB/T 699—2015）的规定，优质碳素结构钢的牌号用平均含碳量的万分数表示，分 28 个牌号。含锰量较高时（0.7% ~ 1.2%），应在牌号的后面加注锰（Mn）字；如果是沸腾钢，则在数字后面加注“F”。例如，45 号钢，表示平均含碳量为 0.45% 的优质碳素结构钢；60Mn 钢，表示平均含碳量为 0.60%、含锰量较高的优质碳素钢。优质碳素结构钢的技术指标，见表 6.6。

表 6.6　几种常见优质碳素结构钢的技术性能指标（GB/T 699—2015）

牌　号	抗拉强度 R_m（MPa，不小于）	下屈服强度 $R_{eL}{}^{d}$（MPa，不小于）	伸长率 A（%，不小于）	冲击功 A_k（J，不小于）
25	450	275	23	71
45	600	355	16	39
45Mn	620	375	15	39
60	675	400	12	—
75	1 080	880	7	—
85	1 130	980	6	—

优质碳素结构钢的特点在于其强度高，塑性、冲击韧性好，如 25 号优质碳素结构钢 $A_k \geqslant$ 71 J，与相同含碳量的 Q255（$A_k \geqslant 27$ J）相比，冲击韧性有很大程度的提高。

优质碳素结构钢在工程中适用于高强度、高硬度、受强烈冲击荷载作用的部位和作冷拔坯料等。例如，45 号优质碳素钢，主要用于制作钢结构用的高强度螺栓、预应力锚具；55 ~ 65 号优质碳素钢，主要用于制作铁路施工用的道镐、道钉锤、道砟耙等；70 ~ 75 号优质碳素钢，主要用于制作各种型号的钢轨；75 ~ 85 号优质碳素钢，主要用于制作高强度钢丝、刻痕钢丝和钢绞线等。

第四节　钢筋和钢丝

钢筋和钢丝是建筑工程中使用量很大的钢材品种，它们是钢筋混凝土和预应力混凝土的重要组成材料。

一般认为，直径不小于 6 mm 的是钢筋，主要品种有热轧钢筋、冷拉钢筋、冷轧带肋钢筋、热处理钢筋等；直径小于 6 mm 的是钢丝，主要品种有冷拔低碳钢丝、预应力混凝土用钢丝、钢绞线等。

一、热轧钢筋

根据其表面特征不同，热轧钢筋分为光圆钢筋和带肋钢筋。带肋钢筋有月牙肋钢筋和等高肋钢筋之分，见图 6.14。

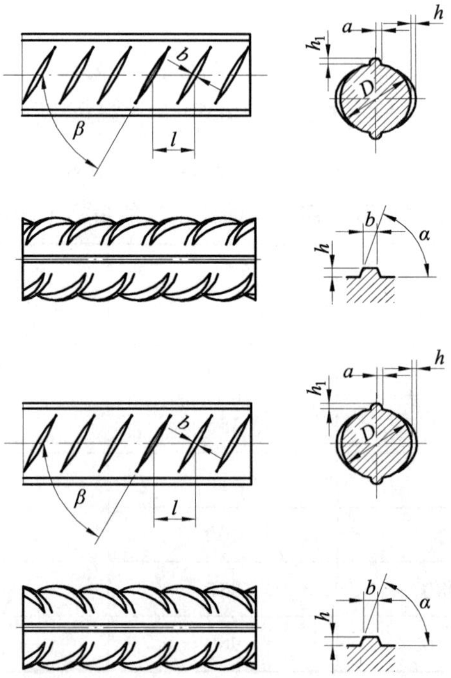

图 6.14　月牙肋钢筋（带纵肋）表面及截面形状

1．钢筋混凝土用热轧光圆钢筋

按照国家标准《钢筋混凝土用热轧光圆钢筋》（GB 1499.1—2017）的规定，热轧光圆钢筋的力学性能和工艺性能应符合表 6.7 的规定。

表 6.7　热轧光圆钢筋的力学性能、工艺性能（GB 1499.1—2017）

牌　号	下屈服强度 R_{eL}/MPa	抗拉强度 R_m/MPa	断后伸长率 A/%	最大力总伸长率 A_{gt}/%	冷弯试验 180° d — 弯芯直径 a —钢筋公称直径
	不小于				
HPB300	300	420	25.0	10.0	$d=a$

对于没有明显屈服的钢筋，下屈服强度特征值 R_{eL} 应用规定非比例延伸强度 $R_{p0.2}$。伸长率类型可从 A 或 A_{gt} 中选定一个，仲裁检验时采用 A_{gt}。

2．热轧带肋钢筋

根据国家标准《钢筋混凝土用热轧带肋钢筋》（GB 1499.2—2017）的规定，热轧带肋钢筋的力学性能和工艺性能应符合表 6.8 和表 6.9 的规定。

表 6.8　热轧带肋钢筋的力学性能（GB 1499.2—2017）

牌　号	R_{eL}/MPa	R_m/MPa	A/%	A_{gt}/%	R_m^0/R_{eL}^0	R_{eL}^0/R_{eL}
	不小于					不大于
HRB400 HRBF400	400	540	16	7.5	—	—
HRB400E HRBF400E			—	9.0	1.25	1.30
HRB500 HRBF500	500	630	15	7.5	—	—
HRB500E HRBF500E			—	9.0	1.25	1.30
HRB600	600	730	14	7.5	—	—

注：R_m^0 为钢筋实测抗拉强度；R_{eL}^0 为钢筋实测下屈服强度。

表 6.9　热轧带肋钢筋的工艺性能（GB 1499.2—2017）

牌　号	公称直径 d	弯芯直径
HRB400 HRBF400 HRB400E HRBF400E	6 ~ 25	$4d$
	28 ~ 40	$5d$
	> 40 ~ 50	$6d$
HRB500 HRBF500 HRB500E HRBF500E	6 ~ 25	$6d$
	28 ~ 40	$7d$
	> 40 ~ 50	$8d$
HRB600	6 ~ 25	$6d$
	28 ~ 40	$7d$
	> 40 ~ 50	$8d$

《钢筋混凝土用热轧带肋钢筋》（GB 1499.2—2017）规定：热轧带肋钢筋分为普通热轧钢筋和细晶粒热轧钢筋两种。普通热轧钢筋由 HRB 钢筋的屈服强度特征值构成，细晶粒热轧钢筋由 HRBF 钢筋的屈服强度特征值构成。H、R、B、F 分别表示为热轧（Hot rolled）、带肋（Ribbed）、钢筋（Bar）、细（Fine）4 个词的英文首位字母。细晶粒热轧钢筋较普通热轧钢筋结构更致密，性能更好，但由于是新品种，目前工程应用还较少。热轧带肋钢筋分为 HRB400、HRB500、HRB600 三个牌号，公称直径为 6 ~ 50 mm。热轧钢筋的标准值是根据屈服强度确定的，具有不小于 95% 的保证率。

根据需方要求，钢筋也可以进行反弯曲性能试验，反向弯曲试验的弯心直径比弯曲试验相应增加一个钢筋公称直径。先正向弯曲 90°，把经正向弯曲后的试件在 100 °C ± 10 °C 温度下保温不小于 30 min，经自然冷却后再反向弯曲 20°。两个弯曲角度均应在去载之前测量。经反向弯曲试验后，钢筋受弯曲部位表面不得产生裂纹。

同时《混凝土结构工程施工质量验收规范》（GB 50204—2015）规定，为了保证在地震作用下，结构的某些部位出现塑性铰以后，钢筋具有足够的变形能力，对有抗震设防要求的框架结构（一、二级抗震等级），检验所得的强度实测值应符合下列规定：① 钢筋的抗拉强度实测值与屈服强度实测值之比不应小于 1.25；② 钢筋的屈服强度实测值与强度标准值之比不应大于 1.3。

3. 应　用

热轧光圆钢筋强度较低，塑性及焊接性能好，伸长率高，便于弯曲成型。其主要作为中、小型钢筋混凝土结构的受力钢筋和构造钢筋，也可用于钢、木结构的拉杆。

热轧带肋钢筋中，HRB400 是采用低合金镇静钢和半镇静钢轧制而成的，由于强度较高，塑性及焊接性能好，广泛用作大、中型钢筋混凝土结构的受力钢筋。HRB400 经过冷拉后，还可用作预应力钢筋。HRB500 是采用中碳低合金镇静钢轧制而成的，钢筋表面轧有纵肋和横肋。其强度高，但塑性和可焊性较差，是建筑工程中的主要预应力钢筋。如需焊接时，应采取适当的焊接方法和焊后热处理工艺，以保证焊接质量，防止发生脆性断裂。HRB500、HRB600 钢筋使用前也可以进行冷拉处理，提高屈服强度，节约钢材。

二、冷轧带肋钢筋

热轧圆盘条经冷轧后，在其表面带有长度方向均匀分布的横肋的钢筋。根据国家标准《冷轧带肋钢筋》（GB13788—2017）和《冷轧带肋钢筋混凝土结构技术规范》（JGJ 95—2003）的相关规定，冷轧带肋钢筋按延性高低分为两类：冷轧带肋钢筋 CRB、高延性冷轧带肋钢筋（CRB + 抗拉强度特征值 + H）。C、R、B、H 分别为冷轧（Cold rolled）、带肋（Ribbed）、钢筋（Bar）、高延性（High elongation）四个词的英文首位字母。冷轧带肋钢筋分为 CRB550、CRB650、CRB800、CRB600H、CRB680H、CRB800H 六个牌号。CRB550、CRB600H、CRB680H 钢筋的公称直径为 4 ~ 12 mm，CRB650、CRB800、CRB800H 的公称直径为 4、5、6 mm。冷轧带肋钢筋的化学成分、力学性能和工艺性能应符合国家标准《冷轧带肋钢筋》（GB 13788—2017）的有关规定，其力学性能和工艺性能要求见表 6.10。

表 6.10　冷轧带肋钢筋的力学性能和工艺性能（GB 13788—2017）

分类	牌号	规定塑性延伸强度 $R_{p0.2}$/MPa 不小于	抗拉强度 R_m/MPa 不小于	$R_m/R_{p0.2}$ 不小于	断后伸长率/% 不小于		最大力总延伸率/% 不小于	弯曲试验 180°	反复弯曲次数	应力松弛（初始应力 $\sigma_{com}=0.7\sigma_b$）
					A	A_{max}	A_{gx}			1 000 h，% 不大于
普通混凝土用	CRB550	500	550	1.05	11.0	—	2.5	$D=3d$	—	—
	CRB600H	540	600	1.05	14.0	—	5.0	$D=3d$	—	—
	CRB680H[b]	600	680	1.05	14.0	—	5.0	$D=3d$	—	5
预应力混凝土用	CRB650	585	650	1.05	—	4.0	2.5	—	3	8
	CRB800	720	800	1.05	—	4.0	2.5	—	3	8
	CRB800H	720	800	1.05	—	7.0	4.0	—	4	5

D 为弯心直径，d 为钢筋公称直径。

当该牌号钢筋作为普通钢筋混凝土用钢筋使用时，对反复弯曲和应力松弛不做要求；当该牌号钢筋作为预应力混凝土用钢筋使用时，应进行反复弯曲试验代替 180° 弯曲试验，并检测松弛率冷轧带肋钢筋既具有冷拉钢筋强度高的特点，同时又具有很强的握裹力，大大提高了构件的整体强度和抗震能力，可作为中、小型预应力混凝土结构构件和普通钢筋混凝土结构构件中的受力钢筋、构造钢筋等。

三、预应力混凝土用热处理钢筋

预应力混凝土用热处理钢筋是由热轧螺纹钢筋（中碳低合金钢）经淬火和回火调质处理而成的。按其螺纹外形，分为有纵肋和无纵肋两种。经调质处理后的钢筋特点是塑性降低不大，但强度提高很多，综合性能比较理想。

根据国家标准《预应力混凝土用钢棒》（GB/T 5223.3—2017）的规定，预应力混凝土用热处理钢筋的力学性能应符合表 6.11 的要求。

表 6.11　预应力混凝土用钢棒（光圆）的力学性能和工艺性能（GB/T 5223.3—2017）

<table>
<tr><th rowspan="2">表面形状</th><th rowspan="2">公称直径 d/mm</th><th rowspan="2">抗拉强度 σ_b（MPa，不小于）</th><th rowspan="2">规定非比例延伸强度 $\sigma_{p0.2}$（MPa，不小于）</th><th colspan="2">弯曲性能</th><th colspan="2">应力松弛性能</th></tr>
<tr><th>性能要求</th><th>弯曲半径/mm</th><th>初始应力为公称抗拉强度的百分数/%</th><th>1 000 h 后应力松弛值 r（%，不小于）</th></tr>
<tr><td rowspan="11">光圆</td><td>6</td><td rowspan="11">1 080
1 230
1 420
1 570</td><td rowspan="11">930
1 080
1 280
1 420</td><td rowspan="5">反复弯曲不小于 4 次</td><td>15</td><td rowspan="11">60
70
80</td><td rowspan="11">1.0
2.0
4.5</td></tr>
<tr><td>7</td><td>20</td></tr>
<tr><td>8</td><td>20</td></tr>
<tr><td>9</td><td>25</td></tr>
<tr><td>10</td><td>25</td></tr>
<tr><td>11</td><td rowspan="6">弯曲 160°～180° 后弯曲处无裂纹</td><td rowspan="6">弯曲压头直径为钢棒公称直径的 10 倍</td></tr>
<tr><td>12</td></tr>
<tr><td>13</td></tr>
<tr><td>14</td></tr>
<tr><td>15</td></tr>
<tr><td>16</td></tr>
</table>

热处理钢筋具有强度高、韧性好，与混凝土黏结性能好，应力松弛低，塑性降低小，施工方便，节约钢筋等优点，主要用于预应力混凝土轨枕、预应力梁、板及吊车梁等构件。由于热处理钢筋对应力腐蚀及缺陷敏感性强，使用时不宜被硬物划伤，并采取必要的技术措施防止其锈蚀。

四、预应力混凝土用钢丝

预应力混凝土用钢丝是指优质碳素结构钢盘条，经酸洗、拔丝模或轧辊冷加工后再经消除应力等工艺制成的高强度钢丝。根据国家标准《预应力混凝土用钢丝》(GB/T 5223—2014)的规定，预应力混凝土用钢丝按加工状态分为冷拉钢丝（代号为 WCD）和消除应力钢丝两类。

消除应力钢丝又分为低松弛钢丝（代号为 WLR）和普通松弛钢丝（代号为 WNR）。按外形又分为光圆钢丝（代号为 P）、螺旋肋钢丝（代号为 H）和刻痕钢丝（代号为 I）3 种。

冷拉钢丝、消除应力光圆钢丝、螺旋肋及刻痕钢丝的力学性能应符合有关的规定。消除应力光圆及螺旋肋钢丝的力学性能要求见表 6.12。

冷拉钢丝、消除应力光圆、螺旋肋及刻痕钢丝均属于冷加工强化的钢筋，没有明显的屈服点，材料检验只能以抗拉强度为依据。设计强度取值以条件屈服点（规定非比例伸长应力 $\sigma_{p0.2}$）的统计值来确定；并且规定，非比例伸长应力 $\sigma_{p0.2}$ 值不小于公称抗拉强度的 75%。

表 6.12　消除应力光圆及螺旋肋钢线的力学性能（GB/T 5223—2014）

公称直径 d/mm	抗拉强度 R_m（MPa，不小于）	规定非比例伸长应力 $R_{p0.2}$（MPa，不小于）	最大力下总伸长率 δ_{gl}（L_0 = 200 mm，%，不小于）	弯曲次数（次/180°，不小于）	弯曲半径 R/mm	应力松弛性能	
						初始应力相当于公称抗拉强度的百分比/%	1 000 h 后应力松弛度（%，不小于）
						对所有规格	
4.00		16.22		3	10		
4.80		23.35		4	15		
5.00		25.32		4	15		
6.00		36.47		4	15		
6.25		39.58		4	20		
7.00		49.64		4	20		
7.50	1 470	56.99	3.5	4	20	70	2.0
8.00		64.84		4	20	80	4.5
9.00		82.07		4	25		
9.50		91.44		4	25		
10.00		101.32		4	25		
11.00		122.59		—	—		
12.00		145.90		—	—		

预应力混凝土用钢丝具有强度高、柔性好、松弛率低、抗腐蚀性强、质量稳定、安全可靠、无接头、施工方便等特点，主要用于大跨度屋架及薄腹梁、大跨度吊车梁、桥梁、轨枕、压力管道等预应力混凝土构件。

五、预应力混凝土用钢绞线

预应力混凝土用钢绞线一般由 2 根、3 根或 7 根直径为 2.5 ~ 6.0 mm 的高强度光圆或刻痕钢丝经绞捻、稳定化处理而制成。稳定化处理是为了减少应用时的应力松弛，而在一定的张力下进行的短时热处理。

根据国家标准《预应力混凝土用钢绞线》（GB/T 5224—2014）的规定，钢绞线按捻制结构分为 8 种结构类型。例如，用 2 根钢丝捻制的钢绞线为 1×2；用 3 根钢丝捻制的钢绞线为 1×3；用 3 根刻痕钢丝捻制的钢绞线为（1×3）I；用 7 根钢丝捻制的标准钢绞线为（1×7）C。1×7 钢绞线截面形式如图 6.15 所示。标准钢绞线是指由冷拉光圆钢丝捻制成的钢绞线，拔模型钢绞线指由捻制后再经冷拔而成的钢绞线。

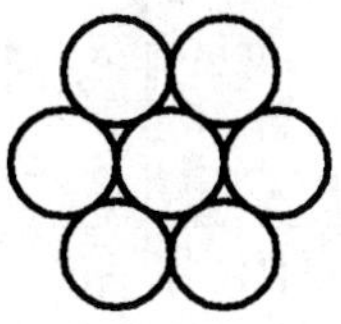

图 6.15　1×7 钢绞线截面示意图

钢绞线的力学性能应符合《预应力混凝土用钢绞线》（GB/T 5224—2014）有关规定。1×7 结构钢绞线力学性能要求见表 6.13。

预应力混凝土用钢绞线具有强度高、塑性好，与混凝土黏结性能好，易于锚固等特点，主要用于大跨度、重荷载的预应力混凝土结构。

表 6.13　1×7 结构钢绞线力学性能（GB/T 5224—2014）

钢绞线结构	钢绞线公称直径 D_a/mm	公称抗拉强度 R_m/MPa	整根钢绞线最大力 F_m/kN（≥）	整根钢绞线最大力的最大值 $F_{m,max}$/kN（≤）	0.2% 屈服力 $F_{p0.2}$/kN（≥）	最大力总伸长率（L_0≥500 mm）A_{gt}/%（≥）	应力松弛性能	
							初始负荷相当于实际最大力的百分数/%	1 000 h 应力松弛率 r/%（≤）
1×7	15.20（15.24）	1 470	206	234	181	对所有规格	对所有规格	对所有规格
		1 570	220	248	194			
		1 670	234	262	206			
	9.50（9.53）	1 720	94.3	105	83.0			
	11.10（11.11）		128	142	113	3.6	70	2.5
	12.70		170	190	150			
	15.20（15.24）		241	269	212			
	17.80（17.78）		327	365	288			
	18.90	1 820	400	444	352			
	15.70	1 770	266	296	234			
	21.60		504	561	444			
	9.50（9.53）	1 860	102	113	89.8			

钢绞线结构	钢绞线公称直径 D_a/mm	公称抗拉强度 R_m/MPa	整根钢绞线最大力 F_m/kN（≥）	整根钢绞线最大力的最大值 $F_{m,max}$/kN（≤）	0.2% 屈服力 $F_{p0.2}$/kN（≥）	最大力总伸长率（L_0≥500 mm）A_{gt}/%（≥）	应力松弛性能	
							初始负荷相当于实际最大力的百分数/%	1 000 h 应力松弛率 r/%（≤）
1×7	11.10（11.11）	1 860	138	153	121	3.5	70	2.5
	12.70		184	203	162			
	15.20（15.24）		260	288	229			
	15.70		279	309	246			
	17.80（17.78）		355	391	311		80	4.5
	18.90		409	453	360			
	21.60		530	587	466			
	9.50（9.53）	1 960	107	118	94.2			
	11.10（11.11）		145	160	128			
	12.70		193	213	170			
	15.20（15.24）		274	302	241			
1×7I	12.70	1 860	184	203	162			
	15.20（15.24）		260	288	229			
（1×7）C	12.70	1 860	208	231	183			
	15.20（15.24）	1 820	300	333	264			
	18.00	1 720	384	428	338			

六、混凝土用钢纤维

在混凝土中掺入钢纤维，能大大提高混凝土的抗冲击强度和韧性，显著改善其抗裂、抗剪、抗弯、抗拉、抗疲劳等性能。常用于机场跑道、高速公路路面、桥梁桥面铺装层等工程。

钢纤维的原材料可以使用碳素结构钢、合金结构钢和不锈钢，钢纤维按生产方式不同可分为切断钢纤维、剪断钢纤维、切削钢纤维、熔融抽丝钢纤维等。表面粗糙或表面刻痕、形状为波形或扭曲形、端部带钩或端部有大头的钢纤维与混凝土的黏结较好，有利于混凝土增强。钢纤维直径应控制在 0.3 ~ 0.6 mm，长度与直径之比控制在 40 ~ 60。增大钢纤维的长径比，可提高混凝土的增强效果；但过于细长的钢纤维容易在搅拌时形成纤维球而失去增强作用。钢纤维按抗拉强度分为 1 700、1 300、1 000、700 和 480 五个等级，如表 6.14 所示。

表 6.14　钢纤维的抗拉强度要求（YB/T 151—2017）

强度等级	1 700 级	1 300 级	1 000 级	700 级	400 级
公称抗拉强度 R_m/MPa	$R_m \geq 1\,700$	$1\,300 \leq R_m < 1\,700$	$1\,000 \leq R_m < 1\,300$	$700 \leq R_m < 1\,000$	$400 \leq R_m < 700$

第五节　桥梁结构钢

铁路与公路的桥梁除了承受静载外，还要直接承受动载，其中某些部位还承受交变应力的作用。桥梁全部暴露在大气中，有的处于多雨潮湿地区，有的处于冰雪严寒地带，它们要长期在受力状态下经受气候变化和腐蚀介质的严峻考验。因此，和一般结构钢相比，桥梁结构钢除了必须具有较高的强度外，还要求有良好的塑性、韧性、可焊性及较高的疲劳强度和耐腐蚀性能。考虑到严寒地区低温的影响和长期使用的安全，还要求其应具有较小的冷脆性和时效敏感性，以免发生脆断事故。

一、桥梁结构钢的牌号

根据国家标准《桥梁用结构钢》（GB/T 714—2015）的规定，桥梁结构钢的牌号由代表屈服点的字母 Q、规定最小屈服强度值、桥梁钢的汉语拼音字母、质量等级符号 4 部分组成。桥梁结构钢按钢材的屈服点分为 Q345q、Q370q、Q420q、Q460q、Q500q、Q550q、Q620q、Q690q 八个牌号；按照硫、磷杂质含量由多到少分为 C、D、E、F 四个质量等级。桥梁钢是专用钢，故在钢号后面加注一个“桥”字（代号为 q），以示强调。例如，Q420qC 代表屈服点为 420 MPa、质量等级为 C 级的桥梁钢。

桥梁钢各牌号化学成分、性能应符合《桥梁用结构钢》（GB/T 714—2015）的规定，其力学性能和工艺性能的要求见表 6.15，并要求一组 3 个试件的平均值应不小于表中规定的最小值。冲击功试验的 3 个试样中，允许其中有一个试样的单值低于规定值，但不得低于规定值的 70%。桥梁结构钢钢板表面不应有裂纹、气泡、结疤、夹杂、折叠，钢材不应有分层。对厚度大于 20 mm 的钢板应进行超声波探伤检验。

表 6.15　桥梁结构钢的力学性能和工艺性能（GB/T 714—2015）

牌号	质量等级	拉伸试验[a,b]					冲击试验[c]	
		下屈服强度 R_{el}/MPa			抗拉强度 R_m/MPa	断后伸长率 A/%	温度 /°C	冲击吸收能量 KV_2/J
		厚度 ≤50 mm	50mm＜厚度 ≤100 mm	100 mm＜厚度 ≤150 mm				
		不小于						不小于
Q345q	C	345	335	305	490	20	0	120
	D						−20	
	E						−40	
Q370q	C	370	360	—	510	20	0	120
	D						−20	
	E						−40	
Q420q	D	420	410	—	540	19	−20	120
	E						−40	
	F						−60	47
Q460q	D	460	450	—	570	18	−20	120
	E						−40	
	F						−60	47
Q500q	D	500	480	—	630	18	−20	120
	E						−40	
	F						−60	47
Q550q	D	550	530	—	660	16	−20	120
	E						−40	
	F						−60	47
Q620q	D	620	580	—	720	15	−20	120
	E						−40	
	F						−60	47
Q690q	D	690	650	—	770	14	−20	120
	E						−40	
	F						−60	47

a 当屈服不明显时，可测量 $R_{p0.2}$ 代替下屈服强度。

b 拉伸试验取横向试样。

c 冲击试验取纵向试样。

二、桥梁结构钢的应用

Q345q 和 Q370q 是低合金钢，经过完全脱氧，杂质含量控制较严，具有良好的综合机械性能，不仅强度较高，而且塑性、韧性、可焊性等都较好。我国著名的南京长江大桥就是用 Q345q 钢建造的。但 Q345q 钢对板厚效应敏感，栓焊钢桥一般只能用到 32 mm 板厚。1987 年武汉钢铁公司采用适当降低 Q345q 钢含碳量和严格控制杂质含量（特别是硫含量）措施，加入少量铌元素，并采用钢锭模内稀土处理技术，使钢材晶粒细化，极大地降低了钢的板厚效应，提高了厚钢板的强度和韧性，这种新的钢种定为 14MnNbq，即现在的钢种 Q370q。Q370qE 钢在 1993 年用于京九线京杭运河大桥的试验钢桁梁，1998 年成功用于芜湖长江大桥钢梁。Q345qE 和 Q370q 是我国目前建造钢梁主体结构的基本钢材。

Q420q 由鞍山钢铁公司生产，Q420qE 成功地用于九江长江大桥正桥钢梁中的受拉及疲劳控制构件和箱形截面的部件上。与国外同等级的钢材做性能比较，Q420q 钢的屈服强度、抗拉强度与之相当，韧性高于国外标准。Q420q 钢的强度、塑性、韧性和可焊性均很好，并具有较小的冷脆性和时效敏感性，比 Q345q 钢可节约钢材 10%以上，是很有发展前途的钢材。

第六节　钢轨钢

铁路钢轨经常处在车轮压力、冲击和磨损的作用下，故要求钢轨不仅应具有较高的强度，以承受较高的压力和抗剥离的能力，而且还应具有较高的硬度、耐磨性、冲击韧性和疲劳强度；由于无缝线路的发展，还应具有良好的可焊性。用于多雨潮湿地区、盐碱地带和隧道中的钢轨，会经常受到各种侵蚀作用，所以应具有良好的耐腐蚀性能。为了满足上述要求，一般应选用含碳量较高（高碳钢）的平炉或氧气转炉镇静钢进行轧制。但含碳量过高，将使钢轨钢的塑性、韧性明显下降，因此，一般含碳量不超过 0.82%。锰能有效地提高钢材的强度（固溶强化）及耐磨性，硅易与氧化合去除钢中的气泡，使钢材密实细致，硬度、耐磨性也提高，因此，钢轨钢常含有这两种元素。钢轨接头处轮轨的冲击力很大，为提高接头处的耐磨性，在钢轨两端 30 ~ 70 mm 的范围内应进行轨顶淬火处理，淬火深度 8 ~ 12 mm。

43 ~ 75 kg/m 钢轨订货技术条件（TB/T 2344—2012）见表 6.16。

表 6.16　热轧钢轨钢技术性能（TB/T 2344—2012）

牌　号	化学成分/%								抗拉强度/MPa	伸长率
	C	Si	Mn	P	S	C_r	V	AI		
U71Mn	0.65 ~ 0.76	0.15 ~ 0.58	0.72 ~ 1.20	≤0.030	≤0.025	≤0.15	≤0.030	≤0.010	≥880	≥10
U75V	0.71 ~ 0.80	0.50 ~ 0.80	0.70 ~ 1.05	≤0.030	≤0.025	≤0.15	—	≤0.010	≥980	≥10
U76MnC$_r$	0.72 ~ 0.82	0.10 ~ 0.50	0.80 ~ 1.10	≤0.025	≤0.025	≤0.25 ~ 0.40	—	≤0.010	≥980	≥9

钢轨钢还应进行落锤试验（评定冲击韧性），要求试样经打击一次后，两支点间不得有断裂现象。轧制后的钢轨应尽量避免弯曲，钢轨均匀弯曲不得超过钢轨全长的 0.5%。钢轨表面不得有裂纹、线纹、折叠、横向划痕及缩孔残余、分层等缺陷。钢轨截断时，应采用锯切工艺，以避免钢轨断面出现微裂纹。

钢轨的类型以每米的质量表示，我国铁路钢轨主要有 75 kg/m、60 kg/m、50 kg/m 和 43 kg/m 四种规格。标准轨定尺长度为 12.5 m、25 m、50 m 和 100 m 四种。随着重载高速线路的迅速发展，钢轨需要重型化。我国已经大量使用 60 kg/m 钢轨，在重载线路上逐步铺设 75 kg/m 钢轨。目前世界上最重的钢轨已达到 77.5 kg/m，而且对钢轨的性能和质量要求越来越高。单一的通过对碳素钢钢轨增加含碳量或热处理的方法来提高钢轨的综合性能，已很难满足使用上的要求。近年来，采取了钢轨合金化、热处理和控制轧制等综合措施，研制发展新一代的合金钢钢轨，取得了较好的效果。如攀钢生产的 U75V 高碳微钒轨，抗拉强度在 1 000 MPa 以上。U75V 全长淬火轨抗拉强度达到 1 300 MPa，且综合性能好，可以延长使用寿命 50% 以上，已在我国铁道工程中应用。

第七节　建筑钢材的锈蚀与防锈、防火

处于大气、雨水中的钢铁结构物，受到周围介质的化学或电化学作用，逐渐遭到破坏的现象称为锈蚀。钢铁生锈是锈蚀最常见的例子，由于钢材的锈蚀所造成的经济损失是很严重的。随着钢材的使用量逐年增加，如何防止锈蚀，减少损失，是一个很值得研究的课题。

一、钢材的锈蚀

1. 钢材锈蚀的类型

根据锈蚀作用原理，钢材的锈蚀可分为化学锈蚀和电化学锈蚀。

（1）化学锈蚀。指钢材直接与周围介质发生化学反应而产生的锈蚀。如经过氧化作用，可在钢铁表面形成疏松的氧化物。在温度和湿度较高的条件下，这种锈蚀进行得很快。

（2）电化学锈蚀。指钢与电解质溶液接触后，由于形成许多微电池，进而产生电化学作用，引起锈蚀。这种锈蚀比化学锈蚀进行得更快。

通常所说钢铁在大气中的锈蚀，实际上是化学锈蚀和电化学锈蚀两者的综合，其中以电化学锈蚀为主。由于受到锈蚀，在钢材表面形成疏松的氧化铁和氢氧化铁，使钢结构截面面积减小，钢筋与混凝土之间的黏结力和结构的承载力降低。

影响钢材锈蚀的主要因素是环境湿度和周围介质的成分，同时也与钢材本身的化学成分、表面状况有关。大量实践证明，处于潮湿环境中或当大气中有较多的酸、碱、盐离子时，钢材容易发生锈蚀现象；有害杂质含量较高的钢材容易锈蚀；沸腾钢比镇静钢、转炉钢比平炉钢容易被锈蚀。

2. 防止钢材锈蚀的措施

（1）合金法。在碳素钢中加入所需的合金元素，制成抗腐蚀性能较好的合金钢。例如，不锈耐酸钢（即不锈钢）就是在钢中加入铬元素（还可加入钛、钼、镍等合金元素）的合金钢；在钢轨中加入 0.1% ~ 0.15% 铜，制成含铜钢轨，可以显著提高钢材的抗锈蚀能力。

（2）金属覆盖。用电镀或喷镀的方法，将其他耐锈蚀金属覆盖在钢材表面，以提高其抗锈蚀能力，如镀锌、镀锡、镀铬、镀银等。这种方法适用于小尺寸的构件；对于大尺寸的构件，则不易施工。

近年发展起来的喷锌技术也可应用于钢桥的涂装。将锌丝热熔后，用高压空气将其喷吹到钢构件的表面上形成覆盖层，以增强钢材的防锈蚀能力，效果比较显著。

（3）油漆覆盖。油漆覆盖是最常用的一种方法，简单易行，比较经济，但耐久性差，需要经常翻修。

① 底漆。先在钢材表面打底。要求底漆对钢材的吸附力要大，并且漆膜致密，能隔离水蒸气、氧气等，使之不易渗入。底漆内掺有防锈颜料，如红丹、锌粉、铬黄、锌黄等。常用的底漆有红丹防锈底漆、云母氧化铁酚醛底漆、云铁聚氨酯底漆、环氧富锌底漆等。

② 面漆。面漆是防止钢材锈蚀的第一道防线，对底漆起着保护作用。面漆应该具有耐候性好，光敏感性弱，耐湿、耐热性好，不易粉化和龟裂等性能。常用的面漆有铝锌醇酸面漆、云母氧化铁醇酸面漆、云铁氯化橡胶面漆等。

值得一提的是，在大型桥梁结构维修加固中常采用体外预应力体系，由此出现了环氧钢绞线成品索和相应的锚夹具，这些都是钢材产品防止锈蚀的较好技术措施。

二、混凝土用钢筋的防锈

在正常的混凝土中，其 pH 约为 12，这时在钢材表面能形成碱性氧化膜（钝化膜），对钢筋起保护作用。如果混凝土碳化后，由于碱度降低，会失去对钢筋的保护作用。此外，混凝土中氯离子达到一定浓度，也会严重破坏钢筋表面的钝化膜。

在我国高速铁路建设中，要求结构物使用年限达 100 年之久。为防止钢筋锈蚀，应限制原材料中氯的含量，保证混凝土的密实度以及钢筋外侧混凝土保护层的厚度。此外，采用环氧树脂涂层钢筋或镀锌钢筋也是一种有效的防锈措施。

三、钢材的防火

钢是不燃性材料，但这并不表明钢材能够抵抗火灾。耐火试验与火灾案例调查表明：以失去支持能力为标准，无保护层时钢柱和钢屋架的耐火极限只有 0.25 h，而裸露钢材的耐火极限仅为 0.15 h。温度在 200 °C 以内，可以认为钢材的性能基本不变；超过 300 °C 以后，其弹性模量、屈服强度和极限抗拉强度均开始显著下降，应变急剧增大；到达 600 °C 时便失去承载能力。所以，没有防火保护层的钢结构是不耐火的。

钢结构防火保护的基本原理是采用绝热或吸热材料，阻隔火焰和热量，推迟钢结构的升温速率。防火方法以包覆法为主，即以防火涂料、不燃性板材或混凝土和砂浆将钢构件包裹起来。

1. 防火涂料

防火涂料按受热时的变化分为膨胀型（薄型）和非膨胀型（厚型）两种。

膨胀型防火涂料的涂层厚度一般为 2 ~ 7 mm，其附着力较强，有一定的装饰效果。由于其内含膨胀组分，遇火后会膨胀增厚 5 ~ 10 倍，形成多孔结构，从而起到良好的隔热防火作用。根据涂层厚度，可使构件的耐火极限达到 0.5 ~ 1.5 h。

非膨胀型防火涂料的涂层厚度一般为 8 ~ 50 mm，呈粒状面，密度小、强度低，喷涂后需再用装饰面层隔护，耐火极限可达 0.5 ~ 3.0 h。为使防火涂料牢固地包裹钢构件，可在涂层内埋设钢丝网，并使钢丝网与钢构件表面的净距离保持在 6 mm 左右。

2. 不燃性板材

常用的不燃性板材有石膏板、硅酸钙板、蛭石板、珍珠岩板、矿棉板、岩棉板等，可通过黏结剂或钢钉、钢箍等固定在钢构件上。

复习思考题

1. 何谓铁和钢？它们在化学成分和性能上有何区别？

2. 何谓钢的脱氧？按脱氧程度，钢分为哪几类？各用什么代号表示？性能上有何区别？

3. 低碳钢受拉时的应力-应变图可分为哪几个阶段？

4. 何谓钢材的屈服？什么是钢材的屈服强度？有何实用意义？屈服强度和抗拉强度如何计算？$R_{p0.2}$ 表示什么？

5. 钢材的塑性用什么表示？如何计算？δ_5 和 δ_{10} 各表示什么？

6. 用一根直径为 16 mm 的钢筋作拉伸试验，屈服荷载为 73.3 kN，最大荷载为 104.5 kN，试件原标距为 80 mm，拉断后标距为 94 mm。试计算此钢筋的屈服强度、抗拉强度和伸长率，并判断钢筋所属级别。

7. 何谓钢材的冲击韧性？如何表示？何谓钢材的冷脆？

8. 何谓钢材的疲劳强度？

9. 何谓钢材的冷弯性能？如何评判钢材的冷弯性能合格？

10. 结构用钢材必须满足哪些技术指标的要求？在什么情况下还需考虑钢材的冲击韧性和疲劳强度？

11. C、Mn、Si、V、Ti、S、P 等化学元素对钢材性能有何影响？

12. 何谓钢材的冷加工和时效处理？有哪些冷加工方法？钢材经冷加工和时效处理后其性能有何变化？

13. 碳素结构钢的钢号是如何划分、如何表示的？钢材的性能与其钢号有何关系？为什么 Q235 号钢在建筑工程中得到广泛应用？

14. 何谓低合金高强度结构钢？其钢号如何表示？低合金高强度结构钢与碳素结构钢相比有何优点？它适用于哪些结构？

15. 说明下列钢号的含义：Q235-BZ、Q390、Q215-AF。

16. 热轧钢筋分几个等级？各级钢筋有什么特性和用途？

17. 何谓热处理钢筋、冷轧带肋钢筋、预应力混凝土用钢丝和钢绞线？它们各有哪些特性和用途？

18. 对铁路桥梁用钢有哪些要求？常用哪些钢号？

19. 对铁路钢轨用钢有哪些要求？常用哪些钢号？

20. 钢材锈蚀的类型有哪些？如何防止钢材的锈蚀？

第七章　土的工程性质

土是一种天然的地质材料且广泛分布于地壳表面，随其形成过程和自然环境的不同，其成分、结构和性质千变万化，工程性质也千差万别。因此，在进行工程建设时，必须结合土的实际性质进行设计和施工，否则，会影响工程的经济合理性与安全性。

土是地壳表层的物质，在长期风化、搬运、磨蚀、沉积作用的过程中，形成大小不等、未经胶结的一切松散物质。土的总体特征是颗粒与颗粒之间的连接强度较土粒本身强度低，甚至没有连接性。根据土粒之间有无连接性，大致可将土分为砂类土（砾石、砂）和黏性土两大类。

土从外观颜色看是较为复杂的，但以黑、红、白为基本色调。颜色是土颗粒成分的直接反映，黑色是由于所含的有机物的腐化染色而成的，白色常来自石英和高岭石，红色主要由高价氧化铁染色而成。土的颜色随土的成因环境的不同，呈现出多种多样的颜色。

第一节　土的三相组成

土由固体土粒、液态水和气体三相组成。土中的固体矿物构成土的骨架，骨架之间贯穿着大量孔隙，孔隙中充填着液态水和气体。

随着环境的变化，土的三相比例也发生相应的变化，土体三相比例不同，土的状态和工程性质也随之各异。例如：

固体 + 气相（液相 = 0）为干土时，黏土呈干硬状态；砂土呈松散状态。

固相 + 液相 + 气相为湿土时，黏土多为可塑状态；砂土具有一定的连接性。

固相 + 液相（气相 = 0）为饱和土时，黏土多为流塑状态；砂土仍呈松散状态，但遇强烈地震时可能产生液化，使工程结构物遭到破坏。

由此可见，研究土的各项工程性质，首先需从组成土的三相（固相、液相、气相）开始研究。

一、土中固体颗粒

1．土的矿物组成

土中固体颗粒是土的三相组成中的主体，主要由矿物组成。不同的矿物成分，对土的物理性质有着不同的影响。组成土的矿物质主要有原生矿物和次生矿物。

（1）原生矿物。是直接由岩石经物理风化作用而来的，性质未发生改变的矿物，最主要的是石英，其次是长石、云母等。这类矿物的化学性质稳定，具有较强的抗水和抗风化能力，亲水性差。

（2）次生矿物。主要是在通常温度和压力条件下，矿物经受风化变异，或分解而形成的新矿物。这类矿物比较复杂，对土的物理性质影响较大。次生矿物可分为可溶性和不溶性。

可溶性次生矿物是由原生矿物遭受化学、风化，可溶性物质被水溶解，在别的地方又重新沉淀而成的。根据其溶解的难易程度又可分为易溶的、中溶的和难溶的三类。不溶性次生矿物多系风化残余物及新生成的黏土矿物质，一般颗粒非常细小，因而成为黏性土的主要组成部分。

除上述矿物质外，土中还常含有生物作用形成的腐殖质、泥炭和生物残骸，统称为有机质土。其颗粒很细小，具有很大的比表面积，对土的工程性质影响也很大。

2. 土的颗粒形状

土的颗粒形状对土的密度和稳定性有着显著的影响。大部分粉砂粒土是浑圆的或棱角状的，而云母颗粒往往是片状的，黏土颗粒则往往是薄片状的。土的形状取决于土的矿物成分，它反映土的来源和地质历史。

在描述土粒的形状时，我们常用两个指标：浑圆度和球度。

（1）浑圆度。浑圆度反映土粒尖角的尖锐程度。

$$浑圆度=\sum_{i=I}^{N}\left(\frac{r_i}{R}\right)/N \tag{7.1}$$

式中 r_i——土颗粒突出角的半径；

R——土颗粒的内接圆半径；

N——土颗粒尖角的数量。

（2）球度。

$$球度=\frac{D_\mathrm{d}}{D_\mathrm{c}} \tag{7.2}$$

式中 D_d——在扁平面上与土粒投影面积相等的圆的半径；

D_c——最小外接圆半径。

球度是反映土粒接近圆球的程度，球度为 1，即为圆球体。

除了上述两个指标外，也可以用体积系数和形状系数来描述土粒的形状。

（3）体积系数 VC。

$$VC=\frac{6V}{\pi d_\mathrm{m}^3} \tag{7.3}$$

式中 V——土粒体积；

d_m——土粒的最大直径。

VC 越小，土粒离圆体越远。圆球体 $VC=1$，立方体 $VC=0.37$，棱角体土粒 VC 更小。

（4）形状系数 F。

$$F=\frac{C/B}{B/A} \tag{7.4}$$

式中，A、B、C 分别为土粒的最大、中间、最小尺寸。

二、土中的水

土中的水以不同的形式和不同的状态存在，它们对土的工程性质起着不同的作用和影响。土中水按其工程地质性质分类如下：

1. 结构水

土颗粒的表面通常是带负电荷的，它吸附水溶液中的水化阳离子和一些水分子，吸附力极强。土粒表面吸附的水化阳离子和分子构成了吸附水层，也称强结合水或吸附水。

在土粒表面，阳离子浓度最大，随着距土粒表面距离增大，阳离子浓度逐渐降低，直至达到孔隙中水溶液的正常浓度为止。从土粒表面直至阳离子浓度正常为止，这个范围称为扩散层。阴离子由于与土粒表面负电荷相排斥，因此土粒表面浓度较低，而随着距土粒表面距离增大，阴离子浓度逐渐增大，最后也达到水溶液中的正常浓度。土粒表面的负电荷层和扩散层合称为双电层（见图 7.1）。土粒表面的负电荷层为双电层的内层，扩散层为双电层的外层。扩散层是由水分子、水化阳离子和阴离子所组成，形成土粒表面的弱结合水或称为薄膜水。

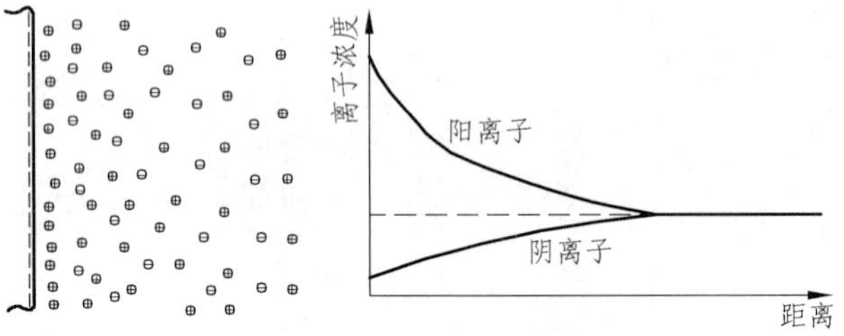

图 7.1　双电层示意图

强结合水紧靠土粒表面，厚度小于 0.03 μm，只有几个水分子厚，受到约 1 000 MPa（1 万个大气压）的静电引力，使水分子紧密而整齐地排列在土粒表面不能自由移动。强结合水的性质与普通水不同，其性质接近于固体，不传递静水压力，100 °C 不蒸发，－78 °C 低温才冻结成冰，密度 $\rho_w=1.2\sim2.4\ g/cm^3$，平均为 $2.0\ g/cm^3$，具有很大的黏滞性、弹性和抗剪强度。

当黏土只含强结合水时呈固体坚硬状态，砂土含强结合水时呈散粒状态。

弱结合水在强结合水外侧，呈薄膜状，也是由黏土表面的电分子力吸引的水分子，水分子排列也较紧密，密度 $\rho_w=1.3\sim1.7\ g/cm^3$，大于普通水。弱结合水也不传递静水压力，呈黏滞体状态，也具有较高的黏滞性和抗剪强度，冰点在 –30 ~ –20 °C。其厚度变化较大。水分子有从厚膜处向较薄处缓慢移动的能力，在其最外围有成为普通液态水的趋势。此部分水对黏性土的影响最大。

2. 自由水

此种水离土粒较远，在土粒表面的电场作用以外，水分子自由散乱地排列，主要受重力作用的控制。自由水包括下列两种：

（1）毛细水。这种水位于地下水位以上土粒细小孔隙中，是介于结合水与重力水之间的一种过渡型水，受毛细作用而上升。粉土中孔隙小，毛细水上升高。在寒冷地区要注意由毛细水而引起的路基冻胀问题，尤其要注意毛细水源源不断地将地下水上升而产生的严重冻胀。

毛细水水分子排列的紧密程度介于结合水和普通液态水之间，其冰点也在普通液态水之下。毛细水还具有极微弱的抗剪强度，在剪应力较小的情况下会立刻发生流动。

（2）重力水。这种水位于地下水位以下较粗颗粒的孔隙中，只受重力控制，是水分子不受土粒表面吸引力影响的普通液态水。受重力作用由高处向低处流动，具有浮力的作用。在重力水中能传递静水压力，并具有溶解土中可溶盐的能力。

3. 气态水

此种水是以水汽状态存在于土孔隙中。它能从气压高的空间向气压低的空间移动，并可在土粒表面凝聚并转化为其他类型的水。气态水的迁移和聚集使土中水和气体的分布状态发生变化，可使土的性质改变。

4. 固态水

此种水是当气温降至 0 °C 以下时，由液态的自由水冻结而成。由于水的密度在 4 °C 时最大，低于 0 °C 的冰，不是冷缩，反而膨胀，使基础发生冻胀。寒冷地区基础的埋置深度要考虑冻胀问题。土质学与土力学中将含有固态水的土列为四相体系的特殊土——冻土。

三、土中气体

土中气体指土固体矿物之间的孔隙中，没有被水充填的部分。土的含气量与含水量有密切关系。

土中气体的成分与大气成分比较，主要区别在于 CO_2、O_2 及 N_2 的含量不同。一般土中气体含有最多的 CO_2，较多的 N_2；含较少的 O_2，土中气体与大气的交换越困难，两者的差别就越大。

土中气体可分为自由气体和封闭气泡两类。自由气体与大气相连通，通常在土层受力压缩时即逸出，对土的工程性质影响不大；封闭气泡与大气隔绝，对土的工程性质影响较大，在受外力作用时，随着压力的增大，这种气泡可被压缩或溶解于水中，压力减小时，气泡会恢复原状或重新游离出来。若土中封闭气泡很多时，将使土的压缩性增大，渗透性降低。土质学与土力学中将这种含气体的土称为非饱和土。

第二节　土的物理性质

土的物理性质是指土的各组成部分（固相、液相和气相）的数量比例（见图 7.2）、性质、排列方式等所表现的物理状态，是土最基本的工程性质。

一、土的密度

土的密度是指土的总质量与土的总体积的比值。根据孔隙中含水的情况可将土的密度分为天然密度（ρ）、干密度（ρ_d）、饱和密度（ρ_f）。

1. 天然密度

天然密度也称湿密度，指天然状态下土的单位体积的质量，即

$$\rho=\frac{m}{V}=\frac{m_s+m_w}{V} \tag{7.5}$$

式中　ρ——土的天然密度；

m，V——土的总质量和总体积（cm^3）；

m_s，m_w——土的颗粒质量和土的水分质量（g）。

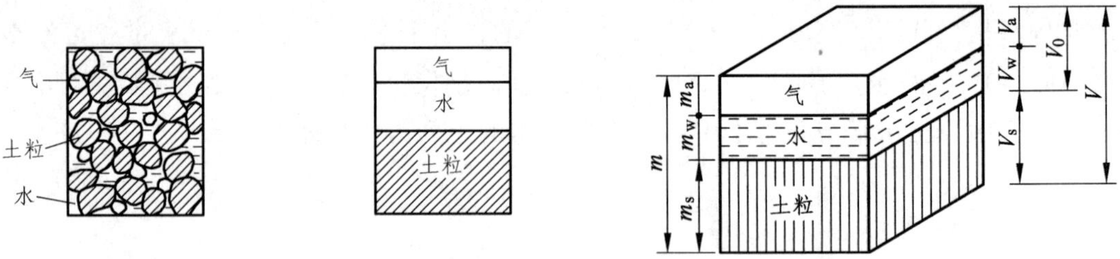

（a）实际土体　　（b）土的三相图　　（c）土的三相比例图

图 7.2　土的三相图

土的天然密度一般在 1.6 ~ 2.2 g/cm^3，通常用环刀法、灌砂法测定。

2. 干密度（ρ_d）

干密度是指干燥状态下单位体积土的质量，即土中固体土粒的质量与土的体积的比值：

$$\rho_d = \frac{m_s}{V} \tag{7.6}$$

式中　ρ_d——干密度（g/cm^3）；

其余符号意义同前。

土的干密度实际上是土中完全不含水分时的密度，它是土密度的最小值。土的干密度与土中所含土粒质量的多少有关，也就是与土结构的紧密程度有关，间接与土粒的矿物成分相关。某一土样的干密度值的大小主要取决于土的结构，因为它在这一状态下与含水量无关。因此，土的结构影响着干密度的值，干密度值越大，土越密实。所以干密度在一定程度上反映了土粒排列的紧密程度，在工程中常用它来作为压实的控制指标。

3. 饱和密度（ρ_f）

饱和密度是指土的孔隙中全被水充满的情况下单位体积的质量，即土粒的质量（m_s）及孔隙中充满的水的质量（m_s）之和与土的总体积（V）的比值：

$$\rho_f = \frac{m_s + m_w}{V} \tag{7.7}$$

$$\rho_f = \frac{m_s + v_n \rho_w}{V} \tag{7.8}$$

式中　ρ_f——土的饱和密度（g/cm^3）；

m_w——土的孔隙中充满水的质量（g）；

V_n——孔隙的体积（g/cm^3）；

ρ_w——水的密度（g/cm^3）。

其余符号意义同前。

土饱和密度的大小，与土中孔隙体积和组成土粒矿物成分及其密度有关。土中孔隙体积小，土粒密度大，土的饱和密度就大，反之则小。含有机质较多的淤泥质土，孔隙体积大，其饱和密度就小，一般只有 1.4 ~ 1.6 g/cm^3。

4. 相对密度（G_s）

相对密度指土固体物质本身的密度与水密度之比，即土在 105 ~ 110 °C 下烘至恒重时的质量与同体积 4 °C 时的蒸馏水质量的比值：

$$G_s = \frac{m_s}{m_w} = \frac{m_s}{v_s \rho_w} \tag{7.9}$$

式中　G_s——土粒的相对密度（g/cm^3）；

m_w——4 °C 时同体积蒸馏水的质量（g）。

其余符号意义同前。

土粒相对密度只与组成土粒的矿物成分有关，而与土的孔隙大小及其所含水分多少无关。随着土颗粒的矿物成分不同，其土粒相对密度也不同。砂土的颗粒相对密度较小，一般为 2.65～2.75；黏土的颗粒相对密度较大，一般为 2.75～2.80。当土中含有机质较多时，土粒相对密度减小。

二、土与水的关系

1．含水量（w）

含水量指土中所含水分的质量与干土颗粒质量的比值，用百分比表示：

$$w = \frac{m_w}{m_s} \times 100\% \tag{7.10}$$

式中　w——土的含水量（%）。

其余符号意义同前。

土的含水量越大，表明土中的水分也越多。通常用烘干法或酒精燃烧法直接测定。土中所含水分多少的不同所表现出的工程性质各不相同。

2．土的饱和含水量（w_{max}）

土的饱和含水量是假定土中的孔隙全部被水充满，达到饱和状态时的含水量，即土的孔隙充满水分的质量与干土颗粒质量的比值，用百分比表示：

$$w_{max} = \frac{V_n \rho_w}{m_s} \times 100\% \tag{7.11}$$

式中　w_{max}——土的饱和含水量（%）。

其余符号意义同前。

饱和含水量实质上就是用水的数量来表示土中孔隙体积的大小，即 $V_n = m_w$。

3．土的最佳含水量（$w_{佳}$）

土的最佳含水量是指土在标准击实试验条件下，能达到最大干密度时的含水量。一般是通过土的击实曲线得到，或利用相关物理指标导出。

4．土的饱和度（S_r）

饱和度是土中天然含水量的体积（V_w）与土的全部孔隙体积（V_n）的比值，用百分比表示：

$$S_r = \frac{V_w}{V_n} \times 100\% \tag{7.12}$$

或者，用天然含水量（W）和饱和含水量（w_{max}）的比值来表示：

$$S_r = \frac{w}{w_{max}} \times 100\% \tag{7.13}$$

式中　S_r——土的饱和度（%）。

其余符号意义同前。

饱和度是用于描述土中水充满孔隙的程度，$S_r=0$ 为完全干燥土，属二相系（固、气）；$S_r=1$ 为完全饱和土属二相系（固、液）；S_r 介于 0～1，按照天然砂性土所含水分的多少，可将砂性土划分为 3 个状态：

稍湿的　　$0 \leqslant S_r \leqslant 50\%$

很湿的　　$50\% < S_r \leqslant 80\%$

饱和的　　$80\% < S_r < 100\%$

颗粒较粗的砂性土，对含水量的变化不敏感，当含水量发生某种改变时，它的物理力学性质变化不大，所以对砂性土的物理状态可以用饱和度（S_r）来表示。但对黏性土而言，它对含水量的变化十分敏感，随着含水量增加体积膨胀，结构也发生改变。黏性土一般不用 S_r 这一指标。

三、土的孔隙性结构指标

土不是致密无隙的固体，在土颗粒间存在着较多的孔隙。土的孔隙性是指孔隙的大小、形状、数量及连通情况等特征。土的孔隙性决定于土的粒度成分和土的结构，即土粒排列的松紧程度。

1. 孔隙比（e）

孔隙比是指土中孔隙的体积（V_n）与土粒的体积（V_s）的比值：

$$e=\frac{V_n}{V_s} \tag{7.14}$$

式中　e——土的孔隙比。

其余符号意义同前。

土的孔隙比是反映结构状态的一个指标，它可用来比较土内孔隙总体大小。e 值越大，土体越松，反之紧密。土的松密程度是决定土体强度的主要指标，一般在天然状态下的土；若 $e<0.6$，可认为是工程性质良好的土；若 $e>1$，表明土中 $V_n>V_s$，是工程性质不良的土。以孔隙比 e 作为砂土密度划分标准，见表 7.1。

表 7.1　按孔隙比 e 划分砂土密实度

密实度		密实的	中密的	松散的
砂土的名称	砾砂、粗砂、中砂	$e<0.55$	$0.55 \leqslant 0.65$	$e>0.65$
	细　砂	$e<0.60$	$0.60 \leqslant 0.70$	$e>0.70$
	粉　砂	$e<0.60$	$0.60 \leqslant 0.80$	$e>0.80$

2. 孔隙度（n）

在天然状态下，土中的孔隙体积与整个土体积的比值，称为孔隙度或孔隙率，用百分比表示：

$$n = \frac{V_n}{V} \times 100\% \tag{7.15}$$

孔隙率与孔隙比之间存在着下述换算关系：

$$n = \frac{e}{1+e} \tag{7.16}$$

具有单粒结构的土，由于颗粒排列松紧不同，孔隙度也有变化：排列紧密的孔隙度小，排列松散的孔隙度大。粒度成分对孔隙度也有很大的影响，不均粒土的孔隙度要小于均粒土的孔隙度。

具有絮状结构的黏性土，单个孔隙很小，但数量很多。水在其中为结合水，所以黏性土的孔隙度可以大于 50%，即 $V_s < 50\%$。

n 与 e 都是反映孔隙性的指标，但在应用上有所不同。凡是用于与整个土的体积有关的测试时，一般用 n 较为方便；但若要对比一种土的变化状态时，则用 e 较为准确。由于 V_s 是不变的，可视为定值，土在荷载作用下引起变化的是 V_n，而 e 的变化直接与 n 的变化成正比，所以 e 能更明显地反映孔隙体积的变化。在工程设计和计算中常用 e 这一指标。

3．砂类土的相对密实度（D_r）

相对密实度是反映砂类土在天然状态下松密程度的指标，数值上它等于砂土在最疏松状态和天然状态下孔隙比之差与最疏松状态和最密实状态下孔隙比之差的比值，即

$$D_r = \frac{e_{max} - e}{e_{max} - e_{min}} \tag{7.17}$$

式中 D_r——相对密实度；

e——土的天然孔隙比；

e_{min}——最密实状态的孔隙比；

e_{max}——最疏松状态的孔隙比。

上式也等价为

$$D_r = \frac{(\rho_d - \rho_{dmin})\rho_{dmax}}{(\rho_{dmax} - \rho_{dmin})\rho_d} \tag{7.18}$$

式中 D_r——相对密实度；

ρ_d——土的干密度；

$\rho_{d\,min}$——最疏松状态土的干密度；

ρ_{dmax}——最密实状态土的干密度。

相对密实度可以用来判断砂性土的密实状态及其是否有压密的可能性。当 $D_r = 1$ 时，土体为密实的；$D_r = 0$ 时，土为最疏松状态，在外力作用下，土体的压缩性很大。按 D_r 的大小，砂性土可分为 4 种状态，见表 7.2。

表 7.2 的分级办法具有一定的意义，是合理的。但由于目前对 e_{max} 和 e_{min} 尚难准确测定，加之要取得原状土的土样也十分困难，故对砂土 D_r 值所测定的误差比较大。故在实际工程中，常利用标准贯入试验法或静力触探试验法，在现场测定其近似值，作为 D_r 分级的参考依据。

表 7.2　砂土密实度划分

分　级		相对密实度 D_r	标准贯入平均击数（N/63.5 kg）
密　度		$D_r \geqslant 0.67$	30 ~ 50
中　密		$0.67 > D_r > 0.33$	10 ~ 29
松　散	稍　松	$0.33 \geqslant D_r \geqslant 0.20$	5 ~ 9
	极　松	$D_r < 0.20$	< 5

土的干密度、孔隙比、孔隙度三者换算关系见表 7.3。

表 7.3　三相指标的换算关系

指标名称	换算公式	指标名称	换算公式
干密度（ρ_d）	$\rho_d = \dfrac{\rho}{1+w}$	饱和密度（ρ_f）	$\rho_f = \dfrac{\rho(\rho_s - 1)}{\rho_s(1+w)} + 1$
孔隙比（e）	$e = \dfrac{\rho_s(1+w)}{\rho}$	饱和度（s_r）	$s_r = \dfrac{\rho_s \cdot \rho \cdot w}{\rho_s(1+w) - \rho}$
孔隙度（n）	$n = 1 - \dfrac{\rho}{\rho_s(1-w)}$		

四、土的物理性质指标间的相互关系

前面介绍的土的物理性质指标实际上是土的固相、液相和气相在质量和体积方面不同组合上所构成的不同比值，即三者之间的质量与质量、质量与体积、体积与体积相互组成不同性质的指标。在工程地质检测中，只有准确地掌握了这些概念，才能正确地评价土质。

为了进一步了解各指标的内容及其相互关系，现将上述各项指标定义、指标来源及对指标的实际应用等方面，归纳为“土的物理性质主要指标一览表”，供对照参考，见表 7.4。

表 7.4　土的物理性质主要指标一览表

指标名称	表达式	参考数值	指标来源	实际应用
相对密度 G_s（比重）	$G_s = \dfrac{m_s}{v_s \rho_w}$	2.65 ~ 2.75	由试验确定	① 换算 n、e、ρ_d； ② 工程计算
密　度 ρ / (g/cm³)	$\rho = \dfrac{m}{v}$	1.60 ~ 2.20	由试验确定	① 换算 n、e； ② 说明土的密度
干密度 ρ_d / (g/cm³)	$\rho_d = \dfrac{m_s}{v}$	1.30 ~ 2.00	$\rho_d = \dfrac{\rho}{1+w}$	① 换算 n、e； ② 粒度分析、压缩试验资料整理
饱和密度 ρ_f / (g/cm³)	$\rho_f = \dfrac{m_s + v_n \rho_w}{v}$	1.80 ~ 2.30	$\rho_f = \dfrac{\rho(G_s - 1)}{G_s(1+w)}$	—
水下密度 ρ' / (g/cm³)	$\rho' = \dfrac{m_s + v_s \rho_w}{v}$	0.8 ~ 1.30	$\rho' = \dfrac{\rho(G_s - 1)}{G_s(1+w)}$	① 计算潜水面以下地基自重应力； ② 分析人工边坡稳定

续表

指标名称	表达式	参考数值	指标来源	实际应用
天然含水量 W	$W=\dfrac{m_w}{m_s}$	$0<w<1$	由试验确定	① 换算 S_r、ρ_d、n、e; ② 计算土的稠度指标
饱和含水量 w_{max}	$w_{max}=\dfrac{v_n\rho_w}{m_s}$		$w_{max}=\dfrac{G_s(1+w)-\rho}{G_s\rho}$	—
饱和度 S_r	$S_r=\dfrac{v_w}{w_n}$	$0\sim1$	$S_r=\dfrac{G_s\rho_w}{G_s(1+w)-\rho}$	① 说明土的饱水状态; ② 砂土、黄土计算地基承载力
天然孔隙度 n	$n=\dfrac{v_n}{v}$		$n=1-\dfrac{\rho}{G_s(1+w)}$	① 计算地基承载力; ② 砂土估计密度和渗透系数; ③ 压缩试验整理资料
天然孔隙比 e	$e=\dfrac{v_n}{v_s}$		$e=\dfrac{G_s(1+w)}{\rho}-1$	① 说明土中孔隙体积; ② 换算 e 和 ρ'

土的物理性质指标的相互关系，可用三相图法换算，通过试验测得的3个基本物理指标后，就可以计算出其他指标。下面介绍换算的基本思路：

【例7.1】 一块原状土样，经试验测得天然密度 $\rho=1.67\ \text{g/cm}^3$，含水量 $W=12.9\%$，土粒相对密度 $G_s=2.67$。求孔隙比 e、孔隙率 n、饱和度 S_r。

解 给出土的三相图，如图7.3所示。

（1）以土的总体积为1，设 $V=1$（图7.4骨架）作为计算的出发点，事实上由于土的各项物理性质指标三相间量的比例关系，不是量的绝对值，取其他的量为1（如 $V_s=1$，$m_s=1$ 等）作为出发点，都可以得出同样的结果。

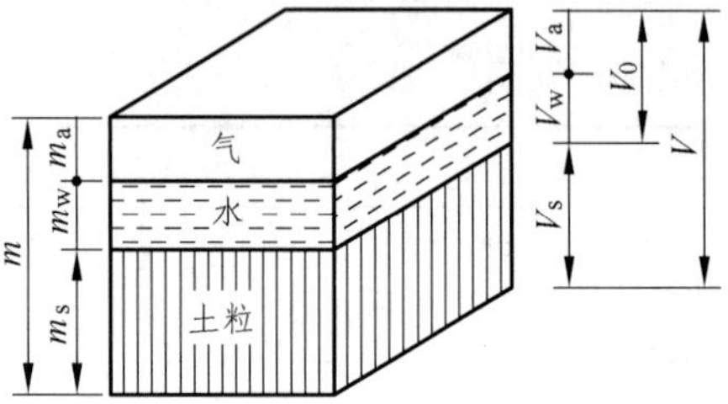

图7.3 土的三相示意图

V—土的总体积（cm）；V_n—孔隙的体积（cm）；
V_a—气体的体积（cm）；V_w—水的体积（cm）；
V_s—土粒的体积（cm）；m—土的总质量（g）；
m_a—气体的质量（g）；m_w—水的质量（g）；
m_s—土粒的质量（g）

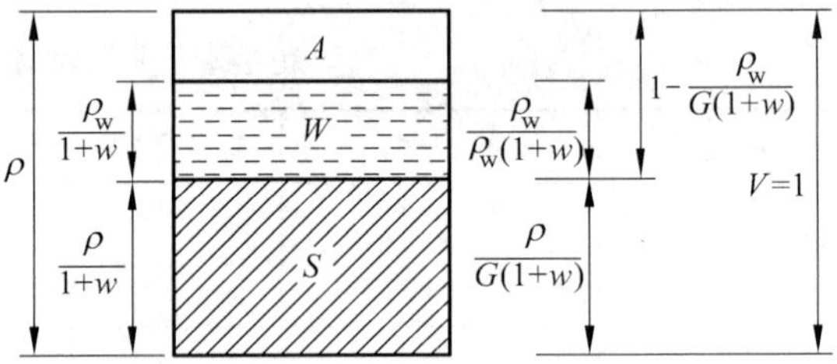

图7.4 三相图法与导出公式

（2）因为 $\rho=\dfrac{m}{V}$，所以 $m=\rho V=1.67\ \text{(g)}$

（3）因为 $w=\dfrac{m_w}{m_s}$，所以 $m_w=0.129m_s$

$m=m_s+m_w+m_a$， $m_a=0$，所以 $m=m_s+m_w$

$1.67=m_s+0.129m_s$， $m_s=1.48\ \text{g}$

（4）因为 $G_s=\dfrac{m_s}{V_s\rho_w}$，近似取 $\rho_w=1\ (\text{g/cm}^3)$，所以 $V_s=\dfrac{m_s}{G_s}=\dfrac{1.48}{2.67}=0.554\ (\text{cm}^3)$

（5）因为 m_w 与 V_w 数值上相等，所以 $m_w=V_w=0.129\times1.48=0.19$

（6）因为 $V_n+V_s=V=1$，所以 $V_n=1-0.554=0.446\ \text{cm}^3$

到此为止，三相图上所有有数据全部求出。根据各项物理性质指标的定义，可求出相应的数值：

$$e=\frac{V_n}{V_s}=\frac{0.446}{0.554}=0.81$$

$$n=\frac{V_n}{V}\times100\%=\frac{0.446}{1}\times100\%=44.6\%$$

$$S_r=\frac{V_w}{V_n}\times100\%=\frac{0.19}{0.466}\times100\%=43\%$$

如果例 7.1 在计处算时设 $M=1$ 或 $V_s=1$，其结果是否相同？请自己证明。

各项指标换算公式可见表 7.5。

【例 7.2】 某饱和砂土，已测得其含水量 $w=25\%$，颗粒相对密度 $G_s=2.60$，试求其天然密度 ρ、干密度 ρ_d 及孔隙比 e。

解 从题意知：饱和砂土 $S_r=1$，其含量为饱和含水量 $w=w_{max}=25\%$， $G_s=2.60$

用换算公式求解：

$$S_r=\frac{G_a\rho_w}{G_s(1+w)-\rho}$$

$$1=\frac{2.60\times\rho\times0.25}{2.60\times(1+0.25)-\rho}$$

$$\rho=1.97\ (\text{g/cm}^3)$$

$$\rho_d=\frac{\rho}{1+w}=\frac{1.97}{1+0.25}=1.58\ \text{g/cm}^3$$

$$e=\frac{G_s(1+w)}{\rho}-1=\frac{2.60\times(1+0.25)}{1.97}-1=0.65$$

五、土的压实

路基是公路组成的重要部分，它与路面共同承受来自行车荷载和自然因素的作用，所以要求路基具有足够的强度和稳定性。

土作为填筑路基的主要建筑材料之一，因此如何提高土基的强度与稳定性是我们研究的主要课题。在生产实践中，如未经压实的建筑土方工程，在自然因素和外荷载作用下必然产生很大的变形和破坏；而密实的土基，不但可以减少大规模的破坏，还可以显著减少路基的变形。所以提高土基的密实度是提高路基强度和稳定性的主要措施之一，同时土基的密实度变大还可以提高土基的承载能力，减小路面层的厚度，从而降低工程造价。

1. 路基压实的评定指标

土是由三相体组成的，它们具有各自的特性，相互制约，共同统一存在于的土体中，构成土体的各种物理性质—— 渗透性、黏滞性、压缩性、弹性、塑性和力学性质等。而土体中三相在体积和重量上的比例关系，既是评价土的工程性质又是影响土压实性能的重要因素。

一般说来土的干密度 ρ_d 越大，土体越密实，土体的强度和承载力越高。而提高土体的干密度则需改变土的三相组成比例，用压实机械对填土路基碾压就是改变土的三相组成比例的方法，增加单位体积内固体颗粒百分含量，减小孔隙率。即通过碾压使土体达到：

（1）通过压实使土重新排列，土粒相互靠近，单位重量增加，黏结力增大，土体强度提高。

（2）通过压实使土粒外表的水膜减至更薄，增加其内聚内，提高土体的抗剪强度。

（3）通过压实将土壤孔隙中的空气挤出，减小孔隙率，增大土的密度，提高土体的水稳定性和减少冻胀而引起的不均匀变形。

实践中常用压实度来表示土基压实的好坏。所谓压实度，是指路基土压实后的干密度与该土的标准干密度之比，并用百分比表示，即

$$K=\frac{\rho_d}{\rho_m}\times 100\% \tag{7.19}$$

式中 K ——土基压实度（%）；

ρ_d ——压实后的干密度（g/cm^3）；

ρ_m —— 最大干密度（或称标准干密度）（g/cm^3）。

例如：一种低液限黏性土，压实后经现场取样求得土的干密度 $\rho_d=1.93\ g/cm^3$，试验室求得该土的最大密度 $\rho_m=2.046\ g/cm^3$，则其压实度为

$$K=\frac{\rho_d}{\rho_m}\times 100=\frac{1.93}{2.046}\times 100=94.3\%$$

说明土在现场压实后获得的干密度，只达到最大干密度的 94.3%。

2. 标准干密度的确定方法

根据《公路土工试验规程》的规定，对细粒土、含砾土等的标准干密度（最大干密度）采用标准击实试验确定，同时亦可得出相应的最佳含水量。

击实试验是模拟现场施工条件，利用实验室标准化击实仪具，试验材料的密度和相应的含水量的关系。试验规程分轻型和重型两种击实试验方法。不同试验方法的设备和主要参数如表 7.6，各试验类型试料用量按表 7.7 准备。

表 7.6 试验方法类型

试验方法	类别	锤底直径/cm	锤重/kg	落高/cm	试筒尺寸			层数	每层击数	击实功/（kJ/m²）	最大粒径/mm
					内径/cm	高/cm	容积/cm³				
轻型Ⅰ法	1.1	5	2.5	30	10	12.7	997	3	27	598.2	20
	1.2	5	2.5	30	15.2	12	2 177	3	59	598.2	40
重型Ⅱ法	Ⅱ.1	5	4.5	45	10	12.7	997	5	27	2 687	20
	Ⅱ.2	5	4.5	45	15.2	12	2177	3	98	2 687	40

表 7.7 试料用量

使用方法	类别	试筒内径/cm	最大粒径/mm	试料用量/kg
干法、试样重复使用	a	10	5	3
		10	25	4.5
		15.2	38	6.5
干法，试样不重复使用	b	10	至 25	至少 5 个土样，每个 3
		15.2	至 38	至少 5 个土样，每个 6
湿法，试样不重复使用	c	10	至 25	至少 5 个土样，每个 3
		15.2	至 38	至少 5 个土样，每个 6

表中干法即加水法，每次按增加 2% ~ 3% 的含水量递增；湿法即对于高含水量土采用多个试样，分别风干至不同的含水量状态，亦称减水法。

配制一组不同含水量的试样（不少于 5 个，按估计的塑限为最佳含水量，其他依此相差约 2%），通过击实试验，将每个试样所得到的含水量（ w ）与干密度（ ρ_d ）绘制成击实曲线图（见图 7.5）。则曲线峰值所对应的含水量即为最佳含水量（ w_o ），对应的干密度即是最大干密度（ ρ_{dmax} ）。

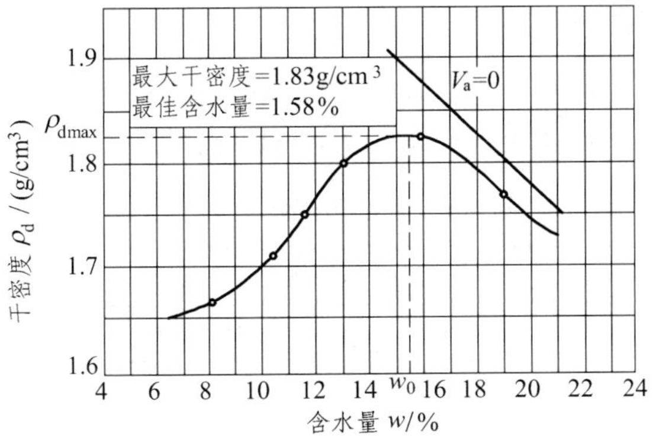

图 7.5 击实曲线

六、黏性土的界限含水量

黏性土的颗粒很细，颗粒粒径 $d < 0.002$ mm，细土粒周围形成电场，电子又为引水分子定向排列，形成黏结水膜。土粒与土中水相互作用很显著，关系密切。

黏性土随含水量不断增加，土的状态变化为：固态→半固态→塑态→液态，相应的地基承载力基本值 $f_0 > 450$ kPa 逐渐下降为 $f_0 > 45$ kPa，即承载力相差 10 倍以上。由此可见黏性土最主要的物理性质是土粒与土中水相互作用产生的稠度，即土的软硬程度或土对外力引起变形或破坏的抵抗能力。

黏性土的稠度，反映土粒之间的联结强度随着含水量高低而变化的性质。黏性土在不同的稠度时所呈现的固态、半固态、塑态、液态称为稠度状态。由于含水量的变化，黏性土可从一种稠度状态转变为另一种稠度的界限，称为稠度界限。由于稠度界限是用含水量表示的，又称界限含水量。各种不同状态之间的界限含水量具有重要的意义。

1. 液限 w_L(%)

液限又称塑性上限或液限下限，是指黏性土由可塑状态转变为流动状态时的分界含水量。

测定方法：液塑限联合测定。

2. 塑限 w_P(%)

塑限又称塑性下限，是可塑状态与半干硬状态之间的界限含水量。

测定方法：液塑限联合测定或滚搓法。

3. 塑性指数 I_P

黏性土自可塑状态起，逐渐增加含水量到滞流状态出现为止，若增加的含水量幅度大，说明该黏性土的吸水能力很强，有较大的保持塑限状态的能力，我们称这样的黏土具有高塑性；如果由可塑状态转变到滞流状态所增加的含水量很小，就称这一类黏性土为低塑性。黏性土塑性的高低，通常用塑性指数 I_P 表示，即塑性指数大的黏性土具有较高塑性，塑性指数小的黏性土具有较低塑性。在数值上，塑性指数等于液限与塑限之差。

$$I_P = w_L - w_P \tag{7.20}$$

塑性指数是反映黏性土中黏粒和胶粒含量的一个重要指标，塑性指数大的黏性土，表明土中黏粒和胶粒多。在工程地质实践中常用 I_P 值对黏性土进行分类和命名，见表 7.8。

表 7.8　土按塑性指数 I_P 分类

土的名称	砂土（无塑性土）	亚黏土（低塑性土）	亚黏土（中塑性土）	黏土（高塑性土）
塑性指数	$I_P < 1$	$1 < I_P \leqslant 10$	$10 < I_P \leqslant 17$	$I_P > 17$

4. 液性指数 I_L

土的天然含水量在一定程度上反映了土中水的多少，但天然含水量并不能说明土处于什么物理状态，因此还需要一个能够表示天然含水量与界限含水量关系的指标，即液性指数 I_L。

$$I_L = \frac{w - w_P}{I_P} = \frac{w - w_P}{w_L - w_P} \tag{7.21}$$

式中　I_L——土的液性指数；

w_L——土的液限；

w_P——土的塑限。

对于某种黏性土，其液限 w_L 和塑限 w_P 都是一个定值，土的天然含水量越大，液性指数越大，土越稀软。在工程中，为了更好地掌握天然土的稠度状态，将液性指数划分为 5 级，见表 7.9。

表 7.9　按液性指数（I_L）对土的稠度状态分级

液性指数值	$I_L \leqslant 0$	$0 < I_L \leqslant 0.25$	$0.25 < I_L \leqslant 0.75$	$0.75 < I_L \leqslant 1$	$I_L > 1$
稠度状态	干硬状态	硬塑状态	可塑状态	软塑状态	流动状态

注：该分类方法按《工业与民用建筑工程地质勘察规范》摘取。

黏性土的干、湿程度或软硬程度，可以用液性指数判断，这有助于了解天然土的物理性能。

第三节　土的颗粒级配

自然界的土中，作为组成土体骨架的土粒，大小悬殊，性质各异。工程上常把组成土的各种大小颗粒的相互比例关系，称为土的粒度成分。土的粒度成分如何，对土的一系列工程性质有着决定性的影响，因而它是工程地质研究的主要内容之一。

一、粒组的划分

土的粒度，是指土颗粒的大小，以粒径表示，通常以 mm 为单位。土粒由粗到细，粒径尺寸相差非常悬殊，为了研究方便，将一定范围大小的土粒合并成一组，将土粒由粗到细划分为若干段，每一段规定一个粒径尺寸范围，称为粒组。每个粒级的区间内，常以其粒径的上、下限给粒组命名，见表 7.10。

表 7.10　粒组划分表

粒径/mm	200	60	20	5	2	0.5	0.25	0.074	0.002
巨粒组		粗粒组						细粒组	
漂石（块石）	卵石（小块石）	砾（角砾）			砂			粉粒	黏粒
		粗	中	细	粗	中	细		

从工程地质角度看，划分原则如下：

（1）应符合量变到质变的规律。以 2 mm 粒径为土粒有无毛细水的界限；以 0.074 mm 粒径为土粒有无水联结和有无黏着力的界限；以 0.002 mm 粒径为土粒有无黏着力的界限。

（2）应与现代粒度分析水平相适应。粒径大于 0.074 mm 的土粒，可用筛析法进行颗粒分析；粒径小于 0.074 mm 的土粒，可采用静水沉降法进行颗粒分析。

（3）粒组的界限值服从数学规律，便于记忆。

二、粒度成分的分析方法

一般天然土都由若干个粒组组成，它所包含的各个粒组在土的全部质量中各自占有的比例，称为粒度成分。

组成土体的粒径是大小不同的粒集合体，土粒粒径的大小和级配与土的工程性质紧密相关。土的颗粒分析试验就是测定土的粒径大小和级配状况，为土的分类、定名和工程应用提供依据。对于粒径大于 0.074 mm 的土用筛析法直接测试，粒径小于 0.074 mm 的土用静水沉降法间接测试。

1. 筛析法

将土样通过一组标准筛，对于通过某一筛孔的土粒，可以认为其粒径恒小于该筛的孔径；反之，遗留在筛上的颗粒，可以认为其粒径恒大于该筛孔径，这样即可把土样的大小颗粒按筛孔大小逐级加以分组和分析。砂类土按颗粒级配分类见表 7.11。

表 7.11　砂类土按颗粒级配分类

土的名称	颗粒级配	土的名称	颗粒级配
砾砂	粒径 > 2 mm 的颗粒占全部土质量的 25%～50%	细砂	粒径 > 0.1 mm 的颗粒超过全部土质量的 50%
粗砂	粒径 > 0.5 mm 的颗粒占全部土质量的 50%	粉砂	粒径 > 0.5 mm 的颗粒不超过全部土质量的 50%
中砂	粒径 > 0.25 mm 的颗粒占全部土质量的 75%		

2. 沉降分析法

基本原理是 0.002～0.02 mm 粒径的土在水或液体中靠自重下沉时，应作等速运动，运动的规律符合司笃克斯定律。司笃克斯定律认为土粒越大，在静水中沉降的速度越快；反之土粒越小，沉降速度越慢。设土粒为圆球形颗粒，在无限大的水中沉降，它在重力作用下产生的稳定沉降速度为 v，则粒径与沉降速度的平方根成正比：

$$v=\frac{2}{9}R^2\frac{\rho_s-\rho_w}{\eta} \tag{7.22}$$

式中　v——球形颗粒在液体中的稳定沉降速度（m/s）

　　　R——球形颗粒的半径（m）；

ρ_s，ρ_w——颗粒及液体的密度（t/m³）；

η——液体的动力黏度（Pa·s）。

上式也可写成：

$$d=\sqrt{\frac{18\eta}{\rho_s-\rho_w}}\cdot\sqrt{v} \qquad (7.23)$$

式中　d——土粒粒径；

其余符号意义同前。

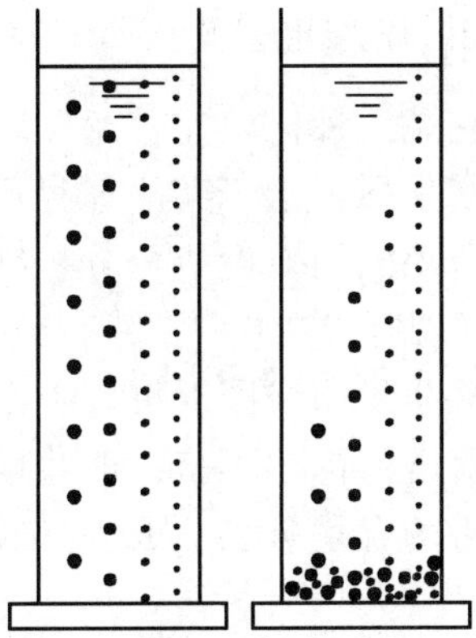

图 7.6　土粒在悬液中的沉降示意图

在进行粒度成分分析时，先把一定质量的干土制成一定体积的悬液，搅拌均匀后各种粒径的土在悬液中分布是均匀的，各种粒径在悬液中的浓度在不同深处都是相等的。静置一段时间后悬液中不同粒径的颗粒以相应的速度在水中沉降，较粗颗粒沉降较快，细颗粒沉降慢，这样悬液中各段的密度有不同程度的减小，粒度成分发生变化（见图 7.6）。利用这一基本现象可用比重计法分别测出各粒级的粒径大小。

三、粒度成分的表示方法

经过试验分析，知道了土样中各粒组的相对含量之后，就可用一定的方法将它表示出来。

1．表格法

以列表的形式直接表达各粒组的百分含量，见表 7.12。

表 7.12　土的粒度成分表格法

粒组/mm		粒度成分（以质量百分比计）		
		土样 a	土样 b	土样 c
砾　粒	10 ~ 5	—	25.0	—
	5 ~ 2	3.1	20.0	—
	2 ~ 1	6.0	12.3	—
砂　粒	1 ~ 0.5	14.4	8.0	—
	0.5 ~ 0.25	41.5	6.2	—
	0.25 ~ 0.1	26.0	4.9	8.0
	0.10 ~ 0.05	9.0	4.6	14.4
粉　粒	0.05 ~ 0.01	—	8.1	37.6
	0.01 ~ 0.005	—	4.2	11.1
黏　粒	0.005 ~ 0.002	—	5.2	18.9
	< 0.002	—	1.5	10.0

2. 累积曲线法

它是一种比较完善的图示方法。通常用半对数坐标纸绘制，以土粒粒径尺寸的常用对数作为横坐标，小于某一粒径尺寸的粒组累计相对含量的百分比为纵坐标，将经过筛分法或沉降法所得到的粒度成分分析结果，绘制在这个半对数坐标纸上，就得到了粒度成分的累积曲线图（见图 7.7）

从累积曲线图上可以看出：曲线平缓，表明土的粒度成分混杂，大小粒组都有，各粒组的相对含量都差不多；曲线坡度较陡，表明土粒比较均匀，斜率最大线段处所包括的粒组在土样中的含量最多，成为具有代表性的粒组。

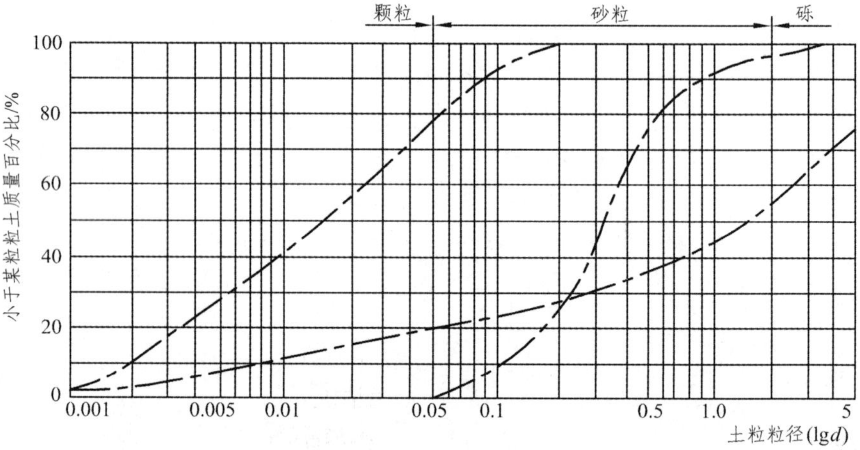

图 7.7　土颗粒成分累积曲线

（1）累积曲线的用途。

① 从累积曲线的形态及分布的粒组区间可判断土的粒度成分的级配特征。

② 利用累积曲线可以求得有关土粒的级配指标、不均匀系数 C_U 和曲率系数 C_C。

③ 通过累积曲线可以查知各粒组的相对含量，给土进行命名。

（2）土粒的级配指标。

① 不均匀系数 C_U。不均匀系数反映土粒大小不同组的分布情况，它是限定粒径 d_{60} 与有效粒径 d_{10} 的比值：

$$C_U = \frac{d_{60}}{d_{10}} \tag{7.24}$$

式中　C_U——土的不均匀系数；

d_{10}——有效粒径，在累积曲线上，累积含量为 10% 时所对应在横坐标上的粒径值（mm）；

d_{60}——限定粒径，在累积曲线上，累积含量为 60% 时所对应在横坐标上的粒径值（mm）。

不均匀系数 C_U 可反映土的粗细情况和级配情况，C_U 值越大，曲线越平缓，表明土粒大小的分布范围大，土的级配良好；C_U 值越小，曲线越陡，表明土粒大小相似，土的级配不好。一般认为 $C_U < 5$ 时，属于均匀粒土，其级配不良；$C_U \geqslant 5$ 的土为不均粒土，级配良好。在实

际工作中，仅用C_U来判别土粒级配的好坏是不够的，还必须分析曲率系数C_C。

② 曲率系数C_C：

$$C_C = \frac{(d_{30})^2}{d_{10}d_{60}} \tag{7.25}$$

式中　C_C——累积曲线的曲率系数；

d_{30}——在累积曲线上，累积含量为30%所对应在横坐标上的粒径值（mm）；

其余符号意义同前。

C_C值越高，表明土的均匀程度高；反之，均匀程度低。在工程中，常利用累积曲线法及其中的两个指标来判定土的级配优劣情况。根据工程经验，只有同时满足$C_C \geqslant 5$和$C_C = 1 \sim 3$这两个条件时，土才为级配良好的，否则为级配不良的土。

3. 三角坐标法

三角坐标法是一种图示法。利用等边三角形中任意一点至三边的垂线之和恒等于三角形之高的原理来表示粒度成分。用作图法决定三条线的交点，这个点在三角形中的位置，就表示3个粒组的相互关系。如图7.8中的m点，该点表示某土样的黏度成分中黏粒占23%、粉粒占47%和砂粒占30%。将它们的相对含量分别用h_1、h_2、h_3表示，取一个等边三角形的三边分别为黏粒、粉粒及砂粒的零线，至于对应角顶高划分为100%，按照上述作图法找出交点m，从m点至黏粒零线边的垂距为$0.23H$，即表示黏粒的含量为23%，依次m点至粉粒零线边的垂距为$0.47H$，至砂粒零线边的垂距为$0.3H$（H为100%，$H = h_1$、h_2、h_3）。

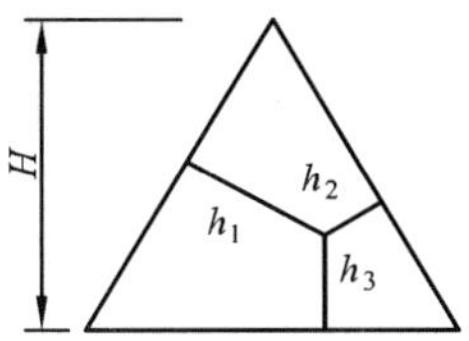

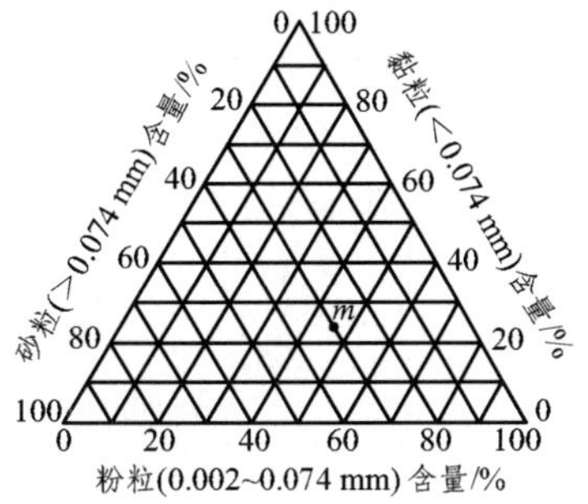

图7.8　三角坐标表示粒度成分

三角坐标法的优点很多，能在同一张坐标图上，用若干点表示若干个土样的粒度成分，供我们分析比较。三角坐标法在道路工程、水利工程中是常用的方法。

第四节　土的工程分类与野外鉴别

土是自然界地质历史的产物，它的成分、结构和性质千变万化，其工程性质也千差万别，即便是组成结构和成分很相近的土，由于沉积深度或所经历的年代不同，土的工程性质、地质性质也可能相差很大。为了便于区分、鉴别，工程上常根据土的物理力学性质进行分类或定名。

一、土的分类原则和分类方法

1. 分类原则

粗粒土按粒度成分及级配特征；细粒土按塑性指数和液限，即塑性图法；有机土和特殊土则分别单独各列为一类。对定出的土名给以明确含义的文字符号，既可一目了然，又可便于查找，还可为计算机检索土质试验资料提供条件。

因此在介绍土的工程分类方法之前，应先认识和熟悉国内外通用的表示土类名称的文字代号（见表 7.13）。

表 7.13　工程土的分类符号

土　类		巨粒土（石）	粗粒土	细粒土	有机土
特征	成　分	B—漂石 C_b—卵石	G—砾石 S—砂	F—细粒土 C—黏土 M—粉土 O—有机质土	P_t
	级配或土性		W—良好级配 P—不良级配 P_u—均匀级配 P_g—阶段级配	V—很高液限 H—高液限 I—中液限 L—低液限	—

（1）土类名称可用一个基本符号表示。

（2）当由两个基本代号构成时，第一个代号表示土的主成分，第二个代号表示副成分（的液限或土的级配）。例如：

GM	粉土质砾石
GP	不良级配砾石
ML	低液限粉土
S-M	微含粉土砂（两个字母间用短线连接，表示微含）

（3）当由三个基本代号构成时，第一个代号表示土的主成分，第二代号表示液限高低或级配的好坏，第三个代号表示土中所含次要成分。例如：

GHC	高液限含黏土砾石
CLM	粉质低液限黏土
SP-M	微含粉土不良级配的砂

2. 分类方法

土的分类方法有《公路桥涵地基与基础设计规范》和《公路土工试验规程》。本节仅介绍后者。

二、《公路土工试验规程》中土的分类

根据土类、土组和土名的次序区分，首先按相应的粒级含量超过 50% 来划分土类。对于混合土类，其中粒级含量小于 5% 为不含，5% ~ 15% 为微含，15% ~ 50% 为含量界限。对于细粒土类，按液限划分为低、中、高、很高 4 级。对已知土样应在试验室进行分类试验。用土的颗粒大小分析试验，确定各粒组的含量；用液、塑限测定仪测定土的液限、塑限，并计算出塑性指数。对土的野外鉴别，可用眼看、手摸、嗅觉对土进行概略区分，最后将土分类、命名。

1. 工程土分类的总体系

巨粒土、粗粒土、细粒土和特殊粒土的分类标准如图 7.9 所示。

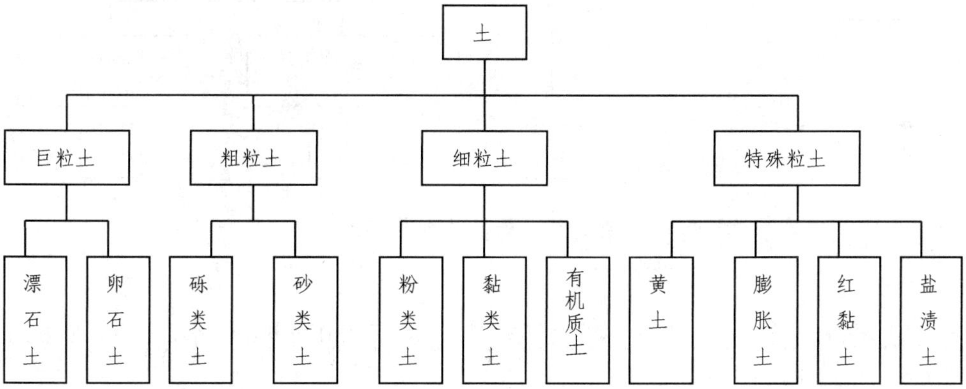

图 7.9 土分类总体系

2. 巨粒土分类

（1）试样中巨粒组质量多于总质量 50% 的土称巨粒土，分类体系见图 7.10。

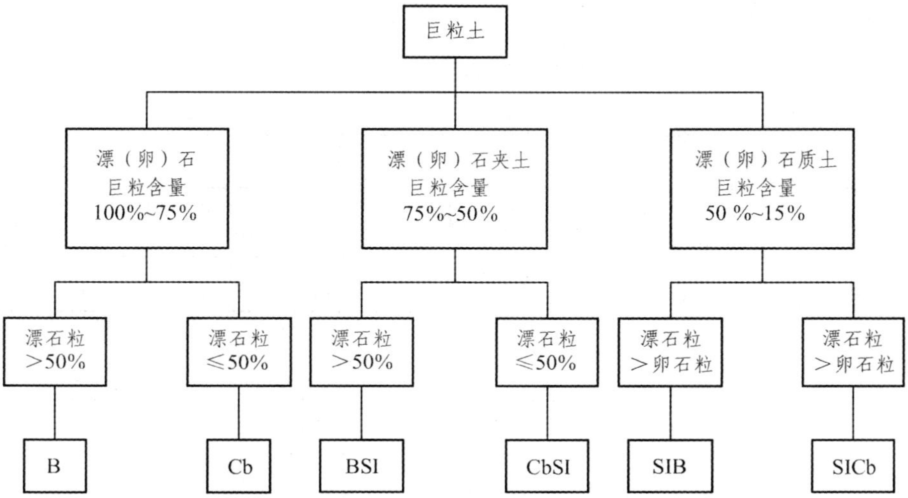

图 7.10 巨粒土分类体系

（2）巨粒土可分为两类：一类是巨粒组质量多于总量 75%的土称漂（卵）石；另一类巨粒组质量为 75%～50% 的土称漂（卵）石类土。

3. 粗粒土分类

试样中颗粒组质量大于总质量 50% 的土称为粗粒土，客观存在包括砾类土和砂类土，见图 7.11、图 7.12。

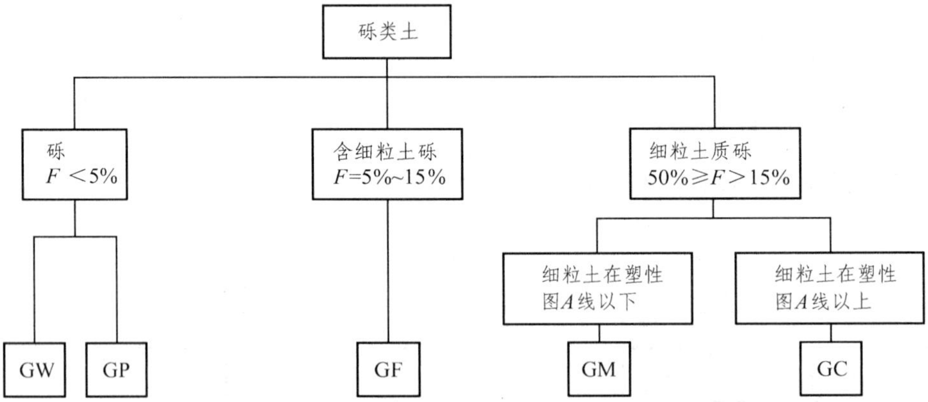

图 7.11　砾类土分类体系

注：砾类土分类体系中的砾石换成角砾，G 换成 G_a，即构成相应的角砾分类体系。

粗粒土主要以土的粒度和粒度成分划分。粒径大于 0.074 mm、小于 60 mm 的土必须占总土质量的 50% 以上。粗粒土是一种无凝聚的土，如砾类土和砂类土。凡粒径在 2～60 mm，含量在 50% 以上的土称为砾类土；粒径在 0.074～2 mm，含量在 50% 以上的土称为砂类土。如在粗粒土中含有细粒土，可按其含量的多少分含、微含、不含。粗粒土命名还应按级配状况来定土名，凡土的不均匀系数 $C_U \geqslant 5$ 且曲率系数 $C_U = 1 \sim 3$ 的粗粒称作级配良好，不能同时满足这两个条件的粗粒称作级配不良。对粗粒土中所含细粒土的性质也应进行分析，只有这样才能准确划分粗粒土类。

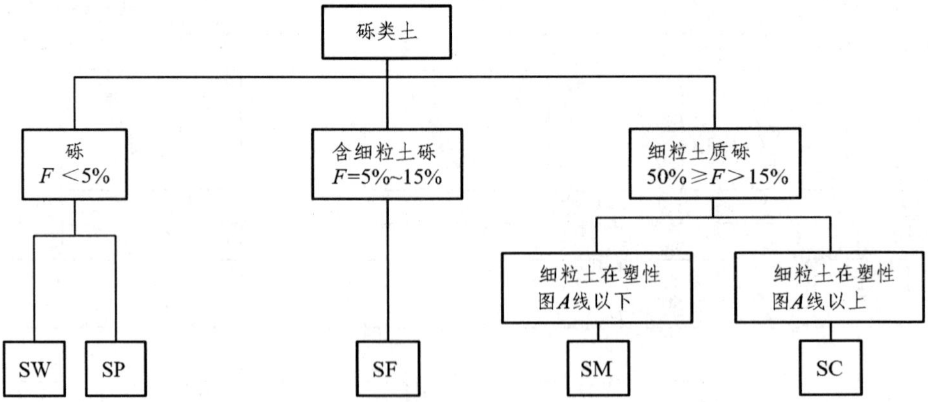

图 7.12　砂类土分类体系

注：需要时，砂可进一步细分为粗砂、中砂和细砂。

4．细粒土分类

试样中细粒组质量多于总质量 50%的土称为细粒土，主要成分是粉粒和黏粒，有时还含有有机质，见图 7.13。

在细粒土中，首先可以按粗粒土含量的多少分为含、微含、不含砾（砂）土；其次按细粒土的性质不同可分为不同液限的黏土或粉土。另外，细粒土还可按塑性图来命名、分类。

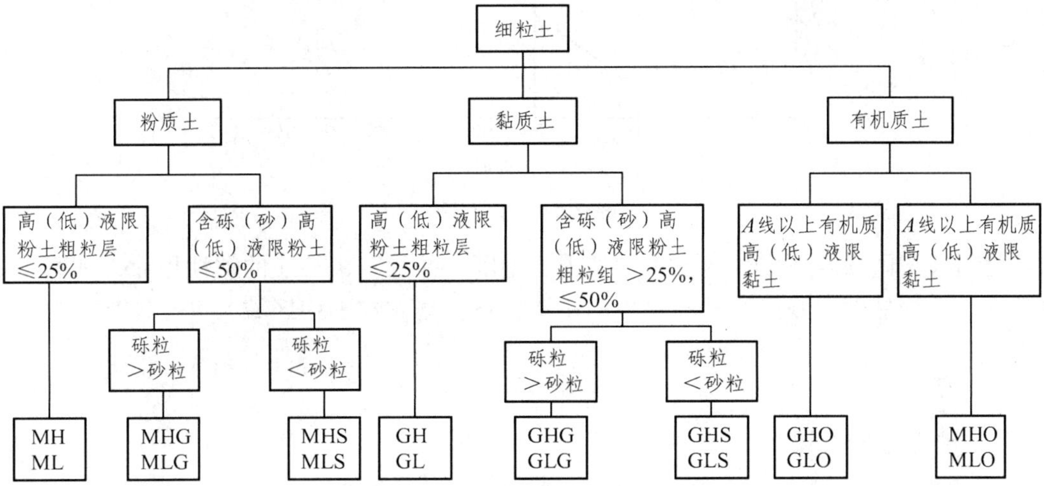

图 7.13 细粉土分类体系

土中有机质包括未完全分解的动植物残骸和完全分解的无定形物质。后者多呈黑色、青黑色或暗色，有臭味，有弹性和海绵感，借目测、手摸及嗅觉来判别。当不能判定时，可采用下列方法：将试样在 105 ~ 110 °C 的烘箱中烘烤，若烘烤 24 h 试样的液限小于烘烤前的 3/4，则该试验土为有机质土。当需要清楚有机质含量时，按有机质含量试验进行。

三、按塑性图分类

土按塑性图分类是卡萨格兰德教授（A.Casagrande）对北美大量黏土做了试验，并对其资料进行分析研究后，于 1942 年首先提出的土质分类方法。后被世界各国工程界普遍采用，并在此基础上经过多次修改和补充。虽然此种分类方法尚在完善中，但一般认为较以往国内外只单纯按塑性指数 I_P 值分类的方法要合理得多。

塑性图：在土的颗粒级配和塑性的基础上，以土的塑性指数 I_P 为纵坐标，以液限 W_L（%）为横坐标的直角坐标图式（见图 4.14）。

在图中，用几条直线将直角坐标系分割成若干区域，不同的区域代表着不同性质的土类。目前，世界各国在坐标图中对直线方程的取值的标准尚未统一，我国各部门的取值也不完全一样。

A 线方程：$I_P = 0.73(w_L - 20)$，将直角坐标图分为 C（黏土）区与 M（粉土）区。

B 线方程：$w_L = 50$（%），将坐标图按液限高低分割成两个区域，即由左至右分为：L（低液限）区、H（高液限）区。

在 L（低液限）区内，以 $I_P = 10$ 的水平线作为 C（黏性土）区与 M（粉性土）的分界线。

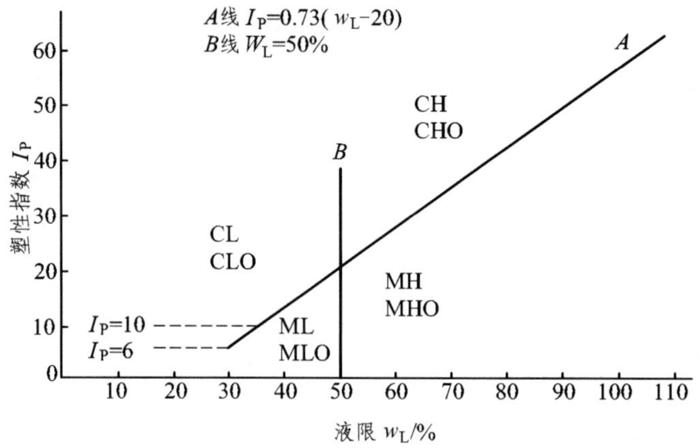

图 7.14　塑性图

凡是用液塑限联合测定仪测定土的液限、塑限，并计算出相应的塑性指数，都可以根据这些数据，在塑性图上找到土样在图中的位置；再根据它在图中区域，可查知某一土样的土类或土名。

四、土的野外鉴别

在公路路线勘测过程中，除了在沿路线按需要采集一些土样带回实验室测试其有关技术指标外，还常常要在现场用目测、手触或借助简易工具和试剂及时直观地对土的性质和状态作出初步鉴定。其目的是为选线、设计和编制工程预算，提供第一手资料。对此，要求我们要在现场勘测时做到：第一，对取样土层的宏观情况作出较详细的描述和记录，并对其土层的基本性质作出初步判别；第二，对所取土样应直观地作出肉眼鉴别描述，并定出土名，以供室内试验后定名参考。

1. 野外现场记录及鉴别简易试验方法

（1）土的现场记录。

在取土时，应宏观上对土层进行描述并作详细记录。其内容包括：

① 取样日期、地点或里程（桩号）、方向或左右位置、沉积环境。

② 土层的地质时代、成因类型和地貌特征。

③ 取样深度及层位、何级阶地、阴阳边坡。

④ 取样点距地下水位的高度和毛细水带的位置，季节和天气（晴、阴、雨、雪等）。

⑤ 取样土层的结构、构造、密实和潮湿程度或易液化程度等。

⑥ 取样土层内夹杂物含量及分布。

⑦ 取样时土的状态（原状或扰动）。

（2）土的简易鉴别方法。

土的简易鉴别方法是用目测法代替筛分法确定土的颗粒组成及特征，用干强度、手捻、韧性和摇振反应等定性方法代替用液限仪测定细粒土的塑性。

① 手搓试验。将含水量略大于塑限的湿土块在手中揉捏均匀，再在手掌上搓成土条，根

据土条不断裂而能达到的最小直径可区分为：能搓成$\phi>3.0$ mm土条即断裂者为塑性低，能搓成$\phi=1\sim3.0$ mm土条而不断的为塑性中等，$\phi<1.0$ mm土条为塑性高。

② 手捻试验。将稍湿或硬塑的小土块在手中揉捏，然后用拇指和食指将土捻成片状，根据手感和土片光滑度可分为：手感滑腻、无砂、捻面光滑者为塑性高；稍有滑腻、有砂类、捻面稍有光泽者为塑性中等；稍有黏性、砂感强、捻面粗糙者为塑性低。

③ 干强度试验。对于风干的土块，根据手指捏碎或掰断时用力的大小，可分为：很难或用力才能捏碎或掰断者为干强度高，稍用力即可捏碎或掰断者为干强度中等，易于捏碎或捻成粉末者为干强度低。

当土中含有高强度水胶结物质或碳酸钙时（如黄土），将使其具有较高的干强度，因此需辅以稀盐酸反应来鉴别。方法是用2∶1（水：浓盐酸）的稀盐酸滴在土块上，泡沫很多，且持续时间较长，表示含多量碳酸盐，如无泡沫出现，表示不含碳酸盐。

④ 韧性试验。将含水量略大于塑限的湿土块在手中揉捏均匀，在手掌上搓成$\phi=3.0$ mm左右的土条，再揉成团。根据难易程度将土区分为：能搓成土团，再成条，捏而不碎者为韧性高；可揉成团，捏而碎者为韧性中等；勉强或不能揉成团，稍捏或不捏即碎者为韧性低。

⑤ 摇振试验。将软塑至流动的小土块，团成小球状放在手上反复摇晃，并用另一手击振该手掌，土中自由水析出土球表面，呈现光泽；用两根手指捏土球，放松后又被吸入，光泽消失。根据水分析出和消失的快慢，可区分为：反应快，水分析出和消失迅速；反应中等，水分析出和消失中等；无反应，土球于击振后无析水现象。

⑥ 盐渍土的简单定性试验。取土数克，捏碎，放入试管中，加水10余毫升，用手堵住管口，摇荡数分钟后过滤，取滤液少许，分别放入另外几个试管中。用下列方法鉴定溶盐的种类：

a. 在试管中滴入1∶1的水：浓硝酸（HNO_3）和10%硝酸银（$AgNO_3$）溶液各数滴，如有白色沉淀（AgCl）出现时，则土中有氯化物盐类存在。

b. 在试管中加入1∶1的水：浓盐酸（HCl）和10%氯化钡（$BaCl_2$）溶液各数滴，如有白色沉淀（$BaSO_4$）出现时，则土中有硫酸盐类存在。

c. 在试管中加入酚酞指示剂2～3滴，如呈现樱桃红色，则土样中碳酸盐类存在。

2. 野外对土的基本描述和鉴别

（1）对土的基本描述。

在野外用肉眼鉴别土时，要针对不同土类所规定的内容进行描述，见表7.14。

表7.14　土的野外描述

土的分类	描述内容
碎石类土	名称、颜色、颗粒成分、颗粒风化程度、磨圆度、充填物成分、性质及含量、密实程度、潮湿程度
砂类土	名称、颜色、结构及构造、颗粒成分、粒径组成、颗粒形状、密实程度、潮湿程度
黏性土	名称、结构及构造、夹杂物性质及含量、密实程度、潮湿程度

（2）土的野外鉴别。

① 碎石类土和砂类土野外鉴别，见表 7.15。

表 7.15　碎石类及砂类土野外鉴别

鉴别方法	大块碎石类土		砂类土				
	卵（碎）石土	圆（角）砾石土	砾　砂	粗　砂	中　砂	细　砂	粉　砂
颗粒粗细	一半以上颗粒接近和超过蚕豆粒大	一半以上颗粒接近和超过小高粱大小	约有一半以上颗粒接近和超过小高粱粒大小	约有一半以上颗粒接近和超过细小米粒大小	约有一半以上颗粒接近和超过鸡冠花子粒大小	颗粒粗细程度较精制食盐稍粗，与粗玉米粉近似	颗粒粗细程度较精制食盐稍细，与小米粉近似
干燥时状况	颗粒完全分散	颗粒完全分散	颗粒完全分散	颗粒完全分散，有个别胶结	颗粒基本分散，有局部胶结（胶结部分一碰即散）	颗粒大部分散少量胶结（胶结部分稍加碰撞即散）	颗粒少部分分散，大部分胶结（稍加压力亦可分散）
湿润时用手拍击	表面无变化	表面无变化	表面无变化	表面无变化	表面偶有水印	表面有水印	表面有显著水印
黏着感	无黏着感	无黏着感	无黏着感	无黏着感	无黏着感	偶有轻微黏着感	有轻微黏着感

注：所列分类标准适用于纯净的砂、卵石。

② 碎石类土密实程度鉴别，见表 7.16。

表 7.16　碎石类土密实程度鉴别

密实程度	骨架和充填物	天然陡坡和开挖情况	钻探情况
密　实	骨架颗粒交错紧贴，孔隙填满，充填物密实	天然陡坡较稳定，坎下物较少；镐挖掘困难，用撬棍方能松动，坑壁稳定，从坑壁取出大颗粒处，能保持凹面形状	钻进困难，冲击钻探时，钻杆、吊锤跳动剧烈，孔壁较稳定
中　密	骨架颗粒疏密不均，部分不连续，孔隙填满，充填物中密	天然陡坡不易陡立，或陡坎下堆积物较多，但大于粗颗粒安息角； 镐可以挖掘，坑壁有掉块现象，从坑壁取出大颗粒处，砂类土不易保持凹面形状	钻进较难，冲击钻探时，钻杆、吊锤跳动不剧烈，孔壁有坍塌现象
松　散	多数骨架颗粒不接触，而被充填物包裹，充填物松散	不能形成陡坎，天然坡接近于粗颗粒的安息角； 锹可以挖掘，坑壁易坍塌，从坑壁取出大颗粒后，砂类土即塌落	钻进较容易，冲击钻探时，钻杆稍有跳动，孔壁易坍塌

③ 砂类土潮湿程度野外鉴别，见表 7.17。

表 7.17　砂类土潮湿程度野外鉴别

潮湿程度	稍　湿	潮湿	饱和
试验指标	$S_r \leqslant 0.5$	$0.5 < S_r \leqslant 0.8$	$S_r > 0.8$
感性鉴定	呈松散状，手摸时感到潮	可以勉强握成团	空隙中的水可自由渗出

④ 黏性土的野外鉴别，见表 7.18。

表 7.18　黏性土的野外鉴别

土　类	用手搓捻时的感觉	用放大镜及肉眼观察搓碎的土	干时土的状况	潮湿时将土搓捻的情况	潮湿时用小刀削切的情况	潮湿土的情况	其他特征
黏　土	极细的均匀土块很难用手捏碎	均质细粉末看不见砂粒	坚硬、用锤能打碎，碎块不会散落	很容易搓成细于 0.5 mm 的长条，易滚成小球	光滑表面，土面上看不见砂粒	黏塑的、滑腻的、粘连的	干时光泽，有细狭条纹
亚黏土	没有均质的感觉，感到有砂粒，土块容被压碎	从它的细粉末可以清楚看到砂粒	用锤击和手压土块容易碎开	能搓成比黏土较粗的短土条，能滚成小球	可以感觉到有砂粒存在	塑性的弱黏结性	干时光泽暗沉，条纹较黏土粗而宽
粉质亚黏土	砂粒的感觉少，土块容易压碎	砂粒很少，可见很多细粉粒	用锤击和手压土块容易碎开	不能搓成很长的土条，搓成的土条容易破裂	土面粗糙	塑性的弱黏结性	干时光泽暗淡，条纹粗而宽
亚砂土	土质不均匀，能清楚地感觉到砂粒的存在，稍用力土块即被压碎	砂粒多于黏粒	土块容易散开，用手压或用铲子铲起丢掷土块，土块易散落成大屑	几乎不能搓成土条，滚成的土球容易开裂和散落	—	无塑性	—
黏　土	有干面似的感觉	砂粒少，粉粒多	—	不能搓成土球和土条	—	成流体状	—

⑤ 黏性土潮湿程度野外鉴别，见表 7.19。

表 7.19　黏性土潮湿程度野外鉴别

试验指标		$I_L < 0$	$0 \leqslant I_L < 1$	$I_L \geqslant 1$
潮湿程度		半干硬状态	可塑状态	流塑状态
名称	黏砂土	扰动后不易握成团，一摇即散	扰动后能握成团，手摇时土表稍出水，手中有湿印，用手捏之水即吸回	手摇有水流出，土体塌流成扁圆形
	砂黏土	扰动后一般不能捏成饼，易成碎块和粉末	扰动后能捏成饼，手摇数次不见水，但有时可稍见	扰动后手摇表层出水，手上有明显湿印
	黏　土	扰动后能捏成饼，边上多裂纹	扰动后，两手相压土成饼状，黏于手掌，揭掉后掌中有湿痕	扰动后手捏有明显湿痕，并有土黏于手上

复习思考题

1. 什么是土的三相体系？土的相系组成对土的状态和性质有何影响？

2. 什么叫粒度成分和粒度分析？简述筛分法和沉降分析法的基本原理。

3. 为什么要对土进行工程分类？工程分类的原则是什么？有哪些分类方案？

4. 说出下面分类符号的具体名称：GM、ML、MHO、CLO。

5. 简述在野外对土样的可塑性状态、潮湿程度、干强度等性质的简易鉴别方法。

6. 试比较土中各种水的特征。

7. 试比较表示土的粒度成分的累计曲线法和三角坐标法。

8. 测试界限含水量的意义是什么？

9. 有一砂土试样，经筛分后各颗粒粒组含量如下：

粒粒/mm	< 0.075	0.075 ~ 0.1	0.1 ~ 0.025	0.25 ~ 0.5	0.5 ~ 1.0	> 1.0
含量/%	8.0	15.0	42.0	24.0	9.0	2.0

试确定砂土的名称。

10. 某土样已测得其液限 $w_L = 35\%$，塑限 $w_P = 20\%$，请利用塑性图查知该土的符号，并给该土定名。

11. 某土样经粒度分析得知：砂粒占 20%，粉粒占 10%，试用三角图法定出该土样的名称。

第八章　无机结合料稳定材料

无机结合料稳定材料常用作路面基层材料，是在粉碎或原状的土（或砂砾）中掺入一定量的无机胶结材料和适量的水，经拌和、压实与养生后，得到的具有较高后期强度，整体性和水稳定性均较好的材料。

根据基层材料无机结合料的不同，稳定材料分为稳定土和稳定砂砾。由于采用不同的无机胶结材料，其又可分为水泥稳定类、石灰稳定类、综合稳定类、工业废渣稳定类（主要是石灰粉煤灰稳定类）。

由于无机结合料稳定材料耐磨性差，具有较大的变形能力，刚度介于柔性路面材料和刚性路面材料之间，故常将这类材料称为半刚性材料，以此修筑的基层或底基层亦称半刚性基层（或底基层）。

第一节　无机结合料稳定材料的组成

无机结合料稳定材料是指通过无机胶结材料将松散的集料黏结成为具有一定强度的整体材料。即在粉碎或原状松散的集料（土、碎石或砂砾）中，掺入一定量的无机结合材料（水泥、石灰或工业废渣等）和水，经拌和得到的混合料在压实与养生后，其抗压强度符合规定要求的材料。

无机结合料稳定材料具有稳定性好、抗冻性能强、结构本身自成板体等优点，但耐磨性差，因此被广泛用于路面结构的基层或底基层。

一、无机结合稳定材料的分类

无机结合料稳定材料的种类很多，其物理、力学性质各有特点，其分类方法也不尽相同。

（1）按结合料中集料分类。根据无机结合料稳定材料组成的集料材料将其分为两大类：① 稳定土类；② 稳定粒料类。在粉碎或原状松散的土中掺入一定量的无机结合材料形成的称为稳定土类，如水泥稳定土等）；在松散的碎石或砂砾中掺入一定量的无机结合材料形成的称为稳定粒料类，如水泥稳定碎石、水泥稳定砂砾等。

（2）按结合料中稳定材料分类。按无机胶结材料的种类不同，稳定材料可分为四大类：① 用水泥稳定的混合料称为水泥稳定类，如水泥稳定土、水泥稳定砂砾等；② 用石灰稳定的混合料称为石灰稳定类，如石灰稳定土等；③ 同时用水泥和石灰稳定的混合料称为综合稳定类，如综合稳定土、综合稳定砂砾等；④ 用一定量的石灰和工业废渣稳定的混合料称为石灰工业废渣稳定类。

无机结合料稳定材料在使用时应根据结构要求、掺加剂和原材料的供应情况及施工条件进行综合技术、经济比较后选用。本章着重介绍无机结合料稳定土类材料。

二、无机结合料稳定土组成材料及要求

1．土

土的矿物成分对无机结合料稳定土性质有着重要影响。试验表明，除有机质或硫酸盐含量高的土以外，各类砂砾土、砂土、粉土和黏土都可以用作无机结合料稳定材料。一般规定，用于稳定土的液限不大于40，塑性指数不大于20。级配良好的土用作无机结合稳定料时，既可以节约无机结合料的用量，又可以取得满意的效果。重黏土中黏土颗粒含量多，不易粉碎、拌和，用石灰稳定时，容易造成路面缩裂。粉质黏土的稳定效果最佳。用水泥稳定重黏土时，同样因不易粉碎、拌和，会造成水泥用量过高，经济性差。

（1）水泥稳定土。

凡能被经济粉碎的土都可用于水泥稳定，但稳定效果各不相同。试验和生产证明，用水泥稳定砂性土效果最佳，不但强度高而且水泥用量较少。其次是粉性土和黏性土，重黏土不宜单独用水泥来稳定。

① 二级或二级以下公路。

a. 底基层。单个颗粒的最大粒径不应超过53 mm，颗粒组成应满足表8.1的要求。土的均匀系数应大于5，细粒土的液限不应超过37.5，塑性指数不应超过17；宜采用均匀系数大于10，塑性指数小于12的土；对于塑性指数大于17的土，宜采用石灰稳定类或用水泥和石灰综合稳定。

表8.1　用作底基层时水泥稳定土的颗粒组成范围

筛孔尺寸/mm	53	4.75	0.5	0.074	0.002
通过质量百分比/%	100	50～100	17～100	0～50	0～30

注：① 表中筛孔为方孔，如用圆孔筛，则最大粒径可为所列数值的1.2～1.25倍，下同。
② 此规定是针对细粒土而言，对中粒土和粗粒土，如小于0.5 mm的颗粒含量在30%以下，塑性指数可稍大。

b. 基层。单个颗粒的最大粒径不应超过40 mm，颗粒组成应满足表8.2要求。

表8.2　用作基层时水泥稳定土的颗粒组成范围

筛孔尺寸/mm	通过质量百分比/%	筛孔尺寸/mm	通过质量百分比/%
37.5	100	1	10～55
19	55～100	0.5	6～45
9.5	40～100	0.25	3～36
4.75	30～90	0.075	0～30
2	18～68		

② 高速公路和一级公路。

a. 底基层。单个颗粒的最大粒径不应超过 40 mm，颗粒组成应满足表 8.3 的要求。土的均匀系数应大于 5，细粒土的液限不应超过 25，塑性指数不应超过 6；对中粒土和粗粒土，如小于 0.5 mm 的颗粒含量在 30% 以下，塑性指数可稍大。

表 8.3　用作底基层时水泥稳定土的颗粒组成范围

筛孔尺寸/mm	通过质量百分比/%	筛孔尺寸/mm	通过质量百分比/%
37.5	100	4.75	30 ~ 55
26.5	90 ~ 100	2	15 ~ 35
19	75 ~ 90	0.5	10 ~ 20
9.5	50 ~ 70	0.075	0 ~ 7

注：集料中 0.5 mm 以下细土有塑性指数时，小于 0.074 的颗粒含量不应超过 5%；细土无塑性指数时，小于 0.074 的颗粒含量不应超过 7%。

b. 基层。单个颗粒的最大粒径不应超过 30 mm，土的均匀系数应大于 5，细粒土的液限不应超过 25，塑性指数不应超过 6，颗粒组成应满足表 8.4 的要求。

表 8.4　用作基层时水泥稳定土的颗粒组成范围

筛孔尺寸/mm	通过质量百分比/%	筛孔尺寸/mm	通过质量百分比/%
26.5	100	2	15 ~ 30
19	90 ~ 100	0.5	10 ~ 20
9.5	60 ~ 80	0.075	0 ~ 7
4.75	30 ~ 50		

注：集料中 0.5 mm 以下细土有塑性指数时，小于 0.074 的颗粒含量不应超过 5%；细土无塑性指数时，小于 0.074 的颗粒含量不应超过 7%。

（2）石灰稳定土。

砂性土、粉性土、黏性土都可以用石灰来稳定。一般说来：黏土颗粒的活性强，表面积大，表面能量也较大，故掺入石灰等活性材料后，所形成离子交换作用、碳酸化作用、结晶作用和火山灰作用都比较活跃，故适当的增大土的塑性指数对材料强度有利。重黏土虽然黏土颗含量多，由于不易粉碎和拌和，稳定效果反而会差些，而且容易产生缩裂。如土的塑性指数偏小，则施工时难于碾压成型。因此，宜采用塑性指数为 15 ~ 20 的黏土以及含有一定数量黏性土的中粒土或粗粒土用作石灰稳定土。对于硫酸盐含量超过 0.8% 或腐殖质含量超过 10% 的土，对强度有明显影响的，不宜直接采用。

① 石灰稳定土用做高速公路和一级公路的底基层时，颗粒的最大粒径不应超过 37.5 mm；用于其他等级公路时，颗粒的最大粒径不应超过 53 mm。

② 石灰稳定土用作基层时，颗粒的最大粒径不应超过 37.5 mm。石灰稳定土不宜作为高等级公路的基层。

③ 石灰工业废渣稳定土。宜采用塑性指数为 15 ~ 20 的黏土（亚黏土），有机质含量不超过 10%，最大粒径不应大于 15 mm。

2. 无机结合料

（1）水泥。

各类水泥都可以用于稳定土，水泥的矿物成分和分散度对其稳定效果有明显影响。对同一种土，硅酸盐水泥比铝酸盐水泥稳定效果好。在水泥矿物成分相同、硬化条件相似的情况下，其强度随水泥比表面积和活性的增大而提高。稳定土的强度还与水泥用量有关，一般说来：水泥剂量越大，稳定土的强度越高；但过多的水泥用量，虽获得了较高的强度，但在经济上不一定合理，在效果上也不明显，而且容易开裂。所以，水泥用量不存在最佳水泥用量，而存在一个经济用量。通常在保证土的性质能起根本变化，且能保证稳定土达到所规定的强度和稳定性的前提下，取尽可能低的水泥用量。

（2）石灰。

各种化学组成的石灰均可用于稳定土，但石灰质量应符合要求，石灰的质量标准见第二章。

石灰中产生黏结性的有效成分是活性氧化钙和氧化镁。它们的含量是评价石灰质量的主要指标，其含量越多，活性越高，质量也越好。有效氧化钙和氧化镁含量的测定方法，按我国现行行业标准《公路工程无机结合料稳定材料试验规程》规定，有效氧化钙含量采用中和滴定法测定，氧化镁含量采用络合滴定法测定。

石灰剂量对石灰土强度影响显著，石灰剂量较低（3%～4%）时，石灰主要起稳定作用，土的塑性、膨胀性、吸水量减小，使土的密实度、强度得到改善。随着剂量的增加，强度和稳定性均提高，但剂量超过一定范围时，强度反而降低。石灰的最佳剂量，对黏性土和粉性土为干土重的 8%～16%，对砂性土为干土重的 10%～18%。剂量的确定应根据结构层技术要求进行混合料组成设计。

由于石灰剂量对石灰土强度影响显著，所以稳定土中石灰的剂量是我们的一个重要控制指标。常见的水泥或石灰剂量测定方法有 EDTA 滴定法和钙电极快速测定法。

① EDTA 滴定法。本方法适用于在工地快速测定水泥或石灰稳定土中水泥和石灰的剂量，并可用以检查拌和的均匀性。用于稳定的土可以是细粒土，也可以是中粒土和粗粒土。本方法不受水泥和石灰稳定土龄期（7 d 以内）的影响。工地水泥和石灰稳定土含水量的少量变化（±2%），实际上不影响测定结果。本方法进行一次剂量测定，只需要 10 min。

② 钙电极快速测定法。此法适用于测定新拌石灰土中石灰剂量的测定。它是根据不同掺灰剂量的石灰土，经氯化铵溶液作用后，所生成氯化钙的量是不同的，而钙离子选择电极（见图 8.1）能够将不同量的钙离子以电位（mV）的形式在仪器上显示出来。根据不同的掺灰量有不同的电位值，用事先配制的标准曲线（见图 8.2）便可以找出相应的掺灰量。

在剂量不大的情况下，钙质石灰比镁质石灰稳定土的初期强度高，镁质石灰稳定土在剂量大时后期强度优于钙质石灰稳定土。

（3）工业废渣。

① 粉煤灰。粉煤灰是火力发电厂排出的废渣，属硅质或硅铝质材料，其本身不具有或有很小的黏结性，但它以细分散状态与水和消石灰或水泥混合，可以发生反应形成具有黏结性的化合物。所以石灰粉煤灰可用来稳定各种粒料和土，又称二灰土。

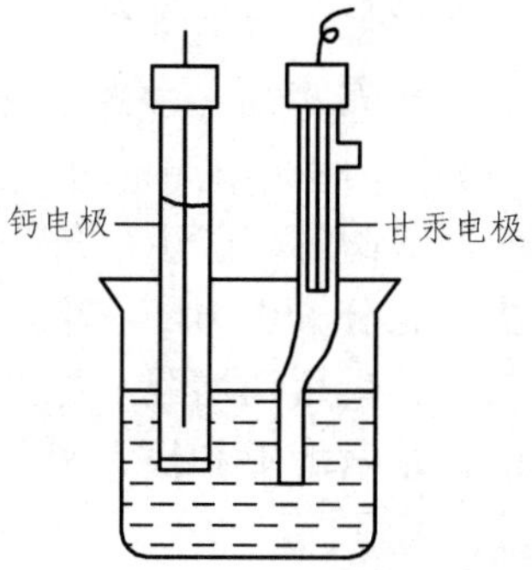

图 8.1　测试示意图

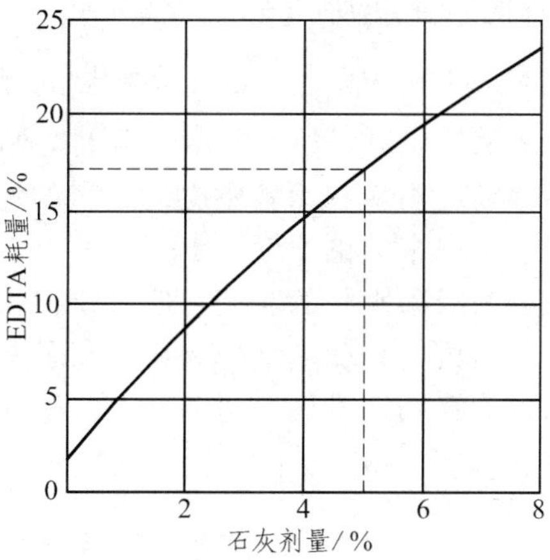

图 8.2　标准曲线

粉煤灰中 SiO_2、Al_2O_3 和 Fe_2O_3 的总含量应大于 70%，烧失量不应超过 20%；其比面积宜大于 2 500 cm^2/g。干和湿粉煤灰都可以应用，湿粉煤灰的含水量不宜超过 35%，干粉煤灰如堆积在空地上应加水，防止其飞扬而造成污染。使用时，应将凝固的粉煤灰块打碎或过筛，同时清除有害杂质。

② 煤渣。煤渣是煤经锅炉燃烧后的残渣，主要成分是 SiO_2 和 Al_2O_3，其松干密度为 700 ~ 1 100 kg/m^3。煤渣的最大粒径不应大于 30 mm，颗粒组成宜有一定级配，且不宜含杂质。

3. 水

水分是稳定土的一个重要组成部分，其技术指标符合水泥混凝土用水标准，一般饮用水均满足要求。水分以满足稳定土形成强度的需要，同时使稳定土在压实时具有一定的塑性，以达到所需要的压实度。水分还可以使稳定土在养生时具有一定的湿度。最佳含水量用标准击实试验确定。

第二节　无机结合料稳定材料的技术性质

一、无机结合料稳定材料的强度形成原理

在土中掺入适量的石灰或水泥，在最佳含水量下拌和均匀并压实，使无机结合料与土发生一系列的物理、化学作用而逐渐形成强度。石灰与土之间的物理与化学作用大致可分为四个方面：离子交换作用、结晶作用、碳酸化作用和火山灰作用。水泥与土之间产生的物理与化学作用也可分为四个方面：硬凝作用、离子交换作用、化学激发作用、碳酸化作用。

1．石灰稳定土强度形成原理

（1）离子交换作用。土的微小颗粒具有一定的胶体性质，一般都带有负电荷，表面吸附着一定数量的钠、氢、钾等低价阳离子（ Na^+ 、H^+ 、K^+ ）。石灰是一种强电解质，在土中加入石灰和水后，石灰在溶液中电离出来的钙离子（ Ca^+ ）就与土中的钠、氢、钾离子产生离子交换作用，原来的钠（钾）土变成钙土，土颗粒表面所吸附的离子由一价变成二价，减小了土颗粒表面吸附水膜的厚度，使土粒相互之间更为接近，分子引力随着增加，单个土粒聚成小团粒，组成一个稳定结构。通过离子交换作用，使土粒凝聚而增强了黏聚力，提高了土的水稳性。它在初期发展迅速，使土的塑性降低，最佳含水量增加和最大密度减小。

$$\boxed{土}\begin{matrix}Na^+\\ \\ K^+\end{matrix} + Ca^{2+} \longrightarrow \boxed{土}\,Ca^{2+} + Na^{2+}(或K^+) \tag{8.1}$$

（2）结晶作用。熟石灰掺入土中，由于水分较少，只有少部分离解与土进行离子交换作用，绝大部分饱和的 $Ca(OH)_2$ 在灰土中自行结晶。熟石灰与水作用生成熟石灰结晶网格，其化学反应式为

$$Ca(OH)_2 + nH_2O \longrightarrow Ca(OH)_2 \cdot nH_2O \tag{8.2}$$

由于结晶作用，把土粒胶结成整体，使石灰土的整体强度得到提高。

（3）火山灰作用。熟石灰的游离 Ca^{2+} 与土中的活性氧化硅 SiO_2 和氧化铝 Al_2O_3 作用生成含水的硅酸钙和含水的铝酸钙，它们在水分作用下能够逐渐硬结，其反应式为

$$xCa(OH)_2 + SiO_2 + n\,H_2\,O \longrightarrow xCaO \cdot SiO_2(n+1)H_2O \tag{8.3}$$

$$xCa(OH)_2 + Al_2O_2 + n\,H_2\,O \longrightarrow xCaO \cdot Al_2O_2(n+1)H_2O \tag{8.4}$$

上述所形成的熟石灰结晶网格和硅酸钙、含水的铝酸结晶都是胶凝物质，具有水硬性并能在固体和水两种环境下发生硬化反应。这些胶凝物质在土微粒团外围形成一层稳定保护膜，填充颗粒空隙，使颗粒间产生结合料，减少了颗粒间的空隙与透水性，同时提高密实度，这是石灰土获得强度和水稳定性的基本原因，但这种作用比较缓慢。

（4）碳酸化作用。灰土中的 $Ca(OH)_2$ 与空气中的 CO_2 作用，生成 CaO_3 结晶，其化学反应式为

$$Ca(OH)_2 + CO_2 + nH_2O = CaCO_3 + (n+1)H_2O \tag{8.5}$$

$CaCO_3$ 是坚硬的结晶体，它与其生成的复杂盐类把土粒胶结起来，从而大大提高了土的强度和整体性。结晶作用和碳酸化作用使石灰土的后期整体性、强度和稳定性得到提高。

由于石灰与土发生了一系列的相互作用，从而使土的性质发生根本的改变。在初期，主要表现为土的结团、塑性降低、最佳含水量增大和最大密实度减小等，后要表现为结晶结构的形成，从而提高其整体性、强度和稳定性。

2．水泥稳定土强度形成原理

在利用水泥来稳定土的过程中，水泥、土和水之间发生了多种非常复杂的作用，从而使

土的性能发生了明显的变化。这些作用如下：

① 化学作用：如水泥颗粒的水化、硬化作用，有机物的聚合作用，以及水泥水化产物与黏土矿物之间的化学作用等。

② 物理化学作用：如黏土颗粒与水泥及水泥水化产生物之间的吸附作用，微粒的凝聚作用，水及水化产物的扩散、渗透作用，水化产物的溶解、结晶作用等。

③ 物理作用：如土块的机械粉碎作用，混合料的拌和、压实作用等。

现就其中的一些主要作用过程介绍如下：

（1）硬凝反应。

硬凝反应也是水泥的水化反应。在水泥稳定土中，首先发生的是水泥自身的水化反应，从而产生具有胶结能力的水化产物，这是水泥稳定土强度的主要来源。水泥的水化过程前面章节已详细讲述过了。

水泥水化生成的水化产物，在土的孔隙中相互交织搭接，将土颗粒包覆连接起来，使土逐渐丧失了原有的塑性等性质，并且随着水化产物的增加，混合料也逐渐坚固起来。但水泥稳定土中水泥的水化与水泥混凝土中水泥的水化之间还有所不同。这是因为：

① 土具有非常高的比表面积和亲水性；

② 水泥稳定土中的水泥含量少；

③ 土对水泥的水化产物具有强烈的吸附性；

④ 在一些土中常存在酸性介质环境。

由于这些特点，在水泥稳定土中，水泥的水化硬化条件较混凝土中差得多。特别是由于黏土矿物对水化产物中的 $Ca(OH)_2$ 具有极强的吸附和吸收作用，使溶液中的碱度降低，从而影响了水泥水化产物的稳定性；水化硅酸钙中 C/S 会逐渐降低析出 $Ca(OH)_2$，从而使水化产物的结构和性能发生变化，进而影响到混合料的性能。因此在选用水泥时，在其他条件相同情况下，应优先选用硅酸盐水泥，必要时还应对水泥稳定土进行“补钙”，以提高混合料中的碱度。

（2）离子交换作用。

土中的黏土颗粒由于颗粒细小、比表面积大，因而具有较高的活性。当黏土颗粒与水接触时，黏土颗粒表面通常带有一定量的负电荷，在黏土颗粒周围形成一个电场，这层带负电荷的离子就称为电位离子。带负电的黏土颗粒表面，吸引周围溶液中的正离子，如 K^+、Na^+ 等，而在颗粒表面形成了一个双电层结构，这些与电位离子电荷相反的离子就称为反离子。在双电层中电位离子形成了内层，反离子形成外层。靠近颗粒的反离子与颗粒表面结合较紧密，当黏土颗粒运动时，结合较紧密的反离子将随颗粒一起运动，而其他反离子将不产生运动。由此在运动与不运动的反离子之间便出现了一个滑移面。

由于在黏土颗粒表面存在着电场，因此也存在着电位，颗粒表面电位离子形成的电位称为热力学电位 φ，滑动面上的电位称为电动电位 ξ。由于反离子的存在，离开颗粒表面越远电位越低，经过一定的距离电位将降低为零，此距离称为双电层厚度。由于各个黏土颗粒表面都具有相同的双电层结构，因此黏土颗粒之间往往间隔着一定的距离。

在硅酸盐水泥中，硅酸三钙和硅酸二钙占主要部分，其水化后所生成的氢氧化钙所占的比例也较高，可达水化产物的 25%。大量的氢氧化钙溶于水以后，在土中形成了一个富含 Ca^{2+} 的碱性环境。当溶液中富含 Ca^{2+} 时，因为 Ca^{2+} 的电价高于 Na^+、K^+ 等离子，因此与电位离子的吸引力较强，从而取代了 Na^+、K^+，成为反离子；同时 Ca^{2+} 的双电层电位的降低速度加快，因而使电动电位减小、双电层的厚度降低，使黏土颗粒之间的距离减小，相互靠拢，导致土的凝聚，从而改变土的塑性，使土具有一定的强度和稳定度。这种作用就称为离子交换作用。

（3）化学激发作用。

钙离子的存大不仅影响到了黏土颗粒表面双电层的结构，而且在这种碱性溶液环境下，土本身的化学性质也将发生变化。

土的矿物组成基本上都属于硅铝酸盐，其中含有大量的硅氧四面体和铝氧八面体。在通常情况下，这些矿物具有比较高的稳定性，但当黏土颗粒周围介质的 pH 增加到一定程度时，黏土矿物中的部分 SiO_2 和 Al_2O_3 活性将被激发出来，与溶液中的 Ca^{2+} 进行反应，生成新的矿物，这些矿物主要是硅酸钙和铝酸钙系列。这些矿物的组成和结构与水泥的水化产物都有很多类似之外，并且同样具有胶凝能力。生成的这些胶结物质包裹着黏土颗粒表面，与水泥的水化产物一起，将黏土颗粒凝结成一个整体。因此，氢氧化钙对黏土矿物的激发作用，将进一步提高水泥稳定土的强度和水稳定性。

（4）碳酸化作用。

水泥水化生成的 $Ca(OH)_2$，除了可与黏土矿物发生化学反应外，还可进一步与空气中的 CO_2 发生碳化反应并生成碳酸钙晶体。其反应式见式（8.5）。

碳酸钙生成过程中产生体积膨胀，也可以对土的基体起到填充和加固作用；只是这种作用相对来讲比较弱，并且反应过程缓慢。

二、无机结合料稳定材料的技术性质和技术标准

无机结合料稳定材料应用广泛，由于其耐磨性差，在路面工程中一般不用于路面面层，主要作为路面基层材料。为满足行车、气候和水文地质的要求，稳定材料必须具备一定的强度，抗变形能力和水稳定性。

1. 强　度

在柔性路面结构中，由于路面层厚度较满，传给基层的荷载应力大，基层是承受车辆荷载作用的主要结构，一般称为承重层。它要求无机结合稳定材料具有足够的强度。

若面层系水泥混凝土路面，由于刚性板块传递给基层的应力已经很小，基层并非是主要承重作用；但却是保证基整体强度、防止水泥混凝土板产生开裂、唧泥和错台的重要支承层次，同时对延长路面使用寿命也有明显作用。因此要求基层材料具有适当的强度，而最重要的是要求材料强度均匀、整体性好，表面密实平整，透水性小。

无机结合稳定材料的抗压强度采用的是饱水状态下的无侧抗压强度。

（1）试件尺寸。

无机结合稳定材料的抗压强度试件采用的都是高：直径 = 1：1 的圆柱体，不同颗粒大小

的土应采用不同的试件尺寸见表 8.5。

表 8.5 无机结合稳定材料无侧限抗压强度试件尺寸

土的颗粒大小	颗粒最大粒径/mm	试件尺寸（直径×高）/mm
细粒土	≤5	50×50
中粒土	≤25	100×100
粗粒土	≤40	150×150

试件制备时，尽可能用静力压实法制备等干密度的试件。

（2）强度标准。

不同的公路等级、稳定剂类型和路面结构层次无机结合稳定土的抗压强度标准也不一样，详见表 8.6。

表 8.6 无机结合稳定土抗压强度标准

稳定剂类型	结构层位	二级和二级以下公路/MPa	高级和一级以下公路/MPa
水泥稳定类	基　层	2.5～3	3～5
	底基层	1.5～2	1.5～2.5
石灰稳定类	基　层	≥0.8	—
	底基层	0.5～0.7	≥0.8
二灰混合料	基　层	0.6～0.8	0.8～1.1
	底基层	≥0.5	≥0.6

2. 密　度

密度是材料单位体积的质量，是衡量材料内部紧密程度的指标。密度越大材料越致密，其空隙越小、耐久性和强度就越高。无机结合稳定材料的密度往往用压实度来表示。

（1）压实度。

压实度是指土或其他筑路材料在施加外力作用下，能获得的密实程度。它等于材料干密度与最大干密度的比值。

压实的实质是通过外力做功，克服材料之间的内摩擦力和黏结力，使材料颗粒产生位移并互相靠近，从而提高其密度。水的含量变化较大程度上影响结合料的性质，对所能达到的密实度起着非常重要的作用。

（2）含水量。

含水量是材料中所含水分的质量与干燥材料质量的比值。

适量的水在颗粒之间起着润滑作用，使材料的内摩擦阻力减小，有利于材料的压实；过多的水分，虽然能继续减小材料的内摩擦阻力，但单位材料中空气的体积逐渐减少到最低程度，而水的体积却不断在增加。由于水是不可压缩的，因此在相同的压实功作用下难以改变材料颗粒的相对位置，故压实效果较差。另外，使用过程中，由于自由水的蒸发，在材料中留下大量的孔隙，从而降低了材料的密度和耐久性。当水分含量过少时，由于材料颗粒间缺乏必要的水分润滑，使材料的内摩擦阻力加大，增加了压实的难度；同时因为材料含水量过低，材料的可塑性变差，其塑性变形的能力降低。

用等量的机械功去压实无机结合稳定材料，可以得到的最大密度，此时的含水量值称为最佳含水量。

无机结合稳定材料的最佳含水量和最大干密度都是通过标准击实试验得到的。

3. 力学特性

无机结合稳定材料的力学特性包括应力-应变关系、疲劳特性、收缩（温度和干缩）特性。

（1）无机结合稳定材料的应力-应变特性。

无机结合稳定材料的重要特点之一是强度和模量随龄期而不断增长，逐渐具有一定的刚性。一般规定水泥稳定类材料设计龄期为 3 个月，石灰或石灰粉煤灰（简称二灰）稳定类材料设计龄期为 6 个月。

半刚性材料应力-应变特性试验方法有顶面法、粘贴法、夹具法和承载板法等。试件有圆柱体试件和梁式（分大、中、小梁）试件。试验内容有抗压强度、抗压回弹模量、劈裂强度和劈裂模量、抗弯拉强度和抗弯拉模量等。

由于材料的变异性和试验过程的不稳定性，同一种材料不同的试验方法、同一种试验方法不同的材料及同一种试验的方法不同龄期试验结果存在差异性。通过各种试验方法的综合比较，认为抗压试验和劈裂试验较符合实际。表 8.7 给出了水泥稳定碎石抗压强度（R）、抗压回弹模量（E_p）、劈裂强度（σ_{sp}）和劈裂模量（E_{sp}）与龄期之间的关系。表 8.8 则为石灰粉煤灰稳定碎石的测试结果。

表 8.7　水泥稳定碎石的力学特性指标与龄期的关系

力学参数/MPa	28 d	90 d	180 d	28 d/180 d	90 d/180 d
R	4.49	5.57	6.33	0.71	0.88
E_p	2093	3097	3872	0.54	0.80
σ_{sp}	0.413	0.634	0.813	0.51	0.78
E_{sp}	533	926	1 287	0.41	0.72

表 8.8　石灰粉煤灰稳定碎石的力学特性指标与龄期的关系表

力学参数/MPa	28 d	90 d	180 d	28 d/180 d	90 d/180 d
R	3.10	5.75	8.36	0.37	0.69
E_p	1 086	1 993	2 859	0.38	0.70
σ_{sp}	0.219	0.536	0.913	0.41	0.59
E_{sp}	359	960	1720	0.37	0.56

无机结合料稳定材料的应力-应变特性与原材料的性质、结合料的性质和剂量及密实度、含水量、龄期、温度等有关。

（2）无机结合料稳定材料疲劳特性。

在重复荷载作用下，材料的强度与其静力极限强度相比则有所下降。荷载重复作用的次数越多，这种强度下降亦大，即疲劳强度越小。材料从开始到出现疲劳破坏的荷载作用次数称之为材料的疲劳寿命。

材料的抗压强度是材料组成设计的主要依据，由于无机结合料稳定材料的抗拉强度远小于其抗压强度，材料的抗拉强度是路面结构设计的控制指标。

抗拉强度试验方法有直接抗拉试验、间接抗拉试验和弯拉试验。常用的疲劳试验有弯拉疲劳试验和劈裂疲劳试验。

无机结合料稳定材料的疲劳寿命主要取决于受拉应力与极限弯拉应力之比 σ_f/σ_s，即通常所说的应力水平。原则上，当 $\sigma_f/\sigma_s < 50\%$，无机结合料稳定材料可经受无限次重复加荷而无疲劳破裂，但是，由于材料的变异性，实际试验时，其疲劳寿命要小得多。在一定应力条件下，材料的疲劳寿命取决于材料的强度和刚度。强度越大刚度越小，其疲劳寿命就越长。

由于材料的不均匀性，无机结合料稳定材料的疲劳特性还与材料试验的变异性有关。

（3）无机结合料稳定材料的干缩特性。

无机结合料稳定材料经拌和压实后，由于水分挥发和混合料内部的水化作用，混合料的水分会不断减少。由此发生的毛细管作用、吸附作用、分子间引力的作用、材料矿物晶体或凝胶体间层间水的作用和碳化收缩作用等，都会引起无机结合料稳定材料体积的收缩。

描述材料干缩特性的指标主要有干缩应变、干缩系数、干缩量、失水量、失水率和平均干缩系数。

干缩应变（ε_d）：水分损失引起的试件单位长度的收缩量（$\times 10^{-6}$）。

干缩系数：失水时，试件单位失水率的干缩应变（$\times 10^{-6}$）。

平均干缩系数（α_d：）试件失水量时，试件的干缩应变与试件的失水率之比（$\times 10^{-6}$）。

失水量：试件失去水分的质量（g）。

失水率：试件单位质量的失水量（%）。

干缩量：水分损失时试件的收缩量（10^{-3} mm）：

$$\varepsilon_d = \Delta l / l \tag{8.6}$$

$$\alpha_d = \varepsilon_d / \Delta w \tag{8.7}$$

式中 Δl——含水量损失 Δw 时，试件的整体收缩量；

l——试件的长度。

无机结合料稳定材料的干缩特性（最大干缩应变和平均干缩系数）的大小与结合料的类型、剂量、被稳定材料的类别、粒料含量、小于 0.5 mm 的细颗粒的含量、试件含水量和龄期等有关。

对稳定粒料类，3 类半刚性材料的干缩特性的大小次序为：石灰稳定类 > 水泥稳定类 > 石灰粉煤灰稳定类。

对于稳定细粒土，三类半刚性材料的收缩性材料的收缩性的大小排列为：石灰土 > 水泥土和水泥石灰土 > 石灰粉煤灰土。

石灰稳定土比水泥稳定土空易产生干缩裂缝。对于含细粒土较多的无机结合料稳定土，常以干缩为主，故应加强初期养护，保证稳定土表面潮湿，降低干缩裂缝的危害。

（4）半刚性材料的温度收缩特性。

半刚性材料是由固相（组成其空间骨架原材料的颗粒和其间的胶结物）、液相（存在于固相表面与空隙中的水和水溶液）和气相（存在于空隙中的气体）组成，所以半刚性材料的外观胀缩性是三相在不同温度下收缩性的综合效应的结果。一般气相大部分与大气贯通，在综合效应中影响较小，可以忽略。原材料中砂粒以上颗粒的温度收缩系数较小，粉粒以下的颗粒温度收缩性较大。

半刚性材料温度收缩的大小与结合料的类型与剂量、被稳定材料的类别、粒料含量、龄期等有关。试验结果表明：

石灰土砂砾（16.7×10^{-6}）> 悬浮式石灰粉煤灰粒料（15.3×10^{-6}）> 密实式石灰粉煤灰粒料（11.4×10^{-6}）和水泥砂砾（5% ~ 7%水泥剂量为 $10\times10^{-6}\sim15\times10^{-6}$）。

半刚性基层一般在高温季节修建，成型初期基层内部含水量较大，且尚未被沥青面层封闭，基层内部的水分必然要蒸发，从而发生由表及里的干燥收缩；同时，环境温度也存在昼夜温度差。因此，修建初期的半刚性基层同时受到干燥收缩和温度收缩的综合作用，必须注意养生保护。早期养生良好的无机结合料稳定土易于成形，早期强度高，可以减少裂缝的产生。

经过一定龄期的养生，半刚性基层上铺筑沥青面层后，基层内相对湿度略有增大，使材料的含水量趋于平衡，这时半刚性基层的变形以温度收缩为主。

（5）裂缝防治措施。

① 改善土质。稳定土用土越黏，则缩裂越严重。所以采用黏性较小的土，或在黏性土中掺入砂土、粉煤灰等，以降低土的塑性指数。

② 控制含水量及压实度。稳定土因含水量过多而产生的干缩裂缝显著，压实度小时产生的干缩比压实度大时严重。因此，稳定土压实时的含水量比最佳含水量略小为宜，并尽可能达到最佳压实效果。

③ 掺加粗料。掺入一下数量（掺入量 60% ~ 70%）的粗粒料，如砂、碎石、砾石等，使混合料满足最佳组成要求，可以提高其强度和稳定性，减少裂缝的产生，同时可以节约结合料和改善碾压时的拥挤现象。

4. 水稳定性和抗冻稳定性

稳定类基层材料除具有适当的强度，能承受设计荷载以外，还应具备一定的水稳定性和冰冻稳定性；否则，稳定类基层由于面层开裂、渗水或者两侧路肩渗水将使稳定土含水量增加，强度降低，从而使路面过早破坏。在冰冻地区，冰冻将加剧这种破坏。评价材料的水稳定性和抗冻性可用浸水强度和冻融循环试验。影响水稳定性和冰冻稳定性的主要因素如下：

（1）土类。细土含量多，塑性指数大的土，水稳定性抗冻性能差。

（2）稳定剂种类和剂量。石灰粉煤灰粒料和水泥粒料的水稳定性最佳。当稳定剂剂量不足时，胶结作强用弱，透水性大，强度达不到要求，其稳定性也差。

（3）密实度。密实度大时，透水能力降低，水稳定性增强。

（4）龄期。由于某些稳定剂如水泥、石灰或二灰的强度形成需要一定的时间，因此这类稳定土其水稳定性随龄期的增长而增强。

5. 影响无机结合料稳定材料强度的因素

（1）土质。对于石灰稳定土和石灰粉煤灰稳定土，可用亚砂土、亚黏土、粉土类和黏土类土，石灰土或二灰土的强度是随土的塑性指数增大而增大的趋势，但塑性指数过大的重黏土不易黏碎，且易产生收缩裂缝。故规范规定：用与石灰稳定土的土，其塑性指数为10%～20%的黏性土较适宜，而不适宜使用塑性指数10以下的低塑性土。

（2）稳定剂品种及用量。当采用石灰做稳定剂时，必须测定石灰中有效的氧化钙和氧化镁的含量，宜用技术等级Ⅲ级以上的石灰以提高石灰稳定土的强度。

用水泥稳定土时，硅酸盐水泥要比铝酸盐水泥效果好一些，且不宜采用快硬或早强水泥。

水泥稳定土的强度随水泥剂量增加而增加，石灰稳定土的强度则不是这种规律，一般存在一最佳石灰剂量值，超过或低于此值，石灰稳定土强度则降低。

在二灰土中，粉灰土的品质、用量将决定其强度。当粉煤灰中小于0.045 mm颗粒含量，SiO_2及SiO_2+RO（R指Ca^{2+}或Mg^{2+}）$SiO_2+Al_2O_3$含量、碱含量较多，烧失量又较低时，火山灰作用较强。另外，若二灰土中石灰与粉煤灰比例大致在1∶4～1∶2时，二灰土的强度较高。对于同样含量的粉煤灰，被稳定材料中细料的含量增加和塑性指数增大，石灰用量也随之增加。

（3）含水量。在一般情况下，用最佳含水量时压实的干密度较大的试件的强度也高，因此实际施工中尽可能达到最佳含水量，并注意控制养护中水分的蒸发，以保证某些稳定剂的正常水化。

（4）密实度。密实度越大，材料有效的受荷面积越大，强度越高，受水影响的可能性减小。密实度应通过选材和合适的施工工艺综合控制。

（5）施工时间长短的影响。施工时间长短的影响主要针对水泥稳定土而言，水泥稳定土从开始加水拌和到完全压实的时间要尽可能短，一般不超过6 h；若碾压或湿拌的时间拖长，水泥就会产生部分结硬，影响水泥稳定土的压实度，导致水泥稳定强度损失。

（6）养生条件。稳定土的强度发展需要适当的温度，必须在潮湿的条件下养护，否则其强度显著下降。同时，养生温度越高，强度增长越快。

第三节　无机结合料稳定材料的组成设计

稳定类材料组成设计，也称混合料设计，即根据对某种稳定材料规定的技术要求，选择合适的原材料、掺配用料（需要时），确定结合料的种类和剂量及混合料的最佳含水量。稳定类材料组成设计是路面结构设计的重要组成部分。

混合料组成设计所要求达到的目标：满足设计强度要求，抗裂性达到最优，且便于施工。混合料组成设计的基本原则：结合料剂量合理，尽可能采用综合稳定以及集料应有一定级配。

结合料剂量太低不能形成半刚性材料，剂量太高则刚度太大，容易脆裂。采用综合稳定时，水泥可提高早期强度，石灰可使刚度不太大，掺入一定的粉煤灰可以降低其收缩系数。集料的级配以集料靠拢而不紧密为原则，其空隙让无机结合料填充，形成各自发挥优势的稳定结构。

由于无机稳定类材料的种类很多，不可能作全面介绍。因此，这里主要介绍常用的石灰、水泥稳定土的组成设计。其他类型的混合料设计可参照此方法。

1. 设计依据与标准

稳定土设计，目前的依据有强度、耐久性。

各种混合料的强度标准（7 d）建议值见表 8.6。关于耐久性标准，鉴于现行冻融试验方法所建立的试验条件与稳定层在路面结构中所能遇到的环境条件相比，更为恶劣。因此，我国《公路路面基层施工技术规范》规定：混合料进行设计时，仅采用一个设计标准，即无侧限抗压强度。

2. 原材料试验

原材料试验主要包括基础材料和稳定剂性质试验。主要进行下列试验：

（1）颗粒分析；

（2）液限和塑性指数；

（3）相对密度；

（4）击实试验；

（5）压碎值；

（6）有机质含量（必要时做）；

（7）硫酸盐含量（必要时做）；

（8）稳定剂性质试验。

3. 混合料配合比设计步骤

（1）选定不同的石灰或水泥剂量，制备同一种土样的混合料试件若干，规范建议剂量见表 8.9、表 8.10。

表 8.9 初拟配合比时规范建议的水泥剂量

层位	土类	水泥剂量				
基层	中、粗粒土	3	4	5	6	7
	塑性指数小于 12 的细粒土	5	7	8	9	11
	其他细粒土	8	10	12	14	16
底基层	中、粗粒土	3	4	5	6	7
	塑性指数小于 12 的细粒土	4	5	6	7	9
	其他细粒土	6	8	9	10	12

表 8.10　初拟配合比时规范建议的石灰剂量

层位	土类	石灰剂量				
基层	砂砾土和碎石土	3	4	5	6	7
	塑性指数小于 12 的黏性土	10	12	13	14	16
	塑性指数大于 12 的黏性土	5	7	9	11	13
底基层	塑性指数小于 12 的黏性土	8	10	11	12	14
	塑性指数大于 12 的黏性土	5	7	8	9	11

（2）确定各种混合料的最佳含水量和最大干（压实）密度，至少应做 3 个不同剂量的混合料的击实试验，即最小剂量、中等剂量和最大剂量。

（3）按规定压实度，分别计算不同石灰或水泥剂量的试件应有的干密度。

（4）按最佳含水量和计算所得的干密度制备试件。进行强度试验时，作为平行试验的最少试件数量应不小于表 8.11 的规定。如试验结果的偏差系数大于表中规定的值，则应重做试验，并找出原因，加以解决；如不能降低其偏差系数，则应增加试件数量。

表 8.11　最少试件数量

偏差系数		< 10%	10% ~ 15%	15% ~ 20%
土类	细粒土	6	9	
	中粒土	6	9	13
	粗粒土		9	13

（5）试件在规定温度下保温养生 6 d，浸水 24 h 后，按《公路工程无机结合料稳定材料试验规程》进行无侧限抗压强度试验，并计算试验结果的平均值和偏差系数。

（6）选定石灰或水泥的剂量。根据试验结果和表 8.6 的强度标准，选定合适的石灰或水泥剂量，此剂量试件室内试验结果的平均抗压强度 $\bar{R}$ 应符合公式（8.8）的要求：

$$\bar{R} \geqslant \frac{R_d}{1-Z_a C_v} \tag{8.8}$$

式中　R_d——设计抗压强度（MPa）；

C_v——试验结果的偏差系数（以小数计）；

Z_a——保证率系数（高速公路和一级公路应取保证率 95%，此时即 $Z_a=1.645$；一般公路应取保证率 90%，即 $Z_a=1.282$）。

（7）工地实际采用水泥的剂量应比室内试验确定的剂量多 0.5% ~ 1.0%，采用集中厂拌法施工时，可只增加 0.5%；采用路拌法施工时，宜增加 1%。

（8）水泥的最小剂量应符合表 8.12 的规定。

表 8.12　水泥的最小剂量

土　类	拌和方法	
	路拌法	集中厂拌法
中粒土和粗粒土	4%	3%
细粒土	5%	4%

（9）综合稳定土和其他无机稳定类材料的组成设计与上述步骤相同。

【例 8.1】 某新建二级公路，因地处潮湿地带，选用石灰土作为底基层。设计强度要求 7 d 龄期的饱水强度为 0.7 MPa，试设计石灰剂量。

解 根据现场采集的土样筛分和试验得 $w_L = 33.34\%$、$I_P = 12.31\%$，确定为中液限土。

通过击实试验求得石灰剂量分别为 8%、10%、11%、12%、14%的最佳含水量及对应的最大干密度见表 8.13。

表 8.13　不同石灰剂量的最佳含水量和最大干密度

石灰剂量/%	最佳含水量/%	最大干密度/（g/cm^3）	石灰剂量/%	最佳含水量/%	最大干密度/（g/cm^3）
8	10.91	1.839	12	12.56	1.848
10	11.38	1.85	14	13.35	1.818
11	11.84	1.854			

在按所求得的最佳含水量 w_0、最大干密度 ρ_d 的制备满足施工压实度的石灰剂量分别为 8%、10%、11%、12%、14%的试件，每组 6 个，并按规范要求进行保湿养生 6 d，浸水 1 d，然后进行抗压试验，并将计算结果列于表 8.14。

表 8.14　不同石灰剂量的抗压强度

试件编号	石灰剂量				
	8	10	11	12	14
1	0.616	0.642	0.758	0.698	0.590
2	0.588	0.652	0.728	0.708	0.572
3	0.632	0.690	0.753	0.669	0.566
4	0.626	0.672	0.782	0.656	0.618
5	0.590	0.664	0.747	0.693	0.607
6	0.568	0.624	0.769	0.632	0.584
平均值	0.603	0.657	0.756	0.676	0.589

由表列计算结果知：当石灰剂量为 11%时的平均抗压强度最高。故验算该组 6 个试件的相关情况，然后判断是否还要补做试件：

$$\bar{R}=0.756\ \text{MPa}\ ;\quad \sigma_{n-1}=0.018\,6\ \text{MPa}\ ;\quad C_v=0.024\,6$$

因为系二级公路，应取保证率为 95%，$Z_a=1.645$；依据设计强度要求 $R_d=0.7\ \text{MPa}$，代入式（8.8）得

$$\frac{R_d}{1-Z_aC_v}=\frac{0.7}{1-6.45\times0.024\,6}=0.73<\bar{R}=0.756$$

结果表明，满足表 8.7、表 8.12 及式（8.8）满足要求，故就强度选择，灰土的石灰剂量为 11%。但就剂量的选用，不能单纯地追求高强度，还应全面考虑材料费用、施工成本和拌和机具等条件来最后确定。

复习思考题

1. 何谓无机结合料稳定类材料？它是如何分类的？
2. 稳定土材料具有什么特点？
3. 无机结合材料有哪些类型？
4. 简述石灰稳定土和水泥稳定土的强度形成原理。
5. 对组成稳定土的材料有什么要求？
6. 试述无机结合料稳定类材料的收缩性。
7. 如何防治无机结合料稳定材料的开裂？
8. 如何提高无机结合料稳定材料的水稳性和抗冻性？
9. 简述石灰稳定土组成设计的步骤。

第九章　沥青材料

沥青材料是由极其复杂的高分子碳氢化合物和这些碳氢化合物的非金属（氧、硫、氮）衍生物所组成的混合物。其中碳占 80%~87%，氢占 10%~15%，氧、硫氮小于 0.3%，此外还有少量的金属元素。沥青在常温下一般呈固体或半固体，也有少数品种的沥青呈黏性液体状态，可溶于二硫化碳、四氯化碳、三氯甲烷和苯等有机溶剂，颜色为黑褐色或褐色。

沥青材料的品种很多，按其在自然界获得的方式不同，可分为地沥青和焦油沥青两大类。

1．地沥青

指由地下原油演变或加工而得到的沥青，又分为天然沥青和石油沥青。

（1）天然沥青是指由于地壳运动使地下石油上升到地壳表层聚集或渗入岩石空隙，再经过一定的地质年代，轻质成分挥发后的残留物。

（2）石油沥青则是将石油原油分馏出各种产品后的残渣加工而成的。我国天然沥青很少，故石油沥青是使用量最大的一种沥青材料。

2．焦油沥青

焦油沥青是干馏有机燃料（煤、页岩、木材料等）所收集的石油再经加工而得到的一种沥青材料，按干馏原料的不同，焦油沥青可分为煤沥青、页岩沥青、木沥青和泥岩沥青。工程上常用的焦油沥青是煤沥青。

沥青材料是这类材料的总称。它具有良好的憎水性、黏结性和塑性，可用以防水、防潮，因而广泛地应用于道路和水利工程。通常所讲的沥青是石油沥青，其他沥青都要在沥青两字前加上名称以示区别，如煤沥青、页岩沥青等。在道路建筑中最常用的主要是石油沥青和煤沥青两类，其次是天然沥青。

第一节　石油沥青

一、石油沥青的分类和产生

1．石油沥青生产工艺概述

从油井开采出来的石油，一般简称原油，它是由分子量大小不等的多种烃类（环烃、烷烃和芳香烃）组成的复杂混合物。炼油厂将原油分馏而提取汽油、煤油、柴油和润滑油等石油产品后所剩的残渣，再进行加工或制得各种不同的石油沥青。其生产工艺流程简况可见图 9.1。

在常压塔中收集的常压重油，能否直接加工成沥青，主要决定于原油的稠度。我国大多数油井开采的原油，稠度均较低，所得的常压重油通常需要进入减压塔作减压蒸馏后，再进入氧化塔或深拔装置或溶剂脱沥青装置，经过进一步加工才能得到沥青。但也有少数油井开采的原油稠度较大，其常压重油稠度也较大，直接进行减压蒸或深拔后即可得到直馏沥青。

常用的石油沥青主要是由氧化装置、溶剂脱沥青装置或深拔装置所产生的黏稠沥青。为了改善黏稠沥青的使用性能，还可采取各种方式将其加工成液体沥青、调和沥青、乳化沥青、混合沥青和其他改性沥青等。

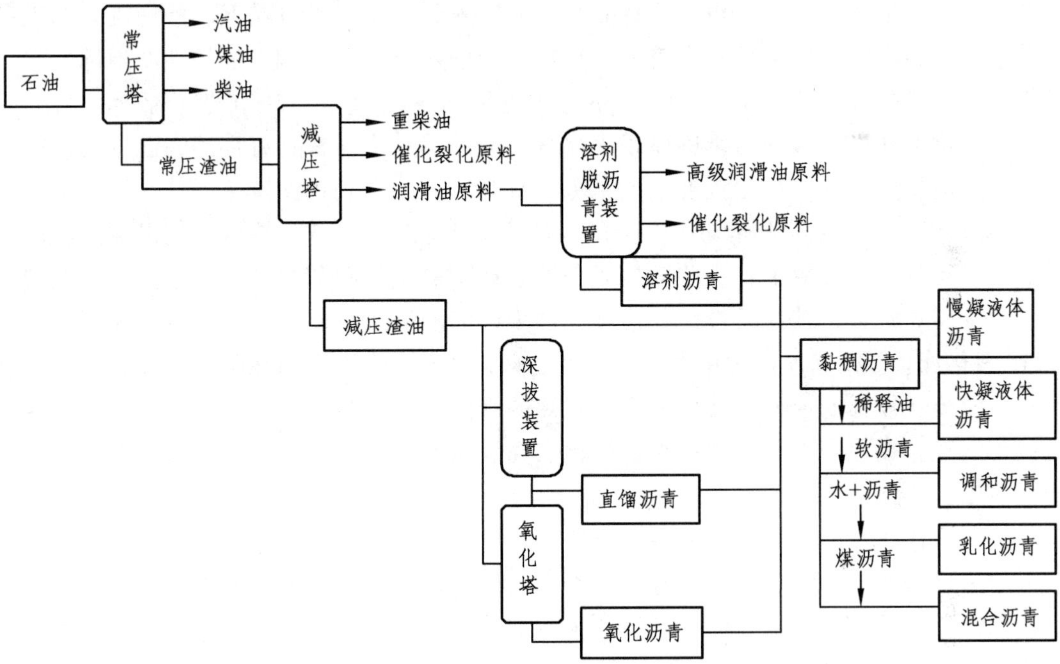

图 9.1 石油沥青生产工艺流程

2. 石油沥青的分类

可根据不同的情况对石油沥青进行分类，各种分类方法都有各自的特点和使用价值。

（1）按原油的成分分类。

原油是生产石油沥青的原材料。在炼油时所采用的原油成分不同，炼油后所得到的沥青成分也不相同。按原油所含烃类成分或硫酸含量的不同可划分为几种基本类型。

原油的分类一般是根据“关键馏分特性”和“含硫量”，可分为石蜡基原油、环烷基原油和中间基原油。

① 石蜡基沥青。也称多蜡沥青，它是由含大量烷烃成分的石蜡基原油提炼而得。这种沥青因原油中含有大量烷烃，因此在沥青中其含量一般大于 5%，有的高达 10% 及以上。蜡在常温下往往以结晶体存在，降低了沥青的黏结性和温度稳定性；表现为软化点高、针入度小、延度低，但抗老化性能较好。如果用丙烷脱蜡，仍然可得到延度较好的沥青。

② 环烷基沥青。也称沥青基沥青，由沥青基石油提炼而得的沥青。它含有较多的环烷烃

基芳香烃，所以此种沥青的芳香性高。含蜡量一般小于 2%，沥青的黏结性和塑性匀较高。目前我国所产的环烷基沥青较少。

③ 中间基沥青。也称混合基沥青，中间基沥青是有蜡质介于石蜡基石油和环烷基石油之间的原油提炼而得。所含烃类成分和沥青的性质一般均界于石蜡基沥青和环烷基沥青之间。

我国石油油田分布广，但国产石油多属石蜡基和中间基原油。

（2）按加工方法分类。

① 直馏沥青。也称残留沥青，用直馏的方法将石油在不同沸点温度得到的馏分（汽油、煤油、柴油）取出之后，最后残留的黑色液体状产品。符合沥青标准的，称为直馏沥青；不符合沥青标准，针入度大于 300，含蜡量大的称为渣油。在一般情况下，低稠度原油生产的直馏沥青，其温度稳定性不足，还需要进行氧化处理才能达到黏稠石油的性质指标。

② 氧化沥青。将常压或减压重油，或低稠直馏沥青在 250 ~ 300 °C 高温下吹入空气，经过数小时氧化可获得常温下为半固体或固体状的沥青。氧化沥青具有良好的温度稳定性。在道路工程中使用的沥青，氧化程度不能太深，有时也称为半氧化沥青。

③ 溶剂沥青。这种沥青是对含蜡量较高的重油采取萃取工艺，提炼出润滑油原料后所余的残渣。在溶剂萃取过程中，一些石蜡成分溶解在萃取溶剂中随之被拔出，因此，溶剂沥青中石蜡成分相对减少，其性质较由石蜡基原油生产的渣油或氧化沥青有很大的改善。

④ 裂化沥青。在炼油过程中，为增加出油率，对蒸馏后的重油在隔绝空气和高温下进行热裂化，使碳链较长的烃分子转化为碳链较短的汽油、煤油等。裂化后所得到的裂化残渣，称为裂化沥青。裂化沥青具有硬度大、软化点高、延度小，没有足够的黏度和温度稳定性，不能直接用于道路上。

（3）按沥青在常温下的稠度分类。

根据用途的不同，要求石油沥青具有不同的稠度，一般可分为黏稠沥青和液体沥青两大类。黏稠沥青在常温下为半固体或固体状态。如按针入度分级时，针入度 < 40 为固体沥青，针入度在 40 ~ 300 的呈半固体，而针入度 > 300 者为黏性液体状态。

（4）按用途分类。

① 道路石油沥青。主要含直馏沥青，是石油蒸馏后的残留物或残留物氧化而得的产品。

② 建筑石油沥青。主要含氧化沥青，是原油蒸馏后的重油经氧化而得的产品。

③ 普通石油沥青。主要含石蜡基沥青，它一般不能直接使用，要掺配或调和后才能使用。

液体沥青在常温下多呈黏性液体或液体状态，根据凝结速度的不同，可按标准黏度分级划分为慢凝液体沥青，中凝液体沥青和快凝液体沥青 3 种类型。在生产应用中，常在黏稠沥青中掺入一定比例的溶剂，配制的稠度很低的液体沥青，称为稀释沥青。

二、石油沥青的组成和结构

1. 元素组成

石油沥青是由多种碳氢化合物及其非金属（氧、硫、氮）的衍生物组成的混合物。它的分子表达通式为 $C_nH_{2n+a}O_bS_cN_d$。化学组成主要是碳（80% ~ 87%）、氢（10% ~ 15%），其次是非烃元素，如氧、硫、氮等（ < 3%）。此外，还含有一些微量的金属元素，如镍、钒、铁、锰、镁、钠等，但含量都极少，为几个至几十个 ppm（百万分之一）。

由于石油沥青的化学组成结构的复杂性，许多元素分析结果非常近似的石油沥青，它们的性质却相差很大。这主要是沥青中所含烃类基属的化学结构不同。近来的一些研究结果表明，石油沥青中所含碳原子和氢原子的数量之比（称为碳氢比，C/H），在一定程度上能说明沥青结构单元中组成烃类基属含量的大致比例，从而可间接地了解石油沥青化学组成结构的概貌。

2. 石油沥青的化学组分

目前的分析技术尚难将沥青分离为纯粹的化合物单体。为了研究石油沥青化学组成与使用性能之间的联系，从工程角度出发，将沥青所含烃类化合物中化学性质相近的成分归类分析，从而划分为若干组，称为“沥青化学组分”，简称“组分”。

将沥青分为不同组分的化学分析方法称为组分分析法。组分分析是利用沥青在不同有机溶剂中的选择性溶解或在不同吸附剂上的选择性吸附等性质。

沥青组分划分方法较多。早年，丁·马尔库松（德国）就提出将石油沥青分离为沥青酸、沥青酸酐、油分、树脂、沥青质、沥青碳和似碳物等组成的方法；后来经过许多研究者的改进，美国的 L. R 哈巴尔德和 K. E 斯坦费尔德完善为三组分分析法；再后 L. W. 科尔贝特（美国）又提出四组分分析法。

（1）三组分分析法。

石油沥青的三组分分析法是将石油沥青分离为油分、树脂、沥青质三个组分。因我国富产石蜡基和中间基沥青，在油分中往往含有蜡，故在分析时还应将油蜡分离。这种分析方法称为溶解-吸附法。

溶解-吸附法的优点是组分分解明确，组分含量能在一定程度上说明沥青的路用性能，其分析示意图见图 9.2。但是它的主要缺点是分析流程复杂，分析时间长。

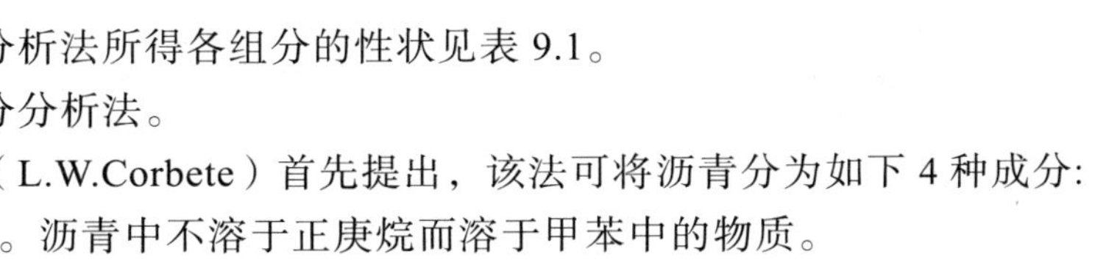

图 9.2　三组分分析法石油沥青分析流程图

按三组分分析法所得各组分的性状见表 9.1。

（2）四组分分析法。

由科尔特（L.W.Corbete）首先提出，该法可将沥青分为如下 4 种成分:

① 沥青质。沥青中不溶于正庚烷而溶于甲苯中的物质。

② 饱和分。亦称饱和烃，沥青中溶于正庚烷，吸附于 Al_2O_3 谱柱下，能为正庚烷或石油醚溶解脱附的物质。

③ 环烷芳香烃。亦称芳香烃，沥青经上一步骤处理后，为甲苯所溶解脱附的物质。

表 9.1　石油沥青三组分分析法的各组分的性状

性　状		外观特征	平均分子量 M_w	碳氢比 C/H	物化特征
组分	油　分	淡黄色透明液体	200～700	0.5～0.7	几乎可溶解于大部分有机溶剂，具有光学活性，常发现有荧光，相对密度为 0.910～0.925
	树　脂	红褐色黏稠半固体	800～3 000	0.7～0.8	温度敏感性高，熔点低于 100 °C，相对密度大于 1.00
	沥青质	深褐色固体末微粒	1 000～5 000	0.8～1.0	加热不溶化，分解为硬焦炭使沥青呈黑色

④ 极性芳香分。亦称胶质，沥青经上一步骤处理后能为苯-慢乙醇或苯-甲醇所溶解脱附的物质。

对于多蜡沥青，还可将饱和环烷芳香分用丁酮-苯混合溶液冷冻分离出蜡。石油沥青四组分分析法示图见图 9.3。

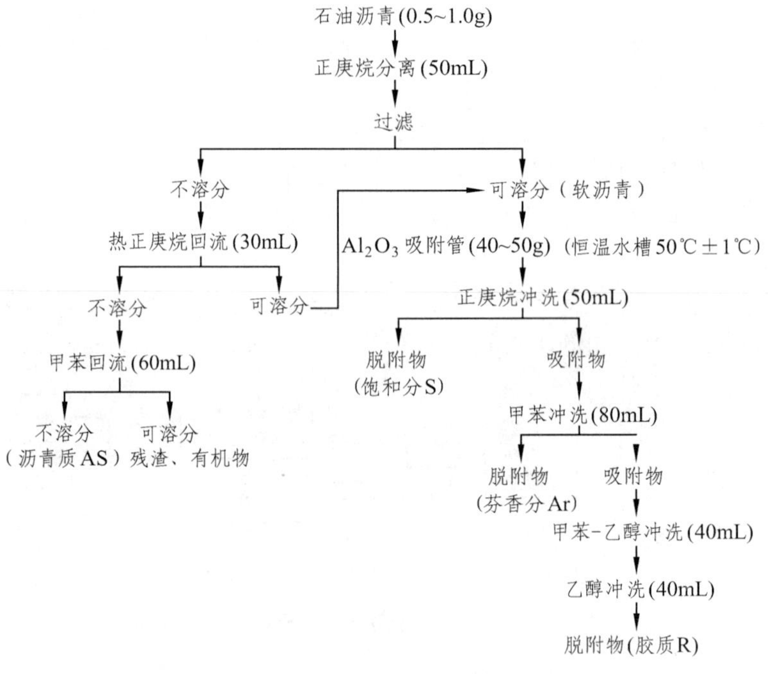

图 9.3　四组分分析法石油沥青分析流程

按四组分分析法所得各组分的性状列见表 9.2。

沥青的化学组分与沥青的物理、力学性质有着密切的关系，主要表现为沥青组分及其含量的不同将引起沥青性质趋向性的变化。一般认为：油分使沥青具有流动性；树脂使沥青具有塑性，树脂中含有少量的酸性树脂（即地沥青酸和地沥青酸酐），是一种表面活性物质，能增强沥青与矿质材料表面的吸附性；沥青质能提高沥青的黏结性和热稳定性。

表 9.2　石油沥青四组分分析法的各组分的性状

<table>
<tr><th colspan="3">性　状</th><th>外观特征</th><th>平均分子量 M_w</th><th>碳氢比 C/H</th><th>物化特征</th></tr>
<tr><td rowspan="5">组分</td><td colspan="2">沥青质</td><td>深褐色固体末微粒</td><td>1 000～5 000</td><td>＜1.0</td><td>提高热稳定性和黏滞性</td></tr>
<tr><td>饱和分</td><td rowspan="2">相当油分</td><td>无色黏稠液体</td><td rowspan="2">300～1 000</td><td rowspan="2">＜1.0</td><td rowspan="2">赋予沥青流动性</td></tr>
<tr><td>芳香分</td><td>茶色黏稠液体</td></tr>
<tr><td colspan="2">胶　质</td><td>红褐色至黑褐色黏稠半固体</td><td>500～1 000</td><td>≈1.0</td><td>赋予胶体稳定性，提高黏附性及可塑性</td></tr>
<tr><td colspan="2">蜡（石蜡和地蜡）</td><td>白色结晶</td><td>300～1 000</td><td>＜1.0</td><td>破坏沥青结构的均匀性，降低塑性</td></tr>
</table>

（3）沥青的含蜡量。

蜡在常温下呈白色晶体存在于沥青中，当温度达到 45 °C 就会由固态转变为液态。蜡组分的存在对沥青性能的影响，是沥青性能研究的一个重要课题。现有研究认为：由于沥青中蜡的存在，在高温时使沥青容易发软，导致沥青的高温稳定性降低，出现车辙；同样，低温时会使沥青变得脆硬，导致路面低温抗裂性降低，出现裂缝。此外，蜡会使沥青与石料黏附性降低，在水分作用下，会使路面集料与沥青产生剥落现象，造成路面破坏；更严重的是，含蜡沥青会使路面的抗滑性降低，影响路面的行车安全。

3. 石油沥青的结构

沥青的组分并不能全面地反映沥青材料的性质，沥青的性质还与沥青的结构有着密切的联系。

（1）胶体理论。

沥青质分散在低分子量的油分中，形成一种复杂的胶体系统。沥青质是憎油性的，而且在油分中是不溶解的。这两种组分混合会形成不稳定的体系，沥青质极易絮凝。而沥青之所以能成为稳定的胶体系统，现代胶体学说认为，沥青中沥青质是分散的，饱和分和芳香分是分散介质，但沥青质不能直接分散在饱和分和芳香分中。而胶质分作一种“胶溶剂”，沥青吸附了胶质分形成胶团后分散于芳香分和饱和分中。所以沥青的胶体结构是以沥青质为胶核，胶质分被吸附于其表面，并逐渐向外扩散形成胶团，胶团再分散于芳香分和饱和分中。

在沥青胶团结构中，从核心到油质是均匀的、逐步递变的，并无明显分界面。

（2）胶体的结构类型。

由于沥青中各组分的化学组成和相对含量的不同，可以形成不同的胶体结构。沥青的胶体结构，可以分为下列 3 个类型：

① 溶胶型结构。沥青质含量较少（＜10%），油分及树脂含量较多，胶团外薄膜较厚，胶团相对运动较自由，如图 9.4（a）所示。这种结构沥青黏滞性小、流动性大、塑性好，开裂后自行越合能力强，但温度稳定性较差，是典型液体沥青结构的特征。

② 溶-凝胶型结构。当沥青质含量适当时（15%～25%），又含适量的油分及树脂。胶团

的浓度增加，胶团间具有一点的吸引力，它介于溶胶型结构和凝胶型结构之间，称为溶-凝胶型结构，如图 9.4（b）所示。这类沥青在高温时温度稳定性好，低温时的变形能力也好，现代高级路面所用的沥青，都应属于这类胶体结构类型。

③ 凝胶型结构。油分及树脂含量较少，沥青质含量较多（ > 30%），胶团外膜较薄，胶团靠近团聚，胶团相互吸引力增大，相互移动困难，如图 9.4（c）所示。这种结构的特点是弹性和黏性较高，温度敏感性较小，流动性、塑性较低。

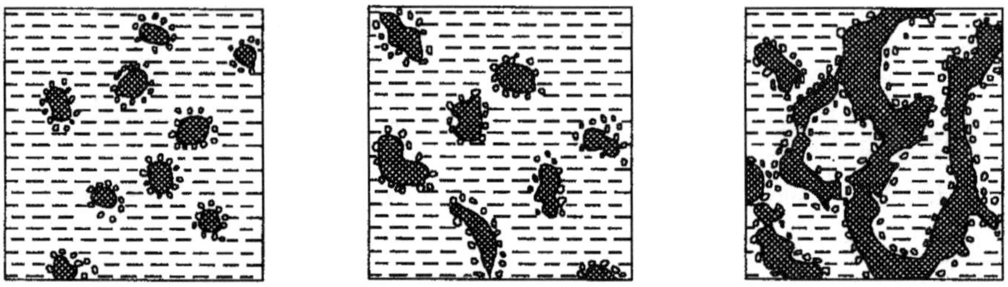

（a）溶胶型结构　　（b）溶-凝胶型结构　　（c）凝胶型结构

图 9.4　沥青的胶体结构示意图

（3）胶体结构类型的判定。

沥青的胶体结构与其路用性能有着密切的关系。为工程使用方便，通常采用针入度指数法划分其胶体结构类型（见表 9.3）。

表 9.3　沥青的针入度指数和胶体结构类型

沥青的针入度指数	沥青胶体结构类型	沥青的针入度指数	沥青胶体结构类型	沥青的针入度指数	沥青胶体结构类型
< −2	溶液	−2 ~ +2	溶凝胶	> +2	凝　胶

三、石油沥青的技术性质

用于沥青路面的沥青材料，应具备下列主要技术性质：

1. 黏滞性（黏性）

黏滞性是指沥青在外力作用下抵抗变形的能力。它反映了沥青内部组分阻碍其相对流动的特性。沥青受到外力作用后表现的变形，是由于沥青中组分胶团发生变形或胶团之间产生相互位移所致。

各种石油沥青的黏滞性变化范围很大，黏滞性的大小与组分和温度有关。当沥青质含量较高，又含有适量的树脂、少量的油分时，则黏滞性较大。在一定温度范围内，当温度升高时，黏滞性随之降低；反之则增大。

黏滞性是与沥青路面力学性质联系最密切的一种性质。在现代交通条件下，为防止路面出现车辙，沥青黏度的选择是首要考虑的参数，沥青的黏滞性通常用黏度表示。

（1）沥青的绝对黏度（亦称动力黏度）。

如果采用一种剪切变形的模型来描述沥青在沥青与矿质材料的混合料中的作用，可取一对互相平行的平面，在两平面之间分布有一沥青薄膜，薄膜与平面的吸附力远大于薄膜内部胶团之间的作用力。当下层平面固定，外力作用于顶层表面发生位移时（见图 9.5），按牛顿定律可得到式（9.1）：

$$F=\eta\cdot A\frac{v}{d} \tag{9.1}$$

式中　F——移动顶层平面的力，即等于沥青薄膜内部胶团抵抗变形的能力（N）；

A——沥青薄膜层的面积（cm^2）；

c——顶层位移的速度（m/s）；

d——沥青膜的厚度（cm）；

η——反映沥青黏滞性的系数，即绝对黏度（Pa · s）。

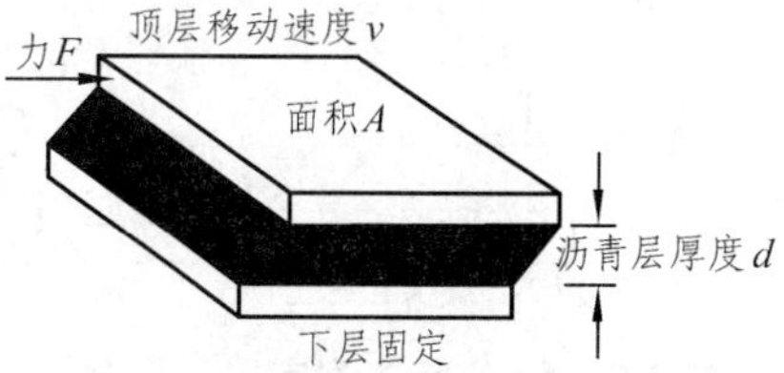

图 9.5　沥青绝对黏度概念图

由式（9.1）得知，当相邻接触面积大小和沥青薄膜厚度一定时，欲使相邻平面以速度 v 发生位移所用的外力与沥青黏度成正比。

当令 $\tau=F/A$，$\gamma=v/d$ 时，可将式（9.1）改写为

$$\eta=\frac{\tau}{\gamma} \tag{9.2}$$

式中　τ——剪应变（沥青薄膜层单位面积上所受的剪切力，N/cm^2）；

γ——剪变率（位移速度在 d 方向的变化率，s^{-1}）。

（2）沥青的相对黏度。

沥青的相对黏度，也称为条件黏度，它反映了沥青材料在温度条件下表现出的性质。

① 针入度。针入度是测定黏稠石油沥青黏结性的常用技术指标，采用针入度仪测定（见图 9.6）。沥青的针入度是在规定的温度和时间内，附加一定质量的标准针垂直灌入试样的深度，以 0.1 mm 表示。试验条件以 $P_{T,\ m,\ t}$ 表示其中 p 为针入度，T 为试验温度，m 为荷载重，t 为贯入时间。针入度值越小，表示黏度越大。

现行《公路工程沥青及沥青混合料试验规程》规定：标准针和针连杆组合件的总质量为（50 ± 0.05）g，另加（50 ± 0.05）g 的砝码一个，试验时总质量（100 ± 0.05）g，试验温度为 25 °C（当计算针入度指数 $P.\ I.$ 时可采用（15 °C、30 °C、25 °C 或 5 °C），标准针为贯入时间 5 s。例如：某沥青在上述条件时测得针入度为 65（0.1 mm），可表示为

$$p（25\ °C，100\ g，5\ s）=65（0.1\ mm）$$

我国现行使用的黏稠沥青技术标准中，针入度是划分沥青技术等级的主要指标。针入度值越大，表明沥青越软（稠度越小）。

② 黏度。黏度又称黏滞度，是测定液体沥青黏结性的常用技术指标。

黏度是指沥青试样在规定温度下，通过规定孔径，流出 50 mL 试样所需的时间，以 s 为单位。我国目前采用道路标准黏度计测定（见图 9.7）。

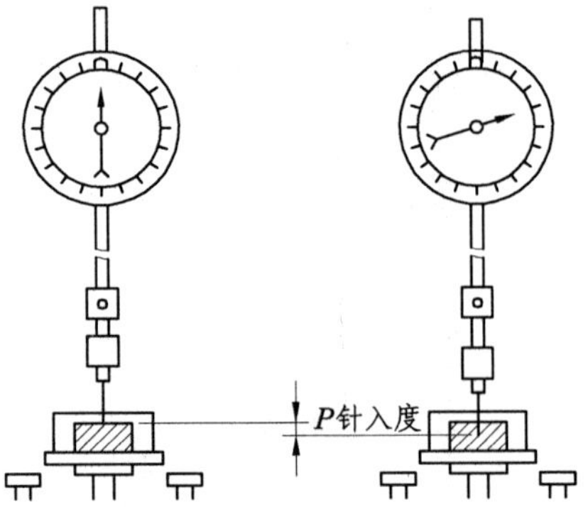

图 9.6　针入度法测定黏稠沥青针入度示意图

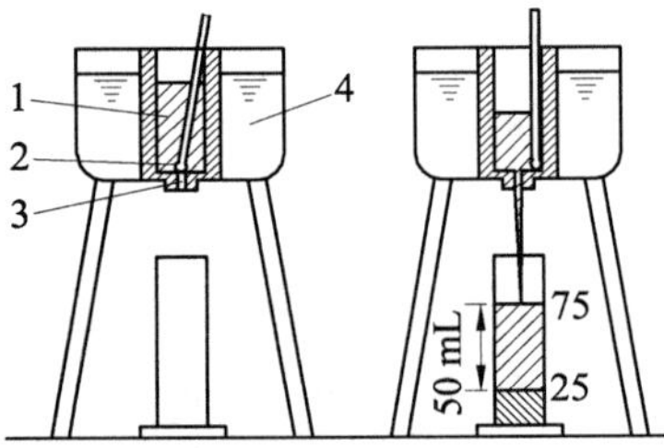

图 9.7　标准黏度计测定液体沥青示意图

1—沥青试样；2—活动球塞；3—流孔；4—水

根据《公路工程沥青及沥青混合试验规程》规定：液体状态的沥青材料，在标准黏度计中，于规定的温度条件下（20 °C、25 °C、30 °C、或 60 °C），通过规定的流孔直径（3 mm、4 mm、5 mm 及 10 mm）流出 50 mL 体积沥青所需的时间（s），以 $C_{T,\ d}$ 表示。其中 C 为黏度，T 为试验温度，d 为流孔直径。例如，某沥青在 60 °C 时，自 5 mm 孔径流出 50 mL 沥青所需时间为 100 s，表示为 $C_{60.\ 5}=100$ s。在相同温度和相同流孔条件下流出时间越长，表示沥青黏度越大。

我国液体沥青是采用黏度来划分技术等级的。

2. 塑　性

塑性是指沥青在外力作用下发生变形而不被破坏的能力。

影响塑性大小的因素与沥青的组分及温度有关。沥青中树脂含量多，油分及沥青质含量适当，则塑性较大。当温度升高，塑性增大，沥青膜层越厚则塑性越高；反之，塑性越差。在常温下，塑性好的沥青不易产生裂缝，并能减少摩擦时的噪声。同时，它对于沥青在温度降低时抵抗开裂的性能有着重要影响。

现行《公路工程沥青及沥青混合试验规程》规定：沥青的塑性用延度表示，用延度仪测定（见图 9.8）。沥青延度是将沥青试样制成“∞”字形标准试模（中间最小截面为 1 cm^2）在规定速度 5 cm/min 和规定温度 25 °C 或 15 °C 下拉断时的长度，以 cm 表示。

沥青的延度越大，塑性越好，其柔性和抗断裂性能越好。

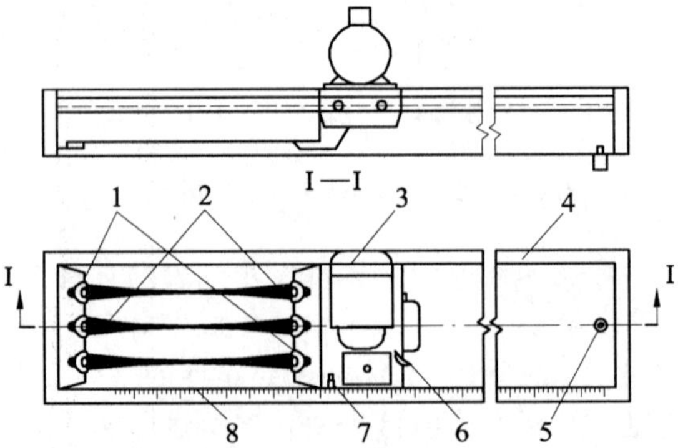

图 9.8　延度仪

3. 温度稳定性（感温性）

感温性是指沥青的黏滞性和塑性，随温度升降不产生较大变化的性能。当温度升高时，沥青由固态或半固态逐渐软化成黏流状态；当温度降低时由黏流状态转变为半固态或固态，甚至变脆。温度稳定性高的沥青，使用时不易因夏季高温而软化，也不易因冬季低温而变脆。在工程上使用的沥青，要求具有良好的温度稳定性。

（1）高温敏感性用软化点表示沥青材料由固体状态变为具有一定流动性时的温度为软化点。

我国现行试验方法《公路工程沥青及沥青混合试验规程》规定：沥青软化点一般采用环球法软化点仪测定（见图 9.9）。即将沥青式样装入规定尺寸的铜环内（内径 18.9 mm），式样上放置标准的钢球（重 3.5 g）浸入水或甘油中，以规定的升温速度（5 °C/min）加热，使沥青软化下垂至规定距离时的温度（以°C 表示）。软化点越高，表明沥青的耐热性越好，即温度稳定性越好。

针入度是在规定温度下，沥青的条件黏度，而软化点则是沥青达到规定条件黏度时的温度。软化点既是反映沥青材料感温性的一个指标，也是沥青黏度的一种量度。

针入度、延度、软化点是评价黏稠石油沥青路用性能最常用的经验指标，所以通称“三大指标”。

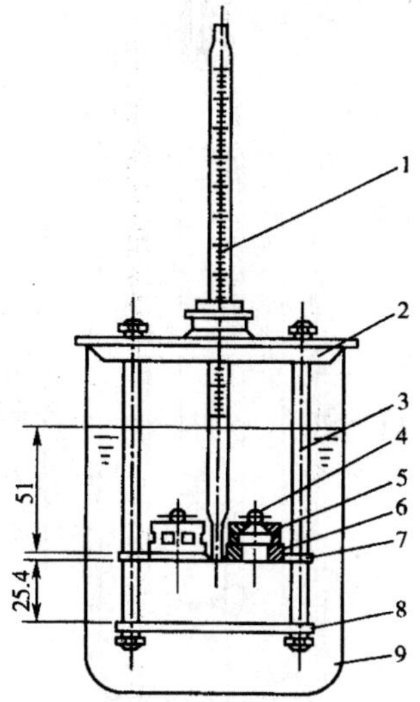

图 9.9　软化点试验仪（尺寸单位：mm）

1—温度计；2—上盖板；3—立杆；4—钢球；5—钢球定位环；6—金属环；7—中层板；8—下层板；9—烧杯

（2）低温抗裂性用脆点表示。脆点是指沥青材料由黏稠状态转变为固体状态达到条件脆裂时的温度。

《公路工程沥青及沥青混合料试验规程》规定采用弗拉斯法测定沥青脆点。脆点试验是将沥青试样均匀涂在金属片上，置于有冷却设备的脆点仪内，摇动脆点仪的曲柄，使涂有沥青的金属片产生重复弯曲，随制冷剂温度降低，沥青薄膜温度也逐渐降低，当沥青薄膜在规定弯曲条件下，产生断裂时的温度，即为脆点，见图 9.10、图 9.11。

在工程实际应用中，要求沥青具有较高的软化点和较低的脆点，否则容易发生沥青材料夏季流淌或冬季变脆甚至开裂等现象。

4. 加热稳定性

沥青在加热或长时间的加热过程中，会发生轻馏分挥发、氧化、裂化、聚合等一系列物理及化学变化，使沥青的化学组成及性质相应地发生变化。这种性质称为沥青热稳定性。

为了解沥青材料在路面施工及使用过程的耐久性，规范《公路工程沥青及沥青混合试验规程》规定：要对沥青材料进行加热质量损失和加热后残渣性质的试验，黏稠石油沥青采用蒸发损失试验、沥青薄膜加热试验；对于液体石油沥青采用沥青的蒸馏试验。

（1）沥青的蒸发损失试验。将 50 g 沥青试样装入盛样皿（筒状，内径 55 mm，深 35 mm）中，置于烘箱内，在 163 °C 下保持受热 5 h，冷却后测定其质量损失，并测定残留物的针入度。

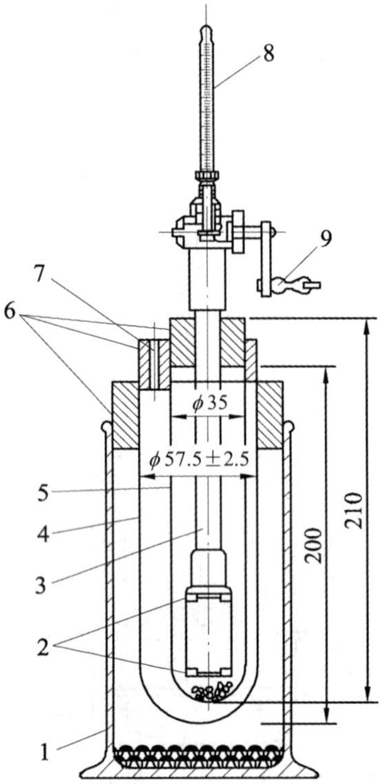

图 9.10　弗拉斯脆点仪（尺寸单位：mm）

1—外筒；2—夹钳；3—硬塑料管；4—真空玻管；5—试样管；6—橡胶管；7—通冷却液管道；8—温度计；9—摇把

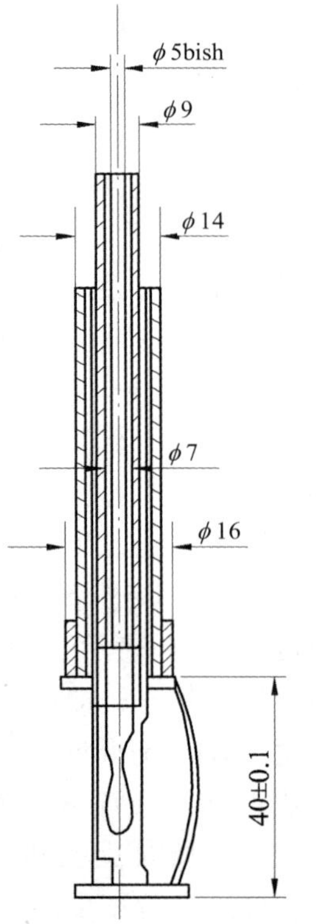

图 9.11　弯曲器（尺寸单位：mm）

沥青经加热损失试验后，由于沥青中轻质馏分挥发，不稳定成分发生氧化、聚合等作用，导致残留物性能与原始材料性能有很大的差别。主要表现为针入度减小，软化点升高和延度降低。

在沥青的蒸发损失试验中，沥青试样的厚度约为 21 mm，受热时与空气接触面积较小，只有表面薄层的沥青发生氧化，而在实际使用沥青时，往往需要将沥青与矿料在较高的温度下拌和均匀。这就是说：实际使用的沥青呈薄膜状分布，沥青与空气的接触面积较大，所以对道路黏稠石油沥青采用沥青薄膜加热试验。

（2）沥青薄膜加热试验。3.2 mm 厚的试样在规定温度条件下，经规定时间加热，测定试验前后沥青质量和性质的变化。

该法是将 50 g 沥青试样装入盛样皿（内径 140 mm，深 9.5 ~ 10 mm）内，使沥青成为厚约 3.2 mm 的沥青薄膜。沥青薄膜在 163 °C 的标准薄膜加热烘箱（见图 9.12）中加热 5 h 后，取出冷却，测定其质量损失，并按规定的方法测定残留物的针入度、延度等技术。

（3）液体石油沥青蒸馏试验。蒸馏试验是将沥青在标准曲颈蒸馏器（见图 9.13）内加热测定。选择馏出阶段较接近，同时具有相同物理、化学性质的馏分含量，以占试样体积百分比表示。除非有特殊要求，各馏分蒸馏的标准切换温度为 225 °C、316 °C、360 °C。通过此试验可了解液体石油沥青含各温度范围内轻质挥发油的数量，并可根据对残留物的性质测定预估液体沥青在道路路面中的性质。

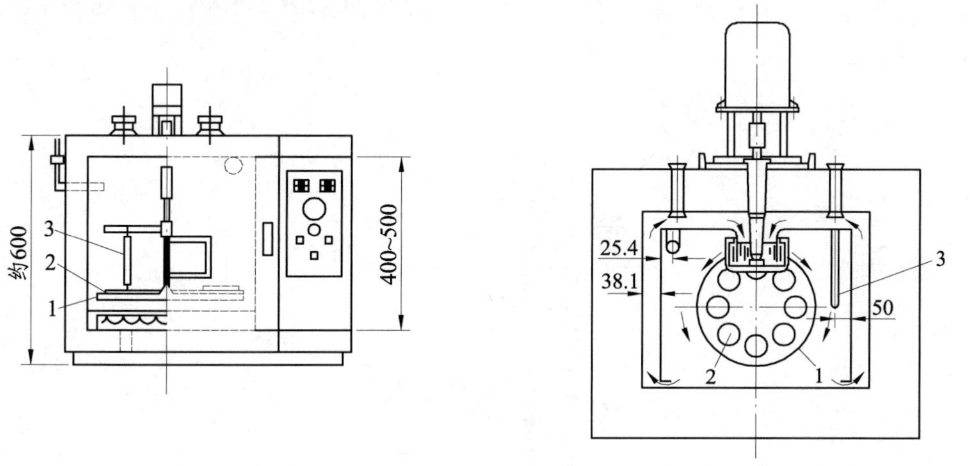

（a）薄膜加热烘箱

1—转盘；2—试样；3—温度计

（b）旋转薄膜加热烘箱

1—垂直转盘；2—盛样瓶插孔；3—温度计

图 9.12　沥青薄膜加热烘箱（尺寸单位：mm）

5. 安全性

沥青材料在使用时必须加热。当加热至一定温度时，沥青材料中挥发的油分蒸汽与周围空气组成混合气体，此混合气体遇火焰则发生闪火；若继续加热，油分蒸汽的饱和度增加。由于此种蒸汽与空气组成的混合气体遇到火焰极易燃烧，而引起火灾或导致沥青烧坏，为此必须测定沥青的闪点和燃点。

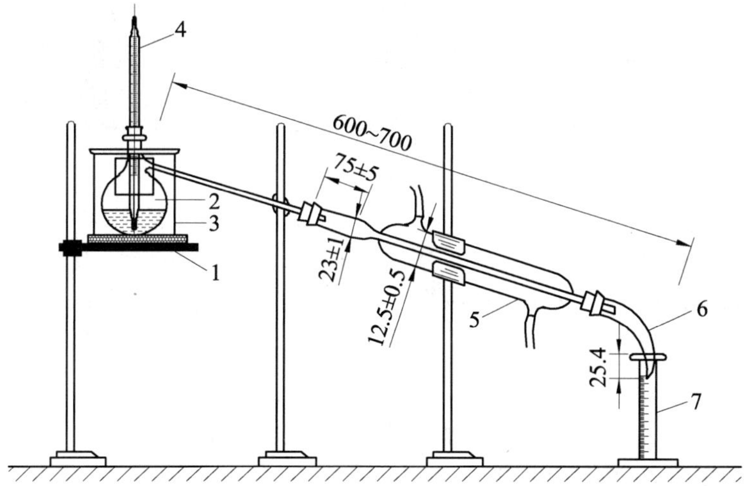

图 9.13　液体石油沥青蒸馏试验（尺寸单位：mm）

1—调节加热器；2—蒸馏烧杯；3—保温罩；4—温度计；5—冷凝管；6—牛角管；7—量筒

（1）闪点（闪火点）。加热沥青挥发的可燃气体与空气组成混合气体在规定条件下与火接触，产生闪光时的沥青温度（°C）常采用开口杯式闪点仪测定（见图 9.14）。

（2）燃点（着火点）。指沥青加热产生的混合气体与火接触能持续燃烧 5 s 以上时的沥青温度（°C）。

闪点、燃点温度一般相差 10 °C 左右。《公路工程沥青及沥青混合料试验规程》中用克利夫兰开口杯式闪点仪测定（见图 9.14）。

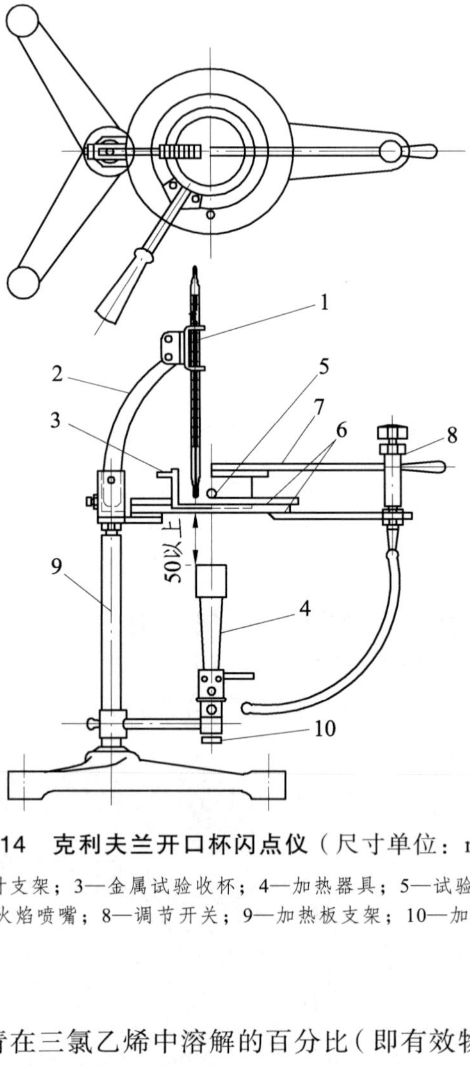

图 9.14　克利夫兰开口杯闪点仪（尺寸单位：mm）

1—温度计；2—温度计支架；3—金属试验收杯；4—加热器具；5—试验标准球；6—加热板；7—实验火焰喷嘴；8—调节开关；9—加热板支架；10—加热调节器

6. 溶解度

沥青的溶解度是指沥青在三氯乙烯中溶解的百分比（即有效物质含量）。那些不溶解的物质为有害物质（沥青碳，似碳物），它会降低沥青的性能，应加以限制。

7. 含水量

沥青几乎不溶于水，具有良好的防水性能。但沥青材料不是绝对不含有水分的，水在纯沥青中的溶解度一般为 0.001 ~ 0.019。

如沥青中含有水分，施工中挥发太慢，影响施工速度，所以要求沥青中含水量不宜过多。在加热过程中，如水分过多，易产生“溢锅”现象，引起火灾，使材料损失。所以，在熔化沥青时应加快搅拌速度，促进水分蒸发，控制加热温度。

沥青的含水量用沥青含水量测定仪测定（见图 9.15）。液体沥青可直接抽提；黏稠沥青需加挥发性溶剂（二苯甲等）以助水分蒸发。含水量以抽提出的水分占沥青重量的百分比表示。水分如小于 0.025 mL（二十分刻度的半格）时，则认为是痕迹。

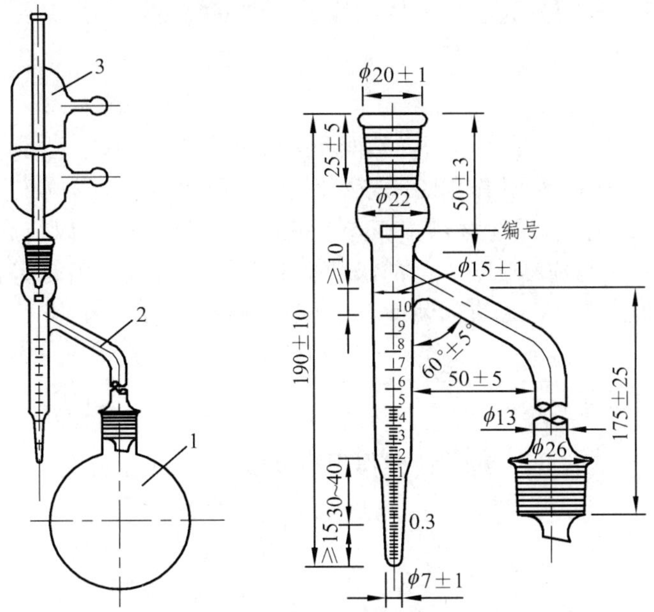

图 9.15　沥青含水量测定仪水分接收器（尺寸单位：mm）

1—烧瓶；2—水分接收器；3—冷凝管

8. 针入度指数

荷兰学者普费（Pfeiffer）等研究提出，应用经验的针入度和软化点得到的试验结果，找出其中的变化规律以便能表征沥青的感温性和胶体结构的指标，称“针入度指数”（$P.I.$）。

沥青在不同温度下的针入度值，若以针入度的对数为纵坐标，以温度为横坐标，可得到如图 9.16 所示的直线关系，以式（9.3）表示：

$$\lg P = AT + K \tag{9.3}$$

式中　A——针入度温度感应性系数，由针入度和软化点确定；

K——截距。

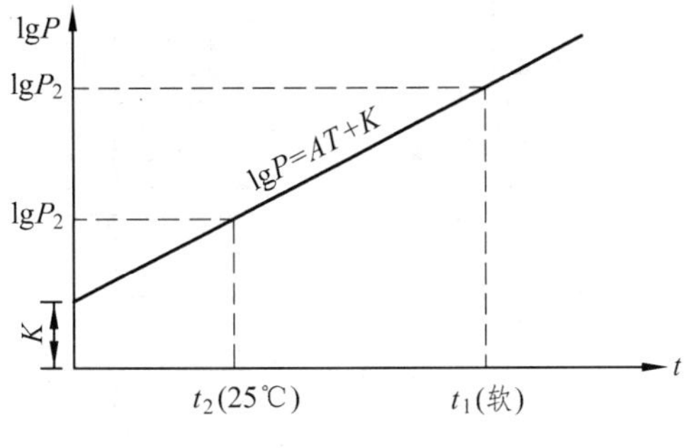

图 9.16　针入度-温度关系图

根据试验研究认为，各种沥青达到软化点（T_m）温度时，此时的针入度恒等于 800（1/10 mm），因此斜率 A 可由式（9.4）表示：

$$A = \frac{\lg 800 - \lg P(25\ ^\circ\mathrm{C},\ 100\ \mathrm{g},\ 5\ \mathrm{s})}{T_{软} - 25} \tag{9.4}$$

沥青针入度指数 $P.I.$ 是针入度和软化点的函数。针入度、温度感应性系数（A）与针入度指数（$P.I.$）的关系可按式（9.5）绘制成诺模图 9.17。

$$P.I.=\frac{30}{1+50A}-10 \tag{9.5}$$

针入度指数可将沥青划分为三种胶体结构，见表 9.3。

9. 劲　度

劲度模量也称刚度模量，是表示沥青黏性和弹性联合效应的指标。大多数沥青在变形时呈现黏-弹性。当变形量较小，荷载作用时间较短时，以弹性形变为主；反之，以黏性形变为主。

范·德·波尔在论述黏-弹性材料（沥青）的抗变形能力时，以荷载作用时间（t）和温度（T）作用应力（σ）与应变（ε）之的函数，即在一定荷载作用时间和温度条件下，应力与应变的比值称为劲度模量 s_b（简称劲度）。故劲度模量可表示为

$$s_b=\left(\frac{\sigma}{\varepsilon}\right)_{t,\,T} \tag{9.6}$$

沥青的劲度（s_b）与温度（T）、荷载作用时间（t）和沥青流变类型（针入度指数 $P.I.$）等参数有关，如式（9.7）：

$$s_b=f(T,\ t,\ P.I.) \tag{9.7}$$

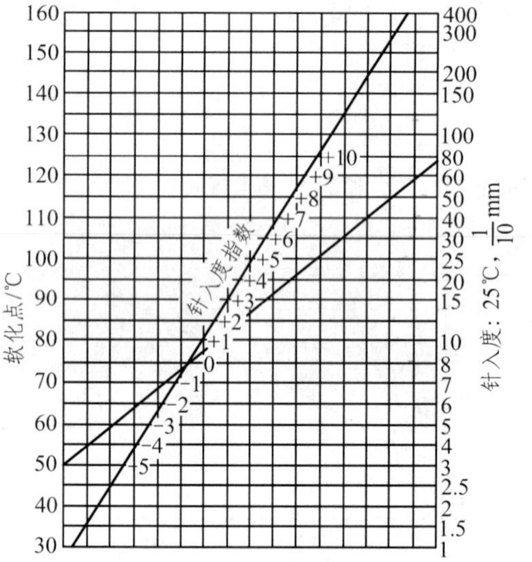

图 9.17　确定沥青针入度指数用诺模图

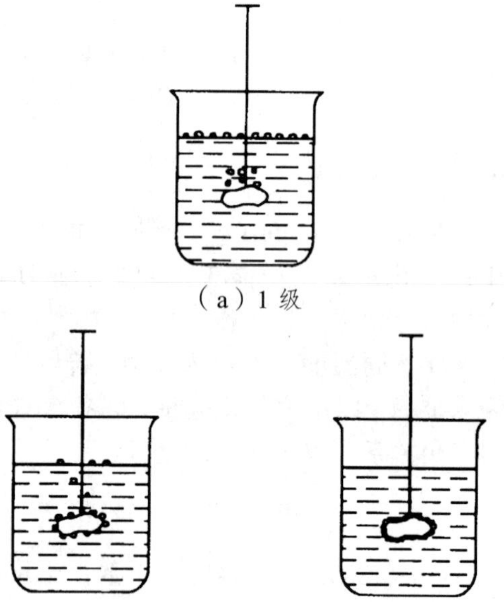

图 9.18　沥青与矿料抗剥性试验（水煮法）

10. 黏附性

黏附性是路用沥青重要性能之一。它直接影响沥青路面的使用质量和耐久性。沥青裹覆石料后的抗水性（即抗剥性）不仅与沥青的性质有密切关系，而且与集料性质有关。当采用一种固定的沥青时，不同矿物成分的石料的剥落度也有所不同。从碱性、中性直至酸性石料，随着 SiO_2 含量的增加，剥落度亦随之增加。为保证沥青混合料的强度，在选择石料时应优先

考虑利用碱性石料；当地缺乏碱性石料必须采用酸性石料时，可掺加各种抗剥剂以提高石料与沥青的黏附性。

对沥青与石料黏附性的试验方法,《公路工程沥青及沥青混合料试验规程》规定，采用水煮法（见图 9.18）和水浸法。

浸煮后，观察矿料颗粒上沥青膜的剥落程度，并按表 9.4 评定其黏附等级。

表 9.4　沥青与集料的黏附性等级

试验后石料表面上沥青膜剥落情况	黏附性等级
沥青膜完全保存，剥落面积百分比接近于 0	5
沥青膜少部分为水所移动，厚度不均匀，剥落面积百分比少于 10%	4
沥青膜局部明显为水所移动，但还基本留在石料表面上，剥落面积百分比少于 30%	3
沥青膜大部分为水所移动，局部保留在石料表面上，剥落面积百分比大于 30%	2
沥青膜完全为水所移动，石料基本裸露，沥青完全浮于水面上	1

11. 老　化

沥青在自然因素（热、氧化、光和水）的作用下，产生“不可逆”的化学变化，导致路用性能劣化，通常称之为“老化”。

沥青在使用过程中，由于长时间受阳光、空气和水的作用，以及沥青与矿料间的物理-化学作用，沥青分子会发生氧化和聚合作用，使低分子化合物转变为较高分子化合物。其组分转化大致如下：

油质→树脂→沥青质→沥青碳、似碳物

沥青老化后，其化学组分改变，性质也发生改变，表现为针入度减少、延度降低、软化点升高、绝对黏度提高、脆点降低等。

沥青组分在转化过程中，表现为饱和分变化甚少，芳香分明显转变为胶质（速度较慢），而胶质又转变沥青质（速度较快），由于芳香分转变为胶质，不足以补偿胶质转变为沥青质，所以最终是胶质显著减少，而沥青质显著增加。

反映沥青老化的技术指标主要有：加热质量损失和加热后残渣针入度比、残留延度等。

四、我国道路石油沥青的技术要求

1. 道路石油沥青的技术要求

道路石油沥青的质量应符合表 9.5 的要求。经建设单位同意，沥青的 *P. I.* 值、60 °C 动力黏度，10 °C 延度可作为选择性指标。

表 9.5　道路石油沥青的适用范围

沥青等级	适用范围
A 级沥青	各个等级的公路，适用于任何场合和层次
B 级沥青	① 高速公路、一级公路沥青下面层及以下的层次，二级及二级以下公路的各个层次； ② 用做改性沥青、乳化沥青、改性乳化沥青、稀释沥青的基质沥青
C 级沥青	三级及三级以下公路的各个层次

在《公路沥青路面施工技术规范》(JTG F40—2004)中修订了沥青等级划分方法，并增补了沥青的技术指标，以全面地、充分地反映沥青的技术性能。在这个标准中，以沥青路面的气候条件为依据，在同一个气候分区内根据道路等级和交通特点再将沥青分为 1～3 个不同的针入度等级；在技术指标中增加了反映沥青感温性的指标——针入度指数 *P. I.*，沥青高温性能指标 60 °C 动力黏度，并选择 10 °C 延度指标评价沥青的低温性能，有关技术要求见表 9.6。

表 9.6　道路石油沥青技术要求(JTG F10—2003)

指标	等级	160 号	130 号	110 号			90 号					70 号[5]					50 号[5]	30 号
适用的气候分区[1]		注④	注④	2-1	2-2	2-3	1-1	1-2	1-3	2-2	2-3	1-3	1-4	2-2	-3	2-4	1-4	注⑥
针入度(25 °C，100 g，5 s)(0.1 mm)		140～200	120～140	100～120			80～100					60～80					40～60	20～40
针入度指数 *P. I.* ②，③	A	−1.5～+1.0																
	B	−1.8～+1.0																
软化点(R & B)°C，不小于	A	38	40	43			45			44		46		45			49	55
	B	36	39	42			43			42		44		43			46	53
	C	35	37	41			42					43					45	50
60 °C 动力黏度(Pa.s)，不小于	A	—	60	120			160			140		180		160			200	260
10 °C 延度[3] /cm，不小于	A	50	50	40			45	30	20	30	20	0	5	5	0	5	15	—
	B	30	30	30			30	20	15	20	15	5	0	0	5	0	20	—
15 °C 延度 /cm，不小于	A、B																	
	C	80	80	60			50					40					40	40
闪点(COC)/°C，不小于		230					260											
含蜡量(蒸馏法)/%，不大于	A	2.2																
	B	3.0																
	C	4.5																
溶解度/%，不小于		99.5																
15 °C 密度 / $(g/cm)^3$		实测记录																
薄膜加热试验(旋转薄膜加热功当量试验)后																		
质量变化/%，不大于		±0.8																

续表

指标	等级	160 号	130 号	110 号	90 号	70 号⑤	50 号⑤	30 号
残留针入度比/%，不小于	A	48	54	55	57	61	63	65
	B	45	50	52	54	58	60	62
	C	40	45	48	50	54	58	60
10 °C 残留延度/cm，不小于	A	12	12	10	8	6	2	—
	B	10	10	8	6	4	2	—
15 °C 残留延度/cm，不小于	C	40	36	30	20	15	10	—

注：① 试验方法按照现行《公路工程沥青及沥青混合料试验规程》（JTJ 052—2000）规定的方法执行。用于仲裁试验时，求取针入底指数 *P.I.* 的 5 个温度与针入度相关系数不得小于 0.997。

② 经建设单位同意，表中的针入度指数 *P.I.*、60 °C 动力黏度、10 °C 延度作为选择性指标；也可作为施工质量检验指标。

③ 30 号沥青仅适用于沥青稳定基层。130 号和 160 号沥青除寒冷地区可直接在中低级公路上直接应用外，通常用于乳化沥青、稀释沥青、改性沥青的基质沥青。

④ 70 号沥青可根据需要，要求供应商提供针入度范围为 60 ~ 70 或 70 ~ 80 的沥青，50 号沥青可要求提供针入度范围为 40 ~ 50 或 50 ~ 60 的沥青。

⑤ 老化试验以 TFOT 为准，也可以 RTFOT 代替。

2. 道路液体石油沥青的技术标准

道路用液体石油沥青的技术要求，按液体沥青的凝固速度而分为快凝、中凝、慢凝 3 个等级，快凝的液体石油沥青又划分为 3 个标号。除黏度外，对蒸馏的馏分及残留物性质、闪点和含水分等提出相应的要求。技术要求见表 9.7。

表 9.7　道路液体石油沥青技术要求

试验项目		快凝		中凝						慢凝						试验方法
		AL（R）-1	AL（R）-2	AL（M）-1	AL（M）-2	AL（M）-3	AL（M）-4	AL（M）-5	AL（M）-6	AL（S）-1	AL（S）-2	AL（S）-3	AL（S）-4	AL（S）-5	AL（S）-6	
黏度/s	$C_{25.5}$	< 20	—	< 20	—	—	—	—	—	< 20	—	—	—	—	—	T0621
	$C_{60.5}$	—	5 ~ 15	—	5 ~ 15	16 ~ 25	26 ~ 40	41 ~ 100	101 ~ 200	—	5 ~ 15	16 ~ 25	26 ~ 40	41 ~ 100	101 ~ 200	
蒸馏（体积）/%	225 °C 前	> 20	> 15	< 10	< 7	< 3	< 2	< 0	0	—	—	—	—	—	—	T0632
	315 °C 前	> 35	> 30	< 35	< 25	< 17	< 14	> 8	< 5	—	—	—	—	—	—	
	360 °C 前	> 45	> 35	< 50	< 35	< 30	< 25	< 20	< 15	< 40	< 35	< 25	< 20	< 15	< 5	
蒸馏后残留物性质	针入度（25 °C，100 g，5 s）（1/10 mm）	60 ~ 200	60 ~ 200	100 ~ 300	100 ~ 300	100 ~ 300	100 ~ 300	100 ~ 300	100 ~ 300	—	—	—	—	—	—	T0604
	延度 25 °C/cm，大于	60	60	60	60	60	60	60	60	—	—	—	—	—	—	TO605
	浮漂度（50 °C）/s	—	—	—	—	—	—	—	—	< 20	> 20	> 30	> 40	> 45	> 45	TO631

续表

试验项目	快凝			中凝					慢凝						试验方法
	AL(R)-1	AL(R)-2	AL(M)-1	AL(M)-2	AL(M)-3	AL(M)-4	AL(M)-5	AL(M)-6	AL(S)-1	AL(S)-2	AL(S)-3	AL(S)-4	AL(S)-5	AL(S)-6	
闪点(TOC)/°C 大于	30	30	65	65	65	65	65	65	70	70	100	100	120	120	TO633
含水量/%，不大于	0.2	0.2	0.2	0.2	0.2	0.2	0.2	0.2	2.0	2.0	2.0	2.0	2.0	2.0	TO612

第二节　其他品种沥青

一、煤 沥 青

煤沥青（俗称柏油）是用煤在隔绝空气的条件下干馏，制取炼焦和制煤气的副产品——煤焦油——炼制而成。根据煤干馏的温度不同，而分为高温煤焦油（700 °C 以上）和低温煤焦油（450 ~ 700 °C）两类。路用煤沥青主要是由炼焦或制造煤气得到的高温煤焦油加工而得。

1. 煤沥青的化学组成和结构特点

（1）煤沥青的化学组成。

煤沥青的组成主要是芳香族碳氢化合物及其氧、硫和氮的衍生物的混合物，其元素组成主要为 C、H、O、S 和 N。煤沥青的化学结构极其复杂，有环结构上带有侧链的，但侧链很短。对煤沥青化学组分的研究，与就石油沥青研究方法相同，也是采用选择性溶解等方法将煤沥青划分为几个化学性质相近且与路用性能有一定联系的组分进行研究。我国主要采用葛氏法，其流程如图 9.19 所列。煤沥青组分如下：

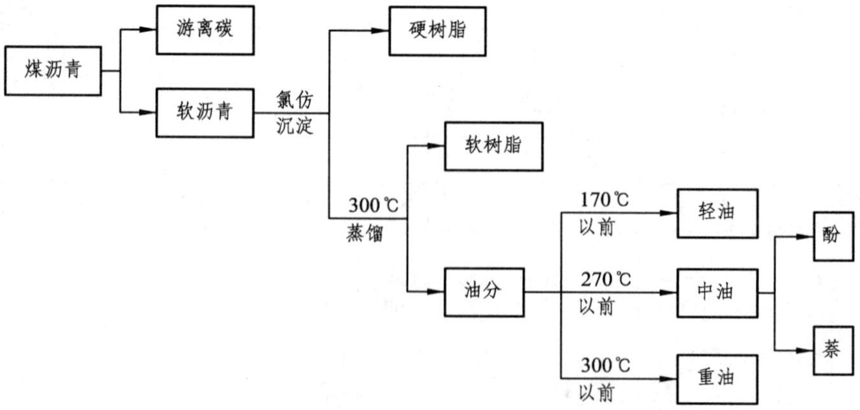

图 9.19　B.O.葛列米尔德的煤沥青化学组分分析

① 游离碳。又称自由碳，是高分子有机化合物的固态碳质微粒，不溶于任何有机溶剂，具有足够的稳定性，只有在高温下才能溶解。在煤沥青中含有游离碳能增强沥青的黏滞性、提高其热稳定性。但游离碳超过一定含量时，沥青的低温脆性亦随之增加。煤沥青中游离碳相当于石油沥青中的沥青质，但颗粒比沥青质大得多。

② 树脂。

a. 硬树脂：固态晶体结构，在沥青中能增强其黏滞性，也类似石油沥青中的沥青质。

b. 软树脂：赤褐色黏塑状物质，溶于氯仿，稳定性较低。能使煤沥青具有塑性，类似于石油沥青中的树脂。

③ 油分。主要由液体未饱和的芳香族碳氢化合物所组成，与石油沥青中的油分类似，使煤沥青具有流动性。在油分中包含萘油、蒽油和酚油等。当蒽油含量小于 15% 时，可溶于油分中；当其含量大于 15%，温度低于 10 °C 时，由于萘油变成晶体，使煤沥青的稠度增加。萘在常温下易挥发，所以对煤沥青的技术性质有不良的影响。蒽油含量在 15% ~ 25% 时，同样能降低煤沥青的黏滞性；若超过此含量，蒽油结晶，也使煤沥青的黏度增加。蒽油有毒，能引起呼吸道黏膜和皮肤发炎、疼痛。

此外，煤沥青中含少量的碱性物质（吡啶、喹啉等）和酸性物质（主要是酚）。酚有毒且易与碱作用生成易溶于水的酚盐，能降低沥青的水稳定性，故酚在煤沥青中的含量越少越好。煤沥青中的酸碱物质都属表面活性物质，相当于石油沥青中的沥青酸与沥青酸酐，但其活性物质含量高于石油沥青。所以煤沥青表面活性比石油沥青高，与石料的黏附力较好。

（2）煤沥青的结构。

煤沥青和石油沥青相类似，也是复杂的胶体分散系，其中游离碳和硬树脂组成的胶体微粒为分散相，油分为分散介质；而软树脂为保护物质，它吸附于固态分散胶粒周围，逐渐向外扩散，并溶解于油分中，使分散系形成稳定的胶体物质。

2. 煤沥青的技术性质与技术标准

（1）煤沥青的技术性质。

① 黏度。表示煤沥青的稠度。煤沥青组分中油分含量减少、固态树脂及游离碳量增加时，则煤沥青的黏度增高。煤沥青的黏度测定方法与液体沥青相同，亦是用道路沥青标准黏度计测定。

② 蒸馏试验的馏分含量及残渣性质。煤沥青中含有各沸点的油分，这些油分的蒸发将影响沥青的性质。因而煤沥青的起始黏滞度并不能完全表达其在使用过程中黏结性的特征。

为了预估煤沥青在路面使用过程中的性质变化，在测定其起始黏滞度的同时，还必须测定煤沥青在各温度阶段所含馏分及其蒸馏后残留物的性质。

煤沥青蒸馏试验是测定试样受热时，在规定温度范围内蒸出的馏分含量，以质量百分比表示。除非特殊需要，各馏分蒸馏的标准切换温度为 170 °C、270 °C、300 °C。

馏分含量的规定，控制了煤沥青由于蒸发而发生老化，残渣性质试验保证了煤沥青残渣具有适宜的黏结性与温度稳定性。

③ 煤沥青焦油酸含量。煤沥青的焦油酸（亦称酚）主要存在于煤沥青的中油中，故测定煤沥青中酚的含量是通过测定试样总的蒸馏馏分与碱性溶液氢氧化钠作用，使 C_6H_5OH 与氢

氧化钠形成水溶性酚盐（C_6H_5ONa），根据酚钠体积求算出煤沥青中酚的含量，以体积百分比表示。

焦油酸溶解于水，易导致路面强度降低，同时它有毒，因此对其在沥青中的含量必须加以限制。

④ 含萘量。萘在煤沥青中低温时易结晶析出，使煤沥青产生假黏度而失去塑性，同时常温下易升华，并促使“老化”加速，降低煤沥青的技术性质。此外，萘有毒，故对其含量应加以限制。煤沥青的萘含量是取酚含量测定后的无酚中油，在低温下使萘结晶，然后与油分离而获得“粗萘”。萘含量即以粗萘占煤沥青的质量百分比表示。

⑤ 甲苯不溶物。煤沥青的甲苯不溶物含量，是试样在规定的甲苯溶剂中不溶物（游离碳）的含量，用质量百分比表示。

⑥ 含水分。与石油沥青一样，在煤沥青中含有过量的水分会使煤沥青在施工加热时发生许多困难，甚至导致材料质量的劣化和火灾。煤沥青含水量的测定方法与石油沥青相同。

（2）煤沥青的技术标准。

根据煤沥青在工程中应用要求的不同，按照稠度可划分为软煤沥青（液体、半固体的）和硬煤沥青（固体的）两大类。道路工程主要应用的是软煤沥青，用于道路的软煤沥青又按其黏度和有关技术性质分为 9 个标号，其技术要求见表 9.8。

表 9.8　道路用煤沥青技术要求

试验项目		T-1	T-2	T-3	T-4	T-5	T-6	T-7	T-8	T-9	试验方法
黏度/s	$C_{30,5}$ $C_{30,10}$ $C_{50,10}$ $C_{60,10}$	5 ~ 25	26 ~ 70	5 ~ 25	26 ~ 50	51 ~ 120	121 ~ 200	10 ~ 75	76 ~ 200	35 ~ 65	TO621
蒸馏试验馏出量/%	170 °C 前，不大于	< 3	< 3	< 3	< 2	< 1.5	< 1.5	< 1.0	< 1.0	< 1.0	T0641
	270 °C 前，不大于	< 20	< 20	< 20	< 15	< 15	< 15	< 10	< 10	< 10	
	300 °C 前，不大于	5 ~ 15	15 ~ 35	< 30	< 30	< 25	< 25	< 20	< 20	< 15	
300 °C 蒸馏残渣软化点（环球法）°C		30 ~ 45	30 ~ 45	35 ~ 65	35 ~ 65	35 ~ 65	35 ~ 65	40 ~ 70	40 ~ 70	40 ~ 70	T0606
水分，不大于，%		1.0	1.0	1.0	1.0	1.0	0.5	0.5	0.5	0.5	T0612
甲苯不溶物，不大于，%		20	20	20	20	20	20	20	20	20	T0646
含萘量，不大于，%		5	5	5	4	4	3.5	3	2	2	T0645
焦油酸含量，不大于，%		4	4	3	3	2.5	2.5	1.5	1.5	1.5	T0642

（3）煤沥青在技术性质上与石油沥青的差异。

① 煤沥青的温度稳定性差。煤沥青是较粗的分散系，同时可溶性树脂含量较多，受热易软化，温度稳定性差。因此，加热温度和时间都要严格控制，更不宜反复加热，否则易引起性质急剧恶化。

② 煤沥青的大气稳定性差。由于煤沥青中含有较多不饱和碳氢化合物，在热、阳光、氧气等长期综合作用下，使煤沥青的组分变化较大，易老化变脆。

③ 煤沥青塑性较差。因煤沥青含有较多的游离碳，而使塑性降低，所以在使用时易因受力变形而开裂。

④ 煤沥青与矿质材料表面黏附性能好 煤沥青组分中含酸、碱性物质较多，它们都是极性物质，赋予煤沥青较高的表面活性和较好的黏附力，对酸、碱性石料均能较好地黏附。

⑤ 煤沥青防腐性能好。由于煤沥青中含有酚 、蒽、萘油等成分，所以防腐性好，故宜用于地下防水层及防腐材料。

⑥ 煤沥青含有对人体有害成分较多，臭味较重。

3. 煤沥青与石油沥青的鉴别

如前所述，煤沥青的技术性能与石油沥青类似，但另有不同的特性，因而使用要求有一定区别。如煤油沥青加热温度一般应低于石油沥青，加热时间宜短不宜长等。在通常情况下，煤沥青不能与石油沥青混用，否则会因两者在物理化学性质上的差异而导致出现絮凝结快现象。因此，在储存和加工时必须将这两种沥青严格区分开来。为使在工地条件下区别鉴认这两种沥青，根据两种沥青的某些特性提出了煤沥青与石油沥青的简易鉴别方法见表 9.9。

表 9.9 石油沥青和煤沥青的简易鉴别方法

鉴别方法	石油沥青	煤沥青
相对密度	接近 1.0	1.25 ~ 1.28
燃　烧	烟少，无色，有松香味，无毒	烟多，黄色，臭味大，有毒
气　味	常温下无刺激性气味	常温下有刺激性臭味
颜　色	呈辉亮褐色	浓黑色
溶解试验	可溶于汽油或煤油	难溶于汽油或煤油
锤　击	韧性较好，不易碎	韧性差，较脆
大气稳定性	较　高	较　低
抗腐蚀性	差	强

二、乳化沥青

1. 概　述

乳化沥青是将黏稠沥青加热至流动状态，再经高速离心、搅拌及剪切等机械作用，使沥青形成细小的微粒（2 ~ 5 μm），然后使用沥青微粒状态均匀地溶于乳化剂和稳定剂的水溶液之中，形成水包油（O/W）型乳浊液。由于乳化剂和稳定剂的作用，从而使沥青乳液形成均匀稳定的分散系，其外观为茶褐色，在常温下具有较好的流动性。

（1）乳化沥青的优点。

① 可冷态施工，节约能源。黏稠沥青通常要加热至 160 ~ 180 °C 施工，而乳化沥青可以在常温下进行喷洒、贯入或拌和摊铺，现场无需加热，简化了施工程序，操作简便，节约了能源。

② 潮湿基层上使用，能直接与湿集料拌和，黏结力不会减低。而用其他沥青施工，必须在干燥的基层或干燥的集料拌和才能保证有足够的黏结力。

③ 无毒、无臭、不燃、施工安全，可保护环境，减少污染。

④ 节约能源，降低成本，增加结构沥青。

（2）乳化沥青的缺点。

① 稳定性差，储存期不超过半年，储存期过长容易引起凝聚分层，储存温度在 0 °C 以上。

② 乳化沥青修筑路面成型期较长，最初应控制年辆的行驶速度。

基于乳化沥青以上的性质，乳化沥青不仅适用于铺筑路面，而且在路堤的边坡保护、层面防水、金属材料表面防腐等工程中得到广泛应用。

2. 乳化沥青的组成材料

乳化沥青主要由沥青、乳化剂、稳定剂和水等组成。

（1）沥青。

沥青是乳化沥青组成的主要材料，占 55% ~ 70%，沥青的性质将直接决定乳化沥青成膜性能和路用性质。在选择作为乳化沥青用的沥青时，首先要考虑它的易乳化性。一般说来，相同油源和工艺的沥青，针入度较大者易于形成乳液。但针入度的选择，应根据乳化沥青在路面工程中的用途来决定。另外，沥青中活性组分的含量对沥青乳化难易性有直接关系，通常认为沥青中沥青酸总量大于 1% 的沥青，采用通用乳化剂和一般工艺即易于形成乳化沥青。

（2）乳化剂。

乳化沥青的性质极大程度上依赖于乳化剂的性能，是乳化沥青形成的关键材料。沥青乳化剂是表面活性剂的一种类型，从化学结构上考察，它是一种“两亲性”分子，分子的一部分具有亲水作用，而另一部分具有亲油性质。这两个基因具有使互不相溶的沥青与水连接起来的特殊功能。在沥青、水分散体系中，沥青微粒被乳化剂分子的亲油基吸引，此时以沥青微粒为固体核，乳化剂包裹在沥青颗粒表面形成吸附层。乳化剂的另一端与水分子吸引，形成一层水膜，它可机械地阻碍颗粒的聚集。

乳化剂按其亲水基在水中是否电离，而分为离子型和非离子型两大类。其分类如下：

① 阴离子型乳化剂。这类乳化剂的明显特征是由带长链的有机阴离子与一种碱类（即皂类）构成的盐。阴离子型沥青乳化剂溶于水中时，能电离为离子或离子胶束，且与亲油基的亲水基团相连，带有阴（或负）电荷的乳化剂（见图 9.20）。

乳化剂
- 离子型
  - 阳离子型
  - 阴离子型
  - 两性离子型
- 非离子型

阴离子沥青乳化剂最主要的亲水基团有羟酸盐（如 COONa）、硫酸酯盐（如 OSO_3Na）、磺酸盐（SO_3Na）等 3 种。

② 阳离子型乳化剂。阳离子型沥青乳化剂是在溶于水中时，能电离为离子或离子胶束，

且与亲油基的亲水基团相连接，带有阳（或正）电荷的乳化剂（见图 9.20）。

阳离子型沥青乳剂按其化学结构，主要有季铵盐类、烷基胺类、酰胺类、咪唑啉类、环氧乙烷二胺类和胺化木质素类等。

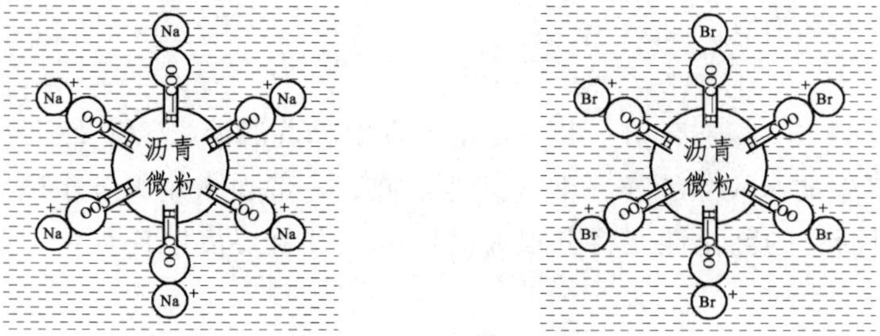

（a）阴离子乳液　　（b）阳离子乳液

图 9.20　阴离子和阳离子乳液结构示意图

③ 两性离子型乳化剂。两性离子型沥青乳化剂是在水中溶解时，电离成离子或离子胶束，且与亲油基的亲水基团相连接，即带有阴电荷又带有阳电荷的乳化剂。

两性离子型沥青乳化剂按其两性离子的亲水基团的结构和特性，主要分为氨基酸型、甜菜型和咪唑啉型等。

④ 非离子型乳化剂。非离子型沥青乳化剂是在水中溶解时，不能离解成离子或离子胶束，而是依赖分子所含的羟基（—OH）和醚链（—O—）等作为亲水基团的乳化剂。

非离子型乳化剂根据亲水基团的结构可分为醚基类、脂基类、酰胺类和杂环类等，但应用最多的为环氧乙烷缩合物和一元醇或多元醇的缩合物。

目前我国常用于乳化沥青的乳化剂示例，见表 9.10。

表 9.10　我国各种不同乳化剂类型表

乳化剂类型	乳化剂名称
阴离子型	十二烷磺酸
阳离子型	十六烷基三甲基溴化铵
	十八烷基三甲基氯化铵
	十八叔胺二硝酸季氯盐
	十七烷基二甲基苄基氯化铵
两性离子型	氨基酸型两性乳化剂
非离子型	辛基酚聚氧乙烯醚

（3）稳定剂。

为防止已经分散的沥青乳液在储存期彼此凝聚，以及在施工喷洒或拌和的机械作用下有良好的稳定性，必要时加入适量的稳定剂。稳定剂可分为两类：

① 有机稳定剂。常用的有聚乙烯醇、聚丙烯酰胺、羟甲纤维素钠、糊精、MF 废液等。这类稳定剂可提高乳液的储存稳定性和施工稳定性。

② 无机稳定剂。常用的有氯化钙、氯化镁、氯化铵和氯化铬等。这类稳定剂可提高乳液的储存稳定性。

稳定剂对乳化剂协同作用必须通过试验来确定，并且稳定剂的用量不宜过多，一般为沥青乳液的 0.1% ~ 0.15%为宜。

（4）水。

水是乳化沥青的主要组成部分。水在乳化沥青中起着润湿、溶解及引导化学反应的作用。所以要求乳化沥青中的水应当纯净，不含其他杂质，一般要求用每升水中氧化钙含量不得超过 80 mg，否则对沥青的乳化性能将有很大的影响，并且要多消耗乳化剂。水的用量一般为总量的 30% ~ 70%。

3. 乳化沥青的形成机理

根据乳状液理论，由于沥青与水这两种物质的表面张力相差较大，将沥青分散于水中，则会因表面张力的作用使已分散的沥青颗粒重新聚集结成团块。欲使已分散的沥青能稳定均匀地存在（实际上是悬浮）于水中，必须使用乳化剂，以降低沥青与水之间的表面张力差。沥青能够均匀稳定地分散在乳化剂水溶液中的原因主要是：

（1）乳化剂有降低界面能的作用。由于沥青与水的表面张力相差较大，在一般情况下是不能互溶的，但当加入一定量的乳化剂后，乳化剂能规律地定向排列在沥青和水的界面上。乳化剂属表面活跃物质，具有不对称的分子结构，分子一端是极性基因，是亲水的；另一端是非极性基因，是亲油的。所以当乳化剂加入沥青与水组成的溶液中，乳化剂分子吸附在沥青-水界面上，形成吸附层，从而降低了沥青和水之间的表面张力差，如图 9.21 所示。

（2）增强界面膜的保护作用。乳化剂分子的亲油基吸附在沥青微滴的表面，在沥青-水界面上形成界面膜，此界面膜具有一定的强度，对沥青微滴起保护作用，使其在相互碰撞时不易聚结。

（3）界面电荷稳定作用。乳化剂溶于水后发生离解，当亲油基吸附于沥青时，使沥青微滴带有电荷（阳离子乳化沥青带正电荷，见图 9.22），此时在沥青-水界面上形成扩散双电层。由于每个沥青微滴都带有相同电荷，且有扩散双电层的作用，故水-沥青体系成为稳定体系。

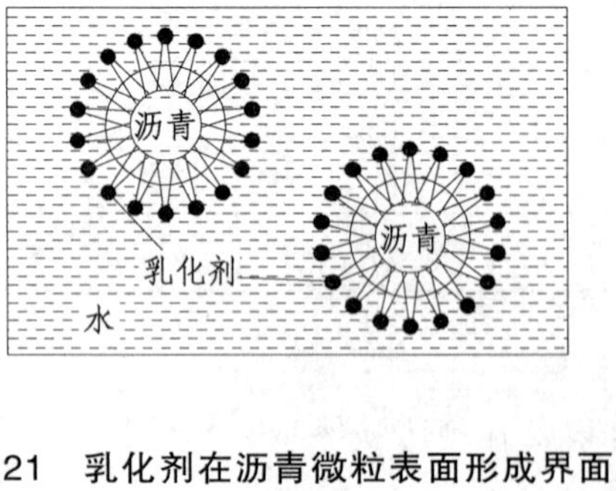

图 9.21　乳化剂在沥青微粒表面形成界面膜

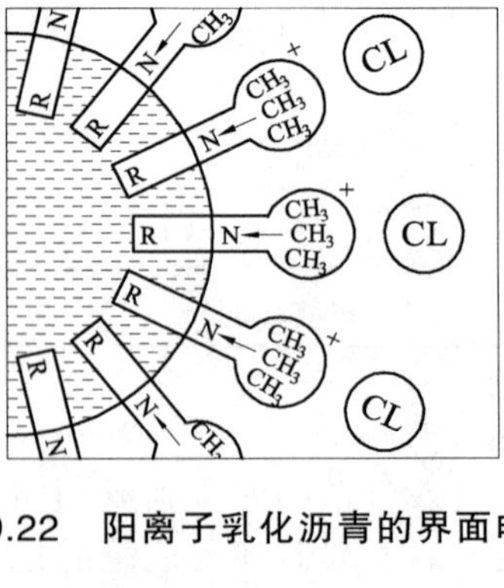

图 9.22　阳离子乳化沥青的界面电荷

综上所述，沥青乳液能形成稳定的分散体系，主要是由于乳化剂降低了体系的界面能，增强界面膜的保护作用和促进界面电荷形成的作用。

4. 乳化沥青技术性质与技术要求

乳化沥青在使用中，与砂、石集料拌和成型后，在空气中逐渐脱水，水膜变薄，使沥青微粒靠拢，将乳化剂薄膜挤裂而凝成连续的沥青黏结膜层。成膜后的乳化沥青具有一定的耐热性、黏结性、抗裂性、韧性及防水性。乳化沥青品种及适用范围见表 9.11。

表 9.11 乳化沥青品种及适用范围

分 类	品种及代号	适用范围
阳离子乳化沥青	PC-1	表处、贯入式路面及下封层用
	PC-2	透层油及基层养生用
	PC-3	黏层油用
	BC-4	稀浆封层或冷拌沥青混合料用
阴离子乳化沥青	PA-1	表处、贯入式路面及下封层用
	PA-2	透层油及基层养生用
	PA-3	黏层油用
	BA-1	稀浆封层或冷拌沥青混合料用
非离子乳化沥青	PN-2	黏层油用
	BN-1	与水泥稳定集料同时使用（基层路拌或再生）

道路用乳化石油沥青技术要求，见表 9.12。

表 9.12 道路用乳化石油技术要求

试验项目	单位	品种及代号										试验方法
		阳离子				阴离子				非离子		
		喷洒用			拌和用	喷洒用			拌和用	喷洒用	拌和用	
		PC-1	PC-2	PC-3	BC-1	PA-1	PA-2	PA-3	BA-1	PN-2	BN-1	
破乳速度		快裂	慢裂	快裂或中裂	慢裂或中裂	快裂	慢裂	快裂或中裂	慢裂或中裂	慢裂	慢裂	TO658
粒子电荷		阳离子（+）				阴离子（−）				非离子		TO653
筛上残留物（1.18 mm），不大于	%	0.1				0.1				0.1		TO652
黏度 恩格拉黏度 E25		2 ~ 10	1 ~ 6	1 ~ 6	2 ~ 30	2 ~ 10	1 ~ 6	1 ~ 6	2 ~ 30	1 ~ 6	2 ~ 30	TO622
黏度 道路标准黏度计 $C_{25,3}$	s	10 ~ 25	8 ~ 20	8 ~ 20	10 ~ 60	10 ~ 25	8 ~ 20	8 ~ 20	10 ~ 60	8 ~ 20	10 ~ 60	TO621

续表

<table>
<tr><td colspan="2" rowspan="4">试验项目</td><td rowspan="4">单位</td><td colspan="10">品种及代号</td><td rowspan="4">试验方法</td></tr>
<tr><td colspan="4">阳离子</td><td colspan="4">阴离子</td><td colspan="2">非离子</td></tr>
<tr><td colspan="3">喷洒用</td><td>拌和用</td><td colspan="3">喷洒用</td><td>拌和用</td><td>喷洒用</td><td>拌和用</td></tr>
<tr><td>PC-1</td><td>PC-2</td><td>PC-3</td><td>BC-1</td><td>PA-1</td><td>PA-2</td><td>PA-3</td><td>BA-1</td><td>PN-2</td><td>BN-1</td></tr>
<tr><td rowspan="4">蒸发残留物</td><td>残留分含量不小于</td><td>%</td><td>50</td><td>50</td><td>50</td><td>55</td><td>50</td><td>50</td><td>50</td><td>55</td><td>50</td><td>55</td><td>TO651</td></tr>
<tr><td>溶解度，不小于</td><td>%</td><td colspan="4">97.5</td><td colspan="4">97.5</td><td colspan="2">97.5</td><td>TO607</td></tr>
<tr><td>针入度（25 °C）</td><td>0.1 mm</td><td>50 ~ 200</td><td>50 ~ 300</td><td colspan="2">45 ~ 150</td><td>50 ~ 200</td><td>50 ~ 300</td><td colspan="2">45 ~ 150</td><td>50 ~ 300</td><td>60 ~ 300</td><td>TO604</td></tr>
<tr><td>延度（15 °C）不小于</td><td>cm</td><td colspan="4">40</td><td colspan="4">40</td><td colspan="2">40</td><td>TO605</td></tr>
<tr><td colspan="2">与粗集料的黏附性，裹覆面积，不大于</td><td></td><td colspan="3">2/3</td><td>—</td><td colspan="3">2/3</td><td>—</td><td>2/3</td><td>—</td><td>TO654</td></tr>
<tr><td colspan="2">与粗、细粒式集料拌和试验</td><td></td><td colspan="3">—</td><td>平均</td><td colspan="3">—</td><td>平均</td><td colspan="2">—</td><td>TO659</td></tr>
<tr><td colspan="2">水泥拌和试验的筛上剩余，不大于</td><td>%</td><td colspan="4">—</td><td colspan="4">—</td><td>—</td><td>3</td><td>TO657</td></tr>
<tr><td colspan="2">常温储存稳定性：1 d，不大于，5 d，不大于</td><td>%</td><td colspan="4">1
5</td><td colspan="4">1
5</td><td colspan="2">1
5</td><td>TO655</td></tr>
</table>

5. 乳化沥青的生产

沥青乳液的制备可以采用各种设备，但其主要流程基本相同，如图 9.23 所示。一般由下列 5 个主要部分组成。

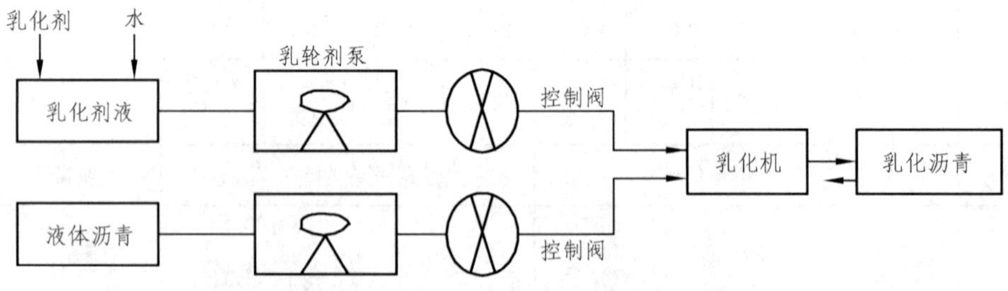

图 9.23 制备乳化沥青的工艺流程示意图

（1）乳化剂水溶液的调制：在水中加入需要数量的乳化剂和稳定剂，将水温调节至乳化剂和稳定剂溶解所需的温度，使其在水中充分溶解。

（2）沥青加热及储存。

(3) 沥青与水比例控制机构。

(4) 乳化常用设备为胶体磨或其他同类设备。

(5) 乳化成品储存。

6. 乳化沥青在集料表面的分裂机理

分裂是指从乳液中分裂出来的沥青微滴在集料表面聚结成一层连续的沥青薄膜，这一过程称为分裂（俗称破乳）。

路用沥青乳液要有足够的稳定性，以保证在运输和洒布过程中不致过早分裂；另外，乳液洒布在路面上遇到集料时，则应立即产生分裂。乳液产生分裂的外观特征是它的颜色由棕褐色变成黑色，此时的乳化液还含有水分，需待水分完蒸发后，才能产生黏结力。

路用沥青乳液的分裂速度，与水的蒸发速度、集料表面性质以及洒布和碾压作用等因素有关。

(1) 蒸发作用。

乳化沥青洒于路上，随即产生蒸发作用。蒸发快慢与气温、风速及路面环境等有关，和普通水的蒸发现象一样，在温度较高及有风的条件下，水分蒸发快；通常在开阔的路面比有树荫遮路面蒸发快。此外，还与洒布速度和压力有关。一般情况下，当沥青乳液中水分蒸发到沥青乳液的 80%～90% 时，乳液即开始凝结。碾压应力，也促使了沥青的凝结。

在水分蒸发的初期，乳液的分裂是可逆的，即当遇到雨水时，能使乳液再乳化；遇到大雨时甚至可使乳液从路上冲走。但是在完全分裂后，沥青微粒变成一层沥青膜时，则不再受雨水的影响。

在寒冷潮湿的条件下，分裂不完全的乳液，在行车作用下，则易引起破坏。当乳液完全形成一层黑色的薄膜后，它黏结在集料表面形成一层薄膜，与热拌沥青几乎无差别。

(2) 乳液与集料表面的吸附作用。

在水分逐渐蒸发，乳液分裂凝聚的同时，沥青与矿料表面还有吸附作用。沥青与矿料的吸附除依靠分子间的作用力产生的物理吸附外，还有二者之间的电性吸附。如前所述，沥青乳液中乳化剂的一端为亲油基与沥青吸附，另一端的亲水基则伸入水中。当它与集料相遇时，由于产生离子吸附，使集料表面迅速牢固的形成一层沥青薄膜，其中水分子立即排除（见图 9.24），而且这一反应过程不受气候、湿度和风速等因素的影响，故能形成高强度路面。

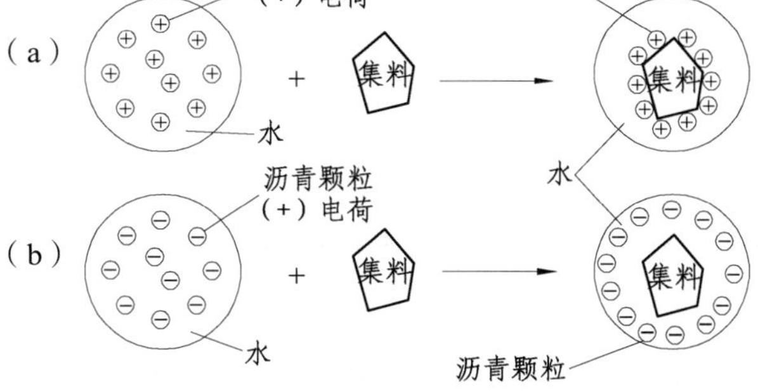

图 9.24　沥青乳液的分裂过程示意图

（1）阴离子乳液（沥青微滴带负电荷）与带正电荷碱性集料（石灰石、玄武石等）具有较好的黏结性。

（2）阳离子乳液（沥青微滴带正电荷）与带负电荷的酸性集料（花岗岩、石英石等）具有较好的黏结性，同时与碱性集料也有较好的亲和力。

由于乳化沥青的分裂需经一定时间才能彻底完成，路面初期强度不高，因此，必须限制车辆行驶速度和行驶路线，以保证路面的整体和强度的形成。

7. 乳化沥青的应用

乳化沥青用于修筑路面,不论是阳离子型乳化沥青或阴离子型乳化沥青有两种施工方法:

（1）洒布法：如透层、黏层、表面处治或灌入式沥青碎石路面。

（2）拌和法：如沥青碎石或沥青混合料路面。

三、再生沥青

再生沥青是将已经老化的沥青，经掺加再生剂后使其恢复到原有（甚至超过原来）性能的一种沥青。

1. 沥青材料的老化

沥青材料的老化是沥青材料在使用中受到自然因素（氧、光、热和水等）的作用，随时间而产生“不可逆”的化学组成结构和物理-力学性能变化的过程。

（1）化学组分的变化。沥青是由多种化学结构极其复杂的化合物组成的混合物，为便于研究，将其分离为几种组分，这种方法称为“化学沉淀法”。该法是将沥青分离为沥青质、氮基、第一酸性分、第二酸性分和链烷分等 5 个组分。

沥青在自然因素作用后，就会导致沥青组分“移行”，即沥青质显著增加，氮基和第一酸性分减少，第二酸性分稍有减少，链烷分变化很少，甚至几乎没有变化。现列举国产沥青的一个示例见表 9.13。

表 9.13　老化沥青和再生沥青的化学组分变化事例

沥青种类	化学组分				
	链烷分 P	第二酸性分 A2	第一酸性分 A1	氮基 N	沥青质 At
原始沥青	21.9	29.1	13.1	24.9	11.0
老化沥青	20.6	21.1	12.4	15.4	30.5
再生沥青	16.5	22.4	7.0	25.1	29.0

（2）物理-力学性质变化。由于沥青组分的移行，因而引起沥青物理-力学性质的变化。通常规律是其针入度变小、延度降低、软化点和脆点升高。表现为沥青变硬、变脆、延伸性降低，导致路面产生裂缝、松散等破坏。同前例沥青老化后物理-力学性质变化见表 9.14。

表 9.14　老化沥青和再生沥青技术性质示例

沥青种类	技术性质			
	针入度/0.1 mm	延度/cm	软化点/°C	脆点/°C
原始沥青	106	73	48	−6
老化沥青	39	23	55	−4
再生沥青	80	78	49	−10

2. 沥青再生

（1）沥青再生机理。沥青再生的机理目前采用的理论是“组分调节理论”。该理论是从化学组分移行出发，认为由于组分的移行，沥青老化后，某些组分偏少，各组分间比例不协调，所以导致沥青路用性能降低。如能通过掺加再生剂调节其组分，则沥青将恢复原来的性质。

（2）沥青化学组分调节。从表 9.15 沥青老化后化学组分移动可以看出：由于第一酸性分转变为氮基的数量不足以补偿氮基转变为沥青质的数量，所以氮基数量的显著减少是沥青老化后的主要特征。因此，再生剂必须是以氮基为主的物剂。前例沥青经掺加再生剂和改性剂后，再生沥青的技术性质与原有沥青相近。

表 9.15　聚合物改性沥青技术要求

指　标	单位	SBS 类（Ⅰ类）				SBR 类（Ⅱ类）			EVA、PE 类（Ⅲ类）				试验方法
		Ⅰ-A	Ⅰ-B	Ⅰ-C	Ⅰ-D	Ⅱ-A	Ⅱ-B	Ⅱ-C	Ⅲ-A	Ⅲ-B	Ⅲ-C	Ⅲ-D	
针入度 25 °C，100 g，5 s	0.1 mm	>100	80	60	40	>100	80	60	>80	60	40	30	TO604
针入度指数 *P.I.*，不小于		−1.2	−0.8	−0.4	0	−1.0	−0.8	−0.6	−1.0	−0.8	−0.6	−0.4	TO604
延度 5 °C，5 cm/min，不小于	cm	50	40	30	20	60	50	40	—				TO605
针软化点，不小于	°C	45	50	55	60	45	48	50	48	52	56	60	TO606
运动黏度② 135 °C，不小于	Pa.s	3											TO625 TO619
闪点，不小于	°C	230				230			230				TO611
溶解度，不小于	%	99				99			—				TO607
弹性恢复 25 °C，不小于	%	55	60	65	70	—			—				TO662

续表

指 标	单位	SBS 类（Ⅰ类）				SBR 类（Ⅱ类）			EVA、PE 类（Ⅲ类）				试验方法
		Ⅰ-A	Ⅰ-B	Ⅰ-C	Ⅰ-D	Ⅱ-A	Ⅱ-B	Ⅱ-C	Ⅲ-A	Ⅲ-B	Ⅲ-C	Ⅲ-D	
黏韧性，不小于	N·m	—				5			—				TO624
韧性，不小于	N·m	—				2.5			—				TO624
储存稳定性[②]离析，48 h 软化点差，不小于	°C	2.5				—			无改性剂明显析出、凝聚				TO661
	RTFOT 后残留物[4]												
质量变化，不小于	%	±1.0											TO610 TO609
针入度比 25 °C，不小于	%	50	55	60	65	50	55	60	50	55	58	60	TO604
延度 5 °C 不小于	cm	30	25	20	15	30	20	10					TO605

注：① 表中 135 °C 运动黏度可采用《公路工程沥青及沥青混合料试验规程》（JTJ 052—2000）中的“沥青布氏旋转黏度试验方法（布洛克菲尔德旋转黏度计法）”进行测定。若在不改变改性沥青物理力学性质并符合安全条件的温度下易于泵送和拌和，或经试验证明适当提高泵送和拌和温度时能保证改性沥青的质量，容易施工，可不要求测定。

② 储存稳定性指标适用于工厂生产的成品改性沥青。现场制作的改性沥青对储存稳定性指标可不作要求，但必须在制作后，保持不间断的搅拌或泵送循环，保证使用前没有明显的离析。

四、改性沥青

1. 概　述

随着国民经济的高速发展，国家对交通运输的需求不断提高，现代高等级沥青路面的交通特点是交通密度大、车辆轴载重、荷载作用间歇时间短以及高速和渠化。由于这些特点造成沥青路面高温时易出现车辙，低温则易产生裂缝，抗滑性很快衰降，使用年限不长，出现坑槽、松散等水损坏以及局部龟裂等。为进一步提高沥青材料的路用性能，必须对沥青加以改性，即提高沥青的流变性能，改善沥青与集料的黏附性，提高沥青的耐久性。

改性沥青是指掺加橡胶、树脂、高分子聚合物、磨细的橡胶粉或其他填料等外掺剂（改性剂），或采用对沥青轻度氧化加工等措施，使沥青的性能得以改善。

改性剂是指在沥青中加入天然的或人工的有机或无机材料，并可熔融、分散在沥青中，改善或提高沥青路面性能（与沥青发生反应或裹覆在集料表面上）的材料。

2. 改性沥青的分类及其特性

关于性沥青的分类，国际上尚无统一的标准。从广义划分，根据不同目的所采取改性沥青可汇总于图 9.25。

- 改性沥青技术
  - 参加改性剂
    - 改善力学性（高温稳定性、能耐疲劳性、低温抗裂性）—聚合物—
      - 橡胶类：SBR、CR、EPDM
      - 热塑性橡胶类：SBS
      - 热塑性树脂类：PE、EVA
    - 改善黏附性—抗剥离剂：金属皂（有机锰等）、有机胺、消石灰等
    - 耐老化性—抗老化剂：受阻酚、受阻胺等
  - 物理改性
    - 矿物填料：碳黑、硫磺、石棉、木质纤维等
    - 玻璃纤维格栅、塑料格栅、土工布等
    - 废橡胶粉
  - 调和沥青—掺加天然沥青（湖沥青、岩石沥青、海底沥青）
  - 沥青工艺—半氧化沥青、泡沫沥青等

图 9.25　改性沥青的分类

从狭义来说，现在所指的道路改性沥青一般是指聚合物改性沥青。用于改性的聚合物的种类也很多，按照改性剂的不同，一般分为以下几类：

（1）热塑性橡胶类改性沥青。改性剂主要是苯乙烯嵌段，如苯乙烯-丁二烯-苯乙烯（SBS）、苯乙烯-异戊二烯-苯乙烯（SIS）、苯乙烯-聚乙烯/丁基-聚乙烯（SE/BS）等嵌段共聚物。由于它兼具橡胶和树脂两类改性沥青的结构与性质，故也称为橡胶树脂类。SBS 由于具有良好的弹性（变形的自恢复性及裂缝的自越性），被广泛地用于路面沥青混合料；SIS 主要用于热熔黏结料；SE/BS 则应用于抗氧化、抗高温变形要求高的道路。

（2）橡胶类改性沥青。通常称为橡胶沥青，其中使用最多的是丁苯橡胶（SBR）和氯丁橡胶（CR），还有天然橡胶（NR）、丁二烯橡胶（BR）、异戊二烯（IR）、乙丙橡胶（EPDM）、丙烯腈丁二烯共聚物（IIR）、苯乙烯异戊二烯橡胶（SIR）、硅橡胶（SR）、氟橡胶（FR）等。橡胶类改性沥青不仅是世界上最早出现并广泛应用的改性沥青品种，也是我国较早得到研究和推广的品种。其中 SBR 是世界上应用最广泛的改性沥青之一，尤其是胶乳形式的 SBR 使用越来越广泛。CR 具有极性，常掺入煤沥青中使用，已成为煤沥青的改性剂。

SBR 改性沥青最大的特点是低温性能得到改善，以 5 °C 低温延度作为主要指标。但其在老化试验后，延度严重降低，所以主要适宜在寒冷气候条件下使用。

（3）热塑性树脂类改性沥青。如聚乙烯（PE）、聚丙烯（PP）、聚氯乙烯（PVC）、聚苯乙烯（PS）、乙烯-乙酸乙烯酯共聚物（EVA）、无规聚丙烯（APP）、烯乙基丙烯酸共聚物（EEA）、丙烯腈丁二烯丙乙烯共聚物（NBR）等在道路沥青的改性中均被应用，这一类热性树脂的共同特点是加热后软化，冷却时变硬。此类改性剂的最大特点是使沥青结合料在常温下黏度变大，从而使沥青高温稳定性增加；遗憾的是不能使沥青的混合料的弹性增加，且加热后易离析，再次冷却时产生众多的弥散体。

（4）掺加天然沥青的改性沥青。天然沥青是石油经过历史的长期沉积、变化，在热、压力、氧化、触媒、细菌的综合作用下生成的沥青类物质。通常可掺加的天然沥青有湖沥青、岩石沥青和海底沥青等。

（5）其他改性沥青。

① 多价金属皂化物。多价金属与一元羟酸所形成的盐类称为金属皂。将一定的金属皂溶

解在沥青中，可使其延度增加，脆点降低，明显提高与集料的黏附性能，增加沥青混合料的强度，提高沥青路面的柔性和疲劳强度。

② 炭黑。炭黑是由石油、天然气等碳氢化合物经高温不完全燃烧而生成的高含碳量的粉状物质，在改性好的 SBS 改性沥青中掺入炭黑综合改性，可使改性沥青的黏度增大，回弹性能提高。

③ 玻纤格栅。将一种自黏结构型的玻璃纤维格栅，用一种专门的摊铺机铺设，铺在沥青混合料层中，耐热、黏接性好。这些格栅对提高改性沥青的高温抗车辙能力及低温抗裂性能都有良好的效果，同时还可防止沥青路面出现反射性裂缝。

3. 我国改性沥青标准

（1）《公路沥青路面施工技术规范》（JTG F40—2004）规定各类聚合物改性沥青的质量应符合表 9.15 的技术要求。当使用表列以外的聚合物及复合改性沥青时，可通过研究制定相应的技术要求。

（2）关于改性沥青的分类及适用范围。我国目前乃至今后相当长的一段时间内，可能使用的聚合物改性剂主要有 SBS、SBR、EVA、PE，因此将其分为 SBS（属热塑性橡胶类）、SBR（属橡胶类）、EVA 及 PE（热塑性树脂类）3 类。其他未列入的改性剂，可以根据其性质，参照相应的类别执行。

Ⅰ类：SBS 热塑性橡胶类聚合物改性沥青。Ⅰ-A 型及Ⅰ-B 用于寒冷地区，Ⅰ-C 型用于较热地区，Ⅰ-D 型用于炎热地区及重交通路段。

Ⅱ类：SBR 橡胶类聚合物改性沥青。Ⅱ-A 型用于寒冷地区，Ⅱ-B 型和Ⅱ-C 型用于较热地区。

Ⅲ类：EVA、PE 热塑性树脂类聚合物改性沥青，适用于较热和炎热地区。通常要求软化点温度比最高气温月到达的最高空气温度要高 20 °C 左右。

根据沥青改性的目的和要求在选择改性剂时，可做如下初步选择：

① 为提高抗永久变形能力，宜使用热塑性橡胶类、热塑性树脂类改性剂。

② 为提高抗低温开裂能力，宜使用热塑性橡胶类、橡胶类改性剂。

③ 为提高抗疲劳开裂能力，宜使用热塑性橡胶类、橡胶类、热塑性树脂类改性剂。

④ 为提高抗水损害能力，宜使用各类抗剥落剂等外掺剂。

4. 改性沥青的应用和发展

目前，改性沥青可用做排水或吸音磨耗层及下面的防水层；在老路面上做应力吸收膜中间层，以减少反射裂缝，在重载交通道路的老路面上加铺薄或超薄的沥青面层，以提高其耐久性；在老路面上或新建一般公路上做表面处理，以恢复路面的使用性能或减少养护工作量等。在使用改性沥青时，应当特别注意路基、路面的施工质量，以避免产生路基沉降和其他早期破坏；否则，使用改性沥青就达不到应有的效果。

SBS 改性沥青无论在高温、低温、弹性等方面都优于其他改性剂，所以，我国改性沥青的发展方向应该以 SBS 改性沥青作为主要方向。尤其是现在，SBS 的价格比以前有了大幅度的降低，就成本这一项，它就可以和 PE、EVA 竞争。明确这一点对于我国发展改性沥青十分重要。

复习思考题

1. 试说明石油沥青的主要组分与技术性质之间的关系。

2. 我国现行的石油沥青运用化学组分分析方法可将其分离为哪几个组分？国产石油沥青在化学组分上有什么特点？

3. 按流变学观点，石油沥青可划分为哪几种胶体结构？各种胶体结构的石油沥青有何特点？

4. 石油沥青的“三大指标”表征沥青哪些特征？

5. 什么是沥青的“老化”？“老化”后的沥青其性质有哪些变化？

6. 煤沥青在成分和性质上有些什么特点？如何用简易方法识别煤沥青和石油沥青？

7. 试述乳化沥青的形成和分裂的机理。

8. 为了改善沥青的路用性质，可以采用一些什么措施？

第十章　沥青混合料

第一节　概　　述

一、沥青混合料的分类

沥青混合料是指经人工合理地选择级配组成的矿质混合料（包括粗集料、细集料和填料），与适量沥青结合料（包括沥青类材料及添加的外掺剂、改性剂等）拌和而成的高级路面材料。其种类繁多，简介如下：

1. 按矿料公称最大粒径划分

（1）特粗式沥青混合料：公称最大粒径等于或大于 37.5 mm 的沥青混合料。

（2）粗粒式沥青混合料：公称最大粒径为 26.5 mm 的沥青混合料。

（3）中粒式沥青混合料：公称最大粒径为 16 mm 或 19 mm 的沥青混合料。

（4）细粒式沥青混合料：公称最大料径为 9.5 mm 或 13.2 mm 的沥青混合料。

（5）砂粒式沥青混合料：公称最大粒径小于 9.5 mm 的沥青混合料。

2. 按材料组成及结构划分

（1）连续级配沥青混合料：矿料按级配原则，从大到小各级粒径都有，按比例相互搭配组成的沥青混合料。

（2）间断级配沥青混合料：矿料级配组成中缺少一个或几个粒径档次（或用量很少）而形成的沥青混合料。

3. 按矿料级配组成及空隙率大小划分

（1）密级配沥青混合料。按密实级配原理设计组成的各种粒径颗粒的矿料与沥青结合料拌和而成，设计空隙率较小（对不同交通及气候情况、层次可作适当调整）的密实式沥青混凝土混合料（以 AC 表示）和密实式沥青稳定碎石混合料（以 ATB 表示）。按关键性筛孔通过率的不同，又可以分为细型、粗型密级配沥青混合料等。粗集料嵌挤作用较好的也称嵌挤密实型沥青混合料。

（2）半开级配沥青混合料。由适当比例的粗集料、细集料及少量填料（或不加填料）与沥青结合料拌和而成，经马歇尔标准击实成型的试件剩余空隙率在 6%～12%的半开式沥青碎石混合料（以 AM 表示）。

（3）开级配沥青混合料。矿料级配主要由粗集料嵌挤组成，细集料及填料较少，设计空隙率为 18% 的沥青混合料。

4. 按制造工艺划分

按制造工艺可划分为热拌沥青混合料、冷拌沥青混合料、再生沥青混合料等。热拌沥青混合料种类见表 10.1。

表 10.1 热拌沥青混合料种类

混合料类型	密级配			开级配		半开级配	公称最大粒径/mm	最大粒径/mm
	连续级配		间断级配	间断级配				
	沥青混凝土	沥青稳定碎石	沥青玛蹄脂碎石	排水式沥青磨耗层	排水式沥青碎石基层	沥青碎石		
特粗式	—	ATB-40	—	—	ATPB-40	—	37.5	53.0
粗粒式	—	ATB-30	—	—	ATPB-30	—	31.5	37.5
	AC-25	ATB-25	—	—	ATPB-25	—	26.5	31.5
中粒式	AC-20	—	SMA-20	—	—	AM-20	19.0	26.5
	AC-16	—	SMA-16	OGFC-16	—	AM-16	16.0	19.0
细粒式	AC-13	—	SMA-13	OGFC-13	—	AM-13	13.2	16.0
	AC-10	—	SMA-10	OGFC-10	—	AM-10	9.5	13.2
砂粒式	AC-5	—	—	—	—	AM-5	4.75	9.5
设计空隙率/%	3 ~ 5	3 ~ 6	3 ~ 4	> 18	> 18	6 ~ 12	—	—

二、沥青混合料的特点和缺点

沥青混合料是现代高等级道路应用的主要路面材料，具有以下一些特点：

（1）沥青混合料是一种黏弹性材料，具的良好的力学性质，铺筑的路面平整无接缝，振动小，噪声低，行车舒适。

（2）路面平整且有一定的粗糙度，耐磨性好，无强烈反光，有利于行车安全。

（3）施工方便，不需养护，能及时开放交通。

（4）维修简单，旧沥青混合料可再生利用。

但是，沥青混合料路面目前还存在一定的缺点，主要如下：

（1）老化：在长期的大气因素作用下，因沥青塑性降低，脆性增强，黏聚力减小，导致路面表层产生松散，引起路面破坏。

（2）温度稳定性差：夏季高温沥青易软化，路面易产生车辙、波浪等现象；冬季低温时易脆裂，在车辆重复荷载作用下易产生开裂。

三、沥青路面使用性能的气候分区

沥青混合料的物理力学性质与使用环境，如气温和湿度关系密切。因此，在选择沥青胶结料等级，进行沥青混合料配合比设计，检验沥青混合料的使用性能时，应考虑沥青路面工程的环境因素，尤其是温度和湿度条件。

（1）气候分区指标。采用工程所在地最近 30 年最热月份气温的平均值，作为反映沥青路面在高温和重载条件下出现车辙等流动变形的气候因子，并作为气候分区的一级指标。按照设计高温指标，一级区划分为 3 个区。

采用工程所在地最近 30 年内的极端最低气温作为反映沥青路面由于温度收缩产生裂缝的气候因子，并作为气候区划的二级指标。按照设计低温指标，二级区划分为 4 个区。

采用工程所在地最近 30 年内的年降雨量的平均值,作为反映沥青路面受水影响的气候因子，并作为气候区划的三级指标。按照设计雨量指标，三级区划分 4 个区。

（2）气候分区的确定。沥青路面使用性能气候分区，由一、二、三级区划组合而成，以综合反映该地区的气候特征，见表 10.2。每个气候分区划用 3 个数字表示：第一个数字代表高温分区，第二个数字代表低温分区，第三个数字代表雨量分区，每个数字越小，表示气候因素对沥青路面的影响越严重。例如，我国上海市属于 1-3-1 气候分区，为夏炎热冬冷潮湿区，对沥青混合料的高温稳定性和水稳定性要求较高。

表 10.2　沥青路面使用性能气候分区

<table>
<tr><td colspan="2">气候分区指标</td><td colspan="4">气候分区</td></tr>
<tr><td rowspan="3">按照高温指标</td><td>高温气候区</td><td>1</td><td>2</td><td colspan="2">3</td></tr>
<tr><td>气候区名称</td><td>夏炎热区</td><td>夏热区</td><td colspan="2">夏凉区</td></tr>
<tr><td>七月份平均最高温度/°C</td><td>> 30</td><td>20 ~ 30</td><td colspan="2">< 20</td></tr>
<tr><td rowspan="3">按照低温指标</td><td>低温气候区</td><td>1</td><td>2</td><td>3</td><td>4</td></tr>
<tr><td>气候区名称</td><td>冬严寒区</td><td>冬寒区</td><td>冬冷区</td><td>冬温区</td></tr>
<tr><td>极端最低气温/°C</td><td>< −37.5</td><td>−37.5 ~ −21.5</td><td>−21.5 ~ −9.0</td><td>> −9.0</td></tr>
<tr><td rowspan="3">按照雨量指标</td><td>雨量气候区</td><td>1</td><td>2</td><td>3</td><td>4</td></tr>
<tr><td>气候区名称</td><td>潮湿区</td><td>湿润区</td><td>半干区</td><td>干旱区</td></tr>
<tr><td>年降雨量/mm</td><td>> 1 000</td><td>1 000 ~ 500</td><td>500 ~ 250</td><td>< 250</td></tr>
</table>

第二节　热拌沥青混合料

热拌沥青混合料通常是指将沥青加热至 150 ~ 170 °C，矿质集料加热至 160 ~ 180 °C，在热态下拌和，并在热态下进行摊铺、压实的混合料，通称“热拌热铺沥青混合料”，简称“热拌沥青混合料”。

热拌沥青混合料是沥青混合料中最典型的品种。本节主要详述它的组成结构、技术性质、组成材料和设计方法。

一、沥青混合料的强度理论

1．沥青混合料的强度理论

沥青混合料是一种由沥青、粗集料、细集料、矿粉以及外加剂所组成的复合材料。其在路面结构中产生破坏的情况，主要是发生在高温时由于抗剪强度不足或塑性变形过大而产生推挤等现象，以及低温时抗拉强度不足或变形能力较差而产生裂缝现象。目前沥青混合料强度和稳定性理论，主要是要求沥青混合料在高温时必须具有一定的抗剪强度和抵抗变形的能力。

沥青混合料的抗剪强度，一般采用库伦理论进行分析。通过三轴剪切试验可求得

$$\tau = c + \sigma \tan\varphi \tag{10.1}$$

式中 τ——沥青混合料的抗剪强度（MPa）；

c——黏聚力（MPa）；

σ——沥青与矿质集料物理、化学交互作用而产生的正应力（MPa）；

φ——大小不同的矿质颗粒间嵌挤、摩擦所形成的内摩阻角（rad）。

由式（7.1）可知，沥青混合料的抗剪强度主要取决于黏聚力 c 和内摩阻角 φ 两个参数。

2．影响沥青混合料抗剪强度的因素

沥青混合料抗剪强度的影响因素，主要是材料的组成、材料的技术性质，以及外界因素，如车辆荷载、温度、环境条件等。

（1）沥青黏度的影响。

沥青混合料作为一个具有多级空间网络结构的分散系，可看作是各种矿质集料（分散相）分散在沥青（分散介质）中所形成的体系。因此，它的黏聚力与分散相的浓度和分散介质黏度有着密切的关系。在其他因素固定的条件下，沥青混合料的黏聚力 c 是随着沥青黏度的提高而提高的；同时内摩阻角亦稍有提高。因为沥青的黏度即沥青内部沥青胶团相互位移时，其抵抗剪切作用的抗力，所以沥青混合料受到剪切作用时，特别是受到短暂的瞬时荷载时，具有高黏度的沥青能赋予沥青混合料较大的黏滞阻力，因而具有较高的抗剪强度。

（2）沥青与矿料之间的吸附作用。

① 沥青与矿料的物理吸附。沥青材料与矿料之间在分子引力的作用下，形成一种定向多层吸附层，即为物理吸附。该吸附作用的大小，主要取决于沥青中的表面活性物质及矿料与沥青分子亲和性的大小。当沥青表面活性物质含量越多，矿料与沥青分子亲和性越大，则物理吸附作用越强，混合料的黏聚力也就越强。但是，水会破坏沥青与矿料的物理吸附作用，不具备水稳定性。

② 沥青与矿料的化学吸附。沥青中的活性物质与矿料的金属阳离子产生化学反应，在矿料表面构成单分子层的化学吸附层，即为化学吸附。当沥青与矿料形成化学吸附层时，相互之间的黏结力大大提高。

研究表明：沥青与矿粉相互作用后，沥青在矿粉表面产生化学组分的重新排列，在矿粉表面形成一层厚度为δ_0的扩散溶剂化膜（见图 10.1）。在此膜厚度以内的沥青称为结构沥青，在此膜厚度以外的沥青称为自由沥青。如果矿粉颗粒之间接触处是由结构沥青连接的，会具有较大的黏聚力；若为自由沥青连接，则黏聚力较小。

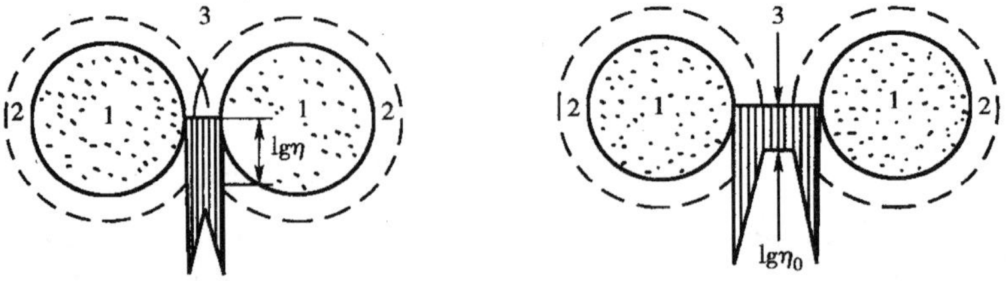

（a）结构沥青连接　　（b）自由沥青连接

图 10.1　沥青膜层厚度对黏聚力 c 的影响

1—矿料；2—结构沥青；3—自由沥青

沥青与矿料相互作用不仅与沥青的化学性质有关，而且与矿料的性质有关。试验表明，碱性石料与沥青的化学吸附作用较强，而酸性石料与沥青的化学吸附作用较弱。沥青与矿料的化学吸附比物理吸附要强得多，且同时具有水稳定性。

（3）矿料比面的影响。

在相同的沥青用量条件下，与沥青产生相互作用的矿料表面积越大，则形成的沥青膜越薄，在沥青中结构沥青所占的比例越大，沥青混合料的黏聚力亦越高。所以在沥青混合料配料时，必需含有适量的矿粉，但不宜过多，否则施工时混合料易结团。

（4）沥青用量的影响。

当沥青用量很少时，沥青不足以形成薄膜黏结矿料颗粒。随着沥青用量的增多，结构沥青逐渐形成，沥青较为完满地黏附于矿料表面，使沥青与矿料间的黏结力随着沥青用量的增多而增大。当沥青用量足以形成薄膜并充分黏结在矿料表面时，沥青混合料具有最优的黏聚力。随后，如沥青用量继续增多，则由于沥青过剩，会将矿料颗粒推开，在颗粒间形成未与矿料相互作用的自由沥青，则沥青胶结物的黏结力随着自由沥青的增加而降低，当沥青用量增加至某一用量后，沥青混合料的黏结力主要取决于自由沥青，所以抗剪强度不变。沥青在混合料中不仅起结合料的作用，而且还起着润滑的作用，因此，随着沥青数量的增加，沥青混合料的内摩阻力下降（见图 10.2）。

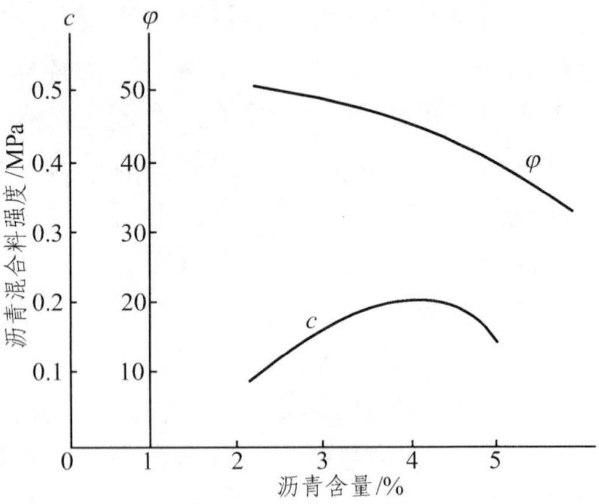

图 10.2　沥青用量对沥青混合料强度的影响

（5）矿料级配、颗粒几何形状与表面特征的影响。

矿料的级配影响矿料在沥青混合料的分布情况，影响矿料颗粒在混合料的相互嵌挤程度，由此对沥青混合料的内摩阻力产生影响。颗粒的几何形状与表面特征同时影响混合料中矿料颗粒间嵌挤作用和相互间的摩擦作用，所以也影响沥青混合料的内摩阻力的大小。通常表面具有棱角、近似正立方体以及具有明显细微凸出的粗糙表面的矿质集料，在碾压后能相互嵌挤锁结而具有很大的内摩阻角。另外，颗粒表面粗糙的矿质集料会加强沥青与矿料间的物理黏结作用，有利于增强沥青混合料的黏聚力。所以，在其他条件相同的表况下，颗粒有棱角、近似立方体、表面粗糙的矿质集料所组成的沥青混合料，具有较高的抗剪强度。

（6）温度和变形速度的影响。

随着温度提高，沥青混合料的黏聚力 c 显著降低，但内摩阻角 φ 受温度变化的影响较小。此外，沥青混合料的黏聚力 c 还随变形速度的增加而显著提高，而 φ 随变形速度的变化很小。

3. 沥青混合料组成结构类型

按照沥青混合料强度构成特性的不同，压实沥青混合料可分为 3 种类型。

（1）悬浮-密实结构。矿质集料采用连续型密级配，即矿料粒径由大到小连续存在，如图 10.3（a）所示。混合料中含有大量细料，而粗颗粒数量较少，相互间没有接触，不能形成骨架，粗颗粒“悬浮”于细颗粒之中，由此矿质集料和沥青组成的沥青混合料密实度较大。这种结构的沥青混合料具有较高的黏聚力，但内摩阻力较小，由于受沥青的影响较大，故高温稳定性较差。常用的沥青混凝土即属于此类结构。

（2）骨架-空隙结构。矿质集料采用连续型开级配，如图 10.3（b）所示。粗集料含量较大，可以互相靠拢形成骨架，但细集料很少，不足以填充粗集料之间的空隙，其残余空隙率较大。这种结构的沥青混合料具有较大的内摩阻角，但黏结力较小，路面的性能受温度的影响较小。沥青碎石混合料（AM）和开级配磨耗层沥青混合料（OGFC）属于此类结构。

（3）骨架-密实结构。矿质集料采用间断型密级配，如图 10.3（c）所示。既有一定数量的粗集料形成骨架，又有足够数量的细集料填充骨架的空隙，密实度较大。这种沥青混合料同时具有较大的黏聚力和内摩阻力，是一种较为理想的结构类型。沥青玛蹄脂碎石混合料（SMA）即属于此类结构。

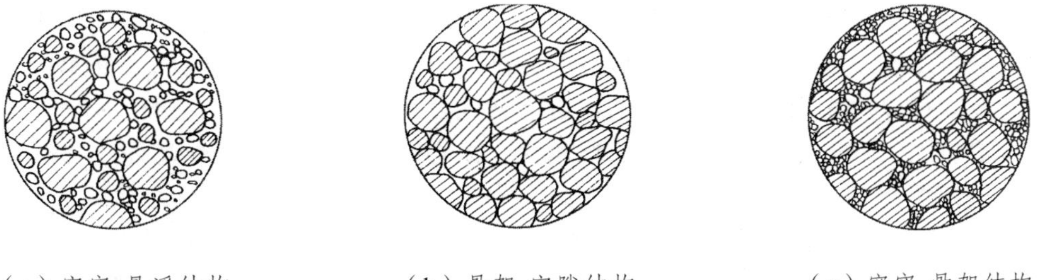

（a）密实-悬浮结构　　（b）骨架-空隙结构　　（c）密实-骨架结构

图 10.3　沥青混合料的典型组成结构

二、沥青混合料的技术性质和技术标准

1. 沥青混合料的技术性质

（1）高温稳定性。

沥青混合料的强度与刚度是随温度升高而显著降低的。在夏季高温季节，路面在行车荷载反复作用下，沥青混合料所具有的抵抗诸如车辙、推移、波浪、壅包、泛油等病害的性能，称为沥青混合料的高温稳定性。

对于沥青混合料高温稳定性的评价，我国现行规范采用的方法是马歇尔试验法和车辙试验法。

① 马歇尔试验法。马歇尔试验是将沥青混合料制成直径为 101.6 mm、高为 63.5 mm 的圆柱体试件，在高温（60 °C）条件下，保温 30 ~ 40 min，然后将试件放置于马歇尔稳定度仪上（见图 10.4），以 50 mm/min ± 5 mm/min 的形变速度加荷，直至试件破坏，同时测定稳定度（*MS*）、流值（*FL*）、马歇尔模数（*T*）三项指标。

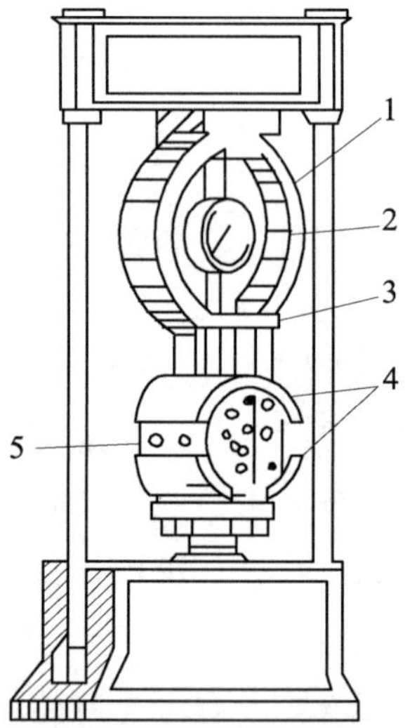

图 10.4　马歇尔稳定度仪

1，2，3—压力传感器；4—压头；5—试件

稳定度是在规定的加载速率条件下试件破坏前所能承受的最大荷载（kN）；流值是达到最大破坏荷载时试件的垂直变形（以 0.1 mm 计），即

$$T = \frac{MS \cdot 10}{FL} \tag{10.2}$$

式中　T——马歇尔模数（kN/mm）；

MS——稳定度（kN）；

FL——流值（0.1 mm）。

马歇尔稳定度越大、流值越小，说明高温稳定性越高。而就马歇尔模数，有关学者则认为与车辙深度有一定的相关性，马歇尔模数越大，车辙深度越小。

② 车辙试验。车辙试验的目的是测定沥青混合料的高温抗车辙能力，可供沥青混合料配合比设计的高温稳定性检验。

目前通常是采用轮碾法成型，将沥青混合料制成 300 mm × 300 mm × 50 mm 大小的试件，在 60 °C 的温度条件下，让试验轮对板块状试件产生 0.7 MPa 的压强，在同一轨迹上作一定时间的反复行走，形成一定程度的车辙深度，试验过程中记录绘制时间-变形曲线。

通过试验可以得到沥青混合料的动稳定度，其含义是：试件产生单位变形时所需试验轮的行走次数，以次/mm 为单位。动稳定度越大，沥青混合料高温稳定性越好。我国现行规范的计算方法如下：

在试验变形曲线的直线段上，求取 45 min（t_1）、60 min（t_2）的对应车辙变形 d_1 和 d_2。当车辙变形过大，在未到 60 min 变形已达 25 mm，则以达到 25 mm（d_2）时的时间为 t_2，将其前 15 min 的时间为 t_1，此时的变形记为 d_1，则动稳定度 DS 可按下式计算：

$$DS=\frac{(t_2-t_1)\cdot N}{d_2-d_1}\cdot C_1\cdot C_2 \tag{10.3}$$

式中　d_1——对应于时间 t_1 的变形量（mm）；

d_2——对应于时间 t_2 的变形量（mm）；

C_1——试验机类型修正系数（曲柄连杆驱动试件的变速行走方式 1.0，链驱动试验轮等速方式的修正系数为 1.5）；

C_2——试件系数（试验室制备宽为 300 mm 的试件系数为 1.0，从路面切割宽为 150 mm 的试件系数为 0.8）；

N——试验轮往返碾压速度，通常为 42 次/min。

影响沥青混合料高温稳定性的主要因素有沥青的用量，沥青的黏度，矿料的级配、尺寸、形状等。过量沥青，不仅降低沥青混合料的内摩阻力，而且在夏季、秋季容易产生泛油现象。因此，适当减少沥青的用量，可使矿料颗粒更多地以结构沥青的形式相联结，增加混合料的黏聚力和内摩阻力。提高沥青的黏度，可增加沥青混合料的抗剪变能力。采用合理级配的矿料，混合料可形成骨架密实结构，使黏聚力和内摩阻力都较大。在矿料的选择上，应挑选粒径大的，有棱角的矿料颗粒，提高混合料的内摩阻角。另外，还可以加入一些外加剂，来改善沥青混合料的性能。这些措施，均可提高沥青混合料的抗剪强度和减少塑性变形，从而增强其高温稳定性。

（2）低温抗裂性。

沥青混合料抵抗低温收缩裂缝的能力称为低温抗裂性。由于沥青混合料随着温度的降低，通常会变脆硬，劲度增大，变形能力下降，在温度下降所时产生的温度应力和外界荷载应力的作用下，路面内部分应力来不及松弛，应力逐渐累积下来。这些累积应力超过材料的抗拉强度时即发生开裂，从而会导致沥青混合料路面的破坏，所以沥青混合料在低温时应具有较低的劲度和较大的抗变形能力来满足其低温抗裂性能。

一般认为，沥青混合料路面的低温收缩开裂主要有两种形式：一种是由于气温骤降造成材料低温收缩，在有约束的沥青混合料面层内产生温度应力超过沥青混合料在相应温度下的抗拉强度时造成的开裂。另一种形式是低温收缩疲劳裂缝，这是由于在沥青混合料经受长期多次的温度循环后，沥青混合料的极限拉伸应变变小，应力松弛性能降低。这样，就会在温度应力小于其相应温度原始抗拉强度时产生开裂，即经受长期多次的降温循环后材料的抗拉强度降低，变成温度疲劳强度，在温度应力超过此温度疲劳强度就会产生开裂。这种裂缝主要发生在温度变化频繁的温和地区。

沥青混合料的低温抗裂性能可通过低温劈裂试验、直接拉伸试验 、弯曲蠕变试验及低温弯曲试验等评价。根据《公路沥青路面施工技术规范》（JTJ F40—2004）规定，沥青混合料配合比设计的低温抗裂性能检验采用的是低温弯曲试验。将轮碾成型后切制的 30 mm（宽）× 35 mm（高）× 250 mm（长）的棱柱体小梁试件，跨径 200 mm，按 50 mm/min 的加载速度在跨中施加集中荷载至断裂破坏。由破坏时的最大荷载求得试件的搞弯强度，由破坏时的跨中挠度求得沥青混合料的破坏弯拉应变，两者的比值即为破坏时的弯曲劲度模量。

（3）耐久性。

沥青混合料在路面中长期受到自然因素和重复车辆荷载的作用下，为保证路面具有较长的使用年限，沥青混合料必须具有良好的耐久性。沥青混合料的耐久性有多方面的含义，其中较为重要的是水稳定性、耐老化性和耐疲劳性。

① 沥青混合料的水稳定性。水稳性是指沥青混合料抵抗由于水侵蚀而逐渐产生沥青膜剥离、松散、坑槽等破坏的能力。水稳性差的沥青混合料在有水的情况下，会发生沥青与矿料颗粒表面的局部分离，同时在车辆荷载的作用下会加剧沥青与矿料的剥落，形成松散薄弱块，飞转的车轮带走次剥离或局部剥离的矿料或沥青，从而形成表面的损失，并逐渐形成坑槽，导致路面早期破坏。

影响沥青混合料水稳定性的因素很多，诸如矿料与沥青的性质、其相互之间的交互作用、沥青混合料的空隙率以及沥青膜的厚度等。矿料表面粗糙、洁净、有微孔，可增强其与沥青间的黏附性；沥青的黏度越高，与矿料的黏附力也越大；选择碱性集料可与沥青之间产生强烈的化学吸附作用，使沥青与矿料间遇水不易分离；沥青混合料的空隙率越小，大气水分停留与存储的空间越小，沥青混合料受水分作用时间越小，受水作用产生沥青剥离破坏的可能性就越小。但一般沥青混合料中应残留一定空隙，以备夏季沥青材料膨胀，不致造成路面泛油。

我国现行规范采用浸水马歇尔试验和冻融劈裂试验来检验沥青混合料的水稳定性。浸水马歇尔试验通过测定浸水 48 h 马歇尔试件的稳定度与未浸水的马歇尔试件的稳定度之比值即残留稳定度（%），以此作为评价水稳性好坏的指标。残留稳定度越大，混合料的水稳性越高。冻融劈裂试验测定的是沥青混合料试件在受到水、冻融循环作用前后的劈裂破坏强度之比值即残留强度比，其值越大，沥青混合料在水与冻融循环共同作用下的水稳性越高。

② 沥青混合料的耐老化性。耐老化性是指沥青混合料抵抗由于人为和自然因素作用而逐渐丧失变形能力、柔韧性等各种良好品质的能力。沥青路面在施工中要对沥青反复加热，铺筑好的沥青混合料路面长期处在自然环境中，要经受阳光特别是紫外线作用，这些均会使沥青产生老化，形变能力下降，使路面在温度和荷载作用下容易开裂，从而导致水分下渗的数量增加，加剧路面破坏，缩短沥青混合料路面的使用寿命。

影响沥青混合料老化速度的因素主要有沥青的性质、沥青的用量、沥青混合料的残留空隙率、施工工艺等。沥青化学组分中轻质成分、不饱和烃含量越多，沥青老化速度越快；沥青用量的大小影响沥青混合料内部所分布沥青膜的厚度，特别薄的沥青膜容易老化、容易变脆，使沥青混合料的耐老化性降低；空隙率越大，沥青与空气、水接触的范围越大，越容易产生老化现象；过高的拌和温度、过长时间的加热，会导致沥青的严重老化，路面上会过早的出现裂缝。

③ 沥青混合料的耐疲劳性。沥青混合料在使用期间经受车轮荷载的反复作用，长期处于应力应变交叠变化状态，致使混合料强度逐渐下降。当荷载重复作用超过一定次数以后，在荷载作用下沥青混合料路面内产生的应力超过疲劳强度，沥青混合料路面出现裂缝，即产生疲劳断裂破坏。

沥青混合料的耐疲劳性即混合料在反复荷载作用下抵抗这种疲劳破坏的能力。在相同荷载数量重复作用下，疲劳强度下降幅度小的沥青混合料，或疲劳强度变化率小的沥青混合料，其耐疲劳性好。从使用寿命看，其路面耐久性就高。

（4）抗滑性。

随着现代高速公路的发展，对沥青路面的抗滑性提出了更高要求。为保证长期高速行车的安全，配料时要特别注意粗集料的耐磨光性，应选择硬质有棱角的集料。但表面粗糙、坚硬耐磨的集料多为酸性集料，与沥青的黏附性不好，应掺加抗剥剂或采用石灰水处理集料表面等。

沥青用量对抗滑性的影响非常敏感，沥青用量超过最佳用量时的 0.5% 即可使抗滑系数明显降低。

含蜡量对沥青混合料抗滑性也有明显影响，《公路沥青路面施工技术规范》（JTG F40—2004）中对道路石油沥青的技术要求：A 级沥青含蜡量应不大于 2.2%，B 级沥青不大于 3.0%，C 级则不大于 4.5%。

（5）施工和易性。

沥青混合料应具备良好的施工和易性，使混合料易于拌和、摊铺和碾压。影响沥青混合料施工和易性的因素很多，诸如当地气温、施工条件及混合料性质等。

从混合料材料性质来看，影响沥青混合料施工和易性的是混合料的级配和沥青用量，如粗细集料的颗料大小相距过大，缺乏中间尺寸，混合料容易分层层积（粗粒集中表面，细粒集中底部）；如细集料太少，沥青层就不容易均匀地分布在粗颗粒表面；细集料过多，则使拌和困难。当沥青用量过少或矿粉用量过多时，混合料容易产生疏松不易压实；反之，如沥青用量过多或矿粉质量不好，则容易使混合料黏结成团块，不易摊铺。

2. 热拌沥青混合料的技术标准

《公路沥青路面施工技术规范》（JTG F40—2004）对热拌沥青混合料的马歇尔试验技术标准的规定如表 10.3 所示，并应有良好的施工性能。

表 10.3　密级配沥青混凝土混合料马歇尔试验技术标准

试验指标		单位	高速公路、一级公路				其他等级公路	行人道路
			夏炎热区（1-1、1-2、1-3、1-4 区）		夏热区及夏凉区（2-1、2-2、2-3、2-4、3-2 区）			
			中轻交通	重载交通	中轻交通	重载交通		
击实次数（双面）		次	75				50	50
试件尺寸		mm	ϕ101.6 mm × 63.5 mm					
空隙率	深 90 mm 以内	%	3 ~ 5	4 ~ 6	2 ~ 4	3 ~ 5	2 ~ 4	2 ~ 4
VV	深 90 mm 以下	%	3 ~ 6		2 ~ 4	3 ~ 6	3 ~ 6	—
稳定度 *MS*，不小于		kN	8				5	3
流值 *FL*		mm	2 ~ 4	1.5 ~ 4	2 ~ 4.5	2 ~ 4	2 ~ 4.5	2 ~ 5

续表

<table>
<tr><td colspan="2" rowspan="3">试验指标</td><td rowspan="3">单位</td><td colspan="4">高速公路、一级公路</td><td rowspan="3">其他等级公路</td><td rowspan="3">行人道路</td></tr>
<tr><td colspan="2">夏炎热区（1-1、1-2、1-3、1-4 区）</td><td colspan="2">夏热区及夏凉区（2-1、2-2、2-3、2-4、3-2 区）</td></tr>
<tr><td>中轻交通</td><td>重载交通</td><td>中轻交通</td><td>重载交通</td></tr>
<tr><td rowspan="6">矿料间隙率 VMA（%），不小于</td><td rowspan="2">设计空隙率/%</td><td colspan="7">相应于以下公称最大粒径（mm）的最小 VMA 及 VFA 技术要求（%）</td></tr>
<tr><td colspan="2">26.5</td><td>19</td><td>16</td><td>13.2</td><td>9.5</td><td>4.75</td></tr>
<tr><td>2</td><td colspan="2">10</td><td>11</td><td>11.5</td><td>12</td><td>13</td><td>15</td></tr>
<tr><td>3</td><td colspan="2">11</td><td>12</td><td>12.5</td><td>13</td><td>14</td><td>16</td></tr>
<tr><td>4</td><td colspan="2">12</td><td>13</td><td>13.5</td><td>14</td><td>15</td><td>14</td></tr>
<tr><td>5</td><td colspan="2">13</td><td>14</td><td>14.5</td><td>15</td><td>16</td><td>18</td></tr>
<tr><td></td><td>6</td><td colspan="2">14</td><td>15</td><td>15.5</td><td>16</td><td>17</td><td>19</td></tr>
<tr><td colspan="2">沥青饱和度 VFA/%</td><td colspan="2">55 ~ 70</td><td colspan="3">65 ~ 75</td><td colspan="2">70 ~ 85</td></tr>
</table>

注：① 重载交通是指设计交通量在 1 000 万辆以上的路段，长大坡度的路段按重载交通路段考虑。

② 对空隙率大于 5%的夏炎热区重载交通路段，施工时应至少提高压实度 1 个百分点。

③ 当设计的空隙率不是整数时，由内插确定要求的 *VMA* 最小值。

④ 对改性沥青混合料，马歇尔试验的流值可适当放宽。

三、沥青混合料组成材料的技术要求

沥青混合料的技术性质决定于组成材料的性质、组成配合的比例和混合料的制备工艺等因素。组成材料的质量是首先需要关注的问题。

（1）沥青材料。沥青路面采用的沥青标号，宜按照公路等级、气候条件、交通条件、路面类型、在结构层中的层位及受力特点、施工方法等，结合当地的使用经验确定。《公路沥青路面施工技术规范》（JTG F40—2004）规定，沥青标号根据道路所属的气候分区可查道路石油沥青技术要求选用。

对高速公路、一级公路，夏季温度高、高温持续时间长、重载交通、山区及丘陵区上坡路段、服务区、停车场等行车速度慢的路段，尤其是汽车荷载剪应力大的层次，宜采用稠度大、60 °C 黏度大的沥青，也可提高高温气候分区的温度水平选用沥青等级；对冬季寒冷的地区或交通量小的公路、旅游公路宜选用稠度小、低温延度大的沥青；对温度日温差、年温差大的地区宜选用针入度指数大的沥青。当高温要求与低温要求发生矛盾，应优先考虑高温性能的要求。

当缺乏所需标号的沥青时，可采用不同标号的沥青掺配，但掺配后的技术指标应符合道路石油沥青的技术要求。

（2）粗集料。沥青混合料用粗集料包括碎石、破碎砾石、筛选砾石、钢渣、矿渣等，但高速公路和一级公路不得使用筛选砾石和矿渣。

粗集料应该洁净、干燥、表面粗糙，质量应符合表 10.4 的规定。当单一规格集料的质量指标达不到表中要求，而按照集料配合比计算的质量指标符合要求时，工程上允许使用。对受热易变质的集料，宜采用经拌和机烘干后的集料进行检验。

表 10.4　沥青混合料用粗集料质量技术要求

指　标	单位	高速公路及一级公路		其他等级公路	试验方法
		表面层	其他层次		
石料压碎值，不大于	%	26	28	30	TO316
洛杉矶磨耗损失，不大于	%	28	30	35	TO317
表观相对密度，不小于	—	2.60	2.50	2.45	TO304
吸水率，不大于	%	2.0	3.0	3.0	TO304
坚固性，不大于	%	12	12	—	TO304
针片状颗粒含量（混合料），不大于	%	15	18	20	TO312
其中粒径大于 9.5 mm，不大于	%	12	15	—	TO312
其中粒径小于 9.5 mm，不大于	%	18	20	—	TO312
水洗法 < 0.075 mm 颗粒含量，不大于	%	1	1	1	TO310
软石含量，不大于	%	3	5	5	TO320

注：① 坚固性试验根据需要进行。

② 用于高速公路、一级公路时，多孔玄武岩的视密度可放宽至 2.45 t/m³，吸水率可放宽至 3%，但必须得到建设单位的批准，且不得用于 SMA 路面。

③ 对 S14 即 3～5 规格的粗集料，针片状颗粒含量可不予要求，< 0.075 mm 含量可放宽到 3%。

粗集料的粒径规格应符合表 10.5 的要求。

表 10.5　沥青混合料用粗集料规格

规格	公称料径/mm	通过下列筛孔（mm）的质量百分比（%）												
		106	75	63	53	37.5	31.5	26.5	19.0	13.2	9.5	4.75	2.36	0.6
S1	40～75	100	90～100	—	—	0～15	—	0～5	—	—	—	—	—	
S2	40～60	—	100	90～100	—	0～15	—	0～5	—	—	—	—	—	—
S3	30～60	—	100	90～100	—	—	0. 15	—	0～5	—	—	—	—	—
S4	25～50	—	—	100	90～100	—	—	0～15	—	0～5	—	—	—	—
S5	20～40	—	—	—	100	90～100	—	—	0～15	—	0～5	—	—	—
S6	15～30	—	—	—	—	100	90～100	—	—	0～15	—	0～5	—	—

续表

规格	公称料径/mm	通过下列筛孔（mm）的质量百分比（%）												
		106	75	63	53	37.5	31.5	26.5	19.0	13.2	9.5	4.75	2.36	0.6
S7	10 ~ 30	—	—	—	—	100	90 ~ 100	—	—	—	0 ~ 15	0 ~ 5	—	—
S8	10 ~ 25	—	—	—	—	—	100	90 ~ 100	—	0 ~ 15	—	0 ~ 5	—	—
S9	10 ~ 20	—	—	—	—	—	—	100	90 ~ 100	—	0 ~ 15	0 ~ 5	—	—
S10	10 ~ 15	—	—	—	—	—	—	—	100	90 ~ 100	0 ~ 15	0 ~ 5	—	—
S11	5 ~ 15	—	—	—	—	—	—	—	100	90 ~ 100	40 ~ 70	0 ~ 15	0 ~ 5	—
S12	5 ~ 10	—	—	—	—	—	—	—	—	100	90 ~ 100	0 ~ 15	0 ~ 5	—
S13	3 ~ 10	—	—	—	—	—	—	—	—	100	90 ~ 100	40 ~ 70	0 ~ 20	0 ~ 5
S14	3 ~ 5	—	—	—	—	—	—	—	—	—	100	90 ~ 100	0 ~ 15	0 ~ 3

高速公路、一级公路沥青路面的表面层（或磨耗层）的粗集料的磨光值应符合表 10.6 的要求。除 SMA、OGFC 路面外，允许在硬质粗集料中掺加部分较小粒径的磨光值达不到要求的粗集料时，其最大掺加比例由磨光值试验确定。

粗集料与沥青的黏附性应符合表 10.6 的要求，当使用不符合要求的粗集料时，宜掺加消石灰、水泥或用饱和石灰水处理后使用，必要时可同时在沥青中掺加耐热、耐水、长期性能好的抗剥落剂，也可采用改性沥青的措施，使沥青混合料的水稳定性检验达到要求。

表 10.6　粗集料与沥青的黏附性、磨光值的技术要求

雨量气候区	1（潮湿区）	2（潮湿区）	3（半干区）	4（干旱区）
年降雨量/mm	> 1 000	1 000 ~ 500	500 ~ 250	< 250
粗集料的磨光值 *PSV*，不小于 高速公路、一级公路表面层	42	40	38	36
粗集料与沥青的黏附性，不小于 高速公路、一级公路表面层	5	4	4	3
高速公路、一级公路的其他层次 其他等级公路的各个层次	4	4	3	3

（3）细集料。沥青路面的细集料包括天然砂、机制砂、石屑。细集料应洁净、干燥、无风化、无杂质，并有适当的颗粒级配，其质量应符合表 10.7 的规定。细集料的洁净程度，天

然砂以小于 0.075 mm 含量的百分比表示，石屑和机制砂以砂当量（适用于 0 ~ 4.75 mm）或亚甲蓝值（适用于 0 ~ 2.36 mm 或 0 ~ 0.15 mm）表示。

表 10.7　沥青混合料用细集料质量要求

项　目	单位	高速公路、一级公路	其他等级公路	试验方法
表观相对密度，不小于	—	2.50	2.45	T0328
坚固性（ > 0.3 mm 部分）不大于	%	12	—	T0340
含泥量（小于 0.075 mm 的含量），不大于	%	3	5	T0333
砂当量，不小于	%	60	50	T0334
亚甲蓝值，不大于	g/kg	25	—	T0349
棱角性（流动时间），不小于	s	30	—	T0345

天然砂可采用河砂或海砂，通常宜采用粗、中砂、其规格应符合表 10.8 的规定。热拌密级配沥青混合料中天然砂的用量通常不宜超过集料总量的 20%，SMA 和 OGFC 混合料不宜使用天然砂。

表 10.8　沥青混合料用天然砂规格

筛孔尺寸/mm	通过各筛孔的质量百分比/%		
	粗　砂	中　砂	细　砂
9.5	100	100	100
4.75	90 ~ 100	90 ~ 100	90 ~ 100
2.36	65 ~ 95	75 ~ 90	85 ~ 100
1.18	35 ~ 65	50 ~ 90	75 ~ 100
0.6	15 ~ 30	30 ~ 60	60 ~ 84
0.3	5 ~ 20	8 ~ 30	15 ~ 45
0.15	0 ~ 10	0 ~ 10	0 ~ 10
0.075	0 ~ 5	0 ~ 5	0 ~ 5

石屑是采石场破碎石料通过 4.75 mm 或 2.36 mm 的筛下部分，其规格应符合表 10.9 的要求。机制砂是由制砂机生产的细集料，其级配应符合 SI6 的要求。

表 10.9　沥青混合料用机制砂或石屑规格

规格	公称粒径	通过各筛孔的质量百分比/%							
		9.5	4.75	2.36	1.18	0.6	0.3	0.15	0.075
S15	0 ~ 5	100	90	60 ~ 90	40 ~ 75	20 ~ 55	7 ~ 40	2 ~ 20	0 ~ 10
S16	0 ~ 3	—	100	80	50 ~ 80	25 ~ 60	8 ~ 45	0 ~ 25	0 ~ 15

（4）填料。沥青混合料的矿粉必须采用石灰岩或岩浆岩的强基性岩石等憎水性石料经磨细得到的矿粉，原石料中的泥土杂质应除净。矿粉应干净、洁净，能自由地从矿粉仓流出，其质量应符合表 10.10 的要求。

表 10.10　沥青混合料用填料规格

指　标		单　位	高速公路、一级公路	其他等级公路	试验方法
表观密度，不小于		t/m³	2.50	2.45	T0352
含水量，不大于		%	1	1	T0103 烘干法
粒度范围	< 0.6 mm	%	100	100	T0351
	< 0.15 mm	%	90 ~ 100	90 ~ 100	
	< 0.075 mm	%	75 ~ 100	70 ~ 100	
外　观		—	无团粒结块		—
亲水系数		—	< 1		T0353
塑性指数		—	< 4		T0354
加热安定性		—	实测记录		T0355

拌和机的粉尘也可作为矿粉的一部分回收使用。但每盘用量不得超过填料总量的 25%，掺有粉尘填料的塑性指数不得大于 4%。

粉煤灰作为填料使用时，用量不得超过填料总量的 50%，粉煤灰的烧失量应小于 12%，与矿粉混合后的塑性指数应小于 4%。高速公路、一级公路的沥青面层不宜采用粉煤灰做填料。

四、沥青混合料配合设计

热拌沥青混合料配合比设计，应通过目标配合比设计、生产配合比设计及生产配合比验证三个阶段，确定沥青混合料的材料品种及配合比、矿料级配、最佳沥青用量。本处着重介绍目标配合比设计。热拌沥青混合料的目标配合比设计宜按图 10.5 的框图的步骤进行。

1. 矿质混合料的配合组成设计

矿质混合料的配合组成设计通常是根据规范推荐的级配范围，来选配一个具有足够密实度，并有较高内摩阻力的矿质混合料。其基本步骤如下：

（1）确定沥青混合料类型。

沥青混合料的类型，根据道路等级、路面类型及所处的结构层位，参照《公路沥青路面设计规范（征求意见稿）》按表 10.11 选定。

（2）确定工程设计的级配范围。

密级配沥青混合料，宜根据公路等级、气候及交通条件按表 10.12 选择粗型（C 型）或细型（F 型）混合料。对夏季温度高、高温持续时间长，重载交通多的路段，宜选用粗型密

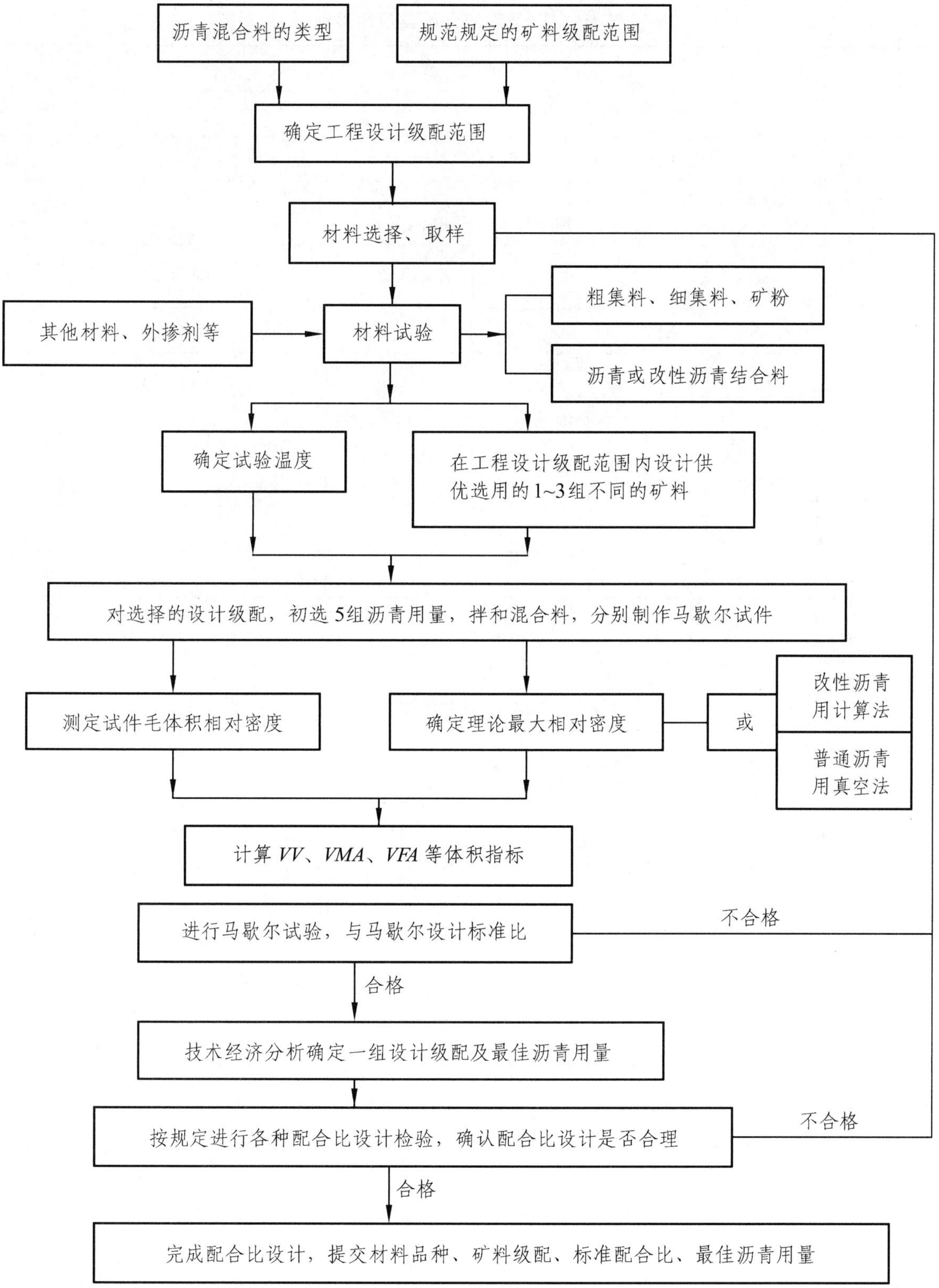

图 10.5　密级配沥青混合料目标配合比设计流程

表 10.11　沥青混合料类型适用性

层　位	开级配	半开级配	密实型沥青混合料				最大粒径/mm
			断级配型		粗级配型	细级配型	
空隙率/%	> 15	8 ~ 15	3 ~ 5	3 ~ 4	3 ~ 6（8）	3 ~ 6	
抗滑磨耗层	OGFC-10 OGFC-13		UTAC-10 UTAC-13	SMA-10 SMA-13			13 16
表面层		AM-13		SMA-13	DCG -13 SUP-13	DFG-13	16
		AM-16		SMA-16	DCG-16	DFG-16	19
中面层		AM-20	FAC-20	SMA-20	DCG-20 SUP-19	DFG-20	26.5
下面层					DCG-25	DFG-25	31.5
基　层	ATPB-25	AM-25			LSM-25		31.5
	ATPB-30	AM-30			LSM-30		37.5
底基层	ATPB-35	AM-35			LSM-35		53.0

注：OGFC—排水式沥青磨耗层；UTAC—抗滑磨耗层；SMA—沥青玛蹄脂碎石混合料；AM—沥青碎石混合料；DCG—密实粗级配；SUP—Superrpave 混合料；DFG—密实细级配；FAC—高沥青含量沥青混凝土混合料；AT-PB—排水式沥青碎石基层；LSM—大粒径沥青碎石混合料。

表 10.12　粗型和细型密级配沥青混凝土的关键性筛孔通过率

混合料类型	公称最大粒径/mm	用以分类的关键性筛孔/mm	粗型密级配		细型密级配	
			名　称	关键性筛孔通过率/%	名　称	关键性筛孔通过率/%
AC-25	26.3	4.75	AC-25C	< 40	AC-25F	> 40
AC-20	19	4.75	AC-20C	< 45	AC-20F	> 45
AC-16	16	2.36	AC-16C	< 38	AC-16F	> 38
AC-13	13.2	2.36	AC-13C	< 40	AC-13F	> 40
AC-10	9.5	2.36	AC-10C	< 45	AC-10F	> 45

级配沥青混合料（AC-C 型），并取较高的设计空隙率。对冬季温度低且低温持续时间长的地区，或者重载交通较少的路段，宜选用细型密级配沥青混合料（AC-F 型），并取较低的设计空隙率。

密级配沥青混合料的设计级配，宜在表 10.13 规定的级配范围内，根据公路等级、工程特性、气候条件、交通条件、材料品种等因素，通过对条件大体相当的工程使用情况进行调查研究后调整确定，必要时允许超出规范级配范围。经确定的工程设计级配范围是配合比设计的依据，不得随意变更。

表 10.13　密级配沥青混凝土混合料矿料级配范围

级配类型		通过下列筛孔（mm）的质量百分比（%）												
		31.5	26.5	19	16	13.2	9.5	4.75	2.36	1.18	0.6	0.3	0.15	0.075
粗粒式	AC-25	100	90 ~ 100	75 ~ 90	65 ~ 83	57 ~ 76	45 ~ 65	24 ~ 52	16 ~ 42	12 ~ 33	8 ~ 24	5 ~ 17	4 ~ 13	3 ~ 7
中粒式	AC-20		100	90 ~ 100	78 ~ 92	62 ~ 80	50 ~ 72	26 ~ 56	16 ~ 44	12 ~ 33	8 ~ 24	5 ~ 17	4 ~ 13	3 ~ 7
	AC-16			100	90 ~ 100	76 ~ 92	60 ~ 80	34 ~ 62	20 ~ 48	13 ~ 36	9 ~ 26	7 ~ 18	5 ~ 14	4 ~ 8
细粒式	AC-13				100	90 ~ 100	68 ~ 85	38 ~ 68	24 ~ 50	15 ~ 38	10 ~ 28	7 ~ 20	5 ~ 15	4 ~ 8
	AC-10					100	90 ~ 100	45 ~ 75	30 ~ 58	20 ~ 44	13 ~ 32	9 ~ 23	6 ~ 16	4 ~ 8
砂粒式	AC-5						100	90 ~ 100	55 ~ 75	35 ~ 55	20 ~ 40	12 ~ 28	7 ~ 18	5 ~ 10

调整工程设计级配范围应遵循下列原则：

① 要确保高温抗车辙能力，同时兼顾低温抗裂性能的需要。配合比设计时宜适当减少公称最大粒径附近的粗集料用量，减少 0.6 mm 以下部分细粉的用量，使中等粒径集料较多，形成 S 形级配曲线，并取中等或偏高水平的设计空隙率。

② 确定各层的工程设计级配范围时，应考虑不同层位的功能需要，经组合设计的沥青路面应能满足耐久、稳定、密水、抗滑等要求。

③ 根据公路等级和施工设备的控制水平，确定的工程设计级配范围应比规范级配范围窄，其中 4.75 mm 和 2.36 mm 通过率的上下限差值宜小于 12%。

④ 沥青混合料的配合比设计，应充分考虑施工性能，使沥青混合料容易摊铺和压实，避免造成严重的离析。

（3）材料选择与准备。

按气候和交通条件选择合适的各种材料，经现场取样检验，其质量应符合规定的技术要求。当单一规格的集料某项指标不合格，但不同粒径规格的材料按级配组成的集料混合料指标能符合规范要求时，允许使用。

（4）矿料配合比设计。

高速公路和一级公路沥青路面矿料配合比设计，宜借助电子计算机的电子表格，用试配法进行，见表 10.14。

矿料级配曲线采用泰勒曲线的标准画法绘制（见图 10.6），纵坐标为普通坐标，横坐标按 $\chi = d_i^{0.45}$ 计算见表 10.15。以原点与通过集料最大粒径 100% 的点的连线作为沥青混合料的最大密度线。

表 10.14　矿料级配设计计算（示例）

筛孔 /mm	10～20 mm /%	5～10 mm /%	3～5 mm /%	石屑 /%	黄砂 /%	矿粉 /%	消石灰 /%	合成级配 /%	工程设计级配范围		
									中限	下限	上限
16	100	100	100	100	100	100	100	100	100	100	100
13.2	88.6	100	100	100	100	100	100	97.6	95	90	100
9.5	16.6	99.7	100	100	100	100	100	76.6	70	60	80
4.75	0.4	8.7	94.9	100	100	100	100	47.7	41.5	30	53
2.36	0.3	0.7	3.7	97.2	87.9	100	100	30.6	30	20	40
1.18	0.3	0.7	0.5	67.8	62.2	100	100	22.8	22.5	15	30
0.6	0.3	0.7	0.5	40.5	46.4	100	100	17.2	16.5	10	23
0.3	0.3	0.7	0.5	30.2	3.7	99.8	99.2	9.5	12.5	7	18
0.15	0.3	0.7	0.5	20.6	3.1	96.2	97.6	8.1	8.5	5	12
0.075	0.2	0.6	0.3	4.2	1.9	84.7	95.6	5.5	6	4	8
配合比	28	26	14	12	15	3.3	1.7	100.0	—	—	—

表 10.15　泰勒曲线的横坐标

d_i	0.075	0.15	0.3	0.6	1.18	2.36	4.75	9.5
$\chi = d^{i0.45}$	0.312	0.426	0.582	0.795	1.077	1.472	2.016	2.754
d_i	13.2	16	19	26.5	31.5	37.5	53	63
$\chi = d^{i0.45}$	3.193	3.482	3.762	4.370	4.723	5.109	5.969	6.452

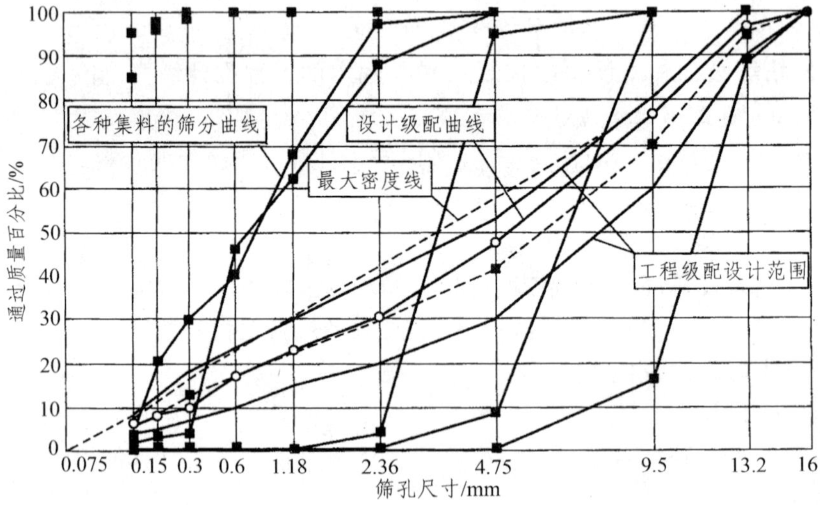

图 10.6　矿料级配曲线示例

对高速公路和一级公路，宜在工程设计级配范围内计算 1～3 组粗细不同的配合比，绘制设计级配曲线，分别位于工程设计级配范围的上方、中值及下方。设计合成级配不得有太多的锯齿形交错，且在 0.3 ~ 0.6 mm 范围内不出现“驼峰”。当反复调整不能满足时，宜更换材料设计。

根据当地的实践经验选择适宜的沥青用量，分别制作几组级配的马歇尔试件，测定 VMA，初选一组满足或接近设计要求的级配作为设计级配。

2. 确定沥青混合料的最佳沥青用量

沥青混合料的最佳沥青用量（简称 *OAC*），按《公路沥青路面施工技术规范》（JTG F40—2004）中规定，以马歇尔试验方法为标准的设计方法，同时也允许采用其他设计方法。当采用其他设计方法时，应按马歇尔设计方法进行检验。马歇尔试验法确定沥青最佳用量按下列步骤进行：

（1）制备条件。

① 确定试件的制作温度。沥青混合料试件的制作温度宜通过在 135 °C 及 175 °C 条件下测定的黏度-温度曲线按表 10.16 的规定确定，并与施工实际温度一致，普通沥青混合料如缺乏黏温曲线时可参照表 10.17 执行，改性沥青混合料的成型温度在此基础上再提高 10 ~ 20 °C。

表 10.16　确定沥青混合料拌和及压实温度的适宜温度

黏　度	适宜于拌和的沥青混合料黏度	适宜于压实的沥青混合料黏度	测定方法
表观黏度	（0.17 ± 0.02）Pa · s	（0.28 ± 0.03）Pa · s	T0625
运动黏度	（170 ± 20）mm^2/s	（280 ± 30）mm^2/s	T0619
赛波特黏度	（85 ± 10）s	（140 ± 15）s	T0623

表 10.17　热拌普通沥青混合料试件的制作温度

施工工序	石油沥青的标号				
	50 号	70 号	90 号	110 号	130 号
沥青加热温度	160 ~ 170	155 ~ 165	150 ~ 160	145 ~ 155	140 ~ 150
矿料加热温度	集料加热温度比沥青温度高 10 ~ 30（填料不加热）				
沥青混合料拌和温度	150 ~ 170	145 ~ 165	140 ~ 160	135 ~ 155	130 ~ 150
试件击实成型温度	140 ~ 160	135 ~ 155	130 ~ 150	125 ~ 145	120 ~ 140

② 确定沥青的用量范围。

a. 按式（10.4）计算矿质混合料的合成毛体积相对密度 γ_{sb}：

$$\gamma_{sb}=\frac{100}{\dfrac{p_1}{\gamma_1}+\dfrac{p_2}{\gamma_2}+\cdots+\dfrac{p_n}{\gamma_n}} \tag{10.4}$$

式中　p_1，p_2，…，p_n——各种矿料成分的配合比，其各为 100；

γ_1，γ_2，…，γ_n——各知种矿料相应的毛体积相对密度，粗集料按 T0304 方法测定，机制砂及石屑可按 T0330 方法测定，也可以用筛出的 2.36 ~ 4.75 mm 部分的毛体积相对密度代替，矿粉（含消石灰、水泥）以表观相对密度代替。

b. 按式（10.5）或按式（10.6）预估沥青内混合料的适宜的油石比 p_a 或沥青用量 p_b：

$$p_a = \frac{p_{a1} \cdot \gamma_{ab1}}{\gamma_{sb}} \tag{10.5}$$

$$p_b = \frac{p_a}{100 + \gamma_{sb}} \times 100 \tag{10.6}$$

式中 p_a——预估的最佳油石比（与矿料总量的百分比）（%）；

p_b——预估的最佳沥青用量（占混合料总量的百分比）（%）；

p_{a1}——已建类似工程沥青混合料的标准油石比（%）；

γ_{sb}——集料的合成毛体积相对密度；

γ_{sb1}——已建类似工程集料的合成毛体积相对密度。

c. 确定矿料的有效相对密度。对非改性沥青混合料，宜以预估的最佳油石比拌和 2 组的混合料，采用真空法实测最大相对密度，取平均值。然后由式（10.7）反算合成矿料的有效相对密度 γ_{se}：

$$\gamma_{se} = \frac{100 - p_b}{\dfrac{100}{\gamma_1} - \dfrac{p_b}{\gamma_b}} \tag{10.7}$$

式中 γ_{se}——合成矿料的有效相对密度；

p_b——试验采用的沥青用量（占混合料含量的百分比）（%）；

γ_t——试验沥青用量条件下实测得到的最大相对密度、无量纲；

γ_b——沥青的相对密度（25 °C/25 °C），无量纲。

d. 以预估的油石比为中值，按一定间隔（对密级配沥青混合料通常为 0.5%，对沥青碎石混合料可适当缩小间隔为 0.3% ~ 0.4%），取 5 个或 5 个以上不同的油石比分别成型马歇尔试件。例如，预估油石比为 4.8%，可选 3.8%、4.3%、4.8%、5.3%、5.8%等。

（2）测定物理指标。

① 测定压实沥青混合料试件的毛体积相对密度 γ_f 和吸水率（取平均值）。通常采用表干法测定毛体积相对密度；对吸水率大于 2% 的试件，宜改为采用蜡封法测定。

② 确定沥青混合料的最大理论相对密度。对非改性的普通沥青混合料，在成型马歇尔试件的同时，用真空法实测各组沥青混合料的最大理论相对密度 γ_{ti}。当只对其中一组油石比测定最大理论相对密度时，也可按式（7.8）或式（7.9）计算其他不同油石比时的最大理论相对密度 γ_{ti}。当只对其中一组油石比测定最大理论相对密度时，也可按式（10.8）或（10.9）计算其他不同油石比时的最大理论相对密度 γ_{ti}：

$$\gamma_{ti} = \frac{100 + p_{ai}}{\dfrac{100}{\gamma_{se}} + \dfrac{p_{ai}}{\gamma_b}} \tag{10.8}$$

$$\gamma_{ti}=\frac{100}{\dfrac{p_{si}}{\gamma_{se}}+\dfrac{p_{bi}}{\gamma_b}} \tag{10.9}$$

式中　γ_{ti}——相对于计算沥青用量 p_{bi} 时，沥青混合料的最大理论相对密度，无量纲；

p_{ai}——所计算的沥青混合料中的油石比（%）；

p_{bi}——所计算的沥青混合料的沥青用量（%），$p_{bi}=p_{ai}/(1+p_{ai})$；

p_{si}——所计算的沥青混合料的矿料含量（%），$p_{si}=100-p_{bt}$；

γ_{se}——矿料的有效相对密度，无量纲；

γ_b——沥青的相对密度（25 °C/25 °C），无量纲。

③ 按式（10.10）~ 式（10.12）计算沥青混合料试件的空隙率、矿料间隙率 VMA、有效沥青的饱和度 VFA 等体积指标，进行体积组成分析。

$$VV=\left(1-\frac{\gamma_f}{\gamma_t}\right)\times 100 \tag{10.10}$$

$$VMA=\left(1-\frac{\gamma_f}{\gamma_{ab}}\times p_s\right)\times 100 \tag{10.11}$$

$$VFA=\frac{VMA-VV}{VMA}\times 100 \tag{10.12}$$

式中　VV——试件的空隙率（%）；

VMA——试件的矿料间隙率（%）；

VFA——试件的有效沥青饱和度（%），有效沥青含量占 VMA 的体积比例；

γ_f——试件的毛体积相对密度，无量纲；

γ_t——沥青混合料的最大理论相对密度，无量纲；

p_s——各种矿料占沥青混合料总质量的百分比之和（%），即 $p_s=100-p_s$；

γ_{sb}——矿质混合料的合成毛体积相对密度。

（3）测定力学指标。

进行马歇尔试验，测定马歇尔稳定度和流值。

（4）马歇尔试验结果分析。

① 绘制沥青用量与物理力学指标关系图。以油石比或沥青用量为横坐标，以毛体积密度、空隙率、有效沥青饱和度（VFA）、矿料间隙率（VMA）、稳定度和流值为纵坐标，将试验结果点入图中，连成光滑的曲线，见图 10.7。确定均符合规范规定的沥青混合料技术标准的沥青用量范围 OAC_{min} ~ OAC_{max}。

选择的沥青用量范围必须涵盖设计空隙率的全部范围，并尽可能涵盖沥青饱和度的要求范围，同时使密度及稳定度曲线出现峰值。如果没有涵盖设计空隙率的全部范围，试验必须扩大沥青用量范围并重新进行。

② 根据试验曲线走势确定最佳沥青用量 OAC_1。

a. 在曲线图上求取相应于密度最大值、稳定度最大值、目标空隙率（或中值）、沥青饱和度范围的沥青用量 a_1、a_2、a_3、a_4，按式（10.13）取平均值作为 OAC_1，即

$$OAC_1=(a_1+a_2+a_3+a_4)/4 \tag{10.13}$$

b. 如果在所选择的沥青用量范围未能涵盖沥青饱和度的要求范围，按式（10.14）求取 3 者的平均值作为 OAC_1，即

$$OAC_1=(a_1+a_2+a_3)/3 \tag{10.14}$$

c. 对所选择试验的沥青用量范围，密度或稳定度没有出现峰值（最大值经常在曲线的两端）时，可直接以目标空隙率所对应的沥青用量 a_3 作为 OAC_1，但 OAC_1 必须介于 OAC_{min}～OAC_{max} 的范围内，否则应重新进行配合比设计。

③ 确定最佳沥青用量 OAC_2。以各项指标均符合沥青混合料技术标准（不含 *VMA*）的沥青用量范围 OAC_{min}～OAC_{max} 的中值作为 OAC_2，即

$$OAC_2=(OAC_{min}+OAC_{max})/2 \tag{10.15}$$

④ 确定计算的最佳沥青用量 *OAC*。通常情况下取 OAC_1 及 OAC_2 的中值作为计算的最佳沥青用量 *OAC*。

$$OAC=(OAC_1+OAC_2)/2 \tag{10.16}$$

按式（10.16）计算的最佳沥青用量 *OAC*，从图 10.7 中得出所对应的空隙率和 *VMA* 值，检验是否能满足表 10.2 关于最小 *VMA* 值的要求。*OAC* 宜位于 *VMA* 凹形曲线最小值的贫油一侧。

当空隙率不是整数时，最小 *VMA* 按内插法确定，并将其画入图 10.7 中。

检查图 10.6 中相应于此 *OAC* 的各项指标是否均符合马歇尔试验技术标准。

⑤ 根据实践经验和公路等级、气候条件、交通情况，调整确定最佳沥青用量 *OAC*。

a. 调查当地各项条件相接近的工程的沥青用量及使用效果，论证适宜的最佳沥青用量。检查计算得到的最佳沥青用量是否相近，如相差甚远，应查明原因，必要时重新调查级配，进行配合比设计。

b. 对炎热地区公路以及高速公路、一级公路的重载交通路段，山区公路的长大坡度路段，预计有可能产生较大车辙时，宜在空隙率符合要求的范围内将计算的最佳沥青用量减小 0.1%～0.5%作为设计沥青用量。此时，除空隙率外的其他指标可能会超出马歇尔试验配合比设计技术标准，配合比设计报告或设计文件必须予以说明。但配合比设计报告必须要求采用重型轮胎压路机和振动压路机组合等方式加强碾压，以使施工后路面的空隙达到未调整前的原最佳沥青用量时的水平，且渗水系数符合要求。如果试验路段试拌、试铺达不到此要求时，宜调整所减小的沥青用量的幅度。

c. 对寒区道路、旅游道路、交通量很少的公路，最佳沥青用量可以在 *OAC* 的基础上增加 0.1%～0.3%，以适当减小设计空隙率，但不得降低压实度要求。

⑥ 检验最佳沥青用量时的粉胶比和有效沥青膜厚度。

a. 按式（10.17）及式（10.18）计算沥青结合料被集料吸收的比例及有效沥青含量：

$$p_{ba}=\frac{\gamma_{se}-\gamma_b}{\gamma_{se}\cdot\gamma_{sb}}\cdot\gamma_b\times100\% \tag{10.17}$$

$$p_{be} = p_b - \frac{p_{ba}}{100} \cdot p_s \times 100\% \tag{10.18}$$

式中　p_{ba}——沥青混合料中被集料吸收的沥青结合料的比例（%）；

p_{be}——沥青混合料中的有效沥青用量（%）；

γ_{se}——集料的有效相对密度，无量纲；

γ_{ab}——材料的合成毛体积相对密度，无量纲；

γ_b——沥青的相对密度（25 °C/25 °C），无量纲；

p_b——沥青含量（%）；

p_s——各种矿料占沥青混合料总质量的百分比之和，即 $p_s = 100 - p_b(\%)$。

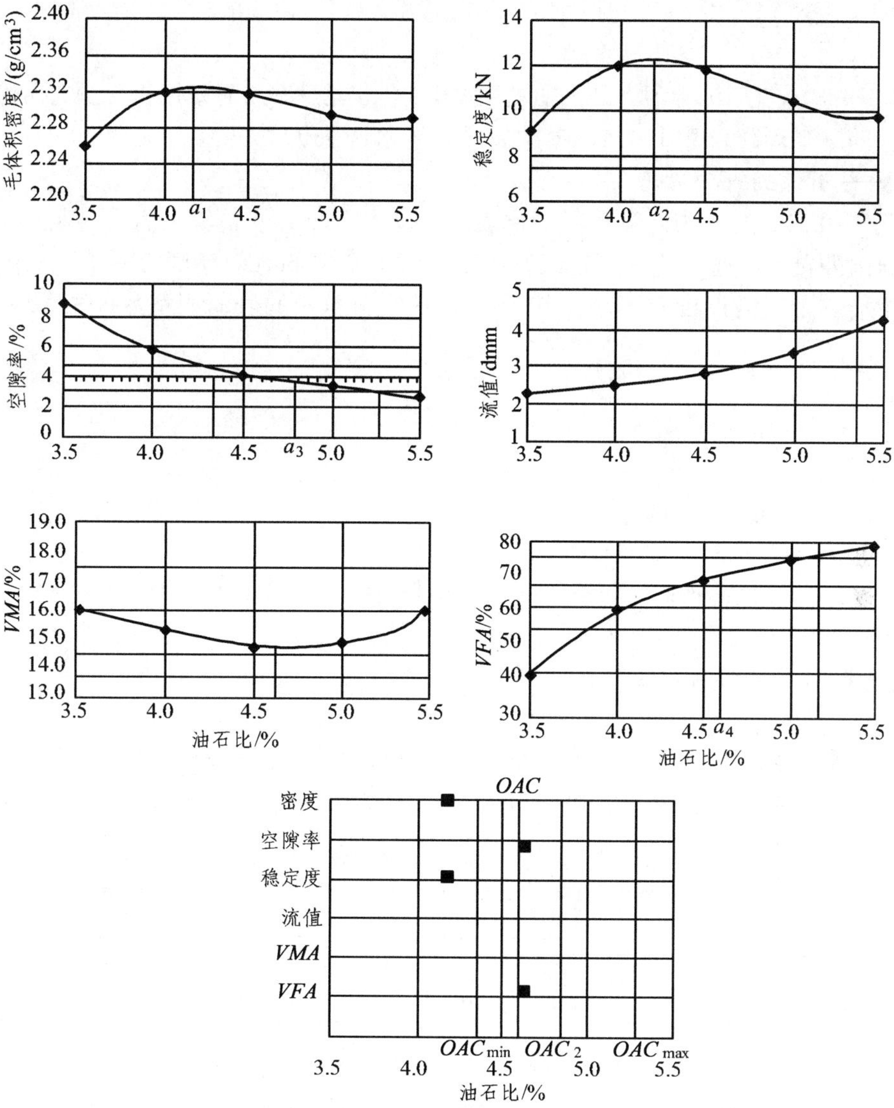

图 10.7　马歇尔试验结果示例

注：图中 $a_1 = 4.2\%$，$a_2 = 4.25\%$，$a_3 = 4.8\%$，$a_4 = 4.7\%$，$OAC_1 = 4.49\%$（由 4 个平均值确定），$OAC_{min} = 4.3\%$，$OAC_{max} = 5.3\%$，$OAC_2 = 4.8\%$，$OAC = 4.64\%$。此例中相对于空隙率 4%的油石比为 4.6%。

如果有需要，可按式（10.19）及式（10.20）计算有效沥青的体积百分比 V_b 及矿料的体积百分比 V_g。

$$V_b = \frac{\gamma_f \cdot p_{be}}{\gamma_b} \tag{10.19}$$

$$V_g = 100 - (V_{be} + VV) \tag{10.20}$$

b. 检验最佳沥青用量时的粉胶比和有效沥青膜厚度。

• 按式（10.21）计算沥青混合料的粉胶比，宜符合 0.6 ~ 1.6 的要求。对常用的公称最大粒径为 13.2 ~ 19 mm 的密级配沥青混合料，粉胶比宜控制在 0.8 ~ 1.2 范围内。

$$FB = \frac{P_{0.075}}{P_{be}} \tag{10.21}$$

式中 FB——粉胶比，沥青混合料的矿料中 0.075 mm 通过率与有效沥青含量的比值，无量纲；

$P_{0.075}$——矿料级配中 0.075 mm 的通过率（水洗法）（%）；

P_{be}——有效沥青含量（%）。

• 按式（10.22）的方法计算集料的比表面，按式（10.23）估算沥青混合料的沥青膜有效厚度。根据国外资料，通常情况下连续密级配沥青混合料的有效厚度宜不小于 6 μm，密实式沥青碎石混合料的有效厚度宜不小于 5 μm。各种集料粒径的表面积系数按表 10.16 采用。

$$SA = \sum (P_i \cdot FA_i) \tag{10.22}$$

$$DA = \frac{P_{be}}{\gamma_b \cdot SA} \times 10 \tag{10.23}$$

式中 SA——集料的比表面积（m^2/kg）；

p_i——各种粒径的通过百分比（%）；

FA_i——相应于各种粒径的集料的表面积系数，如表 10.18 所列；

DA——沥青膜有效厚度（μm）；

p_{be}——有效沥青含量（%）；

γ_b——沥青的相对密度（25 ~ 25 °C），无量纲。

注意：各种公称最大粒径混合料中大于 4.75 mm 尺寸集料的表面积系数 FA 均取 0.004 1，且只计算一次，4.75 mm 以下部分的 FA，如表 10.18 所示。该例的 $SA = 6.60\ m^2/kg$。若混

表 10.18 集料的表面积系数计算示例

筛孔尺寸	19	16	13.2	9.5	4.75	2.36	1.18	0.6	0.3	0.15	0.075	集料比表面总和 SA /（m^2/kg）
表面积系数 FA_i	4.1×10^{-3}	—	—	—	4.1×10^{-3}	8.2×10^{-3}	1.6×10^{-2}	2.87×10^{-2}	6.14×10^{-2}	12.29×10^{-2}	32.27×10^{-2}	
通过百分比 p_i/%	100	92	85	76	60	42	32	23	16	12	6	
比表面 $FA_i \times p_i$ /(m^2/kg)	0.41	—	—	—	0.25	0.34	0.52	0.66	0.98	1.47	1.97	6.60

合料的有效沥青含量为 4.65%，沥青的相对密度为 1.03，则沥青膜厚度为 $DA = 4.65/(1.03 \times 6.60) \times 10 = 6.83\ \mu\text{m}$。

3. 配合比设计检验

对用于高速公路和一级公路的公称最大粒径等于或小于 19 mm 的密级配沥青混合料（AC），SMA、OGFC 混合料，需在配合比设计的基础上按规范要求进行各种使用性能的检验，不符合要求的沥青混合料，必须更换材料或重新进行配合比设计。配合比设计检验，按计算确定的设计最佳沥青用量在标准条件下进行，若按照根据实践经验和公路等级、气候条件、交通情况调整确定的最佳沥青用量，或者改变试验条件时，各项技术要求均应适当调整。

（1）高温稳定性检验。

按规定方法进行车辙试验，动稳定度应符合表 10.19 的要求。

注意：对公称最大粒径大于 19 mm 的密级配沥青混凝土或沥青稳定碎石混合料，由于车辙试件尺寸不能适用，不宜按此方法进行车辙试验和弯曲试验。如需要检验可加厚试件厚度或采用大型马歇尔试件。

表 10.19　沥青混合料车辙试验动稳定度技术要求

<table>
<tr><td colspan="2">气候条件与技术指标</td><td colspan="9">相应于下列气候分区所要求的动稳定度/（次/mm）</td><td rowspan="4">试验方法</td></tr>
<tr><td colspan="2" rowspan="3">七月平均最高气温（°C）及气候分区</td><td colspan="4">> 30 °C</td><td colspan="4">20 ~ 30 °C</td><td>< 20 °C</td></tr>
<tr><td colspan="4">1. 夏炎热区</td><td colspan="4">2. 夏热区</td><td>3. 夏凉区</td></tr>
<tr><td>1-1</td><td>1-2</td><td>1-3</td><td>1-4</td><td>2-1</td><td>2-2</td><td>2-3</td><td>2-4</td><td>3-2</td></tr>
<tr><td colspan="2">普通沥青混合料，不小于</td><td colspan="2">80</td><td colspan="2">1 000</td><td colspan="2">600</td><td colspan="2">800</td><td>600</td><td rowspan="5">T0 719</td></tr>
<tr><td colspan="2">改性沥青混合料，不小于</td><td colspan="2">2 400</td><td colspan="2">2 800</td><td colspan="2">2 000</td><td colspan="2">2 400</td><td>1 800</td></tr>
<tr><td rowspan="2">SMA 混合料</td><td>非改性，不小于</td><td colspan="8">1 500</td><td></td></tr>
<tr><td>改性，不小于</td><td colspan="8">3 000</td><td></td></tr>
<tr><td colspan="2">OGFC 混合料</td><td colspan="8">1 500（一般交通路段）、3 000（重交通路段）</td><td></td></tr>
</table>

注：① 如果其他月份的平均气温高于 7 月时，可使用该月最高平均气温。
② 在特殊情况下，如钢桥面铺装，重载车特别多或纵坡较大的长距离上坡路段、厂矿专用道路，可酌情提高动稳定度的要求。
③ 对因气候寒冷却需要使用针入度很大的沥青（如大于 100），动稳定度难以达到要求，或因采用石灰岩等不很坚硬的石料，改性沥青混合料的动稳定度难以达到要求等特殊情况，可酌情降低要求。
④ 为满足炎热地区及重载车的要求，在配合比设计时采取减少最佳沥青用量的技术措施时，可适当提高试验温度或增加试验荷载进行试验，同时增加试件的碾压成型密度和施工压实度要求。
⑤ 车辙试验不得采用多次加热的混合料，试验必须检验其密度是否符合试验规程的要求。
⑥ 如需要对公称最大粒径等于和大于 26.5 mm 的混合料进行车辙试验，可适当增加试件的厚度，但不宜作为评定合格与否的依据。

（2）水稳定性检验。

按规定的试验方法进行浸水马歇尔试验和冻融劈裂试验，残留稳定度、残留强度比必须同时符合表 10.20 的要求。达不到要求时应采取抗剥落措施，调整最佳沥青用量后再次试验。

① 浸水马歇尔试验。将试件分两组：一组在 60 °C 水浴中保养 30 ~ 40 min 后测其马歇尔稳定度 MS_0；另一组在 60 °C 水浴中保养 48 h 后测其马歇尔稳定度 MS_1。其残留稳定度按式（10.24）计算。

表 10.20　沥青混合料水稳定性检验技术要求

<table>
<tr><td colspan="2">气候条件与技术指标</td><td colspan="4">相应于下列气候分区的技术要求/%</td><td rowspan="3">试验方法</td></tr>
<tr><td colspan="2" rowspan="2">年降雨量（mm）
及气候分区</td><td>> 1 000</td><td>500 ~ 1 000</td><td>250 ~ 500</td><td>< 250</td></tr>
<tr><td>1. 潮湿区</td><td>2. 湿润区</td><td>3. 半干区</td><td>4. 干旱区</td></tr>
<tr><td colspan="7">浸水马歇尔试验残留稳定度/%，不小于</td></tr>
<tr><td colspan="2">普通沥青混合料</td><td colspan="2">80</td><td colspan="2">75</td><td rowspan="4">T0709</td></tr>
<tr><td colspan="2">改性沥青混合料</td><td colspan="2">85</td><td colspan="2">80</td></tr>
<tr><td rowspan="2">SMA
混合料</td><td>普通沥青</td><td colspan="4">75</td></tr>
<tr><td>改性沥青</td><td colspan="4">80</td></tr>
<tr><td colspan="7">冻融劈裂试验的残留强度比/%，不小于</td></tr>
<tr><td>普通沥青混合料</td><td></td><td colspan="2">75</td><td colspan="2">70</td><td rowspan="4">T0729</td></tr>
<tr><td>改性沥青混合料</td><td></td><td colspan="2">80</td><td colspan="2">75</td></tr>
<tr><td rowspan="2">SMA
混合料</td><td>普通沥青</td><td colspan="4">75</td></tr>
<tr><td>改性沥青</td><td colspan="4">80</td></tr>
</table>

$$MS_0 = \frac{MS_1}{MS} \times 100 \qquad (10.24)$$

式中　MS_0——试件的浸水残留稳定度（%）；

MS_1——试件浸水 48 h 后的稳定度（kN）。

② 冻融劈裂试验。将双面各击实 50 次的马歇尔试件分两组；一组在 25 °C 水浴中浸泡 2 h 后测其劈裂抗拉强度 R_{T1}；另一组先真空饱水，在 98.3 ~ 98.7 kPa 真空条件下浸水 15 min，然后恢复常压，在水中放置 0.5 h，再在 – 18 °C 冰箱中置放 16 h，而后放到 60 °C 水浴中恒温 24 h，再放到 25 °C 水中浸泡 2 h 后测其劈裂抗拉强度 R_{T2}。其残留强度比按式（10.25）计算：

$$\text{TSR} = (R_{T2} / R_{T1}) \times 100 \qquad (10.25)$$

（3）低温抗裂性能的检验。

宜对密级配沥青配合料在温度 – 10 °C、加载速率 50 mm/min 的条件下进行低温弯曲试验测定破坏强度、破坏应变、破坏劲度模量，并根据应力应变曲线的形状，综合评价沥青混合料的低温抗裂性能。其中沥青混合料的破坏应变宜不小于表 10.21 的要求。

表 10.21　沥青混合料低温弯曲试验破坏应变（με）技术要求

气候条件与技术指标	相应于下列气候分区所要求的破坏应变									试验方法
年极端最低气温（°C）及气候分区	< −37.0		−21.5 ~ −37.0			−9.0 ~ −21.5		> −9.0		
	1. 冬严寒区		2. 冬寒区			3. 冬冷区		4. 冬温区		
	1-1	2-1	1-2	2-2	3-2	1-3	2-3	1-4	2-4	
普通沥青混合料，不小于	2 600		2 300			2 000				T0715
改性沥青混合料，不小于	3 000		2 800			2 500				

（4）渗水系数检验。

宜利用轮碾机成型的车辙试验试件，脱模架起进行渗水试验，并符合表 10.22 的要求。

表 10.22　沥青混合料试件渗水系数（mL/min）技术要求

级配类型	渗水系数要求 /（mL/min）	试验方法
密级配沥青混凝土，不大于	120	
SMA 混合料，不大于	80	T0730
OGFC 混合料，不小于	实测	

（5）钢渣活性检验。

对使用钢渣作为集料的沥青混合料，应按规定的试验方法进行活性和膨胀性试验。钢渣沥青混凝土的膨胀量不得超过 1.5%。

（6）配合比设计检验。

根据需要，可以改变试验条件进行配合比设计检验，如按调整后的最佳沥青用量、变化最佳沥青用量 $OAC \pm 0.3\%$、提高试验温度、加大试验荷载、采用现场压实密度进行车辙试验，在施工后的残余空隙率（如 7% ~ 8%）的条件下进行水稳定性试验和渗水试验等，但不宜用规范规定的技术要求进行合格评定。

4. 配合比设计报告

配合比设计报告应包括工程设计级配范围选择说明、材料品种选择与原材料质量试验结果、矿料级配、最佳沥青用量，以及各项体积指标、配合比设计检验结果等。试验报告的矿料级配曲线应按规定的方法绘制。

当按实践经验和公路等级、气候条件、交通情况调整的沥青用量作为最佳沥青用量，宜报告不同沥青用量条件下的各项试验结果，并提出对施工压实工艺的技术要求。

第三节　其他沥青混合料

一、冷拌沥青混合料

冷拌沥青混合料是指采用乳化沥青或稀释沥青与矿料在常温状态下拌和、铺筑的沥青混合料。其主要具有节省能源、保护环境、节约沥青、延长施工季节等优势。我国目前经常采用的冷拌沥青混合料主要是乳化沥青混合料。

1. 强度的形成过程

乳化沥青混合料的成型过程与热拌沥青混合料明显不同，由于乳液是沥青与水的混合物，其中的沥青必须经过乳液与集料的黏附、分解破乳、排水、蒸干等过程才能完全恢复原有的黏结性能。最初摊铺和碾压的乳化沥青混合料，因乳液分散在集料中水分不能立即排净，水的润滑降低了集料间的内摩阻力，故要成型达到一定的强度，时间比热沥青要长得多。随着行车的碾压，混合料中的水分继续分离蒸发，粗、细集料的位置进一步调整，密实度逐步增加，强度也将随时间增长。

2. 材料组成

冷拌沥青混合料的材料组成及技术要求与热拌沥青混合料的基本相同。冷拌沥青混合料宜采用乳化沥青或液体沥青拌制，也可采用改性乳化沥青。乳化沥青类型根据集料品种及使用条件选择，其用量可根据当地实践经验以及交通量、气候、集料情况、沥青标号、施工机械等条件确定，也可按热拌沥青混合料的沥青用量折算，如乳化沥青碎石混合料，其乳液的沥青残留物数量可较同规格的热拌沥青混合料的沥青用量减少 10%~20%。冷拌沥青混合料宜采用密级配沥青混合料，当采用半开级配的冷拌沥青碎石混合料路面时，应铺筑上封层。

3. 施工工艺

（1）拌和。乳化沥青混合料的拌和应在乳液破乳前结束，在保证乳液与集料拌和均匀的前提下，拌和时间宜短不宜长。最佳拌和时间应根据施工现场使用的集料级配情况、拌和机械性能、施工时的气候等条件通过试拌确定。此外，当采用阳离子乳化沥青拌和时，宜先用水使集料湿润，以便乳液能均布在其表面，也可延缓乳液的破乳时间、保持良好的施工和易性。

（2）摊铺、压实。由于乳化沥青混合料有一个乳液破乳、水分蒸发过程，故摊铺必须在破乳前完成，而压实则不可能在水分蒸发前完成，开始时必须用轻碾碾压，使其初步压实，待水分蒸发后再做补碾。在完全压实之前，不能开放交通。

4. 应　用

冷拌沥青混合料适用于三级及三级以下公路的沥青面层、二级公路的罩面层施工，以及各级公路沥青路面的基层、联结层或整平层。冷拌改性沥青混合料可用于沥青路面的坑槽冷补。

二、沥青稀浆封层混合料

沥青稀浆封层混合料简称沥青浆封层，是由乳化沥青、石屑（或砂）、填料和水等拌制而成的一种具有一定流动性能的沥青混合料。将沥青稀浆混合料摊铺在路面上（厚度为 3 ~ 10 mm），经破乳、析水、蒸发、固化等过程，形成密实、坚固耐磨的表面处治薄层，可以处治路面早期病害，延长路面使用寿命。

1. 沥青稀浆封层的作用

（1）防水作用。稀浆混合料的集料粒径较细，并具有一定的级配，在铺筑成型后，能与原路面牢固地黏附在一起，形成一层密实的表层，从而防止雨水或雪水通过裂缝渗入路面基层，保持了基层和土基的稳定。

（2）防滑作用。由于稀浆混合料摊铺厚度薄，沥青在粗、细集料中分布均匀，沥青用量适当，没有多余的沥青，从而使铺筑稀浆封层后的路面不会产生光滑、泛油等病害，具有良好的粗糙面，路面的摩擦系数明显增大，抗滑性能显著提高。

（3）填充作用。由于稀浆混合料中有较多的水分，拌和后成稀浆状态，具有良好的流动性，可封闭沥青路面上的细微裂缝，填补原路面由于松散脱粒或机械性破坏等原因造成的不平，改善路面的平整度。

（4）耐磨作用。乳化沥青对酸、碱性矿料都有着较好的黏附力，所以稀浆混合料可选用坚硬的优质抗磨矿料，以铺筑有很强耐磨性能的沥青路面面层，延长路面的使用寿命。

（5）恢复路面外观形象。对使用已久，表面磨损发白、老化干涩，或经养护修补，表面状态很不一致的旧沥青路面，可用稀浆混合料进行罩面，遮盖破损与修补部位，使旧沥青路面外观形象焕然一新，形成一个新的沥青面层。

但是，稀浆封层也有其局限性。它只能作为表面保护层和磨耗层使用，而不起承重性的结构作用，不具备结构补强能力。

2. 材料组成

（1）乳化沥青。常采用阳离子慢凝乳液，为提高稀浆封层的效果，可采用改性乳化沥青，如丁苯橡胶改性沥青、氯丁胶乳改性沥青等。

（2）集料。采用级配石屑（或砂）成矿质混合料，集料应坚硬、粗糙、耐磨、洁净，稀浆封层用通过 4.75 mm 筛的合成矿料的砂当量不得低于 50%。细集料宜采用碱性石料生产的机制砂或洁净的石屑。对集料中的超粒径颗粒必须筛除。

根据铺筑厚度、处治目的、公路等级等条件，可按照表 10.23 选用合适的矿料级配。

（3）填料。为提高集料的密实度，需掺加水泥、石灰、粉煤灰、石粉等填料。掺入的填料应干燥、无结团、不含杂质。

（4）水，为湿润集料。使稀浆混合料具有所要求的流动度，需掺加适量的水。水应采用饮用水，一般可采用自来水。

（5）添加剂。为调节稀浆混合料的和易性和凝结时间，需添加各种助剂，如氯化铵、氯化钠、硫酸铝等。

表 10.23　稀浆封层的矿料级配

筛孔尺寸/mm	不同类型通过各筛孔的百分比/%		
	ES-1 型	ES-2 型	ES-3 型
9.5		100	100
4.75	100	95 ~ 100	70 ~ 90
2.36	90 ~ 100	65 ~ 90	45 ~ 70
1.18	60 ~ 90	45 ~ 70	27 ~ 50
0.6	40 ~ 65	30 ~ 50	19 ~ 34
0.3	25 ~ 42	18 ~ 30	12 ~ 25
0.15	15 ~ 30	10 ~ 21	17 ~ 18
0.075	10 ~ 20	5 ~ 15	5 ~ 15
一层的适宜厚度/mm	2.5 ~ 3	4 ~ 7	8 ~ 10

3. 沥青稀浆封层混合料的配合比设计

沥青稀浆封层混合料的配合比设计，可根据理论的矿料表面吸收法，即按单位质量的矿料表面积裹覆 8 μm 厚的沥青膜，计算出最佳沥青用量。但该方法并不能反映稀浆混合料的工作特性、旧路面的情况和施工的要求。为满足上述特性、情况和要求，目前通常采用试验法来确定配合比，其主要试验内容包括下列各项：

（1）稠度试验。该试验是为了确定稀浆混合料的加水量。它类似于水泥混凝土的坍落度试验。稀浆混合料的含水量，既要满足施工和易性的要求，又要保证所摊铺的稀浆能形成稳定、坚固的封层。一般要求总的含水量在 12% ~ 20%。

（2）初凝时间试验。稀浆混合料的初凝时间不能太长也不能太短，初凝时间太长，就会延长开放交通的时间，给施工管理带来困难；初凝时间太短，会给搅拌和摊铺带来困难，保证不了质量。

稀浆混合料的初凝时间可用斑点法测定，即混合料拌和至乳液完全破乳，用滤纸检验已无沥青斑点的时间。

（3）固化时间试验。稀浆混合料的固化时间，也就是其摊铺后开放交通的时间。稀浆混合料摊铺后开放交通的时间不能太长，太长了会对施工和管理带来很大困难，因此，得考虑用助剂来调节。稀浆混合料的固化时间，是初凝后的混合料在黏结力试验中达到最大黏结力的时间。

（4）湿轮磨耗试验。稀浆混合料的沥青用量是配合比设计中最重要的参数。沥青用量太少，稀浆封层就会松散；沥青用量太多，路面就会壅包，并且也浪费沥青材料。湿轮磨耗试验是用来确定稀浆混合料的最小沥青用量，同时也用于检验稀浆，混合料成型后的耐磨耗性能。

湿轮磨耗试验是按规定的成型方法，将成型后的稀浆混合料试件放在水中，用湿轮磨耗仪磨头磨 5 min，测定磨耗损失的试验。

（5）乳化沥青稀浆混合料碾压试验。乳化沥青稀浆混合料碾压试验是用来测定混合料中是否有过量的沥青，也就是确定稀浆混合料的最大沥青用量。可与湿轮磨耗试验一起确定稀浆混合料的最佳沥青用量。

碾压试验是稀浆混合料成型后，在 57 kg 负荷轮下碾压 1 000 次，模拟车辆行驶碾压；然后在试件上撒定量的热砂，再碾压 100 次，以每平方米吸收的砂量来表示。

经配合比设计，稀浆封层混合料的性能应符合表 10.24 的要求。

表 10.24　稀浆封层混合料技术要求

项　目	单　位	稀浆封层	试验方法
可拌和时间	s	>120	手工拌和
稠　度	cm	2 ~ 3	T0751
黏聚力试验		（仅适用于快开放交通的稀浆封层）	T0754
30 min（初凝时间）	N · m	$\geqslant 1.2$	
60 min（开放交通时间）	N · m	$\geqslant 2.0$	
负荷轮碾压试验（LWT）黏附砂量	g/m^2	（仅适用于交通道路表层时） <450	T0755
湿轮磨耗试验的磨耗值（WTAT）浸水 1 h	g/m^2	<800	T0752

4. 沥青稀浆封层混合料的应用

沥青稀浆封层适合于沥青路面预防性养护，在路面尚未出现严重病害之前，为了避免沥青性质明显硬化，在路面上用沥青稀浆进行封层，不但有利于填充和治越路面的裂缝，还可以提高路面的密实性以及抗水、防滑、抗磨耗的能力，从而提高路面的服务能力，延长路面的使用寿命。

在水泥混凝土路面上加铺稀浆封层，可以弥合表面细小的裂缝，防止混凝土表面剥落，改善车辆的行驶条件。

用稀浆封层技术处理砂石路面，可以起到防尘和改善道路状况的作用。

三、桥面铺装材料

桥面铺装又称车道铺装。其作用是保护桥面板，防止车轮或履带直接磨耗桥面，并借以分散车轮集中荷载。对于大中型钢筋水泥混凝土桥，常采用沥青混凝土桥面铺装，对其材料的强度、变形稳定性、疲劳耐久性等要求很高，同时要求具有重量轻、高黏结性、不透水等性能。沥青桥面铺装构造可分下列层次：

（1）垫层。为使桥面横坡能形成路拱的形状。先用贫混凝土（C15 划 C20）做三角垫拱和整平层（厚度不小于 6 cm）。在做垫层前应将桥面整平并喷洒透层油，以防止水渗入桥面，并加强桥面与垫层黏结。

（2）防水层。厚度为 1.0 ~ 1.5 mm，类型有沥青涂胶类防水层、高聚物涂胶类防水层或沥青卷材防水层等。

（3）保护层。为了保护防水层免遭损坏，在其上应加铺保护层，一般采用 AC-10（或

AC-5）型沥青混凝土（或沥青石屑、或单层表面处治），厚度约 1.0 cm。

（4）面层。面层分承重层和抗滑层。承重层宜采用高温稳定性好的 AC-16（或 AC-20）型中粒式热拌沥青混凝土，厚度 4 ~ 6 cm。抗滑层宜采用抗滑表层结构，厚度 2.0 ~ 2.5 cm。为提高桥面铺装的高温稳定性，承重层和抗滑层宜采用高聚改性沥青。

四、新型沥青混合料

近年来随着国民经济的高速发展，公路交通量增长迅猛，再加之车辆大型化、超载严重及交通渠化等，使沥青路面面临严峻的考验，因而对沥青混合料的路用性能也提出了更高的要求。沥青面层必须具备良好的热稳性、低温抗裂性、不透水、耐久性及抗滑性等。传统的沥青混凝土在综合性能上并不能完全满足要求，故公路部门进行了许多研究，研制出一些新型沥青混合料，以期改善沥青混合料的路用性能。

1．沥青玛蹄脂碎石混合料（SMA）

SMA 是一种由沥青、纤维稳定剂、矿粉和少量细集料组成的沥青玛蹄脂填充间断级配的粗集料骨架间隙而组成的沥青混合料。

（1）组成特点。

① SMA 是一种间断级配的沥青混合料，属于骨架密实结构。

② 为加入较多的沥青，在增加矿粉用量的同时使用纤维作为稳定剂。通常采用木质素纤维，用量为沥青混合料的 0.3%；也可采用矿物纤维，用量为混合料的 0.4%。

③ 沥青结合料用量多，比普通混合料要高 1% 以上，黏结性要求高，需要选用针入度小，软化点高，温度稳定性好的沥青。最好采用改性沥青，以改善其高低温变形性能及与矿料的黏附性。

④ SMA 的配合比不能完全依靠马歇尔配合比设计方法，主要由体积指标确定。马歇尔试件成型双面击实 50 次，目标空隙率 2% ~ 4%。稳定度和流值不是主要指标，沥青用量还可参考高温析漏试验确定，且车辙试验是重要的设计手段。

⑤ SMA 的材料要求，粗集料必须特别坚硬、表面粗糙，针片状颗粒少，以便嵌挤良好；细集料一般不用天然砂，宜采用坚硬的人工砂；矿粉必须是磨细石灰石粉，最好不使用回收的粉尘。

⑥ SMA 的施工与普通沥青混凝土相比，其拌和时间要适当延长，施工温度要提高，压实不得采用轮胎碾。

综合 SMA 的特点，可以归纳为“三多一少”，即粗集料多、矿粉多、沥青结合料多、细集料少；掺纤维增强剂，材料要求高，其使用性能全面提高。

（2）路用性能。

① 良好的高温稳定性。由于在 SMA 的组成中，粗集料占到 70% 以上，其相互接触，空隙由高黏度玛蹄脂填补，形成了一个嵌挤密实的骨架结构，具有较高的承受车轮荷载碾压的能力，因此 SMA 具有较强的抗车辙能力。

② 良好的低温抗裂性。在低温条件下，抗裂性能主要由结合料延伸性能决定。在 SMA 中由于使用了较合适的改性沥青，同时采用了纤维起加筋作用，故填充在集料之间的玛蹄脂会有较好的黏结作用和柔韧性，且填充的数量较多，沥青膜较厚，使混合料能够抵抗低温变形。

③ 优良的表面特性。SMA 混合料的集料要求采用坚硬的、粗糙的、耐磨的优质石料，在级配方面采用间断级配，粗集料含量高，路面压实后表面构造深度大，抗滑性能好，拥有良好的横向排水性能，雨天行车不会产生较大的水雾和溅水，路面噪声可降低 3 ~ 5 dB，从而使 SMA 路面具有良好的表面特性。

④ 耐久性。SMA 混合料内部被沥青结合料充分的填充，使沥青膜较厚、空隙率小、沥青与空气的接触少，使老化的速度、水蚀作用降低。另外，改性沥青与纤维的使用大大提高了沥青与矿料的黏附性，从而使 SMA 混合料的耐老化性与水稳性得到大幅度的提高，且耐疲劳性能大大优于密级配沥青混凝土。

⑤ 投资效益高。由于 SMA 结构能全面地提高沥青混合料和沥青路面的使用性能，使得 SMA 路面的维修费用能够减少，使用寿命延长。

2. 多孔隙沥青混凝土表面层（PAWC）

多孔隙沥青混凝土表面层或多孔隙沥青混凝土磨耗层（PAWC）在一些国家又称开级配磨耗层（OGFC），采用比普通沥青碎石高的大空隙率，一般在 20%左右，属骨架空隙结构。其路用性能特点如下：

（1）排水和抗滑性。多空隙沥青混合料由于空隙率大，使得内部的空隙呈连通状态，路表水能迅速地从内部排走，故可提高路面雨天的抗滑性，避免水滑现象的产生。同时还能大大减少行驶车轮引起的水雾及溅水，使雨天行车的能见度提高，从而使雨天的行车速度和安全性提高。

（2）降低噪声性能。道路交通噪声主要来自于车轮胎在路面滚动产生的噪声，沥青路面因其柔性，对车轮的振动、撞击有缓冲、吸收作用，同时其自身的空隙及表面纹理对声音的吸收作用也比混凝土路面大，故沥青路面噪声低。而多孔隙沥青混凝土因空隙较高，使车轮行驶中形成的气流顺利消散，进一步降低了各种噪声的生成水平，所以，总的噪声低于其他类型的沥青路面。其降噪声效果与路面厚度、空隙率大小有关。路面越厚、空隙率越大，降噪声效果越好。

（3）高温稳定性。设计、施工优良的多孔隙沥青混凝土路面具有较高的高温稳定性，原因在于其大颗粒间相互直接接触形成骨架结构，可承担主要的荷载作用，颗粒间有效的黏结，也减小了温度对自身的影响。

（4）耐久性。多孔隙沥青混凝土路面的耐久性比一般沥青混合料类路面要低，主要表现为：多空隙路面在使用一定时间后，空隙率会因灰尘、污物的堵塞而减少，排水、吸音效果降低，从而产生老化、剥落的现象会较早。

3. 多碎石沥青混凝土

4.75 mm 以上碎石含量占主要部分（一般为 60%）的密级配沥青混凝土称多碎石沥青混凝土。

多碎石沥青混凝土是与传统密级配沥青混凝土相比较而言的。传统的Ⅰ型沥青混凝土因空隙率只有 3%～6%，故透水性小、耐久性好，但表面构造深度远达不到要求，抗变形能力较强。多碎石沥青混凝土结合了两者颗粒组成的特点，既能提供所要求的表面构造深度，又能具有较小的空隙率和透水性，同时还具有较好的抗变形能力。

4. 再生沥青混凝土

沥青混凝土再生利用的过程是指将需翻修或废弃的旧沥青路面，经翻挖、回收、破碎、筛分，再和再生剂、新集料、新沥青材料等按一定比例重新拌和，形成具有一定路用性能的再生沥青混合料。

沥青路面的再生利用，能够大量节约沥青、砂石材料，节省工程投资，同时又有利于处理废料、保护环境，因而具有显著的经济效益和社会、环境效益。

沥青混合料的再生关键是沥青的再生，从化学的角度来看，沥青的再生是沥青老化的逆过程。目前通常采取在旧沥青中加入某种组分的低黏度油料（再生剂）或加入适当稠度的沥青材料，经过调配可获得具有适当黏度及一定路用性能的再生沥青。

再生沥青路面的施工工艺可分为表面再生法、厂拌再生法和路拌再生法。表面再生法就是用红外线加热装置将原路面表面以下一定深度范围内的沥青混合料加热到一定温度，使混合料达到可塑状态后，用翻松机将混合料翻松，最后再碾压成型。路拌再生法是将路面混合料在原路面上就地翻挖、破碎、再加入新沥青和新集料，用路拌机原地拌和，最后碾压成型。厂拌再生法是将旧沥青路面经过翻挖后运回拌和厂，集中破碎，与再生剂、新沥青、新集料等在拌和机中按一定比例重新拌和成新的混合料，铺筑成再生沥青路面。

复习思考题

1. 何谓沥青混合料？沥青混凝土混合料与沥青碎石混合料有什么区别？
2. 沥青混合料按其组成结构可分为哪几种类型？各种结构类型的沥青混合料各有什么优缺点？
3. 试述沥青混合料强度形成的原理，并从内部材料组成参数和外界影响因素方面加以分析。
4. 论述路面沥青混合料应具备的主要技术性质及我国现行沥青混合料高温稳定性的评定方法。
5. 试述我国现行热拌沥青混合料配合组成的设计方法。
6. 按我国现行沥青混凝土配合比设计方法，沥青最佳用量（OAC）是怎样确定的？
7. 何谓沥青玛蹄脂碎石混合料（SMA）？它由什么材料组成的，在技术性能上有何特征？
8. 什么是多孔隙沥青混凝土表面层（PAWC）？其路用性能有何特点？
9. 什么是多碎石沥青混凝土？它有什么特点？

第十一章　新型墙体与屋面材料

用于墙体的材料主要有砖、砌块和板材三类。而新型的墙体和屋面材料则是要改善其隔热、隔声的性能，从而达到环保节能的效果，满足现代建筑的需要。

墙体砖按所用原料不同分为黏土砖和废渣砖（如页岩砖、灰砂砖、煤矸石砖、粉煤灰砖、炉渣砖等）。

按砖的外形不同分为普通砖（实心砖）、多孔砖及空心砖。

砌块有混凝土砌块、蒸压加气混凝土砌块、粉煤灰硅酸盐砌块等。

板材有混凝土大块、玻纤水泥板、加气混凝土板、石膏板及各种复合墙板等。

用于屋面的材料主要为各种材质的瓦和板材。

第一节　烧土制品的原料及生产工艺简介

一、烧土制品原料

1. 黏　土

（1）黏土的组成。

主要组成矿物为黏土矿物：层状结晶结构的含水铝硅酸盐（$m\mathrm{SiO_2}\cdot n\mathrm{Al_2O_3}\cdot x\mathrm{H_2O}$），$SiO_2$ 和 Al_2O_3 的含量分别为 55%～65% 和 10%～15%。

常见的黏土矿物：高岭石、蒙脱石、水云母等。

黏土中除黏土矿物外，还含有石英、长石、碳酸盐、铁质矿物及有机质等杂质。

黏土的颗粒组成直接影响其可塑性。可塑性是黏土的重要特性，它决定了制品成型性能。黏土中含有粗细不同的颗粒，其中极细（小于 0.005 mm）的片状颗粒，使黏土获得极高的可塑性。这种颗粒称作黏土物质，含量越多，其可塑性越高。

黏土的种类（通常按其杂质含量、耐火度及用途不同）：

① 高岭土（瓷土）。杂质含量极少，为纯净黏土，不含氧化铁等染色杂质。焙烧后呈白色。耐火度高达 1 730～1 770 °C，多用于制造瓷器。

② 耐火黏土（火泥）。杂质含量小于 10%，焙烧后呈淡黄至黄色。耐火度在 1 580 °C 以上，用于生产耐火材料，是内墙面砖及耐火、耐酸陶瓷制品的原料。

③ 难熔黏土（陶土）。杂质含量为 10%～15%，焙烧后呈淡灰，淡黄至红色，耐火度为 1 350～1 580 °C，是生产地砖、外墙面砖及精陶制品的原料。

④ 易熔黏土（砖土、砂质黏土）。杂质含量高达 25%。耐火度低于 1 350 °C，是生产黏

土砖瓦及粗陶制品的原料。当其在氧化气氛中焙烧时，因高价氧化铁的存在而呈红色。在还原气氛中焙烧时，因低价氧化铁的存在而呈青色。

（2）黏土焙烧时的变化。

黏土焙烧后能成为石质材料，这是其极为重要的特性。

① 黏土成为石质材料的过程。一般的物理化学变化大致如下：

a. 焙烧初期，黏土中自由水分逐渐蒸发。

b. 110 °C 时，自由水分完全排出，黏土失去可塑性。

c. 500～700 °C 时，有机物烧尽，黏土矿物及其他矿物的结晶水脱出。随后黏土矿物发生分解。

d. 1 000 °C 以上时，已分解出的各种氧化物将重新结合生成硅酸盐矿物。与此同时，黏土中的易熔化合物开始形成熔融体（液相），一定数量的熔融体包裹未熔的颗粒，并填充颗粒之间的空隙，冷却后便转变为石质材料。随着熔融体数量的增加，焙烧黏土中的开口孔隙减少，吸水率降低，强度、耐水性及抗冻性等提高。

② 黏土的烧结性。黏土在熔烧过程中变得密实，转变为具有一定强度的石质材料，称为黏土的烧结性。

2. 工业废渣

（1）页岩。页岩中含有大量黏土矿物，可用来代替黏土生产烧土制品。

（2）煤矸石。它是煤矿的废料。煤矸石的化学成分波动较大，适合作烧制土制品的是热值相对较高的黏土质煤矸石。煤矸石中所含黄铁矿（FeS）为有害杂质，故其含硫量应限制在 10% 以下。

（3）粉煤灰。用电厂排出的粉煤灰作烧土制品的原料，可部分代替黏土。通常为了改善粉煤灰的可塑性，需加入适量黏土。

二、烧土制品生产工艺简介

烧结普通砖或空心砖的工艺流程为：坯料调制—成型—干燥—焙烧—制品。

烧结饰面烧土制品（饰面陶瓷）的工艺流程为：坯料调制—成型—干燥—上釉—焙烧—制品。也有的制品工艺流程是在成型、干燥后先第一次焙烧（素烧），然后上釉后再烧第二次（釉烧）。

1. 坯料调制

坯料调制的目的是破坏原料的原始结构，粉碎大块原料，剔除有害杂质，按适当组分调配原料再加入适量水分拌和，制成均匀的、适合成型的坯料。

2. 制品成型

坯料经成型制成一定形状、尺寸后称为生坯。成型方法如下：

（1）塑性法。用可塑性良好的坯料。含水率为 15%～25%。将坯料用挤泥机挤出一定断面尺寸的泥条，切割后获得制品的形状。适合成型的烧结普通砖、多孔砖及空心砖。

（2）模压法（半干压或干压法）。半干压法为 8%～12%、干压法为 4%～6%，可塑性差的坯料，在压力机上成型。有时可不经干燥直接进行焙烧，黏土平瓦、外墙面砖及地砖多用此法成型。

（3）注浆法。坯料呈泥浆状，原料为黏土时，其含水率可高达 40%。将坯料注入模型中成型，模型吸收水分，坯料变干获得制品的形状。此法适合成型形状复杂或薄壁制品，如卫生陶瓷、内墙面砖等。

3. 生坯干燥

生坯的含水率必须降至 8%～10%才能入窑焙烧，因此要进行干燥。干燥可分：

自然干燥：在露天阴干，再在阳光下晒干；人工干燥：利用焙烧窑余热，在室内进行。

防止生坯脱水过快或不均匀脱水，制品裂缝大多是在此阶段形成的。

4. 焙　烧

当生产多孔制品时，烧成温度宜控制在稍高于开始烧结温度（t_A）900～950 °C 为宜，使其既具有相当的强度，又有足够的孔隙率。

当生产密实制品时，烧成温度控制在略低于烧结极限（耐火度），使所得制品密实而又不坍流变形。

欠火：因烧成温度过低或时间过短，坯料未能达到烧结状态。颜色较浅，呈黄皮或黑心，敲击声哑，孔隙率很大，强度低，耐久性差。

过火：因烧成温度过高使坯体坍流变形。颜色较深，外形有弯曲变形或压陷、黏底等质量问题。但过火制品敲击声脆（呈金属声），较密实、强度高、耐久性好。

烧制的坯体按其致密程度（由高→低）可分为：瓷器、炻器（如地面砖、锦砖）、陶器（如排水陶管）、土器（如黏土砖、瓦）。

焙烧工艺如下：

（1）连续式。隧道窑或轮窑中，将装窑、预热、焙烧、冷却、出窑等过程同步进行，生产效率较高。

（2）间歇式。在农村中的立式土窑则属间歇式生产。

有的制品在焙烧时要放在匣钵内，防止温度不均和窑内气流对制品外观的影响。

5. 上　釉

坯体表面作上釉处理：提高制品的强度和化学稳定性，并获得洁净美观的效果。

釉料：熔融温度低、易形成玻璃态的材料，通过掺加颜料可形成各种艳丽的色彩。

上釉方法：在干燥后的生坯上施以釉料，然后焙烧，如内墙面砖、琉璃瓦上的釉层；在制品焙烧的最后阶段，在窑的燃烧室内投入食盐，其蒸气被制品表面吸收生成易熔物，从而形成釉层，如陶土排水管上的釉层。

第二节 烧 结 砖

一、烧结普通砖

根据国家标准《烧结普通砖》（GB 5101—2003）的规定，烧结普通砖按其主要原料分为黏土砖（N）、页岩砖（Y）、煤矸石砖（M）和粉煤灰砖（F）。

烧结普通砖的规格为 240 mm × 115 mm × 53 mm（公称尺寸）的直角六面体。在烧结普通砖砌体中，加上灰缝 10 mm，每 4 块砖长、8 块砖宽或 16 块砖厚均为 1 m。1 m^3 砌体需用砖 512 块。

1. 烧结普通砖的主要技术性质

根据 GB/T 5101—2017《烧结普通砖》规定，凡以黏土、页岩、煤矸石和粉煤灰、建筑渣土、淤泥、污泥等为主要原料，经成型、焙烧而成的砖，称为烧结普通砖。需要指出的是，烧结普通砖中的黏土砖，因其毁田取土，能耗大、块体小、施工效率低，砌体自重大，抗震性差等缺点，在我国主要大中城市及地区已被禁止使用。

（2）外观质量。烧结普通砖的外观质量应符合有关规定。烧结普通砖的规格为 240 mm × 115 mm × 53 mm（公称尺寸）的直角六面体。在烧结普通砖砌体中，加上灰缝 10 mm，每 4 块砖长、8 块砖宽或 16 块砖厚均为 1 m。1 m^3 砌体需用砖 512 块。产品中不允许有欠火砖、酥砖和螺旋纹砖（过火砖），否则为不合格品。

表 11.1 烧结普通砖及多孔砖的强度 单位：MPa

强度等级	抗压强度平均值 f，不小于	抗压强度标准值 f_k，不小于
MU30	30.0	22.0
MU25	25.0	18.0
MU20	20.0	14.0
MU15	15.0	10.0
MU10	10.0	6.5

（3）泛霜。泛霜也称起霜，是砖在使用过程中的盐析现象。砖内过量的可溶盐受潮吸水而溶解，随水分蒸发呈晶体析出时，产生膨胀，使砖面剥落。标准规定：优等品无泛霜，一等品不允许出现中等泛霜，合格品不允许出现严重泛霜。

（4）石灰爆裂。如果原料中夹杂石灰石，则烧砖时将被烧成生石灰留在砖中。有时掺入的内燃料（煤渣）也会带入生石灰，这些生石灰在砖体内吸水消化时产生体积膨胀，导致砖发生胀裂破坏，这种现象称为石灰爆裂。

（5）抗风化性能。砖的抗风化性能是烧结普通砖耐久性的重要标志之一。通常以抗冻性、吸水率及饱和系数等指标来判定砖的抗风化性能。国家标准 GB/T 5101—2017 规定，根据工程所处的省、区，对砖的抗风化性能（吸水率、饱和系数及抗冻性）提出不同的要求。

将东北、西北及华北各省区划为严重风化区；山东省、河南省及黄河以南地区划为非严重风化区；东北、内蒙古及新疆地区（特别严重风化区）的砖，必须进行冻融试验；其他省区的砖，按表 11.3 根据其抗风化性能以吸水率及饱和系数来评定。当符合表 11.2 的规定时，可不做冻融试验，评为抗风化性能合格；否则，必须进行上述冻融试验。

表 11.2　抗风化性能　　　　单位：mm

砖种类	严重风化区				非严重风化区			
	5 h 沸煮吸水率（%）≤		饱和系数≤		5 h 沸煮吸水率（%）≤		饱和系数≤	
	平均值	单块最大值	平均值	单块最大值	平均值	单块最大值	平均值	单块最大值
黏土砖	18	20	0.85	0.87	19	20	0.88	0.90
粉煤灰砖①	21	23			23	25		
页岩砖	16	18	0.74	0.77	18	20	0.78	0.80
煤矸石砖								

注：① 粉煤灰掺入量（体积比）小于 30% 时，按黏土砖规定判定。

2. 烧结普通砖的应用

主要用于砌筑建筑工程的承重墙体、柱、拱、烟囱、沟道、基础等，有时也用于小型水利工程，如闸墩、涵管、渡槽、挡土墙等。

因砂浆性质对砖砌体强度有影响，在砌筑前，必须预先将砖进行吮水润湿，原因：砖的吸水率大，一般为 15%～20%。

二、烧结多孔砖和多孔砌块

烧结多孔砖以黏土、页岩、煤矸石、粉煤灰、淤泥（江河湖淤泥）及其他固体废弃物等为主要原料，经焙烧而成，孔洞率不大于 35% ，孔的尺寸小而数量多，主要用于承重部位。砖规格尺寸（mm）：290、240、190、180、140、115、90。国家标准《烧结多孔砖和多孔砌块》（GB 13544—2011）规定，根据抗压强度，烧结多孔砖分为 MU30、MU25、MU20、MU15、MU10 五个强度等级（见表 11.1）。孔型，根据国家标准《烧结多孔砖和多孔砌块》（GB 13544—2011）规定，所有烧结多孔砖孔型均为矩形孔或矩形条孔。孔四个角应做成过渡圆角，不得做成直尖角。孔洞率，即砌块的孔洞和槽的体积总和与按外的尺寸算出的体积之比的百分率。烧结多孔砖直接用有孔的那个面的圆的总面积除以所在面的矩形面积的百分比就可以了。

孔洞排列要求：

（1）所有孔宽应相等。孔采用单向或双向交错排列。

（2）孔洞排列上下、左右应对称，分布均匀，手抓孔的长度方向尺寸必须平行于砖的条面。

烧结多孔砖的孔洞率在 25% 以上，按表观密度分为 1 000 kg/m^3、1 100 kg/m^3、1 200 kg/m^3、1300 kg/m^3 四个等级。

三、烧结空心砖和空心砌块

烧结空心砖简称空心砖，是指以页岩，煤矸石或粉煤灰为主要原料，经焙烧而成的具有竖向孔洞（孔洞率不小于 40%，孔的尺寸大而数量少）的砖。

根据国家标准《烧结空心砖和空心砌块》（GB13545—2014）烧结空心砖的外形尺寸为：长度 390 mm、290 mm、240 mm、190 mm、180 mm（175 mm），宽度 190 mm、180 mm（175）、140 mm、115 mm，高度 180 mm（175 mm）、140 mm、115 mm、90 mm。由两两相对的顶面、大面及条面组成直角六面体，在中部开设有至少两个均匀排列的条孔。条孔之间由肋相隔，条孔与大面、条面平行，其间为外壁。条孔的两开口分别位于两顶面上，在所述的条孔与条面之间分别开设有若干孔径较小的边排孔。边排孔与其相邻的边排孔或相邻的条孔之间为肋。按砖及砌块的表观密度，分为 800、900、1 000、1 100（kg/m^3）四个表观密度等级。其抗压强度分为 MU10、MU7.5、MU5.0、MU3.5 四个强度等级（见表 11.3）。

表 11.3 烧结空心砖及空心砌块的强度指标

强度等级	抗压强度平均值 $f \geqslant$	抗压强度/MPa	
		变异系数 $\delta \leqslant 0.21$	变异系数 $\delta > 0.21$
		抗压强度标准值 $f_k \geqslant$	单块最小抗压强度 $f_{min} \geqslant$
MU10.0	10.0	7.0	8.0
MU7.5	7.5	5.0	5.8
MU5.0	5.0	3.5	4.0
MU3.5	3.5	2.5	2.8

对于强度、密度、抗风化性及放射性物质合格的空心砖及砌块，根据尺寸偏差、外观质量、孔洞排列及其结构、泛霜、石灰爆裂及吸水率，分为优等品（A）、一等品（B）和合格品（C）三个质量等级。

烧结空心砖和空心砌块，孔洞率一般在 40% 以上，质量较轻，强度不高，因而多用作非承重墙，如多层建筑内隔墙或框架结构的填充墙等。

第三节 非烧结砖

一、蒸压灰砂砖（简称灰砂砖）

主要原料：磨细砂子，加入 10% ~ 20% 的石灰，成坯后需经高压蒸汽养护，磨细的二氧化硅和氢氧化钙在高温、高湿条件下反应生成水化硅酸钙而具有强度。

国家标准《蒸压灰砂砖》（GB 11945—1999）规定，按砖浸水 24 h 后的抗压强度和抗折强度分为 MU25、MU20、MU15、MU10 四个等级。

避免用于长期受热高于 200 °C、受急冷急热交替作用或有酸性介质侵蚀的建筑部位。原因：灰砂砖中的一些组分如水化硅酸钙、氢氧化钙等不耐酸，也不耐热。

避免有流水冲刷的地方除外，其原因：砖中的氢氧化钙等组分会被流水冲失。

二、蒸养粉煤灰砖（简称粉煤灰砖）

以粉煤灰、石灰为主要原料，加入适量石膏、外加剂、颜料和集料等，经坯料制备、压制成型、常压或高压蒸气养护而成的实心砖。

国家建材局标准《粉煤灰砖》（JC 239—2014）根据砖的抗压强度和抗折强度将其分为 MU20、MU15、MU10、MU7.5 四个强度等级，并根据尺寸偏差、外观质量及干燥收缩性质分为优等品（A）、一等品（B）及合格品（C）三个质量等级。

优势：大量处理工业废料，节约黏土资源，可用于工业与民用建筑的墙体和基础。

缺点：不能用于长期受热（200 °C 以上）、受急冷急热和有酸性介质侵蚀的建筑部位。

应适当增设圈梁及伸缩缝，避免或减少收缩裂缝的产生。

三、炉渣砖（又称煤渣砖）

以煤燃烧后的炉渣为主要原料，加入适量石灰、石膏（或电石渣、粉煤灰）和水搅拌均匀，并经陈伏、轮碾、成型、蒸汽养护而成。炉渣砖按其抗压强度和抗折强度分为 MU20、MU15、MU10 三个强度等级。

炉渣砖可用于一般工程的内墙和非承重外墙。其他使用要点与灰砂砖、粉煤灰砖相似。

第四节　建筑砌块

砌块是用于建筑的人造材，外形多为直角六面体，也有异形的。其分类见表 11.4。

表 11.4　砌块的分类

<table>
<tr><th>按尺寸（mm）分类</th><th colspan="2">按密实情况分类</th><th>按主要原材料分类</th></tr>
<tr><td rowspan="2">大型砌块（主规格高度 > 980）</td><td colspan="2">实心砌块</td><td>普通混凝土砌块</td></tr>
<tr><td rowspan="2">空心砌块</td><td>空心率 < 25%</td><td>轻集料混凝土砌块</td></tr>
<tr><td>中型砌块（主规格高度 380～980）</td><td>空心率 25%～40%</td><td>粉煤灰硅酸盐砌块</td></tr>
<tr><td rowspan="2">小型砌块（主规格高度 115～380）</td><td colspan="2" rowspan="2">多孔砌块（表观密率 300～900 kg/m³）</td><td>煤矸石砌块</td></tr>
<tr><td>加气混凝土砌块</td></tr>
</table>

一、蒸压加气混凝土砌块

以钙质材料和硅质材料以及加气剂、少量调节剂，经配料、搅拌、浇注成型、切割和蒸压养护而成的多孔轻质块体材料。

钙质材料、石灰硅质材料可分别采用水泥、矿渣、粉煤灰、砂等。

国家标准《蒸压加气混凝土砌块》(GB/T 11968—2006)规定，砌块的规格(公称尺寸)，长度(*L*)有 600 mm，宽度(*B*)有 100 mm、125 mm、150 mm、200 mm、250 mm、300 mm 及 120 mm、180 mm、240 mm，高度(*H*)有 200 mm、250 mm、300 mm 等多种。

砌块的质量，按其尺寸偏差、外观质量、表观密度级别分为：优等品(A)、一等品(B)及合格品(C)三个质量等级。

砌块强度级别按 100 mm × 100 mm × 10 0mm 立方体试件的抗压强度值(MPa)划分为七个强度级别。见表 11.5 的规定。

砌块表观密度级别，按其干燥表观密度分为：B03、B04、B05、B06、B07 及 B08 六个级别。不同质量等级砌块的干燥表观密度值应符合表 11.6 的规定。

表 11.5　不同强度级别的砌块抗压强度　　单位：MPa

强度级别	A1.0	A2.0	A2.5	A3.5	A5.0	A7.5	A10.0
立方体抗压强度平均值，不小于	1.0	2.0	2.5	3.5	5.0	7.5	10.0
立方体抗压强度最小值值，不小于	0.8	1.6	2.0	2.8	4.0	6.0	8.0

表 11.6　砌块的干燥表观密度　　单位：kg/m^3

表观密度级别	B03	B04	B05	B06	B07	B08
优等品(A)，不大于	300	400	500	600	700	800
优等品(B)，不大于	330	430	530	630	730	830
优等品(C)，不大于	350	450	550	650	750	850

不同质量等级的不同表观密度的砌块强度级别应符合表 11.7 的规定。

表 11.7　砌块的强度级别

表观密度级别		B03	B04	B05	B06	B07	B08
强度级别应符合	优等品(A)	A1.0	A2.9	A3.5	A5.0	A7.5	A10.0
	优等品(B)			A3.5	A5.0	A7.5	A10.0
	优等品(C)			A2.5	A3.5	A5.0	A7.5

蒸养粉煤灰砖多用于高层建筑物非承重的内外墙，也可用于一般建筑物的承重墙，还可

用于屋面保温，是当前重点推广的节能建筑墙体材料之一。但其不能用于建筑物基础和处于浸水、高湿和有化学侵蚀的环境（如强酸、强碱或高浓度 CO_2），也不能用于表面温度高于 80 °C 的承重结构部位。

二、普通混凝土小型空心砌块

普通混凝土小型空心砌块由水泥、粗细集料加水搅拌，经装模、振动（或加压振动或冲压）成型，并经养护而成，分为承重砌块和非承重砌块两类。其主要规格尺寸为 390 mm × 190 mm × 190 mm。国家标准《普通混凝土小型空心砌块》（GB/T 8239—2014）按砌块的抗压强度将其分为 MU40、MU35、MU30、MU25、MU20、MU10、MU7.5 及 MU5.0 八个强度等级。优点：质量轻、生产简便、施工速度快、适用性强、造价低等，用于低层和中层建筑的内外墙。缺点：砌筑时一般不宜浇水，但在气候特别干燥炎热时，可在砌筑前稍喷水湿润。

三、轻集料混凝土小型砌块（LHB）

轻集料混凝土小型砌块由水泥、轻集料、普通砂、掺和料、外加剂，加水搅拌，灌模成型养护而成。《轻集料混凝土小型砌块》（GB/T 1522—2002）规定，砌块主规格尺寸为 390 mm × 190 mm × 190 mm。按砌块内孔洞排数分为：实心（O）、单排孔（1）、双排孔（2）、三排孔（3）和四排孔（4）五类。砌块表观密度分为：500、600、700、800、900、1 200 及 1 400 等 8 个等级，其中，用于围护结构或保温结构的实心砌块表的观密度不应大于 800 kg/m³。砌块抗压强度分为 10.0、7.5、5.0、3.5、2.5、1.5 等 6 个强度等级。按砌块尺寸偏差及外观质量分为一等品（B）及合格品（C）两个质量等级。

四、粉煤灰硅酸盐中型砌块（简称粉煤灰砌块）

粉煤灰硅酸盐中型砌块是以粉煤灰、石灰、石膏和集料等为原料，经加水搅拌、振动成型、蒸汽养护而制成的密实砌块。其主规格尺寸为 880 mm × 380 mm × 240 mm 及 880 mm × 430 mm × 240 mm 两种。国家建材局标准《粉煤灰砌块》（JC 238—91）规定，按砌块的抗压强度分为 MU10 和 MU13 两个强度等级；按砌块尺寸偏差、外观质量及干缩性能分为一等品（B）和合格品（C）两个质量等级。

用于一般工业和民用建筑物墙体和基础。不宜用在有酸性介质侵蚀的建筑部位，也不宜用于经常受高温影响的建筑物。

在常温施工时，砌块应提前浇水润湿，冬季施工时则不需浇水润湿。

第五节　建筑板材

一、预应力空心墙板

用高强度低松弛预应力钢绞线，52.5 MPa 强度等级早强水泥及砂、石为原料，经过钢绞线张拉、水泥砂浆搅拌、挤压、养护及放张、切割而成的混凝土制品。

特点：板面平整，尺寸误差小，施工使用方便，减少湿作业，加快施工速度，提高工程质量。用于承重或非承重的外墙板及内墙板。

根据需要可增加保温吸声层、防水层和多种饰面层（彩色水刷石、剁斧石、喷砂和釉面砖等），可制成各种规格尺寸的楼板、屋面板、雨罩和阳台板等。

二、玻璃纤维增强水泥-多孔墙板（简称 GRC-KB 墙板）

以低碱水泥为胶结料，抗碱玻璃纤维（或中碱玻璃纤维加隔离覆被层）的网格布为增强材料，以膨胀珍珠岩、加工后的锅炉炉渣、粉煤灰为集料，按适当配合比经搅拌、灌注、成型、脱水、养护等工序制成。

特点：质量轻、强度高、不燃、可锯、可钉、可钻，施工方便且效率高。

主要用于工业和民用建筑的内隔墙。

三、轻质隔热夹芯板

轻质隔热夹芯板外层是高强材料（镀锌彩色钢板、铝板、不锈钢板或装饰板等），内层是轻质绝热材料（阻燃型发泡聚苯乙烯或矿棉等），通过自动成型机，用高强度黏结剂将两者黏合，经加工、修边、开槽、落料而成板材。

质量为 10 ~ 14 kg/m^2，导热系数为 0.021 W/(m · K)，良好的绝热和防潮性能，较高的抗弯和抗剪强度，安装灵活快捷，可多次拆装重复使用。

可用于厂房、仓库和净化车间、办公楼、商场等工业和民用建筑，还可用于房屋加层、组合式活动房、室内隔断、天棚、冷库等。

四、网塑夹芯板

网塑夹芯板是由呈三维空间受力的镀锌钢丝笼格做骨架，中间填以阻燃型发泡聚苯乙烯组合而成的复合墙板。

网塑夹芯板质量轻，绝热、吸声性能好，施工速度快。主要用于宾馆、办公楼等的内隔墙。

五、纤维增强低碱度水泥建筑平板（TK 板）

纤维增强低碱度水泥建筑平板是以低碱度水泥、中碱玻璃纤维或石棉纤维为原料制成的薄型建筑平板。

特点：具有质量轻、抗折、抗冲击强度高、不燃、防潮、不易变形和可锯、可钉、可涂刷。

TK 板与各种材质的龙骨、填充料复合后，可用作多层框架结构体系、高层建筑、旧房加屋改造中的内隔墙。

第六节　屋面材料

瓦是最常用的屋面材料，主要起防水和防渗等作用。

一、黏土瓦

是以黏土、页岩为主要原料，经成型、干燥、焙烧而成。成型方式可用模压成型或挤压成型。生产工艺和烧结普通砖相同。

黏土瓦有平瓦和脊瓦两种，颜色有青色和红色，平瓦用于屋面，脊瓦用于屋脊。

根据行业标准《黏土瓦》（JC 709—1998），平瓦的规格尺寸主要在 400 mm × 240 mm 至 360 mm × 220 mm 之间。每平方米屋面需覆盖的片数分别为 14 块至 16.5 块。平瓦分为优等品、一等品及合格品 3 个质量等级。单片瓦最小的抗折荷重不得小于 1 020 N。经 15 次冻融循环后无分层、开裂和剥落等损伤。抗渗性要求为不得出现水滴。

黏土瓦质量大、质脆、易破损。

二、混凝土瓦

是以水泥、砂或无机的硬质细集料为主要原料，经配料混合、加水搅拌、机械滚压或人工揉压成型、养护而成。

根据行业标准《混凝土瓦》（JC 746—2007），其主要规格尺寸为 420 mm × 330 mm。此外，混凝土瓦尚需满足规范所要求的尺寸偏差、外观质量、质量偏差及抗渗性、抗冻性等。

混凝土平瓦可用来代替黏土瓦，其耐久性好、成本低，但质量大于黏土瓦，如在配料时加入颜料，可制成彩色混凝土平瓦。

三、石棉水泥波瓦

是用水泥和温石棉为原料，经加水搅拌、压波成型、养护而成的波形瓦。分为大波瓦、中波瓦、小波瓦和脊瓦四种。

根据国家标准《石棉水泥波瓦及其脊瓦》（GB 9722—1996），其规格尺寸如下：大波瓦为 2 800 mm × 994 mm、中波瓦为 2 400 mm × 745 mm 和 1 800 mm × 745 mm、小波瓦为 1 800 mm × 720 mm。按波瓦的抗折力、吸水率和外观质量分为优等品、一等品和合格品 3 个质量等级。

可作屋面材料来覆盖层面，也可作墙面材料装敷墙壁。

现正逐步采用耐碱玻璃纤维和有机纤维生产水泥波瓦，原因：石棉纤维对人体健康有害。

四、铁丝网水泥大波瓦

是用普通水泥和砂加水混合后浇模，中间放置一层冷拔低碳钢丝网，成型后经养护而成。

其尺寸为 1 700 mm × 830 mm × 14 mm，质量较大［（50 ± 5）kg］，适用于作工厂散热车间、仓库及临时性建筑的屋面或围护结构。

五、塑料瓦

1. 聚氯乙烯波纹瓦（又称塑料瓦楞板）

是以聚氯乙烯树脂为主体，加入添加材料，经塑化、压延、压波而制成的波形瓦。其规格尺寸为 2 100 mm × (1 100 ~ 1 300) mm × (1.5 ~ 2) mm。

特点：质量轻、防水、耐腐蚀、透光、有色泽。

常用作车棚、凉棚、果棚等简易建筑的屋面，也可用作遮阳板。

2. 玻璃钢波形瓦

是用不饱和聚酯树脂和玻璃纤维为原料，经手工糊制而成。其尺寸为长 1 800 mm，宽 740 mm，厚 0.8 ~ 2.0 mm。

质量轻、强度高、耐冲击、耐高温、耐腐蚀、透光率高、色彩鲜艳和生产工艺简单。

适用于屋面、遮阳、车站月台和凉棚等。

六、金属波形瓦（也称为金属瓦楞板）

是以铝合金板、薄钢板或镀锌铁板等轧制而成，还有用薄钢板轧成瓦楞状，再涂以搪瓷釉，经高温烧制而得的搪瓷瓦楞板。金属波形瓦质量轻、强度高、耐腐蚀、光反射好、安装方便，适用于屋面、墙面等。

复习思考题

1. 烧结普通砖是用哪些原料制作的？其标准尺寸多大？
2. 烧结普通砖的技术要求有哪些？其强度等级和质量等级是如何测定、如何划分的？
3. 砌块有哪些优点？目前工程中用得较多的砌块有哪些？
4. 使用墙板有什么好处？常用的墙板有哪些种类和品种？
5. 常用的瓦有哪些品种？

第十二章　土木工程材料发展及展望

本章将结合中国古代和近代建筑发展的历史，讲述土木工程材料的发展情况。在本章中并不会具体举出某种或某类其他的土木工程材料来进行讲述。而是希望读者在了解人类建筑发展的同时，注意到建筑材料在人类建筑发展中的重要作用，甚至清楚一种新型的建筑材料的诞生或者对旧建筑材料的取代，那就意味着人类一个新时期的到来，所有的建筑将会随之改变。

一、中国古代建筑的发展历史

1. 创始阶段

这一时代包括中国原始社会新石器时代中、晚期和整个奴隶社会的夏、商、周。

以定居为基础的新石器时代，是我国古代建筑艺术的萌生时期。由于自然条件的不同，黄河流域及北方地区流行穴居、半穴居及地面建筑；长江流域及南方地区流行地面建筑及干栏式建筑。

到了商代，建筑又有了较大的发展。在河南偃师二里头发现了商代早期宫殿遗址。商代末年，商纣王大兴土木："南距朝歌，北距邯郸及沙丘，皆为离宫别馆。"这一历史记载也已为现代考古发掘所证实。

周朝的建筑较之殷商更为发达，尤其技术进步很大，开始用瓦盖屋顶。此时建筑以版筑法为主，其屋顶如翼，木柱架构，庭院平整，已具一定法则。在陕西岐山凤稚村发现了西周早期宫殿遗址，在扶风召陈村有西周中晚期的建筑遗址。

"上古穴居而野处，后世圣人易之以宫室，上栋下宇，以避风雨。"人类从穴居到发明三尺高的茅屋再到建筑高大宫室，从原始本能的遮风避雨到崇尚、表现高大雄伟的壮美之感，艺术的进步也是随着人类生产力的不断提高和经济的发展而不断进步的。

2. 成型阶段

这一阶段处于封建社会初期，从春秋直到南北朝。其中：春秋、战国是这一阶段的序曲；秦、汉是主题，是中国古代建筑发展史的第一个高峰；三国、两晋是第一高峰的余脉；南北朝是下一阶段，即成熟阶段的序曲。

在这一历史阶段，中国古代建筑体系已经定型。在构造上，穿斗架、叠梁式构架、高台建筑、重楼建筑和干栏式建筑等相继确立了自身体系，并成了日后 2 000 多年中国古代木构建筑的主体构造形式。在类型上，城市的格局、宫殿建筑和礼制建筑的形制，佛塔、石窟寺、住宅、门阙、望楼等都已齐备。

春秋战国时期，各诸侯国皆大兴土木，“高台榭，美宫室”。今天，我们仍可在燕赵古都30多所高大的台址上窥见当时宫殿建筑之一斑。

秦代后，开始了中国建筑史上首次规模宏大的工程，这便是上林苑、阿房宫。此外，又派蒙恬率领30万人“筑长城，固地形，用制险塞”。从中我们可以看到秦作为一个统一的大帝国，在中国建筑历史上所表现出来的气派。

中国建筑从一开始就追求一种宏伟的壮美。汉代建筑规模更大，到汉武帝时更是大兴宫殿、广辟苑囿，较著名的建筑工程有长乐宫、未央宫等。汉代宫殿突出雄伟、威严的气势，后苑和附属建筑却又表现出雅致、玲珑的柔和之美，这与秦代的相比显然又有了很大的艺术进步。

魏晋南北朝佛教盛行，给中国建筑艺术蒙上一层神秘的色彩。寺庙建筑大盛，难怪唐代诗人杜牧有句“南朝四百八十寺，多少楼台烟雨中”。值得一提的是，北朝不仅寺庙建筑众多而且依山开凿石窟，造佛像刻佛经，今天我们仍可见的云冈、龙门石窟都是中国及世界建筑史上的奇观。

3. 成熟阶段

这是中国古代建筑达到顶峰的时代，也是中国古代各民族间建筑第二次大融合的年代。这一历史阶段有较多的建筑遗存，并开始有了总结性著述。

这一历史阶段又可分为前、后半期。前半期包括隋、唐两个朝代，后半期包括五代、宋、辽、金各代。隋唐建筑气势雄伟、粗犷简洁、色彩朴实；而以两宋为代表的建筑风格趋于精巧华丽，纤缛繁复、色彩“绚丽如织绣”。

这一历史时期的建筑成就表现在建筑类型更为完善，规模极其恢宏；在建筑设计和施工中广泛使用图样和模型；建筑师从知识分子和工匠中分化出来成为专门职业；建筑技术上又有了新发展并趋于成熟——组合梁柱的运用，材分模数制的确立，铺作层的形成。此外，这一时期还留下了为数众多的伟大建筑。

隋唐建筑的主要成就在皇宫建筑方面。隋唐兴建的长安城是中国古代最宏大的城市，唐代增建的大明宫，特别是其中的含元殿，气势恢宏而高大雄壮，充分体现了大唐盛世的时代精神。此外，隋唐时期还兴建了一系列宗教建筑，以佛塔为主，如玄奘塔、香积寺塔、大雁塔等。

北宋将汴京外城东北部扩展了一些，并仿洛阳宫殿的制度修了大内宫殿。南宋偏安江南，在临安多建游幸苑囿。

4. 程式化阶段

这一阶段指元、明、清（1840年前）。我们所谓此时的建筑步入衰微，是指其体系的凝固化和不适应性，并非建筑技术上的后退。

这一历史阶段里重要的建筑活动和变革有：元大都，明、清北京城的兴建，这是中国古代封建帝都建设的总结与终结；木构造技术的变革——拼合梁柱的大量使用、斗拱作用的衰退、模数制的进一步完善促使设计标准化、定型化以及砖石建筑的普及；施工机构的双轨制及设计工作的专业化；个体建筑形制的凝固，总体设计的发达。

这一时期建筑遗存十分丰富，重要的有明、清北京城、故宫和一些大型的皇家园林、众多的私家园林及许多著名的寺观建筑。

在上述四个阶段中，我国的建筑发展在第一阶段具有最大的变革，因为人类从穴居、半穴居向人造建筑的居住方式发展，这正是在建筑材料上的使用有了大的变化，从利用天然洞穴到使用石材、木材进行加工后使用。这种建筑材料上的变化带来人类文明社会的发展。

在后面的几个阶段中，我国的建筑虽然有很显著的发展，但是由于建筑材料的使用和改变并不大，所以使得建筑只是在结构上和艺术氛围上有了不同的特点和区别。直到近代我国的建筑特点发生了巨大的变化。

二、中国近代建筑的发展历史

从清代 1840—1911 年，此时中国社会已经完全沦为半殖民地半封建性质。大量外国文化、建筑、技术涌入，被动的揭开了中国历史上第三次对外来文化的吸收时期，同时，也揭开了中国近代建筑史沉重的帷幕。这股外来势力动摇了中国传统的价值观，也动摇了中国传统建筑体系的根基。在强大的外来冲击、挑战下，固有的体系显得很不适应而开始解体。

近代（一般指 1840—1919 年）中国发生了前所未有的变革，爆发了史无前例的“新文化运动”，出现了“古为今用”“洋为中用”的学术思想。同时有一批学子从西方留学归来，带来了西方的技术和思想。在建筑方面，也呈现出新与旧、中与西复杂交织的特殊面貌，大批的新型的建筑出现了。所谓新，一是这些建筑的出现提供了一些前所未有的功用，二是这些建筑的建成采用了新型的建筑材质及与之相应的新的结构方式、施工技术、建筑设备。这些建筑物如车站、银行、医院、学校和新式住宅等，反映了当时的审美特征。

20 世纪以来，随着西方近代和现代建筑的发展，面貌与西方同时期建筑一样的“洋房”，在各大城市的租界更是大量出现。这些建筑既保留着古典主义的风采，又有模仿西方文艺复兴时建筑的痕迹，有的建筑还把西方各种古代建筑的形式拼凑于一身，如上海外滩英商汇丰银行、北京留美预备学校清华学堂大礼堂等。

到了 20 世纪 20—30 年代，中国建筑开始向“摩登建筑”方向转化，如上海 24 层的国际饭店。国际饭店是地道的现代建筑，与同时期的西方建筑作品相差无几。从 30 年代起，由于中国受到了日本的侵略，国内战火不断，全国建筑活动不多。

在这个阶段中我国的建筑虽然受到了西方国家建筑的影响，但是这也是历史的趋势。因为在大量新技术、新材料的使用，使得建筑的功能性越来越强，多功能也被当做了重点，原来的建筑材料已经满足不了我国建筑发展的需要。新型建筑材料的引进和使用，使得近代建筑的风格和中国古代建筑的风格相比发生翻天覆地的变化。正在这时战争年代过去了，在这和平时期中我们在建筑上又有什么需要呢？我们建筑的发展方向又是什么呢？答案很简单，那就是全球都在提倡的方向：环保节能、循环使用、高效多功能。而在建筑上想做到这些必须要对建筑材料进行大胆、全面地研发和改革。

本章并没有举例说出其他具体的建筑材料，这是不想约束读者们丰富的想象力。随着科技的不断发展，新型的建筑材料已经层出不穷，其他材料的范围和品种也越来越多，例如在欧洲已经出现用塑料球作为非承重结构混凝土填充物，可以降低自重并不影响结构强度。也许在不久的将来，会出现一种新型的建筑材料颠覆现在的世界。

参 考 文 献

[1] 中华人民共和国交通行业标准. JTG E40—2007 公路土工试验规程. 北京：人民交通出版社，2007.

[2] 中华人民共和国国家标准. GB/T 14685—2011 建筑用碎石、卵石. 北京：中国标准出版社，2011.

[3] 中华人民共和国交通行业标准. JTG E20—2011 公路工程沥青及沥青混合料试验规程. 北京：人民交通出版社，2011.

[4] 中华人民共和国交通行业标准. JTG E30—2005 公路工程水泥及水泥混凝土试验规程. 北京：人民交通出版社，2005.

[5] 邝为民. 工程材料. 北京：中国铁道出版社，2001.

[6] 闫宏生. 工程材料. 北京：中国铁道出版社，2005.

[7] 阎西康. 土木工程材料. 天津：天津大学出版社，2004.

[8] 田文玉. 建筑材料质量控制与检测. 重庆：重庆大学出版社，2004.

[9] 安文汉. 铁路工程试验与检测. 山西：山西科学技术出版社，2006.

[10] 田文玉. 道路建筑材料. 北京：人民交通出版社，2004.

[11] 伍必庆. 道路材料试验. 北京：人民交通出版社 2002.

[12] 陈晓明. 道路材料. 北京：人民交通出版社，2005.

[13] 文梓芸. 混凝土工程与技术. 武汉：武汉理工大学出版社，2004.

[14] 中华人民共和国国家标准. GB/T 1346—2011 水泥标准稠度用水量、凝结时间、安定性检验方法 . 北京：中国标准出版社，2011.

[15] 中华人民共和国交通行标准. JTG E42—2005 公路工程集料试验规程. 北京：人民交通出版社，2005.

[16] 中华人民共和国国家标准. GB/T 232—2010 金属材料弯曲试验方法.北京：中国标准出版社，2010.

[17] 中华人民共和国国家标准. GB/T 50081—2002 普通混凝土力学性能试验方法标准. 北京：中国建筑工业出版社，2003.

[18] 中华人民共和国国家标准. JGJ 55—2011 普通混凝土配合比设计规程. 北京：中国建筑工业出版社，2011.

[19] 中华人民共和国建设部标准. GB 50204—2015 混凝土结构工程施工质量验收规范. 北京：中国建筑工业出版社，2015.

[20] 中华人民共和国国家标准. GB/T 50080—2016 普通混凝土拌合物性能试验方法标准. 北京：中国建筑工业出版社，2016.

[21] 中华人民共和国交通行业标准. JTG E40—2005 公路工程岩石试验规程. 北京：人民交通出版社，1995.

[22] 中华人民共和国国家标准. 光圆钢筋（第一部分） GB 1499.1—2017 钢筋混凝土用钢. 北京：中国标准出版社，2017.

[23] 中华人民共和国国家标准. 热轧带肋钢筋（第二部分）GB 1499.1—2018 钢筋混凝土用钢. 北京：中国标准出版社，2018.

[24] 中华人民共和国国家标准. GB 700—2006 碳素结构钢. 北京：中国标准出版社，2007.

土木工程材料试验指导书

曹建生　主编

西南交通大学出版社
·成　都·

前 言

工程试验检测工作是工程施工技术管理中的一个重要组成部分，同时，也是工程施工质量控制和竣工验收评定工作中不可缺少的一个主要环节。通过试验检测能充分地利用当地原材料，能迅速推广应用新材料、新技术和新工艺，能用定量的方法科学地评定各种材料和构件的质量，能合理地控制并科学地评定工程质量。因此，工程试验检测工作对于提高工程质量、加快工作进度、降低工程造价、推动工程施工技术进步，将起到极为重要的作用。工程试验检测技术是一门正在发展的新学科，它融合试验检测基本理论和测试操作技能及工程相关学科基础知识于一体，是工程设计参数确定、施工质量控制、施工验收评定、养护管理决策及各种技术规范和规程修定的主要依据。

工程试验所担负的任务是：按照国家和部颁的有关技术标准及时对工程原材料、半成品及构筑物实体，准确地进行必要的检测试验，当对有出厂合格证或其他技术证件的原材料持有疑问时，要进行抽样试验，监督检查施工中所用原材料是否经济合理，努力推行有关的新技术、新工艺、新材料，推进本行业的技术进步，进行探讨性的理论研究，验证已有理论的正确性。

工程试验中所得到的数据是评价、选择材料的依据，为了得到准确的结果，必须使用标准的试验方法，符合国标规定的检测试验设备，同时须制订严密的质量保证体系，以保证检测试验结果在不同的试验室，或同一试验室前后多次试验时，有一定的可靠性的可比性。国家《标准化法》中规定："一切工程建设的设计和施工，都必须按照标准进行，不符合标准的工程设计不得施工，不符合标准的工程不得验收。"因此，从一开始我们必须养成良好的习惯，以严谨认真的科学态度对待每项试验、每个检测试验数据，认真如实地填写试验记录并按规程规范规定的方法评定试验结果，严肃认真地填写检测报告，试验方法必须遵循有关标准的规定。我国有国家标准、部颁标准、行业标准、企业标准，企业标准的各项质量指标均不得低于同类产品的国家标准；在国际上有国际标准化组织推荐的标准（ISO）以及各国标准。标准是随着科学进步不断更新的，所以同学们在工作过程中须注意新标准颁发的情况。

编者依据工地常规试验的要求，参考最新试验的标准规范，并结合具体试验教学过程和试验设备条件编写了这本《土木工程材料试验指导书》，供试验课以及试验员岗位培训、试验实训参考使用。本试验指导书由武汉铁路桥梁职业学院曹建生主编。

本书编写过程仓促，疏漏之处在所难免，恳请各位读者批评指正，以便及时修订。

编 者

2019 年 6 月

试验须知

为了使试验顺利进行，达到预期目的，应注意下列事项。

一、做好试验前的准备工作

1. 按每次试验的预习要求，认真预习试验指导书，复习有关理论知识，明确试验目的，掌握试验原理，了解试验步骤和方法。

2. 对试验中所用到的仪器设备、试验装置等应了解其工作原理，对其操作注意事项应特别重视。

3. 必须清楚地知道本试验需记录的数据的处理方法，事前准备好记录表格。

4. 除试验指导书中规定的试验方案外，学生也可根据试验目的、试验原理自己设计试验方案，经试验指导教师审核后进行试验。

5. 试验小组各成员要明确分工，对自己担负的试验工作做到胸中有数并负起责任，使试验工作顺利完成。

二、严格遵守试验的规章制度

1. 按课程表规定的时间准时进入试验室，保持室内整洁、安静。

2. 经试验指导老师同意，不得动用试验室内的机器、仪器等一切设备。

3. 在试验时，应严格按照操作规程操作试验仪器、设备，如发生故障，应及时报告，不得擅自处理。

4. 在试验结束后，应将所用仪器、设备擦拭干净，并恢复到正常状态。

5. 认真接受试验指导老师对预习情况的抽查，注意听好老师对试验内容的讲解。

6. 在试验时，要严肃认真、相互配合，认真仔细地按试验步骤方法逐步进行。

7. 在试验过程中，要密切注意对试验对象的观察，记录下全部所需测量的试验数据。

8. 学生试验是培养学生动手能力的一个重要环节，小组成员虽有一定的分工，但要及时轮换，每个学生都应自己动手完成所有的试验环节。

9. 学生自己设计的试验方案，在完成规定的试验项目后，经指导老师同意方可进行。

10. 试验原始记录需交试验指导老师审阅签字，若不符合要求应重做。

三、注意试验报告的一般要求

试验报告是对所做试验的综合反映，通过试验报告的书写，能培养学生准确有效地用文字来表达试验结果的能力，这是一项业务技术能力的培训。因此，要求学生在动手完成试验的基础上，用自己的语言文字扼要地叙述试验目的、原理、步骤和方法，所使用的设备和仪器的名称与型号及精度与量程，能进行数据计算，分析试验结果，就试验中和理论上的一些问题进行探讨分析，独立地写出试验报告，并做到字迹端正、绘图清晰、表格简明。基于这一愿望出发，同学们一定要填好试验综述一栏，并认真完成思考题。

目　录

第一章　砂石材料试验 …… 279

试验一　细集料筛分试验 …… 279

试验二　细集料表观密度试验（容量瓶法） …… 282

试验三　细集料堆积密度及紧装密度试验 …… 284

试验四　细集料含泥量试验 …… 287

试验五　细集料泥块含量试验 …… 288

试验六　粗集料的筛分试验 …… 290

试验七　粗集料及集料混合料的筛分试验 …… 292

试验八　粗集料表观密度试验（液体比重天平法） …… 297

试验九　粗集料堆积密度及紧装密度试验 …… 300

试验十　粗集料压碎值试验 …… 302

试验十一　粗集料含泥量及泥块含量试验 …… 304

试验十二　水泥混凝土用粗集料针片状颗粒含量试验（规准仪法） …… 306

第二章　水泥试验 …… 310

试验一　水泥细度试验 …… 310

试验二　水泥标准稠度用水量试验 …… 312

试验三　凝结时间测定试验 …… 314

试验四　水泥安定性试验 …… 315

试验五　水泥胶砂强度试验（ISO 法） …… 318

试验六　水泥胶砂流动度测定试验 …… 323

第三章　水泥混凝土和建筑砂浆试验 …… 325

试验一　水泥混凝土拌制和工作性试验 …… 325

试验二　水泥混凝土含气量试验 …… 332

试验三　水泥混凝土的强度试验 …… 336

试验四　水泥混凝土静力受压弹性模量试验……341
试验五　混凝土抗氯离子渗透试验（电通量法）……344
试验六　砂浆拌和物的拌制……347
试验七　砂浆稠度试验……348
试验八　砂浆的分层度试验……349
试验九　砂浆的抗压强度试验……351

第四章　土的工程性质试验……354

试验一　含水率试验（酒精燃烧法）……354
试验二　密度试验（蜡封法）……356
试验三　比重试验（比重瓶法）……358
试验四　界限含水率试验……360
试验五　颗粒分析试验（筛分法）……364
试验六　击实试验……368
试验七　土的压缩固结试验……373
试验八　土直接剪切（快剪）试验……376

第五章　无机结合料稳定土试验……379

试验一　无侧限抗压强度试验……379
试验二　水泥或石灰剂量测定试验（EDTA 滴定法）……383

第六章　沥青试验……388

试验一　沥青针入度试验……388
试验二　沥青延度试验……391
试验三　沥青软化点试验（环球法）……394
试验四　沥青标准黏度试验……398

第七章　沥青混合料试验……401

试验一　沥青混合料试件制作试验（击实法）……401
试验二　压实沥青混合料密度试验（表干法）……406
试验三　沥青混合料马歇尔稳定度试验……412
试验四　沥青混合料中沥青含量试验（离心分离法）……416
试验五　沥青混合料车辙试验……419

第八章　建筑钢材试验 ······ 423

试验一　钢筋的拉伸试验 ······ 423

试验二　钢筋的冷弯试验 ······ 428

试验三　建筑钢材的硬度试验 ······ 430

第九章　路基路面现场试验 ······ 435

试验一　路面厚度测试试验 ······ 435

试验二　路面材料压实度试验（灌砂法） ······ 437

试验三　路基路面回弹弯沉试验 ······ 442

试验四　路面平整度试验 ······ 448

试验五　路面抗滑性能试验 ······ 452

试验六　回弹法检测混凝土抗压强度试验 ······ 460

参考标准规范 ······ 464

附录 A　测区混凝土强度换算表 ······ 465

第一章
砂石材料试验

试验一　细集料筛分试验

（GB/T 1464—2011）

一、试验目的及适用范围

测定细集料（天然砂、人工砂、石屑）的颗粒级配及粗细程度。对水泥混凝土用细集料可采用干筛法，如果需要也可采用水洗法筛分；对沥青混合料及基层用细料必须用水洗法筛分。

注：当细集料中含有粗集料时，可参照此方法用水洗法筛分但需特别注意保护标准筛筛面不遭损坏。

二、仪具与材料

（1）方孔筛：规格为 9.5 mm、4.75 mm、2.36 mm、1.19 mm、0.6 mm、0.3 mm、0.15 mm 各 1 只，并有筛底和筛盖。

（2）天平：称量 1 000 g，感量不大于 1 g。

（3）摇筛机。

（4）烘箱：能控制温度在 105 °C ± 5 °C。

（5）其他：浅盘和硬、软毛刷等。

三、试验准备

按规定取样，用 9.5 mm 筛（水泥混凝土用天然砂）或 4.75 mm（沥青路面及基层用天然砂、石屑、机制砂等）筛除去其中的超粒径材料（并算出筛余百分率）；然后将样品在潮湿状态下充分拌匀，用分料器法或四分法缩分至每份不少于 550 g 的试样两份；在 105 °C ± 5 °C 的烘箱中烘干至恒重，冷却至室温后备用。

注：恒重系指相邻两次称量间隔时间大于 3 h（通常不小于 6 h）的情况下，前后两次称量之差小于该项试验所要求的称量精密度（下同）。

四、试验步骤

1. 干筛法试验步骤

（1）称取烘干试样约 500 g（m_0），准确至 1 g，置于套筛的最上面一只，即 4.75 mm 筛上，将套筛装入摇筛机，摇筛约 10 min，然后取出套筛，再按筛孔大小顺序，从最大的筛号开始，在清洁的浅盘上逐个进行手筛，筛至每分钟的通过量小于试样总质量的 0.1% 时为止，通过的试样颗粒并入下一号筛，和下一号筛中的试样一起过筛，以此顺序进行至各号筛全部筛完为止。

注：① 试样如为特细砂时，试样质量可减少到 100 g。

② 如试样含泥量超过 5%，不宜采用干筛法。

③ 无摇筛机时，可直接用手筛。

（2）称出各号筛的筛余量，精确至 1 g。试样在各号筛的筛余量不得超过式（1.1）计算的量。

$$G=\frac{A\times\sqrt{d}}{200} \tag{1.1}$$

式中 G——在一个筛上的筛余量（g）;

A——筛面面积（mm^2）;

d——筛孔尺寸（mm）。

超过时应按下列方法之一处理：

① 将该粒级试样分成少于上式计算出的量，分别筛分，并以筛余量之和作为该号筛的筛余量。

② 将该粒级以下各粒级的筛余混合均匀，称出其质量，精确至 1 g，再用四分法缩分为大至相等的两份，取其中一份，称出其质量，精确至 1 g，继续筛分。计算该粒级及以下各粒级的分计筛余时应根据缩分比例进行修正。

所有各筛的分计筛余量和底盘中剩余量之和与原试样质量（m_1）之差超过 1%时，应重新试验。

2. 水洗法试验步骤

（1）称取烘干试样约 500 g（m_1），准确至 1 g。

（2）将试样置一洁净容器中，加入足够数量的洁净水，将集料全部淹没。

（3）充分搅动集料，将集料表面洗涤干净，使细粉悬浮在水中，但不得有集料从水中溅出。

（4）取 1.18 mm 及 0.075 mm 筛组成套筛。仔细将容器中混有细粉的悬浮液徐徐倒出，经过套筛流入另一容器，但不得将集料倒出。

注：不可直接倒至 0.075 mm 筛上，以免集料掉出损坏筛面。

（5）按（2）~（4）步骤，直至倒出的水洁净且小于 0.075 mm 的颗粒全部倒出。

（6）将容器中的集料倒入搪瓷盆中，用少量水冲洗，使容器上黏附的集料颗粒全部进入搪瓷盆中。将筛子反扣过来，用少量的水将筛上的集料冲入搪瓷盆中。操作过程中不得有集料散失。

（7）将搪瓷盆连同集料一起置 105 °C ± 5 °C 烘箱中烘干至恒重，称取干燥器集料试样的总质量（m_2），准确称量至 0.1%。m_1 与 m_2 之差即为通过 0.075 mm 筛的部分。

（8）将全部要求筛孔组成套筛（但不需 0.075 mm 筛），将已经洗去小于 0.075 mm 部分的干燥器集料置于套筛上（通常为 4.75 mm 筛），将套筛装入摇筛机，摇筛约 10 min，然后取出套筛，再按筛孔大小顺序，从最大的筛号开始，在清洁的浅盘上逐个进行手筛，直到每分钟的筛出量不超过筛上剩余量的 0.1% 时为止，将筛出通过的颗粒并入下一号筛，和下一号筛中的试样一起过筛，这样顺序进行，直至各号筛全部筛完为止。

注：如为含有粗集料的集料混合料，套筛筛孔根据需要选择。

（9）称量各筛筛余试样的质量，精确至 0.5 g。所有各筛的分计筛余量和底盘中剩余量的总质量与筛分前试样总量 m_2 的差值不得超过后者的 1%。

五、试验结果与评定

（1）计算分计筛余百分率：

各号筛上的筛余量除以试样总量（m_1）之比。精确至 0.1%。对沥青路面细集料而言，0.15 mm 筛下部分即为 0.075 mm 的分计筛余，由上面水洗法试验步骤中（7）测得的 m_1 与 m_2 之差即为小于 0.075 mm 的筛底部分。

（2）计算累计筛余百分率：

该号筛的分计筛余百分率加上该号筛以上的各号筛的分计筛余百分率之和，精确至 0.1%。

（3）计算质量通过百分率：

各号筛的质量通过百分率等于 100 减去该号筛的累计筛余百分率，精确至 0.1%。

（4）根据各筛的累计筛余百分率或通过百分率，绘制级配曲线。

（5）天然砂的细度模数按下式计算，精确至 0.01。

$$M_x = \frac{A_{0.15} + A_{0.3} + A_{0.6} + A_{1.18} + A_{2.36} - 5A_{4.75}}{100 - A_{4.75}} \tag{1.2}$$

式中 M_x——砂的细度模数；

$A_{0.15}$，$A_{0.3}$，…，$A_{4.75}$——0.15 mm，0.3 mm，…，4.75 mm 各筛上的累计筛余百分率（%）。

（6）应进行两次平行试验，以试验结果的算术平均值作为测定值。累计筛余百分率的平均值，精确至 1%。各号筛的累计筛余百分率，采用修约值比较法评定该试样的颗粒级配。细度模数平均值，精确至 0.1。如两次试验所得的细度模数之差大于 0.2，应重进行试验。试验记录见表 1.1。

表 1.1　细集料技术性能试验记录

项目名称		取样地点	
使用范围		试验规程	
试验单位		试验日期	
试样质量	Ⅰ＝　　　g	Ⅱ＝　　　g	

筛孔尺寸/mm	分计筛余/g		分计筛余百分率/%		累计筛余百分率/%			级配曲线
	Ⅰ	Ⅱ	Ⅰ	Ⅱ	Ⅰ	Ⅱ	平均值	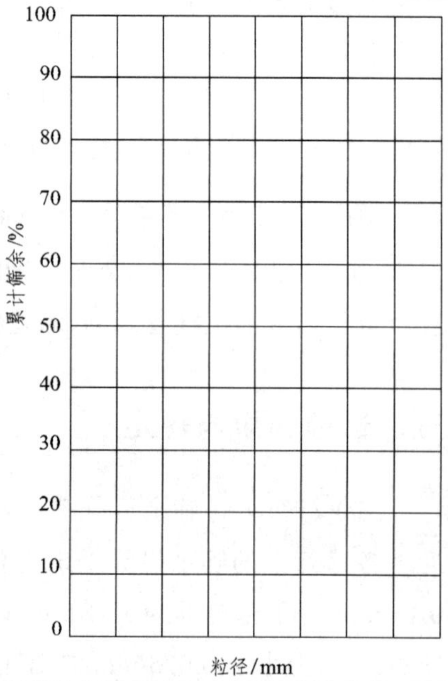
					A_1	A_1		
					A_2	A_2		
					A_3	A_3		
					A_4	A_4		
					A_5	A_5		
					A_6	A_6		
筛底								

砂的细度模数	$M_x = [(A_2 + A_3 + A_4 + A_5 + A_6) - 5A_1] / (100 - A_1)$	Ⅰ	
		Ⅱ	
		平均值	
结　论	属　　　　砂，颗粒级配处于　　　　区，级配		

试验者＿＿＿＿＿　　组别＿＿＿＿＿　　成绩＿＿＿＿＿　　试验日期＿＿＿＿＿

试验二　细集料表观密度试验（容量瓶法）

（GB/T 1464—2011）

一、试验目的及适用范围

测定砂的表观密度。

砂的表观密度是砂单位体积（含材料的实体矿物成分及闭口孔隙体积）物质颗粒的干质量，为空隙率计算和水泥混凝土配合比设计提供数据。

二、仪器设备

（1）天平：称量 1 kg，感量 0.1 g。

（2）容量瓶：500 mL。

（3）烘箱：能使温度控制在 105 °C ± 5 °C。

（4）烧杯：500 mL。

（5）蒸馏水。

（6）其他：干燥器、浅盘、料勺、滴管、毛刷、温度计等。

三、试样制备

按规定取样，并将试样缩分至约 650 g，放在干燥箱中于 105 °C ± 5 °C 下烘干至恒量，并在干燥器内冷却至室温，分为大至相等的两份备用。

四、试验步骤

（1）称取烘干的试样约 300 g（G_0），精确至 0.1g，将试样装入容量瓶中。注入 15 °C ~ 25 °C 的温开水，接近刻度线。

（2）摇转容量瓶，使试样在已保温至 23 °C ± 2 °C 的水中充分搅动以排除气泡，塞紧瓶塞；静置 24 h 左右，然后用滴管添水，使水面与瓶颈刻度线平齐，再塞紧瓶塞，擦干瓶外水分，称其总质量（G_2）。精确至 1 g。

（3）倒出瓶中的水和试样，将瓶的内外表面洗净，再向瓶内注入与上水温相差不超过 2 °C 的蒸馏水至瓶颈刻度线，塞紧瓶塞，擦干瓶外水分，称其总质量（G_1）。

注：在砂的表观密度试验过程中应测量并控制水的温度，试验的各项称量可以在 15 °C ~ 25 °C 的范围内进行。但从试样加水静置的最后 2 h 起直至试验结束，其温度相差不应超过 2 °C。

五、试验结果计算与评定

表观密度ρ_0按式（1.3）计算，准确至小数点后 3 位。

$$\rho_0 = \left(\frac{G_0}{G_0 + G_2 - G_1} - \alpha_t\right) \times \rho_{水} \tag{1.3}$$

式中 ρ_0——细集料的表观密度（g/cm^3）;

$\rho_{水}$——1000，单位为千克每立方米（kg/m^3）;

α_t——试验时的水温对水的密度影响的修正系数，见表 1.2;

G_0——烘干试样的质量，单位为克（g）;

G_1——试样，水及容量瓶的总质量，单位为克（g）;

G_2——水及容量瓶的总质量，单位为克（g）。

表 1.2 不同水温时水的密度ρ_T及水温修正系数α_t

水温/°C	15	16	17	18	19	20
水的密度 ρ_T/(g/cm^3)	0.999 13	0.998 97	0.998 80	0.998 62	0.998 43	0.998 22
水温修正系数 α_t	0.002	0.003	0.003	0.004	0.004	0.005
水温/°C	21	22	23	24	25	
水的密度 ρ_T/(g/cm^3)	0.998 02	0.997 79	0.997 56	0.997 33	0.997 02	
水温修正系数 α_t	0.005	0.006	0.006	0.007	0.007	

以两次平行试验结果的算术平均值作为测定值，如两次结果之差值大于 0.02 g/cm^3 时，应重新取样进行试验。采用修约值比较法进行评定。

记录格式示例见表 1.3。

表 1.3 细集料表观密度（视比重）试验记录

试验次数	试样烘干质量 G_0/g	试样、水加容量瓶的质量 G_2/g	水加容量瓶的质量 G_1/g	表观密度ρ_a/（g/cm^3）		备 注
				个别	平均	
1						
2						

试验者__________ 组别__________ 成绩__________ 试验日期__________

试验三 细集料堆积密度及紧装密度试验

（GB/T 1464—2011）

一、试验目的及适用范围

测定砂在自然状态下的堆积密度、紧装密度并计算空隙率，为水泥混凝土配合比设计提供数据。

二、仪器设备

（1）天平：称量 10 kg，感量 1 g。

（2）容量筒：金属制，圆筒形，内径 108 mm，净高 109 mm，筒壁厚 2 mm，筒底厚 5 mm，容积约为 1 L。

（3）标准漏斗（图 1.1）。

（4）烘箱：能使温度控制在 105 °C ± 5 °C。

（5）方孔筛：4.75 mm 的筛 1 只。

（6）垫棒：直径 10 mm，长 500 mm 的圆钢。

（7）其他：直尺、漏斗、料勺、浅盘、毛刷等。

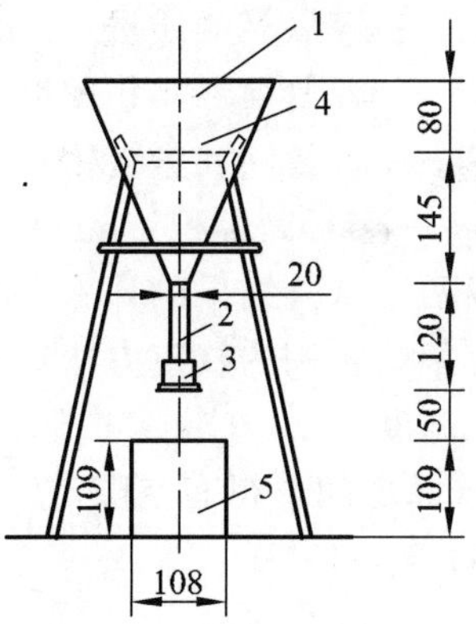

图 1.1　标准漏斗（尺寸单位：mm）

1—漏斗；2—ϕ20 mm 管子；3—活动门；4—筛；5—金属量筒

三、试样制备

按规定取样，用浅盘装试样约 3 L，在温度为 105 °C ± 5 °C 的烘箱中烘干至恒量，取出并冷却至室温，筛除大于 4.75 mm 的颗粒，分成大致相等的两份备用。

注：试样烘干后如有结块，应在试验前先捏碎。

四、试验步骤

1. 堆积密度

将试样装入漏斗中，打开底部的活动门，将砂流入容量筒中，也可直接用小勺向容量筒中心上方徐徐倒入试样，但漏斗出料口或料勺距容量筒筒口均应为 50 mm 左右，直至试样装满并超出容量筒筒口（呈堆体），用直尺将多余的试样沿筒口中心线向两个相反方向刮平（试验过程中应防止触动容量筒），称取质量（G_1）。精确至 1 g。

2. 紧装密度

取试样 1 份，分两层装入容量筒，装完一层后，在筒底垫放一根直径为 10 mm 的钢筋，将筒按住，左右交替颠击地面各 25 下，然后再装入第二层。第二层装满后用同样方法颠实（但筒底所垫钢筋的方向应与第一层放置方向垂直）。二层装完并颠实后，添加试样超出容量筒筒口，然后用直尺将多余的试样沿筒口中心线向两个相反方向刮平，称其质量（G_2）。精确至 1 g。

五、试验结果计算整理

（1）堆积密度ρ及紧装密度ρ'分别按式（1.4）和式（1.5）计算，精确至 0.01 g/cm^3。

$$\rho=\frac{G_1-G_0}{V} \tag{1.4}$$

$$\rho'=\frac{G_2-G_0}{V} \tag{1.5}$$

式中　ρ——砂的堆积密度（g/cm^3）；

ρ'——砂的紧装密度（g/cm^3）；

G_0——容量筒的质量（g）；

G_1——容量筒和堆积密度砂总质量（g）；

G_2——容量筒和紧装密度砂总质量（g）；

V——容量筒容积（mL）。

以两次试验结果的算术平均值作为测定值。

容量筒容积的校正方法：

以温度为 20 °C ± 2 °C 的洁净水装满容量筒，用玻璃板沿筒口滑移，使其紧贴水面，玻璃板与水面之间不得有空隙。擦干筒外壁水分，然后称出其质量（m_2'），精确至 1 g。用式（1.6）计算筒的容积 V。

$$V = m_2' - m_1' \tag{1.6}$$

式中　m_1'——容量筒和玻璃板总质量（g）；

m_2'——容量筒、玻璃板和水总质量（g）。

（2）砂的空隙率按式（1.7）计算，准确至 1%。

$$V_0 = \left(1 - \frac{\rho}{\rho_a}\right) \times 100 \tag{1.7}$$

式中　V_0——砂的空隙率（%）；

ρ——砂的堆积或紧装密度（g/cm^3）；

ρ_a——砂的表观密度（g/cm^3）。

记录格式示例见表 1.4、表 1.5 及表 1.6。

表 1.4　砂的堆积密度试验记录

试验次数	容量筒体积 V/mL	容量筒质量 G_0/g	容量筒和堆积密度砂总质量 G_1/g	砂质量 $(G_1 - G_0)$/g	堆积密度 ρ/（g/cm^3）		备　注
					个别	平均	
1							
2							

试验者＿＿＿＿＿　　组别＿＿＿＿＿　　成绩＿＿＿＿＿　　试验日期＿＿＿＿＿

表 1.5　砂的紧装密度试验记录

试验次数	容量筒体积 V/mL	容量筒质量 G_0/g	容量筒和紧装密度砂总质量 G_2/g	砂质量 $(G_2 - G_0)$/g	紧装密度 ρ'/（g/cm^3）		备　注
					个别	平均	
1							
2							

试验者＿＿＿＿＿　　组别＿＿＿＿＿　　成绩＿＿＿＿＿　　试验日期＿＿＿＿＿

表 1.6　砂的空隙率计算

试验次数	砂的堆积密度 ρ / (g/cm^3)	砂的表观密度 ρ_a / (g/cm^3)	砂的空隙率 V_0 / %	备　注
1				
2				

试验者＿＿＿＿＿＿　组别＿＿＿＿＿＿　成绩＿＿＿＿＿＿　试验日期＿＿＿＿＿＿

试验四　细集料含泥量试验

（GB/T 1464—2011）

一、试验目的及适用范围

本方法仅用于测定天然砂中粒径小于 0.075 mm 的尘屑、淤泥和黏土的含量。不适用于人工砂、石屑等矿粉成分较多的细集料。

二、仪器设备

（1）鼓风烘箱：能使温度控制在 105 °C ± 5 °C。
（2）天平：称量 1 000 g，感量 0.1 g。
（3）方孔筛：孔径为 750 μm 及 1.18 mm 的筛各 1 只。
（4）容器：要求淘洗试样时，保持试样不溅出（深度大于 250 mm）。
（5）搪瓷盘、毛刷等。

三、试验步骤

（1）将试样缩分至约 1 100 g，放在烘箱中于 105 °C ± 5 °C 下烘干至恒量，待冷却至室温后，分为大致相等的两份备用。

（2）称取试样 500 g，精确至 0.1 g。将试样倒入淘洗容器中，注入清水，使水面高于试样面约 150 mm，充分搅拌均匀后，浸泡 2 h，然后用手在水中淘洗试样，使尘屑、淤泥和黏土与砂粒分离，把浑水缓缓倒入 1.18 mm 及 75 μm 的套筛上（1.18 mm 筛放在 75 μm 筛上面），滤去小于 75 μm 的颗粒。试验前筛子的两面应先用水润湿，在整个过程中应小心防止砂粒流失。

（3）再向容器中注入清水，重复上述操作，直至容器内的水目测清澈为止。

（4）用水淋洗剩余在筛上的细粒，并将 75 μm 筛放在水中（使水面略高出筛中砂粒的上表面）来回摇动，充分洗掉小于 75 μm 的颗粒，然后将两只筛的筛余颗粒和清洗容器中已经洗净的试样一并倒入搪瓷盘，放在烘箱中于 105 °C ± 5 °C 下烘干至恒量，待冷却至室温后，称出其质量，精确至 0.1 g。

四、结果计算与评定

含泥量按式（1.8）计算，精确至 0.1%：

$$Q_a = \frac{G_0 - G_1}{G_0} \times 100 \tag{1.8}$$

式中 Q_a——含泥量（%）；

G_0——试验前烘干试样的质量（g）；

G_1——试验后烘干试样的质量（g）。

含泥量取两个试样的试验结果算术平均值作为测定值。

五、记录结果计算

记录格式见表 1.7。

表 1.7　含泥量试验记录

试验次数	试验前的烘干试样质量 G_0/g	试验后的烘干试样质量 G_1/g	含泥量 = $(G_0 - G_1)/G_0 \times 100\%$	平均值/%
1				
2				

试验者__________　组别__________　成绩__________　试验日期__________

试验五　细集料泥块含量试验

（GB/T 1464—2011）

一、试验目的及适用范围

测定水泥混凝土用砂中颗粒大于 1.18 mm 的泥块含量。

二、仪器设备

（1）鼓风烘箱：能使温度控制在 105 °C ± 5 °C。
（2）天平：称量 1 000 g，感量 0.1 g。
（3）方孔筛：孔径为 600 μm 及 1.18 mm 的筛各 1 只。
（4）容器：要求淘洗试样时，保持试样不溅出（深度大于 250 mm）。
（5）搪瓷盘、毛刷等。

三、试验步骤

（1）按规定取样，并将试样缩分至约 5 000 g，放在烘箱中于 105 °C ± 5 °C 下烘干至恒量，待冷却至室温后，筛除小于 1.18 mm 的颗粒，分为大致相等的两份备用。

（2）称取试样 200 g，精确至 0.1 g。将试样倒入淘洗容器中，注入清水，使水面高于试样面约 150 mm，充分搅拌均匀后，浸泡 24 h。然后用手在水中碾碎泥块再把试样放在 600 μm 筛上水淘洗，直至容器内的水目测清澈为止。

（3）保留下来的试样小心地从筛中取出，装入浅盘后，放在烘箱中于 105 °C ± 5 °C 下烘干至恒量，待冷却至室温后，称出其质量，精确至 0.1 g。

四、结果计算与评定

（1）泥块含量按式（1.9）计算，精确至 0.1%：

$$Q_b = \frac{G_1 - G_2}{G_1} \times 100 \tag{1.9}$$

式中 Q_b——砂中大于 1.18 mm 泥块含量（%）；
G_1——1.18 mm 筛筛余试样的质量（g）；
G_2——试验后烘干试样的质量（g）。

（2）泥块含量取两次试验结果的算术平均值，精确至 0.1%。记录格式见表 1.8。

表 1.8　细集料泥块含量试验记录

试验次数	试验前烘干试样质量 G_0/g	试验后烘干试样质量 G_1/g	含泥量 $Q_0 = (G_0 - G_1)/G_0 \times 100\%$	平均值/%
1				
2				

试验者＿＿＿＿＿　　组别＿＿＿＿＿　　成绩＿＿＿＿＿　　试验日期＿＿＿＿＿

试验六　粗集料的筛分试验

（GB/T 1465—2011）

一、试验目的及范围

测定粗集料（碎石、砾石、矿渣等）的颗粒组成。对水泥混凝土用粗集料可采用干筛法筛分，对沥青混合料及基层用粗集料必须采用水洗法试验。

二、仪器与设备

（1）鼓风干燥箱：温度控制在 105 °C ± 5 °C。

（2）天平：称量 10 kg，感量 1 g。

（3）方孔筛：孔径为 2.36 mm，4.75 mm，9.5 mm，16.0 mm，19.0 mm，26.5 mm，31.5 mm，37.5 mm，53.0 mm，63.0 mm，75.0 mm，90 mm 的筛各 1 只。并附有筛底和筛盖。

（4）摇筛机。

（5）搪瓷盘等。

三、试样准备

按表 1.9 规定取样，并将试样缩分至略大于表 1.10 规定的数量，烘干或风干后备用。

表 1.9　单项试验最少取样数量

序号	粒径/mm 试验项目	9.5	16.0	19.0	26.5	31.5	37.5	63.0	75.0
1	颗粒级配/kg	9.5	16.0	19.0	26.5	31.5	37.5	63.0	80.0

表 1.10　颗粒级配试验所需试样数量

最大粒径/mm	9.5	16.0	19.0	26.5	31.5	37.5	63.0	75.0
最少试样质量/kg	1.9	3.2	3.8	5.0	6.3	7.5	12.6	16.0

四、试验步骤

（1）根据试样的最大粒径，称取按表中规定数量试样一份，精确到 1 g。

（2）将试样倒入——按孔径大到小从上到下组合的套筛上，然后进行筛分。

（3）将套筛置于摇筛机上，摇 10 min；取下套筛，按筛孔大小顺序再逐个用手筛，筛至每分钟通过量小于试样总量的 0.1%为止。通过的颗粒并入下一号筛中，并和下一号筛中的试样一起过筛，这样顺序进行，直至各号筛全部筛完为止。当筛余颗粒的粒径大于 19.0 mm 时，在筛分过程中，允许用手指拨动颗粒。称出各号筛的筛余量，精确至 1 g。

五、结果计算与评定

（1）计算分计筛余百分率：各号筛的筛余量与试样总质量之比，精确至 0.1%。

（2）计算累计筛余百分率：该号筛及以上各筛的分计筛余百分率之和，精确至 1%。筛分后，如每号筛的筛余量与筛底的筛余量之和同原试样质量之差超过 1%时，应重新试验。

根据各号筛的累计筛余百分率，采用修约值比较法评定该试样的颗粒级配。

（3）同一种集料至少取两个试样平行试验两次，取平均值作为每号筛上筛余量的试验结果，报告集料级配组成通过百分率及级配曲线，粗集料筛分试验记录表示例见表 1.11。

表 1.11　粗集料筛分试验记录

取样地点			试验规程编号	
试样质量/kg			筛分曲线	
筛孔直径/mm	分计筛余/g	分计筛余百分率/%	累计筛余百分率/%	
①	②	③	④	
筛底 $m_{底}$/g				
筛分后总量 $\sum m_i$/g				

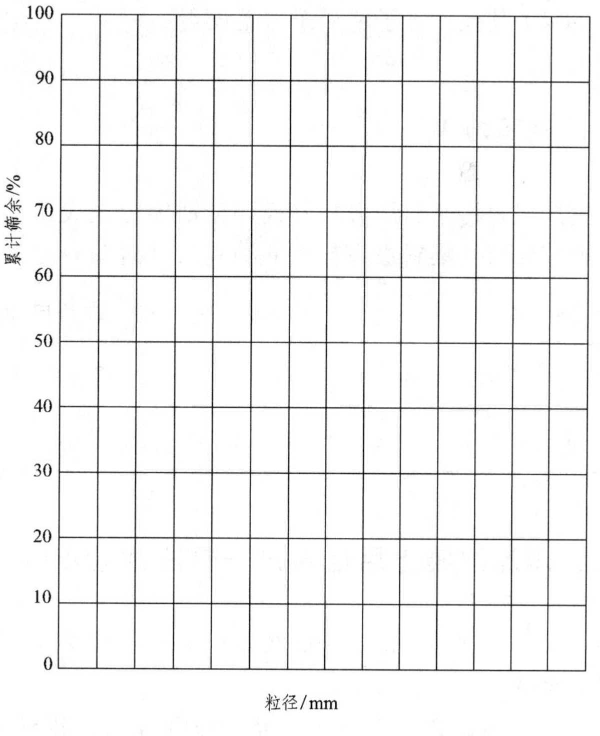

试验者＿＿＿＿＿　组别＿＿＿＿＿　成绩＿＿＿＿＿　试验日期＿＿＿＿＿

试验七　粗集料及集料混合料的筛分试验

（JTG E42—2005）

一、试验目的及适用范围

（1）测定粗集料（碎石、砾石、矿渣等）的颗粒组成。对水泥混凝土用粗集料可采用干筛法筛分，对沥青混合料及基层用粗集料必须采用水洗法试验。

（2）本方法也适用于同时含有粗集料、细集料、矿粉的集料混合料筛分试验，如未筛碎石、级配碎石、天然砂砾、级配砂砾、无机结合料稳定基层材料、沥青拌和楼的冷料混合料、热料仓材料等。

二、仪具与材料

（1）试验筛：根据需要选用规定的标准筛。

（2）摇筛机。

（3）天平或台秤：感量不大于试样质量的 0.1%。

（4）其他：盘子、铲子、毛刷等。

三、试验准备

按规定将来料用分料器或四分法缩分至表 1.12 要求的试样所需量，风干后备用。根据需要可按要求的集料最大粒径的筛孔尺寸过筛，除去超粒径部分颗粒后，再进行筛分。

表 1.12　筛分用的试样质量

公称最大粒径/mm	75	63	37.5	31.5	26.5	19	16	9.5	4.75
试样质量不少于/kg	10	8	5	4	2.5	2	1	1	0.5

四、水泥混凝土用粗集料干筛法试验步骤

（1）取试样一份置 105 °C ± 5 °C 烘箱中烘干至恒重，称取干燥集料试样的总质量（m_0），准确至 0.1%。

（2）用搪瓷盘作筛分容器，按筛孔大小排列顺序逐个将集料过筛。当人工筛分时，需使集料在筛面上同时有水平方向及上下方向的不停顿的运动，使小于筛孔的集料通过筛孔，直至 1 min 内通过筛孔的质量小于筛上残余量的 0.1% 为止；当采用摇筛机筛分时，应在摇

筛机筛分后再逐个由人工补筛。将筛出通过的颗粒并入下一号筛，和下一号筛中的试样一起过筛，顺序进行，直至各号筛全部筛完为止。应确认 1 min 内通过筛孔的质量确实小于筛上残余量的 0.1%。

注：由于 0.075 mm 的筛干筛几乎不能把沾在粗集料表面的小于 0.075 mm 部分的石料筛过去，而且对水泥混凝土用粗集料而言 0.075 mm 通过率的意义不大，所以也可以不筛，且把通过 0.15 mm 筛的筛下部分全部作为 0.075 mm 的分计筛余，将粗集料的 0.075 mm 通过率假设为 0。

（3）如果某个筛上的集料过多，影响筛分作业时，可以分两次筛分。当筛余颗粒的粒径大于 19 mm 时，在筛分过程中允许用手指轻轻拨动颗粒，但不得逐颗塞过筛孔。

（4）称取每个筛上的筛余量，准确至总质量的 0.1%。各筛分计筛余量及筛底存量的总和与筛分前试样的干燥总质量 m_0 相比，相差不得超过 m_0 的 0.5%。

五、沥青混合料及基层用粗集料水洗法试验步骤

（1）取一份试样，将试样置 105 °C ± 5 °C 烘箱中烘干至恒重，称取干燥集料试样的总质量（m_3），准确至 0.1%。

注：恒重系指相邻两次称量间隔时间大于 3 h（通常不少于 6 h）的情况下，前后两次称量之差小于该项试验所要求的称量精密度。

（2）将试样置一洁净容器中，加入足够数量的洁净水，将集料全部淹没，但不得使用任何洗涤剂、分散剂或表面洗性剂。

（3）用搅棒充分搅动集料，使集料表面洗涤干净，使细粉悬浮在水中，但不得破碎集料或有集料从水中溅出。

（4）根据集料粒径大小选择组成一组套筛，其底部为 0.075 mm 标准筛，上部为 2.36 mm 或 4.75 mm 筛。仔细将容器中混有细粉的悬浮液倒出，经过套筛流入另一容器中，尽量不将粗集料倒出，以免损坏标准筛筛面。

注：无需将容器中的全部集料都倒出，只倒出悬浮液。且不可直接至 0.075 mm 筛上，以免集料掉出损坏筛面。

（5）重复（2）~（4）步，直至倒出的水洁净为止，必要时可采用水流缓慢冲洗。

（6）将套筛每个筛子上的集料及容器中的集料全部回收在一个搪瓷盘中，容器上不得有黏附的集料颗粒。

注：沾在 0.075 mm 筛面上的细粉很难回收扣入搪瓷盘中，此时需将筛子倒扣在搪瓷盘上用少量的水并助以毛刷将细粉刷落入搪瓷盘中，并注意不要散失。

（7）在确保细粉不散失的前提下，小心泌去搪瓷盘中的积水，将搪瓷盘连同集料一起置 105 °C ± 5 °C 烘箱中烘干至恒重，称取干燥集料试样的总质量（m_4），准确至 0.1%。以 m_3 与 m_4 之差作为 0.075 mm 的筛下部分。

（8）将回收的干燥集料按干筛方法分出 0.075 mm 筛以下各筛的筛余量，此时 0.075 mm 筛下部分应为 0，如果尚能筛出，则应将其并入水洗得到的 0.075 mm 的筛下部分，且表示水洗得不干净。

六、计　算

1. 干筛法筛分结果的计算

（1）按式（1.10）计算各筛分计筛余量及筛底存量的总和与筛分前试样的干燥总质量 m_0 之差，作为筛分时的损耗，并计算损耗率，记入表 1.13 的第（1）栏。若损耗率大于 0.3%，应重新进行试验。

$$m_5 = m_0 - \left(\sum m_i + m_{底}\right) \tag{1.10}$$

式中　m_5——由于筛分造成的损耗（g）；

m_0——用于干筛的干燥集料总质量（g）；

m_i——各号筛上的分计筛余（g）；

i——依次为 0.075 mm，0.15 mm…至集料最大粒径的排序；

$m_{底}$——筛底（0.075 mm 以下的部分）集料总质量（g）。

（2）计算干筛分计筛余百分率。

干筛后各号筛上的分计筛余百分率按式（1.11）计算，记入表 1.13 的第（2）栏，精确至 0.1%。

$$p_i' = \frac{m_i}{m_0 - m_5} \times 100 \tag{1.11}$$

式中　p_i'——各号筛上的分筛余百分率（%）；

m_5——由于筛分造成的损耗（g）；

m_0——用于干筛的干燥集料总质量（g）；

m_i——各号筛上的分计筛余（g）；

i——依次为 0.075 mm，0.15 mm…至集料最大粒径的排序。

（3）计算干筛累计筛余百分率。

各号筛的累计筛余百分率为该号筛以上各号筛的分计筛余百分率之和，记入表 1.13 的第（3）栏，精确至 0.1%。

（4）计算干筛各号筛的质量通过百分率。

各号筛的质量通过百分率 p' 等于 100 减去该号筛累计筛余百分率，记入表 1.13 的第（4）栏，精确至 0.1%。

（5）由筛底存量除以扣除损耗后的干燥集料总质量计算 0.075 mm 筛的通过率。

（6）试验结果以两次试验的平均值表示，记入表 1.13 的第（5）栏，精确至 0.1%。当两次试验结果 $P_{0.075}$ 的差值超过 1% 时，试验应重新进行。

表 1.13　粗集料干筛法筛分记录

干燥试样总量 m_0/g	第 1 组				第 2 组				平　均
筛孔尺寸/mm	筛上重 m_i/g	分计筛余/%	累计筛余/%	通过百分率/%	筛上重 m_i/g	分计筛余/%	累计筛余/%	通过百分率/%	通过百分率/%
	(1)	(2)	(3)	(4)	(1)	(2)	(3)	(4)	(5)
筛底 $m_{底}$/g									
筛分后总量 $\sum m_i$/g									
损耗 m_5/g									
损耗率/%									

试验者__________　　组别__________　　成绩__________　　试验日期__________

2. 水筛法筛分结果的计算

（1）按式（1.12）、（1.13）计算粗集料中 0.075 mm 筛下的部分 $m_{0.075}$，记入表 1.14 中，准确至 0.1%。当两次试验结果 $P_{0.075}$ 的差值超过 1% 时，试验就重新进行。

$$m_{0.075} = m_3 - m_4 \tag{1.12}$$

$$P_{0.075} = \frac{m_{0.075}}{m_3} = \frac{m_3 - m_4}{m_3} \times 100 \tag{1.13}$$

式中　$P_{0.075}$——粗集料中小于 0.075 mm 的含量（通过率）（%）;

$m_{0.075}$——粗集料中水洗得到的小于 0.075 mm 部分的质量（g）;

m_3——用于水洗的干燥粗集料总质量（g）;

m_4——水洗后的干燥粗集料总质量（g）。

（2）计算各筛分计筛余量及筛底存量的总和与筛分前试样的干燥总质量 m_4 之差，作为筛分时的损耗，并计算损耗率记入表 1.14 的第（1）栏，若损耗率大于 0.3%，应重新进行试验。

表 1.14　粗集料水筛法筛分记录

干燥试样总量 m_3/g		第 1 组				第 2 组				平均
水洗后筛上总量 m_4/g										
水洗后 0.075 mm 筛下量 $m_{0.075}$/g										
0.075 mm 通过率 $P_{0.075}$/%		4.0				4.4				4.2
筛孔尺寸/mm		筛上重 m_i/g	分计筛余/%	累计筛余/%	通过百分率/%	筛上重 m_i/g	分计筛余/%	累计筛余/%	通过百分率/%	通过百分率/%
		(1)	(2)	(3)	(4)	(1)	(2)	(3)	(4)	(5)
水洗后干筛法筛分										
	筛底 $m_{底}$/g									
	筛分后总量 $\sum m_i$/g									
损耗 m_5/g										
损耗率/%										
扣除损耗后总量/g										

注：如筛底 $m_{底}$的值不是 0，应将其并入 $m_{0.075}$ 中重新计算 $P_{0.075}$。

$$m_5 = m_3 - \left(\sum m_i + m_{0.075}\right) \tag{1.14}$$

式中　m_5——由于筛分造成的损耗（g）；

m_3——用于水筛筛分的干燥集料总质量（g）；

m_i——各号筛上的分计筛余（g）；

i——依次为 0.075 mm，0.15 mm…至集料最大粒径的排序；

$m_{0.075}$——水洗后得到的 0.075 mm 以下部分质量（g），即 $m_3 - m_4$。

（3）计算其他各筛的分计筛余百分率、累计筛余百分率、质量通过百分率，计算方法与干筛法相同。当干筛筛分有损耗时，应按干筛法筛分的计算方法从总质量中扣除损耗部分，将计算结果分别记入表 1.14 的第（2）、（3）、（4）栏。

（4）试验结果以两次试验的平均值表示，记入表 1.14 的第（5）栏。

七、报　告

（1）筛分结果以各筛孔的质量通过百分率表示，宜记录为表 1.13 或表 1.14 的格式。

（2）对用于沥青混合料、基层材料配合比设计用的集料，宜绘制集料筛分曲线，其横坐标为筛孔尺寸的 0.45 次方（表 1.15），纵坐标为普通坐标，如图 1.2 所示。

表 1.15　级配曲线的横坐标

筛孔 d_i /mm	0.075	0.15	0.3	0.6	1.18	2.36	4.75
横坐标 x	0.312	0.426	0.582	0.795	1.077	1.472	2.016
筛孔 d_i /mm	9.5	13.2	16	19	26.5	31.5	37.5
横坐标 x	2.745	3.193	3.482	3.762	4.370	4.723	5.109

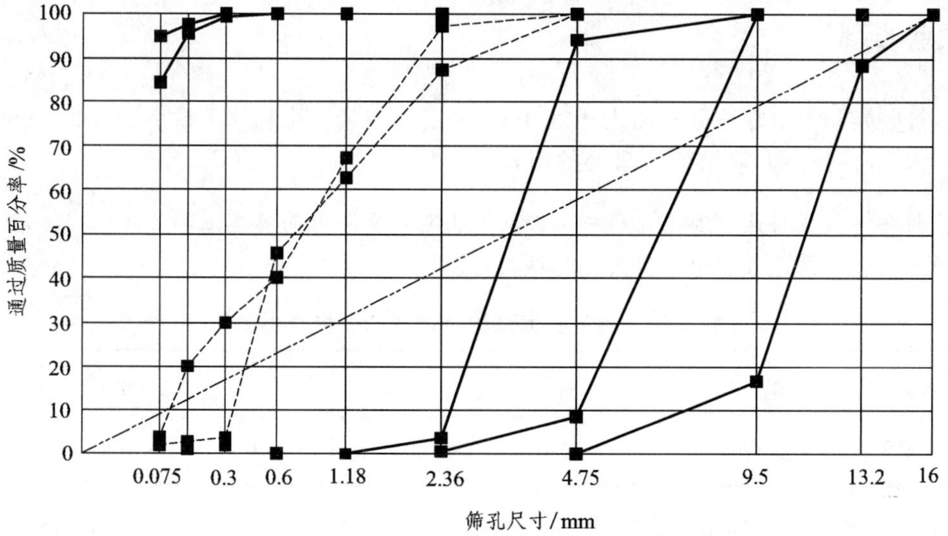

图 1.2　集料筛分曲线与矿料级配设计曲线

试验八　粗集料表观密度试验（液体比重天平法）

（GB/T　1465—2011）

一、试验目的及适用范围

本方法适用于测定碎石、砾石等各种粗集料的表观密度。

环境条件：试验时各项称量可在 15 °C ~ 25 °C 内进行，但从试样加水静止的 2 h 起至试验结束，其温度变化不应超过 2 °C。

二、仪器设备与材料

（1）鼓风干燥箱：能使温度控制在 105 °C ± 5 °C。

（2）天平或浸水天平：称量 5 kg，感量 0.5 g。其型号及尺寸应能允许在臂上挂盛试样的吊篮，并能将吊篮放在水中称量。

（3）吊篮：直径和高度均为 150 mm，由孔径 1 mm ~ 2 mm 的筛网或钻有 2 mm ~ 3 mm 孔洞耐锈蚀金属制成。

（4）溢流水槽：有溢流孔。

（5）标准筛：4.75 mm 方孔筛 1 只。

（6）恒温水浴。

（7）其他：温度计、搪瓷盘、毛巾和刷子、盛水容器等。

三、试验步骤

（1）按规定取样，并缩分至略大于表 1.16 规定的数量，风干后筛除小于 4.75 mm 的颗粒，然后洗刷干净，分为大致相等的两份备用。

注：将每一份集料试样浸泡在水中，仔细洗去附在集料表面的尘土和石粉，经多次漂洗干净至水清澈为止。在清洗过程中不得散失集料颗粒。

表 1.16　测定密度试验所需要的试样最小质量

最大粒径（方孔筛）/mm	<26.5	31.5	37.5	63.0	75.0
最少试样质量/kg	2.0	3.0	4.0	6.0	6.0

（2）取试样一份装入吊篮，浸入盛水的容器中，水面至少应高出试样 50 mm，浸泡 24 h 后。移放到称量用的溢流水槽中，并用上下升降吊篮的方法排除气泡（试样不得露出水面）。吊篮每升降一次约 1 s，升降高度为 30 mm ~ 50 mm。

（3）测定水温后（此时吊篮应全在水中），准确称出吊篮及试样在水中的质量（G_1）。精确至 5 g。称量时盛水容器中水面高度由溢流孔控制。

（4）提起吊篮，将试样倒入浅搪瓷盘，放在干燥箱中于 105 °C±5 °C 烘干至恒重。待冷却至室温后，称出其质量（G_0），精确至 0.5 g。

（5）称出吊篮在同样温度水中质量（G_2），精确至 5 g。称量时盛水容器的水面高度仍由溢流孔控制。

（6）对同一规格的集料应平行试验两次，取平均值作为试验结果。

四、试验结果计算与评定

（1）表观相对密度按式（1.15）计算，精确至 10 kg/m^3。

$$\rho_a = \left(\frac{G_0}{G_0 + G_2 - G_1} - \alpha_T \right) \times \rho_w$$

或

$$\rho_a = \left(\frac{G_0}{G_0 + G_2 - G_1} \right) \times \rho_T \qquad (1.15)$$

式中 ρ_a——表观密度（kg/m^3）；

G_0——烘干后试样的质量（g）；

G_1——吊篮及试样在水中的质量（g）；

G_2——吊篮在水中的质量（g）；

α_T——水温对表观密度影响的修正系数见表 1.17；

ρ_T——试验温度 T 时水的密度（g/cm^3）见表 1.17；

ρ_w——1 000（kg/m^3）。

（2）精密度或允许差。

表观密度取两次试验结果的算术平均值，两次试验结果之差大于 20 kg/m^3，应重新试验。对颗粒材质不均匀的试样，如两次试验结果之差超过 20 kg/m^3，可取 4 次试验结果的算术平均值。

表 1.17 不同水温时水的密度 ρ_T 及水温修正系数 α_T

水温/°C	15	16	17	18	19	20
水的密度 ρ_T/（g/cm^3）	0.999 13	0.998 97	0.998 80	0.998 62	0.998 43	0.998 22
水温修正系数 α_T	0.002	0.003	0.003	0.004	0.004	0.005
水温/°C	21	22	23	24	25	
水的密度 ρ_T/（g/cm^3）	0.998 02	0.997 79	0.997 56	0.997 33	0.997 02	
水温修正系数 α_T	0.005	0.006	0.006	0.007	0.008	

记录格式见表 1.18。

表 1.18 粗集料密度试验记录（网篮法）

试验次数	试样的烘干质量 G_0 /g	吊篮及试样在水中质量 G_1 /g	吊篮在水中质量 G_2 /g	集料的表观相对密度 ρ_a /（kg/m^3）		备注
				个别	平均	

试验者__________ 组别__________ 成绩__________ 试验日期__________

试验九　粗集料堆积密度及紧装密度试验

（GB/T 1465—2011）

一、试验目的及适用范围

测定粗集料的堆积密度，包括在松散堆积状态、振实状态下的堆积密度，以及在堆积状态下的空隙率。

二、仪器设备及材料

（1）天平或台秤：称量 10 kg，感量 10 g；称量 50 kg，感量 50 g。各 1 台。

（2）容量筒：规格应符合表 1.19 的要求。

表 1.19　粗集料容量筒的规格要求

粗集料公称最大粒径/mm	容量筒容积/L	容量筒规格/mm			筒壁厚度/mm
		内径	净高	底厚	
9.5 ~ 26.5	10	208	294	5.0	2.0
31.5 ~ 37.5	20	294	294	5.0	3.0
53，63，75	30	360	294	5.0	4.0

（3）直尺、小铲等。

（4）烘箱：能控温 105 °C ± 5 °C。

（5）捣棒：直径 16 mm，长 600 mm，一端为圆头的钢棒。

三、试样准备

按粗集料取样法取样、缩分，烘干或风干后，拌匀后把试样分成大致的两份备用。

四、试验步骤

1. 松散堆积密度

取试样 1 份，用小铲将试样从容量筒口中心上方 50 mm 处徐徐倒入，让试样自由落体落下，当容量筒上部试样呈堆体，且容量筒四周溢满时，即停止加料。除去凸出筒口表面的颗粒，并以合适的颗粒填入凹陷空隙，使表面稍凸起部分和凹陷部分的体积大致相等，称取试样和容量筒总量（m_2）。精确至 10 g。

2. 紧装堆积密度

取试样 1 份，分 3 次装入容量筒。装完第一层后，在筒底垫放一根直径为 16 mm 的圆钢，将筒按住，左右交替颠击地面各 25 下；然后装入第二层，用同样的方法颠实（但筒底所垫钢筋的方向应与第一层放置方向垂直）；然后再装入第三层，如法颠实；待三层试样装填完毕后，加料直到试样超出容量筒口，用钢筋沿筒口边缘刮去高出筒口的颗粒，用合适的颗粒填平凹处，使表面稍凸起部分和凹陷部分的体积大致相等，称取试样和容量筒总质量（G_2）。精确至 10 g。

3. 容量筒容积的标定

将温度为 20 °C ± 2 °C 的饮用水装满容量筒，用一玻璃板沿筒口推移，使其紧贴水面，擦干筒外水分，称取容量筒与水的总质量（G_1），精确至 10 g。容量筒容积按式（1.16）计算。

五、试验结果计算整理

（1）容量筒的容积按式（1.16）计算。精确至 1 mL。

$$V = m_2 - m_1 \tag{1.16}$$

式中 V——容量筒的容积（mL）；

m_2——容量筒、玻璃板和水总的质量（g）；

m_1——容量筒与玻璃板的质量（g）。

（2）堆积密度（包括松散或紧装堆积密度），按式（1.17）计算，精确至 10 kg/m³。

$$\rho = \frac{G_2 - G_1}{V} \tag{1.17}$$

式中 ρ——堆积密度（kg/m³）；

G_1——容量筒的质量（kg）；

G_2——容量筒和试样的总质量（kg）；

V——容量筒容积（L）。

采用修约值比较法进行评定。

（3）空隙率按式（1.18）计算。精确至 1%。

$$V_c = \left(1 - \frac{\rho}{\rho_a}\right) \times 100 \tag{1.18}$$

式中 V_c——粗集料的空隙率（%）；

ρ_a——粗集料表观密度（kg/m³）；

ρ——粗集料松散堆积或紧密堆积密度（kg/m³）。

采用修约值比较法进行评定。

记录格式见表 1.20 ~ 1.22。

表 1.20　粗集料堆积密度试验记录

试验次数	容量筒体积 V/L	容量筒质量 G_1/kg	试样加容量筒的质量 G_2/kg	粗集料的质量（G_2-G_1）/kg	堆积密度 ρ /（kg/m^3）		备注
					个别	平均	
1							
2							

试验者__________　　组别__________　　成绩__________　　试验日期__________

表 1.21　粗集料振实密度试验记录

试验次数	容量筒体积 V/L	容量筒质量 G_1/kg	试样加容量筒的质量 G_2/kg	粗集料的质量（G_2-G_1）/kg	振实密度 ρ /（kg/m^3）		备注
					个别	平均	
1							
2							

试验者__________　　组别__________　　成绩__________　　试验日期__________

表 1.22　粗集料空隙率计算

试验次数	粗集料的松方密度（振实状态）ρ /（kg/m^3）	粗集料的表观密度 ρ_a /（kg/m^3）	粗集料的空隙率 V_c /%	备注
1				
2				

试验者__________　　组别__________　　成绩__________　　试验日期__________

试验十　粗集料压碎值试验

（GB/T 1465—2011）

一、试验目的及适用范围

集料压碎值用于衡量石料在逐渐增加的荷载下抵抗压碎的能力，它是衡量石料力学性质的指标之一，用以评定其在工程中的适用性。

二、仪器设备

（1）压力试验机：量程 300 kN，示值相对误差 2%。

（2）天平：称量 10 kg，感量 1 g。

（3）受压试模（压碎指标测定仪，见图 1.3）。

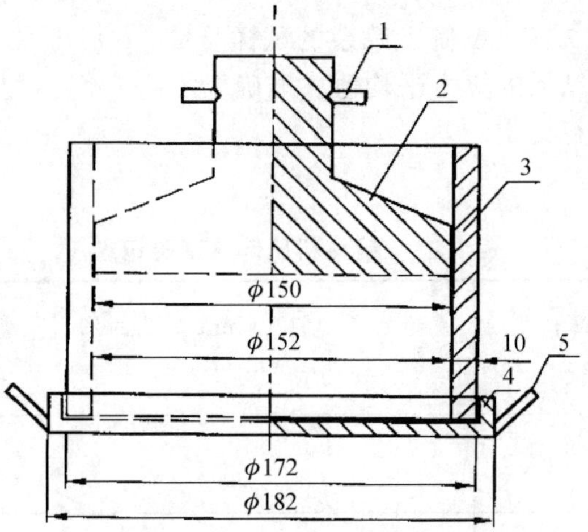

图 1.3　压碎指标测定仪

1—把手；2—加压头；3—圆模；4—底盘；5—手把

（4）方孔筛：筛孔尺寸 2.36 mm、9.5 mm、19.0 mm 筛各 1 个。

（5）垫棒：直径 10 mm，长 500 mm 圆钢。

三、试验步骤

（1）按规定取样，风干后筛除大于 19.0 mm 及小于 9.5 mm 的颗粒，并去除针、片状颗粒，分为大致相等的 3 份备用。当试样中粒径在 9.5 mm ~ 19.0 mm 的颗粒不足时，允许将粒径大于 19.0 mm 的颗粒破碎成粒径在 9.5 mm ~ 19.0 mm 的颗粒用作压碎指标试验。

（2）称取试样（G_1）3 000 g，精确至 1 g。将试样分两层装入圆模（置于底盘上）内，每装一层试样后，在底盘下面垫放一直径为 10 mm 的圆钢，将筒按住，左右交替颠击地面各 25 下，两层颠实后，平整模内试样表面，盖上压头。当圆模装不下 3 000 g 试样时，以装至距模上口 10 mm 为准。

（3）把装有试样的圆模置于压力机上，开动压力试验机，按 1 kN/s 速度均匀加荷至 200 kN 并稳荷 5 s，然后卸荷。取下加压头，倒出试样，用孔径 2.36 mm 的筛筛除被压碎的细粒，称出留在筛上的试样质量（G_2），精确至 1 g。

四、结果计算与评定

压碎值指标按式（1.19）计算，精确至 0.1%。

$$Q_e = \frac{G_1 - G_2}{G_1} \times 100 \qquad (1.19)$$

式中　Q_e——压碎值指标（%）；

G_1——试验前试样的质量（g）；

G_2——压碎试验后 2.36 mm 筛上筛余的试样质量（g）。

压碎指标取三次试验结果的算术平均值。准确至 1%。

采用修约值比较法进行评定。

记录格式示例见表 1.23。

表 1.23　粗集料压碎值试验记录

试验次数	试验前试样质量 G_1/g	试验后通过 2.36 mm 筛孔的细料质量 G_1-G_2/g	压碎值 Q_e/%	
			个别	平均
1				
2				
3				

试验者＿＿＿＿＿　　组别＿＿＿＿＿　　成绩＿＿＿＿＿　　试验日期＿＿＿＿＿

试验十一　粗集料含泥量及泥块含量试验

（GB/T 1465—2011）

一、试验目的及适用范围

测定碎石或砾石中小于 0.075 mm 的尘屑、淤泥和黏土的总含量及 4.75 mm 以上泥块颗粒的含量。

二、仪器设备

（1）鼓风烘箱：能使温度控制在 105 °C ± 5 °C。

（2）天平：称量 10 kg，感量 1 g。

（3）方孔筛：测泥含量时用孔径为 75 μm 及 1.18 mm 的筛各 1 只；测泥块含量时，则用 2.36 mm 及 4.75 mm 的方孔筛各式各 1 只。

（4）容器：要求淘洗试样时，保持试样不溅出。

（5）搪瓷盘、毛刷等。

三、试验步骤

1. 含泥量试验步骤

（1）按规定取样，并将试样缩分至略大于表 1.24 规定的 2 倍数量，放在烘箱中于 105 °C ± 5 °C 下烘干至恒量，待冷却至室温后，分为大致相等的两份备用。

注：恒量系指试样在烘干 1 h～3 h 的情况下，其前后质量之差不大于该项试验所要求的称量精度（下同）。

（2）根据试样最大粒径，称取按表 1.24 规定数量的试样 1 份，精确到 1 g。将试样放入淘洗容器中，注入清水，使水面高于试样上表面 150 mm，充分搅拌均匀后，浸泡 2 h，然后用手在水中淘洗试样，使尘屑、淤泥和黏土与石子颗粒分离，把浑水缓缓倒入 1.18 mm 及 0.075 mm 的套筛上（1.18 mm 筛放在 0.075 mm 筛上面），滤去小于 75 μm 的颗粒。试验前筛子的两面应先用水润湿。在整个试验过程中应小心防止大于 75 μm 颗粒流失。

表 1.24　含泥量试验所需试样数量

最大粒径/mm	9.5	16.0	19.0	26.5	31.5	37.5	63.0	75.0
最少试样质量/kg	2.0	2.0	6.0	6.0	10.0	10.0	20.0	20.0

（3）再向容器中注入清水，重复上述操作，直至容器内的水目测清澈为止。

（4）用水淋洗剩余在筛上的细粒，并将 75 μm 筛放在水中（使水面略高出筛中石子颗粒的上表面）来回摇动，以充分洗掉小于 75 μm 的颗粒，然后将两只筛上筛余的颗粒和清洗容器中已经洗净的试样一并倒入搪瓷盘中，置于烘箱中于 105 °C ± 5 °C 下烘干至恒量，待冷却至室温后，称出其质量，精确至 1 g。

2. 泥块含量试验步骤

（1）按规定取样，并将试样缩分至略大于表 1.24 规定的 2 倍数量，放在烘箱中于 105 °C ± 5 °C 下烘干至恒量，待冷却至室温后，筛除小于 4.75 mm 的颗粒，分为大致相等的两份备用。

（2）称取按表 1.24 规定数量的试样 1 份，精确到 1 g。将试样倒入淘洗容器中，注入清水，使水面高于试样上表面。充分搅拌均匀后，浸泡 24 h。然后用手在水中碾碎泥块，再把试样放在 2.36 mm 筛上，用水淘洗，直至容器内的水目测清澈为止。

（3）保留下来的试样小心地从筛中取出，装入搪瓷盘后，放在烘箱中于 105 °C ± 5 °C 下烘干至恒量，待冷却至室温后，称出其质量，精确到 1 g。

四、结果计算与评定

（1）含泥量按式（1.20）计算，精确至 0.1%：

$$Q_a = \frac{G_1 - G_2}{G_1} \times 100 \qquad (1.20)$$

式中　Q_a——含泥量（%）；

G_1——试验前烘干试样的质量（g）；

G_2——试验后烘干试样的质量（g）。

含泥量取两次试验结果的算术平均值，精确至 0.1%。采用修约值比较法进行评定。

（2）泥块含量按式（1.21）计算，精确至 0.1%：

$$Q_b = \frac{G_1 - G_2}{G_1} \times 100 \tag{1.21}$$

式中　Q_b——泥块含量（%）；

G_1——4.75 mm 筛筛余试样的质量（g）；

G_2——试验后烘干试样的质量（g）。

泥块含量取两次试验结果的算术平均值，精确至 0.1%。采用修约值比较法进行评定。

（3）记录表格见表 1.25。

表 1.25　粗集料含泥量及泥块含量试验记录

含泥量	试验前的烘干试样质量 G_1/g	试验后的烘干试样质量 G_2/g	含泥量 $Q_a=(G_1-G_2)/G_1\times100\%$	平均值/%
泥块含量	4.75 mm 筛筛余量 G_1/g	试验后的烘干试样质量 G_2/g	泥块含量 $Q_b=(G_1-G_2)/G_1\times100\%$	平均值/%

试验者＿＿＿＿＿　组别＿＿＿＿＿　成绩＿＿＿＿＿　试验日期＿＿＿＿＿

试验十二　水泥混凝土用粗集料针片状颗粒含量试验（规准仪法）

（GB/T 1465—2011）

一、试验目的及适用范围

（1）本方法适用于测定水泥混凝土使用的 4.75 mm 以上的粗集料的针状及片状颗粒含量，以百分率计。

（2）本方法测定的针片状颗粒，是指利用专用的规准仪测定的粗集料颗粒的最小厚度（或直径）方向与最大长度（或宽度）方向的尺寸之比小于一定比例的颗粒。

（3）本方法测定的粗集料中针片状颗粒的含量，可用于评价集料的形状及其在工程中的适用性。

二、仪器设备

（1）水泥混凝土集料片状及针状规准仪：见图 1.4 和图 1.5，尺寸应符合表 1.26 的要求。

（2）天平：称量 10 kg，感量 1 g。

（3）方孔筛：孔径为 4.75 mm、9.5 mm、16.0 mm、19.0 mm、26.5 mm、31.5 mm、37.5 mm 的方孔筛各 1 个，根据需要选用。

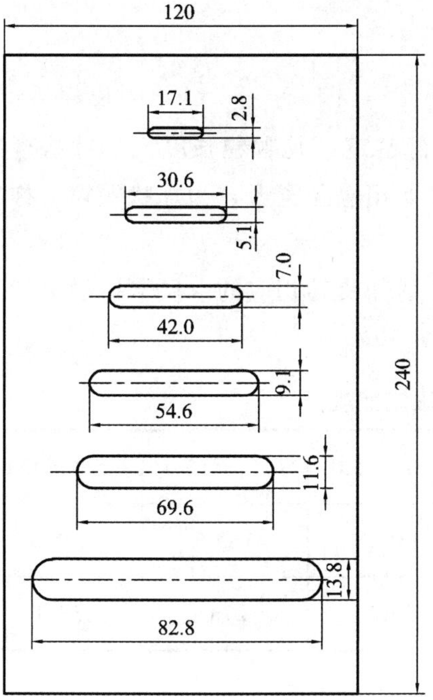

图 1.4　片状规准仪（尺寸单位：mm）

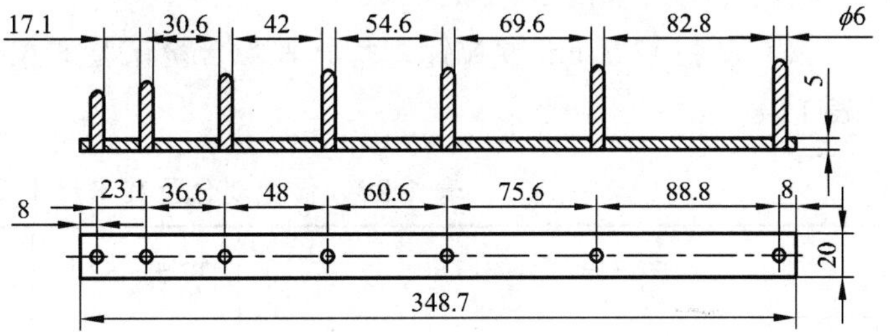

图 1.5　针状规准仪（尺寸单位：mm）

表 1.26　水泥混凝土集料针、片状颗粒试验的粒级划分及其相应的规准仪仪孔宽或间距

粒级（方孔筛）/mm	4.75～9.5	9.5～16	16～19	19～26.5	26.5～31.5	31.5～37.5
针状规准仪上相对应的立柱之间的间距宽/mm	17.1	30.6	42.0	54.6	69.6	82.8
片状规准仪上相对应的孔宽/mm	2.8	5.1	7.0	9.1	11.6	13.8

三、试样制备

按规定取样，并将试样用四分法缩分至略大于表 1.27 规定的数量，风干或烘干至表面干燥备用。

根据试样最大粒径，称取按表 1.27 所规定的试样一份（G_1），精确到 1 g。然后筛分成表 1.27 粒级备用。

表 1.27　针、片状颗粒含量试验所需的试样数量

最大粒径/mm	9.5	16	19	26.5	31.5	37.5	63.0	75.0
最少试样质量/kg	0.3	1	2	3	5	10	10	10

四、试验步骤

（1）按表 1.26 所规定的粒级用规准仪逐粒对试样进行鉴定：凡颗粒长度大于针状规准仪上相应间距者，为针状颗粒；颗粒厚度小于片状规准仪上相应孔宽者，为片状颗粒。称出其总质量（G_2），精确到 1 g。

（2）大于 37.5 mm 颗粒针、片状颗粒含量试验的粒级划分及其相应的卡尺卡口设定宽度见表 1.28。

表 1.28　粒级划分及其卡尺卡口设定宽度

石子粒级/mm	37.5 ~ 53.0	53.0 ~ 63.0	63.0 ~ 75.0	75.0 ~ 90.0
检查针状颗粒的卡尺卡口设定宽度/mm	108.6	139.2	165.6	198.0
片状颗粒的卡尺卡口设定宽度/mm	18.1	23.2	27.6	33.0

五、试验结果计算整理

针、片状颗粒含量按式（1.22）计算，准确至 1%。

$$Q_c = \frac{G_2}{G_1} \times 100 \tag{1.22}$$

式中　Q_c——针、片状颗粒含量（%）；

G_2——试样中所含针、片状颗粒的总质量（g）；

G_1——试样的质量（g）。

采用修约值比较法进行评定。

记录格式示例见表 1.29。

表 1.29　粗集料针、片状颗粒含量试验记录

试验次数	试样质量 G_1 /g	针、片状颗粒总质量 G_2 /g	针、片状颗粒含量 Q_c /%
1			
2			

试验者__________　　组别__________　　成绩__________　　试验日期__________

第二章
水泥试验

试验一　水泥细度试验

（GB/T 1345—2005）

细度指水泥颗粒的粗细程度。水泥颗粒越细，水化反应速度越快，早期强度越高；但水泥颗粒太细，在空气中的硬化收缩较大，容易出现干缩裂缝，另外，太细的水泥不宜存放且增加生产成本。为充分发挥水泥熟料的活性，改善水泥性能，同时考虑能耗的合理分配，要合理控制水泥细度。细度可用筛析法和比表面积法表示。现行国家标准规定：硅酸盐水泥、普通硅酸盐水泥比表面积大于 300 m^2/kg，矿渣硅酸盐水泥、火山灰质硅酸盐水泥、粉煤灰硅酸盐水泥、复合硅酸盐水泥 80 μm 方孔筛筛余不得超过 10.0%。

Ⅰ. 负压筛法

一、仪器设备

（1）负压筛。

① 负压筛由圆形筛框和筛网组成，筛网为金属丝编织方孔筛，方孔边长 80 μm，负压筛应附有透明筛盖，筛盖与筛上口应有良好的密封性。

② 筛网应紧绷在筛框上，筛网和筛框接触处应用防水胶密封，防止水泥嵌入。

（2）负压筛析仪。

① 负压筛析仪由筛座、负压筛、负压源及收尘器组成，其中筛座由转速为（30 ± 2）r/min 的喷气嘴、负压表、控制板、微电机及壳体等部分构成。

② 负压源和收尘器，由功率 600 W 的工业吸尘器和小型旋风收尘筒或由其他具有相当功能的设备组成。

（3）天平。最大称量为 100 g，感量不大于 0.05 g。

二、试验步骤

（1）水泥样品应充分拌匀，通过 0.9 mm 方孔筛，记录筛余物情况，要防止过筛时混进其他水泥。

（2）筛析试验前，应把负压筛放在筛座上，盖上筛盖，接通电源，检查控制系统，调节负压至 4 000 Pa ~ 6 000 Pa。

（3）称取试样 25 g，置于洁净的负压筛中，盖上筛盖，放在筛座上，开动筛析仪连续筛析 2 min，在此期间如有试样附着在筛盖上，可轻轻地敲击，使试样落下；筛毕，用天平称取筛余物。

（4）当工作负压小于 4 000 Pa 时，应清理吸尘器内水泥，使负压恢复正常。

三、计　算

水泥试样筛余百分数 F 按式（2.1）计算。

$$F=\frac{R_s}{m}\times 100 \tag{2.1}$$

式中　F——水泥试样的筛余百分数（%）；

R_s——水泥筛余物的质量（g）；

m——水泥试样的质量（g）。

结果计算至 0.1%。

Ⅱ. 水 筛 法

一、仪器设备

（1）标准筛：采用方孔边长 80 μm 的金属丝网筛布，筛框有效直径为 125 mm，高 80 mm。筛布应紧绷在筛框上，接缝处应用防水胶密封。

（2）水筛架：用于支撑筛子，并带动筛子转动，转速约 50 r/min。

（3）喷头：直径为 55 mm，面上均匀分布 90 个孔，孔径为 0.5 mm ~ 0.7 mm。

（4）天平：最大称量为 100 g，分度值不大于 0.05 g。

二、试验步骤

（1）同前法处理样品。

（2）筛析试验前，应检查水中无泥、砂，调整好水压及水筛架的位置，使其能正常运转，喷头底面和筛网之间距离为 35 mm ~ 75 mm。

（3）称取试样 50 g，置于洁净的水筛中，立即用淡水冲洗至大部分细粉通过后，放在水筛架上，用水压为 0.05 MPa ± 0.02 MPa 的喷头连续冲洗 3 min。筛毕，用少量水把筛余物冲至蒸发皿中，等水泥颗粒全部沉淀后，小心倒出清水，烘干并用天平称量筛余物。

结果计算与式（2.1）相同。

注：当负压筛法与水筛法测定结果发生争议时，以负压筛法为准。

记录格式示例见表 2.1。

表 2.1　水泥细度测定记录

试样名称		材料产地	
试验次数	筛析用试样质量 m/g	在 80 μm 筛上筛余物质量 m_0/g	筛余百分数 F/%
①	②	③	④ = ③/②
备注			

试验者＿＿＿＿＿　组别＿＿＿＿＿　成绩＿＿＿＿＿　试验日期＿＿＿＿＿

试验二　水泥标准稠度用水量试验

（GB/T 1346—2011）

一、试验目的

检验水泥的凝结时间与体积安定性时，水泥净浆的稠度会影响试验结果，为使其测定结果具有可比性，必须采用标准稠度的水泥净浆进行试验，水泥净浆达到标准稠度时所需的拌和水量叫标准稠度用水量。

水泥标准稠度浆对准试杆的沉入具有一定阻力。通过试验不同含水量水泥净浆的穿透性，以确定水泥标准稠度净浆中所需加入的水量。

二、仪器设备

（1）标准法维卡仪：如图 2.1 所示，标准稠度测定用试杆（图 2.1（c））有效长度为 50 mm ± 1 mm，由直径为 ϕ10 mm ± 0.05 mm 圆柱形耐腐蚀金属制成。

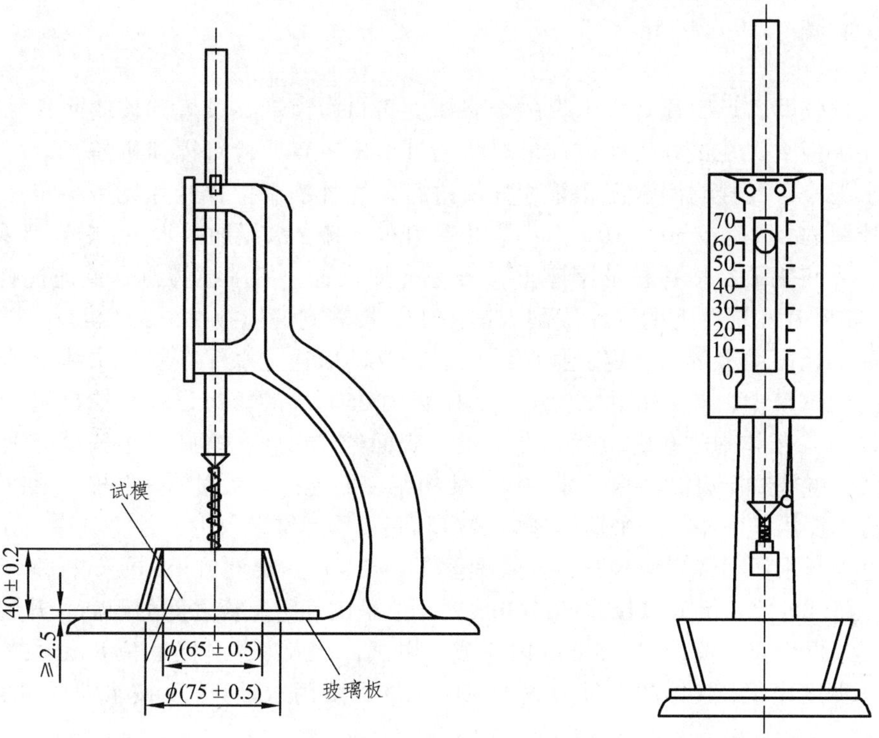

（a）初凝时间测定用立式试模侧视图　　（b）终凝时间测定用反转试模前视图

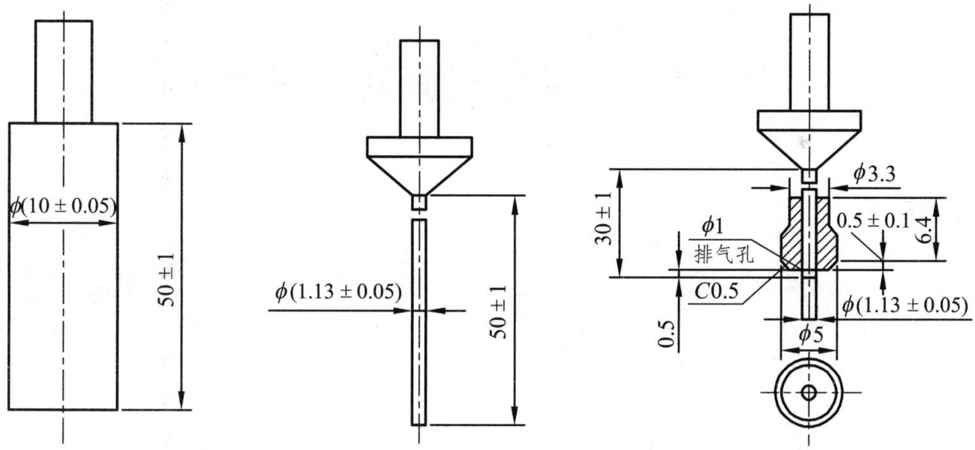

（c）标准稠度试杆　　（d）初凝用试针　　（e）终凝用试针

图 2.1　测定水泥标准稠度和凝结时间用的维卡仪（尺寸单位：mm）

盛装水泥净浆的试模（图 2.1（a））应由耐腐蚀的、有足够硬度的金属制成。试模为深 40 mm ± 0.2 mm、顶内径 ϕ65 mm ± 0.5 mm、底内径 ϕ75 mm ± 0.5 mm 的截顶圆锥体。每只试模应配备一个边长或直径约 100 mm、厚度 4 mm ~ 5 mm 的平板玻璃底板或金属底板。

（2）净浆搅拌机。

（3）湿气养护箱：应使温度控制在 20 °C ± 1 °C，相对湿度不低于 90%。

（4）天平：最大称量不小于 1 000 g，分度值不大于 1 g。

（5）量水器：精度 ± 0.5 mL。

三、试验步骤

（1）校核仪器，调整检查维卡仪的金属棒能否自由滑动，试模和玻璃底板用湿布擦拭，将试模放在底板上，在试杆接触玻璃板时将指针对准零点，检查搅拌机是否运行正常。

（2）水泥净浆的拌制用水泥净浆搅拌机进行，搅拌锅和搅拌叶片先用湿布擦过，将拌和水倒入搅拌锅内；然后在 5 s ~ 10 s 内小心将称好的 500 g 水泥加入水中，防止水和水泥溅出；在拌和时，先将锅放在搅拌机的锅座上，升至搅拌位置，启动搅拌机，低速搅拌 120 s，停 15 s，同时将叶片和锅壁上的水泥浆刮入锅中间，接着高速搅拌 120 s 停机。

（3）标准稠度用水量的测定：拌和结束后，立即取适量水泥净浆一次性将其装入已置于玻璃底板上的试模中，浆体超过试模上端，用宽约 25 mm 的直边刀轻轻拍打超出试模部分的浆体 5 次以排除浆体中的孔隙，然后在试模上表面约 1/3 处，略倾斜于试模分别向外轻轻锯掉多余净浆，再从试模边沿轻抹顶部一次，使净浆表面光滑。在锯掉多余净浆和抹平的操作过程中，注意不要压实净浆，抹平后迅速将试模和底板移到维卡仪上，并将其中心定在试杆下，降低试杆直至与水泥净浆表面接触，拧紧螺丝 1 s ~ 2 s 后，突然放松，使试杆垂直自由沉入水泥净浆中；在试杆停止沉入或释放试杆 30 s 时，记录试杆距底板之间的距离，升起试杆后，立即擦净。整个操作应在搅拌后 1.5 min 内完成，以试杆沉入净浆并距底板 6 mm ± 1 mm 的水泥净浆为标准稠度净浆，其拌和水量为该水泥的标准稠度用水量（P），按水泥质量的百分比计。

试验记录见后水泥物理力学性能试验表。

试验三　凝结时间测定试验

一、试验目的

凝结时间对水泥混凝土的施工具有重要意义：初凝太快，给施工造成不便；终凝太慢，将影响施工进度。用标准稠度的水泥净浆测定凝结时间。从加水时起至试针沉入净浆距底板 4 mm ± 1 mm 时，为水泥达到初凝状态；从加水时起至试针沉入试体 0.5 mm 时为水泥达到终凝状态。

凝结时间以试针沉入水泥标准稠度净浆至一定深度所需的时间表示。

二、仪器设备

(1) 标准法维卡仪：如图 2.1 所示，测定凝结时间时取下试杆，用试针（图 2.1（d）、（e））代替试杆。试针是钢制的圆柱体，其有效长度初凝针为 50 mm ± 1 mm，终凝针为 30 mm ± 1 mm，直径为 ϕ1.13 mm ± 0.05 mm。滑动部分的总质量为 300 g ± 1 g。与试杆、试针连接的滑动杆表面应光滑，能靠重力自由下落，不得有紧涩和晃动现象。

（2）其他仪器同前。

三、试验步骤

（1）测定前准备工作。调整凝结时间测定仪的试针接触玻璃板时，将指针对准零点。

（2）试件的制备。以标准稠度的水泥净浆一次装满试模，振动数次刮平，立即放入湿气养护箱中。记录水泥全部加入水中的时间作为凝结时间的起始时间。

（3）初凝时间的测定。试件在湿气养护箱中养护至加水后 30 min 时进行第一次测定。测定时，从湿气养护箱中取出试模放到试针下，降低试针与水泥净浆表面接触，拧紧螺丝 1 s ~ 2 s，突然放松，试针垂直自由地沉入水泥净浆。观察试针停止下沉或释放试针 30 s 时指针的读数。当试针沉至距底板 4 mm ± 1 mm 时，为水泥达到初凝状态，达到初凝时应立即复测一次，当两次结论相同时才能定为初凝状态。由水泥全部加入水中至初凝状态所经历时间为水泥的初凝时间，用“min”表示。

（4）终凝时间的测定。为了准确观测试针沉入的状况，在终凝针上安装了一个环形附件（图 2.1（e））。在完成初凝时间测定后，立即将试模连同浆体以平移的方式从玻璃板取下，翻转 180°，直径大端向上、小端向下放在玻璃板上，再放入湿气养护箱中继续养护，临近终凝时间每隔 15 min 测定一次，当试针沉入试体 0.5 mm 时，即环形附件开始不能在试体上留下痕迹时，为水泥达到终凝状态，达到终凝时应立即复测一次，当两次结论相同时才能定为终凝状态。由水泥全部加入水中至终凝状态所经历的时间为水泥的终凝时间，用“min”表示。

（5）测定时应注意，在最初的测定操作时应用手轻轻扶持金属柱，使其徐徐下降，以防试针撞弯，但结果要以自由下落为准。在整个测试过程中试针沉入的位置至少要距试模内壁 10 mm，临近初凝时，每隔 5 min 测定一次，临近终凝时每隔 15 min 测定一次，到达初凝时应立即重复测一次，当两次结论相同时才能确定到达初凝状态，到达终凝时，需要在试体另外两个不同点测试，结论相同时才能确定到达终凝状态。每次测定不能让试针落入原针孔，每次测试完毕须将试针擦净并将试模放回湿气养护箱内，整个测试过程要防止试模受振。

注：可以使用能得出与标准中规定方法相同结果的凝结时间自动测定仪，使用时不必翻转试体。试验记录见后水泥物理力学性能试验表。

试验四　水泥安定性试验

一、试验目的

本试验可检定由游离氧化钙而引起水泥体积的变化，以此判断水泥体积安定性是否合格。

安定性的测定有两种方法，即雷氏法和试饼法，雷氏法是标准法，试饼法为代用法，有争议时以雷氏法为准。雷氏法是测定水泥净浆在雷氏沸煮后的膨胀值；试饼法是观察水泥净浆试饼沸煮后的外形变化来检验水泥的体积安定性。

二、仪器设备

（1）雷氏夹：由铜质材料制成，其结构如图 2.2 所示。当一根针的根部先悬挂在一根金属丝或尼龙丝上，另一根指针的根部再挂上 300 g 质量的砝码时，两根指针的针尖距离增加应在 17.5 mm ± 2.5 mm，即 $2x = (17.5 \pm 2.5)$ mm（图 2.3），当去掉砝码后针尖能恢复至挂砝码前的状态。

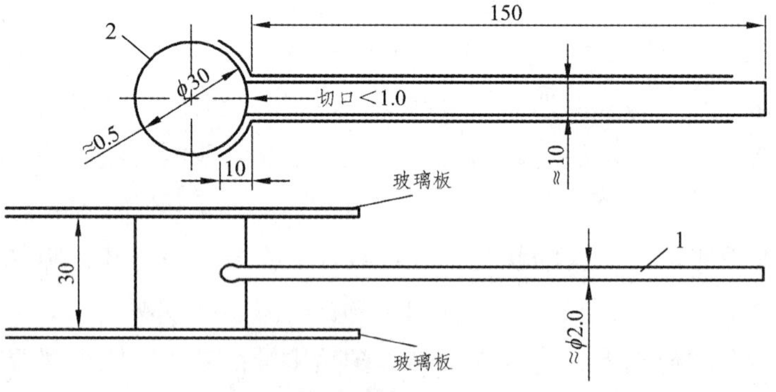

图 2.2　雷氏夹示意图（尺寸单位：mm）

1—指针；2—环模

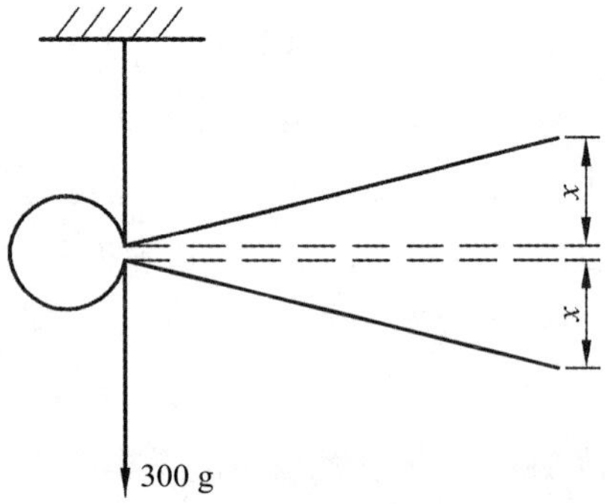

图 2.3　雷氏夹受力示意图

（2）雷氏夹膨胀值测定仪：如图 2.4 所示，标尺最小刻度为 0.5 mm。

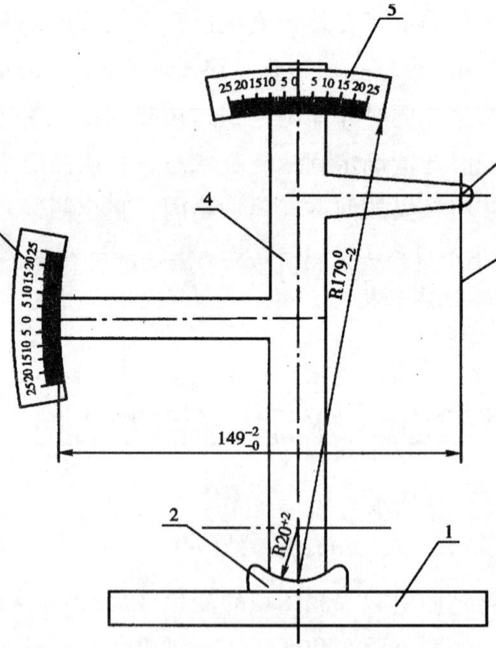

图 2.4　雷氏夹膨胀测定仪

1—底座；2—模子座；3—测强性标尺；4—立柱；5—测膨胀值标尺；6—悬臂；7—悬丝

（3）沸煮箱：有效容积为 410 mm × 240 mm × 310 mm，箅板的结构应不影响试验结果，箅板与加热器之间的距离大于 50 mm。箱的内层由不易锈蚀的金属材料制成，能在 30 min ± 5 min 内将箱内的试验用水由室温升至沸腾并可以保持沸腾状态 3 h 以上，整个沸煮过程中水位能没过试件，不需中途添补试验用水。

（4）玻璃板、抹刀、直尺。

（5）其他仪器设备与标准稠度用水量相同。

三、试验步骤

1. 雷氏法（标准法）

（1）测定前的准备工作。每个试样需成型两个试件，每个雷氏夹需配两个边长或直径约 80 mm、厚度 4 mm ~ 5 mm 的玻璃板，凡与水泥净浆接触的玻璃板表面和雷氏夹内表面都要稍稍涂上一层油。

（2）雷氏夹试件的成型。以标准稠度用水量加水，按水泥净浆的拌制方法制备标准稠度净浆。将预先准备好的雷氏夹放在已稍擦油的玻璃板上，并立即将已制备好的标准稠度净浆装满雷氏夹。装浆时一只手轻轻扶持雷氏夹，另一只手用宽约 25 mm 的直边刀在浆体表面轻轻插捣 3 次，然后抹平，盖上稍涂油的玻璃板，接着立即将试件移至湿气养护箱内养护 24 h ± 2 h。

（3）沸煮。调整好沸煮箱内的水位，使之在整个沸煮过程中都能没过试件，不需中途添补试验用水，同时保证水温在 30 min ± 5 min 内能升至沸腾。

脱去玻璃板取下试件，先测量雷氏夹指针尖端间的距离（A），精确到 0.5 mm，接着将试件放入沸煮箱水中的试件架上，指针朝上，试件之间互不交叉，在 30 min ± 5 min 内加热至水沸腾并恒沸 3 h ± 5 min。

（4）结果判别。在沸煮结束后，立即放掉沸煮箱中的热水，打开箱盖，待箱体冷却至室温，取出试件进行判别。测量雷氏夹指针尖端的距离（C），精确到 0.5 mm，当两个试件煮后增加距离（$C-A$）的平均值不大于 5.0 mm 时，即认为该水泥安定性合格；当两个试件的（$C-A$）值相差超过 4.0 mm 时，应用同一样品立即重做一次试验。再如此，则认为该水泥安定性不合格。

2. 试饼法（代用法）

（1）测定前的准备工作。每个样品需准备两块一般为 100 mm × 100 mm 的玻璃板，凡与水泥净浆接触的玻璃板都要稍稍涂上一层油。

（2）试饼的成型方法。将制好的标准稠度净浆取出一部分分成两等份，使之呈球形，放在预先准备好的玻璃板上，轻轻振动玻璃板并用湿布擦净的小刀由边缘向中央抹动，做成直径 70 mm ~ 80 mm、中心厚约 10 mm、边缘渐薄、表面光滑的试饼，接着将试饼放入湿气养护箱内养护 24 h ± 2 h。

（3）沸煮。调整好沸煮箱内的水位，使之在整个沸煮过程中都能没过试件，不需中途添补试验用水，同时保证水温在 30 min ± 5 min 内能升至沸腾。

脱去玻璃板取下试件，用试饼法时，先检查试饼是否完整（如已开裂、翘曲，要检查原因，确定无外因时，该试饼已属不合格品，不必沸煮），在试饼无缺陷的情况下，将试饼放在沸煮箱水中的箅板上，然后在 30 min ± 5 min 内加热至水沸腾并恒沸 3 h ± 5 min。

（4）结果判别。在沸煮结束后，立即放掉沸煮箱中的热水，打开箱盖，待箱体冷却至室温，取出试件进行判别。目测试饼未发现裂缝，用钢直尺检查也没有弯曲（使钢直尺和试饼底部紧靠，以两者间不透光为不弯曲）的试饼为安定性合格，反之为不合格。当两个试饼判别结果有矛盾时，该水泥的安定性为不合格。试验记录见后水泥物理力学性能试验表。

试验五　水泥胶砂强度试验（ISO 法）

（GB/T 17671—1999）

一、试验目的

本试验的目的是测定水泥的抗折强度和抗压强度，从而确定水泥的强度等级。首先以 1 份水泥、3 份中国 ISO 标准砂，用 0.5 水灰比拌制塑性水泥胶砂，制成 40 mm × 40 mm × 160 mm 的标准试件，连模一起在湿气中养护 24 h；然后脱模在水中养护至规定龄期测定其抗折强度和抗压强度，根据 28 d 的抗折强度和抗压强度确定水泥的强度等级。

二、仪器设备

（1）水泥胶砂搅拌机：水泥胶砂搅拌机由胶砂搅拌锅和搅拌叶片及相应的机构组成，属行星式搅拌机。

（2）振实台：胶砂试体成型振实台（图 2.5）由可以跳动的台盘和使其跳动的轮等组成。台盘上有固定试模用的卡具，并连有两根起稳定作用的臂，轮由电机带动，通过控制器控制按一定的要求转动并保证使台盘平衡上升至一定高度后自由下落，其中心恰好与止动器撞击。振实台应安装在高度约 400 mm 的混凝土基座上。

（3）试模：试模由 3 个水平的模槽组成。可同时成型 3 条截面为 40 mm × 40 mm × 160 mm 的棱形试体。在成型操作时，应在试模上面加有一个壁高 20 mm 的金属模套，当从上往下看时，模套壁与模型内壁应该重叠，超出内壁不应大于 1 mm。

（4）抗折强度试验机：通过 3 根圆柱轴的 3 个竖向平面应该平行，并在试验时继续保持平行和等距离垂直试体的方向，其中一根支撑圆柱和加荷圆柱能轻微倾斜使圆柱与试体完全接触，以便荷载沿试体宽度方向均匀分布，同时不产生任何扭转应力。

（5）抗压强度试验机：抗压强度试验机，在较大的量程范围内使用时，记录的荷载应满足 ± 1% 的精度要求，并能按 2 400 N/s ± 200 N/s 的速率加荷。人工操纵的试验机应配有一个速度动态装置以便于控制荷载增加。

压力机的活塞竖向轴应与压力机的竖向轴重合，活塞作用的合力要通过试件中心。压力机的下压板表面应与压力机的轴线垂直并在加荷过程中一直保持不变。

（6）抗压强度试验机用夹具：当需要使用夹具时，应把它放在压力机的上下压板之间并与压力机处于同一轴线，以便将压力机的荷载传递至胶砂件表面，夹具应符合 JC/T683 的要求，受压面积为 40 mm × 40 mm。夹具要保持清洁，球座应能转动，上压板从一开始就能适应试体的形状并在试验中保持不变。

（7）刮平直尺和播料器：控制料层厚度和刮平胶砂的专用工具。

（8）试验筛、天平、量筒等。

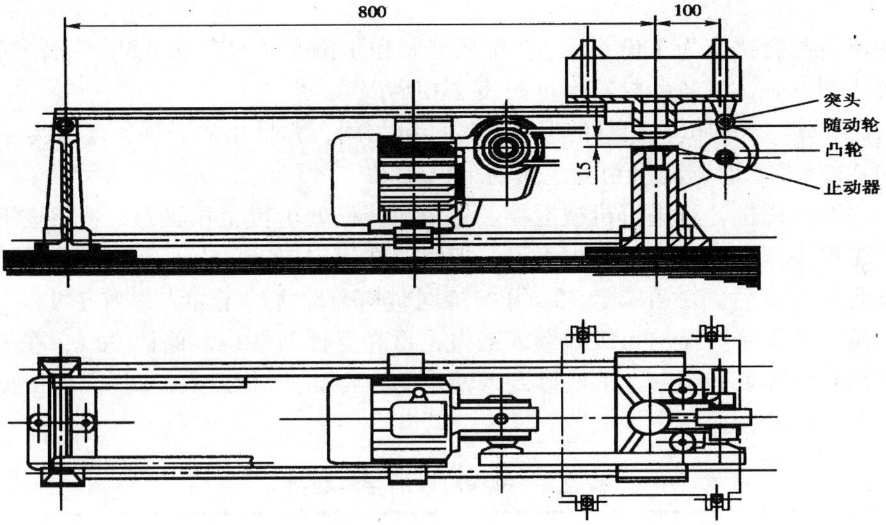

图 2.5　典型的振实台（尺寸单位：mm）

三、试验步骤

1. 试件成型

成型前将试模擦净，用黄干油等密封材料涂覆试模的外接缝，试模的内表面应涂上一薄层机油。

2. 胶砂组成

（1）基准砂：ISO 基准砂是由德国标准砂公司制备的 SiO_2 含量不低于 98% 的天然的圆形硅质砂组成，其颗粒分布在表 2.2 规定的范围内。

表 2.2　ISO 基准砂颗粒分布

方孔边长/mm	累计筛余/%	方孔边长/mm	累计筛余/%
2.0	0	0.50	67 ± 5
1.6	7 ± 5	0.16	87 ± 5
1.0	33 ± 5	0.08	99 ± 1

砂的筛析试验应采用代表性的样品来进行，每个筛子的筛析试验应进行至每分钟通过量小于 0.5 g 为止。砂的湿含量是在 105 °C ~ 110 °C 下用代表性砂样烘 2 h 的质量损失来测定，以干砂的质量百分数表示。砂的含水量应小于 0.2%。

（2）中国 ISO 标准砂：中国 ISO 标准砂完全符合 ISO 基准砂颗粒分布和含水量的规定。

（3）水泥：试验用水泥从取样到试验要保持 24 h 以上时，应把它储存在基本装满和气密的容器里，这个容器应不与水泥起反应。

（4）水：试验或其他重要试验用蒸馏水，其他试验可用饮用水。

3. 胶砂制备

胶砂的质量配合比应为 1 份水泥、3 份标准砂和 1 份水（水灰比 0.5）一锅成型 3 条。

（1）每成型 3 条试体各种材料用量如表 2.3 所示。

（2）水泥、砂、水和试验用具的温度与试验室相同，称量用的天平精度应为 ± 1 g。当用自动滴管加 225 mL 水时，滴管精度应达到 ± 1 mL。

（3）每锅胶砂用搅拌机进行机械搅拌。先使搅拌机处于待工作状态，然后按下面的程序进行操作：先把水倒入锅内，再加入水泥，把锅放在固定架上，上升至固定位置后立即开动机器，低速搅拌 30 s 后，在第二个 30 s 开始的同时均匀地将砂子加入，当各级砂分装时，从最粗粒级开始，依次将所需的每级砂倒入锅内，再高速拌和 30 s，停拌 90 s，在第一个 15 s 内用一胶皮刮具将叶片和锅壁上的胶砂刮入锅中间，再高速继续搅拌 60 s。各个搅拌阶段，时间误差应在 + 1 s 以内。

表 2.3　每锅胶砂的材料数量

水泥品种	水泥/g	标准砂/g	水/mL
硅酸盐水泥 普通硅酸盐水泥 矿渣硅酸盐水泥 粉煤灰硅酸盐水泥 复合硅酸盐水泥 石灰石硅酸盐水泥	450 ± 2	1 350 ± 2	225 ± 1

4. 试件制备

（1）胶砂制备后立即成型。将空试模和模套固定在振实台上，用小勺从搅拌锅里把胶砂分两层装入试模，装第一层时，每个槽里约放 300 g 胶砂，用大播料器垂直架在模套顶部沿每个模槽来回一次将料层播平，接着振实 60 次。再装入第二层胶砂，用小播料器播平，再振实 60 次，移走模套，从振实台上取下试模，用一金属直尺以近似 90°的角度架在试模模顶的一端，然后沿试模长度方向以横向锯割动作慢慢向另一端移动，一次将超过试模部分的胶砂刮去，并用同一直尺以近乎水平的情况下将试体表面抹平。在试模上做标记或加字条对试件编号。

（2）当使用代用振动台成型时，操作如下：在搅拌胶砂的同时将试模和下料漏斗卡紧在振动台的中心。将搅拌好的全部胶砂均匀地装入下料漏斗中，开动振动台，胶砂通过漏斗流入试模。振动 120 s ± 5 s 停止。振动完毕，取下试模，用刮平尺以规定的刮平手法刮去其高出试模的胶砂并抹平，接着在试模上做标记或用字条表明试件编号。

5. 试件的养护

（1）脱模前的处理和养护。去掉留在试模四周的胶砂，立即将做好标记的试模放入雾室或湿箱的水平架子上养护，湿空气应能与试模各边接触。在养护时不应将试模放在其他试模上，一直养护到规定的脱模时间时取出脱模。脱模前，用防水墨汁或颜料笔对试体进行编号或做其他标记，对两个龄期以上的试体，在编号时应将同一试模中的三条试体分在两个以上龄期内。

（2）脱模。脱模应非常小心。对于 24 h 龄期的，应在破型试验前 20 min 内脱模；对于 24 h 以上龄期的，应在成型后 20 h ~ 24 h 脱模。

注：如经 24 h 养护，会因脱模对强度造成损害的，可以延迟至 24 h 以后脱模，但在试验报告中应予说明。

已确定作为 24 h 龄期试验（或其他不下水直接做试验）的已脱模试体，应用湿布覆盖至做试验时为止。

（3）水中养护。将做好标记的试件立即水平或竖直放在 20 °C ± 1 °C 水中养护，水平放置时刮平面应朝上，试件放在不易腐烂的箅子上（不宜用木箅子），并彼此间保持一定间距，以让水与试件的 6 个面接触。养护期间试件之间间隔或试体上表面的水深不得小于 5 mm。

每个养护池只养护同类型的水泥试件。最初用自来水装满养护池（或容器），随后随时加水保持适当的恒定水位。不允许在养护期间全部换水，除 24 h 龄期或延迟至 48 h 脱模的试体外，任何到龄期的试体应在试验（破型）前 15 min 从水中取出，揩去试体表面沉积物，并用湿布覆盖到试验为止。

（4）试体龄期从水泥加水搅拌开始试验时算起，不同龄期强度试验在下列时间里进行。

24 h ± 15 min　　48 h ± 30 min　　72 h ± 45 min　　7 d ± 2 h　　28 d ± 8 h

6. 强度测定

（1）抗折强度测定。

将试体一个侧面放在试验机支撑圆柱上，试体长轴垂直于支撑圆柱，通过加荷圆柱以 50 N/s ± 10 N/s 的速率均匀地将荷载垂直地加在棱柱体相对侧面上，直至折断。

保持两个半截棱柱体处于潮湿状态直至抗压试验。

抗折强度 R_f 以 MPa 表示，按式（2.2）计算。

$$R_f = \frac{1.5F_f L}{b^3} \tag{2.2}$$

式中 R_f——抗折强度（MPa）；

F_f——破坏荷载（N）；

L——支撑圆柱中心距（mm）；

b——试件断面正方形的边长，为 40 mm。

（2）抗压强度测定。

在半截棱柱体的侧面上进行，半截棱柱体中心与压力机压板受压中心差应在 ± 0.5 mm 内，棱柱体露在压板外的部分约 10 mm，以 2 400 N/s ± 200 N/s 的速率均匀地加荷直至破坏。抗压强度 R_c 以 MPa 表示，按式（2.3）计算。

$$R_c = \frac{F_c}{A} \tag{2.3}$$

式中 R_c——试件的抗压强度（MPa）；

F_c——试件破坏时的最大荷载（N）；

A——试件受压部分面积（mm^2），40 mm × 40 mm = 1 600 mm^2。

7. 水泥的合格检验

（1）以一组 3 个棱柱体抗折强度的平均值作为试验结果。当 3 个强度值中有 1 个超出平均值的 ± 10% 时，应将其剔除后再取平均值作为抗折强度试验结果。

（2）以一组 3 个棱柱体上得到的 6 个抗压强度测定值的算术平均值为试验结果。如 6 个测定值中有 1 个超出平均值的 ± 10%，将其剔除，以剩下 5 个的平均值为测定结果，如果 5 个测定值中再有超过它们平均值的 ± 10% 的，则此组结果作废。

（3）各试体的抗折强度记录至 0.1 MPa，按规定计算平均值，计算精确到 0.1 MPa。各个半棱柱体得到的单个抗压强度结果计算至 0.1 MPa，按规定计算平均值，计算精确至 0.1 MPa。

试验记录见表 2.4。

表 2.4 水泥物理力学性能试验记录

<table>
<tr><td>项目名称</td><td colspan="2"></td><td>试验单位</td><td colspan="2"></td></tr>
<tr><td>取样地点</td><td></td><td>使用部位</td><td></td><td>试验日期</td><td></td></tr>
<tr><td>厂牌种类</td><td></td><td>水泥等级</td><td></td><td>试验规程编号</td><td></td></tr>
</table>

<table>
<tr><td rowspan="11">材料用量
1 350 g 砂＋
450 g 水泥＋
225 g 水</td><td rowspan="2"></td><td colspan="3">3 d 龄期</td><td colspan="3">28 d 龄期</td><td colspan="2">细度</td></tr>
<tr><td>荷载
/kN</td><td>强度
/MPa</td><td>平均值
/MPa</td><td>荷载
/kN</td><td>强度
/MPa</td><td>平均值
/MPa</td><td colspan="2" rowspan="5">样品质量＝ g
筛余质量＝ g
细度＝筛余质量/样品质量
＝
（硅酸盐水泥进行比表面积试验）</td></tr>
<tr><td rowspan="3">抗折</td><td></td><td></td><td rowspan="3"></td><td></td><td></td><td rowspan="3"></td></tr>
<tr><td></td><td></td><td></td><td></td></tr>
<tr><td></td><td></td><td></td><td></td></tr>
<tr><td rowspan="6">抗压</td><td></td><td></td><td rowspan="6"></td><td></td><td></td><td rowspan="6"></td></tr>
<tr><td></td><td></td><td></td><td></td><td colspan="2">安定性测定</td></tr>
<tr><td></td><td></td><td></td><td></td><td>标准法</td><td>代用法</td></tr>
<tr><td></td><td></td><td></td><td></td><td rowspan="3">C − A＝
结论：</td><td rowspan="3">结果：
1. 弯曲
2. 开裂
3. 正常</td></tr>
<tr><td></td><td></td><td></td><td></td></tr>
<tr><td></td><td></td><td></td><td></td></tr>
</table>

续表

<table>
<tr><td rowspan="9">凝结时间</td><td colspan="3">第一次加水量　　g</td><td colspan="2">加水时间：　时　分</td><td colspan="2">沉入度　　mm</td><td colspan="2">稠度　　%</td></tr>
<tr><td colspan="3">第二次加水量　　g</td><td colspan="2">加水时间：　时　分</td><td colspan="2">沉入度　　mm</td><td colspan="2">稠度　　%</td></tr>
<tr><td colspan="3">第三次加水量　　g</td><td colspan="2">加水时间：　时　分</td><td colspan="2">沉入度　　mm</td><td colspan="2">稠度　　%</td></tr>
<tr><td>序号</td><td>时间</td><td>读数</td><td>序号</td><td>时间</td><td>读数</td><td>序号</td><td>时间</td><td>读数</td></tr>
<tr><td>1</td><td></td><td></td><td>6</td><td></td><td></td><td>11</td><td></td><td></td></tr>
<tr><td>2</td><td></td><td></td><td>7</td><td></td><td></td><td>12</td><td></td><td></td></tr>
<tr><td>3</td><td></td><td></td><td>8</td><td></td><td></td><td>13</td><td></td><td></td></tr>
<tr><td>4</td><td></td><td></td><td>9</td><td></td><td></td><td>14</td><td></td><td></td></tr>
<tr><td>5</td><td></td><td></td><td>10</td><td></td><td></td><td>15</td><td></td><td></td></tr>
<tr><td colspan="5">初凝时间：　　时　　分</td><td colspan="5">终凝时间：　　时　　分</td></tr>
<tr><td colspan="10">结论：</td></tr>
</table>

试验者__________　组别__________　成绩__________　试验日期__________

试验六　水泥胶砂流动度测定试验

（GB/T 2419—2005）

一、试验范围

本标准适用于水泥胶砂流动度的测定，通过测量一定配比的水泥胶砂在规定振动状态下的扩展范围来衡量其流动性。

二、试验设备

跳桌、水泥胶砂搅拌机、卡尺、天平。

三、试验条件及材料

应符合规范中试验室和设备的有关规定。胶砂材料用量按相应标准要求或试验设计确定。

四、试验方法

（1）如跳桌在 24 h 内未被使用，先空跳一个周期 25 次。

（2）胶砂制备按有关规定进行。在制备胶砂的同时，用潮湿棉布擦拭跳桌台面、试模内壁、捣棒以及与胶砂接触的用具，将试模放在跳桌台面中央并用潮湿棉布覆盖。

（3）将拌好的胶砂分两层迅速装入流动试模，第一层装至截锥圆模高度约三分之二处，用小刀在相互垂直两个方向各画 5 次，用捣棒由边缘至中心均匀捣压 15 次；随后，装第二层胶砂，装至高出截锥圆模约 20 mm，用小刀画 10 次再用捣棒由边缘至中心均匀捣压 10 次，捣压后胶砂应略高于试模。捣压深度，第一层捣至胶砂高度的二分之一，第二层捣实不超过已捣实底层表面。在装胶砂和捣压时，用手扶稳试模，不要使其移动。

（4）在捣压完毕后，取下模套，用小刀由中间向边缘分两次将高出截锥圆模的胶砂刮去并抹平，擦去落在桌面上的胶砂。将截锥圆模垂直向上轻轻提起。立刻开动跳桌，约每秒钟 1 次，在 25 s ± 1 s 内完成 25 次跳动。

（5）在跳动完毕后，用卡尺测量胶砂底面最大扩散直径及与其垂直的直径，计算平均值，取整数，用 mm 为单位表示，即为该水量的水泥胶砂流动度。流动度试验，从胶砂拌和开始到测量扩散直径结束，应在 6 min 内完成。

五、试验记录

试验记录见表 2.5。

表 2.5　水泥胶砂流动度测定试验记录

次数	水泥	水	砂	流动度/mm	平均值/mm
1					
2					
3					

试验者__________　组别__________　成绩__________　试验日期__________

第三章
水泥混凝土和建筑砂浆试验

试验一　水泥混凝土拌制和工作性试验

（GB/T 50080—2016）

一、水泥混凝土拌和物的拌制

1. 人工拌制

1）试验仪具

（1）拌板：1 m×2 m 的金属板 1 块。

（2）铁铲：手工拌和用，1 把。

（3）量斗（或其他容器）：装水泥及各种集料用，1 个。

（4）量水容器：1 个。

（5）抹布：1 块。

（6）台秤：称量 50 kg，分度值 0.5 kg，1 台。

2）拌制步骤

（1）清除拌板上黏着的混凝土，并用湿布试润；然后按计算结果称取材料，分别装在各容器中。

（2）将称好的砂置于拌板上，然后倒上所需数量的水泥，用铁铲拌和至呈均一颜色为止。

（3）加入所需数量的粗集料，并将全部拌和物加以拌和，使粗集料在整个干拌和物中均匀为止。

（4）将该拌和物收集成椭圆形的堆，在堆的中心扒一凹穴，将所需水的一半注入凹穴中，仔细拌和材料与水，不使水流散，重新将材料堆集成堆，并将剩下的水渐渐加入，继续用铲将混凝土混合料进行拌和（至少来回翻拌 6 遍），直至彻底拌匀为止。拌和时间（由注水时起）如表 3.1 规定。

表 3.1　拌和时间

拌和物体积/L	<30	31～50	51～70
拌和时间/min	>4～5	5～9	9～12

（5）在试验室制备混凝土拌和物时，试验室的温度应保持在 20 °C ± 5 °C，所用材料的温度应与试验室温度一致。

注：需要模拟施工条件下所用的混凝土时，所用原材料的温度宜与施工现场保持一致。

（6）试验室拌和混凝土时，材料用量应以质量计。称量精度：骨料为 ± 1%；水、水泥、掺和料、外加剂均为 ± 0.5%。

（7）从试样制备完毕到开始做各项性能试验不宜超过 5 min。

2. 机械拌制

1）试验仪具

（1）试验室用混凝土拌和机：容积为 75 L ~ 100 L，转速为 18 r/min ~ 22 r/min。

（2）铁铲。

（3）量斗及其他容器：装水泥和各种集料用。

（4）台秤：称量 50 kg，分度值 0.5 kg。

（5）拌板：1 m × 2 m 的金属板。

（6）天平：称量 500 g，分度值 1 g。

（7）量筒：1 000 mL。

2）拌制步骤

（1）按计算结果将所需材料分别称好，装在各容器中。

（2）使用拌和机前，应先用少量砂浆进行涮膛，再刮出涮膛砂浆，以避免正式拌和混凝土时，水泥浆（黏附筒壁）损失。涮膛砂浆的水灰比及砂灰比，与正式混凝土相同。

（3）将称好的各种原材料，往拌和机内按顺序加入粗骨料、胶凝材料、细骨料和水，开动拌和机，搅拌 2 min 以上，直至搅拌均匀。

所得的混凝土拌和物，可供做工作性试验或水泥混凝土强度试验用。

混凝土拌和机及拌板在使用后必须立即仔细清洗。

二、水泥混凝土拌和物工作性试验

1. 概　述

新拌混凝土拌和物，必须具备一定流动性，且均匀、不离析、不泌水、容易抹平等，以适合运送、灌筑、捣实等施工要求。这些性质总称为工作性，通常用稠度表示。测定稠度的方式有坍落度与坍落扩展度试验和维勃稠度试验。

坍落度与坍落扩展度试验方法适用于集料最大粒径不大于 40 mm、坍落度值不小于 10 mm 的混凝土拌和物稠度测定；维勃稠度试验方法适用于集料最大粒径不大于 40 mm、维勃稠度在 5 s ~ 30 s 的混凝土拌和物稠度测定。坍落度不大于 50 mm 或干硬性混凝土和维勃稠度大于 30 s 的特干硬性混凝土拌和物的稠度可采用增实因数法来测定。

2. 坍落度与坍落扩展度试验

1）试验仪具

（1）坍落度筒：构造和尺寸如图 3.1 所示。坍落度筒为铁板制成的截头圆锥筒，厚度应不小于 1.5 mm，内侧平滑，没有铆钉头之类的突出物，在筒上方约 2/3 高度处安装两个把手，近下端两侧焊两个踏脚板，以保证坍落度筒可以稳定操作。

（2）捣棒：直径 16 mm、长约 600 mm，并具有半球形端头的钢质圆棒。

（3）其他：小铲、钢尺、喂料斗、镘刀和钢平板等。

2）试验方法

（1）湿润坍落度筒及底板，在坍落度筒内壁和底板上应无明水。底板应放置在坚实水平面上，并把筒放在底板中心，然后用脚踩住两边的脚踏板，坍落度筒在装料时应保持固定的位置。

（2）把按要求取得的混凝土试样用小铲分 3 层均匀地装入筒内，使捣实后每层高度为筒高的 1/3 左右。每层用捣棒插捣 25 次。插捣应沿螺旋方向由外向中心进行，各次插捣应在截面上均匀分布。插捣筒边混凝土时，捣棒可以稍稍倾斜。插捣底层时，捣棒应贯穿整个深度，插捣第二层和顶层时捣棒应插透本层至下一层的表面；浇灌顶层时，混凝土应灌到高出筒口。插捣过程中，如混凝土沉落到低于筒口，则应随时添加。顶层插捣完后，刮去多余的混凝土，并用抹刀抹平。

（3）清除筒边底板上的混凝土后，垂直平稳地提起坍落度筒。坍落度筒的提离过程应在 3 s ~ 7 s 内完成；从开始装料到提坍落度筒的整个过程应不间断地进行，并应在 150 s 内完成。

（4）提起坍落度筒后，测量筒高与坍落后混凝土试体最高点之间的高度差，即为该混凝土拌和物的坍落度值；当坍落度筒提离后，如混凝土发生崩坍或一边剪现象，则应重新取样另行测定。如第二次试验仍出现上述现象，则表示该混凝土和易性不好，应予记录备查。

（5）观察坍落后的混凝土试体的黏聚性及保水性。黏聚性的检查方法是用捣棒在已坍落的混凝土锥体侧面轻轻敲打，此时如果锥体逐渐下沉，则表示黏聚性良好，如果锥体倒塌、部分崩裂或出现离析现象，则表示黏聚性不好。保水性以混凝土拌和物稀浆析出的程度来评定，坍落度筒提起后如有较多的稀浆从底部析出，锥体部分的混凝土也因失浆而骨料外露，则表明此混凝土拌和物的保水性能不好；如坍落度筒提起后无稀浆或仅有少量稀浆自底部析出，则表示此混凝土拌和物保水性良好。

（6）当混凝土拌和物的坍落度大于 160 mm 时，用钢尺测量混凝土扩展后最终的最大直径与最小直径，在这两个直径之差小于 50 mm 的条件下，用其算术平均值作为坍落扩展度值；否则，此次试验无效。

如果发现粗骨料在中央集堆或边缘有水泥浆析出，表示此混凝土拌和物抗离析性不好，应予记录。

混凝土拌和物坍落度和坍落扩展度值以毫米为单位，测量精确至 1 mm，结果表达修约至 5 mm。

3. 维勃稠度试验

1）试验仪具

（1）维勃稠度计：构造如图 3.2 所示。

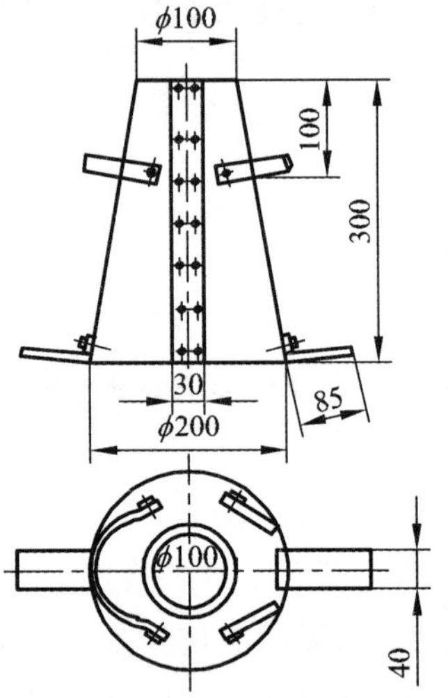

图 3.1 坍落度试验用坍落度筒

（尺寸单位：mm）

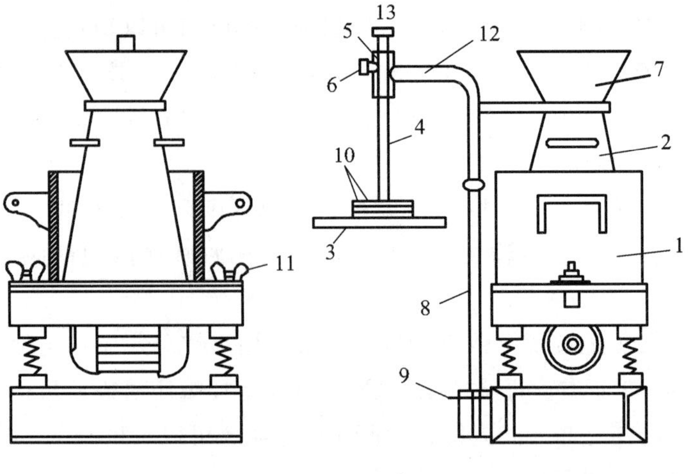

图 3.2 维勃稠度计

1—容器；2—坍落度筒；3—圆盘；4—滑棒；5—套筒；6—螺栓；7—漏斗；8—支柱；9—定位螺丝；10—荷重；11—元宝螺丝；12—旋转架；13—螺栓

（2）其他：秒表、捣棒、镘刀等。

2）试验方法

（1）维勃稠度仪应放置在坚实水平面上，用湿布把容器、坍落度筒、喂料斗内壁及其他用具润湿。

（2）将喂料斗提到坍落度筒上方扣紧，校正容器位置，使其中心与喂料中心重合，然后拧紧固定螺丝。把按要求取样或制作的混凝土拌和物试样按坍落度试验方法用小铲分 3 层经喂料斗均匀地装入筒内，每层捣 25 次，抹平筒口，把喂料斗转离，垂直地提起坍落度筒，应注意不使混凝土试体产生横向扭动。

（3）把透明圆盘转到混凝土圆台体顶面，放松测杆螺钉，降下圆盘，使其轻轻接触到混凝土顶面。

（4）拧紧定位螺钉，并检查测杆螺钉是否已经完全放松。在开启振动台的同时用秒表计时，当振动到透明圆盘的底面被水泥浆布满的瞬间停止计时，并关闭振动台。

（5）由秒表读出时间即为该混凝土拌和物的维勃稠度值，精确至 1 s。

三、表观密度的测定

本方法适用于测定混凝土拌和物捣实后的单位体积质量（即表观密度）。

1. 试验仪器

（1）容量筒：金属制成的圆筒，两旁装有提手。对骨料最大粒径不大于 40 mm 的拌和物采用容积为 5 L 的容量筒，其内径与内高均为 186 mm ± 2 mm，筒壁厚为 3 mm；骨料最大粒径大于 40 mm 时，容量筒的内径与内高均应大于骨料最大粒径的 4 倍。容量筒上缘及内壁应光滑平整，顶面与底面应平行并与圆柱体的轴垂直。

容量筒容积应予以标定，标定方法可采用一块能覆盖住容量筒顶面的玻璃板，先称出玻璃板和空桶的质量，然后向容量筒中灌入清水，当水接近上口时，一边不断加水，一边把玻璃板沿筒口徐徐推入盖严，应注意使玻璃板下不带入任何气泡；然后擦净玻璃板面及筒壁外的水分，将容量筒连同玻璃板放在台秤上称其质量；两次质量之差（kg）即为容量筒的容积（L）。

（2）台秤：称量 50 kg，感量 10 g。

（3）振动台：应符合《混凝土试验室用振动台》（JG/T 3020）中技术要求的规定。

（4）捣棒：JG 3021 中规定的直径 16 mm、长 600 mm、端部呈半球形的捣棒。

2. 混凝土拌和物表观密度试验

应按以下步骤进行：

（1）用湿布把容量筒内外擦干净，称出容量筒质量，精确至 50 g。

（2）混凝土的装料及捣实方法应根据拌和物的稠度而定。坍落度不大于 90 mm 的混凝土，用振动台振实为宜；大于 90 mm 的用捣棒捣实为宜。采用捣棒捣实时，应根据容量筒的大小决定分层与插捣次数：用 5 L 容量筒时，混凝土拌和物应分 2 层装入，每层的插捣次数应为 25 次；用大于 5 L 的容量筒时，每层混凝土的高度不应大于 100 mm，每层插捣次数应按每 10 000 mm^2 截面不小于 12 次计算。各次插捣应由边缘向中心均匀地插捣，插捣底层时捣棒应贯穿整个深度，插捣第二层时，捣棒应插透本层至下一层的表面。每一层捣完后用橡皮锤轻轻沿容器外壁敲打 5 次～10 次，进行振实，直至拌和物表面插捣孔消失并不见大气泡为止。

采用振动台振实时，应一次将混凝土拌和物灌到高出容量筒口。当装料时可用捣棒稍加插捣，在振动过程中如混凝土低于筒口，应随时添加混凝土，振动直至表面出浆为止。

（3）用刮尺将筒口多余的混凝土拌和物刮去，表面如有凹陷应填平；将容量筒外壁擦净，称出混凝土试样与容量筒总质量，精确至 10 g。

3. 混凝土拌和物表观密度的计算

应按下式计算：

$$r_h = \frac{w_2 - w_1}{v} \times 1\,000 \tag{3.1}$$

式中 r_h——表观密度（kg/m^3）；

w_1——容量筒质量（kg）；

w_2——容量筒和试样总质量（kg）；

v——容量筒容积（L）。

试验结果的计算精确至 10 kg/m^3。

四、试件成型与养护方法

（1）经稠度试验合格的混合料为测定技术性质，必须制备成各种不同尺寸的试件。试件成型按下列方法：

① 试模内表面应涂一薄层矿物油或其他不与混凝土发生反应的脱模剂。

② 取样或试验室拌制的混凝土应在拌制后尽短的时间内成型，一般不宜超过 15 min。

③ 根据混凝土拌和物的稠度确定混凝土成型方法，坍落度不大于 70 mm 的混凝土宜用振动振实；大于 70 mm 的宜用捣棒人工捣实；检验现浇混凝土或预制构件的混凝土，试件成型方法宜与实际采用的方法相同。

混凝土试件制作应按下列步骤进行：

取样或拌制好的混凝土拌和物应至少用铁锹再来回拌和 3 次，选择成型方法成型。

用振动台振实制作试件应按下述方法进行：

① 将混凝土拌和物一次装入试模，装料时应用抹刀沿各试模壁插捣，并使混凝土拌和物高出试模口。

② 试模应附着或固定在振动台上，振动时试模不得有任何跳动，振动应持续到表面出浆为止，不得过振。

用人工插捣制作试件应按下述方法进行：

① 混凝土拌和物应分两层装入模内，每层的装料厚度大致相等。

② 插捣应按螺旋方向从边缘向中心均匀进行。在插捣底层混凝土时，捣棒应达到试模底部；插捣上层时，捣棒应贯穿上层后插入下层 20 mm ~ 30 mm；插捣时捣棒应保持垂直，不得倾斜。然后应用抹刀沿试模内壁插拔数次。

③ 每层插捣次数按在 10 000 mm^2 截面面积内不得少于 12 次。

④ 插捣后应用橡皮锤轻轻敲击试模四周，直至插捣棒留下的空洞消失为止。

⑤ 刮除试模上口多余的混凝土，待混凝土临近初凝时，用抹刀抹平。

试件的尺寸应根据混凝土中骨料的最大粒径按表 3.2 选定。

表 3.2 混凝土试件尺寸选用表

试件横截面尺寸/（mm×mm）	骨料最大粒径/mm	
	劈裂抗拉强度试验	其他试验
100×100	20	31.5
150×150	40	40
200×200	—	63

注：骨料最大粒径指的是符合《普通混凝土用碎石或卵石质量标准及检验方法》（JGJ53—92）中规定的圆孔筛的孔径。

尺寸公差：

① 试件的承压面的平面度公差不得超过 0.000 5 d（d 为边长）。

② 试件的相邻面间的夹角应为 90°，其公差不得超过 0.5°。

③ 试件各边长、直径和高的尺寸公差不得超过 1 mm。

（2）试件的养护：

① 试件成型后应立即用不透水的薄膜覆盖表面。

② 采用标准养护的试件，应在温度为 20 °C ± 5 °C 的环境中静放 1 昼夜 ~ 2 昼夜，然后编号、拆模。拆模后应立即放入温度为 20 °C ± 2 °C，相对湿度为 95%以上的标准养护室中养护，或在温度为 20 °C ± 2 °C 的不流动的 $Ca(OH)_2$ 饱和溶液中养护。标准养护室内的试件应放在支架上，彼此间隔 10 mm ~ 20 mm，试件表面应保持潮湿，并不得被水直接冲淋。

③ 同条件养护试件的拆模时间可与实际构件的拆模时间相同，拆模后，试件仍需保持同条件养护。标准养护龄期为 28 d（从搅拌加水开始计时）。

以上试验记录见表 3.3。

表 3.3　水泥混凝土配合比设计及工作性、表观密度记录

设计条件	设计强度	使用地点和部位	施工方法	坍 落 度	备　　注

（一）水　泥：品　　种　　　　水泥抗压强度：抗压　　抗折　　MPa

　　　　　　厂　　牌　　　　出厂日期

（二）细集料：类　　别　　　　产　　地

　　表观密度　　　　细度模数

（三）粗集料：　　　　掺配率：　　甲（　　）%

　　类　别：　　　　乙（　　）%

　　产　地：　　　　丙（　　）%

（四）配比设计（质量比），材料用量表/（kg/m^3）：

水灰比

含砂率　　%

水　泥	细集料	粗集料	水	外加剂

（五）试拌记录：

试拌日期　　　年　　月　　日　　拌和方法：　　拌和　　　捣插

实测坍落度：　　　mm　　或　　稠度：　　s

棍度：　　　　抹面：　　　　黏聚性：

混凝土理论密度：　　　kg/m^3　　　实际密度：　　　kg/m^3

试件养护情况：温度　　　°C　　　相对湿度：　　　%

	3 d	7 d	14 d	28 d	推算的 28 d
试件抗压强度/MPa					

试验者__________　组别__________　成绩__________　试验日期__________

试验二　水泥混凝土含气量试验

一、试验范围

本方法适于骨料最大粒径不大于 40 mm 的混凝土拌和物含气量测定。

二、试验设备

（1）含气量测定仪：含气量测定仪如图 3.3 所示，由容器及盖体两部分组成。容器：应由硬质不易被水泥浆腐蚀的金属制成，内表面粗糙度不应大于 3.2 μm，内径应与深度相等，容积为 7 L。盖体：应用与容器相同的材料制成。盖体部分应包括有气室、水找平室、加水阀、排水阀、操作阀、进气阀、排气阀及压力表。压力表的量程为 0 ~ 0.25 MPa，精度为 0.01 MPa。容器及盖体之间应设置密封垫圈，用螺栓连接，连接处不得有空气存留，并保证密闭。

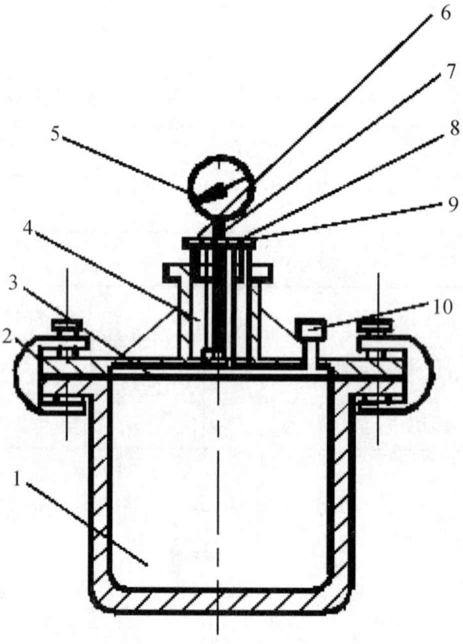

图 3.3　含气量测定仪

1—容器；2—盖体；3—水找平室；4—气室；5—压力表；6—排气阀；7—操作阀；8—排水阀；9—进气阀；10—加水阀

（2）捣棒：符合 JG 3021 中有关技术要求的规定。圆钢制成，表面应光滑，其直径为 16 mm ± 0.1 mm，长度为 600 mm ± 5 mm，且端部呈半球形。

（3）振动台：应符合《混凝土试验室用振动台》（JG/T 3020）中技术要求的规定。

（4）台秤：称量 50 kg，感量 50 g。

（5）橡皮锤：应带有质量约 250 g 的橡皮锤头。

三、试验步骤

1. 集料含气量的测定

在进行拌和物含气量测定之前，应先按下列步骤测定拌和物所用集料的含气量。

（1）应按下式计算每个试样中粗、细集料的质量：

$$m_g = \frac{V}{1\,000} \times m'_g \tag{3.2a}$$

$$m_s = \frac{V}{1\,000} \times m'_s \tag{3.2b}$$

式中　m_g，m_s——每个试样中的粗、细集料质量（kg）；

m'_g，m'_s——每立方米混凝土拌和物中粗、细集料质量（kg）；

V——含气量测定仪容器容积（L）。

（2）在容器中先注入 1/3 高度的水，然后把通过 40 mm 网筛的质量为 m_g 及 m_s 的粗、细集料称好、拌匀，慢慢倒入容器。水面每升高 25 mm 左右，轻轻插捣 10 次，并略予搅动，以排除夹杂进去的空气，在加料过程中应始终保持水面高出集料的顶面；集料全部加入后，应浸泡约 5 min，再用橡皮锤轻敲容器外壁，排净气泡，除去水面泡沫，加水至满，擦净容器上口边缘；装好密封圈，加盖拧紧螺栓。

（3）关闭操作阀和排气阀，打开排水阀和加水阀，通过加水阀，向容器内注入水；当排水阀流出的水流不含气泡时，在注水的状态下，同时关闭加水阀和排水阀。

（4）开启进气阀，用气泵向气室内注入空气，使气室内的压力略大于 0.1 MPa，待压力表显示值稳定；微开排气阀，调整压力至 0.1 MPa，然后关紧排气阀。

（5）开启操作阀，使气室里的压缩空气进入容器，待压力表显示值稳定后记录示值 P_{g1}，然后开启排气阀，压力仪表示值应回零。

（6）重复以上第（4）条、第（5）条试验，对容器内的试样再检测一次记录表值 P_{g2}。

（7）混凝土所用骨料的含气量 A_g 取 P_{g1} 和 P_{g2} 的算术平均值，当两次测量结果的含气量相差大于 0.5%时，应重新试验。

2. 混凝土拌和物含气量试验

（1）用湿布擦净容器和盖的内表面，装入混凝土拌和物试样。

（2）捣实可采用手工或机械方法。当拌和物坍落度大于 90 mm 时，宜采用手工插捣；当拌和物坍落度不大于 90 mm 时，宜采用机械振捣，如振动台或插入式振捣器等。

用捣棒捣实时，应将混凝土拌和物分 3 层装入，每层捣实后高度约为 1/3 容器高度；每层装料后由边缘向中心均匀地插捣 25 次，捣棒应插透本层高度；每一层捣完后用橡皮锤沿容器外壁敲击 5 次～10 次，进行振实，使插捣留下的插孔填满。最后一层装料应避免过满。

采用机械捣实时，一次装入捣实后体积为容器容量的混凝土拌和物，装料时可用捣棒稍加插捣，在振实过程中如拌和物低于容器口，应随时添加；振动至混凝土表面平整、表面出浆即止，不得过度振捣。若使用插入式振动器捣实，应避免振动器触及容器内壁和底面。

在施工现场测定混凝土拌和物含气量时，应采用与施工振动频率相同的机械方法捣实。

（3）在捣实完毕后立即用刮尺刮平，表面如有凹陷应予填平抹光。

如需同时测定拌和物表观密度时，则可在此时称量和计算；然后在正对操作阀孔的混凝土拌和物表面贴一小片塑料薄膜，擦净容器上口边缘，装好密封垫圈，加盖并拧紧螺栓。

（4）关闭操作阀和排气阀，打开排水阀和加水阀，通过加水阀，向容器内注入水；当排水阀流出的水流不含气泡时，在注水的状态下，同时关闭加水阀和排水阀。

（5）然后开启进气阀，用气泵注入空气至气室内压力略大于 0.1 MPa，待压力示值仪表示值稳定后，微微开启排气阀，调整压力至 0.1 MPa，关闭排气阀。

（6）开启操作阀，待压力示值仪稳定后，测得压力值 P_{01}（MPa）。

（7）开启排气阀，压力仪示值回零；重复上述（5）至（6）的步骤，对容器内试样再测一次压力值 P_{02}（MPa）。

（8）混凝土拌和物未校正的含气量 A_0 应以两次测量结果的平均值作为试验结果，当两次测量结果的含气量相差大于 0.5%时，应重新试验。

四、试验结果及计算

混凝土拌和物含气量应按下式计算：

$$A = A_0 - A_g \tag{3.3}$$

式中 A——混凝土拌和物含气量（%）；

A_0——两次含气量测定的平均值（%）；

A_g——集料含气量（%），计算精确至 0.1%。

五、含气量测定仪容器容积的标定及率定

1. 容器容积的标定

（1）擦净容器，并将含气量仪全部安装好，测定含气量仪的总质量，测量精确至 50 g。

（2）往容器内注水至上缘，然后将盖体安装好，关闭操作阀和排气阀，打开排水阀和加水阀，通过加水阀，向容器内注入水；当排水阀流出的水流不含气泡时，在注水的状态下，同时关闭加水阀和排水阀，再测定其总质量，测量精确至 50 g。

（3）容器的容积应按下式计算：

$$V=\frac{m_2-m_1}{\rho_w}\times 1\,000 \tag{3.4}$$

式中　V——含气量仪的容积（L）；

m_1——干燥含气量仪的总质量（kg）；

m_2——水、含气量仪的总质量（kg）；

ρ_w——容器内水的密度（kg/m^3）。

计算应精确至 0.01 L。

2. 含气量测定仪的率定

（1）按混凝土拌和物含气量试验步骤中第（5）条至第（8）条的操作步骤测得含气量为 0 时的压力值。

（2）开启排气阀，压力示值器示值回零；关闭操作阀和排气阀，打开排水阀，在排水阀口用量筒接水；用气泵缓缓地向气室内打气，当排出的水恰好是含气量仪体积的 1% 时，按上述步骤测得含气量为 1% 时的压力值。

（3）如此继续测取含气量分别为 2%、3%、4%、5%、6%、7%、8% 时的压力值。

（4）以上试验均应进行两次，各次所测压力值均应精确至 0.01 MPa。

（5）对以上的各次试验均应进行检验，其相对误差均应小于 0.2%；否则应重新率定。

（6）据此检验以上含气量 0，1%，…，8% 共 9 次的测量结果，绘制含气量与气体压力之间的关系曲线。

试验记录表见表 3.4。

表 3.4　水泥混凝土拌和物含气量试验记录

结构物名称 试样描述			结构部位（现场桩号）			
压力值/MPa			集料含气量 C/%	拌和物测定含气量 A_1/%	拌和物含气量 A/%	备注
测定次数	集料 P_g	拌和物 P_0				
①	②	③	④	⑤	⑥	⑦
1						
2						
3						
平均值						

续表

<table>
<tr><th colspan="2">含气量标定</th><th rowspan="3">含气量与压力值关系曲线</th></tr>
<tr><th>含气量
/%</th><th>平均压力值
/MPa</th></tr>
<tr><td>⑧</td><td>⑨</td></tr>
<tr><td>0</td><td></td><td rowspan="11">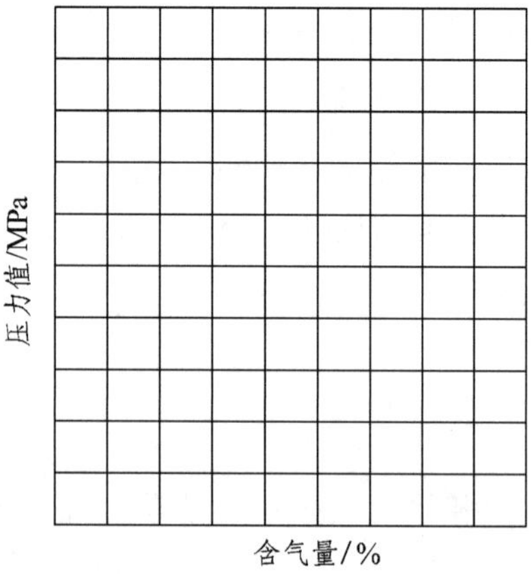
</td></tr>
<tr><td>1</td><td></td></tr>
<tr><td>2</td><td></td></tr>
<tr><td>3</td><td></td></tr>
<tr><td>4</td><td></td></tr>
<tr><td>5</td><td></td></tr>
<tr><td>6</td><td></td></tr>
<tr><td>7</td><td></td></tr>
<tr><td>8</td><td></td></tr>
<tr><td>9</td><td></td></tr>
<tr><td>10</td><td></td></tr>
<tr><td colspan="3">结论：</td></tr>
</table>

试验者__________ 组别__________ 成绩____________ 试验日期__________

试验三 水泥混凝土的强度试验

（GB/T 50081—2002）

一、水泥混凝土抗压强度试验

1. 概 述

水泥混凝土抗压强度，是按标准方法制作的 150 mm × 150 mm × 150 mm 立方体试件，在温度为 20 °C ± 2 °C 及相对湿度为 95% 以上的标准养护室中养护，或在温度为 20 °C ± 2 °C 的不流动的 $Ca(OH)_2$ 饱和溶液中养护至 28 d 后，用标准试验方法测试，并按规定计算方法得到的强度值。

2. 试验仪具

（1）压力试验机：符合《液压式压力试验机》（GB/T 3722）及《试验机通用技术要求》（GB/T 2611）中技术要求外，压力机的精确度（示值的相对误差）应在 ± 1%，试件破坏荷载应大于压力机全量程的 20%且小于压力机全量程的 80%。

应具有加荷速度指示装置或加荷速度控制装置，并应能均匀、连续地加荷。

应具有有效期内的计量检定证书。

混凝土强度等级≥C60 时，试件周围应设防崩裂网罩。压力试验机上、下压板承压面的平面度公差为 0.04 mm；表面硬度不小于 55HRC；硬化层厚度约为 5 mm。否则试验机上、下压板与试件之间应各垫以符合要求的钢垫板。

（2）钢尺：精度 1 mm。

（3）台秤：称量 100 kg，分度值为 1 kg。

3. 试验方法

（1）试件从养护地点取出后应及时进行试验，将试件表面与上下承压板面擦干净。

（2）将试件安放在试验机的下压板或垫板上，试件的承压面应与成型时的顶面垂直。试件的中心应与试验机下压板中心对准，开动试验机，当上压板与试件或钢垫板接近时，调整球座，使接触均衡。

（3）在试验过程中连续均匀地加荷。当混凝土强度等级＜C30 时，加荷速度取每秒钟 0.3 MPa～0.5 MPa；当混凝土强度等级≥C30 且＜C60 时，取每秒钟 0.5 MPa～0.8 MPa；当混凝土强度等级≥C60 时，取每秒钟 0.8 MPa～1.0 MPa。

（4）当试件接近破坏而开始急剧变形时，应停止调整试验机油门，直至破坏。然后记录破坏荷载。

4. 试验结果计算

（1）混凝土立方体抗压强度应按下式计算：

$$f_{cc} = F/A \tag{3.5}$$

式中 f_{cc}—混凝土立方体试件抗压强度（MPa）；

F——极限荷载（N）；

A——试件承压面积（mm^2）。

混凝土立方体抗压强度计算应精确至 0.1 MPa。

（2）强度值的确定应符合下列规定：

以 3 个试件测值的算术平均值作为该组试件的强度值（精确至 0.1 MPa）。3 个测值中的最大值和最小值有一个与中间值的差值超过中间值的 15%，则把最大值及最小值一并舍弃，取中间值作为该组试件的抗压强度值；如最大值和最小值与中间值的差均超过中间值的 15%，则该组试验结果无效。

（3）混凝土强度等级＜C60 时，用非标准试件测得的强度值均应乘以尺寸换算系数，200 mm×200 mm×200 mm 试件为 1.05，100 mm×100 mm×100 mm 试件为 0.95。当混凝土强度等级≥C60 时，宜采用标准试件；使用非标准试件时，尺寸换算系数应由试验确定。

5. 试验记录

试验记录表见表 3.5。

表 3.5　水泥混凝土立方体抗压强度试验记录

试件编号	制备日期	试验日期	龄期/d	最大荷载 F/N	试件尺寸/mm	试件截面面积 A/mm^2	抗压强度		换算系数	换算后 f_{cci}/MPa
							个别值 f_{cci}/MPa	代表值/MPa		

试验者__________　　组别__________　　成绩____________　　试验日期__________

二、水泥混凝土抗折强度试验

1. 概　述

水泥混凝土抗折强度是水泥混凝土路面设计的重要参数。在水泥混凝土路面施工时，为了保证施工质量，也必须按规定测定抗折强度。

水泥混凝土抗折强度是以 150 mm × 150 mm × 600 mm（或 550 mm）的棱柱体试件，在标准养护条件下达到规定龄期后，在净跨 450 mm、双支点荷载作用下弯拉破坏，并按规定的计算方法得到的强度值。

2. 试验仪具

（1）试验机：压力试验机或万能试验机。

（2）抗折试验装置：试验机应能施加均匀、连续、速度可控的荷载，并带有能使两个相等荷载同时作用在试件跨度 3 分点处的抗折试验装置，如图 3.4 所示。

（3）试件的支座和加荷头应采用直径为 20 mm ~ 40 mm、长度不小于 $b + 10$ mm 的硬钢圆柱（b 为试件截面宽度），支座立脚点固定铰支，其他应为滚动支点。

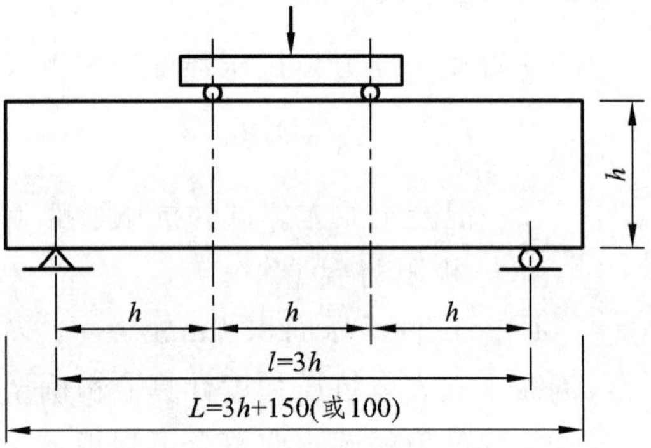

图 3.4　抗折试验装置（尺寸单位：mm）

3. 试验方法

（1）试验前先检查试件，将试件表面擦干净。试件中部 1/3 长度内不得有表面直径超过 5 mm、深度超过 2 mm 的孔洞，否则该试件应作废。

（2）在试件中部量出其宽度和高度，精确至 1 mm。安装尺寸偏差不得大于 1 mm。试件的承压面应为试件成型时的侧面。支座及承压面与圆柱压面与圆柱的接触面应平稳、均匀，否则应垫平。

（3）施加荷载应均匀、连续。当混凝土强度等级<C30 时，加荷速度取 0.02 MPa/s ~ 0.05 MPa/s；当混凝土强度等级≥C30 且<C60 时，加荷速度取 0.05 MPa/s ~ 0.08 MPa/s；当混

凝土强度等级≥C60 时，取 0.08 MPa/s ~ 0.10 MPa/s。当试件接近破坏时，应停止试验机油门，直至试件破坏。记录破坏荷载及试件下边缘断裂位置。

4. 试验结果计算

（1）若试件下边缘断裂位置处于两个集中荷载作用线之间，抗折强度为：

$$f_f = \frac{FL}{bh^2} \tag{3.6}$$

式中 F——试件破坏荷载（N）；

L——支座间跨度（mm）；

b——试件截面宽度（mm）；

h——试件截面高度（mm）。

混凝土抗折强度计算应精确至 0.1 MPa。

（2）以 3 个试件测值的算术平均值作为该组试件的强度值（精确至 0.1 MPa）。3 个测值中的最大值和最小值中如有一个与中间值的差值超过中间值的 15%，则把最大值及最小值一并舍弃，取中间值作为该组试件的抗压强度值；如最大值和最小值与中间值的差均超过中间值的 15%，则该组试件中的试验结果无效。

（3）3 个试件中若有 1 个折断面位于两个集中荷载之外，则混凝土抗折强度值按另两个试件的试验结果计算。若这两个测值的差值不大于这两个测值的较小值的 15%，则该组试件的抗折强度值按这两个测值的平均值计算，否则该组试件试验无效。若有两个试件的下边缘断裂位置位于两个集中荷载作用线之外，则该组试件试验无效。

（4）当试件尺寸为 100 mm × 100 mm × 400 mm 非标准试件时，应乘以尺寸换算系数 0.85；当混凝土强度等级≥C60 时，宜采用标准试件；当使用非标准试件时，尺寸换算系数应由试验确定。

5. 试验记录

混凝土抗折试验记录如表 3.6 所示。

表 3.6 水泥混凝土抗折强度试验记录

<table>
<tr><th rowspan="2">试件编号</th><th rowspan="2">制备日期</th><th rowspan="2">试验日期</th><th rowspan="2">龄期/d</th><th rowspan="2">最大荷载 F/N</th><th colspan="2">试件尺寸</th><th rowspan="2">断面与邻近支点距离 x/mm</th><th colspan="2">抗折强度</th><th rowspan="2">换算系数</th><th rowspan="2">换算后/MPa</th></tr>
<tr><th>宽高/mm</th><th>长度/mm</th><th>个别值 f_{ff}/MPa</th><th>代表值/MPa</th></tr>
<tr><td></td><td></td><td></td><td></td><td></td><td></td><td></td><td></td><td></td><td></td><td></td><td></td></tr>
<tr><td></td><td></td><td></td><td></td><td></td><td></td><td></td><td></td><td></td><td></td><td></td><td></td></tr>
<tr><td></td><td></td><td></td><td></td><td></td><td></td><td></td><td></td><td></td><td></td><td></td><td></td></tr>
<tr><td colspan="6">其他说明（养护条件、试件破坏等描述）</td><td colspan="6"></td></tr>
</table>

试验者________ 组别________ 成绩________ 试验日期________

三、水泥混凝土轴心抗压强度试验

1. 概　述

测定棱柱体混凝土试件的轴心抗压强度,以提出设计参数和抗压弹性模量试验荷载标准。

2. 试验仪具

试模为 150 mm × 150 mm × 300 mm 棱柱体，其他所需设备与抗压强度试验相同。当混凝土强度等级≥C60 时，试件周围应设防崩裂网罩。压力试验机上、下压板承压面的平面度公差为 0.04 mm；否则试验机上、下压板与试件之间应各垫以符合要求的钢垫板。

3. 试验方法

（1）按规定方法制作 150 mm × 150 mm × 300 mm 棱柱体试体 3 根，在标准养护条件下，养护至规定龄期。

（2）试件从养护地点取出后应及时进行试验，用干毛巾将试件表面与上下承压板面擦干净。仔细检查后，在其中部量出试件宽度（精确至 1 mm），计算试件受压面积。在准备过程中，要求保持试件湿度无变化。

（3）将试件直立放置在试验机的下压板或钢垫板上，并使试件轴心与下压板中心对准。

（4）开动试验机，当上压板与试件或钢垫板接近时，调整球座，使接触均衡。

（5）以与立方体抗压强度试验相同的加荷速度，连续均匀地加荷，不得有冲击。当试件接近破坏而开始急剧变形时，应停止调整试验机油门，直至破坏。然后记录破坏荷载。

4. 计　算

（1）混凝土轴心抗压强度 f_{cp}（MPa 表示）按式（3.7）计算。

$$f_{cp} = F/A \tag{3.7}$$

式中　F——破坏荷载（N）；

　　A——试件承压面积（mm^2）。

混凝土轴心抗压强度计算应精确至 0.1 MPa。

（2）以 3 个试件测值的算术平均值作为该组试件的强度值（精确至 0.1 MPa）。3 个测值中的最大值和最小值有一个与中间值的差值超过中间值的 15%，则把最大值及最小值一并舍弃，取中间值作为该组试件的抗压强度值；如最大值和最小值与中间值的差均超过中间值的 15%，则该组试件试验结果无效。

（3）混凝土强度等级<C60 时，用非标准试件测得的强度值均应乘以尺寸换算系数，其值为对 200 mm × 200 mm × 400 mm 试件为 1.05；对 100 mm × 100 mm × 300 mm 试件换算系数为 0.95。当混凝土强度等级≥C60 时，宜采用标准试件；当使用非标准试件时，尺寸换算系数应由试验确定。

5. 试验记录

水泥混凝土轴心抗压强度试验记录表见表 3.7。

表 3.7　水泥混凝土轴心抗压强度试验记录

试件编号	制备日期	试验日期	龄期/d	最大荷载 F/N	试件尺寸/mm		承压截面面积 A/mm^2	抗折强度		换算系数	换算后 f_{cp}/MPa
					宽高	长度		个别值 f_{cpi}/MPa	代表值 f_{cp}/MPa		

试验者＿＿＿＿＿　组别＿＿＿＿＿　成绩＿＿＿＿＿　试验日期＿＿＿＿＿

试验四　水泥混凝土静力受压弹性模量试验

一、试验范围

本方法适用于测定棱柱体试件的混凝土静力受压弹性模量（以下简称弹性模量）。每次试验应制备 6 个试件。

二、试验设备

（1）压力试验机：与抗压强度试验所用仪器相同。

（2）微变形测量仪：微变形测量仪的测量精度不得低于 0.001 mm。微变形测量固定架的标距应为 150 mm。应具有有效期内的计量检定证书。

三、试验步骤

静力受压弹性模量试验步骤应按下列方法进行：

（1）当试件从养护地点取出后，先将其表面与上下承压板面擦干净。

（2）取 3 个试件按标准规定，测定混凝土的轴心抗压强度（f_{cp}）。另 3 个试件用于测定混凝土的弹性模量。

（3）在测定混凝土弹性模量时，变形测量仪应安装在试件两侧的中线上并对称于试件的两端。

（4）应仔细调整试件在压力试验机上的位置，使其轴心与下压板的中心线对准。开动压力试验机，当上压板与试件接近时调整球座，使其接触均衡。

（5）加荷至基准应力为 0.5 MPa 的初始荷载值 F_0，保持恒载 60 s 并在以后的 30 s 内记录每测点的变形读数 ε_0。应立即连续均匀地加荷至应力为轴心抗压强度 f_{cp} 的 1/3 的荷载值 F_a，保持恒载 60 s 并在以后的 30 s 内记录每一测点的变形读数 ε_a。所用加荷速度与抗压强度试验相同。

（6）当以上这些变形值之差与它们平均值之比大于 20% 时，应重新对中试件后重复本条第 5 款的试验。如果无法使其减少到低于 20% 时，则此次试验无效。

（7）在确认试件对中符合本条第 6 款规定后，以与加荷速度相同的速度卸荷至基准应力 0.5 MPa（F_0），恒载 60 s；然后用同样的加荷和卸荷速度以及 60 s 的保持恒载（F_0 及 F_a）至少进行两次反复预压。在最后一次预压完成后，在基准应力 0.5 MPa 下（F_0）持荷 60 s 并在以后的 30 s 内记录每一测点的变形读数 ε_0；再用同样的加荷速度加荷至 F_a，持荷 60 s 并在以后的 30 s 内记录每一测点的变形读数 ε_a（图 3.5）。

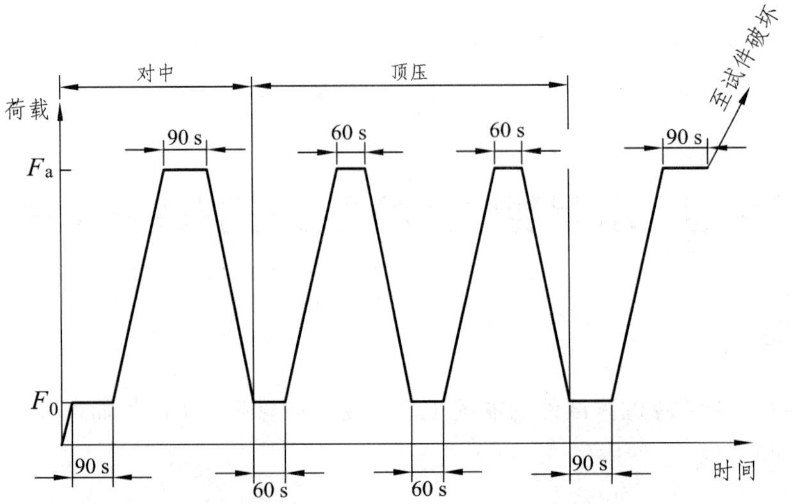

图 3.5 弹性模量加荷方法示意图

说明：① 90 s 包括 60 s 持荷，30 s 读数；② 60 s 为持荷。

（8）卸除变形测量仪，以同样的速度加荷至破坏，记录破坏荷载；如果试件的抗压强度与 f_{cp} 之差超过 f_{cp} 的 20% 时，则应在报告中注明。

四、试验结果分析

混凝土弹性模量试验结果计算及确定按下述方法进行。

（1）混凝土弹性模量值应按下式计算：

$$E_c = \frac{F_a - F_0}{A} \times \frac{L}{\Delta n} \tag{3.8}$$

式中 E_c——混凝土弹性模量（MPa）；

F_a——应力为 1/3 轴心抗压强度时的荷载（N）；

F_0——应力为 0.5 MPa 时的初始荷载（N）；

A——试件承压面积（mm^2）；

L——测量标距（mm）；

Δn——最后一次从 F_0 加荷至 F_a 时试件两侧变形的平均值（mm），按下式计算：

$$\Delta n = \varepsilon_a - \varepsilon_0 \tag{3.9}$$

其中　ε_a——F_a时试件两侧变形的平均值（mm）；

ε_0——F_0时试件两侧变形的平均值（mm）。

混凝土受压弹性模量计算精确至 100 MPa。

（2）弹性模量按 3 个试件测值的算术平均值计算。如果其中有 1 个试件的轴心抗压强度值与用以确定检验控制荷载的轴心抗压强度值相差超过后者的 20% 时，则弹性模量值按另两个试件测值的算术平均值计算；如有两个试件超过上述规定时，则此次试验无效。

五、试验结果记录

试验记录见表 3.8。

表 3.8　水泥混凝土静力受压弹性模量试验记录

施工单位　　　　　　　　　　　　　　　结构物名称

设计标号　　　　　　　　　　　　　　　取样地点

设计编号　　　　　　　　　　　　　　　龄期　　　　　d

轴心抗压荷载平均值 R_c　　　　kN

初荷载 P_0　　　　kN　　　　　　终荷载 P_A　　　　kN

变形仪名称及变形单位Δ

试样		第一根				第二根				第三根			
荷载		P_0		P_A		P_0		P_A		P_0		P_A	
变形仪		左	右	左	右	左	右	左	右	左	右	左	右
形变值（0.001 mm）	读数												
	平均值												
	$\Delta_4=\Delta_A-\Delta_0$												
	读数												
	平均值												
	$\Delta_5=\Delta_A-\Delta_0$												
	读数												
	平均值												
	$\Delta_6=\Delta_A-\Delta_0$												
	读数												
	平均值												
	$\Delta_n=\Delta_A-\Delta_0$												
循环后轴心抗压强度/MPa													
E_w/MPa													

试验者＿＿＿＿＿＿　组别＿＿＿＿＿＿　成绩＿＿＿＿＿＿　试验日期＿＿＿＿＿＿

试验五　混凝土抗氯离子渗透试验（电通量法）

（GB/T 50082—2009）

一、试验适用范围

本方法适用于测定以通过混凝土试件的电通量为指标来确定混凝土抗氯离子渗透性能。本方法不适用于掺有亚硝酸盐和钢纤维等良导电材料的混凝土抗氯离子渗透试验。

二、试验基本原理

在直流电压作用下，氯离子能通过混凝土试件向正极方向移动，以测量流过混凝土的电荷量，反映渗透混凝土的氯离子量。

三、试验设备及材料

（1）试验装置如图 3.6 所示。

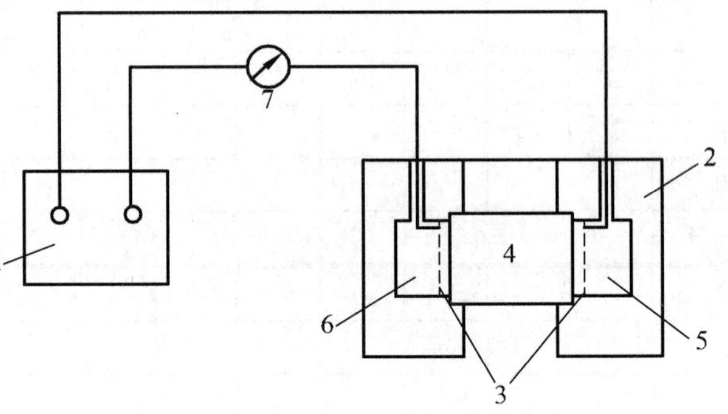

图 3.6　试验装置示意图

1—直流稳压电源；2—试验槽；3—铜网；4—混凝土试件；
5—3% NaCl 溶液；6—0.3 mol 溶液；7—数字式电流表

（2）仪器设备应满足下列要求：

① 直流稳压电源的电压范围应为（0 ~ 80）V，电流范围应为（0 ~ 10）A。并应能稳定输出 60 V 直流电压，精度应为 ± 0.1 V。

② 耐热塑料或耐热有机玻璃试验槽（图 3.7）的边长应为 150 mm，总厚度不应小于 51 mm。试验槽中心的两个槽的直径应为分别为 89 mm 和 112 mm。两个槽的深度应分别为 41 mm 和 6.4 mm。在试验槽的一边应开有直径为 10 mm 的注液孔。

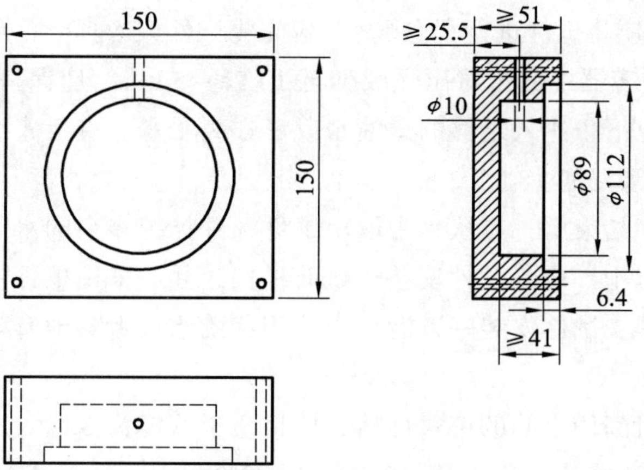

图 3.7　试验槽结构图（尺寸单位：mm）

③ 紫铜垫板宽度应为 12 mm ± 2 mm，厚度应为 0.50 mm ± 0.05 mm。铜网孔径应为 0.95 mm（64 孔/cm^2）或者 20 目。

④ 标准电阻精度应为 ± 0.1%；直流数字电流表量程应为（0 ~ 20）A，精度应为 ± 0.1%。数字式电流表，量程 20 A，精度 ± 1.0%。

⑤ 真空泵应能保持容器内的气压处于 1 kPa ~ 5 kPa。

⑥ 真空容器的内径不应小于 250 mm，并应能至少容纳 3 个试件。

⑦ 阴极溶液应用化学纯试剂配制的质量浓度为 3.0%的 NaCl 溶液。

⑧ 阳极溶液应用化学纯试剂配制的摩尔浓度 0.3 mol/L 的 NaOH 溶液。

⑨ 密封材料应采用硅胶或树脂等密封材料。

⑩ 硫化橡胶垫或硅橡胶垫的外径应为 100 mm、内径应为 75 mm、厚度应为 6 mm。

⑪ 切割试件的设备应采用水冷式金刚锯或碳化硅锯。

⑫ 抽真空设备可由烧杯（体积在 1 000 mL 以上）、真空干燥器、真空泵、分液装置、真空表等组合而成。

⑬ 温度计的量程应为（0 ~ 120）°C，精度应该 ± 0.1 °C。

⑭ 电吹风的功率应为 1 000 W ~ 2 000 W。

四、试验步骤

（1）电通量试验应采用直径 100 mm ± 1 mm，高度 50 mm ± 2 mm 的圆柱体试件。试件的制作、养护应符合本标准相关规定。当试件表面有涂料等附加材料时，应预先除去，且试样内不得含有钢筋等良导电材料。在试件移送试验室前，应避免冻伤或其他物理伤害。

（2）电通量试验宜在试件养护到 28 d 龄期进行。对于掺有大掺量矿量掺和料的混凝土，可在 56 d 龄期进行试验。应先将养护到规定龄期的试件暴露于空气中至表面干燥，并应以硅胶或树脂密封材料涂刷试件圆柱侧面，还应填补涂层中的孔洞。

（3）电通量试验前应将试件进行真空饱水。应先将试件放入真空容器中，然后启动真空泵，并应在 5 min 内将真空容器中的绝对压强减少至 1 kPa ~ 5 kPa，应保持该真空度 3 h，然后在真空泵仍然运转的情况下，注入足够的蒸馏水或者去离子水，直接淹没试件，应在试件浸没 1 h 后恢复常压，并继续浸泡 18 h ± 2 h。

（4）在真空浸泡水结束后，应从水中取出试件，并抹掉多余的水分，且应保持试件所在环境的相对湿度 95%以上。应将试件安装于试验槽内，并应采用螺杆将两试验槽和端面装有硫化橡胶垫的试件夹紧。试件安装好以后，应采用蒸馏水或者其他有效方式检查试件和试验槽之间的密封性能。

（5）检查试件和时间槽之间的密封性后，应将质量浓度为 3.0%的 NaCl 溶液和摩尔浓度为 0.3 mol/L 的 NaOH 溶液分别注入试件的两侧的试验槽中，注入 NaCl 溶液的试验槽内的铜网应连接电源负极，注入 NaOH 溶液的试验槽中的铜网连接电源正极。

（6）在正确连接电源线后，应在保持试验槽中充满溶液的情况下接通电源，并应对上述两铜网施加 60 V ± 0.1 V 直流恒电压，且应记录电流初始读 10。开始时应每隔 10 min 记录一次电流值；当电流变化很小时，应每隔 30 min 记录一次电流值，直至通电 6 h。

（7）当采用自动采集数据的测试装置时，记录电流的时间间隔可设定为 5 min ~ 10 min。电流测量值应精确至 ± 0.5 mA。试验过程中宜同时监测试验槽中溶液的温度。

（8）试验结束后，应及时排除试验溶液，并应用凉开水和洗涤剂冲洗试验槽 60 s 以上，然后用蒸馏洗净并用电吹风冷风挡吹干。

（9）试验应在 20 °C ~ 50 °C 的室内进行。

五、试验结果计算

（1）实验过程中或试验结束后，应绘制电流与时间的关系图。应通过将各点数据以光滑曲面连接起来，对曲面作面积积分，或按梯形法进行面积积分，得到实验 6 h 通过对电通量（C）。

（2）每个试件的总电通量可采用下列简化公式计算：

$$Q = 900(I_0 + 2I_{30} + 2I_{60} + \cdots + 2I_t \cdots + 2I_{300} + 2I_{330} + I_{360}) \quad (3.10)$$

式中　Q——通过试件的总电通量（C）；

I_0——初始电流（A），精确到 0.001A；

I_t——在时间 t（min）的电流（A），精确到 0.001A。

（3）计算得到的通过试件的总电通量应换算成直径为 95 mm 试件的电通量值。应通过将计算的总电通量乘以一个直径为 95 mm 的试件和实际试件横截面面积的比值来换算，换算可按下试进行：

$$Q = Q_x \times (95/x)^2 \quad (3.11)$$

式中　Q——通过直径为 95 mm 的时间的电通量（C）；

Q_x——通过直径为 x（mm）的试件的电通量（C）;

x——试件的实际直径（mm）。

（4）每组应取 3 个试件电通量的算术平均值作为该组试件的电通量测定值。当某一个电通量值与中值的差值超过中值的 15%时，应取其余两个试件的电通量的算术平均值作为该组试件试验结果测定值。当有两个测值与中值的差值都超过中值的 15%时，应取中值作为该组试件的电通量实验结果测定值（表 3.9）。

表 3.9　混凝土电通量测试报告单

试样编号:	混凝土龄期:	混凝土强度等级:
送检日期:	测试日期:	测试人员:
检测依据:	送检单位:	测试单位:

试验数据曲线图

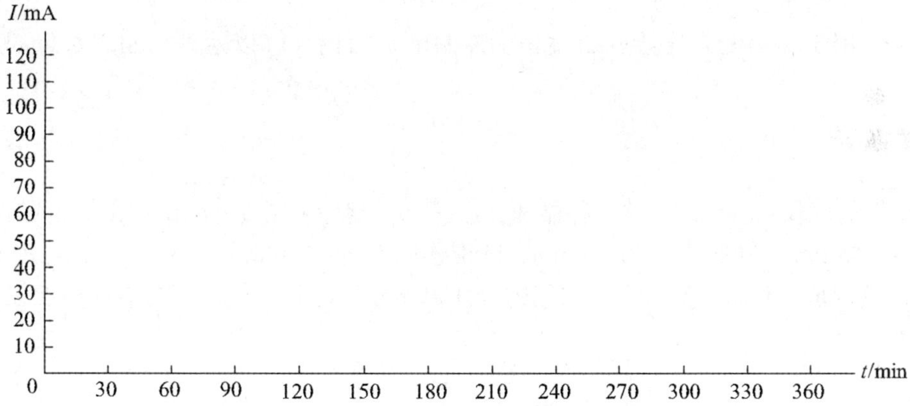

混凝土电通量测试值（库仑）:　　　　混凝土渗透性评价等级:

试验:　　　复核:　　　技术负责人:　　　单位（章）:

试验六　砂浆拌和物的拌制

（JGJT 70—2009）

一、试样制备

（1）在试验室制备砂浆拌和物时，试验用材料应提前 24 h 运入室内。拌和时试验室的温度应保持在 20 °C ± 5 °C。

注：需要模拟施工条件下所用的砂浆时，所用原材料的温度宜与施工现场保持一致。

（2）试验用水泥和其他材料应与现场使用材料一致。砂应通过 5 mm 筛。试验室拌制砂浆时，材料用量应以质量计。称量精度：水泥、外加剂、掺和料等为 ± 0.5%；砂为 ± 1%。

二、拌和方法

在试验室搅拌砂浆时应采用机械搅拌，搅拌机应符合《试验用砂浆搅拌机》(JG/T 3033)的规定，搅拌的用量宜为搅拌机容量的30%～70%，搅拌时间不应少于120 s。掺有掺和料和外加剂的砂浆，其搅拌时间不应少于180 s。

将称好的水泥、砂及其他材料装入砂浆搅拌机，开动搅拌机干拌均匀后，再逐渐加入水，观察砂浆的和易性符合要求时，停止加水。搅拌时间不宜少于2 min。

试验七　砂浆稠度试验

一、试验目的

本方法适用于确定配合比或施工过程中控制砂浆的稠度，以达到控制用水量的目的。

二、仪器设备

(1)砂浆稠度仪：由试锥、锥形容器和支座三部分组成(图3.8)。试锥由钢材或铜材制成，试锥高度为145 mm，锥底直径为75 mm，试锥连同滑杆的质量应为300 g±2 g；盛砂浆的锥形容器由钢板制成，筒高180 mm，锥底内径150 mm；支座分底座、支架及刻度显示三个部分，由铸铁、钢及其他金属制成。

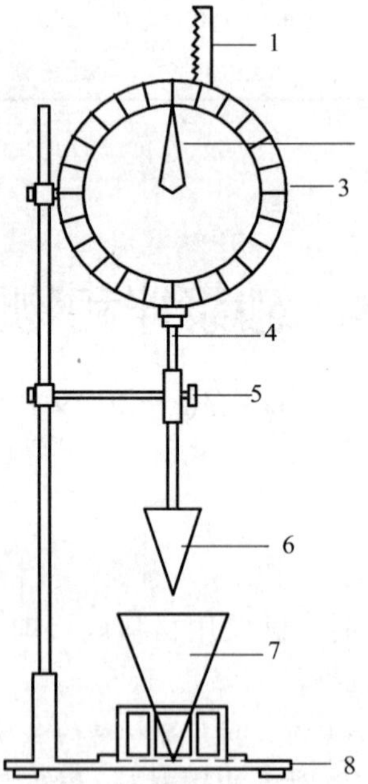

图3.8　砂浆稠度测定仪

1—齿条测杆；2—指针；3—刻度盘；4—滑杆；5—制动螺丝；
6—试锥；7—锥形容器；8—底座

（2）钢制捣棒：直径 10 mm，长 350 mm，端部磨圆。

（3）秒表。

三、试验步骤

（1）用湿布将锥形容器内壁和试锥表面擦干净，并用少量润滑油轻擦滑杆，将滑杆上多余的油用吸油纸擦净，使滑杆能自由滑动。

（2）将拌好的砂浆一次装入容器，砂浆表面宜低于锥形容器口约 10 mm，用捣棒自容器中心向边缘均匀地插捣 25 次，然后轻轻地将容器摇动或敲击 5 ~ 6 下，使砂浆表面平整，随后将容器置于砂浆稠度测定仪的底座上。

（3）拧松制动螺丝，向下移动滑杆，当试锥尖端与砂浆表面刚接触时，拧紧制动螺丝，使齿条测杆下端与滑杆的上端接触，读出刻度盘上的读数（精确至 1 mm）。

（4）拧松制动螺丝（同时计时间），10 s 时立即固定螺丝，将齿条测杆下端接触滑杆上端，从刻度盘上读出下沉深度（精确至 1 mm）。

（5）锥形容器内的砂浆，只允许测定一次稠度，重复测定时，应重新取样。

四、试验结果评定

取两次试验结果的算术平均值作为砂浆的稠度值，精确至 1 mm。

如两次试验结果之差大于 10 mm，则重新取样测定。

试验记录表见表 3.10。

表 3.10 砂浆稠度试验记录

试验次数	试锥下沉深度/mm	稠度/mm	备 注

试验者________ 组别________ 成绩________ 试验日期________

试验八 砂浆的分层度试验

一、试验目的

本方法适用于测定砂浆拌和物的分层度，以确定砂浆拌和物在运输及停放时内部组分的稳定性。

二、仪器设备

（1）砂浆分层度仪：圆形筒，内径 150 mm，上节高度 200 mm（无底），下节带底，净高度为 100 mm，用金属板制成。上、下两层连接处需加宽到 3 mm ~ 5 mm，并设有橡胶垫圈。见图 3.9。

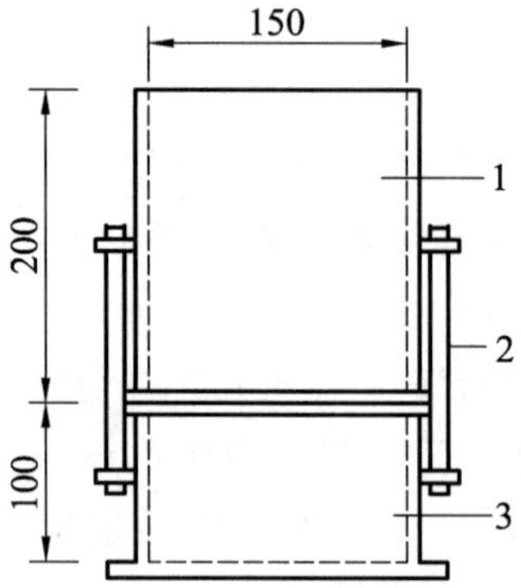

图 3.9　砂浆分层度仪

1—无底圆筒；2—连接螺栓；3—有底圆筒

（2）水泥胶砂振动台：振幅（0.5 ± 0.05）mm，频率（50 ± 3）Hz。

（3）砂浆稠度仪。

（4）搅拌锅、木锤、抹刀等。

三、试验步骤

（1）按砂浆稠度试验方法测定砂浆的稠度值 K_1。

（2）将砂浆拌和物一次装入分层度仪内，待装满后，用木锤在容器周围距离大致相等的四个不同地方轻轻敲击 1 ~ 2 下，若砂浆沉落到低于筒口的位置，则应随时添加，然后刮去多余的砂浆并用抹刀抹平。

（3）静置 30 min 后，去掉上部 200 mm 厚的砂浆，将剩余的砂浆倒出放在拌和锅中拌 2 min，然后，再测其稠度值 K_2。

（4）计算两次测定的稠度值之差（$K_1 - K_2$），即为砂浆的分层度值（精确至 1 mm）。

（5）取两次试验结果的算术平均值作为该砂浆的分层度值。如两次的试验结果之差大于 10 mm，应重新试验。

四、分层度试验结果

应按下列要求确定：

（1）取两次试验结果的算术平均值作为该砂浆的分层度值。

（2）两次分层度试验值之差如大于 10 mm，应重新取样测定。

试验记录表见表 3.11。

表 3.11　砂浆的分层度试验记录

试验次数	稠度 K_1/mm	稠度 K_2/mm	分层度(K_1-K_2)/mm

试验者＿＿＿＿＿　组别＿＿＿＿＿　成绩＿＿＿＿＿　试验日期＿＿＿＿＿

试验九　砂浆的抗压强度试验

一、试验目的

本方法适用于测定砂浆立方体的抗压强度。

二、仪器设备

（1）压力试验机：精度为 1%，试件破坏荷载应不小于压力机量程的 20%，且不大于全量程的 80%。

（2）试模：尺寸为 70.7 mm × 70.7 mm × 70.7 mm 的带底试模，由铸铁或钢制成，应具有足够的刚度并拆装方便。试模的内表面应机械加工，其不平度应为每 100 mm 不超过 0.05 mm，组装后各相邻面的不垂直度不应超过 ± 0.5°。

（3）捣棒：直径 10 mm、长 350 mm 的钢棒，端部应磨圆。

（4）垫板：试验机上、下压板及试件之间可垫以钢垫板，垫板的尺寸应大于试件的承压面， 其不平度应为每 100 mm 不超过 0.02 mm。

（5）振动台：空载中台面的垂直振幅应为（0.5 ± 0.05）mm，空载频率应为（50 ± 3）Hz，空载台面振幅均匀度不大于 10%，一次试验至少能固定（或用磁力吸盘）3 个试模。

三、试验步骤

（1）采用立方体试件，每组试件 3 个。应用黄油等密封材料涂抹试模的外接缝，试模内涂刷薄层机油或脱模剂，将拌制好的砂浆一次性装满砂浆试模，成型方法根据稠度而定。当稠度≥50 mm 时采用人工插捣成型，当稠度 < 50 mm 时采用振动台振实成型。

① 人工振捣：用捣棒均匀地由边缘向中心按螺旋方式插捣 25 次，插捣过程中如砂浆沉

落低于试模口，应随时添加砂浆，可用油灰刀插捣数次，并用手将试模一边抬高 5 mm ~ 10 mm 各振动 5 次，使砂浆高出试模顶面 6 mm ~ 8 mm。

② 机械振动：将砂浆一次装满试模，放置到振动台上，振动时试模不得跳动，振动 5 s ~ 10 s 或持续到表面出浆为止；不得过振。

（2）待表面水分稍干后，将高出试模部分的砂浆沿试模顶面刮去并抹平。

（3）试件制作后应在室温为（20 ± 5）°C 的环境下静置（24 ± 2）h，当气温较低时，可适当延长时间，但不应超过两昼夜，然后对试件进行编号、拆模。试件拆模后应立即放入温度为（20 ± 2）°C，相对湿度为 90%以上的标准养护室中养护。养护期间，试件彼此间隔不小于 10 mm，混合砂浆试件上面应覆盖，以防有水滴在试件上。

（4）从搅拌加水开始计时，标准养护龄期应为 28 d。

（5）试件从养护地点取出后应及时进行试验。试验前先将试件表面擦拭干净，检查外观并测量尺寸（精确至 1 mm），以此计算试件的承压面积。如实测尺寸与公称尺寸之差不超过 1 mm，可按公称尺寸进行计算。

（6）将试件安放在试验机的下压板（或下垫板）上，试件的承压面应与成型时的顶面垂直，试件中心应与试验机下压板（或下垫板）中心对准。开动试验机，当上压板与试件（或上垫板）接近时，调整球座，使接触面均衡受压。承压试验应连续而均匀地加荷，加荷速度应为每秒钟 0.25 kN ~ 1.5 kN（砂浆强度不大于 5 MPa 时，宜取下限，砂浆强度大于 5 MPa 时，宜取上限）。当试件接近破坏而开始迅速变形时，停止调整试验机油门，直至试件破坏，然后记录破坏荷载。

四、试验结果评定

砂浆抗压强度按式计算（精确至 0.1 MPa）：

$$f_{\mathrm{m,cu}} = \frac{N_{\mathrm{u}}}{A} \tag{3.12}$$

式中 $f_{\mathrm{m,cu}}$——砂浆立方体试件抗压强度（MPa）；

N_{u}——试件破坏荷载（N）；

A——试件承压面积（mm^2）。

砂浆立方体试件抗压强度应精确至 0.1 MPa。

（1）以三个试件测值的算术平均值的 1.3 倍（f_2）作为该组试件的砂浆立方体试件抗压强度平均值（精确至 0.1 MPa）。

（2）当三个测值的最大值或最小值中如有一个与中间值的差值超过中间值的 15%时，则把最大值及最小值一并舍除，取中间值作为该组试件的抗压强度值；如有两个测值与中间值的差值均超过中间值的 15%时，则该组试件的试验结果无效。

试验记录表见表 3.12。

表 3.12 砂浆抗压强度试验记录

<table>
<tr><td colspan="2">试样编号</td><td colspan="2"></td><td colspan="3">试样来源</td><td colspan="2"></td></tr>
<tr><td colspan="2">试样名称</td><td colspan="2"></td><td colspan="3">试验用途</td><td colspan="2"></td></tr>
<tr><td rowspan="2">试验编号</td><td rowspan="2">拌制日期</td><td rowspan="2">试验日期</td><td rowspan="2">龄期/d</td><td rowspan="2">最大荷载 N_u/N</td><td rowspan="2">试件尺寸 /mm</td><td rowspan="2">受压面积 /mm^2</td><td colspan="2">抗压强度 /MPa</td></tr>
<tr><td>单值</td><td>代表值</td></tr>
<tr><td>①</td><td>②</td><td>③</td><td>④</td><td>⑤</td><td>⑥</td><td>⑦</td><td>⑧</td><td>⑨</td></tr>
<tr><td></td><td rowspan="3"></td><td rowspan="3"></td><td rowspan="3"></td><td></td><td></td><td></td><td></td><td rowspan="3"></td></tr>
<tr><td></td><td></td><td></td><td></td><td></td></tr>
<tr><td></td><td></td><td></td><td></td><td></td></tr>
</table>

试验者__________ 组别__________ 成绩__________ 试验日期__________

第四章
土的工程性质试验

试验一　含水率试验（酒精燃烧法）

（T 0104—1993）

一、定义和适用范围

本试验方法适用于快速简易测定细粒土（含有机质的土除外）的含水率。

二、仪器设备

（1）称量盒：定期调整为恒质量。

（2）天平：感量 0.01 g。

（3）酒精：纯度 95%。

（4）其他：滴管、火柴、调土刀等。

三、试验步骤

（1）取具有代表性的试样（黏质土 5 g ~ 10 g，砂类土 20 g ~ 30 g）放入称量盒内，称量湿土的质量，准确至 0.01 g。在称量时，可在天平一端放上与该称量盒等质量的砝码，移动天平游码，平衡后称量结果即为湿土的质量。

（2）用滴管将酒精注入放有试样的称量盒中，直到盒中出现自由液面为止。为使酒精在试样中充分混合均匀，可将盒底在桌面上轻轻敲击。

（3）点燃盒中酒精，燃至火焰熄灭。

（4）将试样冷却数分钟，按本试验 3、4 条方法再重新燃烧两次。

（5）待第三次火焰熄灭后，盖好盒盖，立即称干土质量，准确至 0.01 g。

四、试验结果整理

（1）按式（4.1）计算含水率。

$$w=\frac{m-m_s}{m_s}\times 100 \tag{4.1}$$

式中　w——含水率（%）；

m——湿土质量（g）；

m_s——干土质量（g）。

计算至0.1%。

（2）精密度和允许差。

本试验须进行二次平行测定，取其算术平均值，允许平行差值应符合表4.1规定。

表4.1　含水率测定的允许平行差值

含水率/%	允许平行差值/%
5以下	0.3
40以下	≤1
40以上	≤2

（3）试验记录表见表4.2。

表4.2　含水率试验记录（酒精燃烧法）

盒　号			1	2	3	4
盒质量	g	（1）				
盒+湿土质量	g	（2）				
盒+干土质量	g	（3）				
水分质量	g	（4）＝（2）－（3）				
干土质量	g	（5）＝（3）－（1）				
含水率	%	（6）＝$\frac{(4)}{(5)}\times 100$				
平均含水率	%	（7）				

试验者＿＿＿＿＿　组别＿＿＿＿＿　成绩＿＿＿＿＿　试验日期＿＿＿＿＿

五、报　告

（1）土的鉴别分类和代号。

（2）土的含水率。

六、注意事项

（1）在进行含水率试验时，常因试样代表性不足而使测定结果失去实际意义，因此选取土样时需细心和均匀。此外，含水率试样应根据试验项目的和要求选取。若为了了解土层综合而概略的天然含水率，可沿土剖面竖向切取土样，如是配合压缩、抗剪强度、渗透试验，应在切取试样环刀的上下两面选取土样。

（2）关于试样的数量问题，为使试验结果准确可靠，同时考虑烘、烧时间的长短，黏性土规定为 15 g ~ 30 g，砂性土或砾质土试样应多取一些。

（3）烘干的试样应先冷却再称量，一是避免因天平受热不均影响称量精度，二是防止热土吸收空气中的水分。为此，试样应放在装有干燥剂（如氯化钙）的缸内冷却，缸口涂抹凡士林，与外界空气隔绝，试样在干燥缸内冷却至室温，即可称量。

试验二　密度试验（蜡封法）

（T 0109—1993）

一、定义和适用范围

（1）密度是土单位体积的质量。测定土的密度是为了了解土体内部结构的密实情况。

（2）本试验方法适用于易破裂土和形态不规则的坚硬土。

二、仪器设备

（1）天平：感量 0.01 g。

（2）其他：烧杯、细线、石蜡、针、削土刀等。

三、试验步骤

（1）用削土刀切取体积大于 30 cm^3 的试件，削除试件表面的松、浮土以及尖锐棱角，在天平上称量，准确至 0.01 g。取代表土样进行含水率测定。

（2）将石蜡加热至刚过熔点，用细线系住试件浸入石蜡中，使试件表面覆盖一薄层石蜡，若试件蜡膜上有气泡，需用热针刺破气泡，再用石蜡填充针孔，涂平孔口。

（3）待冷却后，将蜡封试件在天平上称量，准确至 0.01 g。

（4）用细线将蜡封试件置于天平一端，使其浸浮在盛有蒸馏水的烧杯中，注意试件不要接触烧杯壁，称蜡封试件的水下质量，准确至 0.01 g。同时测量蒸馏水的温度。

（5）将蜡封试件从水中取出，擦干石蜡表面水分，在空气中称其质量，将其与第（3）步中称量的质量相比，若质量增加，表明水分进入试件中；若浸入水分质量超过 0.03 g，应重做。

四、试验结果整理

（1）按式（4.2）、（4.3）计算湿密度及干密度。

$$\rho=\frac{m}{\dfrac{m_1-m_2}{\rho_{\mathrm{w}t}}-\dfrac{m_1-m}{\rho_{\mathrm{n}}}} \tag{4.2}$$

$$\rho_{\mathrm{d}}=\frac{\rho}{1+0.01w} \tag{4.3}$$

式中 m——试件质量（g）；

m_1——蜡封试件质量（g）；

m_2——蜡封试件水中质量（g）；

$\rho_{\mathrm{w}t}$——蒸馏水在 t °C 时的密度（g/cm^3），准确至 0.001 g/cm^3；

ρ_{n}——石蜡密度（g/cm^3），应事先实测，准确至 0.001 g/cm^3；

w——含水率（%）；

ρ——土的湿密度（g/cm^3）；

ρ_{d}——土的干密度（g/cm^3）。

（2）试验记录表格见表 4.3。

表 4.3 密度试验记录（蜡封法）

土样编号	试件质量/g	封蜡试件质量/g	封蜡试件水中质量/g	温度/°C	水的密度/(g/cm^3)	封蜡试件体积/cm^3	蜡体积/cm^3	试件体积/cm^3	湿密度/(g/cm^3)	含水率/%	干密度/(g/cm^3)	平均干密度/(g/cm^3)	备注
	（1）	（2）	（3）	（4）	（5）	（6）	（7）	（8）	（9）	（10）	（11）	（12）	（13）
						$\frac{(2)-(3)}{(5)}$	$\frac{(2)-(1)}{\rho_{\mathrm{n}}}$	$(6)-(7)$	$\frac{(8)}{(9)}$		$\frac{(9)}{1+0.01(10)}$		
1													
2													
3													
4													
5													
6													

试验者__________ 组别__________ 成绩__________ 试验日期__________

（3）精密度和允许差。

本试验须进行二次平行测定，取其算术平均值，允许平行差值不得大于 0.03 g/cm^3。

五、报　告

（1）土的鉴别分类和状态描述。

（2）土的含水率 w（%）。

（3）土的湿密度ρ（g/cm^3）。

（4）土的干密度ρ_d（g/cm^3）。

试验三　比重试验（比重瓶法）

（T 0112—1993）

一、试验目的

测定土的颗粒比重，它是土的物理性基本指标之一。本试验适用于粒径小于 5 mm 的土。

二、试验仪器设备

（1）比重瓶：容积 100 mL 或 50 mL，分长颈和短颈两种。

（2）恒温水槽：准确度为 ±1 °C。

（3）砂浴：应能调节温度。

（4）天平：称量 200 g，最小分度值 0.001 g。

（5）温度计：刻度为 0 °C ~ 50 °C，最小分度值 0.5 °C。

三、比重瓶的校准

（1）将比重瓶洗净、烘干，置于干燥器内，冷却后称量，准确至 0.001 g。

（2）将煮沸经冷却的纯水注入比重瓶。对长颈比重瓶注水至刻度处；对短颈比重瓶应注满纯水，塞紧瓶塞，多余水自瓶塞毛细管中溢出。将比重瓶放入恒温水槽直至瓶内水温稳定。取出比重瓶，擦干外壁，称瓶、水总质量，准确至 0.001 g。测定恒温水槽内水温，准确至 0.5 °C。

（3）调节数个恒温水槽内的温度，温度差宜为 5 °C，测定不同温度下的瓶、水总质量。

每个温度时均进行两次测定的差值不得大于 0.002，取两次测值的平均值。绘制温度与瓶、水总质量的关系曲线（图 4.1）。

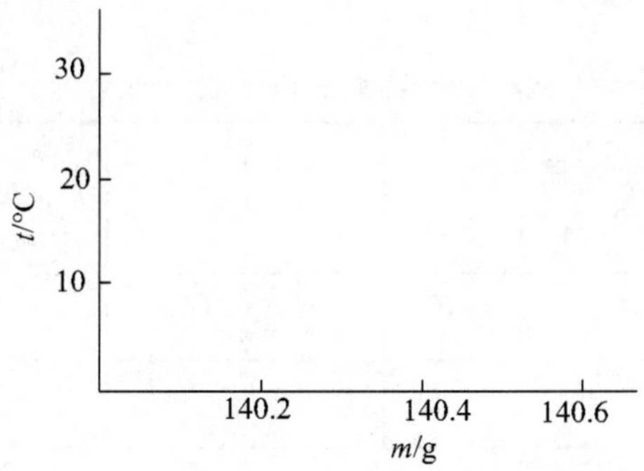

图 4.1　绘制温度与瓶、水总质量曲线

四、试验步骤

（1）将比重瓶烘干。称量烘干试样 15 g 装入 100 mL 比重瓶，称试样和瓶的总质量，准确至 0.001 g。

（2）向比重瓶内注入半瓶纯水，摇动比重瓶，并放在砂浴上煮沸，煮沸时间自悬液沸腾算起，砂土及低液限黏土不应少于 30 min，高液限黏土、粉土不得少于 1 h。沸腾后应调节砂浴温度，比重瓶内悬液不得溢出。

（3）将煮沸经冷却的纯水注入装有试样悬液的比重瓶。当用长颈比重瓶时，注水至刻度处；当用短颈比重瓶时，应注满纯水，塞紧瓶塞，多余水自瓶塞毛细管中溢出。将比重瓶放入恒温水槽直至瓶内水温稳定，且瓶内上部悬液澄清。取出比重瓶，擦干瓶外壁，称比重瓶、水、试样总质量，准确至 0.001 g。测定瓶内水温，准确至 0.5 °C。

（4）从温度与瓶、水总质量的关系曲线中查得试验温度下的瓶、水总质量。

五、土粒比重计算

土的比重按下式计算：

$$G_s = \frac{m_d}{m_{bw} + m_b + m_{bws}} \times G_{iT} \tag{4.4}$$

式中　G_s——土的比重；

m_d——干土质量（g）；

m_{bw}——比重瓶、水总质量（g）；

m_{bws}——比重瓶、水、试样总质量（g）；

G_{iT}——T °C 时纯水的比重。

六、试验记录及结果计算

试验记录表见表 4.4。

表 4.4　比重瓶法试验记录

试样编号	比重瓶号	温度	液体密度	比重瓶质量	瓶加干土质量	干土质量	瓶加液体质量	瓶加土加液体质量	与干土同体积的液体质量	土粒密度	平均值
		①	②	③	④	⑤	⑥	⑦	⑧	⑨	
			查表			④－③			⑤+⑥－⑦	⑤/⑧×②	

试验者＿＿＿＿＿＿　　组别＿＿＿＿＿＿　　成绩＿＿＿＿＿＿　　试验日期＿＿＿＿＿

试验四　界限含水率试验

（T 0118—2007）

一、定义和适用范围

（1）本试验的目的是联合测定土的液限和塑限，为划分土类及计算天然稠度、塑性指数，供公路工程设计和施工使用。

（2）本试验适用于粒径不大于 0.5 mm、有机质含量不大于试样总质量 5% 的土。

二、仪器设备

（1）LP-100 型液限塑限联合测定仪：锥质量为 100 g，锥角为 30°，读数显示形式宜采用光电式、游标式、百分表式，见图 4.2。

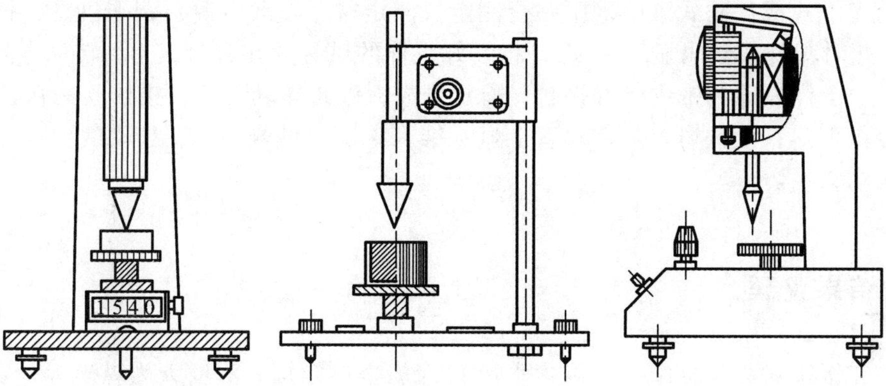

（a）光电式　（b）游标式　（c）百分表式

图 4.2　液限塑限联合测定仪

（2）盛土杯：直径 5 cm，深度 4 cm ~ 5 cm。

（3）天平：称量 200 g，感量 0.01 g。

（4）其他：筛（孔径 0.5 mm）、调土刀、调土皿、称量盒、研钵（附带橡皮头的研杵或橡皮板、木棒）干燥器、吸管、凡士林等。

三、试验步骤

（1）取有代表性的天然含水率或风干土样进行试验。如土中含大于 0.5 mm 的土粒或杂物时，应将风干土样用带橡皮头的研杵研碎或用木棒在橡皮板上压碎，过 0.5 mm 的筛。

取 0.5 mm 筛下的代表性土样 200 g，分开放入 3 个盛土皿中，加不同数量的蒸馏水，土样的含水量分别控制在液限（*a* 点）、略大于塑限（*c* 点）和二者的中间状态（*b* 点）。用调土刀调匀，盖上湿布，放置 18 h 以上。测定 *a* 点的锥入深度应为 20 mm ± 0.2 mm；测定 *c* 点的锥入深度应控制在 5 mm 以下。对于砂类土，测定 *c* 点的锥入深度可大于 5 mm。

（2）将制备的土样充分搅拌均匀，分层装入盛土杯，用力压密，使空气逸出。对于较干的土样，应先充分搓揉，用调土刀反复压实。试杯装满后，刮成与杯边齐平。

（3）当用游标式或百分表式液限塑限联合测定试验时，调平仪器，提起锥杆（此时游标或百分表读数为零），锥头上涂少许凡士林。

（4）将装好土样的试杯放在联合测定仪的升降座上，转动升降旋钮，待尖与土样表面刚好接触时停止升降，扭动锥下降旋钮，同时开动秒表，经 5 s 后，松开旋钮，锥体停止下落，此时游标读数即为锥入深度 h_1。

（5）改变锥尖与土接触位置（锥尖两次锥入位置距离不小于 1 cm），重复（3）和（4）步骤，得锥入深度 h_2。h_1、h_2 允许误差为 0.5 mm，否则应重做。取 h_1、h_2 平均值作为该点的锥入深度 h。

（6）去掉锥尖入土处的凡士林，取 10 g 以上的土样两个，分别装入称量盒内，称质量（准确至 0.01 g），测定其含水量 w_1、w_2（计算到 0.1%）。计算含水量平均值 w。

（7）重复（2）至（6）步骤，对其他两个含水率土样进行试验，测其锥入深度和含水率。

（8）用光电式或数码式液限塑限联合测定仪测定时，接通电源，调平机身，打开开关，提上锥体（此时刻度或数码显示为零）。将装好土样的试杯放在升降座上，转动升降旋钮，试杯徐徐上升，土样表面和锥尖刚好接触，指示灯亮，停止转动旋钮，锥体立刻自行下沉，5 s 后，自动停止下落，读数窗上或数码管上显示锥入深度。试测完毕，按动复位按钮，锥体复位，读数显示为零。

四、试验结果整理

（1）在二级双对数坐标纸上，以含水量 w 为横坐标，锥入深度 h 为纵坐标，点绘 a、b、c 三点含水量的 h-w 线，连此三点，应呈一条直线（图 4.3（a））。如三点不在同一直线上，要通过 a 点与 b、c 两点连成两条直线，根据液限（a 点含水率）在 h_p-w_L 图上查得 h_p，以此 h_p 再在 h-w 图上的 ab 及 ac 两直线上求出相应的两个含水率。当两个含水率的差值小于 2% 时，以该两点含水率的平均值与 a 点连成一直线（图 4.3（b））；当两个含水率的差值大于 2% 时，应重做试验。

（2）在 h-w 图上，查得纵坐标入土深度 $h = 20$ mm 所对应的横坐标的含水率 w，即为该土样的液限 w_L。

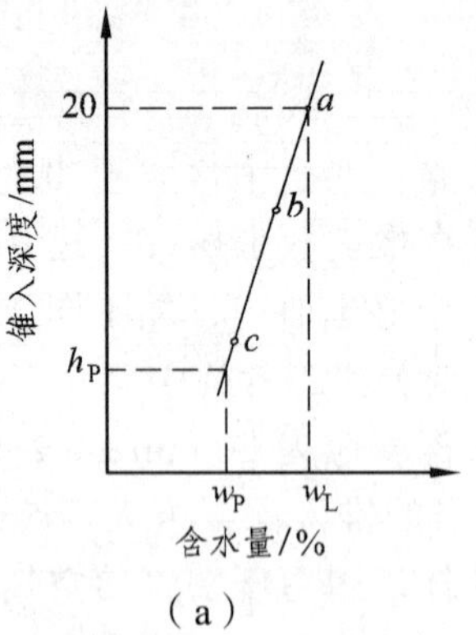

（a）

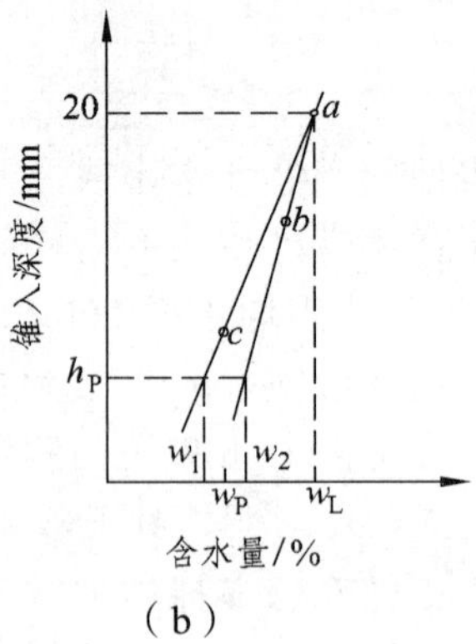

（b）

图 4.3　点绘 h-w 线

（3）根据上面（2）求出的液限，通过液限 w_L 与塑限时入土深度 h_p 关系曲线（表 4.5），查得 h_p，再由图求出入土深度为 h_p 时所对应的含水率，即为该土样的塑限 w_p。查 w_L-h_p 关系图时，须先通过简易鉴别法及筛分法，把砂类土与细粒土区别开来，再按这两种土分别

采用相应的 w_L-h_p 关系曲线。对细粒土，用双曲线确定 h_p 值；对砂类土，则用多项式曲线确定 h_p 值。

表 4.5　液限塑限联合测定试验记录

项目名称			试验单位		
使用范围		试验规程编号		试验日期	
土样说明			取样地点		
土样编号					

试验次数		1		2		3	
入土深度/mm	h_1						
	h_2						
	$(h_1+h_2)/2$						
含水率/%	盒　号						
	盒质量/%						
	盒+湿土质量/g						
	盒+干土质量/g						
	水分质量/g						
	干土质量/g						
	含水率/%						
	平均含水率/%						

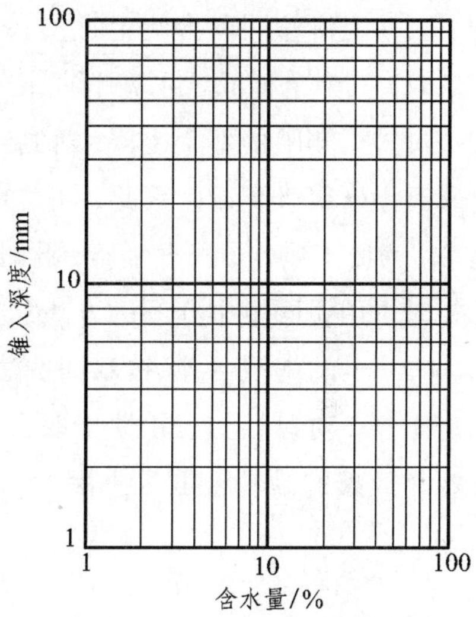

液限 w_L = 　　塑限 w_p =

塑性指数 =

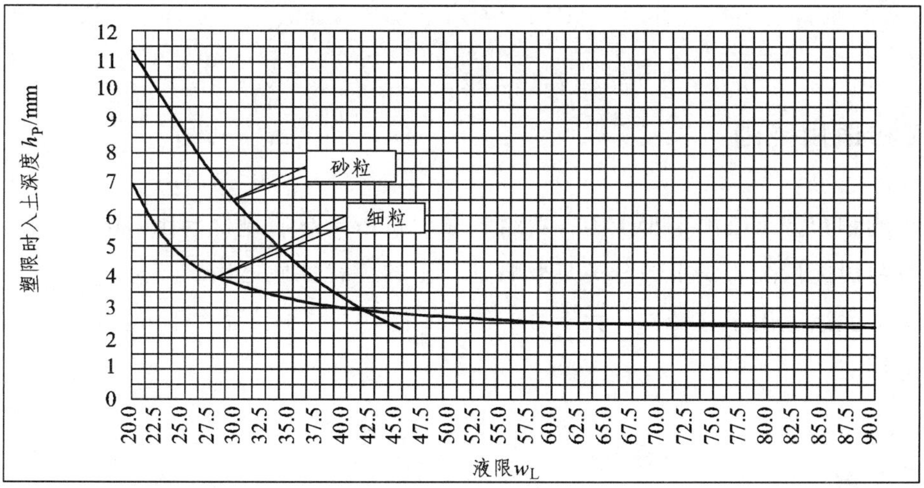

结论：

试验者__________　组别__________　成绩__________　试验日期__________

五、报　告

（1）土的鉴别分类和代号。

（2）土的液限 w_L、塑限 w_p 和塑性指数 I_p。

六、注意事项

（1）当液塑限联合测定时，土体的含水量均匀及密实与否，对试验精度影响极大。在土样制备时，三个土样的含水率不宜十分拉近，否则不易控制联合测定曲线的走向，影响测定精度。含水量接近塑限的那个土样，对测定影响很大。当含水率等于塑限时，该点控制曲线走向最准。但此时土样很难调制。因此，可先将制备好的土样充分搓揉，再将它紧密地压入盛土杯，然后刮平。为便于操作，根据经验，此时的含水率可略加大，一般以锥入深度为 4 mm ~ 5 mm 为限。必要时可用说明书中介绍的方法，控制紧密度 $K_2 > 0.95$ 为宜。

（2）土的塑限 w_p 除按双曲线法确定外，也可近似地按经验确定之。方法是根据简单鉴别确定土类，对黏性土、粉性土取入土深度为 2.4 mm，对可搓成条的砂性土取入土深度 5 mm，对难搓成条的砂性土取入土深度为 10 mm 时，在 h-w 图上所对应的含水量，即为该土样的塑限 w_p。

试验五　颗粒分析试验（筛分法）

（T 0115—93）

一、定义和适用范围

（1）土的颗粒分析是测定干土中各料组的颗料重占土总质量百分比的试验方法。目的是了解土的颗料级配情况，供土的分类及概略判断土的工程性质之用。

（2）本试验法适用于分析粒径大于 0.075 mm 的土。对于粒径大于 60 mm 的土样，本实验方法不适用。

二、仪器设备

（1）标准筛：粗筛（圆孔），孔径为 60 mm、40 mm、20 mm、10 mm、5 mm、2 mm；细筛，孔径为 2.0 mm、1.0 mm、0.5 mm、0.25 mm、0.075 mm。

（2）天平：称量 5 000 g，感量 5 g；称量 1 000 g，感量 1 g；称量 200 g，感量 0.2 g。

（3）摇筛机（也可采用人工筛）。

（4）其他：烘箱、筛刷、烧杯、木碾、研钵及杵等。

三、试　样

从风干、松散的土样中，用四分法按照下列规定取出具有代表性的试样：

（1）小于 2 mm 颗粒的土 100 g ~ 300 g。

（2）最大粒径小于 10 mm 的土 300 g ~ 900 g。

（3）最大粒径小于 20 mm 的土 1 000 g ~ 2 000 g。

（4）最大粒径小于 40 mm 的土 2 000 g ~ 4 000 g。

（5）最大粒径大于 40 mm 的土 4 000 g 以上。

四、试验步骤

1. 对于无黏聚性的土

（1）按规定称取试样，将试样分批过 2 mm 筛。

（2）将大于 2 mm 的试样按从大到小的次序，通过大于 2 mm 的各级粗筛，将留在筛上的土分别称量。

（3）2 mm 筛下的土数量过多，可用四分法缩分至 100 g ~ 800 g；将试样按从大到小的次序通过小于 2 mm 的各级细筛。可用摇筛机进行振摇，振摇时间一般为 10 min ~ 15 min。

（4）由最大孔径的筛开始，顺序将各筛取下，在白纸上用手轻叩摇晃，至每分钟筛下数量不大于该级筛余质量的 1% 为止；漏下的土粒应全部放入下一级筛内，并将留在各筛上的土样用软毛刷刷净，分别称量。

（5）筛后各级筛上和筛底土总质量与筛前试样质量之差，不应大于 1%。

（6）如 2 mm 筛下的土不超过试样总质量的 10%，可省略细筛分析；如 2 mm 筛上的土不超过试样总质量的 10%，可省略粗筛分析。

2. 对于含有黏土粒的砂砾土

（1）将土样放在橡皮板上，用木碾将黏结的土团充分碾散、拌匀、烘干、称量。当土样过多时，用四分法称取代表性土样。

（2）将试样置于盛有清水的瓷盆中，浸泡并搅拌，使粗细颗粒分散。

（3）将浸润后的混合液过 2 mm 筛，边冲边洗过筛，直至筛上仅留大于 2 mm 以上的土粒为止；然后，将筛上洗净的砂砾风干称量。按以上方法进行粗筛分析。

（4）通过 2 mm 筛下的混合液存放在盆中，待稍沉淀，将上部悬液过 0.075 mm 洗筛，用带橡皮头的玻璃研磨盆内浆液；再加清水，搅拌、研磨、静置、过筛，反复进行，直至盆内悬液澄清；最后，将全部土粒倒在 0.075 mm 筛上，用水冲洗，直到筛上仅留下大于 0.075 mm 的净砂为止。

（5）将大于 0.075 mm 的净砂烘干称量，并进行细筛分析。

（6）将大于 2 mm 的颗粒及 2 mm ~ 0.075 mm 的颗粒质量从原称量的总质量中减去，即为小于 0.075 mm 的颗粒质量。

（7）如果小于 0.075 mm 颗粒质量超过总土质量的 10%，有必要时，将这部分土烘干、取样，另做比重计或移液管分析。

五、试验结果整理

（1）按式（4.5）计算小于某粒径的颗粒质量百分数。

$$X = \frac{A}{B} \times 100 \tag{4.5}$$

式中 X——小于某粒径颗粒的质量百分数（%）；

A——小于某粒径的颗粒质量（g）；

B——试样的总质量（g）。

（2）当小于 2 mm 的颗粒如用四分法缩分取样时，试样中小于某粒径的颗粒质量占总土质量的百分数按下式计算：

$$X = \frac{a}{b} \times p \times 100 \tag{4.6}$$

式中 a——通过 2 mm 筛的试样中小于某粒径的颗粒质量（g）；

b——通过 2 mm 筛的土样中所取试样的质量（g）；

p——粒径小于 2 mm 的颗粒质量百分数（%）。

（3）在半对坐标上，以小于某粒径的颗粒质量百分数为纵坐标，以粒径（mm）为横坐标，绘制颗粒大于级配曲线，求出各粒组的颗粒质量百分数，以整数（%）表示。

（4）必要时按下式计算不均匀系数：

$$C_u = \frac{d_{60}}{d_{10}} \tag{4.7}$$

式中 C_u——不均匀系数；

d_{60}——限制粒径，即土中小于该粒径的颗粒质量为 60% 的粒径（mm）；

d_{10}——有效粒径，即土中小于该粒径的颗粒质量为 10% 的粒径（mm）。

六、报　告

（1）土的鉴别分类和代号。

（2）颗粒级配曲线。

（3）不均匀系数 C_u。

（4）将实验分析结果填入土的颗料大小分析表及粒径分配曲线表 4.6、表 4.7。

七、注意事项

（1）对于粒径大于 0.1 mm 的土，采用筛分法。但必须注意对于砂（无黏聚性土）可用干筛法；对于含有部分黏性土的砾质土，必须采用水筛法，以保证颗粒充分分散。

（2）对于砾石土等颗粒较大的土样，按其最大粒径决定试样的数量，这样比较直观，易于掌握，又可得到比较有代表性的数据。

（3）土的颗粒大小分析记录见表 4.6 ~ 4.7。

表 4.6　土的颗粒大小分析试验记录（筛分法）

筛前总土质量 = g		小于 2 mm 土质量 = g		小土 2 mm 土占总土质量 = %		小于 2 mm 取试样质量 = g		
粗筛分析				细筛分析				
孔径/mm	累积筛留土质量/g	小于该孔径的土质量/g	小于该孔径的土质量百分比/%	孔径/mm	累积筛留土质量/g	小于该孔径的土质量/g	小于该孔径的土质量百分比/%	占总土质量百分比/%

表 4.7　路基、路面材料颗粒分析记录（粒径分配曲线表）

工程名称		试验规程	
取样地点		试验日期	

（粘贴颗粒级配曲线图）

试验结果	$d_{10}=$ $d_{30}=$ $d_{60}=$ 土的名称代号：	不均匀系数 $C_u=d_{60}/d_{10}=$ 曲率系数 $C_c=(d_{30})^2/d_{10}\times d_{60}=$

试验六　击实试验

（T 0131—2007）

一、试验目的及适用范围

（1）用标准击实试验方法，在一定夯击功能下测定各种细粒土、含砾土等含水量与干密度的关系，从而确定土的最佳含水量与相应的最大干密度，借以了解土的压实性能，作为工地土基压实控制的依据。

（2）本试验分轻型击实和重型击实。内径 100 mm 试筒适用于粒径不大于 20 mm 的土，内径 152 mm 试筒适用于粒径不大于 40 mm 的土。

二、仪器设备

（1）标准击实仪（图 4.4 和图 4.5）。轻、重型试验方法和设备的主要参数应符合表 4.8 的规定。

（2）烘箱及干燥器。

（3）天平：感量 0.01 g。

（4）台秤：称量 10 kg，感量 5 g。

（5）圆孔筛：孔径 40 mm、20 mm 和 5 mm 各 1 个。

（6）拌和工具：400 mm × 600 mm、深 70 mm 的金属盘，土铲。

（7）其他：喷水设备、碾土器、盛土盘、量筒、推土器、铝盒、修土刀、平直尺等。

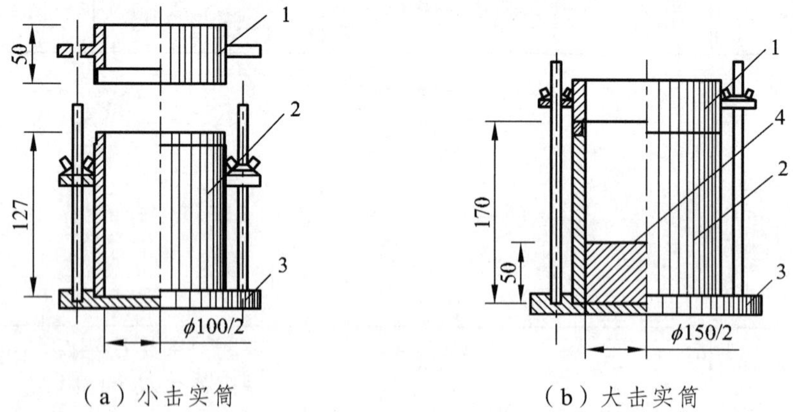

（a）小击实筒　　（b）大击实筒

图 4.4　击实筒（尺寸单位：mm）

1—套筒；2—击实筒；3—底板；4—垫块

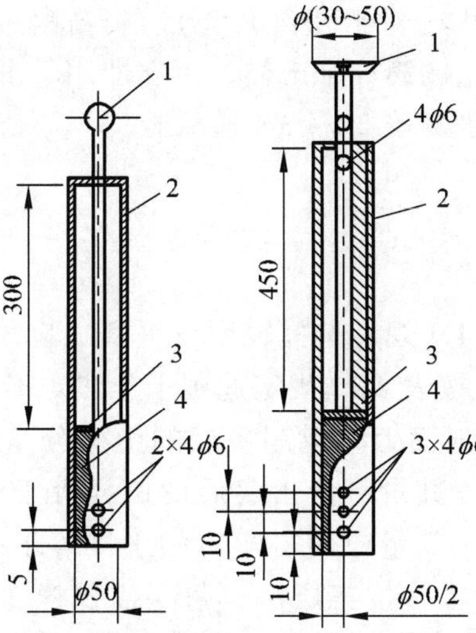

（a）2.5 kg 击锤（落高 30 cm）（b）4.5 kg（落高 45 cm）

图 4.5　击实锤和导杆（尺寸单位：mm）

表 4.8　轻重型试验方法和设备的主要参数

试验方法	类别	锤底直径/cm	锤质量/kg	落高/cm	试筒尺寸			层数	每层击数	击实功/（kJ/cm²）	最大粒径/mm
					内径/cm	高/cm	容积/cm³				
轻型	Ⅰ-2	5	2.5	30	10	12.7	997	3	27	589.2	20
	Ⅰ-2	5	2.5	30	15.2	12	2 177	3	59	598.2	40
重型	Ⅱ-1	5	4.5	45	10	12.7	997	5	27	2 687	20
	Ⅱ-2	5	4.5	45	15.2	12	2 177	3	98	2 687	40

三、试　样

本试验可分别采用不同的方法准备试样，各方法可按表 4.9 准备试样。

表 4.9　试料用量

使用方法	类别	试筒内径/cm	最大粒径/mm	试料用量/kg
干土法，试样不重复使用	b	10	至 20	至少 5 个试样，每个 3
		15.2	至 40	至少 5 个试样，每个 6
湿土法，试样不重复使用	c	10	至 20	至少 5 个试样，每个 3
		15.2	至 40	至少 5 个试样，每个 6

（1）干土法（土不重复使用）：按四分滚动至少准备 5 个试样，分别加入不同水分（按 2%～3% 含水量递增），拌匀后闷料一夜备用。

（2）湿土法（土不重复使用）：对于高含水量土，可省略过筛步骤，用手拣除大于 40 mm 的粗石子即可，保持天然含水量的第一个土样，可立即用于击实试验。其余几个试样，将土分成小土块，分别风干，使含水量按 2% ~ 3% 递减。

四、试验步骤

（1）根据工程要求，按表 4.9 规定选择轻型或重型试验方法。根据土的性质（含易出碎风化石数量多少含水量高低），按表 4.10 规定选用干土法（不重复使用）或湿土法。

（2）将击实筒放在坚硬的地面上，取制备好的土样分 3 ~ 5 次倒入筒内。小筒按三层法时，每次一般 800 g ~ 900 g（其量应使击实后的试样等于或略高于筒高的 1/3）；按五层法时，每次一般 400 g ~ 500 g（其量应使击实后的土样等于或略高于筒高的 1/5）。对于大试筒，先将垫块放入筒内底板上，按三层法，每层需试样 1 700 g 左右。整平表面，并稍加压紧，然后按规定的击数进行第一层土的击实，击实时击锤应自由垂直落下，锤迹必须均匀分布于土样面，第一层击实完后，将试样层面“拉毛”，然后再装入套筒，重复上述方法进行其余各层土的击实。小试筒击实后，试样不应高于筒顶面 5 mm；大试筒击实后，试样不应高出筒顶面 6 mm。

（3）修土刀沿套筒内壁削刮，使试样与套筒脱离后，扭动并取下套筒，齐筒顶细心削平试样，拆除底板，擦净筒外壁，准确至 1 g。

（4）用推土器推出筒内试样，从试样中心处取样测其含水量，计算至 0.1%。测定含水量用试样的数量按表 4.10 规定取样（取出有代表性的土样）。两个试样含水率的精度应符合表 4.1 的规定。

表 4.10　测定含水率用试样的数量

最大粒径/mm	试样质量/g	个数
<5	15 ~ 20	2
约 5	约 50	1
约 19	约 250	1
约 38	约 500	1

（5）对于干土法和湿土法（土不重复使用），将试样搓散，然后按上述方法进行洒水、拌和，但不须闷料，每次一般增加 2% ~ 3% 的含水率，其中有两个大于和两个小于最佳含水率，所需加水量按式（4.8）计算。

$$m_{\mathrm{w}}=\frac{m_i}{1+0.01w_i}\times 0.01(w-w_i) \tag{4.8}$$

式中　m_{w}——所需的加水量（g）；

m_i——含量 w_i 时土样的质量（g）；

w_i——土样原有含水率（%）；

w——要求达到的含水率（%）。

按上述步骤进行其他含水率试样的击实试验。

对于干土法（土不重复使用）和湿土法，按上述方法制备各个试样，分别按上述步骤进行击实试验。

五、试验结果整理

（1）按式（4.9）计算击实后各点的干密度。

$$\rho_d = \frac{\rho}{1+0.001w} \tag{4.9}$$

式中　ρ_d——干密度（g/cm^3），精确至 0.01；

ρ——湿密度（g/cm^3）；

w——含水率（%）。

（2）以干密度为纵坐标，含水量为横坐标，绘制干密度与含水率的关系曲线（图 4.6），曲线上峰值点的纵、横坐标分别为干密度和最佳含水率。如曲线不能绘出明显的峰值点，应进行补点或重做。

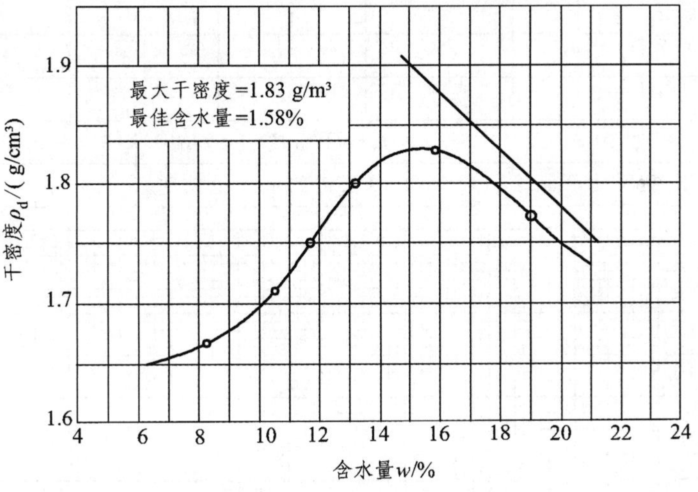

图 4.6　干密度与含水率的关系曲线

（3）试验记录表见表 4.11。

六、报　告

（1）土的鉴别分类和代号。

（2）土的最佳含水率 w_b（%）。

（3）土的最大干密度 ρ_{dm}（g/cm^3）。

表 4.11　击实试验记录

项目名称				试验单位			
取样地点		使用范围		试筒体积	cm^3	试验日期	
击锤质量	kg	落距	cm	每层击数		试验规程编号	
超尺寸颗粒粒径及含量				击实层数			

试验序号		1		2		3		4		5		6	
干密度	加水量/g												
	筒+土质量/g												
	筒质量/g												
	湿土质量/g												
	湿密度/(g/cm^3)												
	干密度/(g/cm^3)												
含水量	盒　号												
	盒+湿土质量/g												
	盒+干土质量/g												
	盒质量/g												
	水质量/g												
	干土质量/g												
	含水率/%												
	平均含水率/%												

最佳含水率/%		最大干密度/(g/cm^3)			
超尺寸颗粒毛体积比重和吸水量		修正后的最大干重度		最佳含水率	

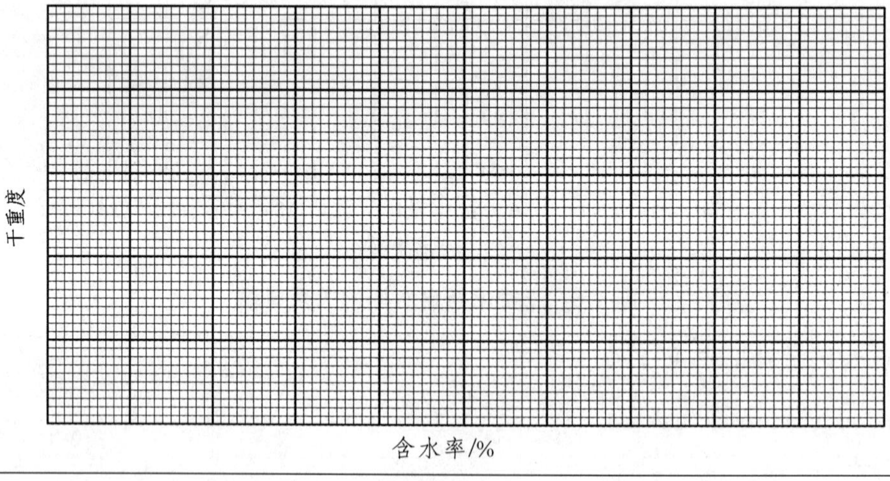

结论

试验者__________　　组别__________　　成绩__________　　试验日期__________

试验七　土的压缩固结试验

（GB/T 50123—1999）

一、试验目的

土的压缩是土在荷重作用下固结产生变形的过程，本试验的目的是测定试样在侧限轴向排水条件下的孔隙比与压力间的关系，并计算压缩系数 $a_{0.1\text{-}0.2}$ 及压缩模量 E_s。

二、主要仪器设备

压缩仪、百分表、环刀、刮土刀、钢丝锯。

三、试验原理

土是土颗粒的集合体，其间存在孔隙，土体积的减小主要是由于土中孔隙体积压缩减小及土粒本身产生压缩变形，产生的变形在压缩仪的百分表上测出。

做试验时压力 P 逐级加上，逐级加压的数值为 0.1、0.2、0.3、0.4 MPa，每次加压后，应等试样压缩停后再测出其压缩量，算出不同压力下的土样孔隙比 e，以 P 为横坐标，将试验结果绘在图上，可得出 e 与 P 的关系曲线即压缩曲线，有了该曲线就可查出一定压力下的孔隙比。

四、试验步骤

（1）从原状土样中切取原状土样，切入环刀内，刮平称重，并按规定测试样的密度和含水量。

（2）将带有环刀的试样小心装入护环，装入压缩仪容器内，然后放入透水石和加压盖板，置于加压框架的正中，安装百分表并用湿棉纱围住加压盖板四周，避免水分蒸发。

（3）先施加较小的预压荷重（1 kPa），然后调整百分表（表 4.12）。

表 4.12　土样加压顺序表

固结压力/MPa	0.1	0.2	0.3	0.4
砝码累计（2.549 kg）	1	2	3	4

（4）荷重采用 0.1、0.2、0.3、0.4、0.5 MPa，在试验过程中，应始终保持加荷杠杆水平。

（5）按规定于下列时刻测记百分表读数：10 min、20 min、60 min、120 min、23 h 和 24 h 至稳定为止（百分表读数每小时变化不超过 0.005 mm 认为压缩稳定）。每级荷重压缩 24 h，测记压缩稳定后读数，再施加下一级荷重，依次加荷至试验结束。

（6）由于学生做试验时间有限，故取消第（5）条步骤，规定每级荷重加压 10 min，测记量表读数（就算它为 24 h 后的稳定读数），再施加下一级荷重。

（7）所加荷重情况。

五、试验记录及结果分析

试验记录表见表 4.13。结果分析表见表 4.14、表 4.15。

表 4.13　土的压缩固结试验记录

颗粒比重 = 天然密度 =　　g/cm^3	天然含水量 /%		试样原始高度 $H = 20$ mm		原始孔隙比 e_0 $= \gamma_0(1+w)/\gamma - 1$		土样颗粒高度 /mm $h_0 = H/(1+e_0)$	
加荷压力/MPa	0.1		0.2		0.3		0.4	
起止 时间/读数	时间	读数	时间	读数	时间	读数	时间	读数
起始值/mm								
终值/mm								
压缩稳定后 总变形量/mm								
仪器变形量/mm	0.024		0.036		0.045		0.053	
试样总变形量/mm								
压缩后试样高度/mm								
各级荷载作用下 土样孔隙比 $e = h/h_0 - 1$								
压缩系数 $a_{1\text{-}2}$ =	1/ MPa				压缩模量 $E_{s1\text{-}2}$ =			

压缩系数 $a_{1\text{-}2} = (e_1 - e_2)/(P_2 - P_1)$

压缩模量 $E_{s1\text{-}2} = (1 + e_1)/a_{1\text{-}2}$

表 4.14　压缩试验结果分析（1）

压力/MPa	0.1	0.2	0.3	0.4	0.5
初读数/mm					
压缩稳定后读数/mm					
仪器变形量/mm					
总变形量/mm					
试样变形量/mm					

表 4.15　压缩试验结果分析（2）

压力 /MPa	试样变形量 $\sum \Delta h_1$	压缩后试样高度 $h = h_0 - \sum \Delta h_1$	孔隙比 $e = h/h_0 - 1$	孔隙变化 $\Delta e = e_1 - e_2$	压力变化 $\Delta P = P_1 - P_2$	压缩系数 /（1/MPa）
0.1						
0.2						
0.3						
0.4						
0.5						

空隙比与压力关系图

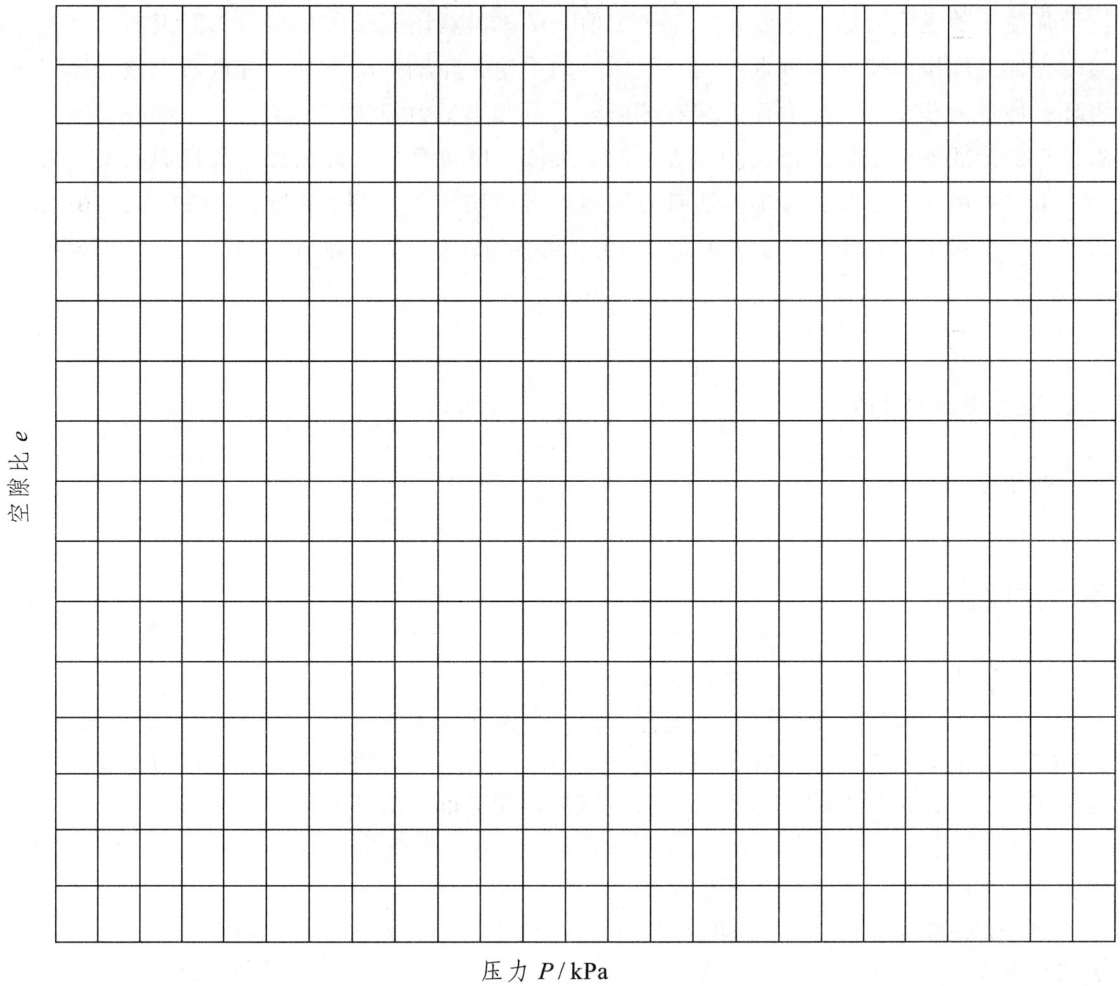

试验八　土直接剪切（快剪）试验

（GB/T 50123—1999）

一、试验目的

测定土的摩擦角φ及黏聚力c。

二、试验原理

土剪切破坏的发生，不是由于土颗粒被剪破，而是由于土粒之间发生滑动或滚动所致，土粒间发生滑动时的摩阻力就是土的抗剪强度的主要来源（对于黏性土还有黏聚力），摩阻力不是常数，它随剪切面上正应力σ的大小而变化，而一般建筑材料（如钢材、混凝土等）的抗剪强度不随正应力的大小变化，是一定值。本试验利用直接剪切仪进行直接剪切试验，试验时先通过加压框架施加垂直压力，然后摇动手轮，轮轴推动下盒，并载着上盒匀速移向量力环，使量力环变形，量力环上装有测微表，可测出量力环的变形值，当土样被剪坏时，测微表上的读数不再增加，根据测微表上的最大读数即可算出土样剪坏时剪切面的剪应力τ。

本实验取四个试样，分加四级垂直压力进行剪切，压力大小为 0.1、0.2、0.3、0.4 MPa，每剪切一试样可得一组正应力σ及剪应力τ，将各组σ和τ值标在坐标图上，即可得到抗剪强度曲线。

三、主要仪器设备

剪切仪。

四、试验步骤

按工程需要，从原状土样中切取原状土样。

（1）每组试验取四个试样，在垂直压力分别为 0.1、0.2、0.3、0.4 MPa 下进行剪切试验。

（2）对准上下盒，插入固定销，在下盒内放上透水石，将装有试样的环刀平口向下，对准剪切盒口，在试样上放上透水石，然后将试样徐徐推入剪切盒内移去环刀。

（3）转动手轮使上盒前端钢珠刚好与量力环接触，调整量力环中的量表，使之读数为零，顺次加上加压盖板、钢珠、加压框架。

（4）在施加垂直压力后，立即拔固定销开动秒表，以每分钟 4 ~ 12 转的均匀速率旋转手轮，使试样在 3 min ~ 5 min 内剪坏，如量力环中量表指针不再前进或有显著后退，表示试件已剪损，便是一般剪切变形宜达到 4 mm，若量表指针继续前进，则剪切变形达到 6 mm 为止，同时测记试样剪损时量力环量表读数（手轮旋转 1 周变形 0.2 mm）。

五、试验结果整理

（1）根据下式计算所测试样的剪应力：

$$\tau = K \times R \tag{4.10}$$

式中 τ——剪应力（MPa）；

K——量力环率定常数（MPa/mm）；

R——百分表读数（mm）。

（2）试验记录表见表 4.16。试验结果分析见表 4.17。

表 4.16 试验记录

量力环率定常数 K 为 0.233 MPa/mm				
垂直压力 σ/MPa	0.1	0.2	0.3	0.4
试样剪损前量表读数/mm				
试样剪损时量表读数/mm				
剪应力 τ/MPa				

表 4.17 剪切试验结果分析

量力环率定常数 K 为 0.233 MPa/mm				
垂直压力 σ/MPa	0.1	0.2	0.3	0.4
试样剪损前量表读数/mm				
试样剪损时量表读数/mm				
量表读数差/mm				
剪应力 τ/MPa				

（3）根据计算结果画出抗剪强度 τ 与垂直压力 σ 之间的关系曲线，并计算摩擦角 φ 及黏聚力 c。公式为：

$$\tau = \sigma \tan\varphi + c$$

抗剪强度τ与垂直压力σ之间的关系曲线

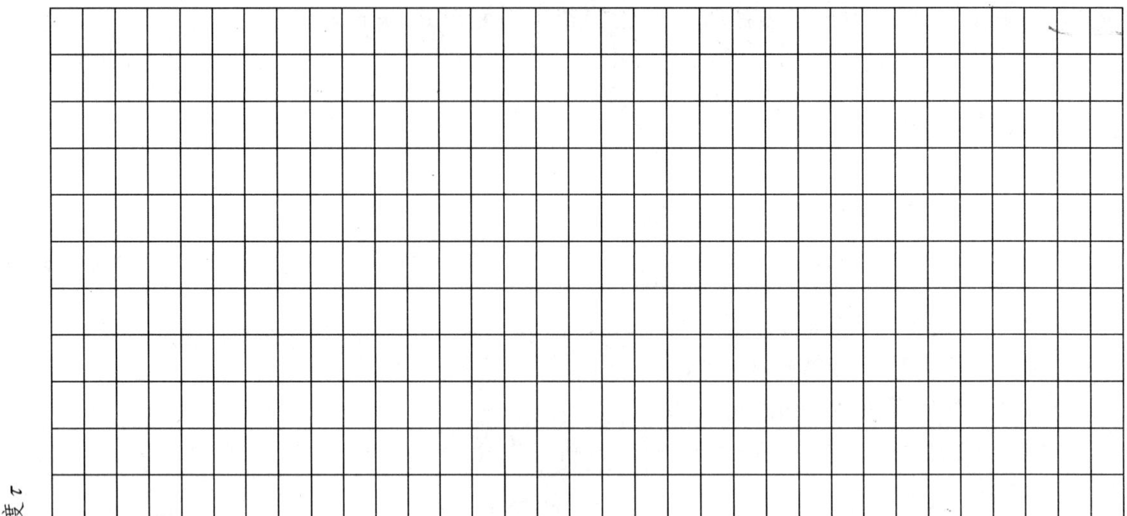

第五章 无机结合料稳定土试验

试验一　无侧限抗压强度试验

（T 0805—1994）

一、试验目的及适用范围

本试验法适用于测定无机结合料稳定材料（包括稳定细粒土、中粒土和粗粒土）试件的无侧限抗压强度。

二、仪器设备

（1）标准养护室。

（2）水槽：深度应大于试件高度 50 mm。

（3）压力机或万能试验机（也可用路面强度试验仪和测力计）；压力机应符合现行《液压式压力试验机》（GB/T 3722）及《试验机通用技术要求》（GB/T 2611）中的要求，其测量精度为正负 1%，同时应具有加载速率指示装置或加载速率控制装置。上下压板平整并有足够刚度，可以均匀地连续加载卸载，可以保持固定荷载。开机停机均灵活自如，能够满足试件吨位要求，且压力机加载速率可以有效控制在 1 mm/min。

（4）电子天平：量程 15 kg，感量 0.1 g；量程 4 kg，感量 0.01 g。

（5）量筒、拌和工具、大小铝盒、烘箱等。

（6）球形支座。

（7）机油：若干。

三、试　样

（1）将具有代表性的风干土试样（必要时，也可在 50 °C 烘箱内烘干），用木槌和木碾捣碎，但应避免破碎土或粒径。将土过筛并进行分类。如试料为粗粒土，则除去大于 37.5 mm 的颗粒备用。如试料为中粒土，则除去大于 19 mm 的颗粒备用。如试料为细粒土，则除去大于 5 mm 的颗粒备用。

（2）在预定做试验的前一天，取有代表性的试料测定其风干含水量。对于细粒土，试样应不小于 100 g；对于粒径小于 25 mm 的中粒土，试样应不小于 1 000 g；对于粒径小于 37.5 mm 的粒粗土，试样应不小于 2 000 g。

（3）用击实试验确定水泥（石灰）混合料的最佳含水量和最大干密度。

（4）对于同一水泥（石灰）剂量需要制相同状态的试件数量（即平行试验的数量）与土类及操作的仔细程度有关（表 5.1）。

表 5.1　最少试件数量

土　类	偏差系数		
	<10%	10% ~ 15%	15% ~ 20%
细粒土	6	9	
中粒土	6	9	13
粗粒土		9	13

（5）制备试件。

① 称量一定数量的风干土并计算干土重，其数量随试件大小而变。对于 50 mm × 50 mm 试件，1 个试件一般需要干土 180 g ~ 210 g；对于 100 mm × 100 mm 试件，1 个试件一般需要干土 1 700 g ~ 1 900 g；对于 150 mm × 150 mm 试件，1 个试件一般需要干土 5 700 g ~ 6 000 g。

对于细粒土，可以一次称量 6 个试件的土；对于中粒土，可以一次称量 3 个试件的土；对于粗粒土，一次只称量 1 个试件的土。

② 将称量的土放在长方盘（400 mm × 600 mm × 70 mm）内。向土中加水，对于细粒土（特别是粘性土），使其含水量较最佳含水量小 3%。对于中粒土或粗粒土，可按最佳含水量加水。加水量可按式（5.1）估算：

$$Q_w=\left(\frac{Q_n}{1+0.01w_n}+\frac{Q_c}{1+0.01w_c}\right)\times 0.01w-\frac{Q_n}{1+0.01w_n}\times 0.01w-\frac{Q_c}{1+0.01w_c}\times 0.01w_c \tag{5.1}$$

式中　Q_w——混合料中应加水的质量（g）；

Q_n——混合料中土（或粒料）的质量（g）；

Q_c——混合料中水泥（或石灰）的质量（g）；

w——要求达到的混合料的含水量（%）；

w_n——混合料中土的含水量（风干含水量）（%）；

w_c——混合料中水泥（或石灰）的原始含水量（%），通常很小，可以忽略不计。

将土和水拌和均匀后，如为石灰稳定土和水泥、石灰综合稳定土，可将石灰和试样一起拌匀后，放在密闭容器内浸润备用。

浸润时间：黏性土 12 h ~ 24 h；粉性土 4 h ~ 8 h；砂性土、砂砾土、红土砂砾等可缩短到 2 h 左右；含土很少的未筛分碎石、砂砾及砂可以缩短到 1 h。

③ 在浸润过的试料中，加入预定数量的水泥或石灰拌和均匀。在拌和过程中，应将预留的 3% 的水（对于细粒土）加入土中，使混合料含水量达到最佳含水量。拌和均匀的加有

水泥的混合料应在 1 h 内按下述方法制成试件。超过 1 h 的混合料应该作废。其他结合料稳定土除外。

④ 制备预定干密度试件，用反力框架和液压千斤预制作。

a. 制备一个预定干密度的试件，需要的水泥混合料的数量 m_1（g），随试模型的尺寸而变，可按式（5.2）计算：

$$m_1 = \rho_d V(1+w) \tag{5.2}$$

式中 V——试模体积（cm^3）；

w——混合料的含水量（%）；

ρ_d——稳定土试件的干密度（g/cm^3）。

b. 将下压柱放入试模的底部（事先在试模的内壁及上下压柱的底面涂一薄层机油），外露 2 cm 左右；将称量的规定数量 m_1（g）的稳定土混合料分 2 ~ 3 次灌入试模中，每次灌入后用夯棒轻轻均匀插实。如制的是 50 mm × 50 mm 的小试件，则可以将混合料一次倒入试模中。然后将上压柱放入试模内。应使其也外露 2 cm 左右（即上下压柱露出试模外的部分应该相等）。

c. 将整个试模（连同上下压柱）放到反力框架内的千斤顶上，加压直到上下压柱都压进试模为止，维持压力 1 min。解除压力后，取下试模，拿去上压柱，并放到脱模器上将试件顶出（利用千斤顶和下压柱），称试件的质量 m_2，然后用游标卡尺量试件的高度 h，准确到 0.1 mm。

用击锤制作，步骤同前。只是用击锤（可以利用做击实试验的锤，但压柱顶面需要垫一块牛皮，以保护锤面和压柱顶面不损伤）将上下压柱打入试模内。

⑤ 养生。试件从试模内脱出并称重后，应立即放到密封湿气箱内进行保温养生。但中试件和大试件应先用塑料薄膜包裹。有条件时，可采用蜡封保湿养生。在没有上述条件的情况下，也可以将包有塑料薄膜的试件埋在湿砂中进行保湿养生。养生时间视需要而定，一般可以 7 d 和 28 d，作为工地控制，通常都只取 7 d。整个养生期间的温度，在北方地区应保持 20 °C ± 2 °C，在南方地区以保持 25 °C ± 2 °C 为合适。

养生期的最后一天，应该将试件浸泡在水中，水的深度应使水面在试件顶上约 2.5 cm。在浸泡水中之前，应再次称试件的质量 m_3。在养生期间，试件质量的损失应该符合下列规定：小试件不超过 1 g，中试件不超过 4 g，大试件不超过 10 g。质量损失超过此规定的试件，应该作废。

四、试验步骤

（1）根据试验材料的类型和一般的工程经验，选择合适量程的测力计和压力机，试件破坏荷载应大于测力量程的 20%且小于测力量程的 80%。球形支座和上下顶板涂上机油，使球形支座能够灵活转动。

（2）将已浸水一昼夜的试件从水中取出，用软布吸去试件表面的水分，并称试件的质量 m_4。

（3）用游标卡尺量试件的高度 h_1，准确到 0.1 mm。

（4）将试件放到路面材料强度试验仪的升降台上（台上先放一扁球座），进行抗压试验。在试验过程中，应使试件的形变等速增加，并保持速率为 1 m/min。记录试件破坏时的最大压力 P（N）。

（5）从试件内部取有代表性的样品（经过打破）按照 T 0801—2009 方法，测定其含水量 w_1。

五、试验结果整理

试件的无侧限抗压强度用下列相应的公式计算：

$$R_c = P/A \tag{5.3}$$

式中 R_c——试件的无侧限抗压强度（MPa）；

P——试件破坏时的最大压力（N）；

A——试件的截面面积（$A=\frac{\pi}{4}d^2$；d 为试件的直径，单位 mm）。

抗压强度保留 1 位小数。

同一组试件试验中，采用 3 倍均方差方法剔除异常值，小试件可以允许有 1 个异常值，中试件 1 ~ 2 个异常值，大试件 2 ~ 3 个异常值。异常值数量超过上述规定的试验重做。

同一组试件的变异系数 C_v（%）符合下列规定，方为有效试验：小试件 C_v 不大于 6%；小中试件 C_v 不大于 10%；大试件 C_v 不大于 15%。如不能保证试验结果的变异系数小于规定的值，则应按允许误差 10%和 90%概率重新计算所需的试件数量，增加试件数量并另外做新试验。新试验结果与老试验结果一并重新进行统计评定，直到变异系数满足上述规定。

六、报　告

试验报告应包括以下内容：

（1）材料的颗粒组成。

（2）水泥的种类和强度等级或石灰的等级。

（3）重型击实的最佳含水量（%）和最大干密度（g/cm^3）。

（4）无机结合料类型及剂量。

（5）试件干密度（保留 3 位小数，g/cm^3）或压实度。

（6）吸水量以及测抗压强度时的含水量（%）。

（7）抗压强度，保留 1 位小数。

（8）若干个试验结果的最大值和最小值、平均值 $\overline{R}_c$、标准值 S、偏差系数 C_V 和 95% 的概率值。按下式计算：

$$R_{c0.95} = \overline{R}_c - 1.645\,S \tag{5.4}$$

表 5.2　无侧限抗压强度试验记录

工程名称	试件尺寸（cm）
路段范围	养生龄期（d）
混合料名称	加载速率（mm/min）
结合料剂量（%）	试验者
最大干密度（g/cm^3）	校核者
试件压实度（%）	试验日期

试件号					
试件制备方法					
制件日期					
养生前试件质量 m_2/g					
水前试件质量 m_3/g					
水后试件质量 m_4/g					
养生期间的质量损失 $m_2 - m_3$/g					
吸水量 $m_4 - m_3$/g					
养生前试件的高度 h/cm					
侵水后试件的高度 h/cm					
平均值/MPa		变异系数/%		代表值/MPa	

试验二　水泥或石灰剂量测定试验（EDTA 滴定法）

（T 0809—2009）

一、试验目的及适用范围

（1）本法适用于在工地快速测定水泥和石灰稳定土中水泥和石灰的剂量，并可以检查拌和的均匀性。用于稳定的土可以是细粒土，也可以是中粒土和粗粒土。本法不受水泥和石灰稳定土龄期（7 d 以内）的影响。工地水泥和石灰稳定土含水量的少量变化（±2%），实际上不影响测定结果。用本法进行一次剂量测定，只需 10 min 左右。

（2）本法也可以用来测定水泥和石灰综合稳定土中结合料的剂量。

二、设备和仪器

（1）滴定管（酸式）：50 mL，1 支。

（2）滴定管支架：1 个。

（3）滴定管夹：1 个。

（4）大肚移液管：10 mL，10 支。

（5）锥形瓶（即三角瓶）：200 mL，20 个。

（6）烧杯：1 000 mL，1 只；300 mL，10 只。

（7）容量瓶：100 mL，1 个。

（8）搪瓷杯：容量大于 1 200 mL，10 只。

（9）不锈钢搅拌棒或粗玻璃棒：长 30 cm ~ 35 cm，10 根。

（10）托盘天平：称量 500 g、感量 0.5 g 和称量 100 g、感量 0.1 g 各 1 台。

（11）精密试纸：pH = 12 ~ 14，最好用 pH 值测定仪（酸度计）。

（12）量筒：100 mL、5 mL 各 1 个；50 mL，2 只。

（13）棕色广口瓶：60 mL，1 只（装紫脲酸胺粉或钙红），也可以用有盖塑料瓶。

（14）聚乙烯桶：20 L 的 1 个（装蒸馏水）；10 L 的 1 个（装氯化铵溶液）；聚乙烯瓶，1 L 的 1 个（装氢氧化钠）。

（15）聚乙烯试剂瓶：1 L 的 1 个（装 EDTA）。

（16）玻璃试剂瓶：1 个（盛放三乙醇胺）。

（17）秒表：1 只。

（18）表面皿：ϕ9 cm，10 个。

（19）研钵：ϕ12 ~ 13 cm，1 个。

（20）洗耳球 1 个，玻璃棒若干根，毛刷，去污粉，特种铅笔，滴管。

三、试　剂

（1）0.1 mol/m^3 乙二胺四乙酸二钠（简称 EDTA 二钠）标准液。

准确称取 EDTA 二钠（分析纯）37.226 g，用微热的无二氧化碳（CO_2）的蒸馏水溶解，待全部溶解并冷却至室温后，用容量瓶定容至 1 000 mL。

（2）10% 氯化铵（NH_4Cl）溶液。

将 500 g 氯化铵（分析纯或化学纯）放在 10 L 的聚乙烯桶内，加蒸馏水 4 500 mL，充分振荡，使氯化铵完全溶解。也可以分批在 1 000 mL 的烧杯内配制，然后倒入塑料桶内摇匀。

（3）1.8% 氢氧化钠（内含三乙醇胺）溶液。

将 18 g 氢氧化钠（分析纯）放入洁净干燥的 1 000 mL 烧杯中，加入 1 000 mL 蒸馏水使其全部溶解，待溶液冷至室温后，加入 2 mL 三乙醇胺（分析纯），搅拌均匀后储存于塑料桶中。

（4）钙红指示剂。

将 0.2 g 钙（钙红）试剂羟酸钠（分子式 $C_{21}H_{13}O_7N_2SNa$，相对分子质量 460.39）与 20 g 预先在 105 °C 烘箱中烘 1 h 的硫酸钾混合。一起加入研钵中，研成极细粉末，储于棕色广口瓶中，以防吸湿。

四、试验步骤

1. 准备标准曲线

（1）取样。取工地用石灰和集料，风干后分别过 2.0 mm 或 2.5 mm 筛，用烘干法或酒精烯烧法测其含水量（如为水泥可假定其含水量为 0%）。

（2）混合料组成的计算。

① 公式：

$$干料质量=\frac{湿料质量}{1+含水量} \tag{5.5}$$

② 计算步骤：

a. 求干混合料质量 $=\dfrac{300\ \text{g}}{1+最佳含水量}$

b. 干土质量 = 干混合料质量/（1 + 石灰（或水泥）剂量）

c. 干石灰（或水泥）质量 = 干混合料质量 − 干土质量

d. 湿土质量 = 干土质量 ×（1 + 土的风干含水量）

e. 湿石灰质量 = 干石灰质量 ×（1 + 石灰的风干含水量）

f. 石灰中应加入的水 = 300 g − 湿土质量 − 湿石灰质量

（3）准备试样。

① 必须严格保持所有仪器设备的清洁，应该用蒸馏水洗刷。

② 准备 5 种试样，每种 2 个样品（以水泥稳定料为例），如下所述。

1 种：称 2 份 300 g 集料（如为细粒土，则每份的质量可减为 100 g）分别放在 2 个搪瓷杯内。集料的含水量应等于工地预期达到的最佳含水量。集料中所加的水应与工地所用的水相同（300 g 为湿质量）。

2 种：准备 2 份水泥剂量为 2% 的水泥土混合料试样，每份均为 300 g，并分别放在 2 个搪瓷杯内。水泥土混合料的含水量应等于工地预期达到的最佳含水量。混合料中所加的水应与工地所用的水相同。

3 种、4 种、5 种：各准备 2 份水泥剂量分别为 4%、6%、8% 的水泥土混合料试样，每份均为 300 g，并分别放在 6 个搪瓷杯内，其他要求同 1 种。

③ 取一个盛有试样的搪瓷杯，在杯内加 600 mL 10% NH_4Cl 溶液（当仅用 100 g 混合料时，只需 200 mL 10% NH_4Cl 溶液）。用不锈钢搅拌棒充分搅拌 3 min（110 次/min ~ 120 次/min）。如水泥（或石灰）土混合料中的土是细粒土，则也可以用 1 000 mL 锥形瓶代替搪瓷杯，手握锥形瓶（瓶口向上）用力振荡 3 min（每分钟 120 次 ± 5 次），以代替搅拌棒搅拌。放置沉淀

4 min（如 4 min 后得到的是混浊悬浮液，则应增加放置沉淀时间，直到出现澄清悬浮液为止，并记录所需时间。以后所有该种水泥（或石灰）土混合料的试验，均应以同一时间为准）。然后将上部清液移到 300 mL 烧杯内，搅匀，加盖表面皿待测。

④ 用移液管吸取上层（液面下 1 mm ~ 2 mm）悬浮液 10 mL，放入 200 mL 的锥形瓶内，用量筒量取 50 mL 1.8% 氢氧化钠溶液（内含三乙醇胺）倒入三角瓶中，此时溶液 pH 值为 12.5 ~ 13.0（可用 pH 值介于 12.5 ~ 14 的精密试纸），然后加入钙红指示剂（体积约为黄豆大小），摇匀，溶液呈玫瑰红色，用 EDTA 二钠标准液滴定到纯蓝色为终点。记录 EDTA 二钠的耗量（以 mL 计，读至 0.1 mL）。

（4）对其他几个搪瓷杯中的试样，用同样的方法进行试验，并记录各自的 EDTA 二钠的耗量。

（5）以同一水泥或石灰剂量混合料消耗 EDTA 二钠毫升数的平均值为纵坐标，以水泥或石灰剂量（%）为横坐标制图。两者的关系应是一根顺滑的曲线，如图 5.1 所示。如素集料或水泥或石灰改变，必须重做标准曲线。

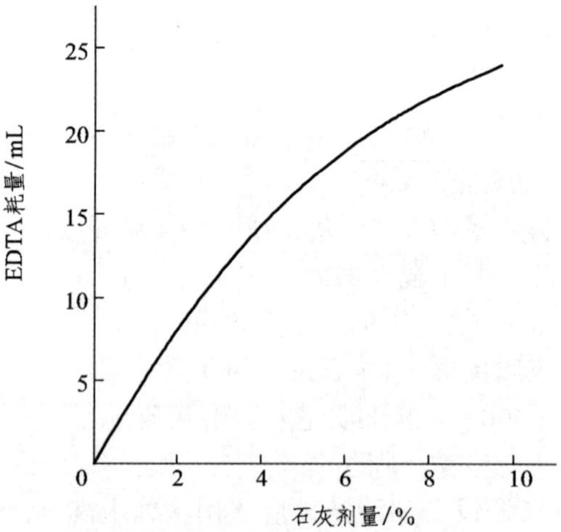

图 5.1　标准曲线

2. 试验操作步骤

（1）选取有代表性的水泥土或石灰土混合料，称 300 g 放在搪瓷杯中，用搅拌棒将结块搅散，加 600 mL 10% NH_4Cl 溶液，然后如前述步骤那样进行试验。

（2）利用所绘制的标准曲线，根据所消耗的 EDTA 二钠毫升数，确定混合料中的水泥或石灰剂量。

3. 注意事项

（1）每个样品搅拌的时间、速度和方式应力求相同，以增加试验的精度。

（2）做标准曲线时，如工地实际水泥剂量较大，素集料和低剂量水泥的试样可以不做，而直接用较高的剂量做试验，但应有两种剂量大于实际用剂量，以及两种剂量小于实际剂量。

（3）配制的氯化铵溶液，最好当天用完，不要放置过久，以免影响试验的精度。

试验记录见表 5.3。

表 5.3　水泥或石灰剂量测定试验记录

项目名称			测试单位		
取样地点		混合料名称		试验日期	
施工范围		试验规程编号		取样日期	
结构层名称		稳定剂种类			

说明：混合料 300 g，每份料用 NH_4Cl 溶液 600 mL 10% 稀释，10 mL 混合料悬浮液，50 mL 1.8% NaOH 溶液

标准曲线标定（每份集料 300 g）	干灰含量	EDTA 耗量/mL		
		1	2	平均
	0%			
	2%			
	4%			
	6%			
	8%			

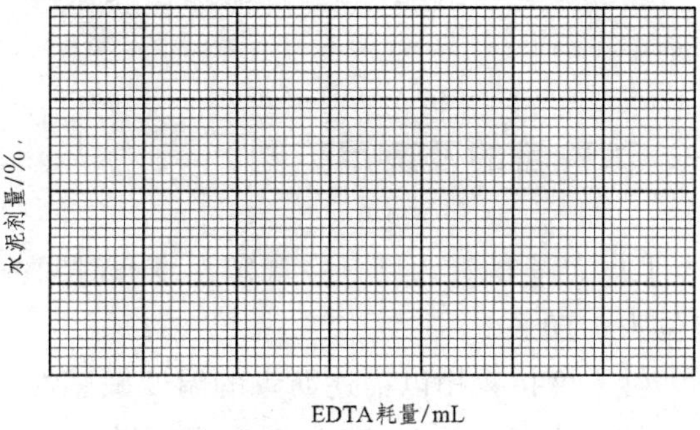

试验序号	取样位置	EDTA 二钠标准液用量（0.1 mL）			水泥剂量/%	平均值 $\bar{X}$	统计结果	备 注
		初读数	末读数	数 量				
							平均值 $\bar{X}$ = 标准差 S = 偏差系数 $C_V = S/\bar{X}$	

试验者__________　　组别__________　　成绩__________　　试验日期_____

第六章
沥青试验

试验一　沥青针入度试验

（T 0604—2011）

一、试验目的及适用范围

（1）沥青的针入度是在规定温度和时间内，附加一定质量的标准针垂直穿入试样的深度，单位为 1/10 mm。

针入度指数用以描述沥青的温度敏感性，宜在 15 °C、25 °C、30 °C 等 3 个或 3 个以上温度条件下测定，若 30 °C 的针入度值过大，可采用 5 °C 代替。当量软化点 T_{800} 是相当于沥青针入度为 800 时的温度，用以评价沥青的高温稳定性。当量脆点 $T_{1.2}$ 是相当于沥青针入度为 1.2 时的温度，用以评价沥青的低温抗裂性能。

（2）本方法适用于测定道路石油沥青、改性沥青针入度以及液体石油馏化或乳化沥青蒸发后残留物的针入度。用本方法评定聚合物改性沥青的改性效果时，仅适用于融混均匀的样品。

二、仪器设备

（1）针入度仪：凡能保证针和针连杆在无明显摩擦下垂直运动，并能使指示针贯入深度准确至 0.1 mm 的仪器均可使用。针和针连杆组合件总质量为 50 g ± 0.05 g，另附 50 g ± 0.05 g 砝码 1 只，试验时总质量为 100 g ± 0.05 g。当采用其他试验条件时，应在试验结果中注明。仪器设有放置平底玻璃保温皿的平台，并有调节水平的装置，针连杆应与平台相垂直。仪器设有针连杆制动按钮，使针连杆可自由下落。针连杆易于装拆，以便检查其质量。仪器还设有可自由转动与调节距离的悬臂，其端部有一面小镜或聚光灯泡，借以观察针尖与试样表面接触情况。当为自动针入度仪时，各项要求与此项相同，温度采用温度传感器测定，针入度值采用位移计测定，并能自动显示或记录，且应对自动装置的准确性经常校验。为提高测试精密度，不同温度的针入度试验宜采用自动针入度仪进行。

（2）标准针：由硬化回火的不锈钢制成，洛氏硬度 HRC = 54 ~ 60，表面粗糙度 R_a = 0.2 ~ 0.3 μm，针及针杆总质量 2.5 g ± 0.05 g，针杆上应打印有号码标志，针应设有固定用装置盒

（筒），以免碰撞针尖，每根针必须附有计量部门的检验单，并定期进行检验，其尺寸及针头如图 6.1 所示。

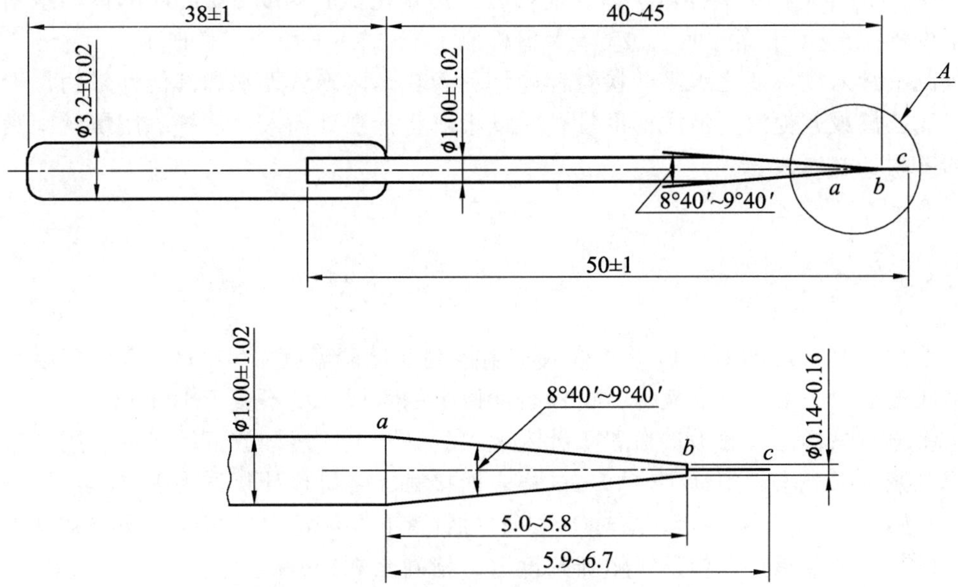

*A*放大图

图 6.1　针入度标准针（尺寸单位：mm）

（3）盛样皿：金属制，圆柱形平底。小盛样皿的内径 55 mm，深 35 mm（适用于针入度小于 200）；大盛样皿内径 70 mm，深 45 mm（适用于针入度为 200 ~ 350）；对针入度大于 350 的试样须使用特殊盛样皿，其深度不小于 60 mm，试样体积不少于 125 mL。

（4）恒温水槽：容量不小于 10 L，控温的准确度为 0.1 °C。水槽中应设有一带孔的搁架，位于水面下不得少于 100 mm，距水槽底不得少于 50 mm 处。

（5）平底玻璃皿：容量不少于 1 L，深度不少于 80 mm，内设有一不锈钢三脚支架，能使盛样皿稳定。

（6）温度计或温度传感器：精度为 0.1 °C。

（7）计时器：精度为 0.1 s。

（8）盛样皿盖：平板玻璃，直径不小于盛样皿开口尺寸。

（9）溶剂：三氯乙烯等。

（10）位移计或位移传感器：精度为 0.1mm。

（11）其他：电炉或砂浴、石棉网、金属锅或瓷把坩埚等。

三、试验准备

（1）按规定的方法准备试样。

（2）按试验要求将恒温水槽调节到要求的试验温度 25 °C，或 15 °C、30 °C（5 °C），保持稳定。

（3）将试样注入盛样皿中，试样高度应超过预计针入度值 10 mm，并盖上盛样皿盖，以防落入灰尘。盛有试样的盛样皿在 15 °C ~ 30 °C 室温中冷却不少于 1.5 h（小盛样皿）、2 h（大盛样皿）或 3 h（特殊盛样皿）后，应移入保持规定试验温度 ± 0.1 °C 的恒温水槽中，并应保温不少于 1.5 h（小盛样皿）、2 h（大盛样皿）或 2.5 h（特殊盛样皿）。

（4）调整针入度仪使之水平。检查针连杆和导轨，以确认无水和其他外来物，无明显摩擦。用三氯乙烯或其他溶剂清洗标准针，并拭干。将标准针插入针连杆，用螺丝固紧。按试验条件加上附加砝码。

四、试验步骤

（1）取出达到恒温的盛样皿，并移入水温控制在试验温度 ± 0.1 °C（可用恒温水槽中的水）的平底玻璃皿中的三脚支架上，试样表面以上的水层深度不少于 10 mm。

（2）将盛有试样的平底玻璃皿置于针入度仪的平台上。慢慢放下针连杆，用适当位置的反光镜或灯光反射观察，使针尖恰好与试样表面接触，将位移计复位为零。

（3）开始试验，按下释放键，这时计时与标准针落下贯入试样同时开始，至 5 s 时自动停止。

（4）读取刻度盘指针或位移指示器的读数，精确至 0.1 mm。

（5）同一试样平行试验至少 3 次，各测试点之间及与盛样皿边缘的距离不应少于 10 mm。每次试验后应将盛样皿的平底玻璃皿放入恒温水槽，使平底玻璃皿中水温保持试验温度。每次试验应换一根干净标准针或将标准针取下用蘸有三氯乙烯溶剂的棉花或布揩净，再用干棉花或布擦干。

（6）测定针入度大于 200 的沥青试样时，至少用 3 支标准针，每次试验后将针留在试样中，直到 3 次平行试验完成后，才能将标准针取出。

（7）测定针入度指数 P.I.时，按同样的方法在 15 °C、25 °C、30 °C（或 5 °C）3 个或 3 个以上（必要时增加 10 °C，20 °C 等）温度条件下分别测定沥青的针入度，但用于仲裁试验的温度条件应为 5 个。

五、试验结果整理

（1）同一试样 3 次平行试验结果的最大值和最小值之差在下列允许偏差范围内时（表 6.1），计算 3 次试验结果的平均值，取整数作为针入度试验结果，以 0.1 mm 为单位。

表 6.1　沥青针入度试验精度要求

针入度（0.1 mm）	允许误差（0.1 mm）
0 ~ 49	2
50 ~ 149	4
150 ~ 249	12
250 ~ 500	20

当试验值不符合此要求时，应重新进行。

① 当试验结果小于 50（0.1 mm）时，重复性试验的允许差为 2（0.1 mm），再现性试验的允许差为 4（0.1 mm）。

② 当试验结果等于或大于 50（0.1 mm）时，重复性试验的允许差为平均值的 4%，再现性试验的允许差为平均值的 8%。

（2）试验记录表见表 6.2。

表 6.2　沥青针入度试验记录

<table>
<tr><td>试样编号</td><td colspan="3"></td><td>试样来源</td><td colspan="3"></td></tr>
<tr><td>试样名称</td><td colspan="3"></td><td>初拟用途</td><td colspan="3"></td></tr>
<tr><td rowspan="2">试验次数</td><td rowspan="2">试验温度
/°C</td><td rowspan="2">试验时间
/s</td><td rowspan="2">试验荷载
/N</td><td colspan="3">指 针 读 数</td><td rowspan="2">针入度
P_{en}（0.1 mm）</td></tr>
<tr><td>标准针穿入前</td><td>标准针穿入后</td><td>针入度</td></tr>
<tr><td>1</td><td></td><td></td><td></td><td></td><td></td><td></td><td rowspan="3"></td></tr>
<tr><td>2</td><td></td><td></td><td></td><td></td><td></td><td></td></tr>
<tr><td>3</td><td></td><td></td><td></td><td></td><td></td><td></td></tr>
<tr><td>准确度
校　核</td><td colspan="7"></td></tr>
</table>

试验者__________　　组别__________　　成绩__________　　试验日期__________

六、报　告

（1）沥青的种类。

（2）沥青的稠度状态。

（3）针入度值。

试验二　沥青延度试验

（T 0605—2011）

一、试验目的及适用范围

（1）沥青的延度是由规定形状（∞字形）的沥青试样，在规定温度下，以一定的速度延伸至拉断时的长度，以 cm 表示。

沥青延度的试验温度与拉伸速率可根据要求采用，通常采用的试验温度为 25 °C、15 °C、10 °C 或 5 °C，拉伸速度为（5 ± 0.25）cm/min。当低温采用（1 ± 0.5）cm/min 拉伸速度时，应在报告中注明。

（2）本方法适用于测定道路石油沥青、液体沥青蒸馏残留物和乳化沥青蒸发残留物等材料的延度。

二、仪器设备

（1）延度仪：延度仪的测量长度不宜大于 150 cm，仪器应有自动控温、控速系统。应满足试件浸没于水中，能保持规定的试验温度及按照规定拉伸速度拉伸试件，且试验时无明显振动的延度仪均可使用，其组成如图 6.2 所示。

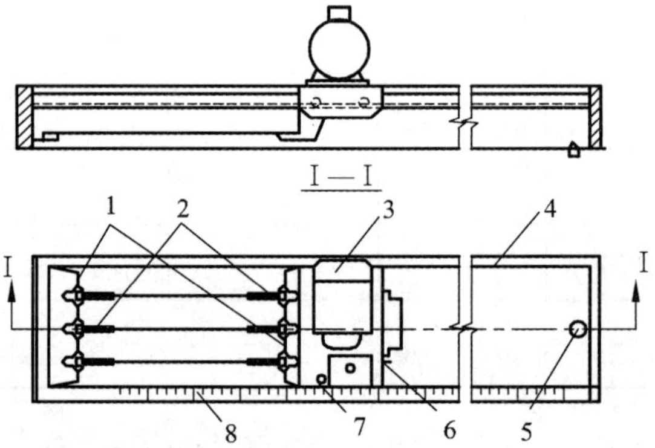

图 6.2　延度仪

1—试模；2—试样；3—电机；4—水槽；5—泄水孔；
6—开关；7—指针；8—标尺

（2）试模：黄铜制，由两个端模和侧模组成，其形成及尺寸如图 6.3 所示。试模内侧表面粗糙度 $R_a = 0.2$ μm，当装配完好后可浇铸试样。

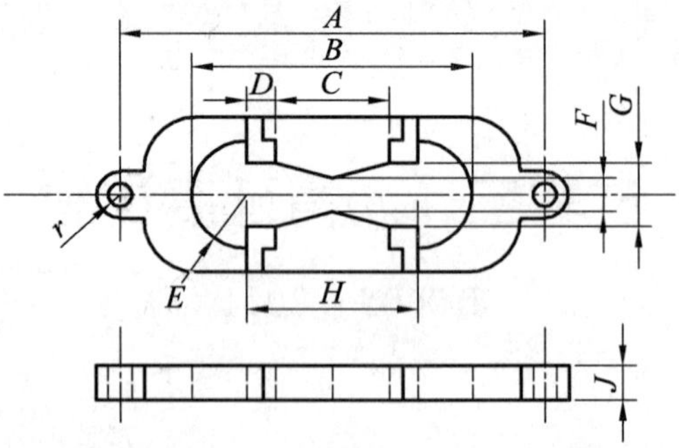

图 6.3　延度试模（尺寸单位：mm）

A—两端模环中心点距离 111.5 mm ~ 113.5 mm；*B*—试件总长 74.5 mm ~ 75.5 mm；*C*—端模间距 29.7 mm ~ 30.3 mm；*D*—肩长 6.8 mm ~ 7.2 mm；*E*—半径 15.75 mm ~ 16.25 mm；*F*—最小横断面宽 9.9 mm ~ 10.1 mm；*G*—端模口宽 19.8 mm ~ 20.2 mm；*H*—两半圆心间距离 42.9 mm ~ 43.1 mm；*I*—端模孔直径 6.5 mm ~ 6.7 mm；*J*—厚度 9.9 mm ~ 10.1 mm

（3）试模底板：玻璃板或磨光的铜板、不锈钢板（表面粗糙度 $R_a = 0.2$ μm）。

（4）恒温水槽：容量不少于 10 L，控制温度的准确度为 0.1 °C，水槽中应设有带孔搁架，搁架距水槽底不得少于 50 mm。试件浸入水中深度不小于 100 mm。

（5）温度计：量程 0 °C ~ 50 °C，分度值为 0.1 °C。

（6）砂浴或其他加热炉具。

（7）甘油滑石粉隔离剂（甘油与滑石粉的质量比 2∶1）。

（8）其他：平刮刀、石棉网、酒精、食盐等。

三、试验准备

（1）将隔离剂拌和均匀，涂于清洁干燥的试模底板和两个侧模的内侧表面，并将试模在试模底板上装妥。

（2）按规定的方法准备试样，然后将试样仔细自试模的一端至另一端往返数次缓缓注入模中，最后略高出试模，灌模时应注意勿使气泡混入。

（3）试件在室温中冷却不少于 1.5 h，然后用热刮刀刮除高出试模的沥青，使沥青面与试模面齐平。沥青的刮法应自试模的中间刮向两端，且表面应刮得平滑。将试模连同底板再浸入规定的试验温度的水槽中保温 1.5 h。

（4）检查延度仪延伸速度是否符合规定要求，然后移动滑板使其指针正对标尺的零点。将延度仪注水，并保温达试验温度 ± 0.1 °C。

四、试验步骤

（1）将保温后的试件连同底板移入延度仪的水槽中，然后将盛有试样的试模自玻璃板或不锈钢板上取下，将试模两端的孔分别套在滑板及槽端固定板的金属柱上，并取下侧模。水面距试件表面应不小于 25 mm。

（2）开动延度仪，并注意观察试样的延伸情况。此时应注意，在试验过程中，水温应始终保持在试验温度规定范围内，且仪器不得有振动，水面不得有晃动，当水槽采用循环水时，应暂时中断循环，停止水流。

在试验中，如发现沥青细丝浮于水面或沉入槽底时，则应在水中加入酒精或食盐，调整水的密度至与试样相近后，重新试验。

（3）当试件拉断时，读取指针所指标尺上的读数，以厘米表示，在正常情况下，试件延伸时应成锥尖状，拉断时实际断面接近于零。如不能得到这种结果，则应在报告中注明。

五、试验结果整理

（1）同一试样，每次平行试验不少于 3 个，如 3 个测定结果均大于 100 cm，试验结果记为“>100 cm”；有特殊需要也可分别记录实测值。如 3 个测定结果中，有 1 个以上的测定值小于 100 cm，若最大值或最小值与平均值之差满足重复性试验精密度要求，则取 3 个测定结果的平均值的整数作为延度试验结果，若平均值大于 100 cm，记为“>100 cm”；若最大值或最小值与平均值之差不符合重复性试验精度要求时，试验应重新进行。

（2）当试验结果小于 100 cm 时，重复性试验精度的允许误差为平均值的 20%，再现性试验精度的允许误差为平均值的 30%。

（3）试验记录表见表 6.3。

表 6.3　沥青延度试验记录

<table>
<tr><td>试样编号</td><td colspan="2"></td><td>试样来源</td><td colspan="3"></td></tr>
<tr><td>试样名称</td><td colspan="2"></td><td>初拟用途</td><td colspan="3"></td></tr>
<tr><td rowspan="2">试验温度
T_0/°C</td><td rowspan="2">延伸速度
v/（m/min）</td><td colspan="4">延度 D/cm</td><td>拉伸情况描述</td></tr>
<tr><td>试件 1</td><td>试件 2</td><td>试件 3</td><td>平均值</td><td rowspan="2"></td></tr>
<tr><td></td><td></td><td></td><td></td><td></td><td></td></tr>
<tr><td>准确度校核</td><td colspan="6"></td></tr>
</table>

试验者＿＿＿＿＿　　组别＿＿＿＿＿　　成绩＿＿＿＿＿　　试验日期＿＿＿＿＿

六、报　告

（1）沥青的种类。

（2）沥青的稠度状态。

（3）针入延度。

试验三　沥青软化点试验（环球法）

（T 0606—2011）

一、试验目的及适用范围

（1）沥青的软化点试验是试样在规定尺寸的金属环内，其上放规定尺寸和质量的钢球，然后均放于水或甘油中，以每分钟升高 5 °C 的速度加热至软化下沉达规定距离（25.4 mm）时的温度，以 °C 表示。

（2）本方法适用于测定道路石油沥青、煤沥青的软化点，也适用于测定液体石油沥青经蒸馏或乳化沥青破乳蒸发后残留物的软化点。

二、仪器设备

（1）软化点试验仪：如图 6.4 所示，由下列部件组成。

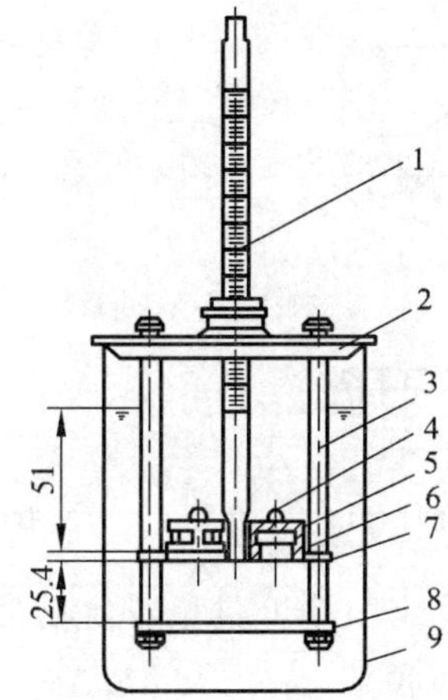

图 6.4　软化点试验仪（尺寸单位：mm）

1—温度计；2—上盖板；3—立杆；4—钢球；5—钢球定位环；
6—金属环；7—中层板；8—下层板；9—烧杯

① 钢球：直径 9.53 mm，质量 3.5 g ± 0.05 g。

② 试样环：黄铜或不锈钢等制成，形状尺寸如图 6.5 所示。

③ 钢球定位环：黄铜或不锈钢制成，形状尺寸如图 6.6 所示。

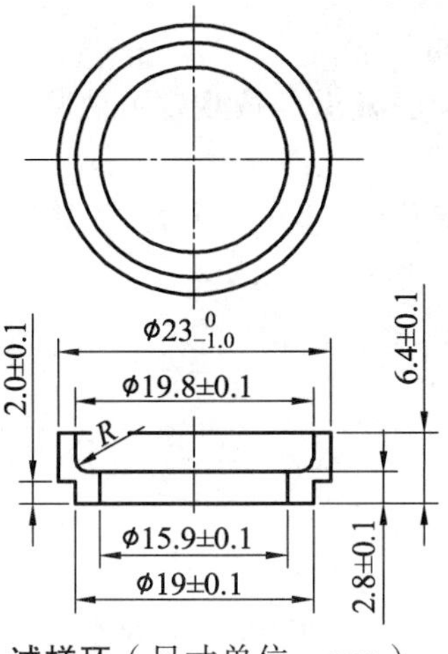

图 6.5　试样环（尺寸单位：mm）

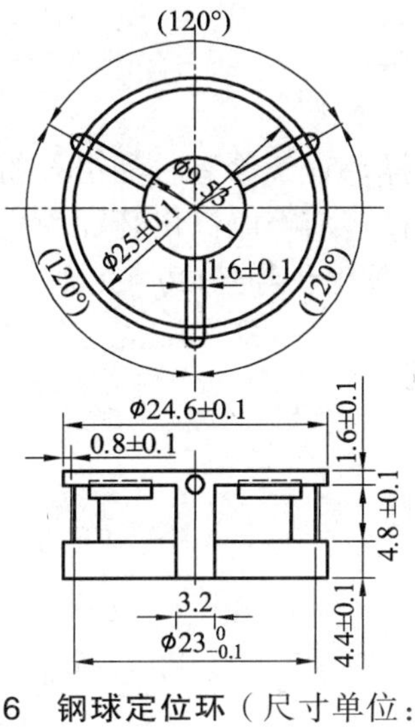

图 6.6　钢球定位环（尺寸单位：mm）

④ 金属支架：由两个主杆和三层平行的金属板组成。上层为一圆盘，直径略大于烧杯直径，中间有一圆孔，用以插放温度计。中层板形状尺寸如图 6.7 所示，板上有两个孔，各放置金属环，中间有一小孔可支持温度计的测温端部。一侧立杆距环上面 51 mm 处刻有水高标记。环下面距下层底板为 25.4 mm，而下底板距烧杯底不少于 12.7 mm，也不得大于 19 mm。三层金属板和主杆由两螺母固定在一起。

⑤ 耐热玻璃烧杯：容量 800 mL ~ 1 000 mL，直径不小于 86 mm，高不于 120 mm。

⑥ 温度计：量程 0 °C ~ 80 °C，分度值 0.5 °C。

（2）环夹：由薄钢条制成，用以夹持金属环，以便刮平表面，其形状、尺寸如图 6.8 所示。

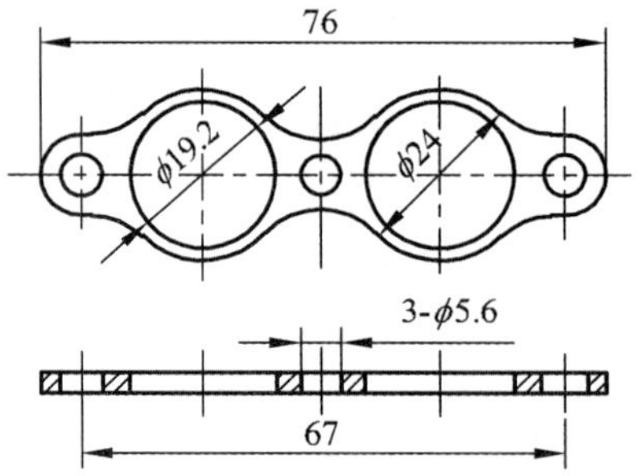

图 6.7　中层板（尺寸单位：mm）

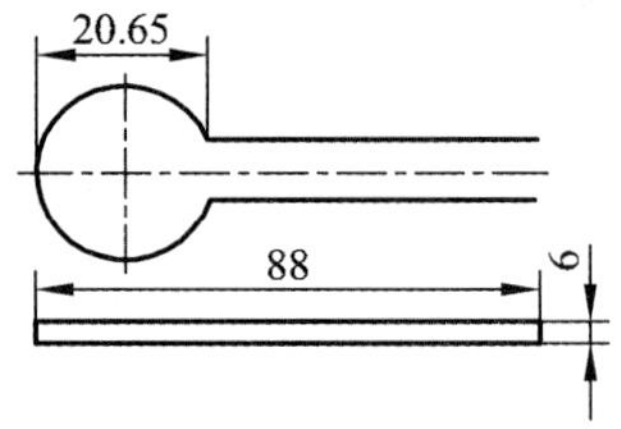

图 6.8　环夹（尺寸单位：mm）

（3）装有温度调节器的电炉或其他加热炉具（液化石油气、天然气等）。应采用带有振荡搅拌器的加热电炉，振荡器置于烧杯底部。

（4）试样底板：金属板（表面粗糙度 R_a 应达到 0.8 μm）或玻璃板。

（5）恒温水槽：控温的准确度为 ± 0.5 °C。

（6）平直刮刀。

（7）甘油滑石粉隔离剂（甘油与滑石粉的质量比为 2∶1）。

（8）新煮沸过的蒸馏水。

（9）其他：石棉网。

三、试验准备

（1）将试样环置于涂有甘油滑石粉隔离剂的试样底板上。按规定方法将准备好的沥青试样徐徐注入试样环内至略高出环面为止。

如估计试样软化点高于 120 °C，则试样环和试样底板（不用玻璃板）均应预热至 80 °C ~ 100 °C。

（2）试样在室温冷却 30 min 后，用环夹夹着试样杯，并用热刮刀刮除环面上的试样，务使与环面齐平。

四、试验步骤

1. 试样软化点在 80 °C 以下者

（1）将装有试样的试样环连同试样底板置于 5 °C ± 0.5 °C 水的恒温水槽中至少 15 min；同时将金属支架、钢球、钢球定位环等也置于相同水槽中。

（2）烧杯内注入新煮沸并冷却至 5 °C 的蒸馏水或纯净水，水面略低于立杆上的深度标记。

（3）从恒温水槽中取出盛有试样的试样环放置在支架中层板的圆孔中，套上定位环；然后将整个环架放入烧杯中，调整水面至深度标记，并保持水温为 5 °C ± 0.5 °C。环架上任何部分不得附有气泡。将 0 °C ~ 100 °C 的温度计由上层板中心孔垂直插入，使端部测温头底部与试样环下面齐平。

（4）将盛有水和环架的烧杯移至放在石棉网的加热炉具上，然后将钢球放在定位环中间的试样中央，立即开动振荡搅拌器，使水微微振荡，并开始加热，使杯中水温在 3 min 内调节至维持每分钟上升 5 °C ± 0.5 °C。在加热过程中，应记录每分钟上升的温度值。如温度上升速度超出此范围，则试验应重做。

（5）试样受热软化逐渐下坠，至与下层底板表面接触时，立即读取温度，准确到 0.5 °C。

2. 试样软化点在 80 °C 以上者

（1）将装有试样的试样环连同试样底板置于装有 32 °C ± 1 °C 甘油的恒温槽中至少 15 min；同时将金属支架、钢球、钢球定位环等也置于甘油中。

（2）在烧杯内注入预先加热至 32 °C 的甘油，其液面略低于立杆上的深度标记。

（3）从恒温槽中取出装有试样的试样环，按上述方法进行测定，准确至 1 °C。

五、试验结果整理

同一试样平行试验两次，当两次测定值的差值符合重复性试验允许误差要求时，取其平均值作为软化点试验结果，准确至 0.5 °C。

允许误差：

（1）当试样软化点小于 80 °C 时，重复性试验的允许误差为 1 °C，再现性试验的允许差为 4 °C。

（2）当试样软化点等于或大于 80 °C 时，重复性试验的允许误差为 2 °C，再现性试验的允许差为 8 °C。

（3）试验记录格式见表 6.4。

表 6.4　沥青软化点试验记录

<table>
<tr><td colspan="2">试样编号</td><td colspan="14"></td><td colspan="3">试样来源</td><td colspan="3"></td></tr>
<tr><td colspan="2">试样名称</td><td colspan="14"></td><td colspan="3">初拟用途</td><td colspan="3"></td></tr>
<tr><td rowspan="2">试验次数</td><td rowspan="2">室内温度/°C</td><td rowspan="2">烧杯内液体种类</td><td rowspan="2">开始加热时间/s</td><td rowspan="2">开始加热液体温度/°C</td><td colspan="15">烧杯中液体在下列各分钟末温度上升记录/°C</td><td rowspan="2">试样下垂与下层底板接触时的温度/°C</td><td rowspan="2">软化点/°C</td></tr>
<tr><td>1</td><td>2</td><td>3</td><td>4</td><td>5</td><td>6</td><td>7</td><td>8</td><td>9</td><td>10</td><td>11</td><td>12</td><td>13</td><td>14</td><td>15</td></tr>
<tr><td>1</td><td></td><td></td><td></td><td></td><td colspan="15"></td><td></td><td rowspan="2"></td></tr>
<tr><td>2</td><td></td><td></td><td></td><td></td><td colspan="15"></td><td></td></tr>
<tr><td colspan="2">准确度校核</td><td colspan="20"></td></tr>
</table>

试验者__________　　组别__________　　成绩__________　　试验日期__________

六、报　告

（1）沥青的种类。

（2）沥青的稠度状态。

（3）软化点。

试验四　沥青标准黏度试验

（T 0621—1993）

一、试验目的及适用范围

（1）沥青的黏度是试样在规定温度下，自沥青黏度计的规定尺寸的流孔流出 50 mL 试样所需的时间，以秒表示。

（2）本方法适用于液体石油沥青、软煤沥青、乳化沥青等材料流动状态时的黏度。

（3）本法测定的黏度应注明温度及流孔孔径以 $C_{T,\ d}$ 表示（T 为试验温度，单位℃；d 为孔径，单位 mm）。

二、仪器设备

（1）道路沥青标准黏度计：形状及尺寸如图 6.9 所示，由下列部分组成。

① 水槽：环槽形，内径 160 mm，深 100 mm，中央有一圆井，井壁与水槽之间距离不少于 55 mm。环槽中存放保温用液体（水或油），上下方各设有一流水管。水槽下装有可以调节高低的三脚架，架上有一圆盘承托水槽，水槽底离试验台面约 200 mm。水槽控温精密度 ± 0.2 ℃。

② 盛样管：形状及尺寸如图 6.10 所示，管体为黄铜而带流孔的底板为磷青铜制成。盛样管的流孔 d 有 3 mm ± 0.025 mm、4 mm ± 0.025 mm、5 mm ± 0.025 mm 和 10 mm ± 0.025 mm 四种。根据试验需要，选择盛样管流孔的孔径。

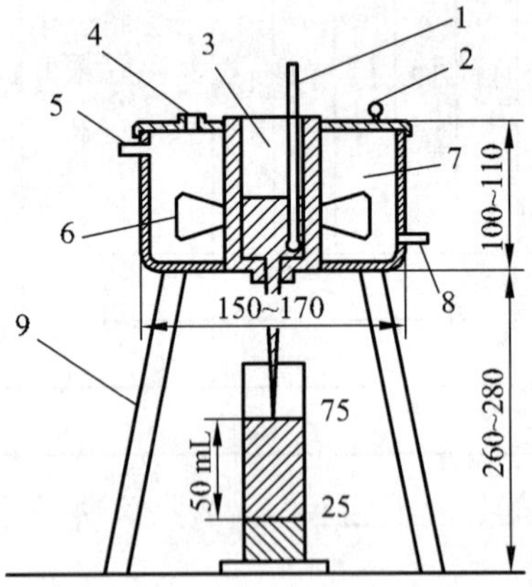

图 6.9　沥青黏度计（尺寸单位：mm）

1—球塞；2—摇把；3—黏度杯；4—温度计孔；5—出水孔；
6—搅拌器；7—水浴；8—接恒温器；9—支架

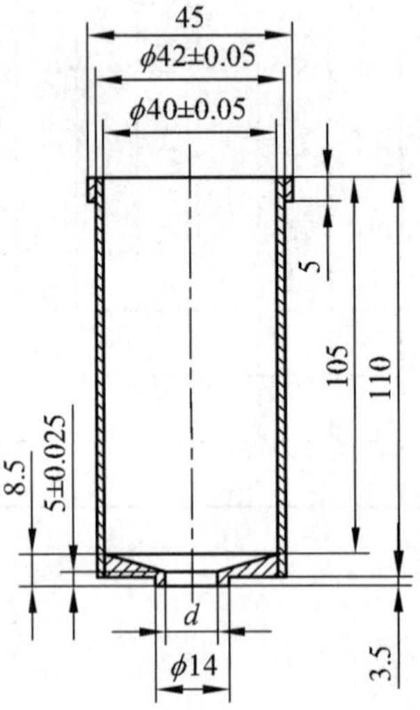

图 6.10　盛样管（尺寸单位：mm）

③ 球塞：用以堵塞流孔，形状尺寸如图 6.11 所示，杆上有一标记。球塞直径 12.7 mm ± 0.05 mm 的标记高为 90.3 mm ± 0.25 mm，用以指示 10 mm 盛样管内试样的高度；球塞直径 6.35 mm ± 0.05 mm 的标记高为 90.3 mm ± 0.05 mm，用以指示其他盛样管内试样的高度。

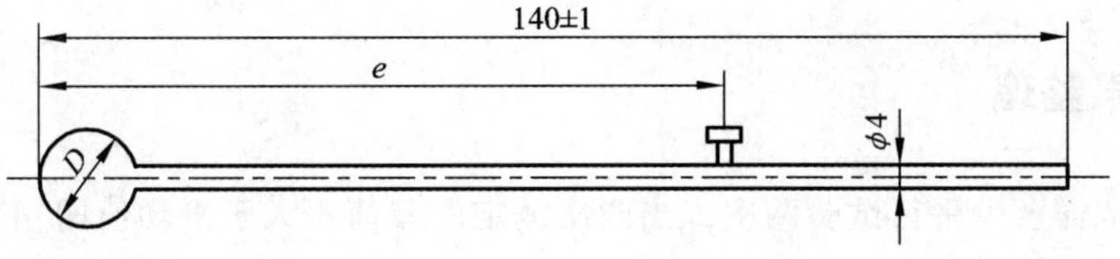

图 6.11　球塞（尺寸单位：mm）

④ 水槽盖：盖的中央有套筒，可套在水槽的圆井上，下附有搅拌叶，盖上有一把手，转动把手时可借搅拌叶调匀水槽内水温。盖上还有一插孔，可放置温度计。

⑤ 温度计：分度为 0.1 °C。

⑥ 接受瓶：开口，圆柱形玻璃容器，100 mL 在 50 mL、75 mL、100 mL 处有刻度；也可采用 100 mL 量筒。

⑦ 流孔检查棒：磷青铜制，长 100 mm，检查 4 mm 和 10 mm 流孔及检查 3 mm 和 5 mm 流孔各 1 支，检查段位于两端，长度不少于 10 mm，直径按流孔下限尺寸制造。

（2）秒表：分度 0.1 s。

（3）循环恒温水槽。

（4）肥皂水或矿物油。

（5）其他：加热炉、大蒸发皿等。

三、试验准备

（1）按规定方法准备沥青试样，根据沥青材料的种类和稠度，选择需要流孔孔径盛样管，置水槽圆井中。用规定的球塞堵好流孔，流孔下放蒸发皿，以备接受不慎流出的试样。除 10 mm 流孔采用直径 12.7 mm 球塞外，其余流孔均采用直径 6.35 mm 的球塞。

（2）根据试验温度需要，调整恒温水槽的水温为试验温度 ± 0.1 °C，并将其进出口与黏度计水槽的进出口用胶管接妥，使热水流进行正常循环。

四、试验步骤

（1）将试样加热至比试验温度高 2 °C ~ 3 °C（如试验温度低于室温，试样须冷却至比试验温度低 2 °C ~ 3 °C）时，注入盛样管，其数量以液面到达球塞杆垂直时杆上的标记为准。

（2）试样在水槽中保持试验温度至少 30 min，用温度计轻轻搅拌试样，测量试样的温度为试验温度 ± 0.1 °C，调整试样液面至球塞杆的标记处，再继续保温 1 min ~ 3 min。

（3）将流孔下蒸发皿移去，放置接受瓶或量筒，使其中心正对流孔。接受瓶或量筒可预先注入肥皂水或矿物油 25 mL，以利洗涤及读数准确。

（4）提起球塞，借标记悬挂在试样管边上，待试样流入接受瓶或量筒达 25 mL（量筒刻度 50 mL）时，按动秒表，待试样流出 75 mL（量筒刻度 100 mL）时，按停秒表。

（5）记取试样流出 50 mL 所经过的时间，以 s 计，即为试样的黏度。

五、试验结果整理

（1）同一试样至少平行试验两次，当两次测定的差值不大于平均值的 4% 时，取其平均值的整数作为试验结果。

（2）重复性试验的允许差为平均值的 4%。

（3）试验记录表见表 6.5。

表 6.5　沥青标准黏度试验记录

试样编号			试样来源			
试样名称			初拟用途			
试验次数	流孔径/mm	保温水浴中水的温度/°C	试验时试样温度/°C	量杯中肥皂水量/mL	试验流出 50 mL 沥青需时间/s	黏度/s
1						
2						
准确度校核						

试验者＿＿＿＿＿　组别＿＿＿＿＿　成绩＿＿＿＿＿　试验日期＿＿＿＿＿

六、报　告

（1）沥青的种类。

（2）沥青的稠度状态。

（3）所用试验方法及仪器类别。

（4）黏度。

第七章
沥青混合料试验

试验一　沥青混合料试件制作试验（击实法）

（T 0702—2011）

一、试验目的及适用范围

（1）本方法适用于标准击实法或大型击实法制作沥青混合料试件，以供试验室进行沥青混合料物理力学性质试验使用。

（2）标准击实法适用于标准马歇尔试验、间接抗拉试验（劈裂法）等所使用的ϕ101.6 mm × 63.5 mm 圆柱体试件的成型。大型击实法适用于大型马歇尔试验和ϕ152.4 mm × 95.3 mm 的大型圆柱体试件的成型。

（3）沥青混合料试件制作时的条件及试件数量应符合如下规定：

① 当集料公称最大粒径小于或等于 26.5 mm 时，采用标准击实法。一组试件的数量通常不少于 4 个。

② 当集料公称最大粒径大于 26.5 mm，宜采用大型击实法，一组试件数量不少于 6 个。

二、仪器设备

自动击实仪：击实仪应具有自动记数、控制仪表、按钮设置、复位及暂停等功能。

按其用途分为以下两种：

（1）标准击实仪：由击实锤、ϕ98.5 mm 平圆形压实头及带手柄的导向棒组成。用机械将击实锤举起，至 457.2 mm ± 1.5 mm 高度沿导向棒自由落下击实，标准击实锤质量 4 536 g ± 9 g。

大型击实仪：由击实锤、ϕ（149.4 ± 0.1）mm 平圆形压实头及带手柄的导向棒组成。用机械将击实锤举起，至 457.2 mm ± 2.5 mm 高度沿导向棒自由落下击实，大型击实锤质量 10 210 g ± 10 g。

（2）标准击实台：用以固定试模，在 200 mm × 200 mm × 457 mm 的硬木墩上面有一块 305 mm × 305 mm × 25 mm 的钢板，木墩用 4 根型钢固定在下面的水泥混凝土板上。本墩采用青冈栎、松或其他干密度为 0.67 g/cm³ ~ 0.77 g/cm³ 的硬木制成。人工击实或机械击实均必须有此标准击实台。

自动击实仪是将标准击实锤及标准击实台安装一体并用电力驱动使击实锤连续击实试件且可自动记数的设备，击实速度为 60 次/min ± 5 次/min。大型击实法电动击实的功率不小于 250 W。

（3）试验室用沥青混合料拌和机：能保证拌和温度并充分拌和均匀，可控制拌和时间，容量不小于 10 L，如图 7.1 所示。搅拌叶自转速度 70 r/min ~ 80 r/min，公转速度 40 r/min ~ 50 r/min。

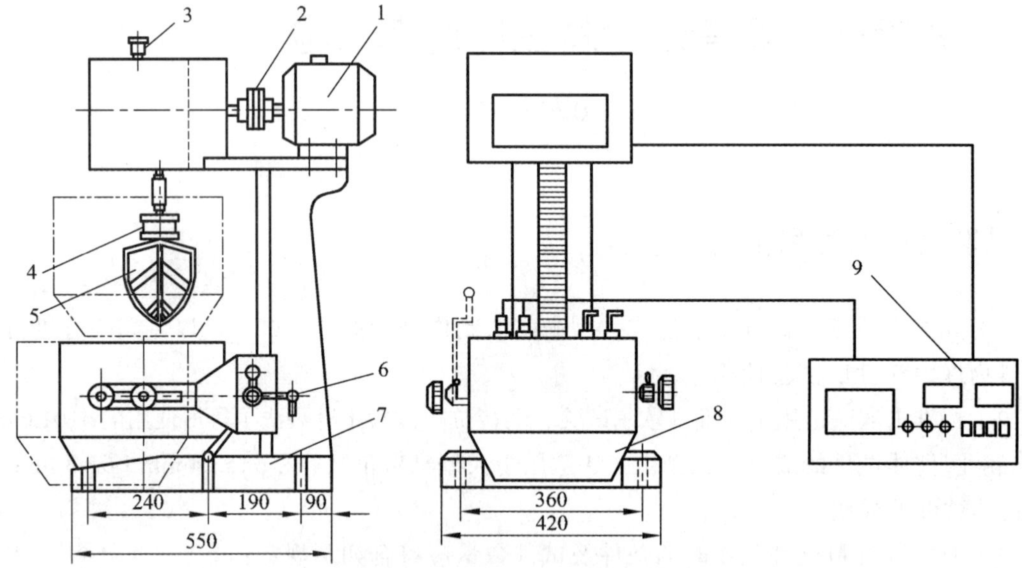

图 7.1　试验室用沥青混合料拌和机

1—电机；2—联轴器；3—变速箱；4—弹簧；5—拌和叶片；6—升降手柄；
7—底座；8—加热拌和锅；9—温度时间控制仪

（4）脱模器：电动或手动，可无破损地推出圆柱体试体，备有标准圆柱体试件及大型圆柱体试件尺寸的推出环。

（5）试模：由高碳钢或工具钢制成，标准击实仪试模的内径为 101.6 mm ± 0.2 mm、高 87 mm 的圆柱形金属筒、底座（直径约 120.6 mm）和套筒（内径 104.8 mm、高 70 mm）。

大型击实仪的试模与套筒如图 7.2 所示。套筒外径 165.1 mm，内径 155.6 mm ± 0.3 mm，总高 83 mm。试模内径 152.4 mm ± 0.2 mm，总高 115 mm。底座板厚 12.7 mm，直径 172 mm。

（6）烘箱：大、中型各 1 台，装有温度调节器。

（7）天平或电子秤：用于称量矿料的，感量不大于 0.5 g；用于称量沥青的，感量不大于 0.1 g。

（8）沥青运动黏度测定设备：布洛克菲尔德黏度计。

（9）插刀或大螺丝刀。

（10）温度计：分度值 1 °C。宜采用有金属插杆的插入式数显温度计，金属插杆的长度不小于 150 mm。量程为 0 °C ~ 300 °C。

（11）其他：电炉或煤气炉、沥青熔化锅、拌和铲、标准筛、滤纸（或普通纸）、胶布、卡尺、秒表、粉笔、棉纱等。

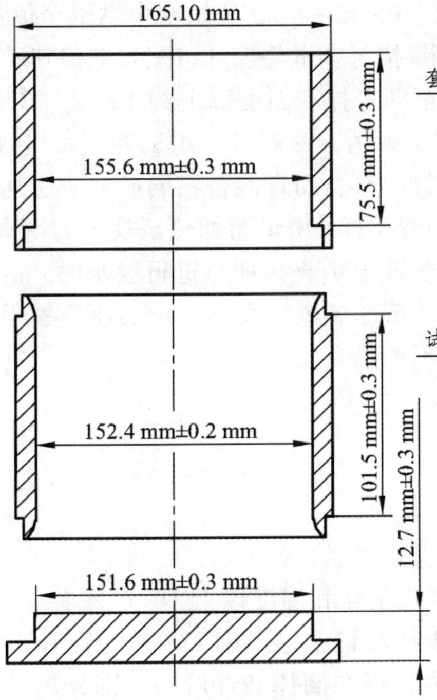

图 7.2　大型圆柱试件的试模与套筒

三、试验准备

（1）确定制作沥青混合料试件的拌和与压实温度。

当缺乏沥青黏度测定条件时，试件的拌和与压实温度可按表 7.1 选用，并根据沥青品种和标号作适当调整。针入度小、稠度大的沥青取高限，针入度大、稠度小的沥青取低限，一般取中值。对改性沥青，应根据改性剂的品种和用量，适当提高混合料的拌和压实温度。对大部分聚合物改性沥青，通常在普通沥青的基础上提高 10 °C ~ 20 °C；在掺加纤维时，尚须再提高 10 °C 左右。

常温沥青混合料的拌和及压实在常温下进行。

表 7.1　沥青混合料拌和及压实温度参考表

沥青混合料种类	拌和温度/°C	压实温度/°C
石油沥青	140 ~ 160	120 ~ 150
改性沥青	160 ~ 175	140 ~ 170

（2）按规定方法在拌和厂或施工现场采集沥青混合料试样。将试样置于烘箱中加热或保温，在混合料中插入温度计测量温度，待混合料温度符合要求后成型。需要拌和时可倒入已加热的室内沥青混合料拌和机中适当拌和，时间不超过 1 min。但不得用铁锅在电炉或明火上加热炒拌。

（3）在试验室人工配制沥青混合料时，材料准备按下列步骤进行：

① 将各种规格的矿料置于 105 °C ± 5 °C 的烘箱中烘干至恒量（一般不少于 4 h ~ 6 h）。

② 将烘干分级的粗细集料，按每个试件设计级配要求称其质量，在一金属盘中混合均匀，矿粉单独加热，置烘箱中预热至沥青拌和温度以上约 15 °C（采用石油沥青时通常为 163 °C；采用改性沥青时通常需 180 °C）备用。一般按一组试件（每组 4 ~ 6 个）备料，但进行配合比设计时宜对每个试件分别备料。常温沥青混合料的矿料不应加热。

③ 将按规定方法采集的沥青试样，用烘箱加热至规定的沥青混合料拌和温度，但不得超过 175 °C。当不得已采用燃气炉或电炉直接加热进行脱水时，必须使用石棉垫隔开。

（4）用蘸有少许黄油的棉纱擦净试模、套筒及击实座等置于 100 °C 左右烘箱中加热 1 h 备用。常温沥青混合料用试模不加热。

四、试验步骤

（1）拌制黏稠石油沥青或煤沥青混合料。

① 将沥青混合料拌和机预热至拌和温度以上 10 °C 左右。

② 将加热的粗细集料置于拌和机中，用小铲子适当混合；然后再加入需要数量的沥青（如沥青已称量在一专用容器内，可在倒掉沥青后用一部分热矿粉将沾在容器壁上的沥青擦拭一起倒入拌和锅中），开动拌和机，一边搅拌，一边将拌和叶片插入混合料中拌和 1 min ~ 1.5 min；暂停拌和，加入加热的矿粉，继续拌和至均匀为止，并使沥青混合料保持在要求的拌和温度范围内。标准的总拌和时间为 3 min。

（2）马歇尔标准击实法的成型步骤：

① 将拌好的沥青混合料，用小铲适当拌和均匀称取一个试件所需的用量（标准马歇尔试件约 1 200 g，大型马歇尔试件约 4 050 g）。当已知沥青混合料的密度时，可根据试件的标准尺寸计算并乘以 1.03 得到要求的混合料数量。当一次拌和几个试件时，宜将其倒入经预热的金属盘中，用小铲适当拌和均匀分成几份，分别取用。在试件制作过程中，为防止混合料温度下降，应连盘放在烘箱中保温。

② 从烘箱中取出预热的试模及套筒，用蘸有少许黄油的棉纱擦拭套筒、底座及击实锤底面，将试模装在底座上，垫一张圆形的吸油性小的纸，用小铲将混合料铲入试模中，用插刀或大螺丝刀沿周边插捣 15 次，中间 10 次。插捣后将沥青混合料表面整平。对大型马歇尔试件，混合料分两次加入，每次插捣次数同上。

③ 插入温度计，至混合料中心附近，检查混合料温度。

④ 待混合料温度符合要求的压实温度后，将试模连同底座一起放在击实台上固定，在装好的混合料上面垫一张吸油性小的圆纸；再将装有击实锤及导向棒的压实头插入试模中；然后开启电动机使击实锤从 457 mm 的高度自由落下击实规定的次数（75 或 50 次）。对大型马歇尔试件，击实次数为 75 次（相应于标准击实 50 次的情况）或 112 次（相应于标准击实 75 次的情况）。

⑤ 试件击实一面后，取下套筒，将试模翻面，装上套筒，然后以同样的方法和次数击实另一面。

乳化沥青混合料试件在两面击实后，将一组试件在室温下横向放置 24 h；另一组试件置温度为 105 °C ± 5 °C 的烘箱中养生 24 h。将养生试件取出后再立即两面锤击各 25 次。

⑥ 试件击实结束后，立即用镊子取掉上下面的纸，用卡尺量取试件离试模上口的高度并由此计算试件高度，如高度不符合要求，试件应作废，并按下式调整试件的混合料质量，以保证高度符合 63.5 mm ± 1.3 mm（标准试件）或 95.3 mm ± 2.5 mm（大型试件）的要求。

$$调整后混合料质量 = \frac{要求试件高度 \times 原用混合料质量}{所得试件的高度}$$

（3）卸去套筒和底座，将装有试件的试模横向放置冷却至室温后（不少于 12 h）置脱模机上脱出试件。用于作现场马歇尔指标检验的试件，在施工质量检验过程中如急需试验，允许采用电风扇吹冷 1 h 或浸水冷却 3 min 以上的方法脱模，但浸水脱模法不能用于测量密度、空隙率等各项物理指标。

（4）将试件仔细置于干燥洁净的平面上，供试验用。

五、试验记录

试验记录表见表 7.2。

表 7.2　沥青混合料试件制作试验（击实法）记录

<table>
<tr><td>试样编号</td><td colspan="2"></td><td>试样来源</td><td colspan="3"></td></tr>
<tr><td>试样名称</td><td colspan="2"></td><td>初拟用途</td><td colspan="3"></td></tr>
<tr><td rowspan="5">配合组成</td><td colspan="2">组成材料名称</td><td colspan="2">配合时所需质量/g</td><td colspan="2">配合比/%</td></tr>
<tr><td colspan="2"></td><td colspan="2"></td><td colspan="2"></td></tr>
<tr><td colspan="2"></td><td colspan="2"></td><td colspan="2"></td></tr>
<tr><td colspan="2"></td><td colspan="2"></td><td colspan="2"></td></tr>
<tr><td colspan="2"></td><td colspan="2"></td><td colspan="2"></td></tr>
<tr><td>试件编号</td><td>制备日期</td><td>成型温度</td><td>成型压力</td><td colspan="2">试件尺寸</td><td>试件用途</td></tr>
<tr><td></td><td></td><td>T/°C</td><td>F_0/Pa</td><td>高度 h</td><td>直径 d</td><td></td></tr>
<tr><td></td><td></td><td></td><td></td><td></td><td></td><td></td></tr>
<tr><td></td><td></td><td></td><td></td><td></td><td></td><td></td></tr>
<tr><td></td><td></td><td></td><td></td><td></td><td></td><td></td></tr>
<tr><td></td><td></td><td></td><td></td><td></td><td></td><td></td></tr>
<tr><td></td><td></td><td></td><td></td><td></td><td></td><td></td></tr>
<tr><td></td><td></td><td></td><td></td><td></td><td></td><td></td></tr>
</table>

试验者__________　　组别__________　　成绩__________　　试验日期__________

试验二　压实沥青混合料密度试验（表干法）

（T 0705—2011）

一、试验目的及适用范围

（1）表干法适用于测定吸水率不大于 2% 的各种沥青混合料试件，包括密级配沥青混凝土、沥青玛琋脂碎石混合料（SMA）和沥青稳定碎石等沥青混合料试件的毛体积相对密度或毛体积密度。标准温度为 25 °C ± 0.5 °C。

（2）本方法测定的毛体积密度和毛体积相对密度适用于计算沥青混合料试件的空隙率、矿料间隙率等各项体积指标。

二、仪器设备

（1）浸水天平或电子秤：当最大称量在 3 kg 以下时，感量不大于 0.1 g；最大称量在 3 kg 以上时，感量不大于 0.5 g。应有测量水中质量的挂钩。

（2）网篮。

（3）溢流水箱：如图 7.3 所示，使用洁净水，有水位溢流装置，保持试件和网篮浸入水中后的水位一定。能调整水温至 25 °C ± 0.5 °C。

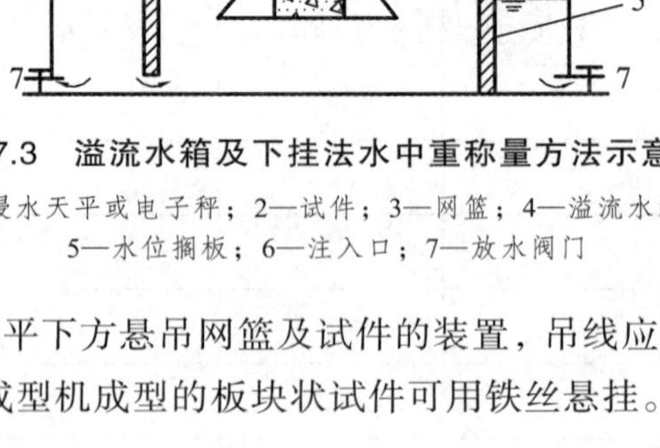

图 7.3　溢流水箱及下挂法水中重称量方法示意图

1—浸水天平或电子秤；2—试件；3—网篮；4—溢流水箱；
5—水位搁板；6—注入口；7—放水阀门

（4）试件悬吊装置：天平下方悬吊网篮及试件的装置，吊线应采用不吸水的细尼龙线绳，并有足够的长度，对轮碾成型机成型的板块状试件可用铁丝悬挂。

（5）秒表。

（6）毛巾。

（7）电风扇或烘箱。

三、试验步骤

准备试件：本试验可以采用室内成型的试件，也可以采用工程现场钻芯、切割等方法获得的试件。当采用现场钻芯取样时，应按照标准方法进行。试验前取件宜在阴凉处保存（温度不宜高于 35 °C），且放置在水平的平面上，注意不要使试件产生变形。

（1）选择适宜的浸水天平或电子秤，最大称量应满足试件质量的要求。

（2）除去试件表面的浮粒，称取干燥试件的空中质量（m_a），根据选择的天平的感量读数，准确至 0.1 g 或 0.5 g。

（3）将溢满水箱水温保持在 25 °C ± 0.5 °C。挂上网篮，浸入溢流水箱中，调节水位，将天平调平或复零，把试件置于风篮中（注意不要晃动水）浸水中 3 min ~ 5 min，称取水中质量（m_w）。若天平读数持续变化，不能很快达到稳定，说明试件吸水较严重，不适用于此法测定，应改用蜡封法测定。

（4）从水中取出试件，用洁净柔软的拧干的湿毛巾轻轻擦去试件的表面水（不得吸走空隙内的水），称取试件的表干质量（m_f）。从试件拿出水面到擦拭结束不宜超过 5 s，称量过程中流出的水不得再擦拭。

（5）对从工程现场钻取的非干燥试样，可先称取水中质量（m_w）和表干质量（m_f），然后用电风扇将试件吹干至恒重（一般不少于 12 h，当不须进行其他试验时，也可用 60 °C ± 5 °C 烘箱烘干至恒重），再称取空气中质量（m_a）。

四、试验结果整理

（1）计算试件的吸水率，取 1 位小数。

试件的吸水率即试件吸水体积占沥青混合料毛体积的百分率，按式（7.1）计算。

$$S_a = \frac{m_f - m_a}{m_f - m_w} \times 100 \tag{7.1}$$

式中 S_a——试件的吸水率（%）；

m_a——干燥试件的空中质量（g）；

m_w——试件的水中质量（g）；

m_f——试件的表干质量（g）。

（2）计算试件的毛体积相对密度和毛体积密度，取 3 位小数。

当试件的吸水率符合 S_a<2% 要求时，试件的毛体积相对密度和毛体积密度按式（7.2）及式（7.3）计算；当吸水率 S_a > 2% 要求时，应改用蜡封法测定。

$$\gamma_f = \frac{m_a}{m_f - m_w} \tag{7.2}$$

$$\rho_f = \frac{m_a}{m_f - m_w} \cdot \rho_w \tag{7.3}$$

式中　γ_f——用表干法测定的试件毛体积相对密度（无量纲）；

ρ_f——用表干法测定的试件毛体积密度（g/cm^3）；

ρ_w——25 °C 时水的密度，取 0.997 1 g/cm^3。

（3）试件的空隙率按式（7.4）计算，取 1 位小数。

$$VV=\left(1-\frac{\gamma_f}{\gamma_t}\right)\times 100 \tag{7.4}$$

式中　VV——试件的空隙率（%）；

γ_t——沥青混合料理论最大相对密度，按式（7.5）或式（7.6）计算或实测得到，无量纲；

γ_f——试件的毛体积相对密度，无量纲，通常采用表干法测定；当试件吸水率 $S_a>2\%$ 时，宜采用蜡封法测定；当按规定容许采用水中重法测定时，也可用表观相对密度 γ_a 代替。

（4）按式（7.5）计算矿料的合成毛体积相对密度，取 3 位小数。

$$\gamma_{sb}=\frac{100}{\dfrac{P_1}{\gamma_1}+\dfrac{P_2}{\gamma_2}+\cdots+\dfrac{P_n}{\gamma_n}} \tag{7.5}$$

式中　γ_{sb}——矿料的合成毛体积相对密度，无量纲；

P_1，P_2，…，P_n——各种矿料占矿料总量的百分率（%），其和为 100；

γ_1，γ_2，…，γ_n——各种矿料的相对密度，无量纲；采用《公路工程集料试验规程》（JTGE42—2005）的方法进行测定，粗集料按 T0304 方法测定；机制砂石及石屑可按 T0330 方法测定，也可以用筛出的 2.36 mm ~ 4.75 mm 部分按 T0304 方法测定的毛体积相对密度代替；矿粉（含消石灰、水泥）采用表观相对密度。

（5）按式（7.6）计算矿料的合成表观相对密度，取 3 位小数。

$$\gamma_{sa}=\frac{100}{\dfrac{P_1}{\gamma_1'}+\dfrac{P_2}{\gamma_2'}+\cdots+\dfrac{P_n}{\gamma_n'}} \tag{7.6}$$

式中　γ_{sa}——矿料的合成表观相对密度，无量纲；

γ_1'，γ_2'，…，γ_n'——各种矿料的表观相对密度，无量纲。

（6）确定矿料的有效相对密度，取 3 位小数。

对非改性沥青混合料，采用真空法实测理论最大相对密度，取平均值。按式（7.7）计算合成矿料的有效相对密度 γ_{se}：

$$\gamma_{se}=\frac{100-P_b}{\dfrac{100}{\gamma_t}-\dfrac{P_b}{\gamma_b}} \tag{7.7}$$

式中　γ_{se}——合成矿料的有效相对密度，无量纲；

P_b——沥青用量，即沥青质量占沥青混合料总质量的百分比（%）；

γ_b——25 °C 时沥青的相对密度，无量纲；

γ_t——实测的沥青混合料理论最大相对密度，无量纲。

对改性沥青及 SMA 等难以分散的混合料，有效相对密度宜直接由矿料的合成毛体积相对密度与合成表现相对密度按式（7.8）计算确定，其中沥青吸收系数 C 值根据材料的吸水率由式（7.9）求得，合成矿料的吸水率按式（7.10）计算。

$$\gamma_{se} = C \times \gamma_{sa} + (1-C) \times \gamma_{sb} \tag{7.8}$$

$$C = 0.033w_x^2 - 0.293\,6w_x + 0.933\,9 \tag{7.9}$$

$$w_x = \left(\frac{1}{\gamma_{sb}} - \frac{1}{\gamma_{sa}}\right) \times 100 \tag{7.10}$$

式中　C——沥青吸收系数，无量纲；

w_x——合成矿料的吸水率（%）。

（7）确定沥青混合料的理论最大相对密度，取 3 位小数。

对非改性的普通沥青混合料，采用真空法实测沥青混合料的理论最大相对密度γ_t。

对改性沥青或 SMA 混合料宜按式（7.11）或式（7.12）计算沥青混合料对应油石比的理论最大相对密度。

$$\gamma_t = \frac{100 + P_a}{\dfrac{100}{\gamma_{se}} + \dfrac{P_a}{\gamma_b}} \tag{7.11}$$

$$\gamma_t = \frac{100 + P_a + P_x}{\dfrac{100}{\gamma_{se}} + \dfrac{P_a}{\gamma_b} + \dfrac{P_x}{\gamma_x}} \tag{7.12}$$

式中　γ_t——计算沥青混合料对应油石比的理论最大相对密度，无量纲；

P_a——油石比，即沥青质量占矿料总质量的百分比（%）；

$$P_a = [P_b/(10 - P_b)] \times 100$$

P_x——纤维用量，即纤维质量占矿料总质量的百分比（%）；

γ_x——25 °C 时纤维的相对密度，由厂方提供或实测得到，无量纲；

γ_{se}——合成矿料的有效相对密度，无量纲；

γ_b——25 °C 时沥青的相对密度，无量纲。

对旧路面钻取芯样的试件缺乏材料密度、配合比及油石比的沥青混合料，可以采用真空法实测沥青混合料的理论最大相对密度γ_t。

（8）按式（7.13）~（7.15）计算试件的空隙率、矿料间隙率 *VMA* 和有效沥青的饱和度 *VFA*，取 1 位小数。

$$VV=\left(1-\frac{\gamma_f}{\gamma_t}\right)\times 100 \tag{7.13}$$

$$VMA=\left(1-\frac{\gamma_f}{\gamma_{sb}}\times\frac{P_s}{100}\right)\times 100 \tag{7.14}$$

$$VFA=\frac{VMA-VV}{VMA}\times 100 \tag{7.15}$$

式中　VV——沥青混合料试件的空隙率（%）;

VMA——沥青混合料试件的矿料间隙率（%）;

VFA——沥青混合料试件有效沥青饱和度（%）;

$$P_s=100-P_b$$

γ_{sb}——矿料的合成毛体积相对密度，无量纲;

P_s——各种矿料占沥青混合料总质量的百分率之和（%）。

（9）按式（7.16）~（7.18）计算沥青结合料被矿料吸收的比例及有效沥青含量、有效沥青体积百分率，取1位小数。

$$P_{ba}=\frac{\gamma_{se}-\gamma_{sb}}{\gamma_{se}\times\gamma_{sb}}\times\gamma_b\times 100 \tag{7.16}$$

$$P_{be}=P_b-\frac{P_{ba}}{100}\times P_s \tag{7.17}$$

$$V_{be}=\frac{\gamma_f\times P_{be}}{\gamma_b} \tag{7.18}$$

式中　P_{ba}——沥青混合料中被矿料吸收的沥青质量占矿料总质量的百分率（%）;

P_{be}——沥青混合料中的有效沥青含量（%）;

V_{be}——沥青混合料试件的有效沥青体积百分率（%）。

（10）按式（7.19）计算沥青混合料的粉胶比，取1位小数。

$$F_B=\frac{P_{0.075}}{P_{be}} \tag{7.19}$$

式中　F_B——粉胶比，沥青混合料的矿料中0.075 mm通过率与有效沥青含量的比值，无量纲;

$P_{0.075}$——矿料级配中0.075 mm的通过百分率（%）。

（11）按式（7.20）计算集料的比表面积，按式（7.21）计算沥青混合料沥青膜有效厚度。各种集料粒径的表面积系数按下表取用。

$$S_A=\sum(P_i\times F_{Ai}) \tag{7.20}$$

$$D_A=\frac{P_{be}}{\rho_b\times P_s\times S_A}\times 1\,000 \tag{7.21}$$

式中　S_A——集料的比表面积（m^2/kg）;

P_i——集料各粒径的质量通过百分率（%）；

F_{Ai}——各筛孔对应集料的表面积系数（m^2/kg），按表 T 0705-1 确定；

D_A——沥青膜有效厚度（μm）；

ρ_b——沥青 25 °C 时的密度（g/cm^3）。

表 7.3　集料的表面积系数及比表面积计算示例

筛孔尺寸/mm	19	16	13.2	9.5	4.75	2.36	1.18	0.6	0.3	0.15	0.075
表面积系数 F_{Ai}/（m^2/kg）	0.004 1	—	—	—	0.004 1	0.008 2	0.016 4	0.028 7	0.061 4	0.122 9	0.327 7
集料各粒径的质量通过百分率 P_i/%	100	92	85	76	60	42	32	23	16	12	6
集料的比表面积 $F_{Ai}\times P_i$/（m^2/kg）	0.41	—	—	—	0.25	0.34	0.52	0.66	0.98	1.47	1.97
集料比表面积总和 S_A/（m^2/kg）	$S_A=0.41+0.25+0.34+0.52+0.66+0.98+1.47+1.97=6.60$										

注：矿料级配中大于 4.75 mm 集料的表面积系数 F_A 均取 0.004 1。计算集料比表面积时，大于 4.75 mm 集料的比表面积只计算一次，即只计算最大粒径对应部分如表 T 0705-1，该例的 $S_A=6.60\ m^2/kg$，若沥青混合料的有效沥青含量为 4.65%，沥青混合料的沥青用量为 4.8%，沥青的密度 1.03 g/cm^3，$P_s=95.2$，则沥青膜厚度 $D_A=4.65/(95.2\times1.03\times6.60)\times1\,000=7.19$ μm。

（12）粗集料骨架间隙率可按式（7.22）计算，取 1 位小数。

$$VCA_{mix}=100-\frac{\gamma_f}{\gamma_{ca}}\times P_{ca} \tag{7.22}$$

式中　VCA_{mix}——粗集料骨架间隙率（%）；

P_{ca}——矿料中所有粗集料质量占沥青混合料总质量的百分率（%），按式（7.23）计算得到：

$$P_{ca}=P_s\times PA_{4.75}/100 \tag{7.23}$$

$PA_{4.75}$——矿料级配中 4.75 mm 筛余量，即 100 减去 4.75 mm 通过率；

注：$PA_{4.75}$ 对于一般沥青混合料为矿料级配中 4.75 mm 筛余量，对于公称最大粒径不大于 9.5 mm SMA 混合料为 2.36 mm 筛余量，对特大粒径根据需要可以选择其他筛孔。

γ_{ca}——矿料中所有粗集料的合成毛体积相对密度，按式（7.24）计算，无量纲；

$$\gamma_{ca}=\frac{P_{1c}+P_{2c}+\cdots+P_{nc}}{\dfrac{P_{1c}}{\gamma_{1c}}+\dfrac{P_{2c}}{\gamma_{2c}}+\cdots+\dfrac{P_{nc}}{\gamma_{nc}}} \tag{7.24}$$

P_{1c}，…，P_{nc}——矿料中各种粗集料占矿料总质量的百分比（%）；

γ_{1c}，…，γ_{nc}——矿料中各种粗集料的毛体积相对密度。

五、试验记录

试验记录表见表 7.4。

表 7.4　压实沥青混合料密度试验（表干法）记录

试样编号		试样来源		
试样名称		初拟用途		
混合料用途		矿料品种	矿粉密度/（g/cm^3）	
混合料类型		粗集料表观密度/（g/cm^3）	沥青品种	
混合料配比		细集料表观密度/（g/cm^3）	沥青密度ρ/（g/cm^3）	

试件编号	沥青用量 P_a/%	干燥质量 m_a/g	水中质量 m_f/g	表干质量 m_f/g	实测密度 ρ_f /（g/cm^3）	理论密度 ρ_f' /（g/cm^3）	沥青含量百分率/%	试件空隙率 VV/%	矿料间隙率 VMA/%	沥青饱和度 VFA/%

试验者＿＿＿＿＿＿　　组别＿＿＿＿＿＿　　成绩＿＿＿＿＿＿　　试验日期＿＿＿＿＿＿

试验三　沥青混合料马歇尔稳定度试验

（T 0709—2011）

一、试验目的及适用范围

（1）本方法适用于马歇尔稳定度试验和浸水马歇尔稳定度试验，以进行沥青混合料的配合比设计或沥青路面施工质量检验。浸水马歇尔稳定度试验（根据需要，也可进行真空饱水马歇尔试验）供检验沥青混合料受水损害时抵抗剥落的能力时使用，通过测试其水稳定性检验配合比设计的可行性。

（2）本方法适用于标准马歇尔试件圆柱体和大型马歇尔试件圆柱体。

二、仪器设备

（1）沥青混合料马歇尔试验仪：分为自动式和手动式。自动式马歇尔试验仪应具备控制装置、记录荷载-位移曲线、自动测定荷载与试件的垂直变形，能自动显示和存储或打印试验结果等功能。手动式由人工操作，试验数据通过操作者目测后读取数据。对用于高速公路和一级公路的沥青混合料宜采用自动马歇尔试验仪。当集料公称最大粒径小于或等于 26.5 mm 时，宜采用ϕ101.6 mm × 63.5 mm 的标准马歇尔试件，试验仪最大荷载不得小于 25 kN，读数准确度为 0.1 kN，加载速率应能保持 50 mm/min ± 5 mm/min。钢球直径 16 mm ± 0.05 mm，上下压头曲率半径为 50.8 mm ± 0.08 mm。当集料公称最大粒径大于 26.5 mm 时，宜采用ϕ152.4 mm × 95.3 mm 大型马歇尔试件，试验仪最大荷载不得小于 50 kN，读数准确至 0.1 kN。上下压头的曲率内径为ϕ152.4 mm ± 0.2 mm，上下压头间距 19.05 mm ± 0.1 mm。

大型马歇尔试件的压头尺寸，如图 7.4 所示。

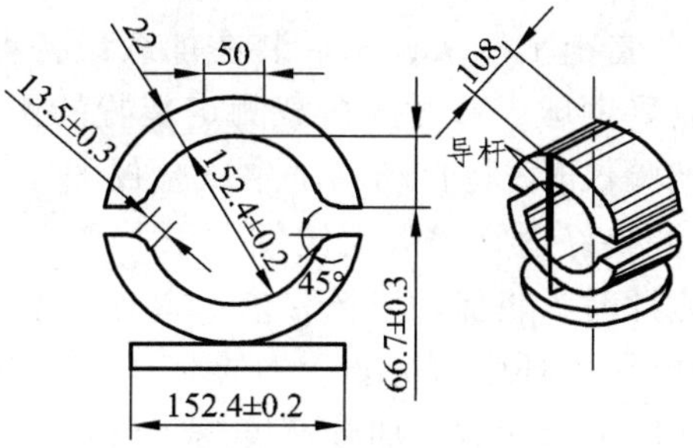

图 7.4 大型马歇尔试件的压头（尺寸单位：mm）

（2）恒温水槽：控温准确度为 1 °C，深度不小于 150 mm。

（3）真空饱水容器：真空泵及真空干燥器。

（4）烘箱。

（5）天平：感量不大于 0.1 g。

（6）温度计：分度为 1 °C。

（7）卡尺。

（8）其他：棉纱、黄油。

三、试验准备和试验步骤

1. 标准马歇尔试验方法

（1）试验准备：

① 按标准击实法成型马歇尔试件，标准马歇尔尺寸应符合直径 101.6 mm ± 0.2 mm、高

63.5 mm ± 1.3 mm 的要求。对大型马歇尔试件，尺寸应符合直径 152.4 mm ± 0.2 mm、高 95.3 mm ± 2.5 mm 的要求。一组试件的数量最少不得少于 4 个，并符合规定。

② 量测试件的直径及高度：用卡尺测量试件中部的直径，用马歇尔试件高度测定器或用卡尺在十字对称的 4 个方向量测离试件边缘 10 mm 处的高度，准确至 0.1 mm，并以其平均值作为试件的高度。如试件高度不符合 63.5 mm ± 1.3 mm 或 95.3 mm ± 2.5 mm 要求或两侧高度差大于 2 mm 时，此试件应作废。

③ 按本规程规定的方法测定试件的密度并计算空隙率、沥青体积百分率、沥青饱和度、矿料间隙率等体积指标。

④ 将恒温水槽调节至要求的试验温度，对黏稠石油沥青或烘箱养生过的乳化沥青混合料为 60 °C ± 1 °C，对煤沥青混合料为 33.8 °C ± 1 °C，对空气养生的乳化沥青或液体沥青混合料为 25 °C ± 1 °C。

（2）试验步骤：

① 将试件置于已达规定温度的水槽中保温，保温时间对标准马歇尔试件需 30 min ~ 40 min，对大型马歇尔试件需 45 min ~ 60 min。试件之间应有间隔，底下应垫起，距水槽底部不小于 5 cm。

② 将马歇尔试验仪的上下压头放入水槽或烘箱中达到同样温度。将上下压头从水槽或烘箱中取出，将其内面擦拭干净。为使上下压头滑动自如，可在下压头的导棒上涂少量黄油。再将试件取出置于下压头上，盖上上压头，然后装在加载设备上。

③ 在上压头的球座上放妥钢球，并对准荷载测定装置的压头。

④ 当采用自动马歇尔试验仪时，将自动马歇尔试验仪的压力传感器、位移传感器与计算机或 *X-Y* 记录仪正确连接，调整好适宜的放大比例，压力和位移传感器调零。

⑤ 当采用压力环和流值计时，将流值计安装在导棒上，使导向套管轻轻地压住上压头，同时将流值计读数调零。调整压力环中百分表，对零。

⑥ 启动加载设备，使试件承受荷载，加载速度为 50 mm/min ± 5 mm/min。计算机或 *X-Y* 记录仪自动记录传感器压力和试件变形曲线并将数据自动存入计算机。

⑦ 当试验荷载达到最大值的瞬间，取下流值计，同时读取压力环中百分表读数及流值计的流值读数。

⑧ 从恒温水槽中取出试件至测出最大荷载值的时间，不得超过 30 s。

2. 浸水马歇尔试验方法

浸水马歇尔试验方法与标准马歇尔试验方法的不同之处在于，试件在已达规定温度恒温水槽中的保温时间为 48 h，其余步骤均与标准马歇尔试验方法相同。

四、试验结果整理

1. 计　算

（1）试件的稳定度及流值。

① 当采用自动马歇尔试验仪时，将计算机采集的数据绘制成压力和试件变形曲线。

② 当采用压力环和流值计测定时，根据压力环标定曲线，将压力环中百分表的读数换算为荷载值，或者由荷载测定装置读取的最大值即为试样的稳定度（MS），以 kN 计，准确至 0.01 kN。由流值计及位移传感器测定装置读取的试件垂直变形，即为试件的流值（FL），以 mm 计，准确至 0.1 mm。

（2）试件的马歇尔模数按式（7.25）计算。

$$T=\frac{MS}{FL} \tag{7.25}$$

式中 T——试件的马歇尔模数（kN/mm）；

MS——试件的稳定度（kN）；

FL——试件的流值（mm）。

（3）试件的浸水残留稳定度按式（7.26）计算。

$$MS_0=\frac{MS_1}{MS}\times 100 \tag{7.26}$$

式中 MS_0——试件的浸水残留稳定度（%）；

MS_1——试件浸水 48 h 后的稳定度（kN）。

2. 报　告

（1）当一组测定值中某个测定值与平均值之差大于标准差的 k 倍时，该测定值应予舍弃，并以其余测定值的平均值作为试验结果。当试件数目 n 为 3、4、5、6 个时，k 值分别为 1.15、1.46、1.67、1.82。

（2）当采用自动马歇尔试验时，试验结果应附上荷载-变形曲线原件或自动打印结果，并报告马歇尔稳定度、流值、马歇尔模数，以及试件尺寸、试件密度、空隙率、沥青用量、沥青体积百分率、沥青饱和度、矿料间隙率等各项物理指标。

五、试验记录

试验记录格式见表 7.5。

表 7.5　沥青混合料稳定度试验记录

试样编号			试样来源				
试样名称			初拟用途				
试样编号	稳定度/kN				流值 FL/mm	马歇尔模数 T/（kN/mm）	备注
	百分表读数	折算稳定度	修正系数 k /（kN/100 mm）	稳定度 MS/kN			

试验者＿＿＿＿　组别＿＿＿＿　成绩＿＿＿＿　试验日期＿＿＿＿

试验四　沥青混合料中沥青含量试验（离心分离法）

（T 0722—1993）

一、试验目的及适用范围

（1）本方法采用离心分离法测定黏稠石油沥青拌制的沥青混合料中的沥青含量（或油石比）。

（2）本方法适用于热拌热铺沥青混合料路面施工时的沥青用量检测，以评定拌和厂产品质量。此法也适用于旧路调查时检测沥青混合料的沥青用量，用此法抽提的沥青溶液可用于回收沥青，以评定沥青的老化性质。

二、仪器设备

（1）离心抽提仪：由试样容器及转速不小于 3 000 r/min 的离心分离器组成，分离器备有滤液出口。容器盖与容器之间用耐油的圆环形滤纸密封。滤液通过滤纸排出后从出口流出收入回收瓶中，仪器必须安放稳固并有排风装置。

（2）圆环形滤纸。

（3）回收瓶：容量 1 700 mL 以上。

（4）压力过滤装置。

（5）天平：感量不大于 0.01 g、1 mg 的天平各 1 台。

（6）量筒：最小刻度 1 mL。

（7）电烘箱：装有温度自动调节器。

（8）三氯乙烯：工业用。

（9）碳酸铵饱和溶液：供燃烧法测定滤纸中的矿粉含量用。

（10）其他：小铲、金属盘、大烧杯等。

三、试验准备

（1）按沥青混合料取样方法，在拌和厂从运料卡车采取沥青混合料试样，放在金属盘中适当拌和，待温度稍下降至 100 °C 以下时，用大烧杯取混合料试样质量 1 000 g ~ 1 500 g（粗粒式沥青混合料用高限，细粒式用低限，中粒式用中限），准确至 0.1 g。

（2）如果试样是路上用钻机法或切割法取得的，应用电风扇吹风使其完全干燥，置微波炉或烘箱中适当加热后成松散状态取样，但不得用锤击，以防集料破碎。

四、试验步骤

（1）向装有试样的烧杯中注入三氯乙烯溶剂，将其浸没，记录溶液用量，浸泡 30 min，用玻璃棒适当搅动混合料，使沥青充分溶解。

（2）将混合料及溶液倒入离心分离器，用少量溶剂将烧杯及玻璃棒上的黏附物全部洗入分离容器中。

（3）称取洁净的圆环形滤纸质量，准确至 0.01 g。注意，滤纸不宜多次反复使用，有破损者不能使用，有石粉黏附时应用毛刷清除干净。

（4）将滤纸垫在分离器边缘上，加盖紧固，在分离器出口处放上回收瓶，上口应注意密封，防止流出液成雾状散失。

（5）开动离心机，转速逐渐增至 3 000 r/min，沥青溶液通过排出口注入回收瓶中，待流出停止后停机。

（6）从上盖的孔中加入新溶剂，数量大体相同，稍停 3 min ~ 5 min 后，重复上述操作，如此数次直到流出的抽提液成清澈的淡黄色为止。

（7）卸下上盖，取下圆环形滤纸，在通风橱或室内空气中蒸发干燥，然后放入 105 °C ± 5 °C 的烘箱中干燥，称取质量，其增量部分（m_2）为矿粉的一部分。

（8）将容器中的集料仔细取出，在通风橱或室内空气中蒸发后放入 105 °C ± 5 °C 烘箱中烘干（一般需 4 h），然后放入大干燥器中冷却至室温，称取集料质量（m_1）。

（9）用压力过滤器过滤回收瓶中的沥青溶液，由滤纸的增量（m_3）得出泄漏入滤液中的矿粉，如无压力过滤器时，也可用燃烧法测定。

（10）用燃烧法测定抽提液中矿粉质量的步骤如下：

① 将回收瓶中的抽提液倒入量筒中，准确定量至 mL（V_a）。

② 充分搅匀抽提液，取出 10 mL（V_b）放入坩埚中，在热浴上适当加热使溶液试样呈暗黑色后，置高温炉（500 °C ~ 600 °C）中烧成残渣，取出坩埚冷却。

③ 向坩埚中按每 1 g 残渣 5 mL 的用量比例，注入碳酸铵饱和溶液，静置 1 h，放入 105 °C ± 5 °C 炉箱中干燥。

④ 取出放在干燥器中冷却，称取残渣质量（m_4），准确至 1 mg。

五、试验结果整理

（1）沥青混合料中矿料的总质量按式（7.27）计算。

$$m_a = m_1 + m_2 + m_3 \tag{7.27}$$

式中 m_a——沥青混合料中矿料部分的总质量（g）；

m_1——容器中留下的集料干燥质量（g）；

m_2——圆环形滤纸在试验前后的增量（g）；

m_3——泄漏入抽提液中的矿粉质量（g）。

用燃烧法时 m_3 可按式（7.28）计算。

$$m_3 = m_4 \times \frac{V_a}{V_b} \tag{7.28}$$

式中 V_a——抽提液的总量（mL）；

V_b——取出的燃烧干燥的抽提液数量（mL）；

m_4——坩埚中燃烧干燥的残渣质量（g）。

（2）沥青混合料中的沥青含量按式（7.29）计算，油石比按式（7.30）计算。

$$P_b = \frac{m - m_a}{m} \tag{7.29}$$

$$P_a = \frac{m - m_a}{m_a} \tag{7.30}$$

式中 m——沥青混合料的总质量（g）；

P_b——沥青混合料的沥青含量（%）；

P_a——沥青混合料的油石比（%）。

六、试验记录

同一沥青混合料试样至少平行试验 2 次，取平均值作为试验结果。2 次试验结果的差值应小于 0.3%，当大于 0.3% 但小于 0.5% 时，应补充平行试验 1 次，以 3 次试验的平均值作为试验结果，3 次试验的最大值与最小值之差不得大于 0.5%。

试验记录见表 7.6、表 7.7。

表 7.6 用压力过滤器过滤回收瓶中沥青溶液试验记录

试样名称		沥青混合料总质量 m/g	
洁净滤纸质量/g		干燥后滤纸质量/g	
滤纸增量 m_1/g		干燥后集料质量 m_2/g	
滤纸液中矿粉 m_3/g		矿粉总质量 $m_a = m_1 + m_2 + m_3$/g	
沥青含量 P_b/%	$P_b = \frac{m - m_a}{m}$		
油石比 P_a/%	$P_b = \frac{m - m_a}{m_a}$		

试验者__________ 组别__________ 成绩__________ 试验日期__________

表 7.7　用燃烧法测定抽提液中矿粉质量试验记录

试样名称		沥青混合料总质量 m/g	
洁净滤纸质量/g		干燥后滤纸质量/g	
滤纸增量 m_1/g		干燥后集料质量 m_2/g	
抽提液总量 V_a/mL		取出抽提液数量 V_b/mL	
残渣质量 m_4/g		抽提液中矿粉质量 $m_3 = m_4 \cdot (V_a/V_b)$ /g	
矿料总质量 $m_a = m_1 + m_2 + m_3$ /g			
沥青含量 P_b/%　$P_b = \dfrac{m - m_a}{m}$			
油石比 P_a/%　$P_b = \dfrac{m - m_a}{m_a}$			

试验者＿＿＿＿＿＿　组别＿＿＿＿＿＿　成绩＿＿＿＿＿＿　试验日期＿＿＿＿＿＿

试验五　沥青混合料车辙试验

（T 0719—2011）

一、试验目的及适用范围

（1）本试验适用于测定沥青混合料的高温抗车辙能力，供沥青混合料配合比设计的高温稳定性检验使用，也可用于现场沥青混合料的高温稳定性检验。

（2）车辙试验的试验温度与轮压（试验轮与试件的接触压强）可根据有关规定和需要选用，非经注明，试验温度为 60 °C，轮压为 0.7 MPa。根据需要，如在寒冷地区也可采用 45 °C，在高温条件下采用 70 °C 等，对重载交通的轮压可增加至 1.4 MPa，但应在报告中注明。计算动稳定度的时间原则上为试验开始后 45 min ~ 60 min。

（3）本方法适用于用轮碾成型机碾压成型的长 300 mm、宽 300 mm、厚 50 mm ~ 100mm 的板块状试件。根据工程需要也可采用其他尺寸的试件。本方法也适用于现场切割板块状试件，切割的尺寸根据现场层面的实际情况由试验确定。

二、仪器设备

（1）车辙试验机：如图 7.5 所示，主要由下列部分组成。

① 试件台：可牢固地安装两种宽度（300 mm 及 150 mm）的规定尺寸试件的试模。

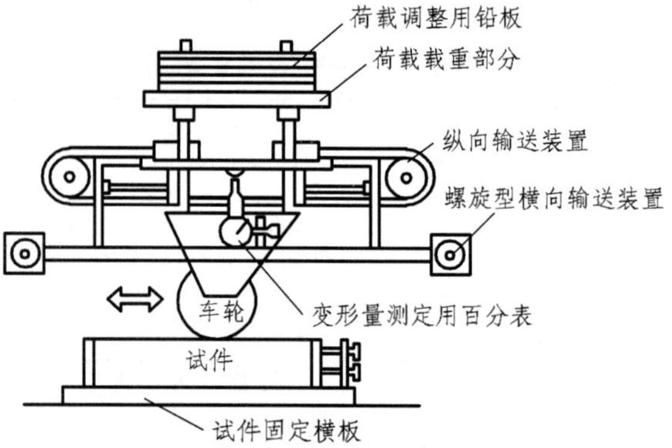

图 7.5　车辙试验机结构示意图

② 试验轮：橡胶制的实心轮胎，外径ϕ200 mm，轮宽 50 mm，橡胶层厚 15 mm。橡胶硬度（国际标准硬度）20 °C 时为 84 ± 4，60 °C 时为 78 ± 2。试验轮行走距离为 230 mm ± 10 mm，往返碾压速度为 42 次/min ± 1 次/mm（21 次往返/min）。允许采用曲柄连杆驱动加载轮往返运行方式。

注：轮胎橡胶硬度应注意检验，不符合要求者应及时更换。

③ 加载装置：通常情况下试验轮与试件的接触压强在 60 °C 时为 0.7 MPa ± 0.05 MPa，施加的总荷重为 780 N 左右，根据需要可以调整接触压强大小。

④ 试模：钢板制成，由底板及侧板组成，试模内侧尺寸长为 300 mm，宽为 300 mm，厚为 50 mm ~ 100 mm，也可根据需要对厚度进行调整。

⑤ 试件变形测量装置：自动采集车辙变形并记录曲线的装置，通常用位移传感器 LVDT 或非接触位移计。位移测量范围 0 ~ 130 mm，精度 ± 0.01 mm。

⑥ 温度检测装置：自动检测并记录表面及恒温室内温度的温度传感器，精密度 ± 0.5 °C。温度应能自动连续记录。

（2）恒温室：恒温室应具有足够的空间。车辙试验机必须整机安放在恒温室内，装有加热器、气流循环装置及装有自动温度控制设备，同时恒温室还应有至少能保温 3 块试件并进行试验的条件。保持恒温室温度 60 °C ± 1 °C（试件内部温度 60 °C ± 0.5 °C），根据需要也可采用其他试验温度。

（3）台秤：称量 15 kg，感量不大于 5 g。

三、试验准备

（1）试验轮接地压强测定：测定在 60 °C 时进行，在试验台上放置一块 50 mm 厚的钢板，其上铺一张毫米方格纸，上铺一张新写的复写纸，以规定的 700 N 荷载后试验轮静压复写纸，即可在方格纸上得出轮压面积，并由此求得接地压强。当压强不符合 0.7 MPa ± 0.05 MPa 时，荷载应予以适当调整。

（2）用轮碾成型法制作车辙试验试块。在试验室或工地制备成型的车辙试件，板块状试件尺寸为长 300 mm × 宽 300 mm × 厚 50 mm ~ 100 mm（厚度根据需要确定）。也可从路面切割得到试件。

当直接在拌和厂取拌和好的沥青混合料样品制作车辙试验试件检验生产配合比设计或混合料生产质量时，必须将混合料装入保温桶中，在温度下降至成型温度之前迅速送达试验室制作试件；如果温度稍有不足，可放在烘箱中稍加热（时间不超过 30 min）后成型。但不得将混合料放冷却后二次加热重塑制作试件。重塑制作的试验结果仅供参考，不得用于评定配合比设计检验是否合格的标准。

（3）如需要，将试件脱模按规程规定的方法测定密度及空隙率等各项物理指标。

（4）在试件成型后，连同试模一起在常温条件下放置的时间不得少于 12 h。对聚合物改性沥青混合料，放置的时间以 48 h 为宜，使聚合物改性沥青充分固化后方可进行车辙试验，室温放置时间不得长于 1 周。

四、试验步骤

（1）将试件连同试模一起，置于已达到试验温度 60 °C ± 1 °C 的恒温室中，保温不少于 5 h，也不得多于 12 h。在试件的试验轮不行走的部位上，粘贴一个热电偶温度计（也可在试件制作时预先将热电偶导线埋入试件一角），控制试件温度稳定在 60 °C ± 0.5 °C。

（2）将试件连同试模移置于车辙试验机的试验台上，试验轮在试件的中央部位，其行走方向须与试件的碾压或行车方向一致。开动车辙变形自动记录仪，然后启动试验机，使试验轮往返行走，时间约 1 h，或当最大变形达到 25 mm 时为止。在试验时，记录仪自动记录变形曲线（图 7.6）及试件温度。

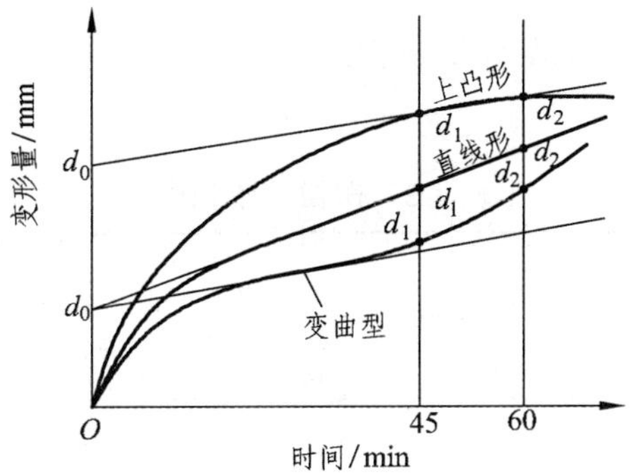

图 7.6　车辙试验自动记录的变形曲线

注：对试验变形较小的试件，也可对一块试件在两侧 1/3 位置上进行两次试验，然后取其平均值。

五、计　算

（1）从图 7.6 上取 45 min（t_1）及 60 min（t_2）时的车辙变形 d_1 及 d_2，准确至 0.01 mm。

当变形过大，在未到 60 min 变形已达 25 mm 时，则以达到 25 mm（d_2）时的时间为 t_2，将其前 15 min 为 t_1，此时的变形量为 d_1。

（2）沥青混合料试件的动稳定度按式（7.31）计算。

$$DS=\frac{(t_2-t_1)\times N}{d_2-d_1}\times C_1\times C_2 \tag{7.31}$$

式中　DS——沥青混合料的动稳定度（次/min）；

d_1——对应于时间 t_1 的变形量（mm）；

d_2——对应于时间 t_2 的变形量（mm）；

C_1——试验机类型修正系数，曲柄连杆驱动加载轮往返运行方式为 1.0；

C_2——试件系数，试验室制备宽为 300 mm 的试件系数为 1.0；

N——试验轮往返碾压速度，通常为 42 次/min。

六、报　告

（1）同一沥青混合料或同一路段的路面，至少平行试验 3 个试件，当 3 个试件动稳定度变异系数不大于 20% 时，取其平均值作为试验结果。当变异系数大于 20% 时应分析原因，并追加试验。如计算动稳定度值大于 6 000 次/mm 时，记为：> 6 000 次/mm。

（2）试验报告应注明试验温度、试验接地压强、试件密度、空隙率及试件制作方法等。

七、精密度或允许差

重复性试验动稳定度变异系数不大于 20%。

试验记录见表 7.8。

表 7.8　车辙试验记录

试样名称		试验温度	
试验接地压强		制作方法	
试件密度		空隙率	

试验次数	t_{1min}	d_{1min}	t_{2min}	d_{2min}	试验轮往返碾压次数 /（次/min）	C_1	C_2	动稳定度 DS /（次/mm）	

试验者＿＿＿＿　组别＿＿＿＿　成绩＿＿＿＿　试验日期＿＿＿＿

第八章
建筑钢材试验

试验一　钢筋的拉伸试验

（GB/T 228.1—2010）

一、试验目的

抗拉强度是钢筋的基本力学性质。为了测定钢筋的抗拉强度，将标准试样放在压力机上，逐渐加一个缓慢的拉力荷载，观察由于这个荷载的作用所产生的弹性和塑性变形，直至试样拉断为止，即可求得钢筋的屈服强度、抗拉强度、伸长率等指标。拉伸试验是评定钢筋质量是否合格的试验项目之一。

二、试验仪具

（1）万能材料试验机。

（2）游标卡尺。

（3）钢筋标距打点仪。

三、试验方法

（1）准备试样。

① 在每批钢筋中任取两根，在距钢筋端部 50 cm 处各取一根试样。

② 在试验前，先将材料制成一定形状的标准试样，如图 8.1 所示。试样一般应不经切削加工。受拉力机吨位的限制，直径为 22 mm ~ 40 mm 的钢筋可进行切削加工，制成直径（标距部分直径 d_0）为 20 mm 的标准试样。试样长度：拉伸试样分短试件为 $5d_0 + 200$ mm，或长试件为 $10d_0 + 200$ mm。直径 $d_0 = 10$ mm 的试样，其标距长度 $l_0 = 200$ mm（长试样，δ_{10}）或 100 mm（短试样，δ_5）；标距部分到头部的过渡必须缓和，其圆弧尺寸 R 最小为 5 mm；$l =$ 230 mm（长试样）或 130 mm（短试样）；$h = 50 \sim 70$ mm。

③ 标距部分直径 d_0 的允许偏差为不大于 ± 0.2 mm；标距部分长度 l_0 的允许偏差为不大于 ± 0.1 mm；试样标距长度内最大直径与最小直径的允许偏差为 0.05 mm。

（2）根据试样的横截面面积确定试样的标距长度。然后在标距的两端用不深的冲眼刻画出标志，并按试样标距长度，每隔 5 mm ~ 10 mm 作一分格标志，以便计算试样的伸长率时用。

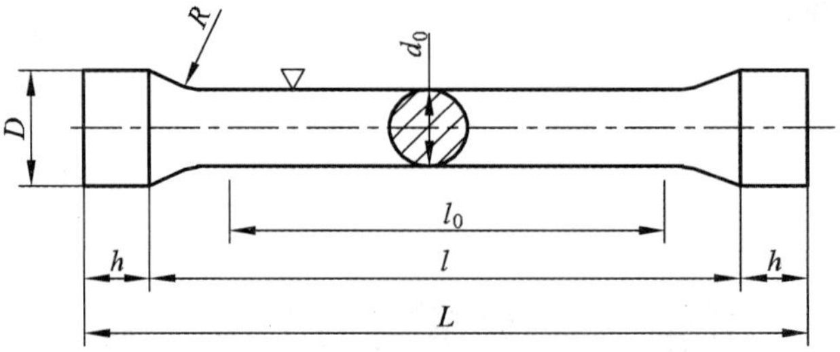

图 8.1　拉伸试验标准试件

（3）确定未经车削的试样截面面积 A_0（mm^2）。应按式（8.1）求得：

$$A_0 = \frac{1\,000\,Q}{7.85\,l} \tag{8.1}$$

式中　Q——钢筋的质量（g）；

l——钢筋的长度（mm）。

（4）将试样安置在万能试验机的夹头中，试样应对夹头的中心，试样轴线应绝对垂直，然后进行拉伸试验，测定试样的屈服点（有明显屈服现象的材料）、屈服强度（没有明显屈服现象的材料）、抗拉强度和伸长率。

① 屈服点的测定。

a. 当测定屈服点时，在向试样连续而均匀地施加负荷的过程中，在液压式试验机上，当负荷指示器上的指针停止转动或开始回转（在杠杆式试验机上，杠杆平衡或开始明显下落）时，最大或最小负荷读数，即为屈服负荷 F_s 值。

b. 屈服点也可以从试验机自动记录的负荷-伸长曲线上确定。屈服负荷系位于曲线上的一点，该点相当于负荷不变而试验继续伸长时的平台（图 8.2（a）），或负荷开始下降而试样继续伸长的最高或最低点（图 8.2（b）），但此时曲线图纵坐标每 1 mm 长度所代表的应力不得大于 10 MPa。

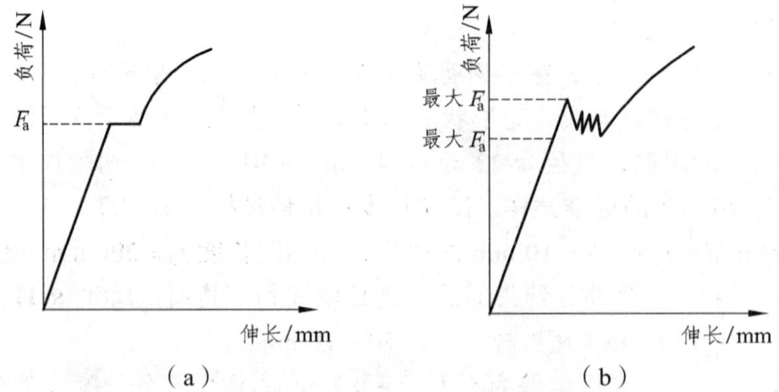

图 8.2　负荷-伸长曲线上屈服点的确定示意图

② 屈服强度的测定。

对拉伸曲线无明显屈服现象的材料（图 8.3）必须测定其屈服强度。

屈服强度 $f_{y(0.2)}$——试样在拉伸过程中标距部分残余伸长达到原标距长的 0.2% 时的应力。

屈服强度可用图解法或引伸法测定。

a. 图解法。

- 将制备好的试样安装于夹头中，试样标距部分不得夹入钳口中，试样被夹长部分不小于钳口的 2/3。

- 试样被夹紧后，把自动绘图装置或电子引伸计调整好，处于工作状态；然后向试样连续均匀而无冲击地施加荷载，此时自动记录装置或电子引伸计绘出拉伸曲线。达到规定的要求停止试验，卸去试样，关闭机器。

- 在自动记录装置（配合电子引伸计）绘出的或根据在荷载下活动夹头移动距离或根据从测力度盘与示值引伸计读得的荷载与伸长值而绘出的拉伸曲线图 8.4 上，自初始弹性直线段与横坐标轴的交点 O 起截取一等于规定残余伸长的距离 OD，再从 D 点作平行于弹性直线段的 DB 线交拉伸曲线于 B 点，对应于此点的荷载即为所求规定残余伸长应力荷载 $F_{0.2}$。此时对于上述两种曲线应分别在引伸计基础长度 l_0 及试件平行长度 l 上求得规定残余伸长。前一种曲线的伸长放大倍数应不低于 50 倍，后者的夹头位移放大倍数可适当放低。而荷载坐标轴每毫米所代表的应力不大于 10 MPa。

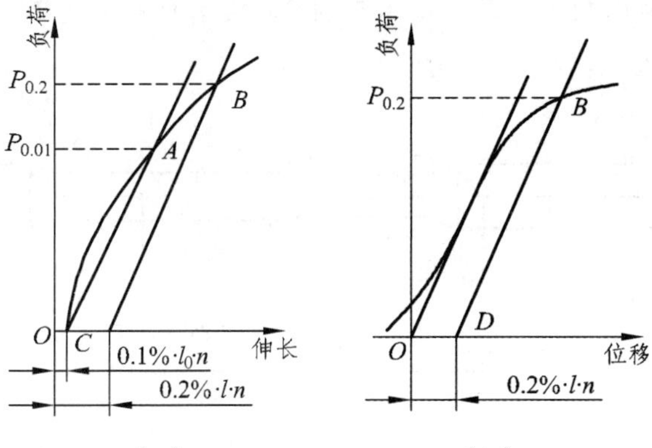

（a）　　（b）

图 8.3　无屈服平台的应力-应变曲线

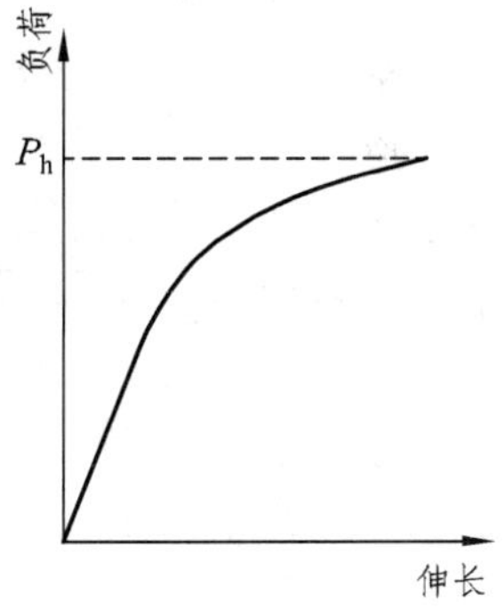

图 8.4　拉伸曲线

b. 引伸计法。

将试样固定在夹头内，施加约相当于屈服强度 10% 的初负荷 F_0，安装引伸计。继续施荷至 $2F_0$；保持 5 s ~ 10 s 后再卸荷至 F_0，记下引伸计读数作为条件零点。以后按如下两种方法往复加、卸荷（卸荷至 F_0）或连续施荷，直至实测或计算的残余伸长等于或大于规定残余伸长为止。

• 卸荷法：从 F_0 起第一次负荷加至使试样在引伸计基础长度内的部分所产生的总伸长 $0.2\% \cdot l_e \cdot n = (1 \sim 2)$ 分格。式中第一项为规定残余伸长，第二项为弹性伸长。在引伸计上读出首次卸荷至 F_0 时的残余伸长，以后每次加荷应使试样产生的总伸长为：前一次总伸长加上规定残余伸长与该次残余伸长（卸荷至 F_0）之差，再加上 1 ~ 2 分格的弹性伸长增量。

• 直接加荷法：从 F_0 起按测定 f_{y0} 所述方法逐级施荷，求出弹性直线段相应于小等级负荷的平均伸长增量，由此计算出偏离直线段后的各级负荷的弹性伸长。从总伸长减去弹性伸长即为残余伸长。

③ 抗拉强度的测定。

a. 将试样安置在拉力机上，连续施加负荷到拉断为止，此时从负荷指示器上读出的最大负荷即为抗拉强度的负荷 F_b。

b. 试样拉断后标距长度 l_1 测量，将试样拉断后的两段在拉断处紧密对接起来，尽量使其轴线位于一条直线上。如接断处由于各种原因形成缝隙，则此缝隙应计入试样拉断后的标距部分长度内。l_1 用下述方法之一测定。

• 直测法：如拉断处到邻近标距端点的距离大于（1/3）l_0 时，可直接测量两端点间的距离。

• 移位法：如拉断处到邻近标距端点的距离小于或等于（1/3）l_0 时，则可按下法确定 l_1。

在长段上从拉断处 O 取基本等于短端格数，得 B 点，接着取等于长段所余格数（偶数，图 8.5（a））之半，得 C 点；或者取所余格数（奇数，图 8.5（b））减 1 或加 1 之半，得 C 或 C_1 点，移位后的 l_1 分别为 $AO + OB + 2BC$ 或者 $AO + OB + BC + BC_1$。

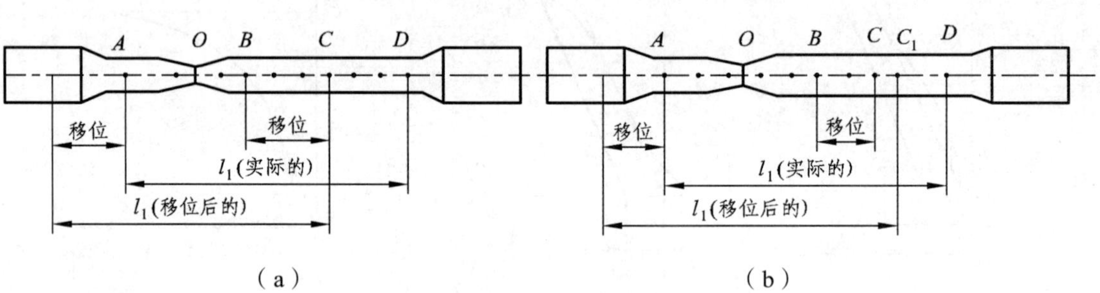

图 8.5　试样拉断后的标距长度测量

④ 如试样裂断处与其头部（或夹头处）的距离等于或小于试样直径的两倍，则试验无效。

四、试验结果计算

屈服点：　$$f_y = \frac{F_s}{A_0} \tag{8.2}$$

式中　F_s——相当于所求应力的负荷（N）；

A_0——试样的原横截面面积（mm^2）；

f_y——屈服强度（MPa），计算精确度应达 1 MPa。

硬钢和线材的屈服点：

$$f_{y(0.2)}=\frac{F_{0.2}}{A_0} \tag{8.3}$$

式中　$F_{0.2}$——相当于所求应力的负荷（N）；

A_0——试样的原横截面面积（mm^2）；

$f_{y(0.2)}$——硬钢和线材的屈服点（MPa），计算精度与 f_y 相同。

抗拉强度：　$$f_u=\frac{F_b}{A_0} \tag{8.4}$$

式中　F_b——试样拉断前的最大负荷（N）；

A_0——试样的原横截面面积（mm^2）；

f_u——试样的抗拉强度（MPa），计算精度与 f_y 相同。

伸长率：　$$\delta_n=\frac{l_1-l_0}{l_0}\times 100 \tag{8.5}$$

式中　l_1——试样拉断后标距部分的长度（mm）；

l_0——试样的原标距长度（mm）；

n——长试样及短试样的标志，长试样 $n=10$，伸长率为 δ_5；

δ_n——试样的伸长率，计算精度应达 0.5%。

五、试验结果评定

钢筋做拉伸试验的两根试样中，如其中一根试样的屈服强度、抗拉强度、伸长率三个指标中，有一个指标不符合规定要求的，即为拉力试验不合格。应再取双倍数量的试样重新测定三个指标。在第二次拉伸试验中，如仍有一个指标不符合规定，不论这个指标在第一次试验中是否合格，拉力试验项目也作为不合格，该批钢筋即为不合格品。

六、试验记录

钢筋拉伸试验记录见表 8.1 所列。

表 8.1 钢筋拉伸及冷弯试验记录

<table>
<tr><td>项目名称</td><td colspan="5"></td><td>材料产地</td><td colspan="3"></td><td>进场日期</td><td colspan="3"></td></tr>
<tr><td>使用范围</td><td colspan="2"></td><td>代表数量</td><td colspan="2"></td><td>试验规程编号</td><td colspan="3"></td><td>试验日期</td><td colspan="3"></td></tr>
<tr><td rowspan="2">编号钢筋牌号(炉批号)</td><td rowspan="2">公称直径/mm</td><td rowspan="2">公称截面面积/mm²</td><td colspan="4">强度试验</td><td colspan="3">塑性试验</td><td colspan="4">冷弯试验</td></tr>
<tr><td>屈服荷载/kN</td><td>屈服强度/MPa</td><td>极限荷载/kN</td><td>极限强度/MPa</td><td>原始标距/mm</td><td>断后标距/mm</td><td>伸长率/%</td><td>弯曲角度/(°)</td><td>弯心直径/mm</td><td>弯曲支座距离/mm</td><td>结论</td></tr>
<tr><td rowspan="3"></td><td rowspan="3"></td><td rowspan="3"></td><td></td><td></td><td></td><td></td><td></td><td></td><td></td><td></td><td></td><td></td><td></td></tr>
<tr><td></td><td></td><td></td><td></td><td></td><td></td><td></td><td></td><td></td><td></td><td></td></tr>
<tr><td></td><td></td><td></td><td></td><td></td><td></td><td></td><td></td><td></td><td></td><td></td></tr>
<tr><td rowspan="3"></td><td rowspan="3"></td><td rowspan="3"></td><td></td><td></td><td></td><td></td><td></td><td></td><td></td><td></td><td></td><td></td><td></td></tr>
<tr><td></td><td></td><td></td><td></td><td></td><td></td><td></td><td></td><td></td><td></td><td></td></tr>
<tr><td></td><td></td><td></td><td></td><td></td><td></td><td></td><td></td><td></td><td></td><td></td></tr>
<tr><td rowspan="3"></td><td rowspan="3"></td><td rowspan="3"></td><td></td><td></td><td></td><td></td><td></td><td></td><td></td><td></td><td></td><td></td><td></td></tr>
<tr><td></td><td></td><td></td><td></td><td></td><td></td><td></td><td></td><td></td><td></td><td></td></tr>
<tr><td></td><td></td><td></td><td></td><td></td><td></td><td></td><td></td><td></td><td></td><td></td></tr>
<tr><td>检验结论</td><td colspan="7"></td><td>试验单位</td><td colspan="5"></td></tr>
</table>

试验者________ 组别________ 成绩________ 试验日期________

试验二 钢筋的冷弯试验

（GB/T 232—2010）

一、试验目的

钢筋在冷的状态下进行冷弯试验，以表示其承受弯曲成要求角度及形状的能力。本试验法是以试件环绕心弯曲至规定角度，观察其是否有裂纹、起层或断裂等情况。

二、试件仪具

万能机：附有冷弯支座和弯心，支座和弯心顶端圆柱应有一定的硬度，以免受压变形。也可采用特制冷弯试验机。

三、试验制备

（1）直径为 d 的圆钢，边长为 a 的方钢，或宽度小于 100 mm、厚度为 a 的钢板，试件长度 $L = 5a + 150$ mm，宽度为 $b = 2a$，并且 b 不小于 10 mm。

（2）其他制品及材料厚度大于 30 mm 者，按技术条件特别规定。

（3）试件可由试样两端或端部截取，切割线与试件实际边距离不小于 10 mm。试样中间 1/3 范围内不准有凿冲等工具刻痕或压痕。

（4）试件应在常温下切割，可用车床、铣床或锯进行加工，但加工时应防止高热，棱边必须锉圆（圆的半径不小于 2 mm）。

（5）当必须采用有弯曲试样时，应用均匀压力使其压平。

四、试验方法

（1）在试验前，测量试样尺寸是否合格。

（2）选择适当的弯心直径 D，按图 8.6 所示装置，支座的净距为 $L = (D + 3a) \pm 0.5a$。

（3）上升支座使弯心与试样接触平行，而后均匀加压直至规定的角度，如图 8.7 所示。

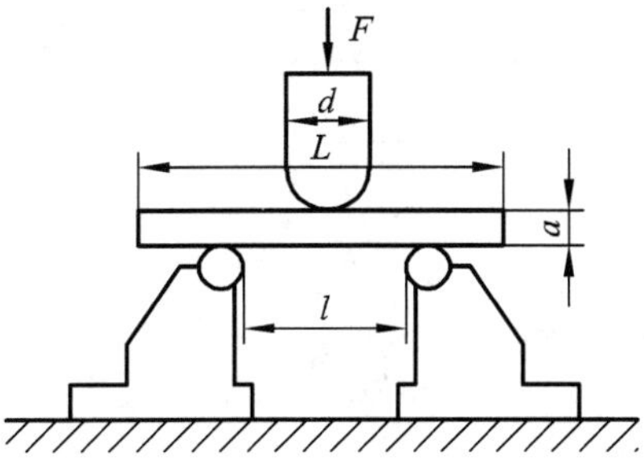

图 8.6　金属试件冷弯时的装置

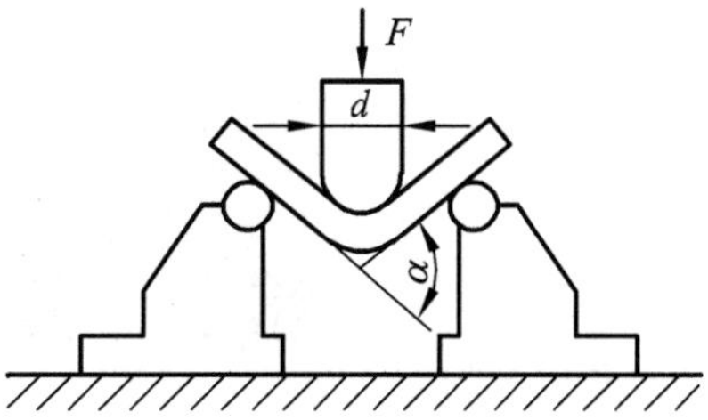

图 8.7　冷弯试验（弯曲至规定角度）

（4）如要弯成两臂平行，可一次绕弯心弯成，也可用衬垫如图 8.8（a）所示进行试验。

（5）如须压成两臂接触，可先弯成两臂平行，而后取出改放在压力机上压至试件两面两臂接触为止，如图 8.8（b）所示。

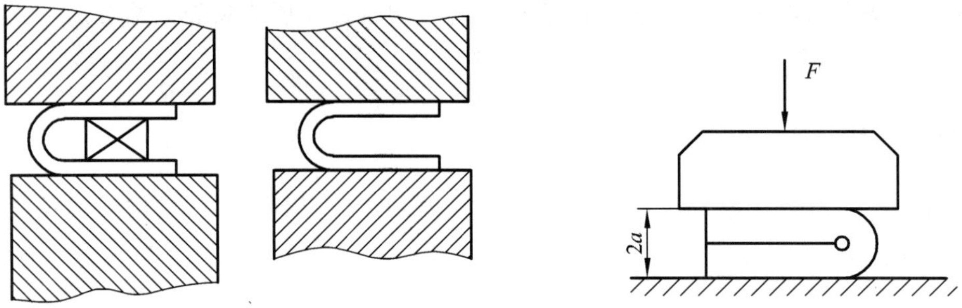

（a）弯至两臂平行　　　　（b）弯至两臂接触复合

图 8.8　冷弯试验

（6）压至规定条件后，检查试件弯曲处外部有无裂纹、起层分化或断裂等情况。

五、试验记录

建筑钢材冷弯试验记录格式参见表 8.2。

表 8.2　建筑钢材冷弯试验记录

<table>
<tr><td>试样编号</td><td colspan="3"></td><td>试样来源</td><td colspan="3"></td></tr>
<tr><td>试样名称</td><td colspan="3"></td><td>拟作用途</td><td colspan="3"></td></tr>
<tr><td rowspan="2">试验次数</td><td colspan="3">试件尺寸/mm</td><td rowspan="2">弯心直径
D/mm</td><td rowspan="2">跨度
L/mm</td><td rowspan="2">弯折角度
α/（°）</td><td rowspan="2">试验结果</td></tr>
<tr><td>宽 b</td><td>厚 a</td><td>长 L</td></tr>
<tr><td>1</td><td></td><td></td><td></td><td></td><td></td><td></td><td></td></tr>
<tr><td>2</td><td></td><td></td><td></td><td></td><td></td><td></td><td></td></tr>
<tr><td>3</td><td></td><td></td><td></td><td></td><td></td><td></td><td></td></tr>
</table>

试验者__________　组别__________　成绩__________　试验日期__________

试验三　建筑钢材的硬度试验

（GB/T 230.1—2009）

一、试验目的

钢材的硬度是钢材抵抗其他材料构成的压陷器压入其表面的能力。硬度试验因为操作简便，同时硬度与其他力学性能之间存在着一定的关系，根据硬度值可以判定钢材的其他力学性能，所以它是广泛被采用间接来检验钢材力学性能的一种试验方法。

二、试验仪具

1. 布氏硬度试验法

（1）布氏硬度试验机：结构如图 8.9 所示。

（2）钢球：试验用钢球应符合下列要求。

① 钢球应用淬火硬钢制成，其硬度值应不低于维氏硬度 HV850。

② 钢球直径为 2.5 mm、5.0 mm 或 10.0 mm。

③ 钢球直径为 2.5 mm 和 5.0 mm 的，其允许偏差应不超过 ± 0.005 mm；直径为 10.0 mm 的，其允许偏差应不超过 ± 0.010 mm；如试验后钢球因残余变形超过上述偏差，则应更换，而相应的试验结果无效。

（3）试件：试件表面应制成光滑平面，以便压痕边缘足够清晰而保证测量压痕直径的准确性；试件表面无氧化皮或其他外来污物。当制作试件时，不应使试件表面因受热或加工硬化而改变其硬度。

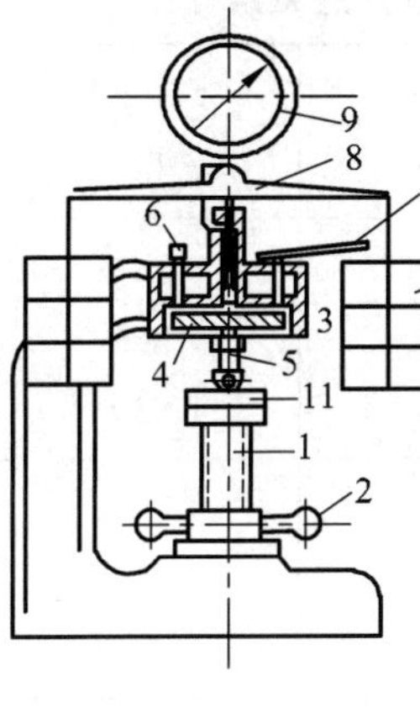

图 8.9　布氏硬度试验机结构示意图

1—支持台螺杆；2—手轮；3—工作油缸；4—工作活塞；5—压缩器；6—油门；7—唧油筒手柄；8—测力活塞十字头；9—压力表；10—砝码；11—试件

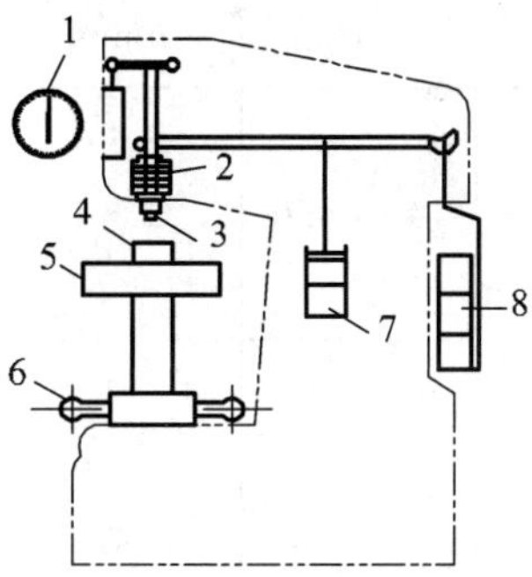

图 8.10　洛氏硬度试验机结构示意图

1—指示器；2—弹簧；3—压陷器；4—试件；5—支持台；6—手轮；7—缓冲油壶；8—重铊

2. 洛氏硬度试验法

（1）洛氏硬度试验机：结构示意如图 8.10 所示。

（2）试件：试件应符合下列要求。

① 试件试验面必须精细制备使其平坦，不带有油脂、氧化皮、裂缝、显著加工痕迹、凹

坑及外来污物。试件表面加工时避免因受热或冷加工改变金属的性能。

② 对于弯曲面的试件，其曲率半径不得小于 15 mm。如半径为 5 mm ~ 15 mm，则测得硬度值须加以修正。

③ 试件表面层最小厚度不小于卸除主负荷后压头压入深度的 8 倍。

三、试验方法

1. 布氏硬度法

（1）试验应在 10 °C ~ 30 °C 温度下进行。

（2）根据试件的硬度、厚度选用钢球直径和试验力，见表 8.3。

（3）将试件放在支撑台上，加初负荷使试件与钢球互相接触，必须使所施加作用力与试验平面垂直，平稳均匀地施加负荷，不得受到冲击和振动，按规定时间保持负荷。

（4）卸下负荷，用显微镜测量压痕直径，从相互垂直方向各测 1 次（或从直读式硬度机上读出压痕直径），用钢球直径为 10 mm、5 mm 或 2.5 mm 时，压痕直径测量分别精确到 0.02 mm、0.02 mm 和 0.01 mm。压痕两直径之差应不超过较小直径的 2%，但对显著各向异性材料则不受此限，按有关技术条件规定执行。

表 8.3　试件硬度、厚度与钢球及试验力的关系

金属种类	硬度范围 /HB	试件厚度 h/mm	试验力 F 与钢球直径 D 的关系	钢球直径 d/mm	试验力 F/kN	负荷保持时间 t/s
黑色金属	140 ~ 450	3 ~ 6	$F = 30D^2$	10	28.42	10
		2 ~ 4		5	7.355	
		<2		2.5	1.839	
	<140	>6	$F = 10D^2$	10	9.807	10
		3 ~ 6		5	2.452	
		<3		2.5	0.612 9	

（5）试验后压痕直径的大小应在 $0.25D \sim 0.6D$ 范围内，否则试验结果无效，另行选择相应的负荷重新试验。

（6）当试验后试件边缘及背面呈现变形痕迹时，试验无效，另选择直径较小的钢球及相应负荷重新试验。

（7）压痕中心距试件边缘应不小于压痕直径的 2.5 倍，两压痕中心间距不小于压痕直径的 2.5 倍，试验布氏硬度 HB 小于 35 的金属，上述距离分别为压痕直径的 3 倍和 6 倍。

（8）布氏硬度值 HB 可根据压痕直径计算。当 HB≥100 时，硬度值取整数；当 HB = 10 ~ 100 时，计算到小数 1 位；当 HB <10 时，计算到小数 2 位。

2. 洛氏硬度法

（1）试验在 10 °C ~ 30 °C 温度下进行。

（2）根据试件的硬度，选用试验条件，见表 8.4。

表 8.4　试件硬度与试验条件

洛氏硬度标尺	采用压头	初始试验力 F_0/N	主试验力 F_1/N	总试验力 F/N	洛氏硬度范围
HRA	金刚石圆锥	98.07	490.3	588.4	20 ~ 88
HRB	1.588 钢球	98.07	882.6	980.7	20 ~ 100
HRC	金刚石圆锥	98.07	1 373	1 470	20 ~ 70

（3）试件的试验面、支撑面、试台表面和压头表面应清洁。试件应稳固地放置在试台上，以保证在试验过程中不产生位移及变形。

（4）在任何情况下，不允许压头与试台及支座触碰；试件支撑面、支座和试台工作面上均不得有压痕。

（5）在试验时，必须保证试验力方向与试件的试验面垂直。

（6）在试验过程中，试验装置不应受到冲击和振动。

（7）在施加初始试验力时，指针或指示线不得超过硬度计规定范围，否则应卸除初始试验力，在试件另一位置试验。

（8）调整示值指示器至零点后，应在 2 s ~ 8 s 内施加全部主试验力。

（9）应均匀平稳地施加试验力，不得有冲击及振动。

（10）在施加主试验力后，总试验力的保持时间应以示值指示器指示基本不变为准。总试验力保持时间推荐如下：

① 对于施加主试验力后不随时间继续变形的试件，保持时间为 1 s ~ 3 s。

② 对于施加主试验力后随时间缓慢变形的试件，保持时间为 6 s ~ 8 s。

③ 对于施加主试验力后随时间明显变形的试件，保持时间为 20 s ~ 25 s。

（11）达到要求的保持时间后，在 2 s 内平稳地卸除主试验力，保持初始试验力，从相应的标尺刻度上读出硬度值。

（12）两相邻压痕中心间距离至少应为压痕直径的 4 倍，但不得小于 2 mm。任一压痕中心距试样边缘距离至少应为压痕直径的 2.5 倍，但不得小于 1 mm。

（13）在每个试件上的试验点数应不少于四点（第一点不记）。对大批量试件的检验，点数可适当减少。

硬度试验记录见表 8.5。

表 8.5　硬度试验记录

见证单位					试件名称				
见　证　人					试验项目				
试样产地					代表批量				
检验依据					标准值(HRA)				
试样编号	试验值（HRA）			平均值（HRA）	试样编号	试验值（HRA）			平均值（HRA）
	1	2	3			1	2	3	
1					23				
2					24				
3					25				
4					26				
5					27				
6					28				
7					29				
8					30				
9					31				
10					32				
11					33				
17					39				
18					40				
19					41				
20					42				
21					43				
结论					备注				

试验者__________　　组别__________　　成绩__________　　试验日期__________

第九章
路基路面现场试验

试验一　路面厚度测试试验

（JTG E60—2008）

一、试验目的及适用范围

本方法适用于路面各层施工过程中的厚度检验及工程交工验收检查使用。

二、仪具与材料

本方法根据需要选用下列仪具和材料：

（1）挖坑用镐、铲、凿子、锤子、小铲、毛刷。

（2）路面取芯样钻机及钻头、冷却水。钻头的标准直径为ϕ100 mm，如芯样仅供测量厚度，不作其他试验时，对沥青面层与水泥混凝土板也可用直径ϕ50 mm 的钻头，对基层材料有可能损坏试件时，也可用直径ϕ150 mm 的钻头，但钻孔深度均必须达到层厚。

（3）量尺：钢板尺、钢卷尺、卡尺。

（4）补坑材料：与检查层位的材料相同。

（5）补坑用具：夯、热夯、水等。

（6）其他：搪瓷盘、棉纱等。

三、方法与步骤

（1）基层或砂石路面的厚度可用挖坑法测定，沥青面层及水泥混凝土路面板的厚度应用钻孔法测定。

（2）用挖坑法测定厚度应按下列步骤执行：

① 根据现行相关规范的要求，按 JTG E60—2008 附录 A 的方法，随机取样决定挖坑检查的位置，如为旧路，该点有坑洞等显著缺陷或接缝时，可在其旁边检测。

② 在选择试验地点，选一块 40 cm × 40 cm 的平坦表面作为试验地点，用毛刷将其清扫干净。

③ 根据材料坚硬程度，选择镐、铲、凿子等适当的工具，开挖这一层材料，直至层位底面。在便于开挖的前提下，开挖面积应尽量缩小，坑洞大小呈圆形，边开挖边将材料铲出，置搪瓷盘中。

④ 用毛刷将坑底清扫，确认为下一层的顶面。

⑤ 将钢板尺平放横跨于坑的两边，用另一把钢尺或卡尺等量具在坑的中部位置垂直伸至坑底，测量坑底至钢板尺的距离，即为检查层的厚度，以 mm 计，准确至 1 mm。

（3）用钻孔取芯样法测定厚度应按下列步骤执行：

① 根据现行相关规范的要求，按 JTG E60—2008 附录 A 的方法，随机取样决定钻孔检查的位置，如为旧路，该点有坑洞等显著缺陷或接缝时，可在其旁边检测。

② 按 JTG E60—2008 中现场取样方法用路面取芯钻机钻孔，芯样的直径应符合本方法第 2 条的要求，钻孔深度必须达到层厚。

③ 仔细取出芯样，清除底面灰土，找出与下层的分界面。

④ 用钢板尺或卡尺沿圆周对称的十字方向四处量取表面至上下层界面的高度，取其平均值，即为该层的厚度，准确至 1 mm。

（4）在沥青路面施工过程中，当沥青混合料尚未冷却时，可根据需要随机选择测点，用大螺丝刀插入至沥青层底面深度后用尺读数，量取沥青层的厚度，以 mm 计，准确至 1 mm。

（5）按下列步骤用与取样层相同的材料填补挖坑或钻孔：

① 适当清理坑中残留物，钻孔时留下的积水应用棉纱吸干。

② 对无机结合料稳定层及水泥混凝土路面板，应按相同配合比用新拌的材料分层填补并用小锤压实，水泥混凝土中宜掺加少量快凝早强外掺剂。

③ 对无结合料粒料基层，可用挖坑时取出的材料，适当加水拌和后分层填补，并用小锤压实。

④ 对正在施工的沥青路面，用相同级配的热拌沥青混合料分层填补，并用加热的铁锤或热夯压实，旧路钻孔也可用乳化沥青混合料修补。

⑤ 所有补坑结束时，宜比原面层略鼓出少许，用重锤或压路机压实平整。

注：补坑工序如有疏忽、遗留或补得不好，易成为隐患而导致开裂，所有挖坑、钻孔均应仔细做好。

四、计　算

（1）按下式计算实测厚度 T_{1i} 与设计厚度 T_{0i} 之差。

$$\Delta T_i = T_{1i} - T_{0i} \tag{9.1}$$

式中　T_{1i}——路面的实测厚度（mm）；

T_{0i}——路面的设计厚度（mm）；

ΔT_i——路面实测厚度与设计厚度的差值（mm）。

（2）当为检查路面总厚度时，则将各层平均厚度相加即为路面总厚度。按 JTG E60—2008 附录 B 的方法，计算一个评定路段检测厚度的平均值、标准差、变异系数，并计算代表厚度。

五、报　告

路面厚度检测报告应列表填写，并记录与设计厚度之差，不足设计厚度为负，大于设计厚度为正。

试验记录见表 9.1。

表 9.1　路面厚度检测记录

工程名称						外观形象					
序号	桩号	设计值/cm	左　侧				右　侧				备　注
			实测值/cm	差值/cm	实测值/cm	差值/cm	实测值/cm	差值/cm	实测值/cm	差值/cm	
											平均值：
											极值：
											结论：
											□合格 □不合格

试验者＿＿＿＿＿　　组别＿＿＿＿＿　　成绩＿＿＿＿＿　　试验日期＿＿＿＿＿

试验二　路面材料压实度试验（灌砂法）

（JTG E60—2008）

在公路工程施工中，为了提高路基路面的强度，保证其使用质量，必须对路基路面各结构层进行人工或机械压实。压实的作用：可以充分发挥路基土和路面材料的强度；可以减少路基路面在行车荷载下产生形变；可以增加路基和路面材料的不透水性和强度的稳定性。

如果压实不足，则路面容易产生车辙、裂缝、沉陷及整个路面被剪切破坏，那么在施工现场如何判断和衡量压实的程度和效果呢？就需要测定压实度。现场测定压实度有环刀法、现场试坑法和核子密度仪法，下面以现场试坑灌砂法介绍路基路面材料的压实度试验方法。

一、试验目的及适用范围

（1）本试验方法适用于在现场测定基层（或底基层）、砂石路面及路基土的各种材料压实层的密度和压实度检测。但不适用于填石路堤等有大孔洞或大孔隙的材料压实层的压实度检测。

（2）用挖坑灌砂法测定密度和压实度时，应符合下列规定：

① 当集料的最大粒径小于 13.2 mm，但测定层的厚度不超过 150 mm 时，宜采用ϕ100 mm 的小型灌砂筒测试。

② 当集料的最大粒径等于或大于 13.2 mm，但不大于 31.5 mm，测定层的厚度不超过 200 mm 时，应用ϕ150 mm 的大型灌砂筒测试。

二、仪器与材料

灌砂筒：有大小二种，根据需要采用。

金属标定灌、基板、玻璃板、试样盘。

天平或台秤：称量 10 kg ~ 15 kg，感量不大于 1 g。用于含水率测定的天平精度，对细粒土、中粒土、粗粒土宜分别为 0.01 g、0.1 g、1.0 g。

含水率测定器具：如铝盒、烘箱等。

量砂：粒径 0.30 mm ~ 0.60 mm 清洁干燥的砂，一般 20 kg ~ 40 kg。使用前需洗净、烘干，并放置足够的时间，使其与空气的湿度达到平衡。

盛砂的容器：塑料桶等。

其他工具：凿子、螺丝刀、铁锤、长把勺、长把小簸箕、毛刷等。

三、方法与步骤

（1）按现行试验方法对检测对象试样用同种材料进行击实试验，得到最大干密度ρ_c及最佳含水率。

（2）按规定选用适宜的灌砂筒。

（3）按下列步骤标定灌砂筒下部圆锥体内砂的质量。

① 在灌砂筒筒口高度上，向灌砂筒内装砂至距筒顶 15 mm 左右为止。称取装入筒内砂的质量 m_1 准确至 1 g。以后每次标定及试验都应该维持砂高度与质量不变。

② 将开关打开，使灌砂筒筒底的流砂孔、圆锥形漏斗上端开口圆孔及开关铁板中心的圆

孔上下对准重叠在一起，让砂自由流出，并使流出砂的体积与工地所挖试坑内的体积相当（或等于标定罐的容积），然后关上开关。

③ 不晃动储沙筒的砂，轻轻地将灌砂筒移至玻璃板上，将开关打开，让砂流出，直到筒内砂不再下流时，将开关关上，并细心地取走灌砂筒。

④ 收集并称量留在玻璃板上的砂或称量筒内的砂，准确至 1 g。玻璃板上的砂就是填满筒下部圆锥体的砂（m_2）。

⑤ 重复上述测量 3 次，取平均值。

（4）按下列步骤标定砂的松方密度 ρ_s（g/cm^3）。

① 用水确定标定罐的容积 V，准确至 1 mL。

② 在储砂筒中装入质量为 m_1 的砂，并将灌砂筒放在标定罐上，将开关打开，让砂流出。在整个流砂过程中，不要碰到灌砂筒，直到储砂筒内的砂不在下流时，将开关关闭，取下灌砂筒，称取筒剩余砂的质量 m_3，准确至 1 g。

③ 按下式计算填满标定罐所需砂的质量 m_a（g）。

$$m_a = m_1 - m_2 - m_3 \tag{9.2}$$

式中 m_a——标定罐中砂的质量（g）；

m_1——装入灌砂筒内砂的总质量（g）；

m_2——灌砂筒下部圆锥体内砂的质量（g）；

m_3——灌砂入标定罐后，筒内剩余砂的质量（g）。

④ 重复上述测量 3 次，取其平均值。

⑤ 按下式计算砂的密度：

$$\rho_s = \frac{m_a}{V} \tag{9.3}$$

式中 ρ_s——量砂的松方密度（g/cm^3）；

V——标定罐的体积（cm^3）。

（5）实验步骤：

① 在试验地点，选一块平坦表面，并将其清扫干净，其面积不得小于基板面积。

② 将基板放在平坦表面上，当表面的粗糙度较大时，则将盛有量砂（m_5）的灌砂筒放在基板中间的圆孔上，将灌砂筒的开关打开，让砂流入基板的中孔内，直到储砂筒内的砂不再下流时关闭开关。取下灌砂筒，并称量筒内砂的质量（m_6），准确至 1 g。

③ 取走基板，并将留在试验地点的量砂收回，重新将表面清扫干净。

④ 将基板放回清扫干净的表面上（尽量放在原处），沿基板中孔凿洞（洞的直径与灌砂筒一致）。在凿洞过程中，应注意不使凿出的材料丢失，并随时将凿松的材料取出装入塑料袋中，不使水分蒸发。也可放在大试样盒内，试洞的深度应等于测定层厚度，但不得有下层材料混入，最后将洞内的全部凿松材料取出。对土基或基层，为防止试样盘内材料的水分蒸发，可分几次称取材料的质量。全部取出材料的总质量为 m_w，准确至 1 g。

注：当需要检测厚度时，应先测量厚度后再进行这一步骤。

⑤ 从挖出的全部材料中取出有代表性的样品，放在铝盒或洁净的搪瓷盘中，测定其含水量（w，以%计）。样品的数量如下：用小型灌砂筒测定时，对于细粒土，不小于 100 g；对

于各种中粒土，不少于 500 g。用大型灌砂筒测定时，对于细粒土，不小于 200 g；对各种中粒土，不小于 1 000 g；对于粗粒土或水泥、石灰、粉煤灰等无机结合料稳定材料，宜将取出的全部材料烘干，且不小于 2 000 g，称其质量 m_d。

注：当为沥青表面处治或沥青灌入式结构类材料时，则省去测定含水量的步骤。

⑥ 将基板安放在试坑上，将灌砂筒安放在基板中间（储砂筒内放满砂到要求质量 m_1），使灌砂筒的下口对准基板的中孔及试洞，打开灌砂筒的开关，让砂流入试坑内。在此期间，应注意勿碰动灌砂筒。直到储砂筒内的砂不再下流时，关闭开关。仔细取走灌砂筒，并称量筒内剩余砂的质量 m_4，准确至 1 g。

⑦ 如清扫干净的平坦表面粗糙度不大，可省去②和③的操作。在试洞挖好后，将灌砂筒直接对准放在试坑上，中间不需要放基板，打开筒的开关，让砂流入试坑内。在此期间，应注意勿碰动灌砂筒。直到储砂筒内的砂不再下流时，关闭开关。仔细取走灌砂筒，并称量剩余砂的质量 m_4'，准确至 1 g。

⑧ 仔细取出试筒内的量砂，以备下次试验时再用。若量砂的湿度已发生变化或量砂中混有杂质，则应该重新烘干、过筛，并放置一段时间，使其与空气的湿度达到平衡后再用。

四、试验结果计算

（1）按下面各式分别计算填满试坑所用的质量（g）。

① 灌砂时，试坑上放有基板：

$$m_b = m_1 - m_4 - (m_5 - m_6) \tag{9.4}$$

② 灌砂时，试坑上不放基板：

$$m_b = m_1 - m_4' - m_2 \tag{9.5}$$

式中 m_b——填满试坑的砂的质量（g）；

m_1——灌砂前灌砂筒内砂的质量（g）；

m_2——灌砂筒下部圆锥体内砂的质量（g）；

m_4，m_4'——灌砂后，灌砂筒内剩余砂的质量（g）；

（$m_5 - m_6$）——灌砂筒下部锥体内及基板和粗糙表面间砂的合计质量（g）。

（2）按下式计算试坑材料的湿密度 ρ_w（g/cm³）。

$$\rho_w = \frac{m_w}{m_b} \times \rho_s \tag{9.6}$$

式中 m_w——试坑中取出的全部材料的质量（g）；

ρ_s——量砂松方密度（g/cm³）。

（3）按下式计算试坑材料的干密度 ρ_d（g/cm³）。

$$\rho_d = \frac{\rho_w}{(1+0.01w)} \tag{9.7}$$

式中 w——试坑材料的含水率（%）。

（4）当为水泥、石灰、粉煤灰等无机结合料稳定土的场合，可按下式计算干密度ρ_d（g/cm^3）。

$$\rho_d = \frac{m_d}{m_b} \times \rho_s \tag{9.8}$$

式中　m_d——试坑中取出的稳定土的烘干质量（g）。

（5）按下式计算施工压实度：

$$K = \frac{\rho_d}{\rho_c} \times 100 \tag{9.9}$$

式中　K——测试地点的施工压实度（%）;

ρ_d——试样的干密度（g/cm^3）;

ρ_c——由击实试验得到的试样的最大干密度（g/cm^3）。

注：当试坑材料组成与击实试验的材料有较大差异时，可以试坑材料作标准击实，求取实际的最大干密度。

表 9.2　标准砂标定试验记录（灌砂法）

项目名称		试验单位			
砂来源		粒径范围		试验日期	
灌砂筒编号		灌砂筒直径		水比重 p_w=	

标定罐体积	标定罐质量/g	(1)						
	标定罐＋玻璃板质量/g	(2)						
	标定罐＋玻璃板＋水质量/g	(3)						
	标定罐体积/cm^3　(4)=(3)－(2)/p_w	(4)						
	平均体积/cm^3	(5)						
锥体砂质量	灌砂筒流出砂的体积与标定罐的容积相当后，剩余（筒+砂）质量/g	(6)						
	灌砂至玻璃板后，玻璃板上砂质量/g	(7)						
	锥体砂质量/g　(8)=(7)	(8)						
	平均锥体砂质量/g	(9)						
砂密度	灌砂前（筒＋砂）质量/g	(10)						
	灌砂后（筒＋砂）质量/g	(11)						
	标定罐砂质量/g　(12)=(10)－(9)－(11)	(12)						
	砂密度/（g/cm^3）　(13)=(12)/(5)	(13)						
	平均砂密度/（g/cm^3）	(14)						
结果	锥体砂质量：　（g）		砂的密度：　（g/cm^3）					

试验者＿＿＿＿　组别＿＿＿＿　成绩＿＿＿＿　试验日期＿＿＿＿

表 9.3 压实度试验记录（灌砂法）

试验单位					填土层数					
施工桩号					要求压实度/%					
最大干密度/（g/cm^3）		最佳含水量/%			标定过的量砂密度/（g/cm^3）					
取样位置										
取样深度										
灌砂前筒＋砂的质量/g										
灌砂后筒＋砂的质量/g										
灌砂筒下部圆锥体内及基板和粗糙表面间砂的合计质量/g										
灌入试坑砂质量/g										
试坑湿土质量/g										
湿密度/（g/cm^3）										
盒 号										
盒＋湿土质量/g										
盒＋干土质量/g										
盒 质 量/g										
干土质量/g										
水分质量/g										
含 水 量/%										
平 均										
干密度/（g/cm^3）										
压实度/%										
结 论										

试验者＿＿＿＿＿ 组别＿＿＿＿＿ 成绩＿＿＿＿＿ 试验日期＿＿＿＿＿

试验三 路基路面回弹弯沉试验

（JTG E60—2008）

回弹弯沉值是指标准轴载轮隙中心处的最大回弹弯沉值，在路表进行测试，则反映了路基路面综合承载能力。测试回弹弯沉值的方法有贝克曼梁法、自动弯沉仪法、落锤式弯沉仪法。本试验以贝克曼梁法介绍路基路面回弹弯沉值测试方法。

一、试验目的与适用范围

（1）本方法适用于测定各类路基路面的回弹弯沉以评定其整体承载能力，可供路面结构设计使用。

（2）沥青路面的弯沉检测以沥青面层平均温度 20 °C 时为准，当路面平均温度在 20 °C ± 2 °C 以内可不修正，在其他温度测试时，对沥青层厚度大于 5 cm 的沥青路面，弯沉值应予温度修正。

二、试验原理

利用杠杆原理制成的杠杆式弯沉仪测定轮隙弯沉。

三、仪器与材料

标准车、路面弯沉仪、接触式路表温度计、皮尺、口哨、白油漆或粉笔、指挥旗等。

四、试验方法与步骤

1. 准备工作

（1）检查并保持测定用标准车的车况及刹车性能良好，轮胎胎压符合规定充气压力。

（2）向汽车车槽中装载（铁块或集料），并用地中衡称量后轴总质量及单侧轮荷载，均应符合要求的轴重规定，汽车行驶及测定过程中，轴重不得变化。

（3）测定轮胎接地面积：在平整光滑的硬质路面上用千斤顶将汽车后轴顶起，在轮胎下方铺一张新的复写纸和一张方格，轻轻落下千斤顶，即在方格纸上印上了轮胎印痕，用求积仪或数方格的方法测算轮胎接地面积，准确至 0.1 cm^2。

（4）检查弯沉仪百分表量测灵敏情况。

（5）当在沥青路面上测定时，用路表温度计测定试验时气温及路表温度（一天中气温不断变化，应随时测定），并通过气象台了解前 5 天的平均气温（日最高气温与最低气温的平均值）。

（6）记录沥青路面修建或改建材料、结构、厚度、施工及养护等情况。

2. 测试步骤

（1）在测试路段布置测点，其距离随测试需要而定。测点应在路面行车车道的轮迹带上，并用白油漆或粉笔画上标记。

（2）将试验车后轮轮隙对准测点后 3 cm ~ 5 cm 处的位置上。

（3）将弯沉仪插入汽车后轮之间的缝隙处，与汽车方向一致，梁臂不得碰到轮胎，弯沉仪测头置于测点上（轮隙中心前方 3 cm ~ 5 cm 处），并安装百分表于弯沉仪的测定杆上。百分表调零，用手指轻轻叩打弯沉仪，检查百分表应稳定回零。

弯沉仪可以是单侧测定，也可以是双侧同时测定。

（4）测定者吹哨发令指挥汽车缓缓前进，百分表随路面变形的增加而持续向前转动。当表针转动到最大值时，迅速读取初读数 L_1，汽车仍继续前进，表针反向回转，待汽车驶出弯沉影响半径（约 3 m 以上）后，吹口哨或挥动指挥红旗，汽车停止。待百分表指针回转稳定后，再次读取终读数 L_2。汽车前进速度宜为 5 km/h 左右。

五、弯沉仪的支点变形修正

（1）当采用长度为 3.6 m 的弯沉仪进行弯沉测定时，有可能引起弯沉仪支座处变形，在测定时应检验支点有无变形。如果有变形，此时应用另一台检验用的弯沉仪安装在测定用弯沉仪的后方，其测点架于测定用弯沉仪的支点旁。当汽车开出时，同时测定两台弯沉仪的弯沉读数，如检验弯沉仪百分表有读数，即应该记录并进行支点变形修正。当在同一结构层上测定时，可在不同位置测定 5 次，求平均值，以后每次测定时以此作为修正值。

（2）当采用长度为 5.4 m 的弯沉仪测定时，可不进行支点变形修正（图 9.1）。

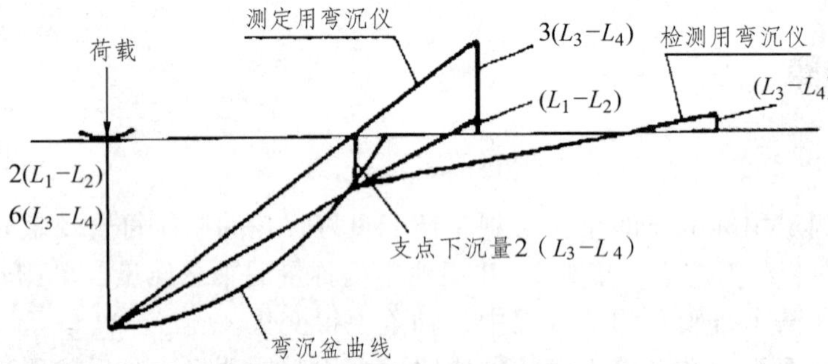

图 9.1　弯沉仪支点变形修正原理

六、结果计算及温度修正

（1）路面测点的回弹弯沉值依下式计算：

$$L_T = (L_1 - L_2) \times 2 \tag{9.10}$$

式中　L_T——在路面温度 T 时的回弹弯沉值（0.01 mm）；

L_1——车轮中心临近弯沉仪测头时百分表的最大读数（0.01 mm）；

L_2——汽车驶出弯沉影响半径后百分表的终读数（0.01 mm）。

（2）当需进行弯沉仪支点变形修正时，路面测点回弹弯沉值按下式计算：

$$L_T = (L_1 - L_2) \times 2 + (L_3 - L_4) \times 6 \tag{9.11}$$

式中　L_1——车轮中心临近弯沉仪测头时测定用弯沉仪的最大读数（0.01 mm）；

L_2——汽车驶出弯沉影响半径后测定用弯沉仪的终读数（0.01 mm）；

L_3——车轮中心临近弯沉仪测头时检验用弯沉仪的最大读数（0.01 mm）；

L_4——汽车驶出弯沉影响半径后检验用弯沉仪的终读数（0.01 mm）。

注：此式适用于测定用弯沉仪支座处有变形，但百分表架处路面已无变形的情况。

（3）沥青面层厚度大于 5 cm 的沥青路面，回弹弯沉值应进行温度修正，温度修正及回弹弯沉的计算按下列步骤进行。

① 测定时的沥青层平均温度按下式计算：

$$T = (T_{25} + T_{\mathrm{m}} + T_{\mathrm{e}})/3 \tag{9.12}$$

式中　T——测定时沥青层平均温度（°C）；

T_{25}——根据 T_0 由图 9.2 决定的路表下 25 mm 处的温度 （°C）；

T_{m}——根据 T_0 由图 9.2 决定的沥青层中间深度的温度（°C）；

T_{e}——根据 T_0 由图 9.2 决定的沥青层底面处的温度（°C）。

图 9.2 中 T_0 为测定时路表温度与测定前 5 d 日平均气温的平均值之和（°C），日平均气温为日最高气温与最低气温的平均值。

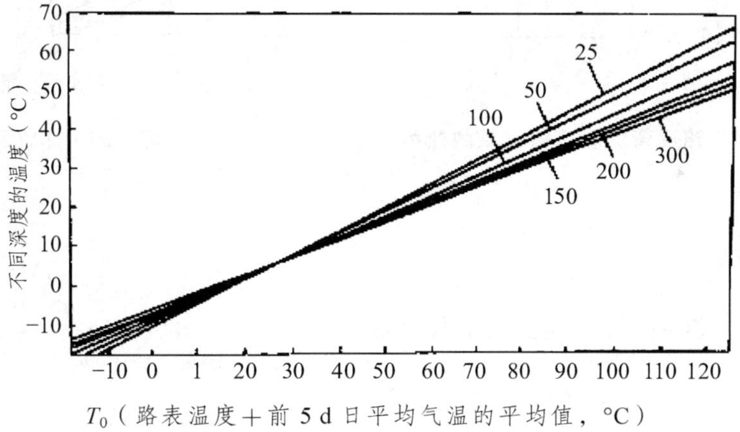

图 9.2　沥青层平均的温度

注：线上的数字表示从路表向下的不同深度（mm）。

② 根据沥青层平均温度 T 及沥青层厚度，分别由图 9.3 及图 9.4 求取不同基层的沥青路面弯沉值的温度修正系数 K。

③ 沥青路面回弹弯沉值按下式计算：

$$L_{20} = L_T \times K \tag{9.13}$$

式中　K——温度修正系数；

L_{20}——换算为 20 °C 的沥青路面回弹弯沉值（0.01 mm）；

L_T——测定时沥青面层的平均温度为 T 时的回弹弯沉值（0.01 mm）。

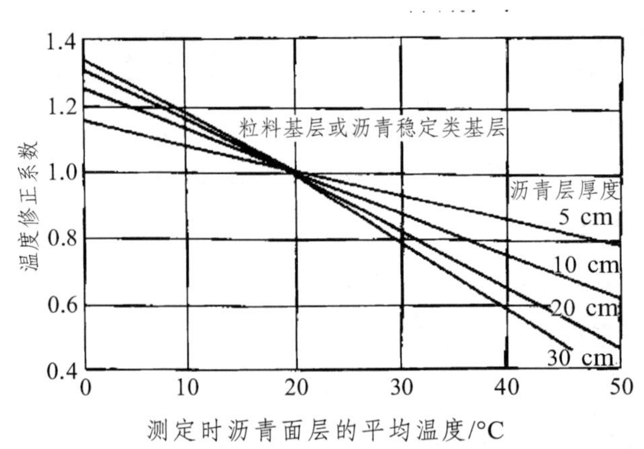

图 9.3　路面弯沉修正系数曲线（适用于粒料基层及沥青稳定）

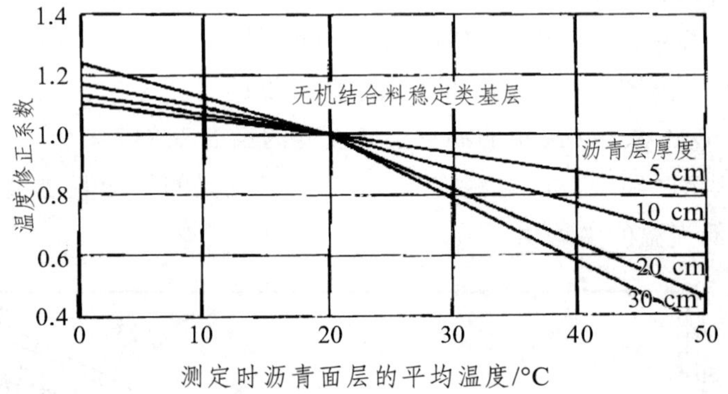

图 9.4　路面弯沉温度修正系数曲线（适用于无机结合料稳定的半刚性基层）

七、结果评定

（1）按下式计算每一个评定路段的代表弯沉：

$$L_r = \overline{L} + Z_a \cdot S\text{（一个评定路段）} \quad (9.14)$$

式中　L_r——一个评定路段的代表弯沉（0.01 mm）；

$\overline{L}$——一个评定路段内经各项修正后的各测点弯沉的平均值（0.01 mm）；

S——一个评定路段内经各项修正后的各测点弯沉的标准差（0.01 mm）；

Z_a——与保证率有关的系数，当设计弯沉值按《公路沥青路面设计规范》（JTG D50—2006）确定时，采用表 9.4 的规定值。

表 9.4　保证率系数 Z_a 的取法

层　位	Z_a	
	高速公路、一级公路	二、三级公路
沥青面层	1.645	1.5
路　基	2.0	1.645

（2）在计算平均值和标准差时，应将超出 $L\pm(2\sim3)S$ 的弯沉特异值舍弃。对舍弃的弯沉值过大的点，应找其周围界限，进行局部处理。当用两台弯沉仪同时进行左右轮弯沉值测定时，应按两个独立测点计，不能采用左右两点平均值。

（3）当弯沉代表值不大于设计要求的弯沉值时得满分；大于时得零分。

若在非不利季节测定时，应考虑季节影响系数。

八、报　告

报告应包括下列内容：

（1）弯沉测定表、支点变形修正值、测试时的路面温度及温度修正值。

（2）每一个评定路段的各测点弯沉的平均值、标准差及代表弯沉。

试验记录见表 9.5。

表 9.5　弯沉测试试验记录

结构层名称				测试路段桩号				
设计弯沉值（0.01 mm）			测试车型		天气		测试日期	
试验车牌号			后轴重			轮胎压力　　MPa		
序号	车道	桩号	路中心（　　）侧					
			加载读数（0.01 mm）	卸载读数（0.01 mm）	读数差值（0.01 mm）	实测弯沉（0.01 mm）	换算到标准值（0.01 mm）	换算到20℃（0.01 mm）
测点数 n			平均弯沉值 L（0.01 mm）			标准差 S（0.01 mm）		
Z_a（保证率系数）=				K（温度修正系数）=				
计算弯沉 L_r =								
注：应采用 BZZ-100 的标准汽车，后轴重 10 t，内胎压力 0.7 MPa								
结　论								

试验者＿＿＿＿＿＿　　组别＿＿＿＿＿＿　　成绩＿＿＿＿＿＿　　试验日期＿＿＿＿＿＿

试验四　路面平整度试验

（JTG E60—2008）

路面平整度是评定路面使用品质的重要指标之一。它直接关系到行车安全、舒适以及车辆行驶能力和营运经济性，并影响路面的使用年限。测定路面平整度指标一是为了检查控制路面施工质量与验收路面工程，二是根据测定的路面平整度指标确定养护修理计划。平整度的测试设备分为断面类及反应类两大类。断面类实际上是测定路面表面凹凸情况，如最常用的 3 米直尺及连续式平整度仪，还可用精确测量高程得到。国际平整度指标是以此为基准建立的，这是平整度最基本的指标。反应类是由于路面凹凸不平引起车辆颠簸，这是司机和乘客直接感受到的平整度指标。因此，它实际上是舒适性能指标，最常用的是车载式颠簸累积仪。本处介绍最常见的 3 米直尺测定平整度试验方法。

3 米直尺测定法有单尺测定最大间隙及等距离（1.5 m）连续测定两种，前者常用于施工时质量控制和检查验收，单尺测定时要计算出测定段的合格率，等距离连续式测试也可用于施工质量检查验收，但要算出标准差，用标准差来表示平整程度，它与 3 米连续式平整度仪测定的路面平整度有较好的相关关系（表 9.6）。

表 9.6　平整度测试方法比较

方　法	特　点	技术指标
3 米直尺测定法	设备简单，结果直观，间断测试，工作效率低，反映凹凸程度	最大间隙 h / mm
连续式平整度仪法	设备较复杂，连续测试，工作效率高，反映凹凸程度	标准差 σ / mm
颠簸累积仪	设备复杂，连续测试，工作效率高，反映舒适性	单向累计值 *VBI* / (cm/km)

Ⅰ. 3 米直尺测定平整度试验方法

一、试验目的及适用范围

本方法规定用 3 米直尺测定距离路表面的平整度，定义 3 米直尺基准面距离路表面的最大间隙表示路基路面的平整度，以 mm 计。

本方法适用于测定压实成型的路面各层表面的平整度，以评定路面的施工质量，也可用于路基表面成型后的施工平整度检测。

二、仪器与材料

3 米直尺、锲形塞尺、皮尺、钢尺、粉笔等。

三、方法与步骤

1. 准备工作

（1）按有关规范规定选择测试路段。

（2）测试路段的测试地点选择：当为沥青路面施工过程中的质量检测时，测试地点应选在接缝处，以单杆测定评定；除高速公路以外，可用于其他等级公路路基路面工程质量检查验收或进行路况评定，每 200 m 测 2 处，每处连续测量 10 尺。除特殊需要者外，应以行车道一侧车轮轮迹（距车道线 0.8 m ~ 1.0 m）作为连续测定的标准位置。对旧路已形成车辙的路面，应取车辙中间的位置为测定位置，用粉笔在路面上做好标记。

（3）清扫路面测定位置处的污物。

2. 测试步骤

（1）在施工过程中检测时，按根据需要确定的方向，将 3 米直尺摆在测试地点的路面上。

（2）目测 3 米直尺底面与路面之间的间隙情况，确定最大间隙的位置。

（3）用有高度标线的塞尺塞进间隙处，量测其最大间隙高度（mm）；或者用深度尺在最大间隙位置量测直尺上顶面距地面的深度，该深度减去尺高即为测试点的最大间隙的高度，准确至 0.2 mm。

四、计算及试验记录

（1）单杆检测路面的平整度计算，以 3 米直尺与路面的最大间隙为测定结果，连续测定 10 尺时，判断每个测定值是否合格，根据要求，计算合格百分率，并计算 10 个最大间隙的平均值。

$$合格率=\frac{合格尺数}{总测尺数}\times 100\%$$

（2）报告。

单杆检测的结果应随时记录测试位置及检测结果。在连续测定 10 尺时，应报告平均值、不合格尺数、合格率。平整度试验记录见表 9.7。

表 9.7　平整度试验记录

桩号	位置		检测结果/mm												平均值/mm	备　注
	上行	下行	1	2	3	4	5	6	7	8	9	10	11	12		

试验者＿＿＿＿＿＿　组别＿＿＿＿＿＿＿　成绩＿＿＿＿＿＿　试验日期＿＿＿＿＿＿

II. 连续式平整度仪法

一、试验目的及适用范围

本方法规定用连续式平整度仪量测路面的不平整度的标准差σ，以表示路面的平整度，以 mm 计。

本方法适用于测定路表面的平整度，评定路面的施工质量和使用质量，但是不适用于在已有较多坑槽、破损严重的路面上测定。

二、仪器与材料

（1）连续式平整度仪：

连续式平整度仪构造如示意图。除特殊情况外，连续式平整度仪的标准长度为 3 m。中间为一个 3 m 长的机架，机架可缩短或折叠，前后各有 4 个行走轮，前后两组轮的轴间距离为 3 m。机架中间有一个能起落的测定轮。机架上装有蓄电池电源及可拆卸的检测箱，检测箱可采用显示、记录、打印或绘图等方式输出测试结果。测定轮上装有位移传感器，距离传感器等检测器，自动采集位移数据时，测定间距为 10 cm，每一计算区间的长度为 100 m，输出一次结果。当为人工检测、无自动采集数据及计算功能时，应能记录测试曲线。机架头装有一牵引钩及手拉柄，可用人力或汽车牵引（图 9.5、图 9.6）。

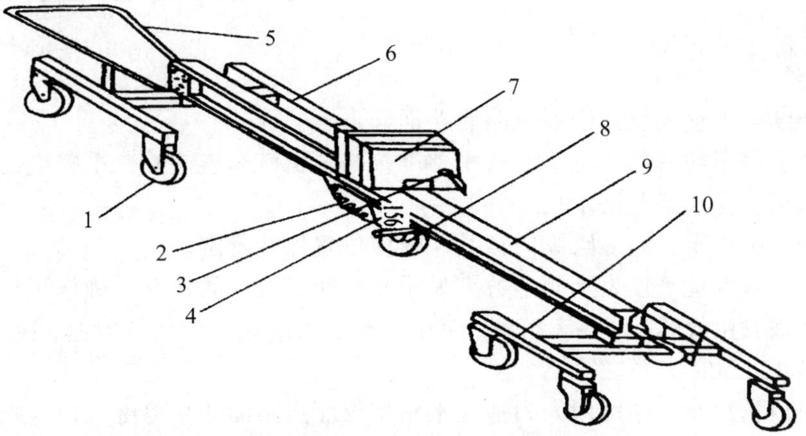

图 9.5　连续式平整度仪构造图

1—脚轮；2—拉簧；3—离合器；4—测架；5—牵引架；6—前架；7—纵断面绘图仪；8—测定轮；9—纵梁；10—后架

图 9.6　牵引车

（2）牵引车：小面包车或其他小型牵引汽车。

（3）皮尺或测绳。

三、方法与步骤

1. 准备工作

（1）选择测试路段。

（2）当为施工过程中的质量检测需要时，测试地点根据需要决定；当为路面工程质量检查验收或进行路面评定需要时，通常以行车道一侧车轮轮迹带作为连续测定的标准位置。对旧路面已形成车辙的路面，取一侧车辙中间位置为测定位置。当以内侧轮轮迹带（IWP）作为测定位置时，测定位置距车道标线 80 ~ 100 cm。

（3）清扫路面测定位置处的赃物。

（4）检查仪器，检测箱各部分应完好、灵敏，并将各连接线接妥，安装记录设备。

2. 测试步骤

（1）将连续式平整度仪置于测试路段路面起点上。

（2）在牵引汽车的后部，将连续式平整度仪与牵引汽车连接好，平整度的挂钩挂上后，放下测定轮，启动检测器及记录仪。

（3）启动牵引汽车，沿道路纵向行驶、横向位置保持稳定。

（4）检查平整度检测仪表上测定数字显示、打印、记录的情况，确认工作正常。如检测设备中某项仪表发生故障，即停车检测，牵引平整度仪的速度应保持匀速，速度宜为 5 km/h，最大不得超过 12 km/h。

在测试路段较短时，亦可用人力拖拉平整度仪测定路面的平整度，但拖拉时应保持匀速前进。

3. 计　算

（1）连续式平整度测定仪测定后，可按每 10 cm 间距采集的位移值自动计算得到每 100 m 计算区间的平整度标准差，还可记录测试长度（m）。

（2）每一计算区间的路面平整度以该区间测定结果的标准差表示。按下式计算：

$$\sigma_i=\sqrt{\frac{\sum d_i^2-(\sum d_i)^2/N}{N-1}} \tag{9.15}$$

式中　σ_i——各计算区间的平整度计算值（mm）；

d_i——以 100 m 为一个计算区间，每隔一定距（自动采集间距为 10 cm，人工采集间距 1.5 m）采集的路面凹凸偏差位移值（mm）。

4. 报　告

试验应列表报告每一个评定路段内各测定区间的平整度标准差。各评定路段平整度的平均值、标准差、变异系数以及不合格区间数。

试验五　路面抗滑性能试验

（JTG E60—2008）

路面抗滑性能是指车辆轮胎受到制动时沿表面滑动所产生的力。通常抗滑性能被看作是路面的表面特性，并用轮胎与路面间的摩阻系数来表示。表面特性包括路面细构造和粗构造。

影响抗化性能的因素有路面表面特性、路面潮湿程度和行车速度等。

抗滑性能测试方法有：构造深度测定法（手工铺砂法、电动铺砂法、激光构造深度仪法）、摆式仪法、横向力系数测试法等。

本试验指导介绍手工铺砂法测定路面构造深度和摆式仪法测定路面摩擦系数试验方法。

Ⅰ. 手工铺砂法测定路面构造深度试验方法

一、试验目的及适用范围

本方法适用于测定沥青路面及水泥混凝土路面表面构造深度，用以评定路面表面的宏观构造。

二、仪器与材料

人工铺砂仪（量砂筒、推平板、刮平尺）、量砂（粒径 0.15 mm ~ 0.3 mm）、量尺、装砂容器（小铲）、扫把或毛刷、挡风板等（图 9.7）。

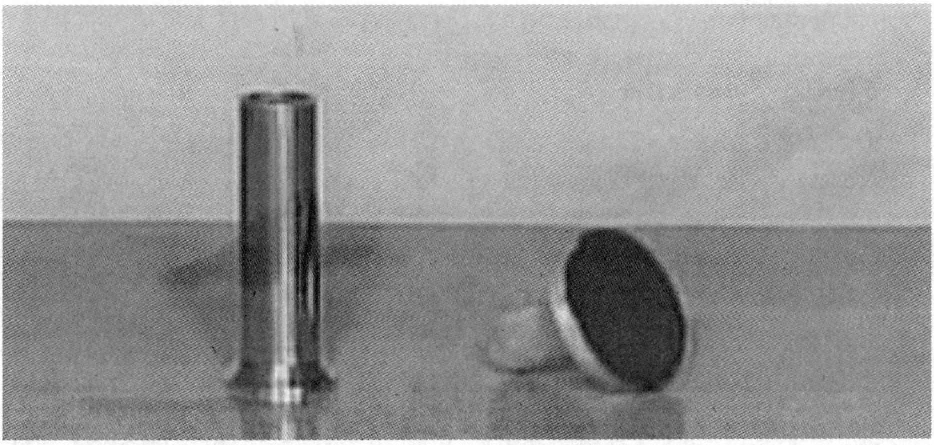

图 9.7　仪器

三、方法与步骤

1. 准备工作

（1）量砂准备：取洁净的细砂，晾干过筛，取 0.15 mm ~ 0.3 mm 的砂置适当容器中备用，量砂只能在路面上使用一次，不宜重复使用。

（2）按 JTG E60—2008 附录 A 的方法，对测试路段按随机取样选点的方法，决定测点所在横断面位置，测点应选在车道的轮迹带上，距路面边缘不应小于 1 m。

2. 试验步骤

（1）用扫把或毛刷子将测点附近的路面清扫干净，面积不小于 30 cm × 30 cm。

（2）用小铲装砂，沿筒壁向圆筒中注满砂，手提圆筒上方，在硬质路表面上轻轻地叩打 3 次，使砂密实，补足砂面并用钢尺一次刮平（图 9.8）。

注：不可直接用量砂筒装砂，以免影响量砂密度的均匀性。

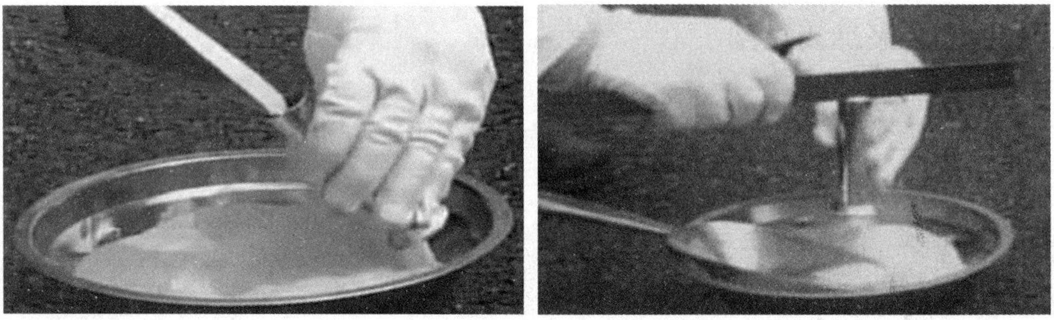

图 9.8　装砂、刮平

（3）将砂倒在路面上，用底面粘有橡胶片的推平板，由里向外重复作旋转摊铺运动，稍稍用力将砂细心地尽可能地向外摊开，使砂填入凹凸不平的路表面的空隙中，尽可能将砂摊成圆形，并不得在表面上留有浮动余砂。注意，摊铺时不可用力过大或向外推挤（图 9.9）。

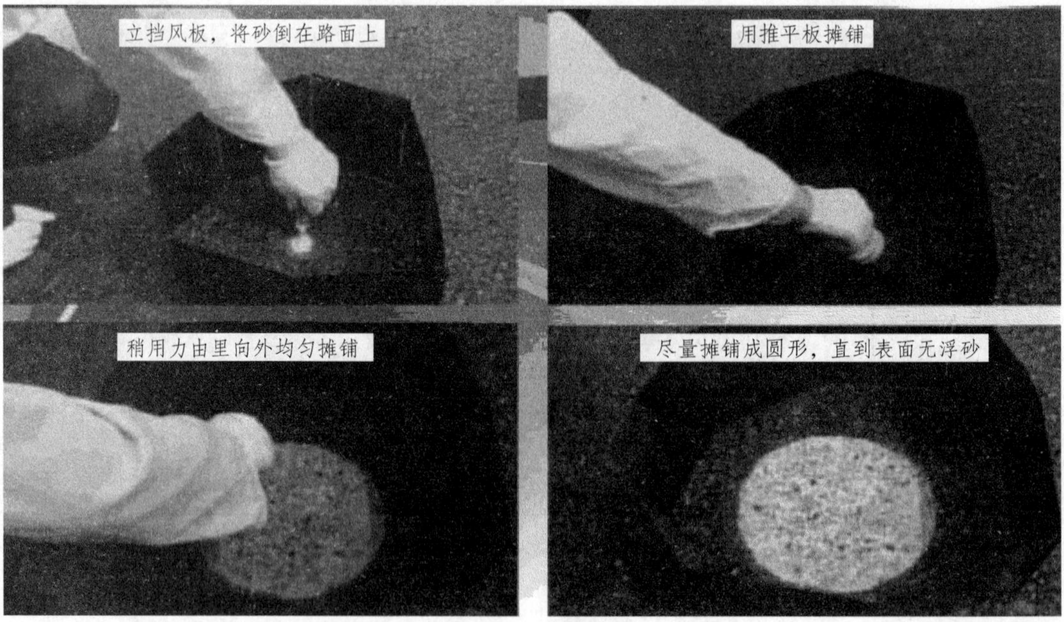

图 9.9　摊铺

（4）用钢板尺测量所构成圆的两个垂直方向的直径，取其平均值，准确至 5 mm（图 9.10）。

图 9.10　测量

（5）按以上方法，同一处平行测定不少于 3 次，3 个测点均位于轮迹带上，测点间距 3 m ~ 5 m，对同一处，应该由同一个试验员进行测定。该处的测定位置以中间测点的位置表示。

四、结果计算

（1）路面表面构造深度测定结果按下式计算：

$$TD=\frac{1\ 000V}{\pi D^2/4}=\frac{31\ 831}{D^2} \tag{9.16}$$

式中　TD——路面表面构造深度（mm）；

V——砂的体积（25 cm^3）；

D——摊平砂的平均直径（mm）。

（2）每一处均取 3 次路面构造深度的测定结果的平均值作为试验结果，准确至 0.1 mm。

按 JTG E60—2008 附录 B 的方法计算每一个评定区间路面构造深度的平均值、标准差、变异系数。

五、报　告

（1）列表逐点报告路面构造深度的测定值及 3 次测定的平均值，当平均值小于 0.2 mm 时，试验结果以 < 0.2 mm 表示。

（2）每一个评定区间路面构造深度的平均值、标准差、变异系数。

试验记录见表 9.8。

表 9.8　沥青路面抗滑性能试验记录

摩擦系数检测							
						路面温度 T/°C	
						温度修正值	
桩号	摆值					平均值 F_{BT} (BPN)	结论
	1	2	3	4	5		

路面表面构造深度检测

桩号	摊砂直径/cm	表面构造深度/mm	构造深度平均值 TD/mm	结论

试验者＿＿＿＿＿　组别＿＿＿＿＿　成绩＿＿＿＿＿　试验日期＿＿＿＿＿

II. 摆式仪试验方法

一、试验目的及适用范围

本方法适用于以摆式摩擦系数测定仪(摆式仪)测定沥青路面、标线或其他材料试件的抗滑值，用以评定路面或路面材料试件在潮湿状态下的抗滑能力。

二、仪器与材料

（1）摆式仪：摆及摆的连接部分总质量为 1 500 g ± 30 g，摆动中心至摆的重心距离为 410 mm ± 5 mm，测定时摆在路面上滑动长度为 126 mm ± 1 mm，摆上橡胶片端部距摆动中心的距离为 510 mm，橡胶片对路面的正向静压力为 22.2 N ± 0.5 N。

（2）橡胶片：当用于测定路面抗滑值时，其尺寸为 6.35 mm × 25.4 mm × 76.2 mm，橡胶质量应符合表 9.9 的要求。当橡胶片使用后，端部在长度方向上磨耗超过 1.6 mm 或边缘在宽度方向上磨耗超过 3.2 mm，或有油类污染时，即应更换新橡胶片。新橡胶片应先在干燥路面上测试 10 次后再用于测试。橡胶片的有效使用期从出厂日期起算为 12 个月。

表 9.9　橡胶物理性质技术要求

性质指标	温度/°C				
	0	10	20	30	40
弹性/%	43 ~ 49	58 ~ 65	66 ~ 73	71 ~ 77	74 ~ 79
硬度（IR）	55 ± 5				

（3）滑动长度量尺：长 126 mm。

（4）洒水壶。

（5）硬毛刷、橡胶刮板。

（6）路面温度计：分度不大于 1 °C。

（7）其他：皮尺或钢卷尺、扫帚、粉笔、记录表格等。

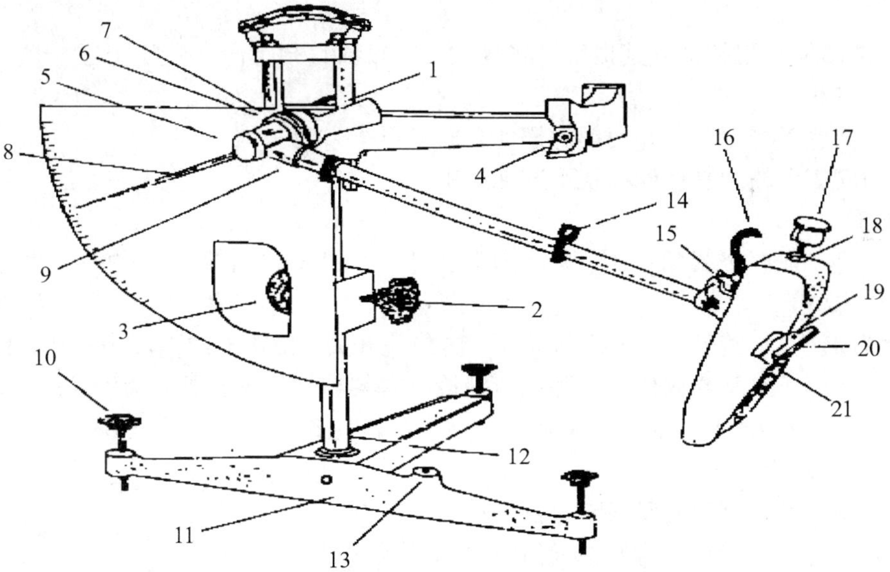

图 9.11　摆式摩擦系数测定仪结构示意图

1，2—紧固把手；3—升降把手；4—释放开关；5—转向节螺盖；6—调节螺母；7—针簧片或毡垫；8—指针；9—连接螺母；10—调平螺栓；11—底座；12—铰链；13—水准泡；14—卡环；15—定位螺丝；16—举升柄；17—平衡锤；18—并紧螺母；19—滑溜块；20—橡胶片；21—止滑螺丝

① 底座：由 T 形腿、调平螺丝和水准泡组成。对仪器起调平、支承作用。

② 立柱：由立柱、升降机构、导向杆及仪器把手组成。用于升降和固定摆头的位置。

③ 释放开关：安装于悬臂上的开关，用于保持摆杆水平位置和释放摆落下的作用。

④ 摆头：由紧固把手、摆轴、转向节、轴承等组成，起联结摆、固定位置、保证在摆动平面内自由摆动的作用。

⑤ 示数系统：由指针、毛毡圈、法兰、紧固螺母及度盘组成，指针可直接指示出摩擦系数数值。

⑥ 摆：由上、下部接头，摆杆，弹簧，杠杆系，举升柄，外壳，滑溜块及橡胶片组成。它对摆动中心有规定力矩，对路面有规定压力，本身前与后、左与右的力矩平衡，它是度量路面的摩擦系数的尺度。

三、方法与步骤

1. 准备工作

（1）检查摆式仪的调零灵敏情况，并定期进行仪器的标定。当用于路面工程检查验收时，仪器必须重新标定。

（2）按 JTG E60—2008 附录 A 的方法，进行测试路段的取样选点（随机选点方法，决定测点所在横断面位置）。在横断面上测点应选在行车道轮迹处，且距路面边缘不应小于 1 m。

2. 试验步骤

（1）清洁路面：用扫帚或其他工具将测点处的路面打扫干净。

（2）仪器调平。

① 将仪器置于测点上，并使摆的摆动方向与行车方向一致。

② 转动底座上的调平螺栓，使水准泡居中。

（3）调零。

① 放松上、下两个紧固把手，转动升降把手，使摆升高并能自由摆动，然后旋紧紧固把手。

② 将摆固定在右侧悬臂上（按下悬臂上的释放开关，使摆上的卡环进入开关槽，放开释放开关），使摆处于水平释放位置，并把指针拨至右端与摆杆平行处。

③ 按下释放开关，使摆向左带动指针摆动，当摆达到最高位置后下落时，用左手将摆杆接住，此时指针应指零。

④ 若不指零时，可稍旋紧或放松摆的调节螺母。

⑤ 重复上述 4 个步骤，直至指针指零。调零允许误差为 ± 1。

（4）校核滑动长度。

① 用毛刷和橡胶刮板清除摆动范围内路面上的松散粒料。

② 让摆处于自然下垂状态，松开紧固把手，转动立柱上的升降把手，使摆缓缓下降。与此同时，提起摆头上的举升柄向左侧移动，然后放下举升柄使橡胶片下缘轻轻触地，紧靠橡胶片摆放滑动长度量尺（长 126 mm），使量尺左侧对准橡胶片下缘；再提起举升柄向右侧移动，然后放下举升柄使橡胶片下缘轻轻触地，检查橡胶片下缘应与滑动长度量尺的右端齐平。橡胶片两次同路面的接触点的距离应为 126 mm（滑动长度）。

③ 若齐平，则说明橡胶片二次触地的距离（滑动长度）符合 126 mm 的规定。校核滑动

长度时，应以橡胶片长边刚刚接触路面为准，不可借摆的力量向前滑动，以免标定的滑动长度与实际不符。

④ 若不齐平，升高或降低摆或仪器底座的高度。微调时用旋转仪器底座上的调平螺丝调整仪器底座的高度的方法比较方便，但需注意保持水准泡居中。

⑤ 重复上述动作，直至滑动长度符合 126 mm 的规定。

注：校核滑动长度时，应以橡胶片长边刚刚接触路面为准，不可借摆力量向前滑动，以免标定的滑动长度过长。

（5）将摆固定在右侧悬臂上，使摆处于水平释放位置，并把指针拨至右端与摆杆平行处。

（6）用喷水壶浇洒测点，使路面处于湿润状态。

（7）按下右侧悬臂上的释放开关，使摆在路面滑过。当摆杆回落时，用左手将摆杆接住，读数但不记录。然后使摆杆和指针重新置于水平释放位置。

（8）重复（6）和（7）的操作 5 次，并读记每次测定的摆值。

单点测定的 5 个值中最大值与最小值的差值不得大于 3，如差值大于 3 时，应检查产生的原因，并再次重复上述各项操作，至符合规定为止。

取 5 次测定的平均值作为单点的路面抗滑值（即摆值 BPN_t），取整数。

（9）在测点位置用温度计测记潮湿路表温度，准确至 1 °C。

（10）每个测点由 3 个单点组成，即需按以上方法在同一测点处平行测定 3 次，以 3 次测定结果的平均值作为该测点的代表值（精确到 1）。

3 个单点均应位于轮迹带上，单点间距离为 3 m ~ 5 m。该测点的位置以中间单点的位置表示。

四、抗滑值的温度修正

当路面温度为 t（°C）时，测得的摆值为 BPN_t，必须按下式换算成标准温度 20 °C 的摆值 BPN_{20}：

$$BPN_{20} = BPN_t + \Delta BPN \tag{9.17}$$

式中 BPN_{20}——换算成标准温度 20 °C 时的摆值；

BPN_t——路面温度 t 时测得的摆值；

ΔBPN——温度修正值按表 9.10 采用。

表 9.10 温度修正值

温度 T/°C	0	5	10	15	20	25	30	35	40
温度修正值 ΔF	−6	−4	−3	−1	0	+2	+3	+5	+7

五、报　告

报告应包含如下内容：

（1）路面单点测定值 BPN_t 经温度修正后的 BPN_{20}、现场温度、3 次平均值。

（2）评定路段路面抗滑值的平均值、标准差、变异系数。

试验六　回弹法检测混凝土抗压强度试验

（JGJ/ T 23—2011）

一、一般规定

（1）结构或构件混凝土强度检测宜具有下列资料：

① 工程名称及设计、施工、监理（或监督）和建设单位名称。

② 结构或构件名称、外形尺寸、数量及混凝土强度等级。

③ 水泥品种、强度等级、安定性、厂名，砂、石种类及粒径，外加剂或掺和料品种、掺量，混凝土配合比等。

④ 施工时材料计量情况，模板、浇筑、养护情况及成型日期等。

⑤ 必要的设计图纸和施工记录。

⑥ 检测原因。

（2）回弹仪在检测前后，均应在钢砧上做率定试验，应符合下列规定：

① 率定试验应在室温为 5 °C ~ 35 °C 条件下进行。

② 钢砧表面应干燥、清洁。并应稳固地平放在刚度大的物件上。

③ 回弹值应取连续向下弹击 3 次的稳定回弹结果的平均值。

④ 弹击杆应分四次旋转，每次旋转宜为 90°。弹击杆每旋转一次的率定平均值应为 80 ± 2，率定回弹仪钢砧 2 年校准 1 次。

（3）混凝土强度可按单个构件或按批量进行检测，并应符合下列规定：

① 单个检测，适用于单个结构或构件的检测。

② 批量检测，适用于在相同的生产工艺条件下，混凝土强度等级相同，原材料、配合比、成型工艺、养护条件基本一致且龄期相近的同类结构或构件。按批进行检测的构件，抽检数量不得少于同批构件总数的 30% 且构件数量不得少于 10 件。在抽检构件时，应随机抽取并使所选构件具有代表性。

（4）每一结构或构件的测区应符合下列规定：

① 每一结构或构件测区数不应少于 10 个，对某一方向尺寸不大于 4.5 m 且另一方向尺寸不大于 0.3 m 的构件，每个构件其测区数量可适当减少，但不应少于 5 个。

② 相邻两测区的间距应控制在 2 m 以内，测区离构件端部或施工缝边缘的距离不宜大于 0.5 m，且不宜小于 0.2 m。

③ 测区应选在使回弹仪处于水平方向检测混凝土浇筑侧面。当不能满足这一要求时，可使回弹仪处于非水平方向检测混凝土浇筑侧面、表面或底面。

④ 测区宜选在构件的两个对称可测面上，也可选在一个可测面上，且应均匀分布。在构件的重要部位及薄弱部位必须布置测区，并应避开预埋件。

⑤ 测区的面积不宜大于 0.04 m^2。

⑥ 检测面应为混凝土表面，并应清洁、平整，不应有疏松层、浮浆、油垢、涂层以及蜂窝、麻面，必要时可用砂轮清除疏松层和杂物，且不应有残留的粉末或碎屑。

⑦ 对弹击时产生颤动的薄壁、小型构件应进行固定。

（5）结构或构件的测区应标有清晰的编号，必要时应在记录纸上描述测区布置示意图和外观质量情况。

（6）当检测条件与测强曲线的适用条件有较大差异时，可采用同条件试件或钻取混凝土芯样进行修正，试件或钻取芯样数量不应少于 6 个。在钻取芯样时每个部位应钻取一个芯样，在计算时，测区混凝土强度换算值应乘以修正系数。修正系数应按下列公式计算：

$$\eta=\frac{1}{n}\sum_{i=1}^{n}f_{\mathrm{cu},\,i}/f_{\mathrm{cu},\,i}^{\mathrm{c}}$$

或

$$\eta=\frac{1}{n}\sum_{i=1}^{n}f_{\mathrm{cor},\,i}/f_{\mathrm{cu},\,i}^{\mathrm{c}} \tag{9.18}$$

式中 η——修正系数，精确到 0.01；

$f_{\mathrm{cu},\,i}$——第 i 个混凝土立方体试件（边长为 150 mm）的抗压强度值，精确到 0.1 MPa；

$f_{\mathrm{cor},\,i}$——第 i 个混凝土芯样试件的抗压强度值，精确到 0.1 MPa；

$f_{\mathrm{cu},\,i}^{\mathrm{c}}$——对应于第 i 个试件或芯样部位回弹值和碳化深度值的混凝土强度换算值，可按本规程附录 A 采用；

n——试件数。

二、回弹值的测量

（1）在检测时，回弹仪的轴线应始终垂直于结构或构件的混凝土检测面，缓慢施压，准确读数，快速复位。

（2）测点宜在测区范围内均匀分布，相邻两测点的净距不宜小于 20 mm；测点距外露钢筋、预埋件的距离不宜小于 30 mm。测点不应在气孔或外露石子上，同一测点只应弹击一次。每一测区应记取 16 个回弹值，每一测点的回弹值读数估读至 1。

三、碳化深度值测量

（1）当回弹值测量完毕后，应在有代表性的位置上测量碳化深度值，测点表不应少于构件测区数的 30%，取其平均值为该构件每测区的碳化深度值。当碳化深度值极差大于 2.0 mm 时，应在每一测区测量碳化深度值。

（2）碳化深度值测量，可采用适当的工具在测区表面形成直径约 15 mm 的孔洞，其深度应大于混凝土的碳化深度。孔洞中的粉末和碎屑应除净，并不得用水擦洗。同时，应采用浓度为 1%～2% 的酚酞酒精溶液滴在孔洞内壁的边缘处，当已碳化与未碳化界线清楚时，再用深度测量工具测量已碳化与未碳化混凝土交界面到混凝土表面的垂直距离，并应测 3 次，每次读数精确至 0.25 m。

（3）应取三次测量的平均值作为检测结果，并应精确至 0.5 mm。

四、回弹值计算

（1）计算测区平均回弹值，应从该测区的 16 个回弹值中剔除 3 个最大值和 3 个最小值，余下的 10 个回弹值应按下式计算：

$$R_{m} = \frac{\sum_{i=1}^{10} R_i}{10} \tag{9.19}$$

式中　R_{m}——测区平均回弹值，精确至 0.1；

R_i——第 i 个测点的回弹值。

（2）当非水平方向检测混凝土浇筑侧面时，应按下式修正：

$$R_{m} = R_{m\alpha} + R_{a\alpha} \tag{9.20}$$

式中　$R_{m\alpha}$——非水平状态检测时测区的平均回弹值，精确至 0.1；

$R_{a\alpha}$——非水平状态检测时回弹值修正值，可按本规程附录 C（略）采用。

（3）当水平方向检测混凝土浇筑顶面或底面时，应按下列公式修正：

$$R_{m} = R_{m}^{t} + R_{a}^{t} \tag{9.21}$$

$$R_{m} = R_{m}^{b} + R_{a}^{b} \tag{9.22}$$

式中　R_{m}^{t}, R_{m}^{b}——水平方向检测混凝土浇筑表面、底面时测区的平均回弹值，精确至 0.1；

R_{a}^{t}, R_{a}^{b}——混凝土浇筑表面、底面回弹值的修正值，应按本规程附录 D（略）采用。

（4）当检测时回弹仪为非水平方向且测试面为非混凝土的浇筑侧面时，应先按本规程附录 C（略）对回弹值进行角度修正，再按本规程附录 D 对修正后的值进行浇筑面修正。

五、结构或混凝土强度的计算

由各测区的混凝土强度换算值可计算得出结构或构件混凝土强度平均值，当测区数等于或大于 10 时，还应计算标准差。平均值及标准差应按下式计算：

$$mf_{cu}^{c} = \frac{\sum_{i=1}^{n} f_{cu,i}^{c}}{n} \tag{9.23}$$

$$sf_{cu}^{c} = \sqrt{\frac{\sum_{i=1}^{n} (f_{cu,i}^{c})^2 - n(mf_{cu}^{c})^2}{n-1}} \tag{9.24}$$

式中　$mf_{cu,i}^{c}$——构件混凝土强度平均值（MPa），精确至 0.1 MPa；

$sf_{cu,i}^{c}$——构件混凝土强度标准差（MPa），精确至 0.01 MPa；

n——对于单个测定的构件，取一个构件的测区数；对于抽样测定的结构或构件，取各抽检试样测区数之和。

当该结构或构件的测区数不少于 10 个或按批量检测时，应按下式计算：

$$f_{cu,e} = mf_{cu,i}^{c} - 1.645\, sf_{cu,i}^{c} \tag{9.25}$$

试验记录格式见表 9.11。

表 9.11　回弹法混凝土强度试验记录

委托单位名称		试验规程	
试验日期		工程部位	

率定值：　　　　回弹仪型号：　　　　测试日期：　　　　年　　月　　日

测区＼编号	回弹值 R_i 1	2	3	4	5	6	7	8	9	10	11	12	13	14	15	16	R_m	碳化深度
1																		
2																		
3																		
4																		
5																		
6																		
7																		
8																		
9																		
10																		

测面状态：　1. 侧面　　2. 表面　　3. 底面　　4. 风干　　5. 潮湿　　6. 光洁　　7. 粗糙

测试角度：　1. 水平　　2. 向上　　3. 向下

项目＼测区号		1	2	3	4	5	6	7	8	9	10
回弹值 R_m	测区平均值										
	角度修正值										
	角度修正后										
	浇筑面修正值										
	浇筑修正后										
平均碳化深度值 d_m/mm											
测区强度值 $f_{cu,i}^{c}$/MPa											

强度计算 /MPa	$n=$	$K=$	$mf_{cu,i}^{c}=$	$sf_{cu,i}^{c}=$
强度评定值 $f_{cu,e} = mf_{cu,i}^{c} - 1.645\, sf_{cu,i}^{c}$ / MPa				

试验者＿＿＿＿＿　　组别＿＿＿＿＿　　成绩＿＿＿＿＿　　试验日期＿＿＿＿＿

参考标准规范

[1] JTG E20—2011 公路工程沥青及沥青混合料试验规程. 北京：人民交通出版社，2011.

[2] GB/T 50107—2010 混凝土强度检验评定标准. 北京：中国计划出版社，2010.

[3] GB 50164—2011 混凝土质量控制标准. 北京：中国计划出版社，2011.

[4] GB/T 50080—2016 普通混凝土拌合物性能试验方法标准. 北京：中国建筑工业出版社，2016.

[5] GB/T 50081—2002 普通混凝土力学性能试验方法标准. 北京：中国建筑工业出版社，2003.

[6] JGJ 55—2011 普通混凝土配合比设计规程. 北京：中国建筑工业出版社，2011.

[7] JGJ 63—2006 混凝土用水标准. 北京：中国建筑工业出版社，2006.

[8] GB/T 1346—2011 水泥标准稠度用水量、凝结时间、安定性检验方法. 北京：中国标准出版社，2011.

[9] GB/T 228.1—2010 金属材料拉伸试验第 1 部分：室温试验方法. 北京：中国标准出版社，2010.

[10] GB/T 232—2010 金属材料弯曲试验方法. 北京：中国标准出版社，2010.

[11] GB/T 14685—2011 建筑用碎石、卵石. 北京：中国标准出版社，2011.

[12] GB/T 14684—2011 建筑用砂. 北京：中国标准出版社，2011.

[13] GB 175—2007 通用硅酸盐水泥. 北京：中国标准出版社，2007.

[14] JTG E40—2007 公路土工试验规程. 北京：人民交通出版社，2007.

[15] GB/T 17671—1999 水泥胶砂强度检验方法（ISO 法）. 北京：中国标准出版社，1999.

[16] JTG E60—2008 公路路基路面现场检测规程. 北京：人民交通出版社，2008.

[17] GB/T 230.1—2009 金属洛氏硬度试验. 北京：中国标准出版社，2009.

[18] JGJT 70—2009 建筑砂浆基本性能试验方法标准. 北京：中国建筑工业出版社，2009.

附录 A　测区混凝土强度换算表

平均回弹值 R_m	测区混凝土强度换算值 $f_{cu,i}^{c}$ /MPa												
	平均碳化深度值 d_m/mm												
	0	0.5	1.0	1.5	2.0	2.5	3.0	3.5	4.0	4.5	5.0	5.5	≥6.0
20.0	10.3	10.1	—	—	—	—	—	—	—	—	—	—	—
20.2	10.5	10.3	10.0	—	—	—	—	—	—	—	—	—	—
20.4	10.7	10.5	10.2	—	—	—	—	—	—	—	—	—	—
20.6	11.0	10.8	10.4	10.1	—	—	—	—	—	—	—	—	—
20.8	11.2	11.0	10.6	10.3	—	—	—	—	—	—	—	—	—
21.0	11.4	11.2	10.8	10.5	10.0	—	—	—	—	—	—	—	—
21.2	11.6	11.4	11.0	10.7	10.2	—	—	—	—	—	—	—	—
21.4	11.8	11.6	11.2	10.9	10.4	10.0	—	—	—	—	—	—	—
21.6	12.0	11.8	11.4	11.0	10.6	10.2	—	—	—	—	—	—	—
21.8	12.3	12.1	11.7	11.3	10.8	10.5	10.1	—	—	—	—	—	—
22.0	12.5	12.2	11.9	11.5	11.0	10.6	10.2	—	—	—	—	—	—
22.2	12.7	12.4	12.1	11.7	11.2	10.8	10.4	10.0	—	—	—	—	—
22.4	13.0	12.7	12.4	12.0	11.4	11.0	10.7	10.3	10.0	—	—	—	—
22.6	13.2	12.9	12.5	12.1	11.6	11.2	10.8	10.4	10.2	—	—	—	—
22.8	13.4	13.1	12.7	12.3	11.8	11.4	11.0	10.6	10.3	—	—	—	—
23.0	13.7	13.4	13.0	12.6	12.1	11.6	11.2	10.8	10.5	10.1	—	—	—
23.2	13.9	13.6	13.2	12.8	12.2	11.8	11.4	11.0	10.7	10.3	10.0	—	—
23.4	14.1	13.8	13.4	13.0	12.4	12.0	11.6	11.2	10.9	10.4	10.2	—	—
23.6	14.4	14.1	13.7	13.2	12.7	12.2	11.8	11.4	11.1	10.7	10.4	10.1	—
23.8	14.6	14.3	13.9	13.4	12.8	12.4	12.0	11.5	11.2	10.8	10.5	10.2	—

平均回弹值 R_m	测区混凝土强度换算值 $f_{cu,i}^{c}$ /MPa												
	平均碳化深度值 d_m/mm												
	0	0.5	1.0	1.5	2.0	2.5	3.0	3.5	4.0	4.5	5.0	5.5	≥6.0
24.0	14.9	14.6	14.2	13.7	13.1	12.7	12.2	11.8	11.5	11.0	10.7	10.4	10.1
24.2	15.1	14.8	14.3	13.9	13.3	12.8	12.4	11.9	11.6	11.2	10.9	10.6	10.3
24.4	15.4	15.1	14.6	14.2	13.6	13.1	12.6	12.2	11.9	11.4	11.1	10.8	10.4
24.6	15.6	15.3	14.8	14.4	13.7	13.3	12.8	12.3	12.0	11.5	11.2	10.9	10.6
24.8	15.9	15.6	15.1	14.6	14.0	13.5	13.0	12.6	12.2	11.8	11.4	11.1	10.7
25.0	16.2	15.9	15.4	14.9	14.3	13.8	13.3	12.8	12.5	12.0	11.7	11.3	10.9
25.2	16.4	16.1	15.6	15.1	14.4	13.9	13.4	13.0	12.6	12.1	11.8	11.5	11.0
25.4	16.7	16.4	15.9	15.4	14.7	14.2	13.7	13.2	12.9	12.4	12.0	11.7	11.2
25.6	16.9	16.6	16.1	15.7	14.9	14.4	13.9	13.4	13.0	12.5	12.2	11.8	11.3
25.8	17.2	16.9	16.3	15.8	15.1	14.6	14.1	13.6	13.2	12.7	12.4	12.0	11.5
26.0	17.5	17.2	16.6	16.1	15.4	14.9	14.4	13.8	13.5	13.0	12.6	12.2	11.6
26.2	17.8	17.4	16.9	16.4	15.7	15.1	14.6	14.0	13.7	13.2	12.8	12.4	11.8
26.4	18.0	17.6	17.1	16.6	15.8	15.3	14.8	14.2	13.9	13.3	13.0	12.6	12.0
26.6	18.3	17.9	17.4	16.8	16.1	15.6	15.0	14.4	14.1	13.5	13.2	12.8	12.1
26.8	18.6	18.2	17.7	17.1	16.4	15.8	15.3	14.6	14.3	13.8	13.4	12.9	12.3
27.0	18.9	18.5	18.0	17.4	16.6	16.1	15.5	14.8	14.6	14.0	13.6	13.1	12.4
27.2	19.1	18.7	18.1	17.6	16.8	16.2	15.7	15.0	14.7	14.1	13.8	13.3	12.6
27.4	19.4	19.0	18.4	17.8	17.0	16.4	15.9	15.2	14.9	14.3	14.0	13.4	12.7
27.6	19.7	19.3	18.7	18.0	17.2	16.6	16.1	15.4	15.1	14.5	14.1	13.6	12.9
27.8	20.0	19.6	19.0	18.2	17.4	16.8	16.3	15.6	15.3	14.7	14.2	13.7	13.0
28.0	20.3	19.7	19.2	18.4	17.6	17.0	16.5	15.8	15.4	14.8	14.4	13.9	13.2
28.2	20.6	20.0	19.5	18.6	17.8	17.2	16.7	16.0	15.6	15.0	14.6	14.0	13.3
28.4	20.9	20.3	19.7	18.8	18.0	17.4	16.9	16.2	15.8	15.2	14.8	14.2	13.5
28.6	21.2	20.6	20.0	19.1	18.2	17.6	17.1	16.4	16.0	15.4	15.0	14.3	13.6
28.8	21.5	20.9	20.2	19.4	18.5	17.8	17.3	16.6	16.2	15.6	15.2	14.5	13.8
29.0	21.8	21.1	20.5	19.6	18.7	18.1	17.5	16.8	16.4	15.8	15.4	14.6	13.9

续表

平均回弹值 R_m	测区混凝土强度换算值 $f_{cu,i}^{c}$ /MPa												
	平均碳化深度值 d_m/mm												
	0	0.5	1.0	1.5	2.0	2.5	3.0	3.5	4.0	4.5	5.0	5.5	≥6.0
29.2	22.1	21.4	20.8	19.9	19.0	18.3	17.7	17.0	16.6	16.0	15.6	14.8	14.1
29.4	22.4	21.7	21.1	20.2	19.3	18.6	17.9	17.2	16.8	16.2	15.8	15.0	14.2
29.6	22.7	22.0	21.3	20.4	19.5	18.8	18.2	17.5	17.0	16.4	16.0	15.1	14.4
29.8	23.0	22.3	21.6	20.7	19.8	19.1	18.4	17.7	17.2	16.6	16.2	15.3	14.5
30.0	23.3	22.6	21.9	21.0	20.0	19.3	18.6	17.9	17.4	16.8	16.4	15.4	14.7
30.2	23.6	22.9	22.2	21.2	20.3	19.6	184.9	184.2	17.6	17.0	16.6	15.6	14.9
30.4	23.9	23.2	22.5	21.5	20.6	19.8	19.1	18.4	17.8	17.2	16.8	15.8	15.1
30.6	24.3	23.6	22.8	21.9	20.9	20.2	19.4	18.7	18.0	17.5	17.0	16.0	15.2
30.8	24.6	23.9	23.1	22.1	21.2	20.4	19.7	18.9	18.2	17.7	17.2	16.2	15.4
31.0	24.9	24.2	23.4	22.4	21.4	20.7	19.9	19.2	18.4	17.9	17.4	16.4	15.5
31.2	25.2	24.4	23.7	22.7	21.7	20.9	20.2	19.4	18.6	18.1	17.6	16.6	15.7
31.4	25.6	24.8	24.1	23.0	22.0	21.2	20.5	19.7	18.9	18.4	17.8	16.9	15.8
31.6	25.9	25.1	24.3	23.3	22.3	21.5	20.7	19.9	19.2	18.6	18.0	17.1	16.0
31.8	26.2	25.4	24.6	23.6	22.5	21.7	21.0	20.2	19.4	18.9	18.2	17.3	16.2
32.0	26.5	25.7	24.9	23.9	22.8	22.0	21.2	20.4	19.6	19.1	18.4	17.5	16.4
32.2	26.9	26.1	25.3	24.2	23.1	22.3	21.5	20.7	19.9	19.4	18.6	17.7	16.6
32.4	27.2	26.4	25.6	24.5	23.4	22.6	21.8	20.9	20.1	19.6	18.8	17.9	16.8
32.6	27.6	26.8	25.9	24.8	23.7	22.9	22.1	21.3	20.4	19.9	19.0	18.1	17.0
32.8	27.9	27.1	26.2	25.1	24.0	23.2	22.3	21.5	20.6	20.1	19.2	18.3	17.2
33.0	28.2	27.4	26.5	25.4	24.3	23.4	22.6	21.7	20.9	20.3	19.4	18.5	17.5
33.2	28.6	27.7	26.8	25.7	24.6	23.7	22.9	22.0	21.2	20.5	19.6	18.7	17.6
33.4	28.9	28.0	27.1	26.0	24.9	24.0	23.1	22.3	21.4	20.7	19.8	18.9	17.8
33.6	29.3	28.4	27.4	26.4	25.2	24.2	23.3	22.6	21.7	20.9	20.0	19.1	18.0
33.8	29.6	28.7	27.7	26.6	25.4	24.4	23.5	22.8	21.9	21.1	20.2	19.3	18.2
34.0	30.0	29.1	28.0	26.8	25.6	24.6	23.7	23.0	22.1	21.3	20.4	19.5	18.3
34.2	30.3	29.4	28.3	27.0	25.8	24.8	23.9	23.2	22.3	21.5	20.6	19.7	18.4

续表

平均回弹值 R_m	测区混凝土强度换算值 $f^c_{cu,i}$ /MPa												
	平均碳化深度值 d_m/mm												
	0	0.5	1.0	1.5	2.0	2.5	3.0	3.5	4.0	4.5	5.0	5.5	≥6.0
34.4	30.7	29.8	28.6	27.2	26.0	25.0	24.1	23.4	22.5	21.7	20.8	19.8	18.6
34.6	31.1	30.2	28.9	27.4	26.2	25.2	24.3	23.6	22.7	21.9	21.0	20.0	18.8
34.8	31.4	30.5	29.2	27.6	26.4	25.4	24.5	23.8	22.9	22.1	21.2	20.2	19.0
35.0	31.8	30.8	29.6	28.0	26.7	25.8	24.8	24.0	23.2	22.3	21.4	20.4	19.2
35.2	32.1	31.1	29.9	28.2	27.0	26.0	25.0	24.2	23.4	22.5	21.6	20.6	19.4
35.4	32.5	31.5	30.2	28.6	27.3	26.3	25.4	24.4	23.7	22.8	21.8	20.8	19.6
35.6	32.9	31.9	30.6	29.0	27.6	26.6	25.7	24.7	24.0	23.0	22.0	21.0	19.8
35.8	33.3	32.3	31.0	29.3	28.0	27.0	26.0	25.0	24.3	23.3	22.2	21.2	20.0
36.0	33.6	32.6	31.2	29.6	28.2	27.2	26.2	25.2	24.5	23.5	22.4	21.4	20.2
36.2	34.0	33.0	31.6	29.9	28.6	27.5	26.5	25.5	24.8	23.8	22.6	21.6	20.4
36.4	34.4	33.4	32.0	30.3	28.9	27.9	26.8	25.8	25.1	24.1	22.8	21.8	20.6
36.6	34.8	33.8	32.4	30.6	29.2	28.2	27.1	26.1	225.4	24.4	23.0	22.0	20.9
36.8	35.2	34.1	32.7	31.0	29.6	28.5	27.5	26.4	25.7	24.6	23.2	22.2	21.1
37.0	35.5	34.4	33.0	31.2	29.8	28.8	27.7	26.6	25.9	24.8	23.4	22.4	21.3
37.2	35.9	34.8	33.4	31.6	30.2	29.1	28.0	26.9	26.2	25.1	23.7	22.6	21.5
37.4	36.3	35.2	33.8	31.9	30.5	29.4	28.3	27.2	26.5	25.4	24.0	22.9	21.8
37.6	36.7	35.6	34.1	32.3	30.8	29.7	28.6	27.5	26.8	25.7	24.2	23.1	22.0
37.8	37.1	36.0	34.5	32.6	31.2	30.0	28.9	27.8	27.1	26.0	24.5	23.4	22.3
38.0	37.5	36.4	34.9	33.0	31.5	30.3	29.2	28.1	27.4	26.2	24.8	23.6	22.5
38.2	37.9	36.8	35.2	33.4	31.8	30.6	29.5	28.4	27.7	26.5	25.0	23.9	22.7
38.4	38.3	37.2	35.6	33.7	32.1	30.9	29.8	28.7	28.0	26.8	25.3	24.1	23.0
38.6	38.6	37.5	36.0	34.1	32.4	31.2	30.1	29.0	28.3	27.0	25.5	247.4	23.2
38.8	39.1	37.9	36.4	34.4	32.7	31.5	30.4	29.3	28.5	27.2	25.8	24.6	23.5
39.0	39.5	38.2	36.7	34.7	33.0	31.8	30.6	29.6	28.8	27.4	26.0	24.8	23.7
39.2	39.9	38.5	37.0	35.0	33.3	32.1	30.8	29.8	29.0	27.6	26.2	25.0	24.0
39.4	40.3	38.8	37.3	35.3	33.6	32.4	31.0	30.0	29.2	27.8	26.4	25.2	24.2

平均回弹值 R_m	测区混凝土强度换算值 $f_{cu,i}^{c}$ /MPa												
	平均碳化深度值 d_m/mm												
	0	0.5	1.0	1.5	2.0	2.5	3.0	3.5	4.0	4.5	5.0	5.5	≥6.0
39.6	40.7	39.1	37.6	35.6	33.9	32.7	31.2	30.2	29.4	28.0	26.6	25.4	24.4
39.8	41.2	39.6	38.0	35.9	34.2	33.0	31.4	30.5	29.7	28.2	26.8	25.6	24.7
40.0	41.6	39.9	38.3	36.2	34.5	33.3	31.7	30.8	30.0	28.4	27.0	25.8	25.0
40.2	42.0	40.3	38.6	36.5	34.8	33.6	32.0	31.1	30.2	28.6	27.3	26.0	25.2
40.4	42.4	40.7	39.0	36.9	35.1	33.9	32.3	31.4	30.5	28.8	27.6	26.2	25.4
40.6	42.8	41.1	39.4	37.2	35.4	34.2	32.6	31.7	30.8	29.1	27.8	26.5	25.7
40.8	43.3	41.6	39.8	37.7	35.7	34.5	32.9	32.0	31.2	29.4	28.1	26.8	26.0
41.0	43.7	42.0	40.2	38.0	36.0	34.8	33.2	32.3	31.5	29.7	28.4	27.1	26.2
41.2	44.1	42.3	40.6	38.4	36.3	35.1	33.5	32.6	31.8	30.0	28.7	27.3	26.5
41.4	44.5	42.7	40.9	38.7	36.6	35.4	33.8	32.9	32.0	30.3	28.9	27.6	26.7
41.6	45.0	43.2	41.4	39.2	36.9	35.7	34.2	33.3	32.4	30.6	39.2	27.9	27.0
41.8	45.4	43.6	41.8	39.5	37.2	36.0	34.5	33.6	32.7	30.9	29.5	28.1	27.2
42.0	45.9	44.1	42.2	39.9	37.6	36.3	34.9	34.0	33.0	31.2	29.8	28.5	27.5
42.2	46.3	44.4	42.6	40.3	38.0	36.6	35.2	34.3	33.3	31.5	30.1	28.7	27.8
42.4	46.7	44.8	43.0	40.6	38.3	36.9	35.5	34.6	33.6	31.8	30.4	29.0	28.0
42.6	47.2	45.3	43.4	41.1	38.7	37.3	35.9	34.9	34.0	32.1	30.7	29.3	28.3
42.8	47.6	45.7	43.8	41.4	39.0	37.6	36.2	35.2	34.3	32.4	30.9	29.5	28.6
43.0	48.1	46.2	44.2	41.8	39.4	38.0	36.6	35.6	34.6	32.7	31.3	29.8	28.9
43.2	48.5	46.6	44.6	42.2	39.8	38.3	36.9	35.9	34.9	33.0	31.5	30.1	29.1
43.4	49.0	47.0	45.1	42.6	40.2	38.7	37.2	36.3	35.3	33.3	31.8	30.4	29.4
43.6	49.4	47.4	45.4	43.0	40.5	39.0	37.5	36.6	35.6	33.6	32.1	30.6	29.6
43.8	49.9	47.9	45.9	43.4	40.9	39.4	37.9	36.9	35.9	33.9	32.4	30.9	29.9
44.0	50.4	48.4	46.4	43.8	41.3	39.8	38.3	37.3	36.3	34.3	32.8	31.2	30.2
44.2	50.8	48.8	46.7	44.2	41.7	40.1	38.6	37.6	36.6	34.5	33.0	31.5	30.5
44.4	51.3	49.2	47.2	44.6	42.1	40.5	39.0	38.0	36.9	34.9	33.3	31.8	30.8
44.6	51.7	49.6	47.6	45.0	42.4	40.8	39.3	38.3	37.2	35.2	33.6	32.1	31.0

平均回弹值 R_m	测区混凝土强度换算值 $f^c_{cu,i}$ /MPa												
	平均碳化深度值 d_m/mm												
	0	0.5	1.0	1.5	2.0	2.5	3.0	3.5	4.0	4.5	5.0	5.5	≥6.0
44.8	52.2	50.1	48.0	45.4	42.8	41.2	39.7	38.6	37.6	35.5	33.9	32.4	31.3
45.0	52.7	50.6	48.5	45.8	43.2	41.6	40.1	39.0	37.9	35.8	34.3	32.7	31.6
45.2	53.2	51.1	48.9	46.3	43.6	42.0	40.4	39.4	38.3	36.2	34.6	33.0	31.9
45.4	53.6	51.5	49.4	46.6	44.0	42.3	40.7	39.7	38.6	36.4	34.8	33.2	32.2
45.6	54.1	51.9	49.8	47.1	44.4	42.7	41.1	40.0	39.0	36.8	35.2	33.5	32.5
45.8	54.6	52.4	50.2	47.5	44.8	43.1	41.5	40.4	39.3	37.1	35.5	33.9	32.8
46.0	55.0	52.8	50.6	47.9	45.2	43.5	41.9	40.8	39.7	37.5	35.8	34.2	33.1
46.2	55.5	53.3	51.1	48.3	45.5	43.8	42.2	41.1	40.0	37.7	36.1	34.4	33.3
46.4	56.0	53.8	51.5	48.7	45.9	44.2	42.6	41.4	40.3	38.1	36.4	34.7	33.6
46.6	56.5	54.2	52.0	49.2	46.3	44.6	42.9	41.8	40.7	38.4	36.7	35.0	33.9
46.8	57.0	54.7	52.4	49.6	46.7	45.0	43.3	42.2	41.0	38.8	37.0	35.3	34.2
47.0	57.5	55.2	52.9	50.0	47.2	45.2	43.7	42.6	41.4	39.1	37.4	35.6	34.5
47.2	58.0	55.7	53.4	50.5	47.6	45.8	44.1	42.9	41.8	39.4	37.7	36.0	34.8
47.4	58.5	56.2	53.8	50.9	48.0	46.2	44.5	43.3	42.1	39.8	38.0	36.3	35.1
47.6	59.0	56.6	54.3	51.3	48.4	46.6	44.8	43.7	42.5	40.1	38.4	36.6	35.4
47.8	59.5	57.1	54.7	51.8	48.8	47.0	45.2	44.0	42.8	40.5	38.7	36.9	35.7
48.0	60.0	57.6	55.2	52.2	49.2	47.4	45.6	44.4	43.2	40.8	39.0	37.2	36.0
48.2	—	58.0	55.7	52.6	49.6	47.8	46.0	44.8	43.6	41.1	39.3	37.5	36.3
48.4	—	58.6	56.1	53.1	50.0	48.2	46.4	45.1	43.9	41.5	39.6	37.8	36.6
48.6	—	59.0	56.6	53.5	50.4	48.6	46.7	45.5	44.3	41.8	40.0	38.1	36.9
48.8	—	59.5	57.1	54.0	50.9	49.0	47.1	45.9	44.6	42.2	40.3	38.4	37.2
49.0	—	60.0	57.5	54.4	51.3	49.4	47.5	46.2	45.0	42.5	40.6	38.8	37.5
49.2	—	—	58.0	54.8	51.7	49.8	47.9	46.6	45.4	42.8	41.0	39.1	37.8
49.4	—	—	58.5	55.3	52.1	50.2	48.3	47.1	45.8	43.2	41.3	39.4	38.2
49.6	—	—	58.9	55.7	52.5	50.6	48.7	47.4	46.2	43.6	41.7	39.7	38.5
49.8	—	—	59.4	56.2	53.0	51.0	49.1	47.8	46.5	43.9	42.0	40.1	38.8

续表

平均回弹值 R_m	测区混凝土强度换算值 $f_{cu,i}^{c}$ /MPa												
	平均碳化深度值 d_m/mm												
	0	0.5	1.0	1.5	2.0	2.5	3.0	3.5	4.0	4.5	5.0	5.5	≥6.0
50.0	—	—	59.9	56.7	53.4	51.4	49.5	48.2	46.9	44.3	42.3	40.4	39.1
50.2	—	—	—	57.1	53.8	51.9	49.9	48.5	47.2	44.6	42.6	40.7	39.4
50.4	—	—	—	57.6	54.3	52.3	50.3	49.0	47.7	45.0	43.0	41.0	39.7
50.6	—	—	—	58.0	54.7	52.7	50.7	49.4	48.0	45.4	43.4	41.4	40.0
50.8	—	—	—	58.5	55.1	53.1	51.1	49.8	48.4	45.7	43.7	41.7	40.3
51.0	—	—	—	59.0	55.6	53.5	51.5	50.1	48.8	46.1	44.1	42.0	40.7
51.2	—	—	—	59.4	56.0	54.0	51.9	50.5	49.2	46.4	44.4	42.3	41.0
51.4	—	—	—	59.9	56.4	54.4	52.3	50.9	49.6	46.8	44.7	42.7	41.3
51.6	—	—	—	—	56.9	54.8	52.7	51.3	50.0	47.2	45.1	43.0	41.6
51.8	—	—	—	—	57.3	55.2	53.1	51.7	50.3	47.5	45.4	43.3	41.8
52.0	—	—	—	—	57.8	55.7	53.6	52.1	50.7	47.9	45.8	43.7	42.3
52.2	—	—	—	—	58.2	56.1	54.0	52.5	51.1	48.3	46.2	44.0	42.6
52.4	—	—	—	—	58.7	56.5	54.4	53.0	51.5	48.7	46.5	44.4	43.0
52.6	—	—	—	—	59.1	57.0	54.8	53.4	51.9	49.0	46.9	44.7	43.3
52.8	—	—	—	—	59.6	57.4	55.2	53.8	52.3	49.4	47.3	45.1	43.6
53.0	—	—	—	—	60.0	57.8	55.6	54.2	52.7	49.8	47.6	45.4	43.9
53.2	—	—	—	—	—	58.3	56.1	54.6	53.1	50.2	48.3	45.8	44.3
53.4	—	—	—	—	—	58.7	56.5	55.0	53.5	50.5	48.3	46.1	44.6
53.6	—	—	—	—	—	59.2	56.9	55.4	53.9	50.9	48.7	46.4	44.9
53.8	—	—	—	—	—	59.6	57.3	55.8	54.3	51.3	49.0	46.8	45.3
54.0	—	—	—	—	—	—	57.8	56.3	54.7	51.7	49.4	47.1	45.6
54.2	—	—	—	—	—	—	58.2	56.7	55.1	52.1	49.8	47.5	46.0
54.4	—	—	—	—	—	—	58.6	57.1	55.6	52.5	50.2	47.9	46.3
54.6	—	—	—	—	—	—	59.1	57.5	56.0	52.9	50.5	48.2	46.6

平均回弹值 R_m	测区混凝土强度换算值 $f_{cu,i}^{c}$ /MPa												
	平均碳化深度值 d_m/mm												
	0	0.5	1.0	1.5	2.0	2.5	3.0	3.5	4.0	4.5	5.0	5.5	≥6.0
54.8	—	—	—	—	—	—	59.5	57.9	56.4	53.2	50.9	48.5	47.0
55.0	—	—	—	—	—	—	59.9	58.4	56.8	53.6	51.3	48.9	47.3
55.2	—	—	—	—	—	—	—	58.8	57.2	54.0	51.6	49.3	47.7
55.4	—	—	—	—	—	—	—	59.2	57.6	54.4	52.0	49.6	48.0
55.6	—	—	—	—	—	—	—	59.7	58.0	54.8	52.4	50.0	48.4
55.8	—	—	—	—	—	—	—	—	58.5	55.2	52.8	50.3	48.7
56.0	—	—	—	—	—	—	—	—	58.9	55.6	53.2	50.7	49.1
56.2	—	—	—	—	—	—	—	—	59.3	56.0	53.5	51.1	49.4
56.4	—	—	—	—	—	—	—	—	59.7	56.4	53.9	51.4	49.8
56.6	—	—	—	—	—	—	—	—	—	56.8	54.3	51.8	50.1
56.8	—	—	—	—	—	—	—	—	—	57.2	54.7	52.2	50.5
57.0	—	—	—	—	—	—	—	—	—	57.6	55.1	52.5	50.8
57.2	—	—	—	—	—	—	—	—	—	58.0	55.5	52.9	51.2
57.4	—	—	—	—	—	—	—	—	—	58.4	55.9	53.3	51.6
57.6	—	—	—	—	—	—	—	—	—	58.9	56.3	53.7	51.9
57.8	—	—	—	—	—	—	—	—	—	59.3	56.7	54.0	52.3
58.0	—	—	—	—	—	—	—	—	—	59.7	57.0	54.4	52.7
58.2	—	—	—	—	—	—	—	—	—	—	57.4	54.8	53.0
58.4	—	—	—	—	—	—	—	—	—	—	57.8	55.2	53.4
58.6	—	—	—	—	—	—	—	—	—	—	58.2	55.6	53.8
58.8	—	—	—	—	—	—	—	—	—	—	58.6	55.9	54.1
59.0	—	—	—	—	—	—	—	—	—	—	59.0	56.3	54.5
59.2	—	—	—	—	—	—	—	—	—	—	59.4	56.7	54.9
59.4	—	—	—	—	—	—	—	—	—	—	59.8	57.1	55.2
59.6	—	—	—	—	—	—	—	—	—	—	—	57.5	55.6
59.8	—	—	—	—	—	—	—	—	—	—	—	57.9	56.0
60.0	—	—	—	—	—	—	—	—	—	—	—	58.3	56.4